普通高等教育"十一五"国家级规划教材

清华大学 计算机系列教材

殷人昆 主编

数据结构

（用面向对象方法与C++语言描述）

（第3版）

清华大学出版社

北京

内 容 简 介

"数据结构"是计算机专业的核心课程，是从事计算机软件开发和应用的人员应当必备的专业基础。随着计算机的日益普及，"数据结构"课程也在不断发展。

本书按照清华大学计算机科学与技术系本科"数据结构"大纲的要求，从面向对象的概念、对象类设计的风格和数据结构的层次开始，从线性结构到非线性结构，从简单到复杂，循序渐进，逐步深入地讨论了各种数据结构的内在的逻辑关系及它们在计算机中的实现方式和使用。此外，本书对常用的迭代、递归、回溯等算法设计技巧，搜索和排序算法等都做了详尽描述，并引入了简单的算法分析。

全书采用了面向对象的观点讨论数据结构技术，并以兼有面向过程和面向对象双重特色的 C++ 语言作为算法的描述工具，强化基本知识和基本能力的双基训练。全书条理清晰，通俗易懂，图文并茂，适于自学。

本书适合于大专院校计算机或软件专业本科生使用，也可作为教师和有关科研人员的参考书。与本书配套的《数据结构精讲与习题详解（C 语言版）（第 2 版）》一书已由清华大学出版社出版。此外，需要 PowerPoint 电子教学幻灯片的教师，可与清华大学出版社联系。

本书封面贴有清华大学出版社防伪标签，无标签者不得销售。
版权所有，侵权必究。举报：010-62782989，beiqinquan@tup.tsinghua.edu.cn。

图书在版编目（CIP）数据

数据结构：用面向对象方法与 C++ 语言描述 / 殷人昆主编. —3 版. —北京：清华大学出版社，2021.8
（2025.1重印）
　　清华大学计算机系列教材
　　ISBN 978-7-302-58662-3

Ⅰ. ①数… Ⅱ. ①殷… Ⅲ. ①数据结构－高等学校－教材 ②面向对象语言－程序设计－高等学校－教材 ③C++ 语言－程序设计－高等学校－教材　Ⅳ. ①TP311.12 ②TP312.8

中国版本图书馆 CIP 数据核字(2021)第 142442 号

责任编辑：白立军　杨　帆
封面设计：常雪影
责任校对：焦丽丽
责任印制：宋　林

出版发行：清华大学出版社
　　　　　网　　　址：https://www.tup.com.cn，https://www.wqxuetang.com
　　　　　地　　　址：北京清华大学学研大厦 A 座　　　　　邮　　编：100084
　　　　　社 总 机：010-83470000　　　　　　　　　　　邮　　购：010-62786544
　　　　　投稿与读者服务：010-62776969，c-service@tup.tsinghua.edu.cn
　　　　　质量反馈：010-62772015，zhiliang@tup.tsinghua.edu.cn
　　　　　课件下载：https://www.tup.com.cn，010-83470236
印　装　者：三河市天利华印刷装订有限公司
经　　　销：全国新华书店
开　　　本：185mm×260mm　　　　　印　张：32.25　　　　字　　数：784 千字
版　　　次：1999 年 7 月第 1 版　2021 年 9 月第 3 版　　　印　　次：2025 年 1 月第 5 次印刷
定　　　价：89.00 元

产品编号：050664-01

前　言

计算机的普及极大地改变了人们的工作和生活。目前各个行业、各个领域都与计算机建立了紧密的联系,也随之带来了开发各种软件的需求。为了能够以最小的成本、最快的速度、最好的质量开发出合乎需要的软件,必须遵循软件工程的原则,把软件的开发和维护标准化、工程化,不能再像以前那样,把软件看作是个人雕琢的精品。就软件产品而言,最重要的就是建立合理的软件体系结构和程序结构,设计有效的数据结构。因此,要做好软件开发工作,必须了解如何组织各种数据在计算机中的存储、传递和转换。这样,"数据结构"这门课程显得格外重要。自 1978 年美籍华裔学者冀中田在国内首开这门课程以来(当时作者也在场),经过 40 余年的发展,本课程已成为各大学计算机专业本科的主干课程,也成为非计算机类学生和研究生学习计算机的必修课程。

"数据结构"课程脱胎于"离散数学结构",它涉及各种离散结构(如向量、集合、树、图、代数方程、多项式等)在计算机上如何存储和处理。其内容丰富,涉及面广,而且还在随各种基于计算机的应用技术的发展,不断增加新的内容。特别是面向对象技术出现以后,人们认识到,用它开发出来的软件体系结构更加符合人们的习惯,质量更容易得到保证,尤其是更容易适应使用者和用户不断提出的新的需求。因此,在国际上,面向对象技术得到迅速普及,出现了大批面向对象的软件开发工具。为了适合形势的要求,有必要开设结合面向对象技术的"数据结构"课程。

用面向对象的观点讨论数据结构,与传统的面向过程的讲法相比,变化较大。各种数据结构的讨论都是基于抽象数据类型和软件复用的,有新意,也有继承。我们力图与过去的讲授体系保持一致,但又必须引入一些新的概念。为了能够让读者容易学习,我们对内容进行了精选。许多从基本数据结构派生出来的概念,如双端堆、二项堆、最小-最大堆、斐波那契堆、左斜树、扁树、B* 树等,都舍去了。同时,把动态存储管理部分归到"操作系统"课程,把文件组织部分归到"数据库原理"课程,只保留了重要的应用最广泛的一些结构。对这些结构做全面、深入的讲解,阐明数据结构内在的逻辑关系,讨论它们在计算机中的存储表示,并结合各种典型实例说明它们在解决应用问题时的动态行为和各种必要的操作,并以 C++ 语言为表述手段,介绍在面向对象程序设计过程中各种数据结构的表达和实现。只要学过 C 或 Pascal 语言,就能够很容易地阅读和理解,并因此学习 C++ 语言,提高读者的软件设计和编程能力。

本书是作为清华大学信息学院平台课"数据结构"的教材编写的,在编写过程中得到清华大学信息学院领导的支持,并获得普通高等教育"十一五"国家级规划教材的资助。参与策划的有计算机科学与技术系教师殷人昆、邓俊辉、舒继武、朱仲涛,电子工程系教师朱明方、吴及,自动化系教师李宛洲、刘义,微电子与纳电子学系教师李树国,软件学院教师张力以及信息科学技术学院办公室的教师王娜等。第 4 章由舒继武执笔,第 5 章由朱仲涛执笔,第 8 章由邓俊辉执笔,第 9 章由吴及执笔,其他各章由殷人昆执笔。作者都是在清华大学从事"数据结构"课程第一线教学的教师,有着丰富的数据结构和软件工程教学的经验,教学效果良好。

全书共分 10 章。第 1 章是预备知识,主要介绍什么是数据,数据与信息的关系;什么是数据结构,数据结构的分类。通过学习,读者能够了解抽象数据类型和面向对象的概念,并对对象、类、继承、消息以及其他关系的定义、使用有基本认识。我们选择了具有面向过程和面向对象双重特点的 C++ 语言,可以帮助读者自然而轻松地从传统程序设计观念向面向对象方法转变。在这一章的最后还讨论了算法定义和简单的算法分析方法。

第 2 章是全书的基础,讨论了线性表、它的数组表示和链表表示,以及利用它们定义出来的各种结构,如顺序表、代数多项式等。通过学习,读者可以了解对象和类的基本实现,并通过模板、多态性等的使用,对数据抽象概念有进一步的理解。

第 3 章引入 4 种存取受限的表,即栈、队列、优先级队列和双端队列。通过对它们的定义、实现和应用的深入介绍,使读者能够了解在什么场合使用它们,为以后更复杂的数据结构和算法的实现提供了多种辅助手段。

第 4 章介绍在许多领域中经常遇到的多维数组、字符串和广义表。这些都是应用广泛又十分灵活的结构。

第 5 章和第 8 章介绍在实际应用中最重要的非线性结构——树与图。在管理、电子设计、机械设计、日常生活中的许多方面都会用到它们。

第 6 章、第 7 章和第 10 章介绍集合、跳表、散列、搜索树、索引以及文件等结构。在实际与信息处理相关的应用中,这些结构十分重要。许多非数值处理都涉及这些结构,它们与内存、外存上的数据组织关系密切。例如,在外存组织文件时全面应用了这些结构。它们又是许多新结构的生长点。因此,读者学习这些内容将获益匪浅。

第 9 章介绍排序。这也是应用十分广泛的技术。只要是数据处理,就少不了排序。如何才能高效地完成排序?本章分别就内存、外存使用的多种排序方法进行介绍和讨论,读者可以深入了解排序的机制,也能从中学到许多程序设计的技巧。

本书的篇幅虽然较大,但给读者以选择。读者可以根据时间、能力,适当对学习的内容加以剪裁。本着少讲多练的原则,可以对每种结构只介绍类定义和关键操作的实现,其他内容可自学。通过上机练习,加深理解。在本书目录中加 ** 的章节可以酌情不讲。

在本书的成书过程中得到清华大学出版社的支持,在此表示衷心的感谢。最后需要说明的是,由于作者的水平有限,书中难免存在疏漏或错误,请读者批评指教。

作 者

2021 年 5 月

目　　录

第1章 数据结构概论

数据结构有用吗？当然有用，现在只要使用计算机，都会涉及数据结构，特别是从事计算机系统开发的专业人员，必须切实掌握数据结构的知识，它不仅是进入计算机行业的敲门砖，而且是开展计算机业务的技术基础。

数据结构难学吗？其实不难，只要仔细读书，认真思考，就能切实掌握各种结构的本质和它们之间的关系。有人说数据结构太难学，实际上是指动手编写程序难。这个问题是无法回避的，没有这方面的训练，将来就无法胜任系统开发的工作。动手能力的提高，需要日常无数次练习和总结。与学习任何一门课程一样，要踏踏实实地做题和实验，不断提高自己的编程能力和算法设计能力。

1.1 数据结构的概念

1.1.1 数据结构举例

众所周知，无论是使用计算机进行工程和科学计算，还是使用计算机做工业控制或信息管理，都属于数据处理的范畴。那么，如何在计算机中组织、存储、传递数据，就成为一个必须解决的问题。下面看几个例子。

【例 1.1】 在一个学生选课系统中，有两个数据实体（现实世界中的事物），即"学生"和"课程"，形成了两个数据表格。其中的"学生"实体包括了许多学生记录，它们按照每个学生学号递增的次序，顺序存放在"学生"表格中；而"课程"实体包括了各个课程记录，每个课程也有个课程编号，在"课程"表格中各个课程按照其课程编号递增的次序依次排列，如图 1.1 所示。

"学生"表格

	学 号	姓 名	性别	籍 贯	出生年月
1	98131	刘激扬	男	北京	1979-12
2	98164	衣春生	男	青岛	1979-07
3	98165	卢声凯	男	天津	1981-02
4	98182	袁秋慧	女	广州	1980-10
5	98203	林德康	男	上海	1980-05
6	98224	洪 伟	男	太原	1981-01
7	98236	熊南燕	女	苏州	1980-03
8	98297	宫 力	男	北京	1981-01
9	98310	蔡晓莉	女	昆明	1981-02
10	98318	陈 健	男	杭州	1979-12

"课程"表格

	课程编号	课 程 名	课时
1	024002	程序设计基础	64
2	024010	汇编语言	48
3	024016	计算机原理	64
4	024020	数据结构	64
5	024021	微机技术	64
6	024024	操作系统	48
7	024026	数据库原理	48

图 1.1 学生选课系统中的两个数据实体

在"学生"表格中,各个学生记录顺序排列,形成一个学生记录的线性序列,每个记录在序列中的位置有先后次序,它们之间形成一种线性关系。"课程"表格中的情况完全相同。

【例 1.2】 在学生选课系统中,一个学生可以选修多门课程,一门课程可以被多个学生选修,这在"学生"和"课程"实体之间形成多对多的关系。为了便于处理,引入一个新的实体"选课",它的每个记录是一张选课单,包含如下信息:(学号,课程编号,成绩,时间)。

此时,在"学生"实体、"课程"实体和"选课"实体间形成如图 1.2 所示的关系。这是一种网状关系。"学生"对"选课"、"课程"对"选课"都是一对多的关系。

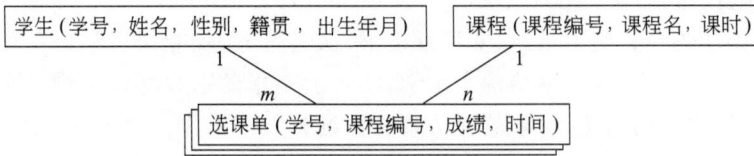

图 1.2 学生选课系统中实体构成的网状关系

【例 1.3】 一个典型的 UNIX 文件系统的系统结构如图 1.3 所示。这是一个层次结构:在此系统结构图中,顶层结点代表整个系统,用根目录/表示;它的下一层结点代表系统的各个子系统,即根的子目录,如/bin、/lib、/user 等;再下一层结点代表更小的子目录,如/user/yin、/bin/ds,以此类推,直到底层,即为文件,如/user/yin/stack.cpp。

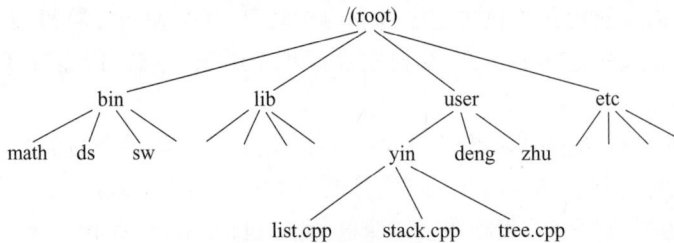

图 1.3 UNIX 文件系统的系统结构图

综上所述,在应用程序中涉及各种各样的数据,为了存储它们、组织它们,需要讨论它们的归类及它们之间的关系,从而建立相应的数据结构,并以此实现要求的软件功能。本课程的目的就是为系统开发者提供解决此问题的基本知识,使得读者在学习完本课程之后,能够在系统开发时运用学过的知识,在设计系统体系结构的同时设计出有效的数据结构,正确、高效地实现整个系统。

1.1.2 数据与数据结构

人们在日常生活中会遇到各种信息,如用语言交流的思想、银行与商店的商业交易、在战争中用于传递命令的旗语等。这些信息必须转换成数据才能在计算机中进行处理。因此,需要给数据下一个定义:

数据(data)是信息的载体,是描述客观事物的数、字符,以及所有能输入计算机中并被计算机程序识别和处理的符号的集合。数据大致可分为两类:一类是数值型数据,包括整数、浮点数、复数、双精度数等,主要用于工程和科学计算,以及商业事务处理;另一类是非数值型数据,主要包括字符和字符串,以及文字、图形、图像、语音等数据。

数据的基本单位是数据元素(data element)。一个数据元素可由若干个数据项(data item)组成,它是一个数据整体中相对独立的单位。例如,对于一个学籍管理文件来说,每个学生记录就是它的数据元素;对于一个字符串来说,每个字符就是它的数据元素;对于一个数组来说,每个数组成分就是它的数据元素。

在数据元素中的数据项可以分为两种:一种为初等项,如学生的性别、籍贯等,这些数据项是在数据处理时不能再分割的最小单位;另一种为组合项,如学生的成绩,它可以再划分为物理、化学等更小的项。通常,在解决实际应用问题时把每个学生记录当作一个基本单位进行访问和处理。

在数据处理中所涉及的数据元素之间都不会是孤立的,在它们之间都存在着这样或那样的关系,这种数据元素之间的关系称为结构。例如,招生考试时把所有考生按考试成绩从高到低排队,所有考生记录都将处在一种有序的序列中。又如,在 n 个网站之间建立通信网络,要求以最小的代价将 n 个网站连通,如图 1.4(a)所示,这样,在所有网站之间形成一种树形关系;反之,要求网络中任一网站出现故障,整个网络仍然保持畅通,这样,在所有网站之间形成一种网状关系,如图 1.4(b)所示。

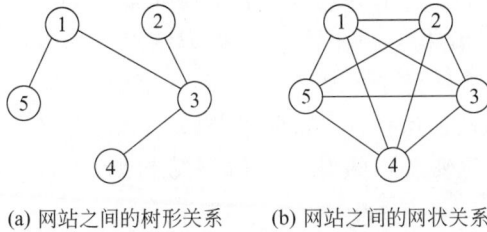

(a) 网站之间的树形关系   (b) 网站之间的网状关系

图 1.4 n 个网站之间的连通关系

由此可以引出数据结构的定义:**数据结构由某一数据元素的集合和该集合中数据元素之间的关系组成**。记为

$$Data\_Structure = \{D, R\}$$

其中,D 是某一数据元素的集合;R 是该集合中所有数据元素之间的关系的有限集合。

注意,有关数据结构的讨论主要涉及数据元素之间的关系,不涉及数据元素本身的内容。关于数据元素的内容,在系统开发时考虑。

1.1.3   数据结构的分类

依据数据元素之间关系的不同,数据结构分为两大类:线性结构和非线性结构。

1. 线性结构

线性结构(linear structure)也称为线性表,在这种结构中所有数据元素都按某种次序排列在一个序列中,如图 1.5 所示。对于线性结构类中的每一数据元素,除第一个数据元素外,其他每个数据元素都有一个且仅有一个直接前驱,第一个数据元素没有前驱;除最后一个元素数据外,其他每个数据元素都有一个且仅有一个直接后继,最后一个元素没有后继。

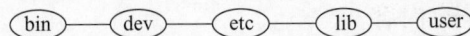

图 1.5   线性结构中各数据成员之间的线性关系

根据对线性结构中数据元素存取方法的不同,又可分为直接存取结构、顺序存取结构和字典结构。对于直接存取结构,可以直接存取某一指定项而无须先访问其前驱。像数组、文件都属于这一类。可以按给定下标直接存取数组中某一数组元素;可以按记录号直接检索记录集合或文件中的某一记录。对于顺序存取结构,只能从序列中第一个数据元素起,按序逐个访问直到指定的元素。像一些限制存取位置在表的一端或两端的表(如栈、队列和优先级队列等)就是这种情况。字典与数组有类似之处,但数组是通过整数下标进行索引,而字典是通过关键码(key)进行索引。设定数据元素中某一数据项或某一组合数据项为关键码,通过关键码来识别记录。例如,对于学生记录,可设定学生的学号为关键码,用它来识别是哪一位学生的记录。

2. 非线性结构

在非线性结构(nonlinear structure)中,各个数据元素不再保持在一个线性序列中,每个数据元素可能与零个或多个其他数据元素发生联系。根据关系的不同,可分为层次结构和群结构。

层次结构(hierarchical structure)是按层次划分的数据元素的集合,指定层次上元素可以有零个或多个处于下一个层次上的直接所属下层元素。树形结构就是典型的层次结构。树中的元素称为结点。树可以为空,也可以不为空。若树不为空,则它有一个根结点,其他结点都是从它派生出来的。除根以外,每个结点都有一个处于该结点直接上层的结点。树形结构如图 1.6 所示。

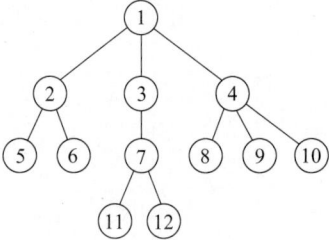

图 1.6　树形结构

注意,有的教科书规定树不能是空树,它至少必须有一个结点,而另外规定 k 叉树(即最多有 k 叉的有序树)可以是空树,并因此推定"k 叉树不是树"。本书则对树与 k 叉树不加区分,在概念上将它们统一起来。

群结构(group structure)中所有数据元素之间无顺序关系。集合就是一种群结构,在集合中没有重复的数据元素。另一种群结构就是图结构,如图 1.7(a)所示。它由图的顶点集合和连接顶点的边集合组成。还有一种图的特殊形式,即网络结构。它给每条边赋予一个权值,这个权值指明了在遍历图时经过此边时的耗费。例如在图 1.7(b)中,顶点代表城市,赋予边的权值表示两个城市之间的距离。

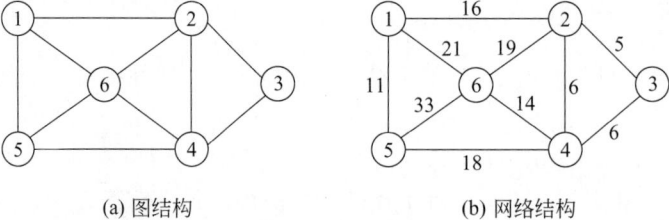

(a) 图结构　　　　　　　　　(b) 网络结构

图 1.7　群结构

1.1.4 "数据结构"课程的内容

数据结构与数学、计算机硬件和软件有十分密切的关系。"数据结构"是介于数学、计算机硬件和计算机软件之间的一门计算机科学与技术专业的核心课程,是"高级程序设计语言""编译原理""操作系统""数据库""人工智能"等课程的基础。同时,数据结构技术也广泛应用于信息科学、系统工程、应用数学及各种工程技术领域。

社会的发展,要求使用计算机解决更复杂的问题,而更复杂的问题需要更大的计算量,从而要求计算机程序的运算速度更快。这就要求计算机专家必须学习和理解隐藏在高效程序设计背后的数据组织和相关算法的效率。"数据结构"课程就是研究系统开发过程中有关设计(包括数据设计、体系结构设计、接口设计和过程设计)的若干基本问题的学科。选择不同的数据结构可能会产生很大的差异:同样一个程序,选择某一种数据结构可能在几秒内运行完成,而选择另一种数据结构则可能需要几天才能运行完毕。因此,在选择数据结构解决特定问题时,需要预先分析问题来确定必须达到的性能目标,才有可能选出合适的数据结构。如果忽视了这一分析过程,直接选用自己习惯使用但与问题不相称的数据结构,就有可能设计出低效的程序。

当为解决某一问题而选择数据结构时,应当执行以下 3 个步骤。

(1) 分析问题,确定算法遇到的资源限制(内外存空间限制和执行时间限制)。

(2) 确定必须支持的基本运算,度量每个运算所受到的资源限制。基本运算包括向数据结构插入一个新数据项,从数据结构中删除一个数据项和搜索指定的数据项。

(3) 选择最接近这些资源开销的数据结构。

根据这 3 个步骤选择数据结构,实际上贯彻了一种以数据为中心的设计观点。

为了构造出好的数据结构及其实现,必须考虑数据结构及其实现的评价。因此,数据结构的内容包括 3 个层次的 5 个"要素",如表 1.1 所示。

表 1.1 "数据结构"课程内容体系

层　　次	方　　　　　面	
	数据表示	数据处理
抽象	逻辑结构	基本运算
实现	存储结构	算法
评价	不同数据结构的比较及算法分析	

数据结构的核心技术是分解与抽象。通过分解可以划分出数据的层次(数据—数据元素—数据项);再通过抽象,舍弃数据元素的具体内容,就得到数据的逻辑结构。类似地,通过分解将处理要求划分成各种功能,再通过抽象舍弃实现细节,就得到运算的定义。上述两方面的结合将问题变换为数据结构。这是一个从具体(即具体问题)到抽象(即数据结构)的过程。然后,通过增加对实现细节的考虑进一步得到存储结构和实现运算,从而完成设计任务。这是一个从抽象(即数据结构)到具体(即具体实现)的过程。熟练地掌握这两个过程是"数据结构"课程在专业技能培养方面的基本目标。

数据的逻辑结构,也简称数据结构,是指从解决问题的需要出发,为实现必要的功能所建立的数据结构,它属于用户的视图,是面向问题的,如在招生系统中建立的按考分排列的考生记录的有序表格。而数据的物理结构是指数据应该如何在计算机中存放,是数据的逻辑结构的物理存储方式,属于具体实现的视图,是面向计算机的。数据的逻辑结构根据问题所要实现的功能建立,数据的物理结构根据问题所要求的响应速度、处理时间、修改时间、存储空间和单位时间的处理量等建立,是逻辑数据的存储映像。

通常在课程中讨论数据结构,既要讨论在解决问题时可能遇到的各种典型的逻辑结构(在本书下文中简称数据结构),还要讨论这些逻辑结构的存储映像(在本书下文中简称存储结构),此外还要讨论这种数据结构的相关操作(基本运算)及其实现。

数据结构的存储结构可以用以下 4 种基本的存储方法得到。

(1)顺序存储方法(sequential storage)。该方法把逻辑上相邻的元素存放到物理位置上相邻的存储单元中,数据元素之间的逻辑关系由存储单元的邻接位置关系来体现。由此得到的存储表示称为顺序存储结构。通常,顺序存储结构可借助程序语言中的一维数组来描述。

(2)链接存储方法(linked storage)。该方法不要求逻辑上相邻的元素在物理位置上也相邻,数据元素之间的逻辑关系由附加的指针指示。由此得到的存储表示称为链式存储结构。通常,链式存储结构要借助程序语言中的指针类型来描述。

(3)索引存储方法(indexed storage)。该方法在存储元素信息的同时,还建立附加的索引表。索引表中的每项称为索引项,索引项的一般形式:(关键码,地址)。关键码是能够唯一标识一个结点(即元素)的那些数据项。若每个结点在索引表中都有一个索引项,则该索引表称为稠密索引(dense index);若一组相邻的结点在索引表中只有一个索引项,则该索引表称为稀疏索引(sparse index)。稠密索引中索引项中的地址指示结点所在的物理位置,稀疏索引中索引项中的地址指示一组相邻结点的起始存储位置。

(4)散列存储方法(hashing storage)。该方法的处理方式是根据结点的关键码通过一个函数计算直接得到该结点的存储地址。

上述 4 种基本的存储方法既可以单独使用,也可以组合起来对数据结构进行存储映像。同一种逻辑结构采用不同的存储方法,可以得到不同的存储结构(表示)。选择何种存储结构来表示相应的逻辑结构,主要考虑运算的时间和空间要求以及算法的简单性。

1.2 数据结构的抽象形式

1.2.1 数据类型

类型是一组值的集合。例如,布尔(Boolean)类型由 true 和 false 这两个值组成,整数也构成类型,若采用 2 字节,则整数表示 $-2^{15} \sim 2^{15}-1$,即 $-32768 \sim 32767$;若采用 4 字节,则整数表示 $-2^{31} \sim 2^{31}-1$,即 $-2147483648 \sim 2147483647$。

类型可分为原子类型和结构类型两种。原子类型中的每个数据(即简单数据)都是无法再分割的整体,如一个整数、浮点数、字符、指针、枚举量等都是无法再分割的整体,所以它们所属的类型均为原子类型。结构类型由原子类型按照一定的规则构造而成,如一个银行账户一般包括姓名、地址、账号、余额等原子类型。结构类型还可以包含结构类型,如一个学生的学籍卡片是一个结构类型,它包含的一个数据成分(家庭成员)又是结构类型。所以一种结构类型中的数据(即结构数据)可以分解为若干个简单数据或结构数据,每个结构数据仍可再分。

数据类型是指一种类型,以及定义于属于这个类型的值集合上的一组操作的总称。例如在高级程序设计语言中已实现了的或非高级语言直接支持的数据结构即为数据类型。在程序设计语言中,一个变量的数据类型不仅规定了这个变量的取值范围,而且定义了这个变量可用的操作。例如,一个变量 K 定义为整型,则它可能的取值是$-32768\sim32767$(对于32 位系统则为$-2147483648\sim2147483647$),可用的操作有双目运算符$+$、$-$、$*$、$/$、$\%$,单目运算符$+$、$-$,关系运算符$<$、$>$、$<=$、$>=$、$==$、$!=$,赋值运算符$=$等。在如 C 或 Pascal 语言这样的程序设计语言中,不但规定了一些基本的数据类型,还提供了一些构造组合类型(如数组型、构造型、文件型等)的规则,程序员可以利用这些规则,自行定义为解决应用问题所必需的数据类型,它是确切地描述数据对象,正确地进行相关计算的有效工具。

例如,在 C 语言中对一个数据表(data list)的构造型类型定义见程序 1.1。

程序 1.1   数据表的构造型类型定义

```
#define ListSize 100              //表空间的大小,可根据实际情况决定
typedef int DataType;             //表中元素的数据类型,假定为 int
typedef struct {
    DataType data[ListSize];      //存放表元素的向量
    int length;                   //当前的表长度
} DataList;
```

注意,数据类型的逻辑概念与其在计算机程序中的实现有很重要的区别。例如,线性表数据类型有两种传统的实现方式:**基于数组的顺序存储表示**和**基于链表的链接存储表示**。可以采用链表或数组作为线性表数据类型的存储表示。但是,"数组"(array)的概念有歧义,它既可以指一种数据类型,又可以指一种实现方式。在计算机程序设计中,"数组"常用来指一块连续的内存空间,每个内存空间存储一个固定长度的数据项,从这个意义上讲,数组是一个存储结构。然而,数组也能够表示一种由一组结构相同的数据项组成的逻辑数据类型,每个数据项由一个特定的索引号(即数组中的下标)来标识。从这个意义来讲,可以采用多种不同的方法来实现数组。

1.2.2   数据抽象与抽象数据类型

在软件设计时,常常提到"抽象"和"信息隐蔽"。那么,什么是抽象呢?

抽象的本质就是抽取反映问题本质的东西,忽略非本质的细节。对于数据抽象,可以用一个例子说明。在计算机中使用二进制定点数和浮点数实现数据的存储和运算,而在汇编语言中则给出了各种数据的自然表示,如 15.5、1.3E10、10 等,它们是二进制数据抽象,使用者在编程时可以直接使用它们,不必考虑实现的细节。到了高级语言,给出了更高一级的数据抽象,出现了整型、实型、字符型、双精度型等。待到抽象数据类型出现,可以进一步定义出更高级的数据抽象,如各种表、队列、图,甚至窗口、管理器等。这种数据抽象的层次为设计者提供了有力的手段,使得设计者可以从抽象的概念出发,从整体上进行考虑,然后自顶向下,逐步展开,最后得到所需的结果。

抽象数据类型(Abstract Data Type,ADT)通常是指由用户定义,用于表示应用问题的数据模型,是将数据结构作为一个软件构件的实现。抽象数据类型由基本的数据类型组成,并包括一组相关的服务(或称操作)。抽象数据类型有些类似于 Pascal 语言中的记录

（record）类型和 C 语言中的构造（struct）类型，但它增加了相关的服务。下面给出自然数（natural number）的抽象数据类型定义。在 C++ 语言中，使用关键字 struct 或 class 定义抽象数据类型。例如，自然数的抽象数据类型定义如程序 1.2 所示。

程序 1.2　自然数的抽象数据类型
ADT NaturalNumber IS
/ * objects：自然数是整数的有序子集，它开始于 0，结束于机器能表示的最大整数 MAXINT * /
{

    function：对于所有的 x,y∈NaturalNumber，＋、－、＜、＝＝、＝等都是可用的服务。

Zero（）：NaturalNumber	返回 0；
IsZero（x）：Boolean	if（x ＝＝ 0）返回 true；else 返回 false；
Add（x,y）：NaturalNumber	if（x＋y ＜＝ MAXINT）返回 x＋y；
	else 返回 MAXINT；
Equal（x,y）：Boolean	if（x ＝＝ y）返回 true；else 返回 false；
Successor（x）：NaturalNumber	if（x ＝＝ MAXINT）返回 x；
	else 返回 x＋1；
Subtract（x,y）：NaturalNumber	if（x ＜ y）返回 false；else 返回 x－y；

} //NaturalNumber

对于一个其数据元素完全相同的数据类型，如果给它赋予不同的语义，即定义具有不同功能的一组，则可形成不同的抽象数据类型。例如队列和优先级队列，它们可能都是相同的顺序表结构，但其语义不同，队列是先进先出，优先级队列是优先级高的先出，具有各不相同的服务，是不同的抽象数据类型。

为了保证抽象数据类型中每个操作的正确性，在操作中需要给出前置条件（IF）和后置条件（…THEN…ELSE）。前者给出操作正确执行所需的先决条件，后者表明在前置条件确定后应得到的结果。在 C++ 中使用断言（assert.h）实现这种机制。如在程序中插入"assert（x ＞ 0）"语句，它表明，如果满足 $x ＞ 0$，则可继续执行后续的程序，否则将调用通用库 stdlib.h 中的函数 abort()，打印出错行号和文件名，终止程序的执行。后续章节将引用这种机制。此外，在 C++ 中可使用"抛出异常"处理的机制 try-throw-catch。这种机制可以检测和抛出函数无法处理的异常情况。如果程序系统中有相关的异常处理器，则异常处理器捕获和处理这个异常；如果程序系统中没有相关的异常处理器，则程序终止。

抽象数据类型的特征是使用与实现分离，实行封装和信息隐蔽。就是说，在抽象数据类型设计时，把类型的声明与其实现分离开来。

首先根据问题的要求，定义该抽象数据类型需要包含哪些信息，并根据功能确定共有接口中的服务，使用者可以使用共有接口中的服务对该抽象数据类型进行操作。另外，抽象数据类型的物理实现作为私有部分封装在其实现模块内，使用者不能看到，也不能直接操作该类型所存储的数据，只能通过界面中的服务来访问这些数据。这样做的好处是严格区分了抽象数据类型的两个不同的视图。

从使用者的角度来看，只要了解该抽象数据类型的规格说明，就可以利用其共有接口中的服务来使用属于这个类型的数据，而不必关心其物理实现。这样使用者可以在开发过程中抓住重点，集中精力考虑如何解决应用问题，使问题得到简化。例如，在求解一个最优化问题时常常要使用一个栈。那么，应当首先考虑此栈应存放什么信息，应如何组织。至于栈怎样实现,可能会出现哪些例外情况,这些例外情况如何处理等,可以暂时忽略,待以后具体实现时再考虑。

从实现者的角度来看,把抽象数据类型的物理实现封装起来,有利于编码、测试,也有利于将来的修改。因为这样做可以使得错误局部化,一旦出现错误,其传播范围不致于影响其他模块;如果为了提高效率希望改进数据结构,可能需要改变抽象数据类型的物理实现,但只要界面中的服务的使用方式不变,其他所有使用该抽象数据类型的程序都可以不变。从而大大提高系统的稳定性。

1.3 作为 ADT 的 C++ 类

1.3.1 面向对象的概念

什么是面向对象? Coad 和 Yourdon 给出如下的定义:

面向对象＝对象＋类＋继承＋消息通信

定义中的对象是指在应用问题中出现的各种实体、事件、规格说明等,它是由一组属性值和在这组值上的一组服务(或称操作)构成。其中,属性值确定了对象的状态。例如,对于一个显示在计算机屏幕上的矩形,它作为一个几何对象,由左上角坐标、右下角坐标、边线颜色、内部颜色等属性值确定了它的位置、颜色等状态。可以通过对象的服务来改变该对象的属性值,即对象的状态。例如,矩形可以有一个服务 move(x,y),使用这个服务可以把矩形移到由整数 x、y 指定的新位置上。矩形还可以有两个服务 setEdgeColor(c) 和 setInterColor(c),用以改变矩形的边和内部的着色。

在面向对象方法中,把具有相同属性和服务的对象归到同一个类(class),而把一个类中的每个对象称为该类的一个实例(instance)。它们具有相同的服务。例如,在计算机屏幕上有大大小小若干个矩形,分别表示各种按钮和窗口,它们都是“矩形”类的实例。这些实例共享该类的所有服务,但因其在屏幕上显示的位置、大小、颜色各不相同,所以它们的属性值也各不相同。

引入继承机制是面向对象方法最有特色的方面。例如,在绘图系统中,可将几何图形分为点、多边形、折线、二次曲线等,它们可以各自建立相应的类,确定必需的属性和相关的操作。而多边形又可分为四边形、三角形;二次曲线又可分为椭圆、圆、抛物线、双曲线。以“多边形”类为基类(base class),建立它的派生类(derived class),如“四边形”类、“三角形”类等。将各派生类中的共同部分,包括属性和服务,集中到基类中,派生类中只保留自己特有的属性和服务。派生类的各对象独享该派生类的属性和服务,同时还能共享基类的共有的和保护性的属性和服务。这样做的好处是可以合理地将各个对象的属性和服务分配到所有的类中,减少数据存储和程序代码的重复。通过建立继承的层次结构,还可以很方便地建立系统的体系结构,很容易地在这个结构上增加新的继承,并可有效地使用以前已经完成的类,实现类的复用。

基类又称父类、超类或泛化类,派生类又称子类或特化类。

各个类的对象间通过消息进行通信。消息实际上是一个类的对象要求另一个类的对象执行某个服务的指令,指明要求哪一个对象执行这个服务,必要时还要传递调用参数。系统功能的实现,就是通过一系列对象消息的传递执行一系列服务达到的。

面向对象开发方法与传统的开发方法不同。传统的开发方法也称面向过程的开发方法,首先着眼于系统要实现的功能。从系统的输入和输出出发,分析系统要做哪些事情,进而考虑如何做这些事情,逐步建立系统的功能结构和相应的程序模块结构。但是,程序因各种各样的原因需要经常修改,这种修改常常涉及许多模块,有时因功能改变导致全部模块都要变更,这样修改工作量极大,很容易产生新的错误,使得程序退化。

面向对象开发方法的出现,弥补了传统方法的不足。面向对象开发方法首先着眼于应用问题所涉及的对象,包括各种物理实体、事件、规格说明,识别为解决问题所需的各种对象、对象的属性、必需的操作,以及各个对象的实例之间的关系,从而建立对象的结构和为解决问题需要执行的事件序列(俗称场景),据此建立类的继承层次结构,通过各个类的实例之间的消息连接,实现所需的功能。类的定义充分体现了抽象数据类型的思想,基于类的体系结构可以把程序的修改局部化。特别是一旦系统功能需要改变,主要修改类中间的某些服务,类所代表的对象基本不变,整个系统保持稳定,确保系统不致因修改而退化。

1.3.2　C++中的类

C++对于面向对象程序设计的支持,核心部分就是类的定义。类的定义体现了抽象数据类型的思想,可用以支持声明与实现的分离,将抽象数据类型的实现封装在类的内部,达到信息隐蔽的原则。为此,对类的成员来说,规定有三级存取:共有(public)、私有(private)和保护(protected)。

对于在 public 域中声明的数据成员和函数成员(也称成员函数),程序中其他类的对象或操作都能请求该类的对象执行它们,因此,这些数据成员和成员函数构成类的接口部分。在 private 域和 protected 域中声明的数据成员和成员函数构成类的私有部分,只能由该类的对象和成员函数,以及被声明为友元(friend)的函数或类的对象才能访问它们。此外,在 protected 域中声明的数据成员和成员函数,还允许该类的派生类访问它们;在 private 域中声明的数据成员和成员函数,则不允许该类的派生类访问它们。

程序 1.3 给出一个 Point 类的声明。在 public 域声明的函数构成这个类的共有接口,其他类的实例可以请求 Point 类的实例执行这些共有函数。例如,Point 和 get_x,以及加另一个点的命令 operator+ 都是 Point 类的用户可用的函数。在 private 域声明的成员仅允许该类的成员函数或友元函数存取。例如,Point 类中一个点的表示由两个整数实例变量 x、y 组成。类的用户不能直接访问它们,因为它们是在 private 域中声明的。类的用户只能通过 Point 类的成员函数和友元函数,包括流输入输出命令,来存取它们。

```
程序 1.3  Point 类的定义
#ifndef POINT_H
#define POINT_H                    //In the header file point.h
#include <iostream.h>
class Point{                       //类定义
public:                            //共有域
    Point(int,int);                //构造函数
    Point(Point &);                //复制构造函数
    ~Point();                      //析构函数
```

```cpp
    int get_x();                      //存取函数
    int get_y();
    void put_x(int a);
    void put_y(int b);
    Point operator+(Point p);         //重载函数：当前对象＋参数表中对象 p
    Point operator*(int i);           //重载函数：当前对象＊参数表中整数 i
    int operator>(Point p);           //重载函数：判断当前对象是否＞参数表中对象 p
    int operator<(Point p);           //重载函数：判断当前对象是否＜参数表中对象 p
    int operator==(Point& p);         //重载函数：判断当前对象是否＝参数表中对象 p
private:
    int x;
    int y;
    friend istream& operator>>(istream& in, Point& p);    //友元函数：输入
    friend ostream& operator<<(ostream& out, Point& p);   //友元函数：输出
};
#endif
```

为了存取一个点的 x、y 分量，类提供了 4 个函数：get_x()、get_y()、put_x(int a)和 put_y(int b)。之所以要用 private 关键字来保护数据的表示并提供存取函数，是为了防止类的用户直接使用数据的内部表示来编写代码，因此使用存取函数来操作数据，以维持类的抽象性。例如，若决定使用极坐标表示一个点，即使用一个角度 theta 和一个离开原点的距离 r，此时，只要类的共有函数的使用界面不改变，改变类的实现就不会对类的用户有任何影响，用户仍然可以通过 public 界面的存取函数使用直角坐标。

系统开发的一种方法是把类的声明放在 header 文件中，成员函数的实现分开放在代码文件中，在函数的实现代码中通过作用域设定命令"::"，将该函数归属到某一类。也可以把类的声明和成员函数的实现都放在 header 文件中。在头文件(point.h)中程序的头尾放上 #ifndef POINT_H、#define POINT_H 和 #endif。

Point 类的输出函数的实现代码：

```cpp
ostream& Point::operator<<(ostream& strm, Point p){
    return strm << "(" << p.get_x() << "," << p.get_y() << ")";
};
```

这个函数把点 p 的值以"x，y"的格式送到 strm 指明的输出流中。

注意，C++ 扩充了 C 中 struct 型的功用，加进成员函数以说明一个类。在 C++ 中 struct 与 class 的区别在于：在 struct 中，默认的访问级别是 public，若在 struct 内部自始至终缺省访问级别，则所有的成员都在共有接口中；而在 class 中，默认的访问级别是 private。除此之外，struct 与 class 是等价的。

与 struct 一样，用 union 也可以定义类。在 C++ 中，union 可以包含函数和变量，还可以包含构造函数和析构函数。C++ 的 union 保留了所有 C 的特性，主要是让所有的数据成员共享相同的存储空间，在程序设计语言中称为"等价变量"。与 class 和 struct 相比，union 可节省存储。与 struct 相似，union 中默认存取级别是 public。

1.3.3　C++中的对象

1. 建立类的对象

类与对象的关系类似于语言程序中的数据类型与变量,类可以视为数据类型,它一旦定义,在整个程序运行过程中是不会变化的;而对象是在程序运行过程中建立,并在程序运行过程中撤销,它是有生命周期的。类通过建立属于该类的对象(或实例)参加运算,对象根据问题要求有其实际含义。

建立类的对象也称实例化,采用的方式类似于定义 C 变量的方式,可以自动地,或静态地,或通过动态分配来建立。例如,建立一个 Point 类实例的语句:

```
Point p(6,3);                  自动地
Point q;                       自动地
static Point s(3,4);           静态地
Point * t = new Point(1,1);    通过动态分配
```

对象 p、q 和 s 都是 Point 类的对象,而 t 是对象指针。

2. 构造函数

当遇到以上的每条语句时,将隐式地调用一个构造函数(constructor),这个构造函数属于一个与它同名的类。例如,在程序 1.3 中给出的 Point 类的定义中声明了两个构造函数,构造函数的参数用于初始化对象的数据成员。如当使用声明 Point p(6,3) 建立 Point 类的对象 p 时,调用了构造函数 Point(int,int),通过以下函数定义,将其 x, y 分量设定为 6,3:

Point∷Point(int a,int b){x = a; y = b;}

或

Point∷Point(int a,int b):x(a),y(b){}

这两种形式是等效的。

构造函数可以定义默认值。例如

Point∷Point(int a = 0, int b = 0):x(a),y(b){}

当定义实例时给定初始值,则该实例以给定初始值来初始化其数据成员。例如,

Point p(6,3)

则用 x=a=6,y=b=3 来初始化其数据成员。

当定义实例时未给出初始值,则该实例以默认值来初始化其数据成员。例如,

Point q

则用 x=a=0,y=b=0 来初始化其数据成员。

3. 析构函数

当要撤销对象时,需要隐式地调用另一个函数,称为析构函数(destructor),它属于名字相同的类,但在名字前面加上了"～",例如～Point()。

一个类可以定义几个构造函数,但只能定义一个析构函数。当控制要退出自动变量的

作用域,或通过 delete 命令释放一个动态分配的变量时,就要调用析构函数。当 main 函数执行结束时,将释放静态声明的变量。

一个析构函数用于在删除一个类的对象时做清除工作。

1.3.4　C++的输入输出

在 C++中执行输入输出操作,需要用 #include 预处理指令包括一个<iostream.h>头文件。用它可支持 C++的流(stream)操作。"流"是个简单的字符序列。在 C++中有 istream 和 ostream 两个预定义的类,它们定义了输入流和输出流。在 C++语言程序中,基本的输入输出方式有两种:键盘屏幕输入输出和文件输入输出。

1. 键盘屏幕输入输出

在 C 中有用于定向到键盘输入设备、屏幕输出设备和错误文件的命令 stdin、stdout 和 stderr。在 C++中用 cin、cout 和 cerr 来定义键盘输入类、屏幕输出类和错误信息输出类。操作符<<用于写出类 ostream 的一个对象,对于一系列输出对象,可用<<分开。操作符>>用于读入类 istream 的一个对象。

在程序 1.4 中使用了流 cin >>,相继从标准输入设备上输入两个整型变量 a 和 b,并将它们打印到标准输出设备上。

程序 1.4　流操作使用示例
```
# include <iostream.h>
void main( ){
    int a, b;
    cin >> a >> b;
    cout << "a: " << n << "b: " << b << endl;
}
```

在输出语句中最后输出的 endl 是 C++的 I/O 操作符,它的用途是输出一个换行符并清空流。

C++中的输入输出可以是自由格式,程序员不需要使用格式化符号来指定输入输出项的类型和顺序。与其他 C++操作符一样,输入输出操作符能够被重载。

2. 文件输入输出

C++中的文件输入输出方式如下:

(1) 在程序开头必须用预处理指令 #include 包含头文件<fstream.h>,它定义了类 ifstream、ofstream 和 fstream;

(2) 要创建一个输入流,必须声明它为 ifstream 类的实例;

(3) 要创建一个输出流,必须声明它为 ofstream 类的实例;

(4) 执行输入和输出操作的流必须声明它为 fstream 类的实例。

程序 1.5　在程序中使用文件的实例
```
# include <fstream.h>
# include <iostream.h>
# include <stdlib.h>
void main( ){
```

```
    ifstream inFile;                              //inFile 为输入流对象
    ofstream outFile;                             //outFile 为输出流对象
    outFile.open("my.dat", ios::out);             //建立输出文件"my.dat"
    char univ[] = "Tsinghua", name[10];
    int course = 2401, number;
    outFile << univ << endl;                      //输出到"my.dat"
    outFile << course << endl;
    inFile.open("my.dat",ios::in|ios::nocreate);  //打开输入文件"my.dat"
    if(!inFile){
        cerr << "不能打开 my.dat" << endl;
        exit(1);
    }
    inFile >> name >> number;
    outFile << "name: " << name << endl;
    outFile << "number: " << number << endl;
}
```

ifstream 类、ofstream 类和 fstream 类都是从 istream 类和 ostream 类派生出来的,而 istream 和 ostream 类又是从 ios 类派生出来的,因此这些类都可使用 ios 类的所有运算。

在调用打开文件函数 open()时,函数参数表包括实际文件名、数据流动的方向和函数返回文件的开始地址。系统在存储文件时,在其末尾添加有文件结束标记。

在程序 1.5 中,如果文件未被打开,则 outFile=0;如果文件被成功地打开,则它将代替 cout,将输出引导到文件"my.dat"中。

在文件打开的操作中,指定的文件模式有以下 5 种。

ios::app:把所有对文件的输出添加在文件尾。它只用于输出文件。

ios::binary:文件以二进制方式打开。此项缺省时文件以文本方式打开。

ios::nocreate:若文件不存在则将导致打开操作失败。

ios::out:表明该文件用于输出。此项可缺省。

ios::in:表明该文件用于输入。此项可缺省。

1.3.5　C++ 中的函数

1. C++ 函数的概念

在 C++ 中有两种函数:常规函数和成员函数。不论哪一种函数,其定义都包括 4 部分:函数名、形式参数表、返回类型和函数体。函数的使用者通过函数名来调用该函数;调用时把实际参数传送给形式参数表作为数据的输入;通过函数体中的处理程序实现该函数的功能;最后得到返回值作为输出。程序 1.6 给出一个函数的例子。max 是函数名,int a 和 int b 是形式参数表,函数名前面的 int 是返回类型,在花括号内括起来的是函数体,它给出了函数操作的实现。

程序 1.6　求两个值 a 与 b 中的大值
```
int max(int a,int b){
    if(a > b) return a;
```

```
        else return b;
    }
```

在 C++ 中所有函数都有一个返回值,或者返回计算结果,或者返回执行状态。如果函数不需要返回值,可使用 void 来表示它的返回类型。函数的返回值通过函数体中的 return 语句返回。return 的作用是返回一个与返回类型相同类型的值,并中止函数的执行。

函数返回时可以通过引用方式,参看程序 1.7,此时在函数类型后加上"&"。

程序 1.7　使用引用的实例

```
#include <iostream.h>
char& replace(int m);
char s[80] = "Hello There";
main(){
    replace(5) = 'x'; cout << s;              //用 x 代替 Hello 后面的空格
}
char& replace(int m){
    return s[m];
}
```

函数 replace()的返回类型说明为返回一个字符的引用类型,在函数执行时返回参数 m 指定的 s 数组元素的值。main()执行时把字符'x'送给 s[5]。

2. C++ 中的参数传递

函数调用时传送给形式参数表的实际参数必须与形式参数在类型、个数、顺序上保持一致。参数传递有两种方式:一种是传值,这是默认的参数传递方式;另一种是引用。

使用传值方式传递参数时,把实际参数的值传送给函数局部工作区相应的副本中,函数使用这个副本执行必要的功能。这样,函数修改的是副本的值,实际参数的值不变,参看程序 1.8 中的函数 squareByValue(int)。

使用引用方式传递参数时,需将形式参数声明为引用类型,即在参数名前加"&"。当一个实际参数与一个引用型形式参数结合时,被传递的不是实际参数的值,而是实际参数的地址,函数通过地址直接使用被引用的实际参数。函数执行后实际参数的值将发生改变。在把一个体积较大的对象作为参数传递时,使用引用方式将大大节省传递参数的时间,并可节省存储参数对象的副本空间。参看程序 1.8 中的函数 squareByReference(int&)。

程序 1.8　求平方

```
#include <iostream.h>
int squareByValue(int);
void squareByReference(int&);
int main() {
    int x = 2, z = 4;
    cout << "求平方值前 x =" << x << endl << "用 squareByValue 求平方值";
        squareByValue(x);
        cout << "求平方值后 x =" << x << endl;
        //求平方值前 x=2, squareByValue(x) = 4, 求平方值后 x=2
        cout << "求平方值前 z =" << z << endl << "用 squareByReference 求平方值";
        squareByReference(z);
```

```
        cout << "求平方值后 z =" << z << endl;
            //求平方值前 z＝4，求平方值后 z＝16
    }
    int squareByValue(int a){return a *= a;}
    void squareByReference(int& a){a *= a;}
```

　　当一个函数的返回值多于一个时，其中一个可由 return 语句返回，其他返回值可使用引用型参数返回。

　　注意，在使用传值型参数时，参数可以是常数、常量、变量或表达式；但在使用引用型参数时，参数只能是变量或对象。

　　一种特殊的引用调用方式称为常值引用，其格式为 const Type& a，其中 Type 为参数的数据类型。在函数体中不能修改常值参数。

　　数组参数的传递情况比较特殊。数组作为形式参数可按传值方式声明，但实际采用引用方式传递，传递的是数组第一个元素的地址。在函数体内对形式参数的数组所做的任何改变都将反映到作为实际参数的数组中。此外，在参数表中一般按形如 int R[ ] 的形式声明，因此需要显式地声明数组的大小。

程序 1.9　递归函数：求数组 a[]前 n 个元素的和
```
int sum(int a[], int n){
    if(n > 0) return a[n－1]+sum(a,n－1);
    else return 0;
}
```

　　当传送的值参是一个对象（作为类的实例）时，在函数中就创建了该对象的一个副本。在创建这个副本时会调用该对象的复制构造函数。如果该类没有显式定义的复制构造函数，那么编译器会自动创建一个默认的复制构造函数，而在函数结束前要调用该副本的析构函数撤销这个副本。需要注意，如果一个类在构造函数中用 new 为指针成员分配了内存空间，并在析构函数中用 delete 进行释放，那么必须手动定义它的复制构造函数。因为编译器自动创建的复制构造函数只能够进行指针的简单复制，并不会分配新的内存空间，这样当副本析构后，母本占有的动态空间会被释放掉，造成错误。若采用引用方式传递对象，则在函数中不创建该对象的副本，也不存在最后撤销副本的问题。但是，通过引用方式传递的是对象时，函数对对象的改变将影响调用的对象。

3. 成员函数的返回值

　　当成员函数的返回值为传值方式时，允许改变该对象的私有数据成员。当成员函数的返回值为常值传值方式时，需要在函数说明中加上 const 标识，使得该对象的私有成员不能被改变。当成员函数的返回值为引用方式时，该成员函数的返回值应是一个已存在变量（或对象）的别名。当该成员函数的返回值被改变时，其对应变量（或对象）的值将改变。当成员函数的返回值为常值引用方式时，其返回值与引用方式的成员函数返回值类同。但该成员函数不能改变该对象的私有成员。

程序 1.10　函数返回的实例
```
#include <iostream.h>
class Temperature{
```

```
private：
    float highTemp，lowTemp;                    //数据成员
public：
    Temperature(int hi, int lo)                 //构造函数
        { highTemp = hi; lowTemp = lo; }
    void UpdateTemp(float temp);                //传值返回
    float GetHighTemp( )const;                  //常值返回
    float GetLowTemp( )const;                   //常值返回
};

void Temperature::UpdateTemp(float temp){
    if (temp > highTemp) highTemp = temp;
    if (temp < lowTemp) lowTemp = temp;
}

float Temperature::GetLowTemp( )const {
    return lowTemp;
}

float Temperature::GetHighTemp( )const {
    return highTemp;
}
```

当成员函数返回值为常值传值方式或常值引用方式时,const 标识符一般放在最后。

4. 友元函数

在类的声明中可使用保留字 friend 定义友元函数。友元函数实际上并不是这个类的成员函数,它可以是一个常规函数,也可以是另一个类的成员函数。如果想通过这种函数存取类的私有成员和保护成员,则必须在类的声明中给出函数的原型,并在该函数原型前面加上一个 friend。

参看程序 1.3 给出的 Point 类的声明,有两个重载操作符"<<"与">>",因为它们直接在对象外部的程序中使用,都被声明为 Point 类的友元函数:

```
friend istream& operator>>(istream&,Point&);    //输入友元函数
friend ostream& operator<<(ostream&,Point&);    //输出友元函数
```

1.3.6 动态存储分配

在 C 语言程序中使用函数 malloc 动态地为程序变量分配它所需要的空间,并通过函数 free 动态地释放这个空间。函数 malloc 执行时,要求它的调用者使用函数 sizeof 提供所需存储空间的数量,完成动态分配后还需要对返回指针做类型的强制转换。

而 C ++ 则为动态存储分配提供了两个新的命令:new 和 delete,增强了动态分配的功能。它们操纵属于可利用空间的存储并取代了 C 中的库函数 malloc 和 free。操作 new 要求以被建立对象的类型作为参数,并返回一个指向新分配空间的指针。此时,返回指针自动根据类型说明进行了类型转换。例如,可以为分配一个整数或一个点编写如下语句:

　　　　int ∗ ip ＝ new int；

或

　　　　Point ∗ p ＝ new Point；

　　在 C ++ 中没有无用单元收集,这样使用 new 分配的存储必须显式地使用 delete 释放。delete 函数不需要明确指出 new 分配了多少存储。例如,如果建立下列有 100 个点的数组：

　　　　Point ∗ p ＝ new Point[100]；

则通过以下命令释放该存储：

　　　　delete []p；

若释放时遗漏了"[]",则将只释放 p 所指示的第一个元素,将会"失去"其他 99 个点所占据的空间,以致不能再复用它们。另外,若使用表达式计算出来的值超出方括号中的 100,则程序将会出错且结果不可预测。因此,使用 new 和 delete 管理存储时必须仔细。

1.3.7　C ++ 中的继承

　　继承性(inheritance)是渐增式地修改已有的类定义以产生新类的技术。继承结构的例子见程序 1.11。程序 1.11(a)中声明的 Polygon(多边形)类是程序 1.11(b)中所声明的 Quadrilateral(四边形)类的基类。Quadrilateral 类首部的语句"：public Polygon"指明 Quadrilateral 类是 Polygon 类的子类,而且 Polygon 类的共有成员应是 Quadrilateral 类的共有成员。在成员函数 Polygon∷draw 的声明中记号"＝ 0"指明这个方法的定义应由子类提供,记号"＝ 0"还使得 Polygon 成为一个抽象类。这意味着 Polygon 类没有实例,因而所有操作都没有实现代码。

程序 1.11　类的继承关系举例

```
class Polygon {                         class Quadrilateral：public Polygon {
public：                                 public：
    Polygon(Point)；                         Quadrilateral(Point，Point)；
    void move(Point)；                       void isInside(Point)；
    void isInside(Point)；                   void draw()；
    Point getReferencePoint()；          private：
    virtual void draw() ＝ 0；               Point vertex2；
private：                                };
    Point referencePoint；
};
```

　　　　(a) Polygon 类的定义　　　　　　　　(b) Polygon 类的 Quadrilateral 子类的定义

　　程序 1.12 展示了 Quadrilateral 类的完整定义,是复合了程序 1.11 所定义的 Quadrilateral 类和 Polygon 类而得到的结果。

　　注意,Polygon 类的私有成员 referencePoint 并未成为 Quadrilateral 类的私有成员,只能使用在 Polygon 类中定义的成员函数 getReferencePoint ( ) 来进行存取。因此,Quadrilateral 对象的第一个顶点(即 referencePoint)不能在 Quadrilateral 类中直接存取。

程序 1.12 Quadrilateral 类的完整定义

```
class Quadrilateral {
public：
     Quadrilateral(Point，Point)；
     Point getReferencePoint()；          //从 Polygon 类继承的属性
     void isInside(Point)；
     void move(Point)；                   //从 Polygon 类继承的属性
     void draw()；
private：
     Point vertex2；
};
```

现在改变 Polygon 的声明,使其原来被封装的数据成员对它的子类有效。程序 1.13 改变了 Quadrilateral 类继承 Polygon 类的方式。若使用保留字 protected 代替程序 1.11(a)中的 private,则 Polygon 类的子类就可以继承那些被声明为 protected 的成员。Quadrilateral 类的成员函数现在就能直接存取在程序 1.13 中给定的 referencePoint 了。

程序 1.13 基类(超类)中被保护成员的影响

```
class Quadrilateral {
public：
     Quadrilateral(Point，Point)；
     Point referencePoint()；             //从 Polygon 类继承的操作
     void isInside(Point)；
     void move(Point)；                   //从 Polygon 类继承的操作
     void draw()；
protected：
     Point referencePoint；               //从 Polygon 类继承的属性
     Point vertex2；
};
```

1.3.8 多态性

多态性(polymorphism)是指允许同一个函数(或操作符)有不同的版本,对于不同的对象执行不同的版本。C++ 支持以下两种多态性:

(1) 编译时的多态性,表现为函数名(或操作符)重载;

(2) 运行时的多态性,通过派生类和虚函数来实现。

1. C++ 的函数名重载

函数名重载允许 C++ 程序中多个函数取相同的函数名,但其形式参数或返回类型可以不同。例如,C 标准函数库中有 3 个标准函数 abs()、labs() 和 fabs(),分别计算整型数、长整型数和双精度型数的绝对值。在 C 中因处理的数据类型不同,必须取不同的函数名。在 C++ 中,可以把这 3 个函数都命名为 abs():

```
int abs(int)；
long abs(long)；
double abs(double)；
```

编译器能够比较具有同名的函数的特征,通过识别实际参数的数目和每个实际参数的类型,来标识用于一个特定调用的是哪一个版本的 abs( )。

2. C ++ 的操作符重载

C ++ 提供了一种能力,可用同一个名字定义多个操作,这种能力称为操作符重载。例如,可以命名一个函数 clear(int *),它将一个整数清零,还可以再命名另一个函数 clear(int[]),它将一个整数数组清零。

在 C 中,必须使用名字 clearIntArray( )和 clearInt( )来区分这两个函数。在 C ++ 中,编译器能够比较同名函数的特征,通过识别实际参数的数目和每个实际参数的类型,来标识一个特定调用中用的是哪一个版本的 clear( )。

为了支持面向对象,C ++ 提供了双目重载操作符,如＋和＜。这种操作可使得程序更可读、写得更自然。例如,可定义点(Point)的运算(作为成员函数)。

p1＋p2:把两个点(x1, y1)和(x2, y2)相加成一个点(x1＋x2, y1＋y2)。

p1＜p2:两个点 p1 和 p2 的"小于"关系,表示 p1 比 p2 更靠近原点(0, 0)。

p1/i:一个点 p＝(x, y)除以一个整数 i 的除法(x/i, y/i)。

可以按以下方式说明重载操作:

```
Point operator＋(const Point& p);
Point operator/(int i);
int operator＜(const Point& p);
```

使用这些新的操作的表达式如:

```
Point midPoint = (point1＋point2)/2;
```

或

```
if(midPoint < referencePoint) …
```

注意,每个这样的操作符在调用时可看成是该操作符左边对象的成员函数。例如,point1＋point2 实际上是一个消息。由 Point 类的实例 point1 调用成员函数"＋",该对象的属性确定第一个操作数的值;函数参数表中指定的 Point 类的实例 point2 的属性确定第二操作数的值。这种重载能力允许像使用内建类型(如 int、float)那样来使用用户自定义类型。与在不允许重载操作的语言中相同的语句比,这样可以改善程序的可读性。

但重载作为非成员函数的(双目)操作符时,参加运算的两个操作数必须都出现在参数表中。第一个参数是第一操作数,第二个参数是第二操作数。例如,若用 struct 定义 worker 记录结构如下:

```
struct worker{
    int id;
    char name[20];
    float age;
}
```

设 wk 是属于 worker 的一个对象,可使用如下语句输入或输出 wk 的数据:

```
cin >> wk.id >> wk.name >> wk.age;
```

```
cout << wk.id << " " << wk.name << " " << wk.age << endl;
```

若要对该对象进行整体输入或输出,可将提取操作符"＞＞"或插入操作符"＜＜"重载,使它们直接适用于 worker 类的对象。为此,定义重载函数"＞＞""＜＜"如下:

```
istream& operator>>(istream& istr, worker& x){
    istr >> x.id >> x.name >> x.age;
    return istr;
}
ostream& operator<<(ostream& ostr, const worker& x){
    ostr<<x.id<<" "<<x.name<<" "<<x.age<<endl;
    return ostr;
}
```

按照上述定义后,可使用如下语句对 worker 类的对象 wk 进行输入或输出:

```
cin >> wk;
cout << wk;
```

执行第一条语句时将把实际参数 cin 和 wk 引用(即按地址方式)传送给被调用函数中的 istr 和 x 形式参数,使得 istr 和 x 分别被取代(或称换名)为 cin 和 wk,函数中对 istr 和 x 的操作实际上就是对 cin 和 wk 的操作。该函数返回 istr(即 cin),以便能够在一条输入语句中连续使用操作符"＞＞"对多个对象进行输入。

注意,当在同一行上输入多个数据时,其数据之间要用空格隔开。

执行第二条语句时将把实际参数 cout 和 wk 引用(即按地址方式)传送给被调用函数中的 ostr 和 x 形式参数,使得 ostr 和 x 分别被取代为 cout 和 wk,函数中对 ostr 和 x 的操作实际上就是对 cout 和 wk 的操作。该函数返回 ostr(即 cout),以便能够在一条输出语句中连续使用 操作符"＜＜"对多个数据进行输出。

3. 虚函数与动态绑定

一个虚函数(virtual function)是一个在基类中被声明为 virtual,并在一个或多个派生类中被重定义的函数。如果在基类的声明中,在一个函数的函数特征之前加一个关键字 virtual,则编译器将建立一个可由运行环境解释的特殊结构,并在程序执行时而不是编译时由运行环境来执行对这个函数的调用。

用 virtual 声明的一个函数的实现,可按以下两种方式来处理。

(1) 如果在程序 1.11 的 Polygon 类的声明中 draw() 后面没有"= 0",同时代码文件中提供了 draw() 操作的默认实现,则所有没有给出自己特殊的 draw() 操作的子类将继承这个默认实现。

(2) 如果像程序 1.11(a)中所声明的那样,不提供 draw() 的实现,则 draw() 操作被设置为"= 0"。此时声明的函数称为纯虚函数(pure virtual function),如果一个类至少有一个纯虚函数,那么该类就是抽象类(abstract class)。

一个抽象类必须作为基类而被其他类继承,抽象类自己不能生成实例,就是说不能由类生成对象,因为抽象类中至少有一个函数没有实现。如果一个基类中的某个函数声明为纯虚函数,则该基类的任何派生类都必须定义自己的实现。

在 draw( )的声明中记号 virtual 指明实际调用的成员函数将在运行时动态地确定,而不是在编译时确定。这种做法就是动态绑定(dynamic binding)。为了解这个工作如何进行,考虑一个例子,如程序 1.14 的一个函数 display( )。

程序 1.14　动态绑定的例子
```
void display(Polygon& p) {
    ⋮
    p.draw( );
    ⋮
}
Quadrilateral q(Point p1(1,1), Point p2(2,2));
    ⋮
display(q);
    ⋮
```

在此程序中 display( )函数接收了一个在参数表中传递来的 Quadrilateral 对象 q,并在函数执行时调用了 Polygon 类的操作 draw( )。然而在程序 1.11(a)中定义的 Polygon 类中的 draw( )操作是纯虚函数,没有提供实现,而具体实现是由它的子类 Quadrilateral 完成的。这样,在运行时动态地将要执行的成员函数从 Polygon 类中的 draw( )连接到 Quadrilateral ∷draw( )。这种成员函数调用成员函数的绑定在图 1.8 中描述。

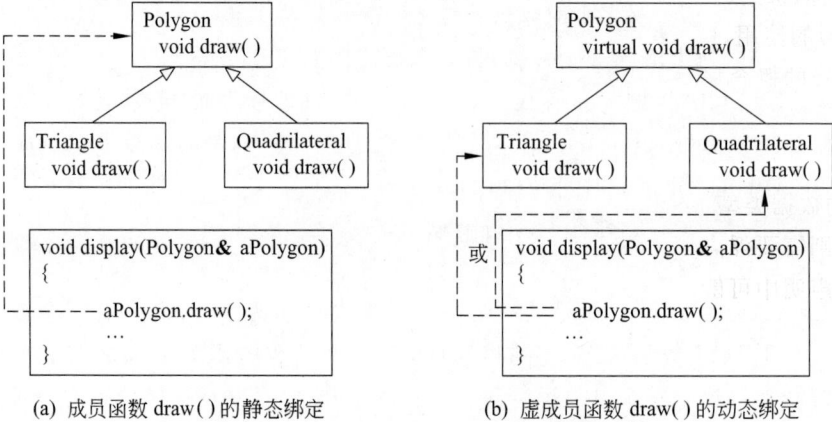

(a) 成员函数 draw( )的静态绑定　　　　　(b) 虚成员函数 draw( )的动态绑定

图 1.8　Polygon 类的静态与动态绑定

在第 2 章讨论线性结构时可知,线性表有两种存储表示:基于数组的存储表示(顺序表)和基于链表的存储表示(单链表)。如果将它们定义为抽象基类和两个具体派生类的关系,可以如下定义:

```
class linearList                    //抽象基类:线性表
⋮
class seqList:public linearList     //派生类:顺序表
⋮
class linkedList:public linearList  //派生类:单链表
⋮
```

如果需要定义和使用一个线性表对象,可以如下定义选用某一种存储表示:

```
linearList * p;
seqList seqList_obj;
p = &seqList_obj;
int add = p->Locate(5);                    //按顺序表使用线性表
⋮
```

或

```
linearList * p;
linkedList linkedList_obj;
p = &linkedList_obj;
int add = p->Locate(5);                    //按单链表使用线性表
⋮
```

函数调用的动态绑定方法在解释性语言中是标准的实践,但在编译性语言中没有广泛使用。动态绑定用在编译性面向对象语言中是为了支持所包含的多态性。

1.3.9　C++ 的模板

面向对象开发方法强调把抽象和灵活性引入设计过程。在 C++ 中支持抽象的方式有3 种:使用抽象类、使用模板及使用 void * struct。第 3 种方式不介绍,因为在 C++ 中模板(template)的使用,这种方式已经过时。

把模板的概念加到 C++ 中,是想要抽出构件的不依赖于数据类型的构件的逻辑功能。例如,定义一个队列时,希望把主要精力放在如何实现先进先出的输入输出功能上,而不要把精力放在队列中的元素是什么数据类型上。又如,在考虑程序 1.3 中定义的 Point 类时,x,y 值的数据类型可能因问题而异,在图形系统中对于屏幕坐标需要整数值,但在地球坐标系统中则需要浮点值。因此,可以针对程序 1.3 中的 Point 类定义,使用模板机制进行重写。将类声明中可能涉及的数据类型参数化,仅使用符号 T 代表,并在类声明的前面或每个成员函数的实现程序前面增加一条类型参数化语句:

```
template <class T>
```

在程序内部就可以直接使用参数 T 定义相应的变量的数据类型,如程序 1.15 所示。

```
程序 1.15　Point 类的 C++ 模板
template <class T>
class Point {
public:
    Point(T, T);
    Point(Point p);
    T get_x();
    T get_y();
    ⋮
    //其他操作相同
private:
```

```
        T x;
        T y;
    };
```

这样定义的类称为类属(generic)类,它提供了一个类模板,它既可用于整数坐标值的实例化对象,也可用于实数坐标值的实例化对象。在实际使用时,用语句:

Point<int> a;

建立一个类属类 Point 的实例,这个实例将使用整数类型 int 来给出坐标 x, y 值,在执行环境下通过简单代换,变成针对 int 数据类型的对象定义或算法。

1.4 算 法 定 义

1. 算法的定义

什么是算法(algorithm)? 通常人们将算法定义为一个有穷的指令集,这些指令为解决某一特定任务规定了一个运算序列。一个算法应当具有以下 5 个特性。

(1) **有输入**。一个算法必须有 0 个或多个输入。它们是算法开始运算前给予算法的量。这些输入取自于特定的对象的集合。它们可以使用输入语句由外部提供,也可以使用赋值语句在算法内给定。

(2) **有输出**。一个算法应有一个或多个输出,输出的量是算法计算的结果。

(3) **确定性**。算法的每步都应确切地、无歧义地定义。对于每种情况,需要执行的动作都应严格、清晰地规定。

(4) **有穷性**。一个算法无论在什么情况下都应在执行有穷步后结束。

(5) **能行性**。算法中每条运算都必须是足够基本的。就是说,它们原则上都能通过计算机指令精确地执行,甚至人们仅用笔和纸做有限次运算就能完成。

算法和程序不同,程序可以不满足上述的特性(4)。例如,一个操作系统在用户未使用前一直处于"等待"的循环中,直到出现新的用户事件为止。这样的系统可以无休止地运行,直到系统停工。但在本书中,所有程序都没有这种情况,故对算法和程序这两个术语不加严格区分。

算法的描述可以有多种方式,如语言方式、图形方式、表格方式。在本书中采用 C++ 语言描述,它的优点是类型丰富、语句精练,具有面向过程和面向对象的双重特点,编出的程序结构化程度高,可读性强。为了更好地交代算法的思路,有时还采用 C++ 语句与自然语言结合的方式来描述算法。此外,采用模板类表示抽象数据类型,有助于类的复用。如果将所有的模板类依出现的次序存放到计算机中,可在后续的应用中直接使用它们解决问题,从而获得较大的回报率。

2. 算法的设计

现以选择排序为例,说明如何把一个具体问题转变为一个算法。所使用的方法是自顶向下、逐步求精的结构化程序设计方法。

首先,要搞清楚需要解决什么问题。在此例中,问题的要求是把存放在一个整数数组中的 n 个乱七八糟的数据按自小到大的顺序排列起来。可能有的数据具有相同的值,因此,排列结果应是数据的非递减顺序。

其次，考虑问题解决方案。n 个数据存在数组 $a[0]$ 到 $a[n-1]$ 中，需要一个一个地排列。先考虑第 1 个数据，存于 $a[0]$。从 $a[0]$ 到 $a[n-1]$ 中选择一个最小的数据，把它交换到 $a[0]$ 中，这样最小的数据放到最前面。然后考虑第 2 个数据，原来存于 $a[1]$。从 $a[1]$ 到 $a[n-1]$ 中选择一个最小的数据，把它交换到 $a[1]$ 中，这样次最小的数据放到第 2 个位置了。再考虑第 3 个数据、第 4 个数据……直到第 $n-1$ 个数据。当第 $n-1$ 个数据排在它应在的位置后，第 n 个数据可以不再排了，因为只剩它一个，它无论如何就在这儿了。

根据以上思路，写出算法的框架。$i=0$，1，2，…，$n-2$ 时，分别从第 i 个元素到第 $n-1$ 个元素中选值最小者，其元素下标用 k 标示。若 k 不等于 i，则对换 $a[i]$ 与 $a[k]$。$n-1$ 趟做完，就在数组 a 中得到排序结果。

程序 1.16　排序算法的框架
```
for (int i = 0; i < n-1; i++){          //n-1 趟
    从 a[i]检查到 a[n-1]，寻找最小的整数，其位置在 k;
    若 i≠k，则交换 a[i]与 a[k];
}
```

然后将其细化。这时需要解决两个问题：一是如何选择值最小的数据；二是如何交换两个数据的值。

从第 i 个元素到第 $n-1$ 个元素中选值最小元素可以采取如下做法：先假定第 i 个元素值最小，用 k 标示它；然后顺序检查第 $i+1$，第 $i+2$，…，第 $n-1$ 个，若检测到还有比刚才最小的元素还要小的元素，用 k 标示它。在检查结束后 k 标示的就是值最小的数据。

交换两个数据中的值时需要一个暂存变量，如用 temp 作为中介，进行对换：

```
temp = a[i]; a[i] = a[k]; a[k] = temp;
```

综合以上做法，即可得到取名为 selectSort 的排序程序，如程序 1.17 所示。

程序 1.17　selectSort 排序算法
```
void selectSort(int a[], const int n){
//对 n 个整数 a[0],a[1],…,a[n-1], 按非递减的顺序排序
    int temp,i,j,k;
    for (i = 0; i < n-1; i++){
      k = i;                       //从 a[i]检查到 a[n-1]，最小的整数在 a[k]
      for (j = i+1; j < n; j++)
        if (a[j] < a[k]) k = j;    //k 标示当前找到的最小整数
      if (i != k){                 //交换 a[i]与 a[k]
        temp = a[i]; a[i] = a[k]; a[k] = temp;
      }
    }
}
```

1.5　算法性能分析与度量

在面向对象的程序中，通过建立类来实现数据结构，同时还要实现类中各个成员函数，以及应用各个类的服务的算法。因此，一旦确定了类的数据结构，就需要描述算法的设计和

实现细节,并写成具体的过程。但是一个类的实现,可用多种数据结构来表示;一个服务的实现,可以有多个算法供选择。所以,采用什么数据结构和算法,成为一个重要的问题。

1.5.1 算法的性能标准

数据结构的优劣与算法直接有关。数据结构的性能实际上是由实现其各个服务的算法来体现的。对数据结构的分析实质上就是对实现其各个服务的算法的性能的分析。

判断一个算法的优劣,主要有以下 6 个标准。

(1) **正确性**(correctness)。要求算法能够正确地执行预定的功能和性能要求。这是最重要的标准,这要求算法的编写者对问题的要求有正确的理解,并能正确地、无歧义地描述和利用某种编程语言正确地实现算法。

(2) **可使用性**(usability)。要求算法能够很方便地使用。此特性也称用户友好性。为便于用户使用,要求该算法具有良好的界面和完备的用户文档。因此,算法的设计必须符合抽象数据类型和模块化的要求,最好所有的输入和输出都通过参数表显式地传递,少用共用变量或全局变量,每个算法只完成一个功能。

(3) **可读性**(readability)。算法应当是可读的。这是理解、测试和修改算法的需要。为了达到这一要求,算法的逻辑必须是清晰的、简单的和结构化的。所有的变量名、函数名的命名必须有实际含义,让人见名知义。在算法中必须加入注释,简要说明算法的功能、输入与输出参数的使用规则、重要数据的作用、算法中各程序段完成的功能等。

(4) **效率**(efficiency)。算法的效率主要指算法执行时计算机资源的消耗,包括存储和运行时间的开销,前者称为算法的空间代价,后者称为算法的时间代价。算法的效率与多种因素有关。例如,所用的计算机系统、可用的存储容量和算法的复杂性等。本节重点讨论算法的效率。

(5) **健壮性**(robustness)。要求在算法中加入对输入参数、打开文件、读文件记录、子程序调用状态进行自动检错、报错,并通过与用户对话来纠错的功能。这也称容错性或例外处理。一个完整的算法必须具有健壮性,能够对不合理的数据进行检查。但在算法初写时可以暂不考虑它,集中精力实现必要的功能,待到算法成熟时再追加。

(6) **简单性**(simplicity)。算法的简单性是指一个算法所采用数据结构和方法的简单程度。算法的简单性便于用户编写、分析和调试,它与算法的出错率直接相关。算法越简单,其出错率越低,可靠性越高。但最简单的算法往往不是最有效的,即可能需要占用较长的运行时间和较多的内存空间。

1.5.2 算法复杂性度量

算法复杂性度量可分为空间复杂度度量和时间复杂度度量。空间复杂度(space complexity)是指当问题的规模以某种单位从 1 增加到 n 时,解决这个问题的算法在执行时所占用的存储空间也以某种单位由 1 增加到 $S(n)$,则称此算法的空间复杂度为 $S(n)$;时间复杂度(time complexity)是指当问题的规模以某种单位从 1 增加到 n 时,解决这个问题的算法在执行时所耗费的时间也以某种单位由 1 增加到 $T(n)$,则称此算法的时间复杂度为 $T(n)$。

一般来说,问题的规模从问题的描述中可以找到。例如,在有 n 个记录的学生文件中查找某个名叫王雪纯的学生,则 n 即为问题的规模。又如,对一个 n 阶线性方程组求解,则问题的规模仍为 n。一般地,因为算法是针对某一实例(类的对象)的,所以问题规模可视为实例的特性。空间单位一般规定为一个工作单元所占用的存储空间大小,这里的工作单元根据问题的要求可以是一个简单变量,也可以是一个构造型变量。时间单位一般规定为一个程序步(program step),不同的语句有不同的程序步。

1. 空间复杂度度量

下面给出 3 个程序,程序 1.18 是计算表达式 $a+b+b×c+(a+b-c)/(a+b)+4.0$ 的程序。程序 1.19 和程序 1.20 是求和程序,累加数组 a 前 n 个元素的值。但程序 1.19 采用迭代方式,程序 1.20 采用递归方式。

程序 1.18　计算表达式
```
float abc(float a, float b, float c){
    return a+b+b * c+(a+b-c)/(a+b)+4.0;
}
```

程序 1.19　累加数组 a 前 n 个元素的值的迭代算法
```
float sum(float a[], const int n){
    float s = 0.0;
    for (int i = 0; i < n; i++) s += a[i];        //s = s+a[i]
    return s;
}
```

程序 1.20　累加数组 a 前 n 个元素的值的递归算法
```
float rsum(float a[], const int n){
    if (n <= 0) return 0;
    else return rsum(a, n-1)+a[n-1];
}
```

这些程序所需的存储空间包括两部分。

(1) **固定部分**。这部分空间的大小与输入输出个数多少、数值大小无关。主要包括存放程序指令代码的空间,常数、简单变量、定长成分(如数组元素、结构成分、对象的数据成员等)变量所占的空间等。这部分属于静态空间,只要做简单的统计就可估算。

(2) **可变部分**。这部分空间主要包括其与问题规模有关的变量所占空间、递归工作栈所用空间,以及在算法运行过程中通过 new 和 delete 命令动态使用的空间。

如果空间大小仅与问题规模 n 有关,可以通过分析算法规格说明,找出所需空间大小与 n 的一个函数关系,就能得到所需空间大小。如在程序 1.18 中,问题规模由 a、b、c 决定,而 a、b、c 各占有一个空间单位,这样该函数所需存储空间为一个常数。程序 1.19 的问题规模为 n。在程序中用到一个整数 n 存放累加项个数;还用到一个浮点数 s 作为存放累加值的存储空间;另外对于数组 $a[]$ 来说,只耗费了一个空间单元存放它第一个元素 $a[0]$ 的地址。因此,此函数所需的存储空间也为一个常数。程序 1.20 是递归的算法,问题规模也是 n。为了实现递归过程用到了一个递归工作栈,每递归一层就要加一个工作记录到递归工作栈中,工作记录为形式参数($a[]$ 的首地址 $a[0]$ 和 n)、函数的返回值以及返回地址,保留了 4 个存储单元。由于算法的递归深度是 $n+1$,故所需的栈空间是 $4(n+1)$。

最不好估算的是涉及动态存储分配时的存储空间需求。若使用了 k 次 new 命令,则动态分配了 k 次空间单位。如果没有使用 delete 命令释放已分配的空间,那么占用的存储空间数等于分配的空间数;如果使用了 m 次 delete 命令,就不能简单地拿 new 分配的空间数减 delete 释放的空间数,必须具体分析。若用 n 代表 new,用 d 代表 delete,一个算法在运行过程中执行 new 和 delete 的顺序为 nnndnndnddnnnnnn,分析这个序列就可以计算空间复杂度了。

2. 时间复杂度度量

算法的运行时间涉及加、减、乘、除、转移、存、取等基本运算。要想准确地计算总运算时间是不可行的,因此,度量算法的运行时间,主要从程序结构着手,统计算法的程序步数。简单地说,**程序步是指在语法上或语义上有意义的一段指令序列,而且这段指令序列的执行时间与实例特性无关。**

例如,在程序 1.18 中,语句 return a+b+b*c+(a+b-c)/(a+b)+4.0 就可以看作是一个程序步。

为了确定算法中每条语句的程序步数,给出各种语句的程序步数。

(1) **注释**。程序步数为 0。因它是非执行语句。

(2) **声明语句**。程序步数为 0。包括定义常数和变量的语句,用户自定义数据类型的语句,确定访问权限的语句,指明函数特征的语句。

(3) **表达式**。如果表达式中不包含函数调用,则程序步数为 1。如果表达式中包含函数调用,总的程序步数要包括分配给函数调用的程序步数。

(4) **赋值语句**。<变量>=<表达式> 的程序步数与表达式的程序步数相同。但如果赋值语句中的变量是数组或字符串(字符数组),则赋值语句的程序步数等于变量的体积加上表达式的程序步数。

(5) **循环语句**。若仅考虑循环控制部分,则有 3 种形式:

① while <表达式> do …

② do … while <表达式>

③ for (<初始化语句>;<表达式 1>;<表达式 2>) …

对于 while 与 do 语句,控制部分一次执行的程序步数等于<表达式>的程序步数。对于 for 语句,<初始化语句>、<表达式 1>和<表达式 2>可能是实例特性(例如 n)的函数,控制部分第一次执行的程序步数等于<初始化语句>与<表达式 1>的程序步数之和,后续执行的程序步数等于<表达式 1>与<表达式 2>的程序步数之和。

(6) **switch 语句** 该语句的语法格式为

```
switch (<表达式>){
    case 条件 1:<语句 1>
    case 条件 2:<语句 2>
        ⋮
    default:<语句>
}
```

其中,首部 switch (<表达式>)的程序步数等于<表达式>的程序步数;执行一个条件的程序步数等于它自己的程序步数加上它前面所有条件计算的程序步数。

（7）**if-else 语句**。该语句的语法格式为

if（<表达式>）<语句 1>；
else <语句 2>；

分别将<表达式>、<语句 1>和<语句 2>的程序步数分配给每部分。需要注意的是，如果 else 部分不出现，则这部分没有时间开销。

（8）**函数执行语句/函数调用语句**。函数调用语句的程序步数为 0。其时间开销计入函数执行语句。函数执行语句的程序步数一般为 1。但是，当函数执行语句中包含有传值型参数且传值型参数的体积与实例特性有关时，执行函数调用的程序步数等于这些传值型参数的体积之和。如果函数是递归调用，那么还要考虑函数中的局部变量。如果局部变量的体积依赖于实例特性，需要把这个体积加到程序步数中。

（9）**动态存储管理语句**。这类语句有 new object、delete object 和 sizeof（object）。每条语句的程序步数都是 1。new 和 delete 还分别隐式地调用了对象的构造函数和析构函数，这时可以用类似分析函数调用语句的方式计算其程序步数。

（10）**转移语句**。这类语句包括 continue、break、goto、return 和 return<表达式>。它们的程序步数一般都为 1。但是，在 return<表达式>情形，如果<表达式>的程序步数是实例特性的函数，则其程序步数为<表达式>的程序步数。

利用上述各种语句的程序步数，就能够确定一个程序的程序步数。有两种确定程序步数的方法。

第一种方法是在程序中插入一个计数变量 count，它是一个初始值为 0 的全局变量。然后把对 count 计数的语句插装到程序的适当地方。在程序执行时，每遇到这条计数语句，就把作为计数对象的语句的程序步数加到 count 中。例如，在求和程序 1.19 中插装 count 计数语句后得到程序 1.21。假设 count 的初始值为 0，那么程序执行结束后，在 count 中得到该程序的总的程序步数为 $3n+4$。

```
程序 1.21  计算程序 1.19 的程序步数
float sum(float a[], const int n){
    float s = 0.0;
    count++;                    //count 是全局变量，统计执行语句条数
    for (int i = 0; i < n; i++){
        count+2;                //针对 for 语句
        s += a[i];
        count++;                //针对赋值语句
    }
    count+2;                    //针对 for 的最后一次
    count++;                    //针对 return 语句
    return s;
}
```

如果不考虑程序中具体的执行功能，只保留 count 计数，则程序 1.21 的简化形式见程序 1.22。

程序 1.22　计算程序步数的简化形式

```
void sum(float a[], const int n){
    for (int i = 0; i < n; i++)
        count += 3;
    count += 4;
}
```

前面的递归求和程序 1.20 可插入 count 语句改写成如下的程序 1.23。只要给定 count 的初始值,这两个程序可得到相同的 count 终值。

程序 1.23　计算程序 1.20 的程序步数

```
float rsum(float a[], const int n){
    count++;                        //针对 if 语句
    if (n <= 0){
        count++;                    //针对 return 语句
        return 0;
    }
    else {
        count+2;                    //针对 return 语句
        return rsum (a,n-1)+a[n-1];
    }
}
```

若设 count 的初始值为 0,且设 Trsum(n)是程序执行结束后的 count 值,则从程序 1.23 中可以看到,当 $n=0$ 时,Trsum(0)=2;当 $n > 0$ 时,进入 rsum(a,n)执行后先在 count 中累加 2,再加上递归调用 rsum(a,$n-1$)累加 1,以及之后计算出的 Trsum($n-1$) 的值。这样,得到一个计算递归程序 rsum(a,n)的程序步数 Trsum(n)的公式:

$$\text{Trsum}(n) = \begin{cases} 2, & n=0 \\ 3+\text{Trsum}(n-1), & n>0 \end{cases}$$

这是一个递推公式,通过重复代入 Trsum 来实现递推计算 Trsum:

$$\begin{aligned} \text{Trsum}(n) &= 3+\text{Trsum}(n-1) \\ &= 3+3+\text{Trsum}(n-2) = 3\times2+\text{Trsum}(n-2) \\ &= 3+3+3+\text{Trsum}(n-3) = 3\times3+\text{Trsum}(n-3) \\ &= \cdots \\ &= 3n+\text{Trsum}(0) = 3n+2 \end{aligned}$$

比较迭代求和程序与递归求和程序的程序步数,发现后者的程序步数要少一些,但这并不说明后者比前者运行时间少。事实上,后者涉及递归调用语句,其程序步数的时间开销要大得多。故后者实际运行时间比前者要多。

确定程序步数的第二种方法是建立一个表,列出程序内各条语句的程序步数。具体做法:首先确定每条语句一次执行的程序步数,以及这些语句的执行总次数(次数);其次计算每条语句在整个程序执行过程中的总程序步数;最后把所有语句的程序步数相加,得到程序的总程序步数。

注意,一条语句本身的程序步数可能不等于该语句一次执行所具有的程序步数。例如,

有一个赋值语句：

x = sum(R,n)；

它本身的程序步数为 1。但从迭代求和程序可知，该语句一次执行对函数 $sum(R，n)$ 的调用需要的程序步数为 $3n+4$，因此该语句一次执行的程序步数应当是 $1+3n+4=3n+5$。

在表 1.2 中列出了迭代求和程序中函数 $sum(a，n)$ 内各语句一次执行所需程序步数和该语句的执行次数，最后一列是该语句的程序步数。由此确定了程序的总程序步数为 $3n+4$。对于 for 语句，i 要加到 n 才能跳出循环，故循环要执行 $n+1$ 次。

表 1.2　迭代求和程序中程序步数计算工作表格

行号	程 序 语 句	一次执行所需程序步数	执行次数	程序步数
1	{	0	1	0
2	float s = 0.0;	1	1	1
3	for (int i = 0; i < n; i++)	2	$n+1$	$2n+2$
4	s += a[i];	1	n	n
5	return s;	1	1	1
6	}	0	1	0
	总程序步数			$3n+4$

表 1.3 给出了递归求和程序中函数 $rsum(a，n)$ 内程序步数的计算。

表 1.3　递归求和程序中程序步数计算工作表格

行号	程 序 语 句	一次执行所需程序步数	执行次数 $n=0$	执行次数 $n>0$	程序步数 $n=0$	程序步数 $n>0$
1	{	0	1	1	0	0
2(a)	if (n <= 0)	1	1	1	1	1
2(b)	return 0;	1	1	0	1	0
3	else return rsum(a, n−1)+a[n−1];	$2+Trsum(n-1)$	0	1	0	$2+Trsum(n-1)$
4	}	0	1	1	0	0
	总程序步数				2	$3+Trsum(n-1)$

在"一次执行所需程序步数"这一列的第 3 行给出的值为 $2+Trsum(n-1)$，它包括了对函数递归调用所需的程序步数。在表 1.3 中，"执行次数"和"程序步数"都被分成两列：一列对应 $n=0$，另一列对应 $n>0$。对于某些语句，如递归调用语句，要区别这两种情况。

1.5.3　算法的渐进分析

算法的渐进分析(asymptotic algorithm analysis)简称算法分析。算法分析直接与它所求解的问题的规模 n 有关，因此，通常将问题规模作为分析的参数，求算法的时间和空间开销与问题规模 n 的关系。

1. 渐进的时间复杂度

计算程序步数的目的是比较两个或多个完成相同功能的程序的时间复杂度，并估计当问题规模变化时,程序的运行时间如何随之变化。

要确定一个程序的准确的程序步数是非常困难的,而且也不是很必要。因为程序步数这个概念本身不是一个精确的概念。例如,赋值语句 x＝a 和 x＝a+b＊(c－d)－e/f 居然具有相同的程序步数。由于程序步数不能确切地反映运行时间,所以用精确的程序步数来比较两个程序,其结果不一定有价值。1.5.2 节讨论迭代求和程序与递归求和程序的程序步数时,程序步数为 $3n+2$ 的程序反而比程序步数为 $3n+4$ 的程序运行时间多。但是,当两个程序的程序步数相差很大时,例如一个是 $\lfloor \log_2(n+1) \rfloor$[①],另一个是 $n(n-1)/2$ 时,显然后者比前者运行时间多。如果精确地计算有困难,则只要能够得出一个是 $\log_2 n$ 的数量级,另一个是 n^2 的数量级,后者比前者运行时间多的结论,也能够达到分析的目的。

2. 大 O 渐进表示

在多数情况下,只要得到一个估计值就足够了。若设问题的规模为 n,程序的时间复杂度为 $T(n)$,则当 n 增大时,$T(n)$ 也随之变大。可是 $T(n)$ 将如何精确地变化很难估计,因此,需要分析程序的内部结构,找出关键的操作。例如,前面给出过一个顺序搜索算法,它的关键操作是将数组元素 $a[i]$ 的值顺序地与给定值做比较。对于有 n 个元素的数组,如果每个元素搜索概率都相等,那么,搜索到第 1 个元素需要做一次比较,搜索到第 2 个元素需要做两次比较,以此类推,搜索到第 n 个元素需要做 n 次比较,从算法的整体性能来看,搜索成功的平均比较次数为

$$\frac{1}{n}\sum_{i=1}^{n} i = \frac{n+1}{2}$$

因此,找到了一个函数 $f(n)=\{n+(n-1)+(n-2)+\cdots+1\}/n=(n+1)/2$,然后,使用大 O 表示法 $T(n)=O(f(n))=O(n)$ 作为这个算法的时间复杂度的渐进度量值。

要全面分析一个算法,需要考虑算法在最坏情况下的时间代价,在最好情况下的时间代价,在平均情况下的时间代价。对于最坏情况,主要采用大 O 表示法来描述。

大 O 表示法的一般提法:当且仅当存在正整数 c 和 n_0,使得 $T(n) \leqslant cf(n)$ 对所有的 $n \geqslant n_0$ 成立,则称该算法的时间增长率在 $O(f(n))$ 中,记为 $T(n)=O(f(n))$。

就是说,随着问题规模 n 逐步增大,算法的时间复杂度也在增加。从数量级大小考虑,算法的程序步数(是 n 的函数)在最坏情况下存在一个增长的上限,即 $cf(n)$,那么将视这个算法的时间复杂度增长的数量级为 $f(n)$,即算法的增长率上限在 $O(f(n))$ 中。

使用大 O 表示法时需要考虑关键操作的程序步数。如果最后给出的是渐进值,可直接考虑关键操作的程序步数,找出其与 n 的函数关系 $f(n)$,从而得到渐进时间复杂度。

【例 1.4】(线性函数)。考察 $f(n)=3n+2$。当 $n \geqslant 2$ 时,$3n+2 \leqslant 3n+n=4n$,所以 $f(n)=O(n)$,$f(n)$ 是一个线性变化的函数。

【例 1.5】(平方函数)。考察 $f(n)=10n^2+4n+2$。当 $n \geqslant 2$ 时,有 $10n^2+4n+2 \leqslant 10n^2+5n$;当 $n \geqslant 5$ 时,有 $5n \leqslant n^2$。因此,对于 $n \geqslant 5$,$f(n) \leqslant 10n^2+n^2=11n^2$,$f(n)=O(n^2)$。

---

① $\lfloor \log_2 n \rfloor$ 表示对 $\log_2 n$ 向下取整,即将其小数部分舍去。同样地,下文中的 $\lceil \log_2 n \rceil$ 表示对 $\log_2 n$ 向上取整,就是说,若 $\log_2 n$ 的小数部分不为 0,则把其小数部分进上,取其整数部分再加 1;若其小数部分为 0,则只取其整数部分。下文中不再特别说明。

【例 1.6】（指数函数）。考察 $f(n) = 6 \times 2^n + n^2$。可以观察到对于 $n \geqslant 4$，有 $n^2 \leqslant 2^n$，所以对于 $n \geqslant 4$，有 $f(n) \leqslant 6 \times 2^n + 2^n = 7 \times 2^n$。因此，$f(n) = O(2^n)$。

【例 1.7】（常数函数）。考察 $f(n) = 9$。当 $n_0 = 0$，$c = 9$，即可得到 $f(n) = O(1)$。

换句话说，假设 $g(n) = 2n^3 + 2n^2 + 2n + 1$，当 n 充分大时，$T(n) = O(n^3)$，这是因为当 n 很大时，与 n^3 相比，n^2 与 n 的数值常常不起决定作用，可以忽略不计。因此，使用大 O 表示法，对于多项式，只保留最高次幂的项，常数系数和低阶项可以不要。

当 $g(n)$ 的数量级是对数级时，可能是 $\lfloor \log_2 n \rfloor$ 的线性关系，可能是 $\lceil \log_2 n \rceil$ 的线性关系，使用大 O 表示法，只要记为 $O(\log_2 n)$ 就可以了。

关键操作大多在循环和递归中。关于递归的讨论，参照前面对递归求和程序 1.20 的程序步数进行递推的过程。我们不再做进一步的讨论。下面仅针对循环做一讨论。

对于单个循环而言，在循环内的简单语句即为关键操作，该程序段的渐进时间复杂度应是此关键操作的执行次数的大 O 表示；对于几个并列的循环，先分析每个循环的渐进时间复杂度，然后利用大 O 表示法的加法规则来计算其渐进时间复杂度。

大 O 表示法的加法规则是指当两个并列的程序段的时间代价分别为 $T_1(n) = O(f(n))$ 和 $T_2(m) = O(g(m))$ 时，将两个程序段连在一起后整个程序段的时间代价为

$$T(n,m) = T_1(n) + T_2(m) = O(\max\{f(n), g(m)\})$$

例如，程序 1.24 中有两个并列的关键操作。前一个关键操作是两层循环中的语句 sum[i] = sum[i] + x[i][j]，在行 6 中，渐进时间复杂度为 $O(m \times n)$；后一个关键操作是在第二个循环中的语句 cout << sum[i]，在行 9 中，渐进时间复杂度为 $O(m)$。那么按照大 O 表示法的加法规则，整个程序的渐进时间复杂度为 $O(\max\{m \times n, m\})$。

程序 1.24　计算渐进时间复杂度的程序示例
```
void example(float x[][n], int m){
    float sum[m]; int i, j;
    for (i = 0; i < m; i++){
        sum[i] = 0.0;
        for (j = 0; j < n; j++)
            sum[i] = sum[i]+x[i][j];            //求第 i 行元素的累加和
    }
    for (i = 0; i < m; i++)                      //打印第 i 行的累加和
        cout << "Line" << i << ":" << sum [i] << endl;
}
```

$\max\{f(n), g(m)\}$ 是指当 n 与 m 充分大时取 $f(n)$ 与 $g(m)$ 中的大值。在这个意义下显然有如下关系：

$$c < \log_2 n < n < n\log_2 n < n^2 < n^3 < 2^n < 3^n < n!$$

其中，c 是与 n 无关的任意正数。如果一个算法的时间复杂度取到 c，$\log_2 n$，n，$n\log_2 n$，那么它的时间效率比较高，如表 1.4 所示。如果取到 n^2，n^3，其时间效率差强人意。如果取到 2^n，3^n，$n!$，那么当 n 稍大一点，算法的时间代价就会变得很大，以至于不能计算了。

表 1.4　各个函数随 n 的增长函数值的变化情况

$\log_2 n$	n	$n\log_2 n$	n^2	n^3	2^n	$n!$
2	4	8	16	64	16	24
3	8	24	64	512	256	80320
3.32	10	33.2	100	1000	1024	3628800
4	16	64	256	4096	65536	2.1×10^{13}
5	32	160	1024	32768	4.3×10^9	2.6×10^{35}
7	128	896	16384	2097152	3.4×10^{38}	∞
10	1024	10240	1048576	1.07×10^9	∞	∞
13.29	10000	132877	10^8	10^{12}	∞	∞

　　如果存在多层的嵌套循环,关键操作应在最内层循环中。先自外向内分析每层循环的渐进时间复杂度,然后利用大 O 表示法的乘法规则来计算其渐进时间复杂度。也就是说,当两个嵌套的程序段的时间代价分别是 $T_1(n)=O(f(n))$ 和 $T_2(m)=O(g(m))$ 时,那么整个程序段的时间代价为

$$T(n,m)=T_1(n)\times T_2(m)=O(f(n)\times g(m))$$

　　例如,在程序 1.24 中从 3～7 行的程序段就是一个嵌套的两层循环。在外层循环的控制下,它的循环体的渐进时间复杂度为 $O(m)$,其中包含一个内层循环;在这个内层循环的控制下,它所包含的关键操作(sum[i] += x[i][j])的渐进时间复杂度为 $O(n)$,因此可得该程序段的渐进时间复杂度为 $O(m\times n)$。

　　类似地,如果一个程序的循环中有一个包含有循环的函数调用语句,也可以在被调用的函数内部寻找关键操作,使用这个规则来计算其渐进时间复杂度。

　　在大 O 表示法的乘法规则里有一个特例,如果 $T_1(n)=O(c)$,c 是一个与 n 无关的任意常数,$T_2(n)=O(f(n))$,则有

$$T(n)=T_1(n)\times T_2(n)=O(c\times f(n))=O(f(n))$$

这也说明在大 O 表示法中,任何非零正常数都属于同一数量级,记为 $O(1)$。

3. 渐进的空间复杂度

　　当问题规模 n 充分大时,需要的存储空间体积将如何随之变化,也可以像分析时间复杂度一样,用大 O 表示法来表示。设 $S(n)$ 是算法的渐进空间复杂度,在最坏情况下它可以表示为问题规模 n 的某个函数 $f(n)$ 的数量级,记为

$$S(n)=O(f(n))$$

这里所说的不是程序指令、常数、指针等所需要的存储空间,也不是输入数据所占用的存储空间,而是为解决问题所需要的辅助存储空间。例如,在排序算法中为移动数据所需的临时工作单元、在递归算法中所需的递归工作栈等。通常,只有完成同一功能的几个算法之间才具有可比性。例如,同样是排序算法,待排序数据都是 n 个,作为输入和存放这些数据的数组或链表结点也同样都是 n 个,因此这些输入数据所占用的存储空间不用进行比较,可比较的只有那些辅助或附加的存储空间。可以使用大 O 表示法来标记这些空间,用于比较各算法的优劣。

**1.5.4 最坏、最好和平均情况

1.5.3 节所讨论的大 O 表示法描述的是上限,即当某一类数据的输入规模是 n 时,一个算法耗用的(时间)资源的最大值,这通常是最差(坏)情况。

还有一种表示法可用来描述算法在某一类数据输入时所需的最少(时间)资源。与大 O 表示法类似,它也是算法时间增长率的一个衡量标尺,这就是 Ω 表示法。一般衡量最小时间代价。Ω 表示法的定义与大 O 表示法的定义非常相似:

若存在两个正常数 c 和 n_0,(在最好情况下)对于所有的 $n \geqslant n_0$,使得 $T(n) \geqslant cg(n)$,则称算法的最小的时间代价为 $T(n)$ 在 $\Omega(g(n))$ 中。

【例 1.8】 假定 $T(n) = c_1 n^2 + c_2 n,(c_1,c_2 > 0)$。因为当 $n > 1$ 时,$c_1 n^2 + c_2 n \geqslant c_1 n^2$,所以有 $T(n) \geqslant c_1 n^2$,根据定义,$T(n) = \Omega(n^2)$。在此例中,也可以得到 $T(n) = \Omega(n)$。由于一般希望找到一个最"紧"的可能限制(对于大 Ω 表示法来说是最大的),所以,一般说这个运行时间是 $\Omega(n^2)$。

下面结合程序 1.25 给出的顺序搜索算法进行说明。

程序 1.25 从一维数组 a[n]中顺序搜索与给定值 key 匹配元素的算法

```
int SequenceSearch(int a[], int n, int key){
//若查找成功则返回元素的下标,否则返回-1
    for (int i=0; i < n; i++)
        if (a[i] == key) return i;
    return -1;
}
```

此算法的时间复杂度主要取决于 for 循环体被反复执行的次数。最好情况是第一个元素 a[0]的值等于 key,此时只需要进行元素的一次比较就搜索成功,相应的时间复杂度为 $\Omega(1)$;最差情况是最后一个元素 a[n-1]的值等于 key,此时需要进行元素的 n 次比较才能搜索成功,相应的时间复杂度为 $O(n)$;平均情况是每个元素的值都有相同的概率(即均为 $1/n$)等于给定值 key,则查找成功需要同元素进行比较的平均次数为

$$\frac{1}{n}\sum_{i=0}^{n-1}(i+1) = \frac{n+1}{2}$$

相应的时间复杂度为 $O(n)$,它同最差情况具有相同的数量级,因为它们之间的比较次数只在系数项和常数项上有差别,而在 n 的指数上没有差别。

在一个算法中,最好情况的时间复杂度最容易求出,但它通常没有多大的实际意义,因为数据一般都是随意分布的,出现最好情况分布的概率极小;最差情况的时间复杂度也容易求出,它比最好情况有实际意义,通过它可以估计到算法运行时所需要的相对最长时间,并且能够使用户知道如何设法改变数据的排列次序,尽量避免或减少最差情况的发生;平均情况的时间复杂度的计算要困难一些,因为它往往需要概率统计等方面的数学知识,有时还需要经过严格的理论推导才能求出,但平均情况的时间复杂度最有实际意义,它确切地反映了运行一个算法的平均快慢程度,通常就用它来表示一个算法的时间复杂度。对于一般算法来说,平均和最差这两种情况下的时间复杂度的数量级形式往往是相同的,它们的主要差别在最高次幂的系数上。另外有一些算法,其最好、最差和平均情况下的时间复杂度或相应的

数量级都是相同的。

从以上叙述可知,大 O 表示法描述的是某一个算法的上限(若能够找到某一类输入下代价最大的函数),Ω 表示法描述的是某一个算法的下限(若能够找到某一类输入下代价最小的函数)。当上、下限相等时,可用 Θ 表示法。

如果针对问题规模为 n 的某一输入,一个算法的时间代价既在 $O(h(n))$ 中,又在 $\Omega(h(n))$ 中,则称其为 $\Theta(h(n))$。

注意,在 Θ 表示法中没有提到"在……中",这是因为两个 Θ 相同的函数有交换性,也就是说,如果 $f(n)=\Theta(g(n))$,则 $g(n)=\Theta(f(n))$。

在平均情况下,顺序搜索算法的时间代价既在 $O(n)$ 中,又在 $\Omega(n)$ 中,因此可以说在平均情况下该算法的时间代价为 $\Theta(n)$。

本书中给出的绝大多数算法都很浅显易懂,可以做 Θ 分析,但由于需要较为复杂的讨论,多数场合采用大 O 或者 Ω 表示法。当读者对算法了解较深时,再进行 Θ 分析。

习　题

一、单项选择题

1. 以下说法正确的是(　　　)。

A. 数据元素是具有独立意义的最小标识单位

B. 原子类型的值不可再分解

C. 原子类型的值由若干个数据项值组成

D. 结构类型的值不可以再分解

2. 以下说法正确的是(　　　)。

A. 数据结构的逻辑结构独立于其存储结构

B. 数据结构的存储结构独立于该数据结构的逻辑结构

C. 数据结构的逻辑结构唯一地决定了该数据结构的存储结构

D. 数据结构仅由其逻辑结构和存储结构决定

3. 以下说法错误的是(　　　)。

A. 抽象数据类型具有封装性

B. 抽象数据类型具有信息隐蔽性

C. 抽象数据类型的用户可以自己定义对抽象数据类型中数据的各种操作

D. 抽象数据类型的一个特点是使用与实现分离

4. 一种抽象数据类型包括数据和(　　　)两部分。

A. 数据类型　　　　B. 操作　　　　　　C. 数据抽象　　　　D. 类型说明

5. 下面程序段的时间复杂度为(　　　)。

```
for (int i = 0; i < m; i++)
    for (int j = 0; j < n; j++)
        a[i][j] = i * j;
```

A. $O(m^2)$　　　　B. $O(n^2)$　　　　C. $O(m \times n)$　　　　D. $O(m+n)$

6. 执行下面程序段时,执行 S 语句的次数为(　　　)。

```
for (int i = 1; i <= n; i++)
    for (int j = 1; j <= i; j++)
        S;
```

  A. n^2 B. $n^2/2$ C. $n(n+1)$ D. $n(n+1)/2$

7. 下面算法的时间复杂度为(　　)。

```
int f(unsigned int n) {
    if (n == 0 || n == 1) return 1;
    else return n * f(n-1);
}
```

  A. $O(1)$ B. $O(n)$ C. $O(n^2)$ D. $O(n!)$

8. 输出一个二维数组 b[m][n] 中所有元素值的时间复杂度为(　　　)。

  A. $O(n)$ B. $O(m+n)$ C. $O(n^2)$ D. $O(m \times n)$

9. 一个算法的时间复杂度为 $(3n^2 + 2n\log_2 n + 4n - 7)/(5n)$,其时间复杂度为(　　　)。

  A. $O(n)$ B. $O(n\log_2 n)$ C. $O(n^2)$ D. $O(\log_2 n)$

10. 某算法的时间代价为 $T(n) = 100n + 10n\log_2 n + n^2 + 10$,其时间复杂度为(　　　)。

  A. $O(n)$ B. $O(n\log_2 n)$ C. $O(n^2)$ D. $O(1)$

11. 某算法仅含程序段 1 和程序段 2,程序段 1 的执行次数 $3n^2$,程序段 2 的执行次数为 $0.01n^3$,则该算法的时间复杂度为(　　　)。

  A. $O(n)$ B. $O(n^2)$ C. $O(n^3)$ D. $O(1)$

12. 需要用一个形式参数直接改变对应实际参数的值时,则该形式参数应说明为(　　　)。

  A. 基本类型   B. 引用型   C. 指针型   D. 常值引用型

二、填空题

1. 数据是_____的载体,它能够被计算机程序识别、_____和加工处理。

2. 数据结构包括_____、_____和数据的运算 3 个方面。

3. 数据结构的逻辑结构包括_____结构和_____结构两大类。

4. 数据结构的存储结构包括顺序存储表示、_____存储表示、索引存储表示和_____存储表示四大类。

5. 构造数据类型是由使用者定义的数据类型,它由_____类型或_____类型构成。

6. 算法的执行遵循"输入—计算—_____"的模式。

7. 算法的一个特性是_____,即算法必须执行有限步就结束。

8. 算法的一个特性是_____,即针对一组确定的输入,算法应始终得出一组确定的结果。

9. 对象的状态只能通过该对象的_____才能改变。

10. 模板类是一种数据抽象,它把_____当作参数,可以实现类的复用。

11. 在类的继承结构中，位于上层的类称为 _____ 类，其下层的类则称为 _____ 类。

12. 若在类 A 的定义中声明类 B 是其友元类，则类 B 可以直接使用类 A 的私有数据成员，反之，类 A _____ 直接使用类 B 的私有数据成员。

三、判断题

1. 数据元素是数据的最小单位。　　　　　　　　　　　　　　　　　　（　　）
2. 数据结构是数据对象与对象中数据元素之间关系的集合。　　　　　　（　　）
3. 数据的逻辑结构是指各数据元素之间的逻辑关系，是用户按使用需要建立的。
　　　　　　　　　　　　　　　　　　　　　　　　　　　　　　　　（　　）
4. 数据元素具有相同的特性是指数据元素所包含的数据项的个数相等。（　　）
5. 数据的逻辑结构与数据元素本身的内容无关。　　　　　　　　　　　（　　）
6. 算法和程序原则上没有区别，在讨论数据结构时二者是通用的。　　（　　）
7. 算法和程序都应具有下面一些特征：有输入、有输出、确定性、有穷性、有效性。
　　　　　　　　　　　　　　　　　　　　　　　　　　　　　　　　（　　）
8. 只有用面向对象的计算机语言才能描述数据结构算法。　　　　　　（　　）
9. 面向对象程序应具有封装性、继承性和多态性。　　　　　　　　　　（　　）

四、简答题

1. 什么是数据？它与信息是什么关系？
2. 系统开发时设计数据要考虑 3 种视图，即数据内容、数据结构和数据流。它们的含义是什么？关系如何？
3. 如何理解数据的逻辑结构中的"逻辑"二字？
4. 数据的逻辑结构是否可以独立于存储结构来考虑？反之，数据的存储结构是否可以独立于逻辑结构来考虑？
5. 为何在"数据结构"课程中既要讨论各种在解决问题时可能遇到的典型的逻辑结构，还要讨论这些逻辑结构的存储映像（存储结构），此外还要讨论这种数据结构的相关操作（基本运算）及其实现？
6. 数据的逻辑结构分为线性结构和非线性结构两大类。线性结构包括数组、链表、栈、队列、优先级队列等；非线性结构包括树、图等。这两类结构各自的特点是什么？
7. 集合结构中的元素之间没有特定的联系。这是否意味着需要借助其他存储结构来表示？
8. 若逻辑结构相同但存储结构不同则为不同的数据结构，这种说法对吗？举例说明。
9. 举一个例子，说明对相同的逻辑结构，同一种运算在不同的存储方式下实现，其运算效率不同。
10. 举一个例子，说明两个数据结构的逻辑结构和存储方式完全相同，只是对于运算的定义不同。因而两个结构具有显著不同的特性，是两个不同的结构。
11. 什么是数据类型？它分为哪几类？
12. 什么是抽象数据类型？其特征是什么？

13. 有下列几种用二元组表示的数据结构,画出它们分别对应的图形表示(当出现多个关系时,对每个关系画出相应的结构图),并指出它们分别属于何种结构。

(1) $A = (K, R)$,其中

$K = \{a_1, a_2, a_3, a_4\}, R = \{\ \}$

(2) $B = (K, R)$,其中

$K = \{a, b, c, d, e, f, g, h\}$,

$R = \{<a, b>, <b, c>, <c, d>, <d, e>, <e, f>, <f, g>, <g, h>\}$

(3) $C = (K, R)$,其中

$K = \{a, b, c, d, e, f, g, h\}$,

$R = \{<d, b>, <d, g>, <b, a>, <b, c>, <g, e>, <g, h>, <e, f>\}$

(4) $D = (K, R)$,其中

$K = \{1, 2, 3, 4, 5, 6\}$,

$R = \{(1, 2), (2, 3), (2, 4), (3, 4), (3, 5), (3, 6), (4, 5), (4, 6)\}$

五、算法题

1. 指出算法的功能并求出其时间复杂度。

```
void matrimult(int a[][], int b[][], int c[][], int M, int N, int L) {
//数组 a[M][N]、b[N][L]、c[M][L]均为整型数组
    int i, j, k；
    for (i = 0; i < M; i++)
        for (j = 0; j < L; j++){
            c[i][j] = 0；
            for (k = 0; k < N; k++)
                c[i][j] += a[i][k] * b[k][j]；
        }
}
```

2. 设有 3 个值不同的整数 a、b、c,编写一个 C 程序,求其中值位于中间的整数。

3. 设有 10 个取值为 0～9 的互不相等的整数存放在数组 $A[10]$ 中,编写一个 C 程序,将它们从小到大排好序并存放于另一个数组 $B[10]$ 内。

4. 设 n 是一个正整数,计算并输出不大于 n 但最接近 n 的素数。

第2章 线性表

线性结构是简单且常用的数据结构,而线性表是一种典型的线性结构。

一般情况下,如果需要在程序中存储数据,最简单、最有效的方法是把它们存放在一个线性表中。只有当需要组织和搜索大量数据时,才考虑使用更复杂的数据结构。本章讨论了一般线性表的表示,并介绍了不同的实现线性表的方法,最后介绍了线性表的简单应用。

2.1　线性表的概念

2.1.1　线性表的定义

在所有的数据结构中,最简单的是线性表(linear list)。通常,定义线性表为 $n(n \geqslant 0)$ 个数据元素的一个有限的序列。记为

$$L = (a_1, \cdots, a_i, a_{i+1}, \cdots, a_n)$$

其中,L 是表名;a_i 是表中的数据元素,是不可再分割的原子数据,也称结点或表项;n 是表中表项的个数,也称表的长度。当 $n = 0$ 时称为空表,此时,表中一个表项也没有。

线性表的第一个表项称为表头(head),最后一个表项称为表尾(tail)。

线性表是一个有限序列,意味着表中各个表项是相继排列的,且每两个相邻表项之间都有直接前驱和直接后继的关系,也就是说,线性表存在唯一的第一个表项和最后一个表项。除第一个表项外,其他表项有且仅有一个直接前驱,第一个表项没有前驱;除最后一个表项外,其他表项有且仅有一个直接后继,最后一个表项没有后继。

这些直接前驱和直接后继从不同的角度刻画了同一种关系,即结点间的逻辑关系(也称邻接关系)。在线性结构中,这种邻接关系是一对一的,即每个结点至多只有一个直接前驱并且至多只有一个直接后继。而所有结点按一对一的邻接关系构成的整体就是线性结构。

线性表中的每个元素都有自己的数据类型。为简单起见,在本章讨论的线性表的实现中,表中所有的数据元素都具有相同的数据类型。

下面是几个线性表的例子。

COLOR =('Red', 'Orange', 'Yellow', 'Green', 'Blue', 'Black')
DEPT =(通信,计算机,自动化,微电子,建筑与城市规划,生命科学,精密仪器)
SCORE =(667, 664, 662, 659, 659, 659, 657, 654, 653, 652, 650, 650)

线性表中元素的值与它的位置之间可以有联系,也可以没有联系。例如,有序线性表(sorted list)中的元素按照值的递增顺序排列,而无序线性表(unsorted list)在元素的值与位置之间就没有特殊的联系。本节仅考虑无序线性表。

程序 2.1　线性表的抽象数据类型
ADT LinearList is
Objects:n($\geqslant$0)个原子表项的一个有限序列。每个表项的数据类型为 T

Function：

create( )	创建一个空线性表
int Length( )	计算表长度
int Search(T& x)	搜索函数：找 x 在表中的位置，返回表项位置
int Locate(int i)	定位函数：返回第 i 个表项在表中的位置
bool getData(int i,T& x)	取第 i 个表项的值；函数返回成功标志
void setData(int i, T& x)	用 x 修改第 i 个表项的内容
bool Insert(int i, T& x)	插入 x 在表中第 i 个表项之后，函数返回成功标志
bool Remove(int i, T& x)	删除表中第 i 个表项，通过 x 返回删除表项的值，函数返回成功标志
bool IsEmpty( )	判断表空否，空则返回 true；否则返回 false
bool IsFull( )	判断表满否，满则返回 true；否则返回 false
void CopyList(List<T>& L)	将表 L 复制到当前的表中
void Sort( )	对当前的表排序

end LinearList

以上所提及的运算是逻辑结构上定义的运算。只给出这些运算的功能是"做什么"，至于"如何做"等实现细节，只有待确定了存储结构之后才考虑。

2.1.2　线性表的类定义

程序 2.2 给出了线性表的抽象基类，它应用了模板类来描述线性表抽象数据类型。

程序 2.2　线性表的抽象基类

```
enum bool{false,true};
template <class T>
class LinearList {
public：
    LinearList( );                                    //构造函数
    ~LinearList( );                                   //析构函数
    virtual int Size( )const = 0;                     //求表最大体积
    virtual int Length( )const = 0;                   //求表长度
    virtual int Search(T& x)const = 0;                //在表中搜索给定值 x
    virtual int Locate(int i)const = 0;               //在表中定位第 i 个元素的位置
    virtual bool getData(int i, T& x) = 0;            //取第 i 个表项的值
    virtual void setData(int i, T& x) = 0;            //修改第 i 个表项的值为 x
    virtual bool Insert(int i, T& x) = 0;             //在第 i 个表项后插入 x
    virtual bool Remove(int i, T& x) = 0;             //删除第 i 个表项，通过 x 返回
    virtual bool IsEmpty( )const = 0;                 //判断表空否
    virtual bool IsFull( )const = 0;                  //判断表满否
    virtual void Sort( ) = 0;                         //排序
    virtual void input( ) = 0;                        //输入
    virtual void output( ) = 0;                       //输出
    virtual LinearList<T> operator=(LinearList<T>& L) = 0;   //复制
};
```

线性表的存储表示有两种：顺序存储方式和链接存储方式。用顺序存储方式实现的线

性表称为顺序表,是用数组作为表的存储结构的。

2.2 顺 序 表

线性表的存储方式有基于数组的存储表示、基于链表的存储表示、散列的存储表示等多种方式,基于数组的存储表示是其中最简单、最常用的一种。顺序表(sequential list)是线性表基于数组的存储表示。

2.2.1 顺序表的定义和特点

顺序表的定义:把线性表中的所有表项按照其逻辑顺序依次存储到从计算机存储中指定存储位置开始的一块连续的存储空间中。这样,线性表中第一个表项的存储位置就是被指定的存储位置,第 i 个表项($2 \leqslant i \leqslant n$)的存储位置紧接在第 $i-1$ 个表项的存储位置的后面。假设顺序表中每个表项的数据类型为 T,则每个表项所占用存储空间的大小(即字节数)大小相同,均为 sizeof(T),整个顺序表所占用存储空间的大小为 $n \times$ sizeof(T),其中 n 表示线性表的长度。

顺序表的特点如下。

(1) 在顺序表中,各个表项的逻辑顺序与其存放的物理顺序一致,即第 i 个表项存储于第 i 个物理位置($1 \leqslant i \leqslant n$)。

(2) 对顺序表中所有表项,既可以进行顺序访问,也可以进行随机访问。也就是说,既可以从表的第一个表项开始逐个访问表项,也可以按照表项的序号(也称下标)直接访问表项。

顺序表可以用 C++ 的一维数组来实现。C++ 的一维数组可以是静态分配的,也可以是动态分配的。在 C++ 语言中,只要定义了一个数组,就定义了一块可供用户使用的存储空间,该存储空间的起始位置就是由数组名表示的地址常量。数组的数据类型就是顺序表中每个表项的数据类型,数组的大小(即下标上界值,它等于数组包含的元素个数,亦即存储元素的位置数)要大于或等于顺序表的长度。顺序表中的第一个表项被存储在数组的起始位置,即下标为 0 的位置上,第二个表项被存储在下标为 1 的位置上,依次类推,第 n 个表项被存储在下标为 $n-1$ 的位置上。存储结构如图 2.1 所示。

下标位置	0	1	…	$i-1$	i	…	$n-1$	…	maxSize
数组(线性表)存储空间	a_1	a_2	…	a_i	a_{i+1}	…	a_n	…	…

图 2.1 顺序表的示意图

假设顺序表 A 的起始存储位置为 Loc(1),第 i 个表项的存储位置为 Loc(i),则有

$$\text{Loc}(i) = \text{Loc}(1) + (i-1) \times \text{sizeof}(T)$$

其中,Loc(1)是第一个表项的存储位置,即数组中第 0 个元素位置。

2.2.2 顺序表的类定义及其操作

在传统的 C 语言程序中,描述顺序表的存储表示有静态方式和动态方式两种方式,分别参看程序 2.3 和程序 2.4。在顺序表的静态存储结构中,由于存储数组的大小和空间事先

已经固定分配,一旦数据空间占满,再加入新的数据就将产生溢出,此时如果存储空间不能扩充,就会导致程序停止工作。而在顺序表的动态存储结构中,存储数组的空间是在程序执行过程中通过动态存储分配的语句分配的,一旦数据空间占满,就可以另外再分配一块更大的存储空间,用以代换原来的存储空间,从而达到扩充存储数组空间的目的,同时将表示数组大小的常量 maxSize 放在顺序表的结构内定义,可以动态地记录扩充后数组空间的大小,进一步提高了结构的灵活性(见图 2.2)。在本章用 C++ 定义顺序表的类时参照了后一种情形。

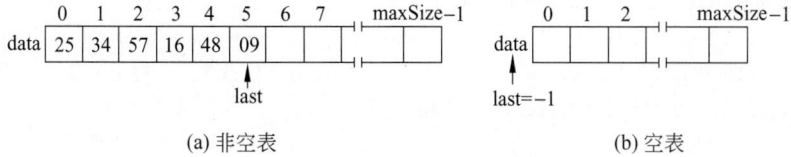

图 2.2　顺序表的动态存储结构

程序 2.3　顺序表的静态存储表示
```
# define maxSize 100
typedef int T;
typedef struct {
    T data[maxSize];
    int n;
} SeqList;
```

程序 2.4　顺序表的动态存储表示
```
typedef int T;
typedef struct {
    T * data;
    int maxSize,n;
} SeqList;
```

程序 2.5 给出了顺序表的 C++ 类声明和部分操作的实现。在定义中利用数组作为顺序表的存储结构。它被封装在类的私有域中,同时被封装的还有该顺序表的最大允许长度、当前已有表项个数和最近处理的表项(即当前表项)的位置。

程序 2.5　顺序表的类声明
```
# include <iostream.h>                         //定义在头文件"seqList.h"中
# include <stdlib.h>
const int defaultSize = 100;
template <class T>
class SeqList {
protected:
    T * data;                                  //存放数组
    int maxSize;                               //最大可容纳表项的项数
    int last;                                  //当前已存表项的最后位置(从 0 开始)
    void reSize(int newSize);                  //改变 data 数组空间大小
public:
```

```
        SeqList(int sz = defaultSize);              //构造函数
        SeqList(SeqList<T>& L);                     //复制构造函数
        ~SeqList(){delete[] data;}                  //析构函数
        int Size()const{return maxSize;}            //计算表最大可容纳表项个数
        int Length()const{return last+1;}           //计算表长度
        int Search(T& x)const;                      //搜索 x 在表中位置,函数返回表项序号
        int Locate(int i)const;                     //定位第 i 个表项,函数返回表项序号
        bool getData(int i, T& x)const              //取第 i 个表项的值
            {if (i > 0 && i <= last+1) {x=data[i−1]; return true; }else return false;}
        void setData(int i, T& x)                   //用 x 修改第 i 个表项的值
            {if (i > 0 && i <= last+1) data[i−1] = x;}
        bool Insert(int i, T& x);                   //插入 x 在第 i 个表项之后
        bool Remove(int i, T& x);                   //删除第 i 个表项,通过 x 返回表项的值
        bool IsEmpty(){return (last == −1) ? true: false;}
                                                    //判断表空否
        bool IsFull(){return (last == maxSize−1) ? true: false;}
                                                    //判断表满否
        void input();                               //输入
        void output();                              //输出
        SeqList<T> operator=(SeqList<T>& L);        //表整体赋值
    };
```

注意,在函数 int Length()const 中 const 的作用。将关键字 const 放在函数参数表后面、函数体的前面起了一种保护作用,表明它不能改变操作它的对象的数据成员的值。另外需要注意,**const 成员函数执行时不能调用非 const 成员函数**。

顺序表操作的描述可以分组讨论。

程序 2.6　构造函数和复制构造函数
```
template <class T>
SeqList<T>::SeqList(int sz){
//构造函数,通过指定参数 sz 定义数组的长度
    if (sz > 0){
        maxSize = sz; last = −1;            //置表的实际长度为空
        data = new T[maxSize];              //创建顺序表存储数组
        if (data == NULL)                   //动态分配失败
            {cerr << "存储分配错误!" << endl; exit(1);}
    }
};


template <class T>
SeqList<T>::SeqList(SeqList<T>& L){
//复制构造函数,用参数表中给出的已有顺序表初始化新建的顺序表
    maxSize = L.Size(); last = L.Length()−1;    T value;
    data = new T[maxSize];              //创建顺序表存储数组
    if (data == NULL)                   //动态分配失败
        {cerr << "存储分配错误!" << endl; exit(1);}
```

```
        for (int i = 1; i <= last+1; i++)
            {L.getData(i, value); data[i−1]=value;}
    };


    template <class T>
    void SeqList<T>::reSize(int newSize) {
    //保护函数：扩充顺序表的存储数组空间大小,新数组的元素个数为 newSize
        if (newSize <= 0)                          //检查参数的合理性
            {cerr << "无效的数组大小" << endl; return;}
        if (newSize != maxSize){                   //修改
            T * newarray = new T[newSize];         //建立新数组
            if (newarray == NULL)
                {cerr << "存储分配错误!" << endl; exit(1);}
            int n = last+1;
            T * srcptr = data;                     //源数组首地址
            T * destptr = newarray;                //目的数组首地址
            while(n−−) * destptr++ = * srcptr++;   //复制
            delete []data;                         //删除老数组
            data = newarray; maxSize = newSize;    //复制新数组
        }
    };
```

　　在应用程序调用具有 SeqList 类型返回值的函数时都要使用复制构造函数,用以复制和返回运算结果。如果没有定义复制构造函数,系统会自动建立一个复制构造函数来完成以上工作。

程序 2.7　搜索和定位操作
```
    template <class T>
    int SeqList<T>::Search(T& x)const {
    //搜索函数：在表中顺序搜索与给定值 x 匹配的表项,找到则函数返回该表项是第几个元素,
    //否则函数返回 0,表示搜索失败,约定表项序号从 1 开始
        for (int i = 0; i <= last; i++)
            if (data[i] == x)return i+1;           //顺序搜索
        return 0;                                  //搜索失败
    };


    template <class T>
    int SeqList<T>::Locate(int i) const {
    //定位函数：函数返回第 i(1≤i≤last+1)个表项的位置,否则函数返回 0,表示定位失败
        if (i >= 1 && i <= last+1)return i;
        else return 0;
    };
```

　　顺序表中表项的序号从 1 开始,第 1 个表项存放于 data[0],第 2 个表项存放于 data[1]……第 n 个表项存放于 data[n−1]。由此可知,表项序号与它在数组中的实际存放位置差 1。第 i 个表项存放于数组第 i−1 号位置。

程序 2.8　插入与删除操作

```
template <class T>
bool SeqList<T>::Insert(int i, T& x){
//将新元素 x 插入表中第 i(0≤i≤last+1)个表项之后。函数返回插入成功的信息,若插入
//成功,则返回 true;否则返回 false。i=0 是虚拟的,实际上是插入第 1 个元素位置
    if (last == maxSize−1) return false;              //表满,不能插入
    if (i < 0 || i > last+1) return false;            //参数 i 不合理,不能插入
    for (int j = last; j >= i; j−−)
        data[j+1] = data[j];                          //依次后移,空出第 i 号位置
    data[i] = x;                                      //插入
    last++;                                           //最后位置加 1
    return true;                                      //插入成功
};


template <class T>
bool SeqList<T>::Remove(int i, T& x){
//从表中删除第 i(1≤i≤last+1)个表项,通过引用型参数 x 返回删除的元素值。函数返回删除
//成功的信息,若删除成功则返回 true,否则返回 false
    if (last == −1)return false;                      //表空,不能删除
    if (i < 1 || i > last+1)return false;             //参数 i 不合理,不能删除
    x = data[i−1];                                    //存被删元素的值
    for (int j = i; j <= last; j++)
        data[j−1] = data[j];                          //依次前移,填补
    last−−;                                           //最后位置减 1
    return true;                                      //删除成功
};
```

在顺序表中,第 i 个元素在 data[]的第 $i-1$ 号位置。因此,想要把新元素插入在第 i 个表项之后,实际上是插入 data[]的第 $i-1$ 号位置之后,即 data[]的第 i 号位置。在插入时可能的插入位置 i 在 0~last+1:若 $i = 0$ 则新元素作为第 1 个表项插入 data[]的第 0 号位置;若 $i = $ last+1 则新元素追加到 data[]数组的第 last+1 号位置;若 $i>$last+1 则不允许追加。因为根据顺序表定义,各个表元素必须相继存放于一个连续的空间内,不准跳跃式地存放。这一点表明了顺序表与一维数组的差别,一维数组只有两个操作:按数组元素的**下标存**或者按数组元素的**下标取**。这样,在一维数组中数据可能是跳跃式的、不连续存放的。

在顺序表中,删除第 i 个表项实际上是删除 data[]第 $i-1$ 号位置的表项,可能的删除位置 i 在 1~last+1。在 data[]中的实际位置在 0~last。

程序 2.9　输入输出操作和赋值操作

```
template <class T>
void SeqList<T>::input(){
//从标准输入(键盘)逐个数据输入,建立顺序表
    cout << "开始建立顺序表,请输入表中元素个数:";
    while (1){
        cin >> last;                                  //输入表元素个数
```

```
            if (last <= maxSize) break;
            cout << "表中元素个数输入有误,范围不能超过" << maxSize-1 << ": ";
    }
    for (int i = 0; i <= last; i++)                        //逐个输入表中元素
        {cout << i+1 << "   "; cin >> data[i]; }
};


template <class T>
void SeqList<T>::output( ) {
//将顺序表全部元素输出到屏幕上
        cout << "顺序表当前元素最后位置:" << last << endl;
        for (int i = 0; i <= last; i++)
                cout << data[i] << "   ";
        cout << endl;
};
template <class T>
SeqList<T> SeqList<T>::operator=(SeqList<T>& L) {
//重载操作:顺序表整体赋值。若当前调用此操作的表对象为 L1,代换形式参数 L 的表对象为 L2,
//则使用方式为 L1 = L2。实现代码可参照复制构造函数自行编写
    ⋮
};
```

2.2.3 顺序表的性能分析

顺序表所有操作的实现中,最复杂、最耗时的就是搜索、插入和删除运算的实现代码。分析顺序表的性能,主要是分析这 3 个操作的实现代码的时间复杂度。

int Search(T& x)是顺序表的顺序搜索算法。其主要思想:从表的开始位置起,根据给定值 x,逐个与表中各表项的值进行比较。若给定值与某个表项的值相等,则算法报告搜索成功的信息并返回该表项的位置;若查遍表中所有的表项,没有任何一个表项满足要求,则算法报告搜索不成功的信息并返回 0(如果必要,可改一下算法,返回新表项应插入的位置)。

搜索算法的时间代价用数据比较次数来衡量。在搜索成功的情形下,顺序搜索的数据比较次数可做如下分析。若要找的正好是表中第 1 个表项,数据比较次数为 1,这是最好情况;若要找的是表中最后的第 n 个表项,数据比较次数为 n(设表的长度为 n),这是最坏的情况。若要计算平均数据比较次数,需要考虑各个表项的搜索概率 p_i 及找到该表项时的数据比较次数 c_i。搜索的平均数据比较次数(average comparing number,ACN)为

$$ACN = \sum_{i=1}^{n} p_i \times c_i$$

计算平均值是为了解算法对表操作的整体性能。若仅考虑相等概率的情形。搜索各表项的可能性相同,有 $p_1 = p_2 = \cdots = p_n = 1/n$。且搜索第 1 个表项的数据比较次数为 1,搜索第 2 个表项的数据比较次数为 2,依次类推,搜索第 i 个表项的数据比较次数为 i,则

$$ACN = \frac{1}{n} \sum_{i=1}^{n} i = \frac{1}{n} (1 + 2 + \cdots + n) = \frac{1}{n} \frac{(1+n)n}{2} = \frac{1+n}{2}$$

即平均要比较 $(n+1)/2$ 个表项。

在搜索不成功的情形下,需要把整个表全部检测一遍,数据比较次数达到 n 次。需要注意的是,在算法中担负检测的循环执行了 $n+1$ 次,最后一次仅检测了指针 i 已超出表的长度,没有执行数据比较。

在顺序表中插入一个新的表项或删除一个已有的表项时,表的长度(设为 n)会发生改变。如果在插入或删除时不得改变各表项的相互位置关系,就必须做表项的成块移动。在插入的情形,为了把新表项 x 插入指定位置 i,必须把 $i\sim n$ 的所有表项成块向后移动一个表项位置,以空出第 i 个位置供 x 插入,如图 2.3(a)所示。在删除的情形,为了删去第 i 个表项,则必须把 $i+1\sim n-1$ 的所有表项向前移动一个表项位置,把第 i 个表项覆盖掉,如图 2.3(b)所示。注意这两个算法中表项移动的方向不同。

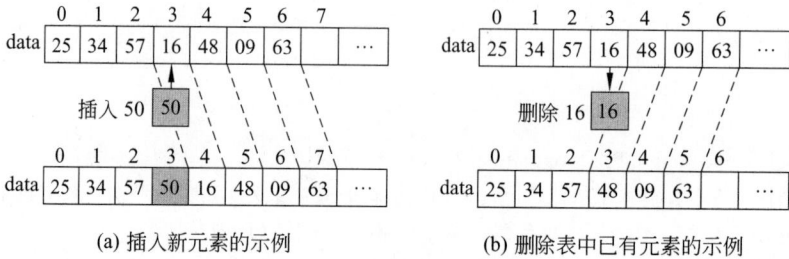

(a) 插入新元素的示例   (b) 删除表中已有元素的示例

图 2.3　表项的插入与删除

分析顺序表的插入和删除的时间代价主要看循环内的数据移动次数。

在将新表项插入第 i 个表项($0 \leqslant i \leqslant n$)后面时,必须从后向前循环,逐个向后移动 $n-i$ 个表项。因此,最好情形是在第 n 个表项后面追加新表项,移动表项个数为 0;最差情形是在第 1 个表项位置插入新表项(视为在第 0 个表项后面插入),移动表项个数为 n;平均数据移动次数(average moving number,AMN)在各表项插入概率相等时为

$$\text{AMN} = \frac{1}{n+1} \sum_{i=0}^{n} (n-i) = \frac{1}{n+1}(n + \cdots + 1 + 0)$$
$$= \frac{1}{n+1} \frac{n(n+1)}{2} = \frac{n}{2}$$

即就整体性能来说,在插入时有 $n+1$ 个插入位置,平均移动 $n/2$ 个表项。

在删除第 i 个表项($1 \leqslant i \leqslant n$)时,必须从前向后循环,逐个移动 $n-i$ 个表项。因此,最好的情形是删去最后的第 n 个表项,移动表项个数为 0;最差情形是删去第 1 个表项,移动表项个数为 $n-1$;平均数据移动次数 AMN 在各表项删除概率相等时为

$$\text{AMN} = \frac{1}{n} \sum_{i=1}^{n} (n-i) = \frac{1}{n}[(n-1) + \cdots + 1 + 0]$$
$$= \frac{1}{n} \frac{(n-1)n}{2} = \frac{n-1}{2}$$

就整体性能来说,在删除时有 n 个删除位置,平均移动 $(n-1)/2$ 个表项。

但如果在插入和删除时,对表中原来的数据排列没有要求,无须保持原来的顺序。此时,可以采用如图 2.4 所示的方式移动表项。在插入时,每次都是把新表项追加在表的尾部,如图 2.4(a)所示;在删除时,用表中最后一个表项(第 n 个表项)填到第 i 个要求删除表

项的位置,如图 2.4(b)所示。在这种情形下,插入时移动 0 个表项,删除时移动 1 个表项。

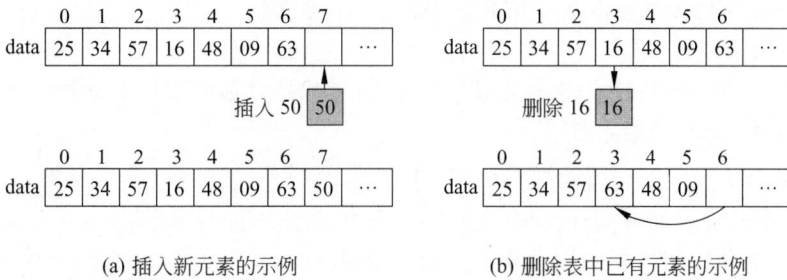

(a) 插入新元素的示例   (b) 删除表中已有元素的示例

图 2.4 另一种插入与删除算法

2.2.4 顺序表的应用

有两个顺序表 LA 和 LB,把它们当作集合来使用,考虑它们的"并"运算和"交"运算。可以把顺序表当作一个抽象数据类型,直接利用它的类定义来实现要求的运算。

程序 2.10 将顺序表作为集合的典型运算

```
template <class T>
void union(SeqList<int>& LA, SeqList<int>& LB) {
//合并顺序表 LA 与 LB,结果存于 LA,重复元素只留一个
    int n = LA.Length(), m = LB.Length(), i, k, x;
    for (i = 1; i <= m; i++) {
        LB.getData(i,x);                //在 LB 中取一元素
        k = LA.Search(x);               //在 LA 中搜索它
        if (k == 0)                     //若在 LA 中未找到插入它
            {LA.Insert(n, x); n++;}     //插入第 n 个表项之后
    }
};


template <class T>
void Intersection(SeqList<int>& LA, SeqList<int>& LB) {
//求顺序表 LA 与 LB 中的共有元素,结果存于 LA
    int n = LA.Length(), m = LB.Length(), i = 1, k, x;
    while (i <= n) {
        LA.getData(i,x);                //在 LA 中取一元素
        k = LB.Search(x);               //在 LB 中搜索它
        if (k == 0)                     //若在 LB 中未找到
            {LA.Remove(i, x); n--;}     //在 LA 中删除它
        else i++;
    }
};
```

2.3 单 链 表

顺序表是基于数组的线性表的存储表示,其特点是用物理位置上的邻接关系来表示结点间的逻辑关系,这一特点使得顺序表具有如下的优缺点。其优点如下。

（1）无须为表示结点间的逻辑关系而增加额外的存储空间，存储利用率高。

（2）可以方便地随机存取表中的任一结点，存取速度快。

其缺点如下。

（1）在表中插入新元素或删除无用元素时，为了保持其他元素的相对次序不变，平均需要移动一半元素，运行效率很低。

（2）由于顺序表要求占用连续的空间，如果预先进行存储分配（静态分配），则当表长度变化较大时，难以确定合适的存储空间大小，若按可能达到的最大长度预先分配表的空间，则容易造成一部分空间长期闲置而得不到充分利用。若事先对表长度估计不足，则插入操作可能使表长度超过预先分配的空间而造成溢出。如果采用指针方式定义数组，则在程序运行时动态分配存储空间，一旦需要，可以用另外一个新的更大的数组来代替原来的数组，这样虽然能够扩充数组空间，但时间开销比较大。

为了克服顺序表的缺点，可以采用链接方式来存储线性表，通常将链接方式存储的线性表称为链表。链表适用于插入或删除频繁，存储空间需求不定的情形。

2.3.1 单链表的概念

单链表（singly linked list）是一种最简单的链表表示，也称线性链表。用它表示线性表时，用指针将链表各结点按其逻辑顺序依次链接起来。因此，单链表的一个存储结点（node）包含两部分（称为两个域，field）

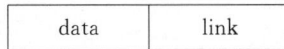

data	link

其中，data 部分称为数据域，用于存储线性表的一个数据元素，其数据类型由应用问题决定；link 部分称为指针域或链域，用于存放一个指针，该指针指示该链表中下一个结点的开始存储地址。

一个线性表$(a_1, a_2, a_3, \cdots, a_n)$的单链表结构如图 2.5 所示。

first → a_1 → a_2 → a_3 → ⋯ → a_n ∧

图 2.5　单链表结构

其中，链表的第一个结点（也称首元结点）的地址可以通过链表的头指针 first 找到，其他结点的地址则在前驱结点的 link 域中，链表的最后一个结点没有后继，在结点的 link 域中放一个空指针 NULL（在图 2.5 中用符号 ∧ 表示）作为终结，NULL 在 <iostream.h> 中被定义为数值 0。因此，对单链表中任一结点的访问必须首先根据头指针找到第一个结点，再按有关各结点链域中存放的指针顺序往下找，直到找到所需的结点。图 2.5 可称为单链表的示意图。当 first 为空时，则单链表为空表，否则为非空表。

单链表的特点是长度可以很方便地进行扩充。例如有一个连续的可用存储空间，如图 2.6(a) 所示。指针 free 指示当前可用空间的开始地址。当链表要增加一个新的结点时，只要可用存储空间允许，就可以为链表分配一个结点空间，供链表使用。因此，**线性表中数据元素的顺序与其链表表示中结点的物理顺序可能不一致，一般通过单链表的指针将各个数据元素按照线性表的逻辑顺序链接起来**，如图 2.6(b) 所示。

(a) 可用存储空间

(b) 经过一段运行后的单链表结构

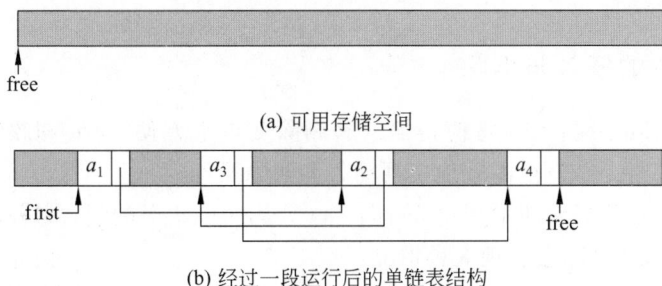

图 2.6　单链表的存储映像

在线性表的顺序存储中,逻辑上相邻的元素,其存储位置也相邻,所以当进行插入或删除运算时,通常需要平均移动半个表的元素。在线性表的链接存储中,逻辑上相邻的元素,其对应的存储位置是通过指针来链接的,因而每个结点的存储位置不一定相邻,当进行插入或删除运算时,只需修改相关结点的指针域即可。但是,由于链接表的每个结点带有指针域,因而在存储空间上比顺序存储要付出较大的代价。

2.3.2　单链表的类定义

通常使用两个类,即链表结点(LlinkNode)类和链表(List)类,协同表示单链表。

一个链表包含了零个或多个结点,因此一个类型为 List 的对象包含有零个或多个类型为 LinkNode 的对象。这种关系在面向对象方法中称为聚合关系,或称整体-部分关系。为简化问题,设一个单链表的每个结点中的数据元素为一个整型数据,有多种方法设计其数据结构。本书采用的一种方案是**用 struct 定义 LinkNode 类**,**用 class 定义 List 类**。使用这种方法定义 LinkNode 类,使得 LinkNode 类失去了封装性,但简化了描述。由于在 List 类中把 first 封装在其内部,属于该 List 的所有 LinkNode 实例都成为 List 实例的私有成员,从而保证不被外界直接访问。

程序 2.11　用 struct 定义 LinkNode 类

```
struct LinkNode {                         //链表结点类
    int data;
    LinkNode * link;
};

class List {
//链表类,直接使用链表结点类的数据和操作
private:
    LinkNode * first;                     //链表头指针
public:
    //链表操作
     ⋮
};
```

由于 LinkNode 类在其他类型的链表,如循环单链表中也可以利用,采用 struct 定义它

可以提供很大的灵活性。

2.3.3 单链表中的插入与删除

利用单链表来表示线性表,将使得插入和删除变得很方便,只要修改链中结点指针的值,无须移动表中的元素,就能高效地实现插入和删除操作。

先看插入算法。我们希望在单链表 $(a_1, a_2, a_3, \cdots, a_n)$ 的包含数据 a_i 的结点之后插入一个新元素 x,那么可能会出现 3 种情况。

(1) 若 a_i 是链表中第一个结点中的数据,则新结点 newNode 应插入在第一个结点之前,如图 2.7(a)所示。这时必须修改链表的头指针 first。插入时要修改指针为

newNode->link = first; first = newNode;

(2) 若 a_i 所在结点既不是链表中的第一个结点,也不是最后一个结点,则首先让一个检测指针 current 指向 a_i 所在结点,再将新结点插入 a_i 所在结点之后,如图 2.7(b)所示,此时,需要修改两个指针:

newNode->link = current->link; current->link = newNode;

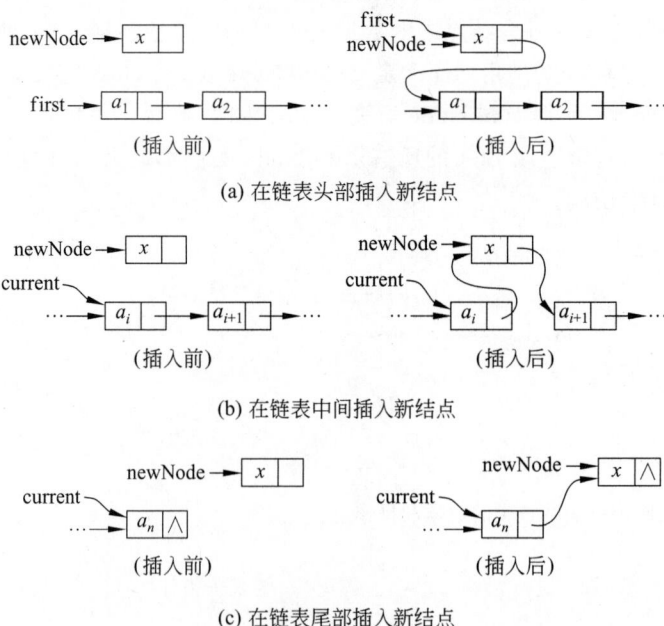

(3) 当 a_i 所在结点是链表中的最后一个结点时,新结点应追加在表尾,如图 2.7(c)所示。这时,先令检测指针 current 指示含 a_n 的结点,即表中最后一个结点,再执行:

newNode->link = current->link; current->link = newNode;

(a) 在链表头部插入新结点

(b) 在链表中间插入新结点

(c) 在链表尾部插入新结点

图 2.7 链表插入的示例

从此例可知,在链表中间插入和在链表尾部插入的运算相同,这两种情况可以合并考虑。

综合以上情况,最后可得单链表的插入算法,见程序 2.12。

程序 2.12　单链表的插入算法

```
bool List∷Insert(int i, int& x) {
//将新元素 x 插入第 i 个结点之后。i 从 1 开始,i = 0 表示插入第一个结点之前
    if (first == NULL || i == 0) {                  //插入空表或非空表第一个结点之前
        LinkNode * newNode = new LinkNode(x);       //建立一个新结点
        if (newNode == NULL) {cerr << "存储分配错误! \n"; exit(1);}
        newNode->link = first; first = newNode;     //新结点成为第一个结点
    }
    else {
        LinkNode * current = first;                 //从第一个结点开始检测
        for (int k = 1; k < i; k++)                 //遵循链指针所指链接方向(简称循链)找第 i 个结点
            if (current == NULL) break;
            else current = current->link;
        if (current == NULL)                        //非空表且链太短
            {cerr << "无效的插入位置! \n"; return false;}
        else {                                      //插入链表的中间
            LinkNode * newNode = new LinkNode(x);   //建立一个新结点
            if (newNode == NULL) {cerr << "存储分配错误! \n"; exit(1);}
            newNode->link = current->link;
            current->link = newNode;
        }
    }
    return true;                                    //正常插入
};
```

虽然单链表的删除算法比较简单,但也分为以下两种情况。

(1) 在链表第一个结点处删除。这时需要先用指针 del 保存第一个结点(首元结点)地址,再将链表头指针 first 改指向其下一个结点,使其成为新的链表首元结点,最后删除由 del 保存的原首元结点,如图 2.8(a)所示。相应的修改语句:

```
del = first; first = first->link; delete del;
```

(2) 在链表中间或尾部删除。设删除链表中第 i 个结点:首先用指针 del 保存第 i 个结点的地址,再让第 $i-1$ 个结点的 link 指针保存第 $i+1$ 个结点的地址,通过重新拉链把第 i 个结点从链中分离出来,最后再删除 del 保存的结点,如图 2.8(b)所示。相应的修改语句:

```
del = current->link; current->link = del->link; delete del;
```

由此可得单链表的删除算法见程序 2.13。

程序 2.13　单链表的删除算法

```
bool List∷Remove(int i, int& x) {
//将链表中的第 i 个元素删除,i 从 1 开始
    LinkNode * del, * current;
    if (i <= 1){del = first; first = first->link;}
    else {                              //删除第一个结点时重新拉链
        current = first;
```

```
    for (int k = 1; k < i−1; k++)   //循链找第 i−1 个结点
        if (current == NULL) break;
        else current = current−>link;
    if (current == NULL || current−>link == NULL)   //空表或者链太短
        ﹛cerr << "无效的删除位置! \n"; return false; ﹜
    del = current−>link;                //删除中间结点或尾结点时拉链
    current−>link = del−>link;
    ﹜
    x = del−>data; delete del;          //取出被删结点中的数据值
    return true;
﹜;
```

在寻找第 $i-1$ 个结点时,寻找结果有 3 种情况:①current＝NULL,说明链太短,没有找到第 $i-1$ 个结点,无法执行删除;②current≠NULL 但 current−>link = NULL,说明虽然第 $i-1$ 个结点存在但第 i 个结点不存在,没有删除对象,不能执行删除;③是可以正常删除的。

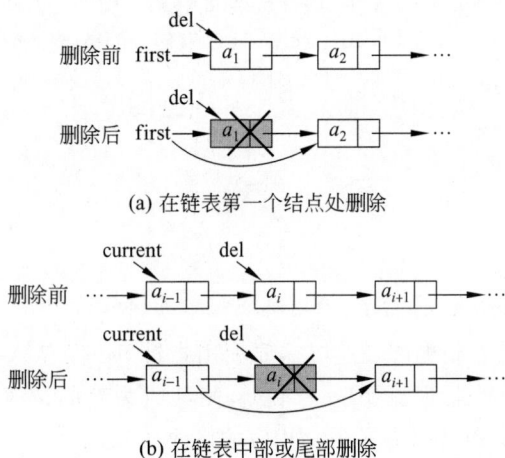

(a) 在链表第一个结点处删除

(b) 在链表中部或尾部删除

图 2.8   在单链表中删除含 a_i 的结点

2.3.4   带附加头结点的单链表

为了实现的方便,为每个单链表加上一个附加头结点,简称头结点,如图 2.9 所示。它位于链表第一个结点之前。附加头结点的 data 域可以不存储任何信息,也可以存放一个特殊标志或表长。图 2.9(a)是非空表的情形,图 2.9(b)是空表的情形。只要表存在,它必须至少有一个附加头结点。

由于在链表的第一个结点前面还有一个附加头结点,因此,只要把附加头结点当作含数据 a_0 的结点,在算法中查找第 a_{i-1} 个结点时从 $k = 0$ 开始,如果 i 不超过表的长度加 1,总能找到含 a_{i-1} 的结点并让指针 current 指向它。这样,**在非空表或空表第一个结点之前的插入可以不作为特殊情况专门处理,与一般情况一样统一进行处理**,如图 2.10 所示。

图 2.10(a)是在非空表中第一个结点之前插入一个新结点 newNode。图 2.10(b)是在空表中插入一个新结点 newNode。如果事先用一个指针 current 指向附加头结点,那么这

(a) 非空表

(b) 空表

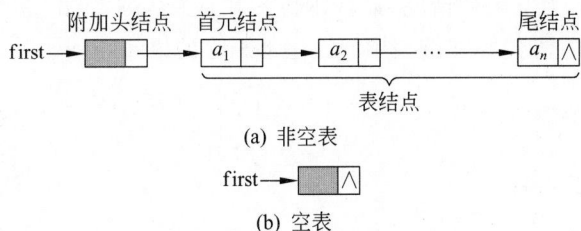

图 2.9 带附加头结点的单链表结构

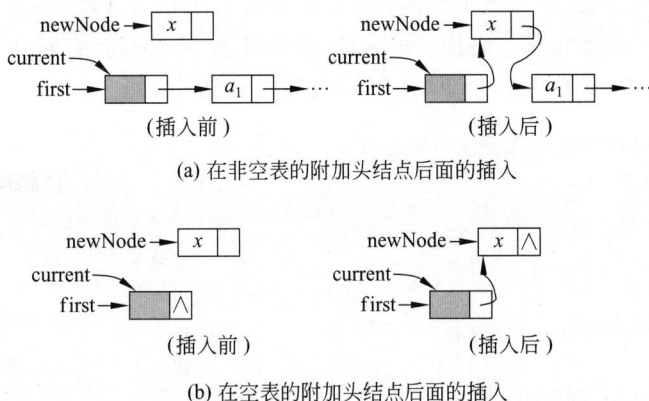

(a) 在非空表的附加头结点后面的插入

(b) 在空表的附加头结点后面的插入

图 2.10 在带附加头结点的单链表第一个结点前插入新结点

两种情况的插入操作都可用修改下列指针来实现：

newNode->link = current->link; current->link = newnode;

这几条语句恰与在单链表中间与表尾插入新结点的算法相同,因而**在带附加头结点的单链表中插入时,不必区分在何处插入,可以统一用上面几条语句处理。**

删除算法也是一样。图 2.11 给出删除第一个结点的情况。图 2.11(a)是一般情况,

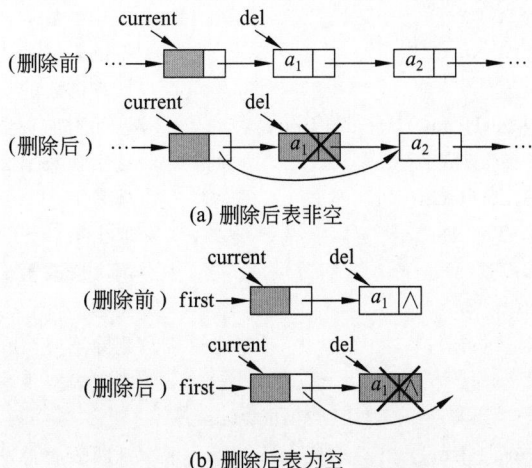

(a) 删除后表非空

(b) 删除后表为空

图 2.11 从带附加头结点的单链表中删除第一个结点

图 2.11(b)是删除后成为空表的情况,最后还剩下附加头结点。无论是哪种情况,都可以使用以下语句删除。这些语句与在链表中间或尾部删除的语句相同。

del ＝ current－＞link；current－＞link ＝ del－＞link；delete del；

2.3.5　单链表的模板类

为了从可复用的角度来定义链表的类,使它能够为将来更多的应用所使用,应当尽可能地把类的数据成员和成员函数设计得完全、灵活。为此可在定义链表的类声明时采用模板机制,这样虽然烦琐一点,但为将来对链表类的复用提供了很大方便。同时在链表中增加了附加头结点,**统一了空表和非空表操作的实现,降低了程序结构上的复杂性**,减少了出错的概率。程序 2.14 给出了单链表的结点类和链表类的类定义。

程序 2.14　带附加头结点的单链表的类定义

```
template <class T>                                    //定义在头文件"LinkedList.h"中
struct LinkNode {                                      //链表结点类的定义
    T data；                                           //数据域
    LinkNode<T> ＊ link；                              //指针域
    LinkNode(LinkNode<T> ＊ ptr = NULL) {link = ptr;}
                                                       //仅初始化指针成员的构造函数
    LinkNode(const T& item, LinkNode<T> ＊ ptr = NULL)
        {data = item；link = ptr;}                     //初始化数据与指针成员的构造函数
};


template <class T>
class List {                                           //单链表类定义
public：
    List(){first = new LinkNode<T>;}                   //构造函数
    List(const T& x){first = new LinkNode<T>(x);}      //构造函数
    List(List<T>& L)；                                 //复制构造函数
    ～List(){makeEmpty();}                             //析构函数
    void makeEmpty()；                                 //将链表置为空表
    int Length()；                                     //计算链表的长度
    LinkNode<T> ＊ getHead() {return first;}           //返回附加头结点地址
    LinkNode<T> ＊ Search(T x)；                       //搜索含数据 x 的元素
    LinkNode<T> ＊ Locate(int i)；                     //搜索第 i 个元素的地址
    bool getData(int i, T& x)；                        //取出第 i 个元素的值
    void setData(int i, T& x)；                        //用 x 修改第 i 个元素的值
    bool Insert(int i, T& x)；                         //在第 i 个元素后插入 x
    bool Remove(int i, T& x)；                         //删除第 i 个元素,x 返回该元素的值
    bool IsEmpty()                                     //判断表空否,空则返回 true
        {return first－＞link == NULL ? true：false;}
    bool IsFull() {return false;}                      //判断表满否,不满则返回 false
    void Sort()；                                      //排序
    void inputFront(T end Tag)；                       //输入,按前插法建链表
```

```
        void inputRear(T end Tag);                          //输入,按后插法建链表
        void output( );                                     //输出
        List<T>& operator=(List<T>& L);                     //重载函数：赋值
protected：
        LinkNode<T>  * first;                               //链表的头指针
};
```

函数参数表中的形式参数允许有默认值。如果某形式参数带有默认值,在参数表中应放在没有默认值的参数后面。在使用这个函数时,如果没有对该参数显式地代入实际参数,则程序自动用默认值对该形式参数赋值。例如,LinkNode 类的构造函数中,结点指针域 link 的默认值为 NULL,如果在运行程序中要创建一个 LinkNode 对象,使用语句 LinkNode<int> nd(x),其中的 x 是一个 int 型变量,系统将自动调用 LinkNode 的构造函数,将 x 赋给结点 data 域,而结点 link 域用默认值 NULL 初始化。

程序 2.15　List 类的成员函数的实现

```
template <class T>                                          //定义在头文件"LinkedList.h"中
List<T>::List(List<T>& L) {
//复制构造函数
    T value;
    LinkNode<T>  * srcptr = L.first;                        //被复制表的附加头结点地址
    LinkNode<T>  * destptr = first = new LinkNode<T>;
    while (srcptr->link != NULL) {                          //逐个结点复制
        value = srcptr->link->data;
        destptr->link = new LinkNode<T>(value);
        destptr = destptr->link;
        srcptr = srcptr->link;
    }

    destptr->link = NULL;
};


template <class T>
void List<T>::makeEmpty( ) {
//将链表置为空表
    LinkNode<T>  * q;
    while (first->link != NULL) {                           //当链表非空时,删除链中所有结点
        q = first->link;
        first->link = q->link;                              //保存被删结点,从链上摘下该结点
        delete q;                                           //删除(仅保留一个表头结点)
    }
};


template <class T>
int List<T>::Length( ) {
//计算带附加头结点的单链表的长度
```

```
    LinkNode<T> * p = first->link; int count = 0;
    while (p != NULL)                                //循链扫描，寻找链尾
        {p = p->link; count++;}
    return count;
};


template <class T>
LinkNode<T> * List<T>::Search(T x) {
//在表中搜索含数据 x 的结点，搜索成功时函数返回该结点地址；否则返回 NULL 值
    LinkNode<T> * current = first->link;
    while (current != NULL)
        if (current->data == x) break;              //循链找含 x 结点
        else current = current->link;
    return current;
};


template <class T>
LinkNode<T> * List<T>::Locate(int i) {
//定位函数。返回表中第 i 个元素的地址。若 i<0 或 i 超出表中结点个数，则返回 NULL
    if (i < 0) return NULL;                          //i 不合理
    LinkNode<T> * current = first; int k = 0;
    while (current != NULL && k < i)                 //循链找第 i 个结点
        {current = current->link; k++;}
    return current;                    //返回第 i 个结点地址，若返回 NULL，表示 i 值太大
};


template <class T>
bool List<T>::getData(int i, T& x) {
//取出链表中第 i 个元素的值
    if (i <= 0) return false;                        //i 值太小
    LinkNode<T> * current = Locate(i);
    if (current == NULL) return false;               //i 值太大
    else {x = current->data; return true;}
};


template <class T>
void List<T>::setData(int i, T& x) {
//给链表中第 i 个元素赋值 x
    if (i <= 0) return;                              //i 值太小
    LinkNode<T> * current = Locate(i);
    if (current == NULL) return;                     //i 值太大
    else current->data = x;
};


template <class T>
```

```
bool List<T>::Insert(int i, T& x) {
//将新元素 x 插入链表中第 i 个结点之后
    LinkNode<T> * current = Locate(i);
    if (current == NULL) return false;                    //插入不成功
    LinkNode<T> * newNode = new LinkNode<T>(x);
    if (newNode == NULL){cerr << "存储分配错误!" << endl; exit(1);}
    newNode->link = current->link;                        //链接在 current 之后
    current->link = newNode;
    return true;                                          //插入成功
};


template <class T>
bool List<T>::Remove(int i, T& x) {
//将链表中的第 i 个元素删除,通过引用型参数 x 返回该元素的值
    LinkNode<T> * current = Locate(i-1);
    if (current == NULL || current->link == NULL) return false;
                                                          //删除不成功
    LinkNode<T> * del = current->link;                    //重新拉链,将被删结点从链中摘下
    current->link = del->link;
    x = del->data; delete del;                            //取出被删结点中的数据值
    return true;
};


template <class T>
void List<T>::output() {
//单链表的输出函数:将单链表中所有数据按逻辑顺序输出到屏幕上
    LinkNode<T> * current = first->link;
    while (current != NULL) {
        cout << current->data << "   ";
        current = current->link;
    }
    cout << endl;
};


template <class T>
List<T>& List<T>::operator=(List<T>& L) {
//重载函数:赋值操作,形式如 A = B,其中 A 是调用此操作的 List 对象,B 是与参数表中的
//引用型参数 L 结合的实际参数
    T value;
    LinkNode<T> * srcptr = L.getHead();                   //被复制表的附加头结点地址
    LinkNode<T> * destptr = first = new LinkNode<T>;
    while (srcptr->link != NULL) {                        //逐个结点复制
        value = srcptr->link->data;
        destptr->link = new LinkNode<T>(value);
        destptr = destptr->link;
```

```
            srcptr = srcptr->link;
        }
        destptr->link = NULL;
        return * this;                          //返回操作对象地址
};
```

下面关于 this 指针做一些补充说明。当调用一个成员函数时,有一个指向请求这个调用的对象的指针作为一个参数将自动地被传送给这个函数,这个指针称为 this。为了理解 this,给出一段程序,创建一个 power 类和 power 函数以计算一个数 x 的乘幂 x^e。

程序 2.16　power 类及其操作
```
#include <iostream.h>
class power {                           //计算幂值的类
    double x;                           //基数
    int e;                              //指数
    double mul;                         //乘幂的值
public:
    power(double val, int exp);         //构造函数
    double get_power() {return mul;}    //取幂值
};

power :: power(double val, int exp) {            //构造函数
    x = val; e = exp; mul = 1.0;                 //为对象的基数 x 及指数 e 赋值
    if (exp == 0) return;
    for (; exp > 0; exp--) mul = mul * x;        //计算乘幂 mul
};

void main() {
    power pwr(1.5, 2);                  //创建对象 pwr,基数为 1.5,指数为 2
    cout << pwr.get_power() << "\n";    //输出乘幂的值
};
```

在成员函数内部可以直接存取类的成员,无须用任何对象或类做限制。在构造函数 power()中,语句 x = val 把 val 的值送给产生这个调用的对象(如 pwr)的数据成员 x。它可以改写成等价的语句:this->x = val。因为 this 指向请求 power()的对象,所以 this->x 实际上是该对象的数据成员 x。事实上,在成员函数中出现的 x、e、mul 等都是 this->x 、this->e、this->mul 的缩写形式。

需要注意的是,**友元函数不是类的成员,不会传给它 this 指针**;**静态成员函数也不能得到传送的 this 指针**。

下面的函数是单链表的输入函数 input()的两种实现,有前插和后插的区别。由于建立单链表的方式不同,最终得到的链表也不同。

1. 前插法建立单链表

前插法是指每次插入新结点总是在表的前端进行,这样插入的结果,链表中各结点中数据的逻辑顺序与输入数据的顺序正好相反;后插法是指每次新结点总是插入链表的尾端,这

样插入的结果,链表中各结点中数据的逻辑顺序与输入数据的顺序完全一致。首先讨论用前插法建立单链表的算法。其主要步骤如下。

从一个空表开始,重复读入数据,执行以下两步:

(1) 生成新结点,将读入数据存放到新结点的 data 域中;

(2) 将该新结点插入链表的前端,直到读入结束符为止。

假设单链表带有附加头结点,那么在空表情形还应保持一个附加头结点,每次新结点被插入附加头结点之后,可以利用单链表的插入操作进行。

程序 2.17 前插法建立单链表

```
template<class T>
void List<T>∷ inputFront(T endTag) {
//endTag 是约定的输入序列结束的标志。如果输入序列是正整数,endTag 可以是 0 或负数;
//如果输入序列是字符,endTag 可以是字符集中不会出现的字符,如"\0"
    LinkNode<T>  * newNode; T val;
    makeEmpty();
    cin >> val;
    while (val != endTag) {
        newNode = new LinkNode<T>(val);          //创建新结点
        if (newNode == NULL){cerr << "存储分配错误!" << endl; exit(1);}
        newNode->link = first->link;
        first->link = newNode;                    //插入表前端
        cin >> val;
    }
};
```

2. 后插法建立单链表

用后插法建立单链表,需要设置一个尾指针 last,总是指向新链表中最后一个结点,新结点链接到它所指链尾结点的后面。last 最初要置于附加头结点位置。

程序 2.18 后插法建立单链表

```
template <class T>
void List<T>∷ inputRear(T endTag) {
//endTag 是约定的输入序列结束的标志,其定值方法与程序 2.17 相同
    LinkNode<T>  * newNode, * last; T val;
    makeEmpty();
    cin >> val; last = first;
    while (val != endTag) {                     //last 指向表尾
        newNode = new LinkNode<T>(val);
        if (newNode == NULL){cerr << "存储分配错误!" << endl; exit(1);}
        last->link = newNode; last = newNode;
        cin >> val;                             //插入表末端
    }
    last->link = NULL;                          //表收尾,这一句实际可省略
};
```

利用上述关于单链表的类可以实现有关链表的运算。从抽象数据类型的观点来看,只

要利用这些类提供的共有成员函数,就应当能够实现必要的功能,无须了解数据结构的实现细节。

2.4 线性链表的其他变形

在单链表中,已知某个结点的地址,想要寻找其他所有结点,在大多数情况下是不可能的。此外,若要在单链表中寻找指定结点的直接后继是很方便的,只要通过该结点的 link 指针就能直接找到所需搜索的结点,所需时间开销为 $O(1)$;但要找该结点的直接前驱则很麻烦,必须从表的最前端开始循链逐个结点考查,看谁的后继是指定结点,谁就是该结点的直接前驱,时间开销达到 $O(n)$,n 是链表结点个数。为了解决这些问题,出现了单链表的其他变形,如单向循环链表(简称循环单链表)和双向循环链表(简称循环双链表)等。

2.4.1 循环单链表

1. 循环单链表的概念

循环单链表(circular list)是另一种形式的表示线性表的链表,它的结点结构与单链表相同,与单链表不同的是链表中表尾结点的 link 域中不是 NULL,而是存放了一个指向链表开始结点的指针。这样,**只要知道表中任何一个结点的地址,就能遍历表中其他任一结点**。图 2.12 是循环单链表的一个示意图。

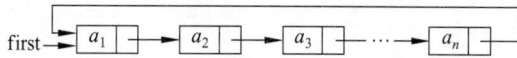

图 2.12 循环单链表的示意图

设 current 是在循环单链表中逐个结点检测的指针,则在判断 current 是否达到链表的链尾时,不是判断是否 current->link == NULL,而是判断是否 current->link == first。

循环单链表的运算与单链表类似,但在涉及链头与链尾处理时稍有不同。例如,在实现循环单链表的插入运算时,如果是在表的最前端插入,必须改变链尾最后一个结点的 link 域的值。这就需要循链搜索找到最后一个结点。如果在类定义中给出的链表指针不是放在链头的 first 指针,而是放在链尾的 rear 指针,则实现插入或删除运算就会更方便,如图 2.13 所示。关键运算为

newNode->link = rear->link; rear->link = newNode;

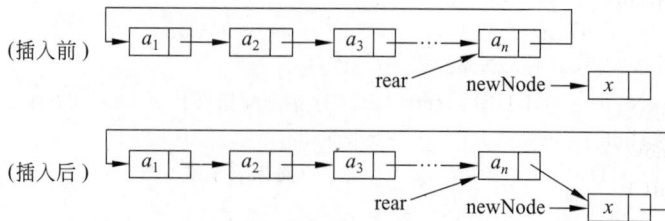

图 2.13 在循环单链表的最前端或尾端插入的情形

循环单链表与单链表一样,可以有附加头结点,这样能够简化链表操作的实现,统一空

表与非空表的运算。图 2.14 给出空表与非空表情形下循环单链表的形态。在带附加头结点的循环单链表中,链尾结点的 link 域存放的是该链表附加头结点的地址。

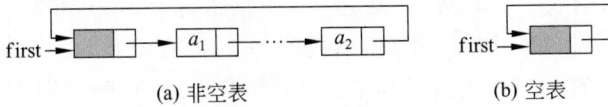

(a) 非空表　　　　　　　　(b) 空表

图 2.14　带附加头结点的循环单链表

2. 循环单链表的类定义

作为私有数据成员,在链表的类定义中封装了两个链接指针:first、last,分别指示链表的附加头结点、链尾结点。

程序 2.19　循环单链表的类定义

```
template <class T>
struct CircLinkNode {                                //链表结点类定义
    T data;
    CircLinkNode<T> * link;
    CircLinkNode(CircLinkNode<T> * next = NULL):link(next){}
    CircLinkNode(T d, CircLinkNode<T> * next = NULL):data(d), link(next){}
};


template <class T>
class CircList {                                      //链表类定义
public:
    CircList(const T& x);                             //构造函数
    CircList(CircList<T>& L);                         //复制构造函数
    ~CircList();                                      //析构函数
    int Length()const;                                //计算循环单链表长度
    bool IsEmpty() {return first->link == first;}     //判断表空否
    bool IsHead(CircLinkNode<T> * p)                  //判断 * p 是否为头结点
        {return p == first;}
    CircLinkNode<T> * getHead() {return first;};      //返回附加头结点地址
    CircLinkNode<T> * getNext(CircLinkNode<T> * p)    //返回 * p 的下一结点地址
        {return p->link;}
    void setHead(CircLinkNode<T> * p) {first = p}     //设置附加头结点地址
    CircLinkNode<T> * Search(T x);                    //搜索含数据 x 的元素
    CircLinkNode<T> * Locate(int i);                  //搜索第 i 个元素的地址
    bool Insert(int i, T& x);                         //在第 i 个元素后插入 x
    bool Remove(int i, T& x);                         //删除第 i 个元素,x 返回该元素的值
    void input()                                      //按尾插法输入并创建表
    void output()                                     //输出
private:
    CircLinkNode<T> * first, * rear;                  //头指针,尾指针
};
```

3. 循环单链表示例：求解约瑟夫问题

下面利用求解约瑟夫问题来进一步讨论如何利用循环单链表解决应用问题。约瑟夫问题的提法：让 n 个人围成一个圆圈，并设定一个正整数 m（$< n$）作为报数值。然后从第一个人开始按顺时针方向自 1 开始顺序报数，报到 m 时停止报数，报 m 的人被淘汰出列，然后从他顺时针方向上的下一个人开始重新报数，如此下去，直到圆圈中只剩下一个人。例如，若 $n = 8$，$m = 3$，则出列的顺序将为 3，6，1，5，2，8，4，最初编号为 7 的人留在圆圈中，如图 2.15 所示。

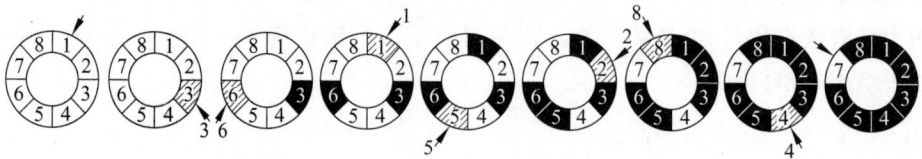

图 2.15　$n=8$，$m=3$ 的约瑟夫问题示例

下面给出求解约瑟夫问题的算法。函数 Josephus( ) 用于选择，其参数包括旅客人数 n 和报数值 m。该函数过程共执行 $n-1$ 趟报数循环，每趟连续计数 m 项，并从链表中删除第 m 个结点及打印该结点的编号，当只剩下一个结点时跳出循环，结束算法。

程序 2.20　求解约瑟夫问题的算法

```cpp
#include "CircList.cpp"
template <class T>
void Josephus(CircList<T>& Js, int n, int m) {
    CircLinkNode<T> * pr , * p; int i, j;
    pr = Js.getHead( ); p = Js.getNext(pr);
    for (i = 0; i < n; i++) {                          //执行 n 次
        cout << i+1 << ": " << p->data << endl;        //输出
        pr->link = p->link; delete p;                  //删除第 m 个结点
        p = pr->link;                                  //下一次报数从下一结点开始
        if (Js.IsHead(p)){pr = p; p = p->link;}        //若 *p 为头结点则跳过
        for (j = 1; j < m; j++) {                       //数 m 个人
            pr = p; p = p->link;
            if (Js.IsHead(p)) {pr = p; p = p->link;}    //若 p 为头结点则跳过
        }
    }
};


void main( ) {
    CircList<int> clist;
    int n, m;
    clist.input( ); clist.output( );
    n = clist.Length( );
    cout << "游戏者人数为"<< n << "请输入报数间隔:";
    cinn>> m;
    Josephus(clist, n, m);                             //解决约瑟夫问题
};
```

2.4.2 双向链表

双向链表又称双链表。使用双向链表（doubly linked list）的目的是解决在链表中访问直接前驱和直接后继的问题。因为在双向链表中每个结点都有两个链指针，一个指向结点的直接前驱，另一个指向结点的直接后继，这样不论是向前驱方向搜索还是向后继方向搜索，其时间开销都只有 $O(1)$。

1. 双向链表的概念

在双向链表的每个结点中应有两个链接指针作为它的数据成员：lLink 指示它的前驱结点，rLink 指示它的后继结点。因此，双向链表的每个结点至少有 3 个域：

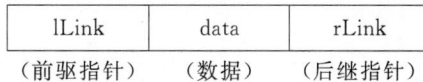

lLink	data	rLink
（前驱指针）	（数据）	（后继指针）

lLink 又称左链指针，rLink 又称右链指针。双向链表常采用带附加头结点的循环双链表方式。一个循环双链表有一个附加头结点，由链表的头指针 first 指示，它的 data 域或者不放数据，或者存放一个特殊要求的数据；它的 lLink 指向循环双链表的尾结点（最后一个结点），它的 rLink 指向循环双链表的首元结点（第一个结点）。循环双链表的首元结点的左链指针 lLink 和尾结点的右链指针 rLink 都指向附加头结点。带附加头结点的循环双链表如图 2.16 所示。

如果是空表，还应保留链表头附加头结点，它的 lLink 指针和 rLink 指针都指向它自己，如图 2.16(b) 所示。

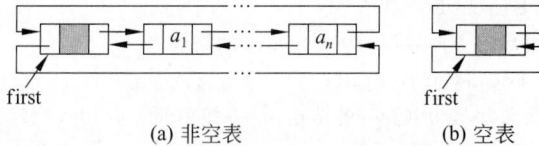

first

(a) 非空表   (b) 空表

图 2.16 带附加头结点的循环双链表

假设指针 p 指向循环双链表的某一结点，那么，p->lLink 指示 p 所指结点的前驱结点，p->lLink->rLink 中存放的是 p 所指结点的前驱结点的后继结点的地址，即 p 所指结点本身；同样地，p->rLink 指示 p 所指结点的后继结点，p->rLink->lLink 也指向 p 所指结点本身。因此有 p == p->lLink->rLink == p->rLink->lLink，如图 2.17 所示。

p->lLink   p   p->rLink

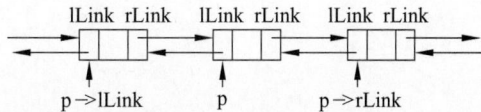

图 2.17 结点指针的指向

2. 带附加头结点的循环双链表的类定义

作为循环双链表类的私有数据成员，在循环双链表的类声明中封装了指向链表附加头结点的头指针 first。同时，采用 struct 声明链表结点类，目的还是简化操作。

程序 2.21　循环双链表的类定义

```cpp
template <class T>
struct DblNode {                                    //链表结点类定义
    T data;                                         //链表结点数据
    DblNode<T> * lLink, * rLink;                     //链表前驱(左链)指针、后继(右链)指针
    DblNode(DblNode<T> * left = NULL, DblNode<T> * right = NULL)
        :lLink(left), rLink(right) {}               //构造函数
    DblNode (T value, DblNode<T> * left = NULL, DblNode<T> * right = NULL)
        :data(value), lLink(left), rLink(right) {}   //构造函数
};


template <class T>
class DblList {                                     //链表类定义
public:
    DblList();                                       //构造函数:建立附加头结点
    ~DblList();                                       //析构函数:释放所用存储
    int Length();                                    //计算双链表的长度
    bool IsEmpty() {return first->rlink == first;}   //判断双链表空否
    DblNode<T> * getHead() {return first;}           //取附加头结点地址
    DblNode<T> * getNext(DblNode<T> * p)             //取 * p 的后继方向下一结点地址
        {return p->rLink;}
    DblNode<T> * getPrior(DblNode<T> * p)            //取 * p 的前驱方向下一结点地址
        {return p->lLink;}
    DblNode<T> * Search(T& x);
        //在链表中沿后继方向寻找等于给定值 x 的结点
    DblNode<T> * Locate(int i, int d);
        //在链表中定位序号为 i(≥0)的结点,d=0 按前驱方向,d≠0 按后继方向
    bool Insert(int i, T x, int d);
        //在第 i 个结点后插入一个含值 x 的新结点,d=0 按前驱方向,d≠0 按后继方向
    bool Remove(int i, T& x, int d);
        //删除第 i 个结点,x 返回其值,d=0 按前驱方向,d≠0 按后继方向
    void input();                                    //按尾插法输入并创建表
    void output();                                   //输出
private:
    DblNode<T> * first;
};


template <class T>
DblList<T>::DblList() {
//构造函数：建立循环双链表的附加头结点
    first = new DblNode<T>;
    if (first == NULL) {cerr << "存储分配出错!" << endl; exit(1);}
    first->rLink = first->lLink = first;
};
```

```
template <class T>
int DblList<T>::Length( ) {
//计算带附加头结点的循环双链表的长度，通过函数返回
    DblNode<T> * p = first->rLink; int count = 0;
    while (p != first) {p = p->rLink; count++; }
    return count;
};
```

3. 循环双链表的搜索、插入和删除算法

循环双链表的搜索算法 Search 是按照给定值 x 在链表中搜索其数据值与给定值相等的结点。为此，设置一个链表检测指针 p，从链表第一个结点开始沿右链方向顺序检测各个结点的数据。如果检测到 p 所指结点的数据与给定值 x 相等，则函数返回搜索到的结点地址；如果链中所有结点都检测完，但未找到数据域的值与给定值相等的结点，则检测指针 p 沿循环双链表转一圈又回到头结点，函数返回头结点地址，表示搜索失败。

程序 2.22　搜索运算 Search 的实现
```
template <class T>
DblNode<T>  * DblList<T>::Search(T& x) {
//在带附加头结点的循环双链表中寻找其值等于 x 的结点，若找到，则函数返回该结点地址；
//否则函数返回 NULL
    DblNode<T>  * p = first->rLink; int count = 0;
    while (p != first) { p = p->rLink; count++;}
    return p;
};
```

循环双链表式的定位运算 Locate 要区分是哪个方向上的第 i 个结点。为此，在函数参数表中要增加一个形式参数 d 用以明确指明搜索方向。实际上，每一方向的运算都是类似的，只是把左、右指针换一下就可以。

程序 2.23　定位运算 Locate 的实现
```
template <class T>
DblNode<T>  * DblList<T>::Locate(int i, int d) {
//在带附加头结点的循环双链表中按 d 所指方向寻找第 i 个结点的地址。若d=0,在前驱方向
//寻找第 i 个结点;若d≠0,在后继方向寻找第 i 个结点
    if (first->rlink == first || i == 0)return first;
    DblNode<T> * p;
    p = (d == 0) ? first->lLink:p = first->rLink;        //按 d 指示方向搜索
    for (int j = 1; p ! = first && j < i; j++)            //逐个结点检测
        p = (d == 0) ? p->lLink:p->rLink;                //链太短退出搜索
    return p;
};
```

循环双链表 Insert 算法是根据给定值 x 建立一个新结点，并按照 d 所指方向插入循环双链表第 i 个结点之后。$d=0$，在前驱方向查找第 i 个结点；$d≠0$，在后继方向查找第 i 个结点。

这时要分为两种情况：在空表情形，新结点成为链表的第一个结点，如图 2.18(a)所示；如果链表非空，必须先寻找到 d 方向的第 i 个结点，再进行插入，如图 2.18(b)所示。在插入时，需要在两个环状链中插入，一个是前驱指针 lLink 链，另一个是后继指针 rLink 链，为此至少需要修改 4 个指针。

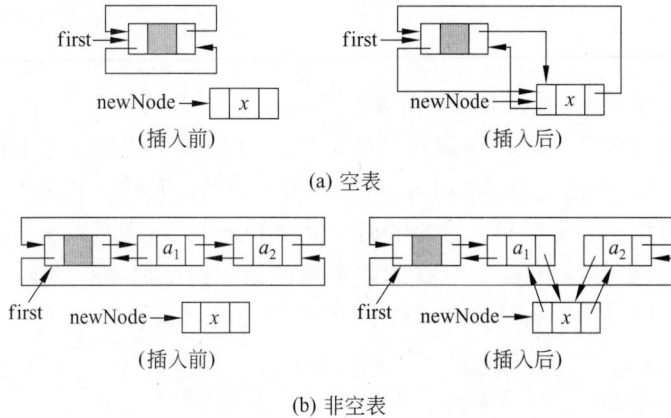

(a) 空表

(b) 非空表

图 2.18　循环双链表的插入算法

程序 2.24　插入算法的实现

```
template <class T>
bool DblList<T>::Insert(int i, T x, int d) {
//建立一个包含有值 x 的新结点，并将其按 d 指定的方向插入第 i 个结点之后
    DblNode<T> * p = Locate(i, d);                    //查找第 i 个结点
    if (p == first && i > 0) return false;            //i 不合理，插入失败
    DblNode<T> * s = new DblNode<T>(x);
    if (s == NULL) {cerr <<"存储分配失败!"<< endl; exit(1);}
    if (d == 0) {                                     //前驱方向插入
        s->lLink = p->lLink;
        p->lLink = s;
        s->lLink->rLink = s;
        s->rLink = p;
    }
    else {                                            //后继方向插入
        s->rLink = p->rLink;
        p->rLink = s;
        s->rLink->lLink = s;
        s->lLink = p;
    }
    return true;                                      //插入成功
};
```

循环双链表的 Remove 运算是按照 d 所指方向删除第 i 个结点，如图 2.19 所示。

删除过程分 3 步：①先寻找 d 所指方向的第 i 个结点。d=0，在前驱方向查找第 i 个结点；d≠0，在后继方向查找第 i 个结点。②把第 i 个结点从链中分离出来，为了从两个链

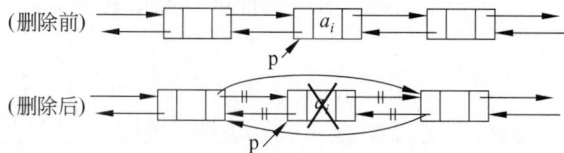

图 2.19　循环双链表的删除算法

上摘下被删结点,必须修改前驱结点的后继指针和后继结点的前驱指针。③再把被删结点释放。

程序 2.25　删除运算的实现

```
template <class T>
bool DblList<T>::Remove(int i, T& x, int d) {
//在带附加头结点的循环双链表中按照 d 所指方向删除第 i 个结点
    DblNode<T> * p = Locate(i, d);              //查找第 i 个结点
    if (p == first && i > 0) return false;      //i 不合理,删除失败
    p->rLink->lLink = p->lLink;                 //从 lLink 链中摘下
    p->lLink->rLink = p->rLink;                 //从 rLink 链中摘下
    x = p->data; delete p;                      //删除
    return true;                                //删除成功
};
```

2.5　单链表的应用：多项式及其运算

在表处理时经常遇到的一个问题就是多项式的表示和运算,因此有必要讨论如何建立一个符号多项式的数据结构,构造由符号(即多项式中的系数和指数)组成的表。例如,有两个一元多项式 $A(x)$ 和 $B(x)$,$A(x)$ 是一个一元 4 阶多项式,$B(x)$ 是一个一元 6 阶多项式:

$$A(x) = 2.5 + 15.2x^2 + 10.0x^3 + 1.5x^4 = \sum_{i=0}^{4} a_i x^i$$

$$B(x) = 4.1x + 3.8x^2 - 1.5x^4 + x^6 = \sum_{i=0}^{6} b_i x^i$$

定义多项式的阶为多项式中最高的指数。那么,做这两个多项式的加法和乘法时,其和与积可以表示为

$$A(x) + B(x) = \sum_{i=0}^{6} (a_i + b_i) x^i$$

$$A(x)B(x) = \sum_{i=0}^{4} \left(a_i x^i \sum_{j=0}^{6} (b_j x^j) \right)$$

类似地,可以做两个多项式的减法和除法,以及其他的许多运算。

**2.5.1　多项式的表示

通常在数学中对一元 n 次多项式可表示成如下的形式:

$$P_n(x) = a_0 + a_1 x + a_2 x^2 + \cdots + a_{n-1} x^{n-1} + a_n x^n = \sum_{i=0}^{n} a_i x^i$$

设多项式的最高可能阶数为 maxDegree，当前的最高阶数为 n，各个项按指数递增的次序，$0 \sim n$ 顺序排列。

第一种表示方法是为多项式类 Polynomial 建立一个有 maxDegree+1 个元素的静态数组 coef 来存储多项式的系数，如图 2.20 所示。在类的私有域中定义多项式的数据成员：

```
private：
    int degree;                          //多项式中当前阶数
    float coef[maxDegree+1];             //多项式的系数数组
```

假设 pl 是 Polynomial 类的一个对象，且 $n \leqslant$ maxDegree，则上述多项式 $P_n(x)$ 可以表示为

$$pl.degree = n, \ pl.coef[i] = a_i, \quad 0 \leqslant i \leqslant n$$

coef[] 是系数数组，coef[0] 中存放系数 a_0 的值，coef[1] 中存放系数 a_1 的值……coef[maxDegree] 中存放系数 $a_{maxDegree}$ 的值。多项式中指数为 i 的项的系数 a_i 存于 coef[i] 中。这样可以充分利用存储来表示一元 n 次多项式并很方便地进行多项式的加、减、乘、除运算。但当 pl.degree 远远小于 maxDegree 时，大多数数组元素都是空的，存储空间可能会造成较大的浪费。为此，可采用第二种表示方法，用动态数组存储多项式的系数：

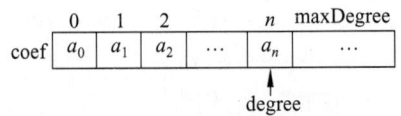

图 2.20　利用一个静态数组表示一元 n 次多项式

```
private：
    int degree;                          //多项式中当前阶数
    float * coef;                        //多项式的系数数组
```

并利用如下构造函数在创建 Polynomial 类的一个对象时为 coef 动态分配存储空间：

```
Polynomial∷Polynomial(int sz) {
    degree = sz;
    coef = new float[degree + 1];
}
```

但是，对于缺很多项，各项指数跳动很大的一元多项式，例如

$$P_{101}(x) = 1.2 + 51.3x^{50} + 3.7x^{101}$$

阶为 101 的多项式需要有 102 个元素的数组来存储各个项的系数，其中只有 3 个数组元素非零，其他都是零元素。这种多项式称为稀疏多项式。在存储多项式时只存储那些系数非零的项，可以期望节省存储空间。因此，考虑第三种多项式的表示方法，对于每个系数非零的项只存储它的系数 a_i 和指数 e_i，并用一个存储各系数非零项的数组来表示这个多项式。

一般地，可以用如下方式来表示多项式：

$$P_n(x) = a_0 x^{e_0} + a_1 x^{e_1} + a_2 x^{e_2} + \cdots + a_m x^{e_m}$$

其中，每个 a_i 是 $P_n(x)$ 中的非零系数，指数 e_i 是递增的，即 $0 \leqslant e_0 < e_1 < \cdots < e_{m-1} < e_m$。相应的存储表示如图 2.21 所示。

第四种解决的办法是利用链表来表示多项式。它适用于项数不定的多项式，特别是对于项数在运算过程中动态增长的多项式，不存在存储溢出的问题。其次，对于某些零系数

项,在执行加法运算后不再是零系数项,这就需要在结果多项式中增添新的项;对于某些非零系数项,在执行加法运算后可能是零系数项,这就需要在结果多项式中删除这些项,利用链表操作,可以简单地修改结点的指针以完成这种插入和删除运算(不像在顺序方式中那样,可能移动大量数据项),运行效率较高。

	0	1	2		i		m	maxDegree
coef	a_0	a_1	a_2	$\cdots$	a_i	$\cdots$	a_m	$\cdots$
exp	e_0	e_1	e_2	$\cdots$	e_n	$\cdots$	e_m	$\cdots$

图 2.21 一般的一元多项式的存储表示

**2.5.2 多项式的类定义

一般地,可使用带有附加头结点的单链表来实现多项式的链表表示。每个链表结点表示多项式中的一项,命名为 Term。Term 用 struct 定义,它包括两个数据成员:coef(系数)和 exp(指数)。它们都是共有数据成员。

程序 2.26 多项式的类定义

```
struct Term {                                    //多项式结点的定义
    float coef;                                  //系数
    int exp;                                     //指数
    Term * link;
    Term(float c, int e, Term * next = NULL)
        {coef = c; exp = e; link = next;}
    Term * InsertAfter(float c, int e);
    friend ostream& operator << (ostream&, const Term&);
};

class Polynomial {                               //多项式类的定义
public:
    Polynomial() {first = new Term(0, -1);}      //构造函数,建立空链表
    Polynomial(Polynomial& R);                   //复制构造函数
    int maxOrder();                              //计算最大阶数
    Term * getHead() {return first;}             //取得多项式单链表的表头指针
    void reverse();                              //将表示多项式的单链表逆置
    Polynomial& operator = (Polynomial& R);      //赋值操作,形式如 A = B
private:
    Term * first;
    friend ostream& operator << (ostream&, const Polynomial&);
    friend istream& operator >> (istream&, Polynomial&);
    friend Polynomial operator + (Polynomial&, Polynomial&);
    friend Polynomial operator * (Polynomial&, Polynomial&);
};
#endif
Term * Term::InsertAfter(float c, int e) {
//在当前由 this 指针指示的项(即调用此函数的对象)后面插入一个新项
```

```
    link = new Term(c, e, link);                    //创建一个新结点,自动链接
    return link;                                     //插入 this 结点后面
};


ostream& operator << (ostream& out, const Term& x) {
//Term 的友元函数:输出一个项 x 的内容到输出流 out 中
    if (x.coef == 0.0) return out;                   //零系数项不输出
    out << x.coef;                                   //输出系数
    switch (x.exp) {                                 //输出指数
        case 0: break;
        case 1: out << "X"; break;
        default: out << "X^" << x.exp; break;
    }
    return out;
};


Polynomial::Polynomial(Polynomial& R) {
//复制构造函数:用已有多项式对象 R 初始化当前多项式对象 R
    first = new Term(0,-1);
    Term * destptr = first, * srcptr = R.first()->link;
    while (srcptr != NULL) {
        destptr->InsertAfter(srcptr->coef, srcptr->exp);
        //在 destptr 所指结点后插入新结点,再让 destptr 指到这个新结点
        srcptr = srcptr->link;
        destptr=destptr->link;
    }
};


int Polynomial::maxOrder() {
//计算最大阶数,当多项式按升序排列时,最后一项中是指数最大者
    Term * current = first;
    while (current->link != NULL) current = current->link;
    //空表情形,current 停留在 first,否则 current 停留在表尾结点
    return current->exp;
};


istream& operator >> (istream& in, Polynomial& x) {
//Polynomial 类的友元函数:从输入流 in 输入各项,用尾插法建立一个多项式
    Term * rear = x.first; float c; int e;           //rear 是尾指针
    while (1) {
        cout << "Input a term(coef,exp):" << endl;
        in >> c >> e;                                //输入项的系数 c 和指数 e
        if (e < 0) break;                            //用 e < 0 控制输入结束
        rear = rear->InsertAfter(c, e);              //链接到 rear 所指结点后
    }
```

```
        return in;
    };


ostream& operator << (ostream& out, Polynomial& x) {
//Polynomial 类的友元函数：输出带附加头结点的多项式链表 x
    Term * current = x.getHead()->link;
    cout << "The polynomial is:"
    bool h = true;
    while (current != NULL) {
        if (h = false && current->coef > 0.0) out << "+";
        h = false;
        out << * current;                        //调用 Term 类的重载操作
        current = current->link;
    }
    out << endl;
    return out;
};
```

**2.5.3 多项式的加法

例如,有两个多项式 $A = 1-10x^6+2x^8+7x^{14}, B = -x^4+10x^6-3x^{10}+8x^{14}+4x^{18}$。它们的链表表示如图 2.22(a)所示。

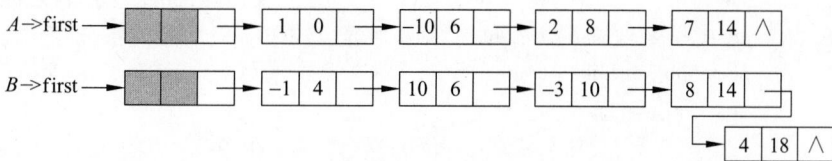

(a) 两个相加的多项式

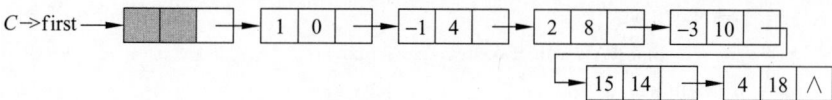

(b) 相加结果的多项式

图 2.22 多项式链表的相加

在做两个多项式 A 和 B 相加时,假设各个多项式链表都带有附加头结点,设置两个检测指针 pa 和 pb 分别指示在两个多项式链表中当前检测到的结点,并设结果多项式链表的表头指针为 C,存放指针为 pc,初始位置在 A 的附加头结点。

(1) 当 pa 和 pb 没有检测完各自的链表时,比较当前检测结点的指数域：

① 指数不等：小者加入 C 链,相应检测指针 pa 或者 pb 加 1；

② 指数相等：对应项系数相加,若相加结果不为零,则结果(存于 pa 所指结点中)加入 C 链,否则不加入 C 链,检测指针 pa 与 pb 都加 1。

(2) 当 pa 或 pb 指针中有一个已检测完自己的链表时,把另一个链表的剩余部分加入 C 链。

图 2.22(b)就是图 2.22(a)中两个多项式链表 A 和 B 相加后的结果。程序 2.27 给出相应的多项式相加算法。

程序 2.27 两个多项式相加的运算

```
Polynomial operator + (Polynomial& A, Polynomial& B) {
//友元函数：两个带附加头结点的按升幂排列的多项式链表的头指针分别是 A.first 和 B.first，
//返回的是结果多项式链表
    Term * pa, * pb, * pc, * p; float temp;
    Polynomial R; pc = R.first;            //pc 为结果多项式 R 在创建过程中的尾指针
    pa = A.first->link; pb = B.first->link;
                                //pa 与 pb 定位于 A 与 B 的第一个结点，是两链的检测指针
    while (pa != NULL && pb != NULL) {                  //两两比较
        if (pa->exp == pb->exp) {                      //对应项指数相等
            temp = pa->coef + pb->coef;                //系数相加
            if (fabs(temp) > 0.001)                    //相加后系数不为 0
                pc = pc->InsertAfter(temp, pa->exp);
            pa = pa->link; pb = pb->link;
        }
        else if (pa->exp < pb->exp) {                  //pa 指数小
                pc = pc->InsertAfter(pa->coef, pa->exp);
                pa = pa->link;                         //pa 指向下一个结点
        }
        else {                                         //pb 指数小，加入 ah 链
            pc = pc->InsertAfter(pb->coef, pb->exp);
            pb = pb->link;                             //pb 指向下一个结点
        }
    }
    if (pa != NULL) p = pa;                            //p 指示剩余链的地址
    else p = pb;
    while (p != NULL) {                                //处理链剩余部分
        pc = pc->InsertAfter(p->coef, p->exp);
        p = p->link;
    }
    return R;
};
```

设两个多项式链表的长度分别为 m 和 n，则总的数据比较次数为 $O(m+n)$。

2.6 静 态 链 表

如果为数组中每个元素附加一个链接指针，则形成了静态链表结构。它允许不改变各元素的物理位置，只要重新链接就能够改变这些元素的逻辑顺序。由于它是利用数组定义的，在整个运算过程中存储空间的大小不会变化，因此称为静态链表。

静态链表的每个结点由两个数据成员构成：data 域存储数据，link 域存放链接指针。所有结点形成一个结点数组，它也可以带有附加头结点，如图 2.23 所示。

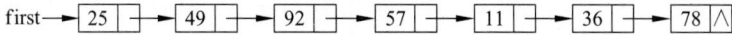

(a) 动态链表

	0	1	2	3	4	5	6	7
data		25	92	57	36	78	11	49
link	1	7	3	6	5	−1	4	2

(b) 静态链表

图 2.23　静态链表结构

关于静态链表的结构定义和使用,在第 5、9 章会进一步讨论。

习　　题

一、单项选择题

1. 在线性表中的每个表元素都是数据对象,它们是不可再分的(　　)。

　　A. 数据项　　　　　B. 数据记录　　　　　C. 数据元素　　　　　D. 数据字段

2. 顺序表是线性表的(　　)存储表示。

　　A. 有序　　　　　B. 无序　　　　　C. 数组　　　　　D. 顺序存取

3. 在一个长度为 n 的顺序表中顺序搜索一个值为 x 的元素时,在等概率的情况下,搜索成功的数据平均比较次数为(　　)。

　　A. n　　　　　B. $n/2$　　　　　C. $(n+1)/2$　　　　　D. $(n-1)/2$

4. 在一个长度为 n 的顺序表中向第 i 个元素($0 \leqslant i \leqslant n$)位置插入一个新元素时,需要从后向前依次后移(　　)个元素。

　　A. $n-i$　　　　　B. $n-i+1$　　　　　C. $n-i-1$　　　　　D. i

5. 在一个长度为 n 的顺序表中删除第 i 个元素($0 \leqslant i \leqslant n-1$)时,需要从前向后依次前移(　　)个元素。

　　A. $n-i$　　　　　B. $n-i+1$　　　　　C. $n-i-1$　　　　　D. i

6. 在一个长度为 n 的顺序表中删除一个值为 x 的元素时,需要移动元素的总次数的平均值为(　　)。

　　A. $(n+1)/2$　　　B. $n/2$　　　　　C. $(n-1)/2$　　　　　D. n

7. 在一个长度为 n 的顺序表的表尾插入一个新元素的渐进时间复杂度为(　　)。

　　A. $O(1)$　　　　　B. $O(n)$　　　　　C. $O(n^2)$　　　　　D. $O(\log_2 n)$

8. 在一个长度为 n 的顺序表的任一位置插入一个新元素的渐进时间复杂度为(　　)。

　　A. $O(1)$　　　　　B. $O(n/2)$　　　　　C. $O(n)$　　　　　D. $O(n^2)$

9. 不带附加头结点的单链表 first 为空的判定条件是(　　)。

　　A. first == NULL;　　　　　　　　B. first−>link == NULL;

　　C. first−>link == first;　　　　　　D. first != NULL;

10. 带附加头结点的单链表 first 为空的判定条件是(　　)。

A. first == NULL;   B. first—>link == NULL;

C. first—>link == first;   D. first != NULL;

11. 设单链表中结点的结构为(data,link)。已知指针 q 所指结点是指针 p 所指结点的直接前驱,若在 * q 与 * p 之间插入结点 * s,则应执行(   )操作。

    A. s—>link = p—>link;   p—>link = s;

    B. q—>link = s;   s—>link = p;

    C. p—>link = s—>link;   s—>link = p;

    D. p—>link = s;   s—>link = q;

12. 设单链表中结点的结构为(data,link)。已知指针 p 所指结点不是尾结点,若在 * p 之后插入结点 * s,则应执行(   )操作。

    A. s—>link = p;   p—>link = s;

    B. p—>link = s;   s—>link = p;

    C. s—>link = p—>link;   p = s;

    D. s—>link = p—>link;   p—>link = s;

13. 设单链表中结点的结构为(data,link)。若想删除结点 * p(* p 既不是第一个也不是最后一个结点)的直接后继,则应执行(   )操作。

    A. q = p—>link;   p—>link = q—>link;

    B. q = p—>link;   p—>link = q—>link—>link;

    C. p—>link = p—>link;

    D. q = p—>link;   p = q—>link—>link;

14. 非空的循环单链表 first 的尾结点(由 p 指向)满足(   )。

    A. p—>link == NULL;   B. p == NULL;

    C. p—>link == first;   D. p == first;

15. 循环单链表中结点的结构为(data,link),且 rear 是指向非空的带附加头结点的循环单链表的尾结点的指针。若想删除链表第一个结点,则应执行下列(   )操作。

    A. s = rear;   rear = rear—>link;   delete s;

    B. rear = rear—>link;   delete rear;

    C. rear = rear—>link—>link;   delete rear;

    D. s = rear—>link—>link;   rear—>link—>link = s—>link;   delete s;

16. 设循环双链表中结点的结构为(data,lLink,rLink),且不带附加头结点。若想在指针 p 所指结点之后(后继方向)插入指针 s 所指结点,则应执行(   )操作。

    A. p—>rLink = s;   s—>lLink = p;   p—>rLink—>lLink = s;   s—>
       rLink = p—>rLink;

    B. p—>rLink = s;   p—>rLink—>lLink = s;   s—>lLink = p;   s—>
       rLink = p—>rLink;

    C. s—>lLink = p;   s—>rLink = p—>rLink;   p—>rLink = s;   p—>
       rLink—>lLink = s;

    D. s—>lLink = p;   s—>rLink = p—>rLink;   p—>rLink—>lLink = s;
       p—>rLink = s;

17. 从一个具有 n 个结点的单链表中查找其值等于 x 结点时,在查找成功的情况下,需要平均比较(　　)个结点。

    A. n B. $n/2$ C. $(n-1)/2$ D. $(n+1)/2$

18. 已知单链表 A 长度为 m,单链表 B 长度为 n,若将 B 链接在 A 的末尾,其时间复杂度应为(　　)。

    A. $O(1)$ B. $O(m)$ C. $O(n)$ D. $O(m+n)$

19. 已知 first 是不带附加头结点的单链表的表头指针,在表头插入结点 *p 的操作是(　　)。

    A. p = first；p—>link = first；   B. p—>link = first；p = first；

    C. p—>link = first；first = p；   D. first = p；p—>link = first；

20. 已知 first 是带附加头结点的单链表的表头指针,删除首元结点的语句是(　　)。

    A. first = first—>link；

    B. first—>link = first—>link—>link；

    C. first = first；

    D. first—>link = first；

二、填空题

1. 线性表是由 $n(n \geqslant 0)$ 个_____组成的有限序列。

2. 顺序表的优点是存储密度高,但插入与删除运算的_____低。

3. 顺序表的所有元素必须_____存储在其存储空间中,这是它与一维数组的不同之处。

4. 在顺序表中插入一个新元素,其元素移动多少与_____和_____有关。

5. 在单链表中搜索一个元素应使用_____搜索。

6. 链表在插入和删除元素时不需移动结点,只需改变_____。

7. 链表的存储空间一般在程序运行过程中_____。

8. 在单链表中设置附加头结点的作用是在插入和删除表中第一个元素时不必对_____进行特殊处理。

9. 指针 first 是非空带附加头结点单链表的表头指针,则语句"first—>link = first—>link.—>link."的作用是_____。

10. 单链表只能通过结点的链指针_____访问。

11. 在循环双链表中插入和删除结点时,必须修改_____方向上的指针。

12. 循环双链表结点的结构为(data, lLink, rLink),则结点 *p 的前驱结点地址为_____。

三、判断题

1. 顺序表可以利用一维数组表示,因此顺序表与一维数组在结构上是一致的,它们可以通用。   (　　)

2. 在顺序表中,逻辑上相邻的元素在物理位置上不一定相邻。   (　　)

3. 顺序表和一维数组一样,都可以按下标随机(或直接)访问,顺序表还可以从某一指

定元素开始,向前或向后逐个元素顺序访问。 （　　）

4. 链式存储在插入和删除时需要保持数据元素原来的物理顺序,不需要保持原来的逻辑顺序。 （　　）

5. 在链式存储表中存取表中的数据元素时,不一定要循链顺序访问。 （　　）

6. 在不带附加头结点的单链表的第一个结点之前插入新结点时,链表的表头指针必须改变。 （　　）

7. 不带附加头结点的单链表的表头指针是指向链表的首元结点的指针。 （　　）

8. 在单链表中删除结点 $*p$($*p$ 不是尾结点)的后继结点的语句是 p ＝ p－>link－>link。 （　　）

9. 清空带附加头结点的单链表时,必须保留附加头结点。 （　　）

10. 在删除循环双链表中一个结点时,应先将该结点从链表中摘下再删除结点。
（　　）

四、简答题

1. 顺序表的插入和删除要求仍然保持各个元素原来的次序。设在等概率情形下,对有 127 个元素的顺序表进行插入,平均需要移动多少个元素? 删除一个元素,平均需要移动多少个元素?

2. 设单链表结点的结构为 ListNode ＝ (data, link),阅读以下函数:

```
voidunknown(LinkNode * Ha) {
//Ha 为指向不带附加头结点的单链表的表头指针
    if (Ha ! ＝ NULL) {
        unknown(Ha->link);
        cout << Ha->data << endl;
    }
}
```

若线性表(a , b , c , d , e , f , g)采用单链表存储,表头指针为 first,则执行 unknown (first)之后输出的结果是什么?

3. 设单链表结点的结构为 ListNode ＝ (data, link),Ha 是带附加头结点的单链表的表头指针,阅读以下函数:

```
intunknown(ListNode * Ha) {
    ListNode * p; int n ＝ 0;
    for (p ＝ Ha->link; p ! ＝ NULL; p ＝ p->link)
        n++;
    return n;
}
```

若用单链表表示的线性表为 L ＝ (a , b , c , d , e , f , g),其表头指针为 L,则执行 unknown (L)之后输出的结果是什么?

4. 设单链表结点的结构为 ListNode ＝ (data, link),画出 for 循环每次执行后,链表指针 p 在链表中变化的示意图。

```
ListNode  * L = new ListNode;    ListNode  * p = L;
for (int i = 0; i < 3; i++) {
    p->link = new ListNode;
    p = p->link;
    p->data = i * 2+1;
}
p->link = NULL;
```

5. 这是一个统计单链表中结点的值等于给定值 x 的结点数的算法,指出其中的错误并改正,要求不增加新语句(算法中参数 Ha 为不带附加头结点的单链表的表头指针)。

```
int count(ListNode  * Ha, DataType x) {        ①
    int n = 0;                                 ②
    while (Ha->link ! = NULL) {                ③
        Ha = Ha->link;                         ④
        if (Ha->data == x) n++;                ⑤
    }
    return n;                                  ⑥
}
```

五、算法题

1. 设有一个线性表$(e_0, e_1, \cdots, e_{n-2}, e_{n-1})$采用顺序存储。设计一个函数,将这个线性表原地逆置,即将表中的 n 个元素置换为$(e_{n-1}, e_{n-2}, \cdots, e_1, e_0)$。

2. 设计一个算法,删除顺序表中值重复的元素(值相同的元素仅保留第一个),使得表中所有元素的值均不相同。

3. 设计一个算法,以不多于 $3n/2$ 的平均比较次数,在一个有 n 个整数的顺序表 A 中找出具有最大值和最小值的整数。

4. 设计一个算法,删除顺序表 L 中所有具有给定值 x 的元素。

5. 设有两个带附加头结点的单链表 L1 和 L2,它们所有结点的值都不重复且按递增顺序链接。设计一个算法,合并两个单链表。要求新链表不另外开辟空间,使用两个链表原来的结点,并保持结点的链接顺序仍按值递增顺序排列并消除值重复的结点。

6. 设在一个带附加头结点的单链表中所有元素结点的数据值按递增顺序排列,设计一个算法,删除表中所有大于 min、小于 max 的元素(若存在)。

7. 已知一个带附加头结点的单链表中包含有三类字符(数字字符、字母字符和其他字符),设计一个算法,构造三个新的单链表,使每个单链表中只包含同一类字符。要求使用原表的空间,附加头结点可以另辟空间。

8. 设长度为 n 的带附加头结点的单链表的表头指针为 ha,元素为$\{a_0, a_1, a_2, \cdots, a_{n-1}\}$,设计一个算法,重新链接表中各元素,使得元素排列改变成$\{a_0, a_{n-1}, a_1, a_{n-2}, a_2, \cdots\}$。

9. 设有一个表头指针为 list 的不带附加头结点的非空单链表。设计一个算法,通过遍历一趟链表,将表中所有结点的链接方向逆转,如图 2-24 所示。

10. 设有一个带附加头结点的循环双链表 L,每个结点有 4 个数据成员:指向前驱结点的指针 lLink,指向后继结点的指针 rLink,存放数据的成员 data 和访问频度 freq。所有结点的 freq 初始时都为 0。设计一个 Locate 算法,每次在调用 Locate (L,x) 时,让值为 x 的结点的访问频度 freq 加 1,并将该结点向头结点方向移动,链接到与它的访问频度相等的结点后面,使得链表中所有结点保持按访问频度非递增(或递减)的顺序排列,以使频繁访问的结点总是靠近表头。

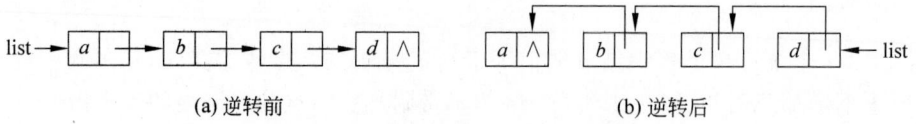

(a)逆转前   (b)逆转后

图 2.24　第 9 题的逆转链表的图示

第3章 栈和队列

栈、队列、优先级队列和双端队列是 4 种特殊的线性表,它们的逻辑结构与线性表相同,只是其运算规则较线性表有更多的限制,故又称它们为运算受限的线性表。栈和队列被广泛应用于各种系统的程序设计中。

3.1 栈

栈是一种最常用和最重要的数据结构,它的用途非常广泛。例如,汇编处理程序中的句法识别和表达式计算就是基于栈实现的。栈还经常使用在函数调用时的参数传递和函数值的返回。

3.1.1 栈的定义

通常,**栈(stack)可定义为只允许在表的末端进行插入和删除的线性表**。允许插入和删除的一端称为栈顶(top),而不允许插入和删除的另一端称为栈底(bottom)。当栈中没有任何元素时则成为空栈。

设给定栈 $S=(a_1, a_2, \cdots, a_n)$,则称最后加入栈中的元素 a_n 为栈顶。栈中按 $a_1, a_2, \cdots, a_n$ 的顺序进栈。而退栈的顺序反过来,a_n 先退出,然后 a_{n-1} 才能退出,最后退出 a_1。换句话说,后进者先出。因此,栈又称为**后进先出**(last in first out,LIFO)的线性表,如图 3.1 所示。

与线性表类似,可以借助 C++ 类来定义栈的抽象数据类型,如程序 3.1 所示。

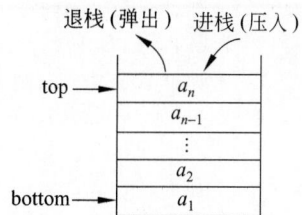

图 3.1 栈

程序 3.1 栈的类定义

```
const int maxSize = 50;
enum bool{false,true};
template <class T>
class Stack {                              //栈的类定义
public:
    Stack(){};                             //构造函数
    virtual void Push(T& x) = 0;           //新元素 x 进栈
    virtual bool Pop(T& x) = 0;            //栈顶元素出栈,由 x 返回
    virtual bool getTop(T& x)const = 0;    //读取栈顶元素,由 x 返回
    virtual bool IsEmpty() const = 0;      //判断栈空否
    virtual bool IsFull() const = 0;       //判断栈满否
    virtual int getSize() const = 0;       //计算栈中元素个数
};
```

3.1.2　顺序栈

栈的抽象数据类型有两种典型的存储表示：基于数组的存储表示和基于链表的存储表示。基于数组的存储表示实现的栈称为顺序栈，基于链表的存储表示实现的栈称为链式栈。

顺序栈可以采用顺序表作为其存储表示，为此，可以在顺序栈的声明中用顺序表定义它的存储空间。本书为简化问题起见，使用一维数组作为栈的存储空间。存放栈元素的数组的头指针为 * elements，该数组的最大允许存放元素个数为 maxSize，当前栈顶位置由数组下标指针 top 指示。如果栈不空时 elements[0]是栈中第一个元素。

```
程序 3.2　顺序栈的类定义
#include <assert.h>
#include <iostream.h>
const int maxStack = 20;
const int stackIncreament = 20;                //栈溢出时扩展空间的增量
template <class T>
class SeqStack {                               //顺序栈的类定义
public:
    SeqStack(int sz =50);                      //建立一个空栈
    ~SeqStack() {delete[]elements;}            //析构函数
    void Push(T& x);
    //如果 IsFull(),则溢出处理;否则把 x 插入栈的栈顶
    bool Pop(T& x);
    //如果 IsEmpty(),则不执行退栈,返回 false;否则退掉位于栈顶的元素,返回 true,
    //退出的元素值通过引用型参数 x 返回
    bool getTop(T& x);
    //如果 IsEmpty(),则返回 false;否则返回 true,并通过引用型参数 x 得到栈顶元素的值
    bool IsEmpty()const {return (top == -1) ? true: false;}
    //如果栈中元素个数等于 0,则返回 true,否则返回 false
    bool IsFull()const {return (top == maxSize-1) ? true: false;}
    //如果栈中元素个数等于 maxSize,则返回 true,否则返回 false
    int getSize() {return top+1;}              //函数返回栈中元素个数
    void MakeEmpty() {top = -1;}               //清空栈的内容
    friend ostream& operator << (ostream& os, SeqStack<T>& s);
    //输出栈中元素的重载操作
private:
    T * elements;                              //存放栈中元素的栈数组
    int top;                                   //栈顶指针
    int maxSize;                               //栈最大可容纳元素个数
    void overflowProcess();                    //栈的溢出处理
};
```

栈的构造函数用于在建立栈的对象时为栈的数据成员赋初值。函数中动态建立的栈数组的最大尺寸为 maxSize，由函数参数 sz 给出，并令 top = -1，置栈为空。在这个函数实现中，使用了一种断言(assert)机制，这是 C++ 提供的一种功能。若断言语句 assert 参数

表中给定的条件满足,则继续执行后续的语句;否则出错处理,终止程序的执行。这种断言语句格式简洁,逻辑清晰,不但降低了程序的复杂性,而且提高了程序的可读性。

程序 3.3 顺序栈的构造函数
```
template <class T>
SeqStack<T>::SeqStack(int sz):top (-1), maxSize (sz) {
//建立一个最大尺寸为 sz 的空栈,若分配不成功则错误处理
    elements = new T[maxSize];              //创建栈的数组空间
    assert(elements != NULL);               //断言:动态存储分配成功与否
};
```

top 指示的是最后加入的元素的存储位置。在实现进栈操作时,应先判断栈是否已满。栈的最后允许存放位置为 maxSize-1,如果栈顶指针 top == maxSize-1,则说明栈中所有位置均已使用,栈已满。这时若再有新元素进栈,将发生栈溢出,程序转入溢出处理。如果 top < maxSize-1,则先让栈顶指针加 1,指到当前可加入新元素的位置,再按栈顶指针所指位置将新元素插入。这个新插入的元素将成为新的栈顶元素如图 3.2(a)所示。

另一个极端情况出现在栈底:如果在退栈时发现是空栈,即 top == -1,则退栈操作将执行栈空处理。栈空处理一般不是出错处理,而是使用这个栈的算法结束时需要执行的处理。若当前 top≥0,则可将栈顶指针减 1,等于栈顶退回到次栈顶位置如图 3.2(b)所示。

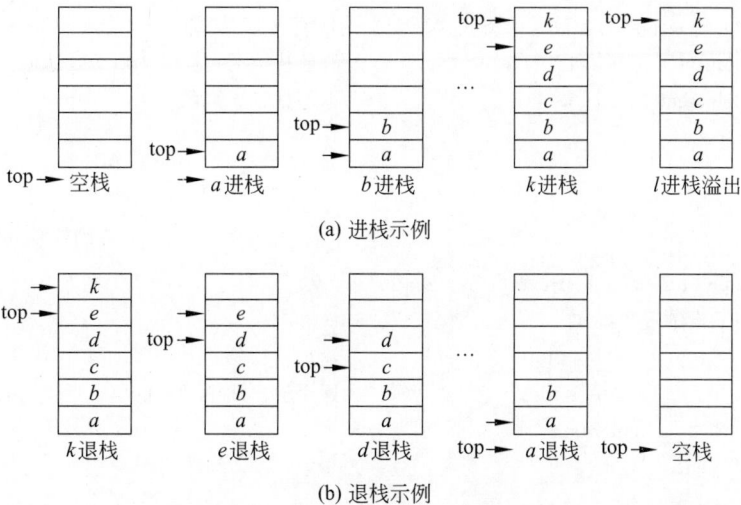

(a) 进栈示例

(b) 退栈示例

图 3.2 进栈和退栈的情况

程序 3.4 栈的其他成员函数的实现
```
template <class T>
void SeqStack<T>::overflowProcess() {
//私有函数:扩充栈的存储空间
    T *newArray = new T[maxSize + stackIncreament];
    if (newArray == NULL) {cerr << "存储分配失败!" << endl; exit(1);}
    for (int i = 0; i <= top; i++) newArray[i] = elements[i];
    maxSize = maxSize + stackIncreament;
    delete []elements;
```

```
            elements = newArray;
    };


    template <class T>
    void SeqStack<T>::Push(T& x) {
    //共有函数：若栈不满则将元素 x 插入该栈的栈顶,否则溢出处理
        if (IsFull( )== true) overflowProcess( );    //栈满则溢出处理
        elements[++top] = x;                          //栈顶指针先加 1,再进栈
    };


    template <class T>
    bool SeqStack<T>::Pop(T& x) {
    //共有函数：若栈不空则函数返回该栈栈顶元素的值,然后栈顶指针减 1
        if (IsEmpty( ) == true) return false;        //判断栈空否,若栈空则函数返回
        x = elements[top--];                          //栈顶指针减 1
        return true;                                  //退栈成功
    };


    template <class T>
    bool SeqStack<T>::getTop(T& x) {
    //共有函数：若栈不空则函数返回该栈栈顶元素的地址
        if (IsEmpty( ) == true) return false;        //判断栈空否,若栈空则函数返回
        return elements[top];                         //返回栈顶元素的值
        return true;
    };


    template <class T>
    ostream& operator << (ostream& os, SeqStack<T>& s) {
    //输出栈中元素的重载操作
        os << "top =" << s.top << endl;              //输出栈顶位置
        for (int i = 0; i <= s.top; i ++)            //逐个输出栈中元素的值
            os << s.elements[i] << "   ";
        os << endl;
        return os;
    };
```

读取栈顶元素值的函数 getTop(T&)与退栈函数 Pop(T&)的区别在于前者没有改变栈顶指针的值,后者改变了栈顶指针的值。

当栈满时要发生溢出,为了避免这种情况,需要为栈设立一个足够大的空间。但如果空间设置得过大,而栈中实际只有几个元素,也是一种空间浪费。此外,程序中往往同时存在几个栈,因为各个栈所需的空间在运行中是动态变化着的。如果给几个栈分配同样大小的空间,则在实际运行时,可能有的栈膨胀得快,很快就产生了溢出,而其他的栈可能此时还有许多空闲的空间。这时就必须调整栈的空间,防止栈的溢出。

例如,程序同时需要两个栈时,可以定义一个足够的栈空间。该空间的两端分别设为两

个栈的栈底,用 $b[0](=-1)$ 和 $b[1](=\text{maxSize})$ 指示。让两个栈的栈顶 $t[0]$ 和 $t[1]$ 都向中间伸展,直到两个栈的栈顶相遇,才认为发生了溢出,如图 3.3 所示。

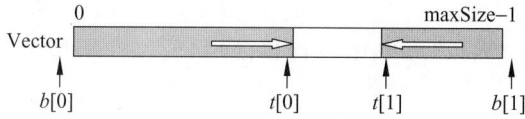

图 3.3 两个栈的情形

注意,每次进栈时 $t[0]$ 加 1,$t[1]$ 减 1;退栈时 $t[0]$ 减 1,$t[1]$ 加 1。

两栈的大小不是固定不变的。在实际运算过程中,一个栈有可能进栈元素多而体积大些,另一个栈则可能小些。两个栈共用一个栈空间,互相调剂,灵活性强。

在双栈的情形下,各栈的初始化语句为 t[0] = b[0] = −1, t[1] = b[1] = maxSize。栈满的条件为 t[0]+1 == t[1],即当两个栈的栈顶指针相遇才算栈满;栈空的条件为 t[0] = b[0] 或 t[1] = b[1],此时栈顶指针退到栈底。

程序 3.5 双栈的插入和删除操作的实现

```
bool Push (DualStack& DS, T x, int d) {
//在双栈中插入元素 x。d=0,插入第 0 号栈;d≠0,插入第 1 号栈
    if (DS.t[0]+1 == DS.t[1]) return false;  //栈满,函数返回
    if (d == 0) DS.t[0]++;                     //栈顶指针加 1
    else DS.t[1]−−;
    DS.Vector[DS.t[d]] = x;                    //进栈
    return true;
};

bool Pop(DualStack& DS, T& x, int d) {
//从双栈中退出栈顶元素,通过 x 返回。d=0,从第 0 号栈退栈;d≠0,从第 1 号栈退栈
    if (DS.t[d] == DS.b[d]) return false;      //栈空,函数返回
    x = DS.Vector[DS.t[d]];                    //取出栈顶元素的值
    if (d == 0) DS.t[0]−−;                      //栈顶指针减 1
    else DS.t[1]++;
    return true;
};
```

$n(n>2)$ 个栈的情形有所不同,采用多个栈共享栈空间的顺序存储表示方式,处理十分复杂,在插入时元素的移动量很大,因而时间代价较高。特别是当整个存储空间即将充满时,这个问题更加严重。解决的办法就是采用链接存储表方式作为栈的存储表示。

3.1.3 链式栈

链式栈是线性表的链接存储表示。采用链式栈来表示一个栈,便于结点的插入与删除。在程序中同时使用多个栈的情况下,用链接存储表示不仅能够提高效率,还可以达到共享存储空间的目的。

从图 3.4 可知,**链式栈的栈顶在链表的表头**。因此,**新结点的插入和栈顶结点的删除都在链表的表头,即栈顶进行**。下面给出链式栈的类声明。由于第 2 章给出的单链表结点是

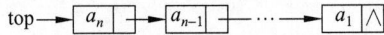
图 3.4　链式栈

用 struct 定义的,在链式栈的情形中可以直接使用,所以在程序 3.6 中没有定义链式栈的结点。

程序 3.6　链式栈的类定义

```
#include <iostream.h>
#include "List.h"                                           //使用了单链表结点
template <class T>
class LinkedStack {                                         //链式栈类定义
public:
    LinkedStack(): top(NULL) {}                             //构造函数,置空栈
    ~LinkedStack() {makeEmpty();};                          //析构函数
    void Push(T x);                                         //进栈
    bool Pop(T& x);                                         //退栈
    bool getTop(T& x)const;                                 //读取栈顶元素
    bool IsEmpty()const {return (top == NULL) ? true: false;}
    int getSize()const;                                     //求栈的元素个数
    void makeEmpty();                                       //清空栈的内容
    friend ostream& operator << (ostream& os, LinkedStack<T>& s);
    //输出栈中元素的重载操作
private:
    LinkNode<T>  * top;                                     //栈顶指针,即链头指针
};


template <class T>
void LinkedStack<T>::makeEmpty() {
//逐次删去链式栈中的元素直至栈顶指针为空
    LinkNode<T>  * p;
    while (top != NULL)                                     //逐个结点释放
        {p = top; top = top->link; delete p;}
};


template <class T>
void LinkedStack<T>::Push(T x) {
//将元素值 x 插入链式栈的栈顶,即链头
    LinkNode<T>* s = new LinkNode<T> (x);                   //创建新的含 x 结点
    if (s == NULL) {cerr << "存储分配失败!" << endl; exit(1);}
    s->link = top; toop =s;
};


template <class T>
bool LinkedStack<T>::Pop(T& x) {
//删除栈顶结点,返回被删栈顶元素的值
```

```
        if (IsEmpty( ) == true) return false;          //若栈空则不退栈,返回
        LinkNode<T> * p = top;                          //否则暂存栈顶元素
        top = top->link;                                //栈顶指针退到新的栈顶位置
        x = p->data; delete p;                          //释放结点,返回退出元素的值
        return true;
};


template <class T>
bool LinkedStack<T>::getTop(T& x) const {
//返回栈顶元素的值
        if (IsEmpty( ) == true) return false;           //若栈空则返回 false
        x = top->data;                                  //栈不空则返回栈顶元素的值
        return true;
};


template <class T>
int LinkedStack<T>::getSize( ) {
        LinkNode<T> * p = top; int k = 0;
        while (top != NULL) {top = top->link; k++;}
        return k;
};


template <class T>
ostream& operator << (ostream& os, LinkedStack<T>& s) {
//输出栈中元素的重载操作
        os << "栈中元素个数 =" << s.getSize( ) << endl;    //输出栈中元素个数
        LinkNode<T> * p = S.top; int i = 0;               //逐个输出栈中元素的值
        while (p != NULL)
            {os << p->data << "   "; p=p->link;}
        os << endl;
        return os;
};
```

如果同时使用 n 个链式栈,其头指针数组可以用以下方式定义:

```
LinkNode<T> * s = new LinkNode<T>[n];
```

在多个链式栈的情形中,link 域需要一些附加的空间,但其代价并非很大。

**3.1.4 栈的应用之一——括号匹配

举例说明,在一个字符串"$(a*(b+c)-d)$"中位置 1 和位置 4 有左括号"(",位置 8 和位置 11 有右括号")"。位置 1 的左括号匹配位置 11 的右括号,位置 4 的左括号匹配位置 8 的右括号。而对于字符串"$(a+b))($",位置 6 的右括号没有可匹配的左括号,位置 7 的左括号没有可匹配的右括号。

我们的目的是建立一个算法,输入一个字符串,输出匹配的括号和没有匹配的括号。

可以观察到,如果从左向右扫描一个字符串,那么每个右括号将与最近遇到的那个未匹配的左括号相匹配。这个观察的结果使我们联想到可以在从左向右的扫描过程中把所遇到的左括号存放到栈中。每当在后续的扫描过程中遇到一个右括号时,就将它与栈顶的左括号(如果存在)相匹配,同时在栈顶删除该左括号。程序 3.7 给出相应的算法,其时间复杂度为 $O(n)$ 或 $\Theta(n)$,其中 n 是输入串的长度。

程序 3.7　判断括号匹配的算法
```
# include <iostream.h>
# include <string.h>
# include <stdio.h>
# include "SeqStack.cpp"
const int maxLength = 100;                        //最大字符串长度
void PrintMatchedPairs(char * expression) {
    SeqStack<int> s(maxLength);                   //栈 s 存储
    int j, length = strlen(expression);
    for (int i = 1; i <= length; i++) {           //在表达式中搜索"("和")"
        if (expression[i−1] == '(') s.Push(i);    //左括号,位置进栈
        else if (expression[i−1] == ')') {        //右括号
            if (!s.IsEmpty() && s.Pop(j))         //栈不空,退栈成功
                cout << j << "与" << i << "匹配" << endl;
            else cout << "没有与第" << i << "个右括号匹配的左括号!" << endl;
        }
    }
    while (!s.IsEmpty()) {                         //栈中还有左括号
        s.Pop(j);
        cout << "没有与第" << j << "个左括号相匹配的右括号!" << endl;
    }
}
```

同时使用 3 个栈,稍微修改一下程序,就可以同时解决在 C 和 C++ 程序中的"{"与"}"、"["与"]"、"("与")"的匹配问题。

**3.1.5　栈的应用之二——表达式的计算

在计算机中执行算术表达式的计算是通过栈来实现的。

1. 表达式

如何将表达式翻译成能够正确求值的指令序列,是语言处理程序要解决的基本问题。作为栈的应用实例,下面讨论表达式的求值过程。

任何一个表达式都是由操作数(亦称运算对象)、操作符(亦称运算符)和分界符组成。通常,算术表达式有 3 种表示。

(1) 中缀(infix)表示 :<操作数> <操作符> <操作数>。例如,$A+B$。

(2) 前缀(prefix)表示 :<操作符> <操作数> <操作数>。例如,$+AB$。

(3) 后缀(postfix)表示 :<操作数> <操作数> <操作符>。例如,$AB+$。

我们平时所使用的表达式都是中缀表示。下面就是表达式的中缀表示:

$$A+B*(C-D)-E/F$$

为了正确执行这种中缀表达式的计算,必须明确各个操作符的执行顺序。为此,为每个操作符都规定了一个优先级,如表 3.1 所示。一般表达式的操作符有 4 种类型:①算术操作符,如双目操作符(＋、－、＊、／和％)以及单目操作符(－)。这些操作符主要用于算术操作数。②关系操作符,包括＜、＜＝、＝＝、！＝、＞＝、＞。这些操作符主要用于比较,不但适用于算术操作数,而且适用于字符型操作数。③逻辑操作符,如与(＆＆)、或(｜｜)、非(！)。④括号"("和")"。它们的作用是改变运算顺序。操作数可以是任何合法的变量名和常数。

表 3.1　C++ 中操作符的运算优先级

优先级	1	2	3	4	5	6	7
操作符	－(单目),!	*,/,%	+,－	<,<=,>,>=	==,!=	&&	||

C++ 规定一个表达式中相邻的两个操作符的计算次序:优先级高的先计算;如果优先级相同,则自左向右计算;当使用括号时,从最内层的括号开始计算。

由于中缀表示中有操作符的优先级问题,还有可加括号改变运算顺序的问题,所以对于编译程序来说,一般不使用中缀表示处理表达式。解决办法是用后缀表示(较常用)和前缀表示。因为用后缀表示计算表达式的值只用一个栈,而前缀表示和中缀表示同时需要两个栈,所以**编译程序一般使用后缀表示求解表达式的值**。

例如,日常使用中缀表达式 $A+B*(C-D)-E/F$,计算的执行顺序如图 3.5 所示,R_1,R_2,R_3,R_4,R_5 为中间计算结果。

2. 应用后缀表示计算表达式的值

中缀表示是最普通的一种书写表达式的形式,而且在各种程序设计语言和计算器中都使用它。用中缀表示计算表达式的值需要利用两个栈来实现:一个暂存操作数;另一个暂存操作符。利用 "stack.h" 中定义的模板 Stack 类,建立两个不同数据类型的 Stack 对象。

下面讨论的是利用后缀表示计算表达式的值。后缀表示也称 RPN 或逆波兰记号,它是中缀表示的替代形式,参加运算的操作数总在操作符前面。例如,中缀表示 $A+B*(C-D)-E/F$ 所对应的后缀表示为 $ABCD-*+EF/-$。

利用后缀表示计算表达式的值时,从左向右顺序地扫描表达式,并使用一个栈暂存扫描到的操作数或计算结果。例如,与图 3.5 所示的中缀表达式计算等价的后缀表达式计算顺序如图 3.6 所示。在后缀表达式的计算顺序中已经隐含了加括号的优先次序,因而括号在后缀表达式中不出现。

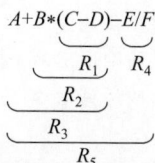

图 3.5　中缀表达式的计算顺序　　　　图 3.6　后缀表达式的计算顺序

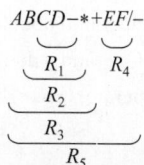

本节的讨论只涉及双目操作符,不考虑单目操作符。

通过后缀表示计算表达式值的过程(见图 3.7):顺序扫描表达式的每项,然后根据它的类型做如下相应操作：如果该项是操作数，则将其压入栈中；如果该项是操作符<op>，则连续从栈中退出两个操作数 Y 和 X，形成运算指令 $X<op>Y$，并将计算结果重新压入栈中。当表达式的所有项都扫描并处理完后，栈顶存放的就是最后的计算结果。

步	扫描项	项类型	动　　作	栈中内容
1			置空栈	空
2	A	操作数	进栈	A
3	B	操作数	进栈	$A\ B$
4	C	操作数	进栈	$A\ B\ C$
5	D	操作数	进栈	$A\ B\ C\ D$
6	$-$	操作符	D、C 退栈，计算 $C-D$，结果 R_1 进栈	$A\ B\ R_1$
7	$*$	操作符	R_1、B 退栈，计算 $B*R_1$，结果 R_2 进栈	$A\ R_2$
8	$+$	操作符	R_2、A 退栈，计算 $A+R_2$，结果 R_3 进栈	R_3
9	E	操作数	进栈	$R_3\ E$
10	F	操作数	进栈	$R_3\ E\ F$
11	$/$	操作符	F、E 退栈，计算 E/F，结果 R_4 进栈	$R_3\ R_4$
12	$-$	操作符	R_4、R_3 退栈，计算 R_3-R_4，结果 R_5 进栈	R_5

图 3.7　通过后缀表示计算表达式值的过程

下面通过模拟一个简单的计算器的＋，－，＊，/等运算，进一步说明后缀表达式的求值问题。计算器接收浮点数，计算表达式的值。计算数据和操作都包含在类 Calculator 中，通过一个简单的主程序来调用类的成员函数进行计算。

程序 3.8　Calculator 类的定义

```
# include <math.h>
# include <iostream.h>
# include "SeqStack.cpp"
class Calculator {
//模拟一个简单的计算器。此计算器对从键盘读入的后缀表达式求值
public:
    Calculator(int sz):s(sz) {}                              //构造函数
    double Run(char e[]);                                    //执行表达式计算
    void Clear();
private:
    SeqStack<double> s;                                      //栈对象定义
    void AddOperand(double value);                           //进操作数栈
    bool Get2Operands(double& left, double& right);          //从栈中退出两个操作数
    void DoOperator(char op);                                //形成运算指令,进行计算
};
```

因为计算器只要开机就一直运行着，所以需要在开始计算表达式之前先调用成员函数 Clear() 将栈清空。然后执行成员函数 Run() 输入一个后缀表达式，输入流以 ♯ 结束。程序 3.9 给出 Calculator 类各私有成员函数的实现。

程序 3.9　Calculator 类私有成员函数的实现

```
void Calculator∷DoOperator(char op) {
//私有成员函数：取两个操作数,根据操作符 op 形成运算指令并计算
    double left,right,vlaue; bool result;
    result = Get2Operands(left, right);                      //取两个操作数
    if (result == true)                                       //如果操作数取成功,计算并进栈
        switch (op) {
        case '+': value = left+right; s.Push(value); break;   //加
        case '-': value = left-right; s.Push(value); break;   //减
        case '*': value = left * right; s.Push(value); break; //乘
        case '/': if (right == 0.0) {                         //除
                    cerr << "Divide by 0!" << endl;
                    Clear();                                  //若除 0,则报错,清栈
                  }
                  else {value = left/right; s.Push(value);}
                  break;
                }                                             //没有除 0,做除法
        else Clear();                                         //取操作数出错,清栈
};


bool Calculator∷Get2Operands(double& left, double& right) {
//私有成员函数：从操作数栈中取出两个操作数
    if (s.IsEmpty() == true)                                  //检查栈空否
        {cerr << "缺少右操作数!" << endl; return false;}      //栈空,报错
    s.Pop(right);                                             //取右操作数
    if (s.IsEmpty() == true)                                  //检查栈空否
        {cerr << "缺少左操作数!" << endl; return false;}      //栈空,报错
    s.Pop(left);                                              //取左操作数
    return true;
};


void Calculator∷AddOperand(double value) {
//私有成员函数：将操作数的值 value 进操作数栈
    s.Push(value);
};
```

　　所有的内部运算都在 DoOperator() 的控制下,以调用 Get2Operands() 开始。如果 Get2Operands() 返回 false,则表示操作失败,没有取到两个操作数,执行清栈处理;否则 DoOperator() 执行字符变量 op(+, -, * ,/)所指定的操作,并将结果进栈。

　　计算器的主要工作是通过共有函数 Run() 完成计算后缀表达式的值。在 Run() 中,有一个主循环,从输入流中读取字符,直到读入字符'♯'时结束。如果读入的字符是操作符('+','-','*','/'),则调用函数 DoOperator() 完成相关的计算。如果读入的字符不是操作符,则 Run() 把它看作一个操作数。

程序 3.10 Calculator 的实现

```
double Calculator::Run(char e[]) {
//读字符串并求一个后缀表达式的值。以字符'#'结束
    char ch; double newOperand, result; int i = 0;
    ch = e[i++];
    while (ch != '#') {
        switch(ch) {
            case '+': case '-': case '*': case '/':        //是操作符,执行计算
                DoOperator(ch); break;
            default:
                newOperand = (double) ch-'0';              //转换为操作数
                AddOperand(newOperand);                    //将操作数放入栈中
        }
        ch = e[i++];
    }
    return result;
};

void Calculator::Clear() {                                 //清栈
    s.MakeEmpty();
};
```

在主程序中,可以先建立计算器对象 Calculator CALC,再执行计算程序 CALC.Run(),输入表达式字符流之后,在栈顶就能得到预期的结果。

3. 利用栈将中缀表示转换为后缀表示

使用栈可将表达式的中缀表示转换成它的前缀表示和后缀表示。由于篇幅所限,本节仅讨论比较实用的将中缀表示转换为后缀表示的方法。

在中缀表达式中操作符的优先级和括号使得求值过程复杂化,把它转换成后缀表达式,可简化求值过程。为了实现这种转换,需要考虑各个算术操作符的优先级,如表 3.2 所示。

表 3.2　各个算术操作符的优先级

操作符 ch	#	(	*, /, %	+, -	)
isp	0	1	5	3	6
icp	0	6	4	2	1

isp 为栈内(in stack priority)优先数,icp 为栈外(in coming priority)优先数。从表 3.2 中可以看到,左括号的栈外优先数最高,它一来到立即进栈,但当它进入栈中后,其栈内优先数变得极低,以便括号内的其他操作符进栈。其他操作符进入栈中后优先数都加 1,这样可体现在中缀表达式中相同优先级的操作符自左向右计算的要求,让位于栈顶的操作符先退栈并输出。操作符优先数相等的情况只出现在括号配对或栈底的"#"与输入流最后的"#"配对时。前者将连续退出位于栈顶的操作符,直到遇到"("为止,然后将"("退栈以对消括号;后者将结束算法。

扫描中缀表达式将它转换为后缀表达式的算法描述如下。

(1) 操作符栈初始化,将结束符♯进栈。然后读入中缀表达式字符流的首字符 ch。

(2) 重复执行以下步骤,直到 ch ='♯',同时栈顶的操作符也是'♯',停止循环。

    ① 若 ch 是操作数直接输出,读入下一个字符 ch。

    ② 若 ch 是操作符,判断 ch 的优先级 icp 和当前位于栈顶的操作符 op 的优先级 isp:

        • 若 icp(ch) > isp(op),令 ch 进栈,读入下一个字符 ch。

        • 若 icp(ch) < isp(op),退栈并输出。

        • 若 icp(ch) == isp(op),退栈但不输出,若退出的是"(",读入下一字符 ch。

(3) 算法结束,输出序列即为所需的后缀表达式。

例如,给定中缀表达式为 $A+B*(C-D)-E/F$,应当转换成 $ABCD-*+EF/-$,按上述算法应执行的转换过程(包括栈的变化和输出)如图 3.8 所示。

步	扫描项	项类型	动　　作	栈的变化	输　　出
0			'♯'进栈	♯	
1	A	操作数		♯	A
2	$+$	操作符	isp('♯') < icp('+'),进栈	♯ +	A
3	B	操作数		♯ +	AB
4	$*$	操作符	isp('+') < icp('*'),进栈	♯ + *	AB
5	$($	操作符	isp('*') < icp('('),进栈	♯ + * (	AB
6	C	操作数		♯ + * (	ABC
7	$-$	操作符	isp('(') < icp('-'),进栈	♯ + * (-	ABC
8	D	操作数		♯ + * (-	$ABCD$
9	$)$	操作符	isp('-') > icp(')'),退栈	♯ + * (	$ABCD-$
			'(' == ')',退栈	♯ + *	$ABCD-$
10	$-$	操作符	isp('*') > icp('-'),退栈	♯ +	$ABCD-*$
			isp('+') > icp('-'),退栈	♯	$ABCD-*+$
			isp('♯') < icp('-'),进栈	♯ -	$ABCD-*+$
11	E	操作数		♯ -	$ABCD-*+E$
12	$/$	操作符	isp('-') < icp('/'),进栈	♯ - /	$ABCD-*+E$
13	F	操作数		♯ - /	$ABCD-*+EF$
14	♯	操作符	isp('/') > icp('♯'),退栈	♯ -	$ABCD-*+EF/$
			isp('-') > icp('♯'),退栈	♯	$ABCD-*+EF/-$
			结束		

图 3.8　利用栈的转换过程

3.2　栈与递归

3.2.1　递归的概念

递归(recurve)在计算机科学和数学中是一个很重要的工具,它在程序设计语言中用来定义句法,在数据结构中用来解决表或树形结构的搜索和排序等问题。数学家在研究组合问题时用到递归。递归是一个重要的课题,在计算方法、运筹学模型、行为策略和图论的研究中,从理论到实践,都得到了广泛的应用。本节将对递归做简要的说明,并举例说明它的各种应用。在以后各章中将利用它来研究诸如树、搜索和排序等问题。

例如,在计算浮点数 x 的 n(自然数)次幂时,一般可以把它看作 n 个 x 连乘:

$$x^n = \underbrace{x \times x \times x \times \cdots \times x \times x}_{n\text{个}}$$

而在求前 n 个自然数的和时,则可以把它看作是 n 个自然数的连加:

$$S(n) = \sum_{i=1}^{n} i = 1 + 2 + 3 + \cdots + (n-1) + n$$

如果已经求得 x^n 或 $S(n)$,那么在计算 x^{n+1} 或 $S(n+1)$ 时,可以直接利用前面计算过的结果以求得答案: $x^{n+1} = x^n \times x$ 或 $S(n+1) = S(n) + (n+1)$。这样做既简洁又有效。像这种利用前面运算来求得答案的过程称为递归过程。

在数学及程序设计方法学中为递归下的定义:若一个对象部分地包含它自己,或用它自己给自己定义,则称这个对象是递归的;而且若一个过程直接地或间接地调用自己,则称这个过程是递归的过程。

在以下 3 种情况下,常常要用到递归的方法。

1. 定义是递归的

数学上常用的阶乘函数、幂函数、斐波那契数列等,它们的定义和计算都是递归的。例如阶乘函数,它的定义为

$$n! = \begin{cases} 1, & n = 0 \\ n(n-1)!, & n > 0 \end{cases}$$

对应这个递归的函数,可以使用递归过程来求解。

程序 3.11　计算阶乘的递归函数

```
long Fact(long n) {
    if (n == 0) return 1;                    //终止递归的条件
    else return n * Fact(n-1);               //递归步骤
}
```

在程序 3.11 中利用了 if … else …语句把递归结束条件与其他表示继续递归的情况区别开来。if 语句块判断递归结束的条件,而 else 语句块处理递归的情况。在计算 $n!$ 时,if 语句块判断唯一的递归结束条件 $n = 0$,并返回值 1;else 语句块通过计算表达式 $n(n-1)!$,并返回计算结果以完成递归。

图 3.9 描述了执行 Fact(4) 的函数调用顺序。假设最初是主程序 main( ) 调用了函数。在函数体中,else 语句以参数 $3,2,1,0$ 执行递归调用。最后一次递归调用的函数因参数 $n = 0$ 执行 if 语句。一旦到达递归结束条件,调用函数的递归链中断,同时在返回的途中计算 $1*1, 2*1, 3*2, 4*6$,最后将计算结果 24 返回给主程序。

还可以举出一些函数递归定义的例子。但仅从以上两个例子中已经可以得到以下三点认识。

(1) 对于一个较为复杂的问题,当能够分解成一个或几个相对简单的且解法相同或类似的子问题时,只要解决了这些子问题,原问题就迎刃而解了。这就是分而治之的递归求解方法,也称减治法或分治法。参看图 3.9,计算 4!时先计算 3!。只要求出 3!,就可以求

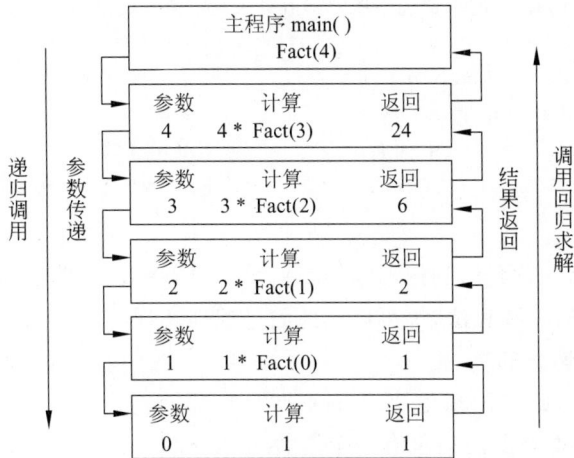

图 3.9 求解阶乘 n!的过程

出 4!。

（2）**当分解后的子问题可以直接解决时，就停止分解**。这些可以直接求解的问题称为**递归结束条件**。如图 3.9 中递归结束条件是 0!＝ 1。

（3）**递归定义的函数可以用递归过程来编程求解**。递归过程直接反映了定义的结构。

2. 数据结构是递归的

某些数据结构就是递归的。例如，链表就是一种递归的数据结构。链表结点 LinkNode 的定义由数据域 data 和指针域 link 组成；而 link 则由 LinkNode 定义。

从概念上讲，可将一个头指针为 first 的单链表定义为一个递归结构：

（1）first 为 NULL，是一个单链表（空表）；

（2）first ≠ NULL，其指针域指向一个单链表，仍是一个单链表。

对于递归的数据结构，采用递归的方法来编写算法特别方便。例如，搜索非空单链表最后一个结点并返回其地址，就可以使用递归形式的过程。

程序 3.12　搜索单链表最后一个结点的算法
template ＜class T＞
LinkNode ＜T＞ ＊ FindRear(LinkNode ＜T＞ ＊ f) {
　　if (f ＝＝ NULL) return NULL;
　　else if (f－＞link ＝＝ NULL) return f;
　　　　else return FindRear(f－＞link);
};

如果 f－＞link ＝＝ NULL，表明 f 已到达最后一个结点，此时可返回该结点的地址，否则以 f－＞link 为头指针继续递归执行该过程。

又例如，在一个非空单链表中搜索其数据域的值等于给定值 x 的结点，并在首次找到时返回其结点地址。在此算法中，递归结束条件有两个：①链表已经全部扫描完但没有找到满足要求的结点，此时 f ＝＝ NULL；②在 f != NULL 同时 f－＞data ＝＝ x 时找到要求的结点。

程序 3.13 在以 f 为头指针的单链表中搜索其值等于给定值 x 的结点
```
template <class T>
LinkNode <T> * Search(LinkNode<T> * f，T& x){
    if (f == NULL) return;                    //搜索失败
    else if (f->data == x) return f;          //搜索成功
        else return Search(f->link, x);       //从下一个结点开始继续搜索
};
```

不仅是单链表,第 5 章介绍的树形结构,是以多重链表作为其存储表示的,它也是递归的结构。所以关于树的一些算法,也可以用递归过程来实现。

3. 问题的解法是递归的

有些问题只能用递归方法来解决。一个典型的例子就是汉诺塔(Tower of Hanoi)问题。问题的提法:"传说婆罗门庙里有一个塔台,台上有 3 根标号为 A,B,C 的用钻石做成的柱子,在 A 柱上放着 64 个金盘,每个都比下面的略小一点。把 A 柱上的金盘全部移到 C 柱上的那一天就是世界末日。移动的条件是一次只能移动一个金盘,移动过程中大金盘不能放在小金盘上面。庙里的僧人一直在移个不停。因为全部的移动是 $2^{63}-1$ 次,如果每秒移动一次,需要 500 亿年。"

一位计算机科学家提出了一种快速求解汉诺塔问题的递归解法。用图解来示意 4 个盘子的情形。设 A 柱上最初的盘子总数为 n,问题的解法如下。

如果 $n=1$,则将这一个盘子直接从 A 柱移到 C 柱上。否则,执行以下 3 步:

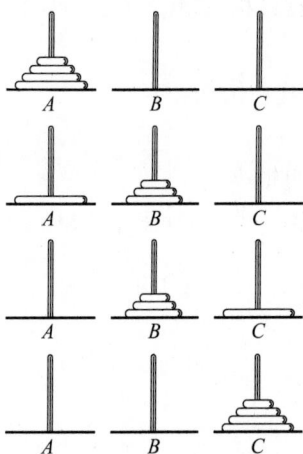

图 3.10 汉诺塔问题的解答

(1) 用 C 柱做过渡,将 A 柱上的 $n-1$ 个盘子移到 B 柱上;

(2) 将 A 柱上最后一个盘子直接移到 C 柱上;

(3) 用 A 柱做过渡,将 B 柱上的 $n-1$ 个盘子移到 C 柱上。

移动过程如图 3.10 所示,图中 $n=4$。利用这个解法,将移动 n 个盘子的汉诺塔问题归结为移动 $n-1$ 个盘子的汉诺塔问题。与此类似,移动 $n-1$ 个盘子的汉诺塔问题又可归结为移动 $n-2$ 个盘子的汉诺塔问题……最后总可以归结到只移动一个盘子的汉诺塔问题,这样问题就解决了。

现在给出根据上述解法而得到的求解 n 阶汉诺塔问题的算法。

程序 3.14 求解 n 阶汉诺塔问题的算法
```
#include <iostream.h>                        //输入输出流文件
void Hanoi(int n, char A, char B, char C){
    if (n == 1)
        cout << "Move top disk from peg" << A << "to peg"
            << C << endl;                     //只有一个盘子,直接移动
    else {
        Hanoi(n-1, A, C, B);                  //将上面 n-1 个盘子移到 B 柱
        cout << "Move top disk from peg" << A << "to peg"
```

```
        << C << endl;              //最后一个移到 C 柱
        Hanoi(n-1, B, A, C);      //将 B 柱 n-1 个盘子移到 C 柱
    }
};
```

上述递归过程执行的顺序可用如图 3.11 所示 $n = 3$ 的图解描述。

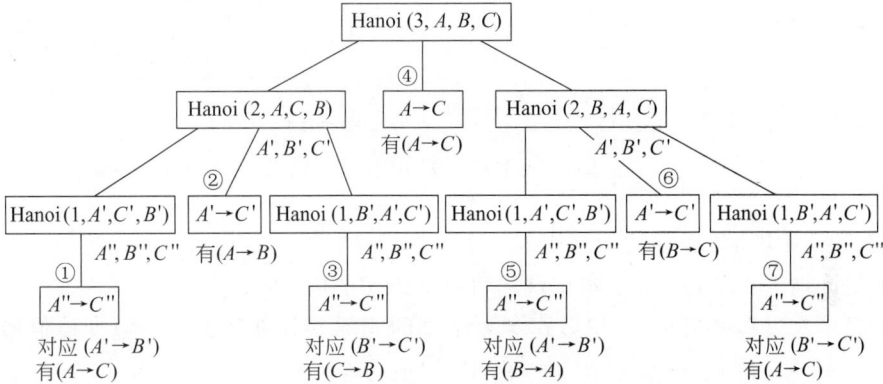

图 3.11　汉诺塔问题的递归调用树

上、下层表示程序调用关系,同一模块的各子模块从左向右顺序执行。各个处于递归结束位置的子模块执行盘片移动功能,最右端子模块执行结束后就实现了上一层模块的功能。编号①②…给出执行次序。

若设盘子总数为 n,在算法中盘子的移动次数 moves(n) 为

$$\text{moves}(n) = \begin{cases} 0, & n=0 \\ 2\text{moves}(n-1)+1, & n>0 \end{cases}$$

注意,**递归与递推是两个不同的概念**。递推是利用问题本身所具有的递推关系对问题求解的一种方法。采用递推法建立起来的算法一般具有重要的递推性质,即当求得问题规模为 $i-1$ 的解后,由问题的递推性质,能从已求得的规模为 1,2,…,$i-1$ 的一系列的解,构造出问题规模为 i 的解。若设这种问题的规模为 n,当 $n = 0$ 或 $n = 1$ 时,解或为已知,或能很容易地求得。例如,求 $n!$,求等比级数的第 n 项等。

递推问题可以用递归方法求解,也可以用迭代(重复)的方法求解。

3.2.2　递归过程与递归工作栈

在图 3.9 所示的例子中,主程序调用 Fact(4) 属于外部调用,其他调用都属于内部调用,即递归过程在其过程内部又调用了自己。调用方式不同,调用结束时返回的方式也不同。**外部调用结束后,将返回调用递归过程的主程序。内部调用结束后,将返回到递归过程内部本次调用语句的后继语句处**。此外,函数每递归调用一层,必须重新分配一批工作单元,包括本层使用的局部变量、形式参数(实际是上一层传来的实际参数的副本)等,这样可以防止使用数据的冲突,还可以在退出本层,返回到上一层后恢复上一层的数据。

1. 递归工作栈

为了保证递归过程每次调用和返回的正确执行,必须解决调用时的参数传递和返回地

址问题。因此,在每次递归过程调用时,必须做参数保存、参数传递等工作。在高级语言的处理程序中,是利用一个递归工作栈来处理的,如图 3.12 所示。

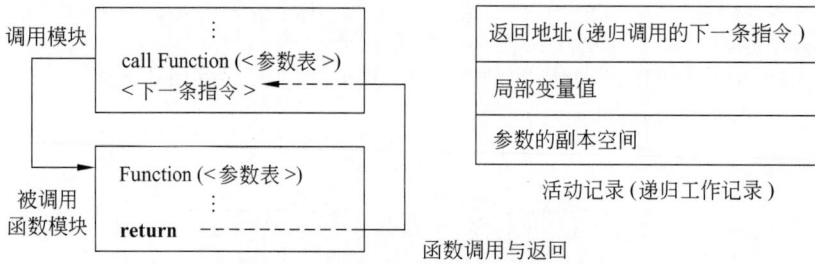

图 3.12　函数递归调用时的活动记录

每层递归调用所需保存的信息构成一个工作记录。通常它包括如下内容。

(1) 返回地址：即上一层中本次调用自己的语句的后继语句处。

(2) 在本次过程调用时,为与形式参数结合的实际参数创建副本。包括传值参数和传值返回值的副本空间,引用型参数和引用型返回值的地址空间。

(3) 本层的局部变量值。

在每进入一层递归时,系统就要建立一个新的工作记录,把上述项目录入,加到递归工作栈的栈顶。它构成函数可用的活动框架。**每退出一层递归,就从递归工作栈退出一个工作记录。**因此,栈顶的工作记录必定是当前正在执行的这一层的工作记录。所以又称为活动记录。

以图 3.9 所示的计算 Fact(4)为例,介绍递归过程中递归工作栈和活动记录的使用。

参见程序 3.15。最初对 Fact(4)的调用由主程序执行。当函数运行结束后控制返回到 RetLoc1 处,在此处将函数的返回值 24(即 4!)赋予整型变量 n,RetLoc1 在赋值运算符"="处。函数 Fact(4)递归调用 Fact(3)时,调用返回处在 RetLoc2。在此处计算 $n * (n-1)!$,RetLoc2 在乘法运算符"*"处。

程序 3.15　计算阶乘的递归算法 Fact(4)

```
    void main( ) {
        long n;                    //调用 Fact(4)时记录进栈
        n = Fact(4);
RetLoc1                            //返回地址 RetLoc1 在赋值语句
        cout << n << endl;
    };

    long Fact(long n) {
        int temp;
        if (n == 0) return 1;      //活动记录退栈
        else temp = n * Fact(n-1); //调用 Fact(n-1)时活动记录进栈
RetLoc2                            //返回地址 RetLoc2 在计算语句
        return temp;               //活动记录退栈
    }
```

就 Fact 函数而言，每层调用所创建的活动记录由 3 个域组成：传递过来的实际参数值 n 的副本、返回上一层调用语句的下一条语句的位置和局部变量 temp 如图 3.13(a)所示。

Fact(4)的执行启动了一连串 5 个函数调用。图 3.13(b)描述了每次函数调用时的活动记录。主程序外部调用的活动记录在栈的底部，随内部调用一层层地进栈。递归结束条件出现于函数 Fact(0)的内部，从此开始一连串的返回语句。退出栈顶的活动记录，控制按返回地址转移到上一层调用递归过程处。

参数 long n	返回位置 <下一条指令>	返回值 long temp

(a) 活动记录

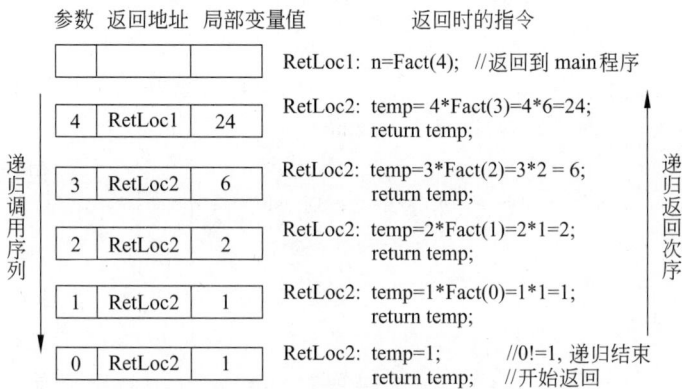

(b) 递归调用时栈的变化状态

图 3.13　计算 Fact 时活动记录的内容

2. 用栈实现递归过程的非递归算法

对于递归过程，可以利用栈将它改为非递归过程。此时，可以先通过一个实例了解过程执行时的情况，直接考虑非递归算法。例如，求斐波那契数列的第 n 项 Fib(n)的公式为

$$\mathrm{Fib}(n) = \begin{cases} n, & n = 0 \text{ 或 } 1 \\ \mathrm{Fib}(n-1) + \mathrm{Fib}(n-2), & n \geq 2 \end{cases}$$

它对应的递归过程如下。

程序 3.16　斐波那契数列的计算
```
long Fib(long n) {
    if (n <= 1) return n;                //终止递归的条件
    else return Fib(n-1) + Fib(n-2);
    //递归步骤
};
```

其递归计算的次序可用如图 3.14 所示的递归调用树来描述。为了计算 Fib(4)，必须先计算 Fib(3)；为了计算 Fib(3)，必须先计算 Fib(2)，再计算 Fib(1) 和 Fib(0)，Fib(1)和 Fib(0)可以直接求值。求出 Fib(1)与 Fib(0)后，可以得到 Fib(2)的解，求出 Fib(2)与 Fib(1)后，可以

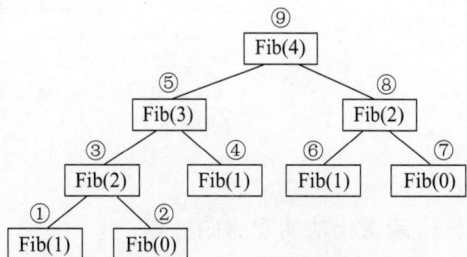

图 3.14　计算斐波那契数列的递归调用树

得到 Fib(3) 的解……求解的顺序在图 3.14 上用数字①②③…表示。

为此,可以先计算 Fib(1),从 Fib(4) 一直向左下走下去。为了回退,需要用栈记忆回退的路径,以便退回计算。另外为了区分是从左侧退回还是从右侧退回,需要在栈结点中增加一个标志信息 tag。向左递归,tag = 1;向右递归,tag = 2。

程序 3.17　用栈帮助求解斐波那契数列的非递归算法

```
＃include "LinkedStack.cpp"
struct Node{                                    //栈结点的类定义
    long n;                                     //记忆走过的 n
    int tag;                                    //区分左、右递归的标志
};

long Fibnacci(long n) {                         //用栈求解 Fib(n)的值
    LinkedStack<Node> S; Node w; long sum = 0;
    do {
        while (n > 1) {w.n = n; w.tag = 1; S.Push(w); n－－;}
        sum = sum + n;
        while (S.IsEmpty( ) == false) {
            S.Pop(w);
            if (w.tag == 1)
                {w.tag = 2; S.Push(w); n = w.n－2; break;}
        }
    } while (S.IsEmpty( ) == false);
    return sum;
};
```

该算法执行时栈的变化如图 3.15 所示。每次大循环中包含两个小循环,图中显示了各小循环执行后栈中的内容以及 n 的值和 sum 的计算。最后在 sum 中得到 Fib(n)的值。

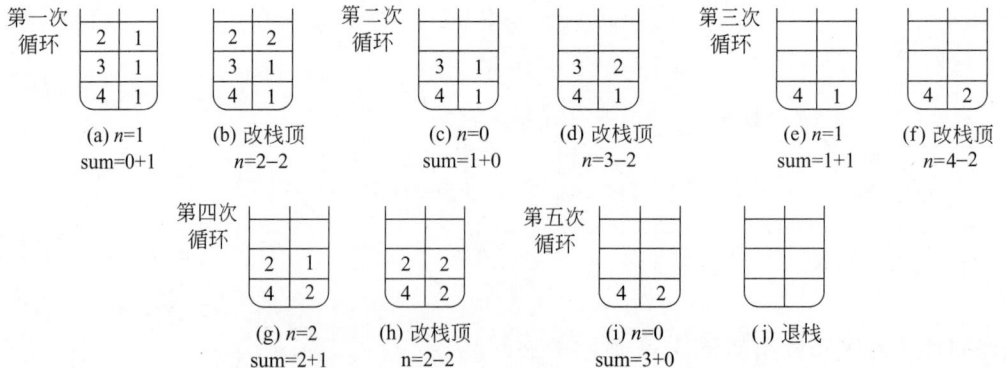

图 3.15　用栈求解斐波那契数列的第 n 项 Fib(n)时栈的变化

3. 用迭代法实现递归过程

在图 3.14 所示的计算斐波那契数列的递归调用树中,计算 Fib(4)时,需要先计算 Fib(3),再计算 Fib(2);计算 Fib(3)时,需要先计算 Fib(2),再计算 Fib(1)……因此,需重复

计算 1 次 Fib(4),1 次 Fib(3),2 次 Fib(2),3 次 Fib(1),2 次 Fib(0)。总的递归调用次数达到 9 次。若设总调用次数为 NumCall(n),它与 Fib(n)直接有关。其关系为

$$\text{NumCall}(n) = \begin{cases} 0, & n = 0 \\ 2 * \text{Fib}(n+1) - 1, & n > 0 \end{cases}$$

例如:

$$\text{NumCall}(4) = 2 * \text{Fib}(5) - 1 = 2 * 5 - 1 = 9$$
$$\text{NumCall}(5) = 2 * \text{Fib}(6) - 1 = 2 * 8 - 1 = 15$$

算法的时间复杂度为 $O(2^n)$。 所以,用递归方法重复地调用函数和多次地传递参数,运算效率是很低的。实际上,求解斐波那契数列 Fib(n)的过程是一种单向递归的过程:为计算 Fib(n),先要计算 Fib($n-1$)和 Fib($n-2$);为计算 Fib($n-1$),先要计算 Fib($n-2$)和 Fib($n-3$)……这时,可直接考虑用简单的迭代来计算斐波那契数列的第 n 项 Fib(n),其算法的时间复杂度为 $O(n)$。比递归算法效率高得多。

程序 3.18　计算斐波那契数列的非递归算法

```
long FibIter(long n) {
    if (n <= 1) return n;                              //Fib(0)或Fib(1)的情况
    long twoback = 0, oneback = 1, Current;            //n≥2的情况
    for (int i = 2; i <= n; i++) {
        Current = twoback + oneback;                   //计算 Fib(i)=Fib(i-2)+Fib(i-1)
        twoback = oneback;                             //保存 Fib(i-1),下趟 Fib(i-2)
        oneback = Current;                             //保存 Fib(i),下趟 Fib(i-1)
    }
    return Current;                                    //返回 Fib(n)
};
```

计算斐波那契数列的最高效算法是利用递推方程得到的公式直接求解。

$$\text{Fib}(n) = \frac{1}{\sqrt{5}} \left[\left(\frac{1+\sqrt{5}}{2} \right)^n - \left(\frac{1-\sqrt{5}}{2} \right)^n \right]$$

公式的推导已超出本书的范围。

事实上,**一般对尾递归或单向递归的情形,都可利用迭代的方法,将递归过程改为非递归过程。** 所谓单向递归就是如求解斐波那契数列这样的问题,而尾递归则是单向递归的特例。它的递归调用语句只有一个,而且是放在过程的最后。当递归调用返回时,返回到上一层递归调用语句的下一条语句,这个位置正好是程序的末尾。因此,不必利用递归工作栈保存返回地址,而且除了返回值和引用值外,其他的参数和局部变量值都不再需要,因此可以不用栈,直接用迭代形式写出非递归过程,从而提高程序的执行效率。

前面介绍的求阶乘 Fact(n)的运算(见程序 3.11),单链表运算(见程序 3.12 和程序 3.13)都是尾递归的例子。

下面举一个简单的例子来说明这一问题。考虑如下的递归函数 recfunc()。它从 n 到 0,输出数组中各项的值。

程序 3.19　逆向打印数组 $A[\ ]$ 中数值的递归算法

```
void recfunc(int A[], int n) {
```

```
    if (n >= 0) {                          //如果数组下标没有超出范围
        cout << A[n] << " ";               //打印
        n--;
        recfunc(A, n);                     //下标减 1，递归调用
    }
};
```

设数组 A 的初始值为{10，20，30}。主程序调用方式为 recfunc(A,2)，由 $n = 2$ 开始,程序相继输出 30,20,10。这是一种典型的尾递归情形,它可以用一个包括与之等效的 while 循环语句的函数代替。

程序 3.20　代替程序 3.19 的迭代算法
```
void iterfunc(int A[], int n) {
    while (n >= 0) {
        cout << A[n] << " "; n--;
    }
};
```

一般从递归过程改为非递归过程的方法是先根据递归算法画出程序流程图,然后建立循环结构。

**3.2.3　用回溯法求解迷宫问题

回溯法(backtracking)也称试探法。这种方法将问题的候选解按某种顺序逐一枚举和检验。当发现当前的候选解不可能是解时,就放弃它而选择下一个候选解。如果当前的候选解除了不满足问题规模要求外,其他所有要求都已满足,则扩大当前候选解的规模继续试探。如果当前的候选解满足了包括问题规模在内的所有要求,则这个候选解将成为问题的一个解。在回溯法中,放弃当前候选解,寻找下一个候选解的过程称为回溯。扩大当前候选解的规模并继续试探的过程称为向前试探。

用回溯法求解问题时常常使用递归方法进行试探,或使用栈帮助向前试探和回溯。本节将利用迷宫(maze)问题作为实例,讨论回溯法的求解过程。迷宫问题的提法如下:把一只老鼠从一个无顶盖的大盒子(迷宫)的入口处赶进迷宫。迷宫中设置了很多墙壁,对前进方向形成了多处障碍。在迷宫的唯一出口处放置了一块奶酪,吸引老鼠在迷宫中寻找通路以到达出口。如果从迷宫的入口到达出口,途中不出现行进方向错误,则得到一条最佳路线。利用递归方法可获得迷宫从入口到出口的最佳路线。

为此,用一个二维数组 maze[$m+2$][$p+2$]来表示迷宫,当数组元素 maze[i][j]＝1时,表示该位置是墙壁,不能通行;当 maze[i][j]＝0 时,表示该位置是通路。$1 \leqslant i \leqslant m$，$1 \leqslant j \leqslant p$。数组的第 0 行和第 $m+1$ 行,第 0 列和第 $p+1$ 列是迷宫的围墙。用二维数组表示的迷宫如图 3.16 所示。

在求解迷宫问题的过程中,当沿某一条路径一步步走向出口但发现进入死胡同走不通时,就回溯一步或多步,寻找其他可走的路径。这就是回溯。老鼠在迷宫中任一时刻的位置可用数组行下标 i 和列下标 j 表示。从 maze[i][j]出发,可能的前进方向有 8 个,按顺时针方向为 N([$i-1$][j])，NE([$i-1$][$j+1$])，E([i][$j+1$])，SE([$i+1$][$j+$

```
         1 1 1 1 1 1 1 1 1 1 1 1 1 1 1 1 1
入口⇨ 0 0 1 0 0 0 1 1 0 0 0 1 1 1 1 1 1
         1 1 0 0 0 1 1 0 1 1 0 0 1 1 1 1 1
         1 0 1 1 0 0 0 0 1 1 1 1 0 0 1 1 1
         1 1 1 0 1 1 1 1 0 1 1 0 1 1 0 0 1
         1 1 1 0 1 0 0 1 0 1 1 1 1 1 1 1 1
         1 0 0 1 1 0 1 1 1 0 1 0 0 1 0 1 1
         1 0 0 1 1 0 1 1 1 0 1 0 0 1 0 1 1
         1 0 1 1 1 1 0 0 1 1 1 1 1 1 1 1 1
         1 0 0 1 1 0 1 1 1 0 1 0 0 1 1 1 1
         1 1 1 0 0 0 1 1 0 1 1 0 0 0 0 0 1
         1 0 0 1 1 1 1 1 0 0 0 1 1 1 1 0 1
         1 0 1 0 0 1 1 1 1 1 0 1 1 1 1 0 0 ⇨出口
         1 1 1 1 1 1 1 1 1 1 1 1 1 1 1 1 1
```

图 3.16　用二维数组表示的迷宫

1])，S($[i+1][j]$)，SW($[i+1][j-1]$)，W($[i][j-1]$)，NW($[i-1][j-1]$)。可能的前进方向如图 3.17 所示。

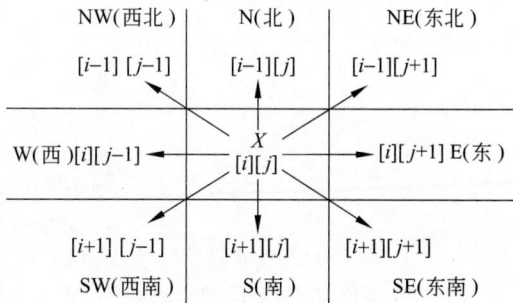

图 3.17　可能的前进方向

设位置$[i][j]$标记为 X，它实际是一系列交通路口。X 周围有 8 个前进方向，分别代表 8 个前进位置。如果某一方向是 0 值，表示该方向有路可通，否则表示该方向已堵死。为了有效地选择下一位置，可以将从位置$[i][j]$出发可能的前进方向预先定义在一个表内。如表 3.3 所示。该表为前进方向表，它给出向各个方向的偏移量。

程序 3.21　前进方向表的结构定义

```
struct offsets {    //位置在直角坐标下的偏移
    int a, b;       //a,b 是 x,y 方向的偏移
    int dir;        //dir 是方向
};
offsets move[8];   //各个方向的偏移表
```

表 3.3　前进方向表 move

Move[q].dir	move[q].a	move[q].b	Move[q].dir	move[q].a	move[q].b
"N"	−1	0	"E"	0	1
"NE"	−1	1	"SE"	1	1

Move[q].dir	move[q].a	move[q].b	Move[q].dir	move[q].a	move[q].b
"S"	1	0	"W"	0	−1
"SW"	1	−1	"NW"	−1	−1

例如,当前位置在$[i][j]$时,若向西南(SW)方向走,下一相邻位置$[g][h]$则为

g = i+move[5].a = i+1;
h = j+move[5].b = j−1;
d = move[5].dir;

当在迷宫中向前试探时,可根据表 3.3 所示的前进方向表,选择某一个前进方向向前试探。如果该前进方向走不通,则在前进路径上回退一步,再尝试其他的允许方向。

为了防止重走原路,另外设置一个标志矩阵 mark$[m+2][p+2]$,它的所有元素都初始化为 0。一旦行进到迷宫的某个位置$[i][j]$,则将 mark$[i][j]$置为 1。下次这个位置就不能再走了。

程序 3.22 解决迷宫问题的递归算法

```
# define maxM 10                                    //最大行数
# define maxN 13                                    //最大列数
# define direct 8                                   //前进方向表
typedef struct {                                    //前进方向表(见表 3.3)的结构
    int a, b, dir;                                  //a, b 是 x, y 方向的偏移,dir 是方向
} offsets;
char direction[direct][3] = {"N","NE","E","SE","S","SW","W","NW"};
offsets move[direct] = {{−1,0,0}, {−1,1,1}, {0,1,2}, {1,1,3},
    {1,0,4}, {1,−1,5}, {0,−1,6}, {−1,−1,7}};        //位置在直角坐标系下的偏移
int SeekPath (int Maze[][maxN], int Mark[][maxN], int x, int y,
        int s, int t, int m, int p ) {
//从迷宫某一位置[x][y]开始,寻找通向出口[m][p]的一条路径。如果找到,则函数返回
//1;否则函数返回 0。试探的出发点为[s][t]
    int i,g,h;  int d;                              //用 g, h 记录位置信息,dir 记录方向
    if (x == m && y == p) return 1;                 //已到达出口,函数返回 1
    for (i = 0; i < direct; i++) {                  //依次按每个方向寻找通向出口的路径
        g = x+move[i].a;  h = y+move[i].b;  d = move[i].dir;
                                                    //找下一个位置和方向(g, h, dir)
        if (!Maze[g][h] && !Mark[g][h]) {           //下一位置可通,试探该方向
            Mark[g][h] = 1;                         //标记为已访问过
            if (SeekPath(Maze, Mark, g, h, s, t, m, p)) {  //从此递归试探
                cout << "(" << g << ", " << h << ", " << direction[d] << ") ";
                return 1;                           //试探成功,逆向输出路径坐标
            }
        }                                           //回溯,换一个方向再试探通向出口的路径
    }
    if (x == s && y == t) cout << "no path in Maze!" << endl;
```

```
            return 0;
    };
    void main(void) {
        int Maze[maxM][maxN] = {
                1, 1, 1, 1, 1, 1, 1, 1, 1, 1, 1, 1, 1, 1,
                0, 0, 0, 1, 1, 1, 0, 1, 0, 0, 0, 0, 1,
                1, 1, 0, 1, 0, 0, 0, 1, 0, 1, 0, 1, 1,
                1, 0, 0, 1, 0, 1, 0, 1, 0, 1, 0, 0, 0,
                1, 0, 0, 0, 0, 1, 0, 1, 0, 1, 1, 1, 1,
                1, 0, 1, 1, 1, 1, 0, 1, 0, 1, 1, 1, 1,
                1, 1, 1, 0, 0, 0, 0, 1, 0, 0, 0, 0, 1,
                1, 1, 0, 1, 1, 1, 1, 1, 1, 1, 0, 1,
                1, 0, 0, 0, 0, 0, 0, 0, 0, 0, 0, 0, 1,
                1, 1, 1, 1, 1, 1, 1, 1, 1, 1, 1, 1, 1 };
        int Mark[maxM][maxN];   int i, j;
        for ( i = 1; i < maxM−1; i++ )
            for ( j = 1; j < maxN−1; j++ ) Mark[i][j] = 0;
        for ( i = 0; i < maxM; i++ )
            Mark[i][0] = Mark[i][maxN−1] = 1;
        for ( j = 0; j < maxN; j++ )
            Mark[0][j] = Mark[maxM−1][j] = 1;
        int s = 1, t = 1, m = 3, p = 11;
        SeekPath(Maze, Mark, s, t, s, t, m, p);
        cout << "(" << s << ", " << t << ", " << "E) " << endl;
    };
```

3.3 队　　列

在操作系统中,作业调度和输入输出管理都有一个排队问题。在允许多个程序运行的计算机系统中,同时有几个作业在运行,作业调度策略中有一个策略就是先来先服务(first come first service,FCFS)。这些作业的执行结果都必须通过输入输出通道进行输出。那么等待输出的作业就要排成队,先提出输出请求的作业排在前面,后提出输出请求的作业排在后面。一个作业通过通道向输出设备传输完输出结果之后它就退出这个排队,在队列中的下一个作业再利用通道进行输出。

3.3.1 队列的概念

队列(queue)是另一种限定存取位置的线性表。它只允许在表的一端插入,在另一端删除。允许插入的一端称为队尾(rear),允许删除的一端称为队头(front),如图 3.18 所示。由于每次在队尾加入新元素,因此元素加入队列的顺序依次为 a_1, a_2, a_3, …, a_n。最先进入队列的元素最先退出队列,如同在铁路车站售票口排队买票一样。队列所具有的这种特性被称为**先进先出**(First In First

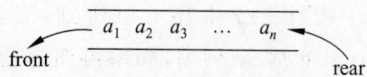

图 3.18 队列

（front）← a₁ a₂ a₃ … aₙ ← rear

Out,FIFO)。

程序 3.23　用 C++ 类描述队列的抽象数据类型
const int maxSize = 50;
enum bool{false,true};
template <class T>
class Queue {
public：
　　Queue( ){}；　　　　　　　　　　　　　//构造函数
　　~Queue( ){}；　　　　　　　　　　　　//析构函数
　　virtual void EnQueue(T x) = 0;　　　　//新元素 x 进队列
　　virtual bool DeQueue(T& x) = 0;　　　//队头元素出队列
　　virtual bool getFront(T& x) = 0;　　　//读取队头元素的值
　　virtual bool IsEmpty( )const = 0;　　　//判断队列空否
　　virtual bool IsFull( )const = 0;　　　　//判断队列满否
　　virtual int getSize( )const = 0;　　　　//求队列元素个数
};

3.3.2　循环队列

　　队列的存储表示也有两种方式：一种是基于数组的存储表示；另一种是基于链表的存储表示。队列的基于数组的存储表示也称顺序队列，如果用 C++ 来描述，则是利用一个一维数组 elements[maxSize]作为队列元素的存储结构，并且设置两个指针 front 和 rear，分别指示队列的队头和队尾位置，如图 3.19 所示。maxSize 是数组的最大长度。

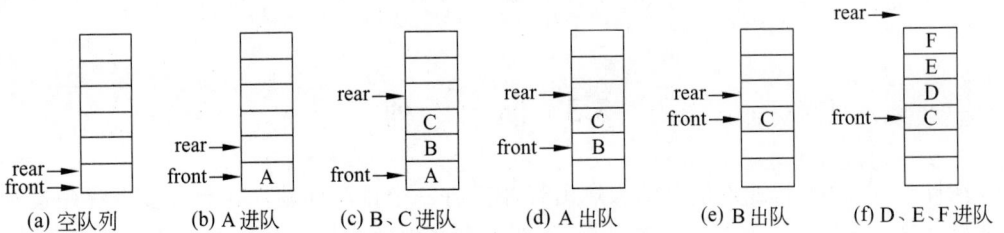

(a) 空队列　　(b) A 进队　　(c) B、C 进队　　(d) A 出队　　(e) B 出队　　(f) D、E、F 进队

图 3.19　队列的插入和删除

　　从图 3.19 中可以看到，在队列刚建立时，需要首先对它初始化，令 front = rear = 0。每当加入一个新元素时，先将新元素添加到 rear 所指位置，再让队尾指针 rear 加 1。因而指针 rear 指示了实际队尾位置的后一位置，即下一元素应当加入的位置。而队头指针 front 则不然，它指示真正队头元素所在位置。所以，如果要退出队头元素，应当首先把 front 所指位置上的元素值记录下来，再让队头指针 front 加 1，指示下一队头元素位置，最后把记录下来的元素值返回。

　　从图 3.19 中还可以看到，当队头指针 front == rear 时，队列为空；而当 rear == maxSize 时，队列满，如果再加入新元素，就会产生“溢出”。

　　但是，这种“溢出”可能是假溢出，因为在数组的前端可能还有空位置。为了能够充分地使用数组中的存储空间，把数组的前端和后端连接起来，形成一个环形的表，即把存储队列元素的表从逻辑上看成一个环，成为循环队列(circular queue)。如图 3.20 所示。循环队列的首尾相接,当队头指针 front 和队尾指针 rear 加到 maxSize−1 后,再加一个位置就自动到 0。这可以利用除法取余(%)的运算来实现。

队头指针加 1:front = (front+1) % maxSize;

队尾指针加 1:rear = (rear+1) % maxSize;

循环队列的队头指针和队尾指针初始化时都置为 0:front = rear = 0。在队尾插入新元素和删除队头元素时,两个指针都按顺时针方向加 1。当它们加到 maxSize−1 时,并不表示表的终结,只要有需要,利用取余运算可以前进到数组的 0 号位置。

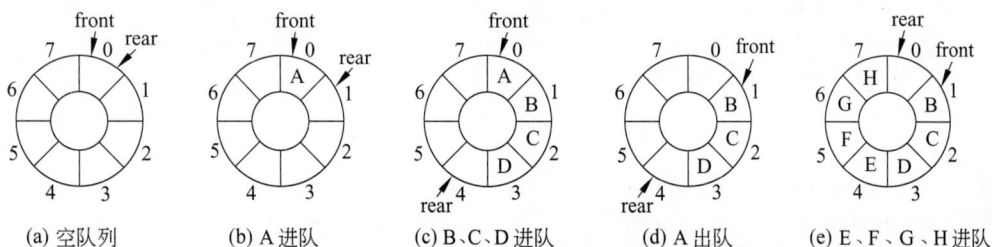

(a) 空队列　　(b) A 进队　　(c) B、C、D 进队　　(d) A 出队　　(e) E、F、G、H 进队

图 3.20　循环队列的插入和删除

如果循环队列读取元素的速度快于存入元素的速度,队头指针很快追上了队尾指针,则到了 front == rear 时,队列就变为空队列。反之,如果队列存入元素的速度快于读取元素的速度,队尾指针很快就赶上了队头指针,则一旦队列满就不能再加入新元素了。为了区别于队列空条件,用(rear+1) % maxSize == front 来判断是否队列已满,也就是说,让 rear 指到 front 的前一位置就认为队列已满。如图 3.20(e)所示。此时,因队尾指针指示实际队尾的后一位置,所以在队列满的情形实际空了一个元素位置。如果不留这个空位置,让队尾指针 rear 一直走到这个位置。必然有 rear == front,则队列空条件和队列满条件就混淆了。除非另加队列空或队列满标志,否则无从分辨到底是队列空,还是队列满。

注意,在循环队列中,最多只能存放 maxSize−1 个元素。

本章习题中算法题部分第 4~6 题给出循环队列的其他可能的实现方式,例如,使用队尾指针 rear 和队列长度 length 作为队列的控制变量,也可以实现循环队列。

程序 3.24　循环队列的类定义

```
#include <assert.h>
#include <iostream.h>
template <class T>
class SeqQueue {                    //循环队列的类定义
public:
    SeqQueue(int sz = 10);          //构造函数
    ~SeqQueue() {delete[] elements;}  //析构函数
    bool EnQueue(T x);
    //若队列不满,则将 x 进队,否则队溢出处理
    bool DeQueue(T& x);
    //若队列不空,则退出队头元素 x 并由函数返回 true;否则队列空,返回 false
    bool getFront(T& x);
    //若队列不为空,则函数返回 true 及队头元素的值;否则返回 false
```

```
        void makeEmpty( ) {front = rear = 0;}
        //置空操作：队头指针和队尾指针置 0
        bool IsEmpty( )const {return front == rear;}
        //判断队列空否。若队列空,则函数返回 true;否则返回 false
        bool IsFull( )const
            {return (rear+1)% maxSize == front;}
        //判断队列满否。若队列满,则函数返回 true;否则返回 false
        int getSize( )const {return (rear-front+maxSize)% maxSize;}
        //求队列元素个数
        friend ostream& operator << (ostream& os, SeqQueue<T>& Q);
        //输出队列中元素的重载操作
protected：
    int rear, front;                    //队尾与队头指针
    T  * elements;                       //存放队列元素的数组
    int maxSize;                         //队列最大可容纳元素个数
};


template <class T>
SeqQueue<T>::SeqQueue(int sz)：front(0),rear(0),maxSize(sz) {
//建立一个最大具有 sz 个元素的空队列
    elements = new T[maxSize];           //创建队列空间
    assert (elements != NULL);           //断言：动态存储分配成功与否
};


template <class T>
bool SeqQueue<T>::EnQueue(T x) {
//若队列不满，则将元素 x 插入该队列的队尾,否则出错处理
    if (IsFull( )) return false;         //队列满则插入失败,返回
    elements[rear] = x;                  //按照队尾指针指示位置插入
    rear = (rear+1) % maxSize;           //队尾指针加 1
    return true;                         //插入成功,返回
};


template <class T>
bool SeqQueue<T>::DeQueue(T& x) {
//若队列不空则函数退掉一个队头元素并返回 true,否则函数返回 false
    if (IsEmpty( )) return false;        //若队列空则删除失败,返回
    x = elements[front];
    front = (front+1) % maxSize;         //队头指针加 1
    return true;                         //删除成功,返回
};


template <class T>
bool SeqQueue<T>::getFront(T& x)const {
//若队列不空则函数返回该队列队头元素的值
```

```
        if (IsEmpty( ) ) return false；        //若队列空则函数返回空指针
        x = elements[front]；                 //返回队头元素的值
        return true；
    }；


template <class T>
ostream& operator << (ostream& os，SeqQueue<T>& Q) {
//输出栈中元素的重载操作
    os << "front =" << Q.front << "，rear =" << Q.rear << endl；
    for (int i = Q.front；i != Q.rear；i = (i+1) % Q.maxSize；)
        os << Q.elements[i] << "   "；
    os << endl；
    return os；
}；
```

　　如果想利用队列中的全部 maxSize 个位置，为区分队列空还是队列满，可设置一个附加标志 tag，该标志记录该队列最近一次加删操作的类型。当最近一次执行的是进队操作 EnQueue( )时，让 tag = 1；当最近一次执行的是出队操作 DeQueue( )时，让 tag = 0。当遇到 front == rear 时，检查 tag 的值，若 tag == 1，则队列满；若 tag == 0，则队列空。使用这种加标志的方法，无疑会增加进队操作和出队操作的执行时间，在队列使用十分频繁的场合，最好不使用这种方法。

3.3.3　链式队列

　　链式队列是基于单链表的一种存储表示，如图 3.21 所示。

　　在单链表的每个结点中有两个域：data 域存放队列元素的值，link 域存放单链表下一个结点的地址。**队列的队头指针指向单链表的第一个结点，队尾指针指向单链表的最后一个结点**。这意味着

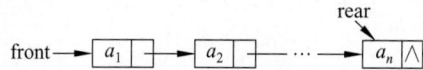

图 3.21　链式队列

队列的队头元素存放在单链表的第一个结点内，若要从队列中退出一个元素，必须从单链表中删除第一个结点，而存放着新元素的结点应插入队列的队尾，即单链表的最后一个结点后面，这个新结点将成为新的队尾。

　　用单链表表示的链式队列特别适合数据元素变动比较大的情形，而且不存在队列满而产生溢出的情况。另外，假若程序中要使用多个队列，与多个栈的情形一样，最好使用链式队列。这样不会出现存储分配不合理的问题，也不需要进行存储的移动。

　　链式队列的类定义可以直接继承单链表，但因为单链表的结点在前面用了 struct 定义，可以直接使用，无须继承，所有在下面没有使用继承关系。

程序 3.25　链式队列的类定义及其成员函数的实现
```
# include <iostream.h>
# include "List.h"
template <class T>
class LinkedQueue {                          //链式队列类定义
public：
```

```cpp
        LinkedQueue(); rear(NULL),front(NULL) {}        //构造函数，建立空队列
        ~LinkedQueue(makeEmpty());                      //析构函数
        bool EnQueue(T x);                              //将 x 加入队列中
        bool DeQueue(T& x);                             //删除队头元素,x 返回其值
        bool getFront(T& x);                            //查看队头元素的值
        void makeEmpty();                               //置空队列
        bool IsEmpty() {return front == NULL;}          //判断队列空否
        int getSize();                                  //求队列元素个数
        friend ostream& operator << (ostream& os, LinkedQueue<T>& Q);
        //输出队列中元素的重载操作
protected:
        LinkNode<T> * front, * rear;                    //队头、队尾指针
};


template <class T>
void LinkedQueue<T>::makeEmpty() {
//置空队列,释放链表中所有结点
        LinkNode<T> * p;
        while (front != NULL) {                         //逐个删除队列中的结点
            p = front; front = front->link; delete p;
        }
};


template <class T>
bool LinkedQueue<T>::EnQueue(T x) {
//将新元素 x 插入队列的队尾(链式队列的链尾)
        if (front == NULL) {
            front = rear = new LinkNode<T>(x);
                //空队列时,新结点成为队列的第一个结点,既是队头又是队尾
            if (front == NULL) return false;            //分配结点失败
        }

        else {
            rear->link = new LinkNode<T>(x);
                //非空队列时,在链尾追加新的结点并更新队尾指针
            if (rear->link == NULL) return false;       //分配结点失败
            rear = rear->link;
        }
        return true;
};


template <class T>
bool LinkedQueue<T>::DeQueue(T& x) {
//如果队列不为空,将队头结点从链式队列中删除,函数返回 true,否则返回 false
```

```
    if (IsEmpty( ) ) return false;                    //队列空则返回 false
    LinkNode<T>  * p = front;                          //队列不空,暂存队头结点
    x = front->data;
    front = front->link; delete p;                     //队头修改,释放原队头结点
    return true;                                        //函数返回 true
};


template <class T>
bool LinkedQueue<T>::getFront(T& x) {
//若队列不空,则函数返回队头元素的值及 true;若队列空,则函数返回 false
    if (IsEmpty( ) ) return false;                     //队列空则返回 false
    x = front->data;                                    //取队头元素中的数据值
    return true;
};


template <class T>
int LinkedQueue<T>::getSize( ) {
//求队列元素个数
    LinkNode<T>  * p = front; int k = 0;
    while (p != NULL) {p = p->link; k++;}
    return k;
};


template <class T>
ostream& operator << (ostream& os, LinkedQueue<T>& Q) {
//输出队列中元素的重载操作
    os << "队列中元素个数有" << Q.getSize( ) << endl;
    for(LinkNode<T>  * p = Q.front; p != NULL; p = p->Link)
        os << p->data << "   ";
    cout << endl;
    return os;
};
```

3.3.4　队列应用举例：打印二项展开式 $(a+b)^i$ 的系数

　　将二项式 $(a + b)^i$ 展开,其系数构成杨辉三角形(Pascal's triangle)。我们的问题是想按行将展开式系数的前 n 行打印出来,如图 3.22 所示。

　　从三角形的性状可知,除第 1 行以外,在打印第 i 行时,用到上一行(第 $i-1$ 行)的数据,在打印第 $i+1$ 行时,又用到第 i 行的数据。例如,在 $i = 2, 3, 4$ 时,若在每行的两侧各加上一个 0,如图 3.23 所示:设 s 是第 i 行第 $j-1$ 个元素的值,t 是第 i 行第 j 个元素的值,则 $s+t$ 是第 $i+1$ 行第 j 个元素的值。s 的初值为 0。

　　若设在数组 q 中已有第 i 行的数据,且 s 为 0,则在第 i 行数据后面添加一个 0。这样,第 $i+1$ 行各数据将与第 i 行的数据以 0 为界顺序存放,如图 3.24 所示。

$$
\begin{array}{cccccccc}
 & 1 & & 1 & & & i= & 1 \\
 & & 1 & & 2 & & & 2 \\
 & 1 & & 3 & & 3 & & 1 & & 3 \\
1 & & 4 & & 6 & & 4 & & 1 & & 4 \\
1 & & 5 & & 10 & & 10 & & 5 & & 1 & & 5 \\
1 & 6 & & 15 & & 20 & & 15 & & 6 & & 1 & & 6
\end{array}
$$

图 3.22　杨辉三角形

$$
\begin{array}{l}
i=2 \quad 0 \; 1 \; 2 \; 1 \; 0 \\
i=3 \quad 0 \; 1 \; 3 \; 3 \; 1 \; 0 \\
i=4 \quad 0 \; 1 \; 3 \; 3 \; 1 \; 0
\end{array}
$$

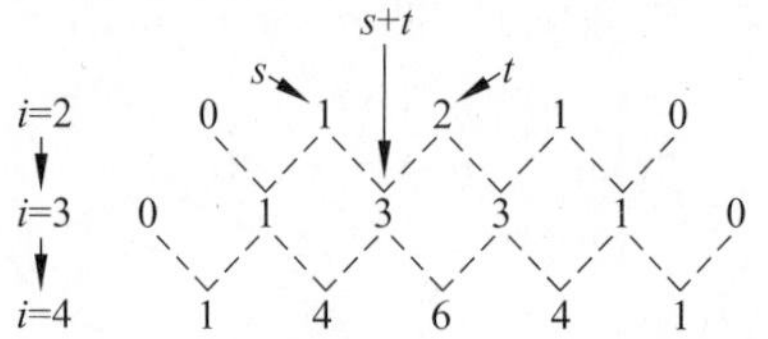

图 3.23　第 i 行元素与第 $i+1$ 行元素的关系

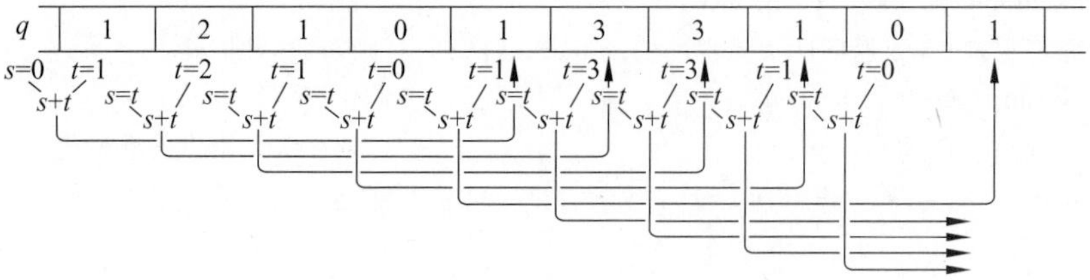

q	1	2	1	0	1	3	3	1	0	1	

图 3.24　从第 i 行数据计算并存放第 $i+1$ 行数据

例如，$i=2$ 时先从数组 q 中取出 $t=1$，计算 $s+t$，得到 $i=3$ 时的第 1 个数据'1'，顺序存放在 q 的后部。让 $s=t$，再从数组中取出 $t=2$，计算 $s+t$，得到 $i=3$ 时的第 2 个数据'3'，顺序存放在 q 的后部。再让 $s=t$，从数组中取出 $t=1$，计算 $s+t$，得到 $i=3$ 时的第 3 个数据'3'，顺序存放在 q 的后部。如此继续，直到第 i 行的数据全部处理并打印完，第 $i+1$ 行的数据也全都计算出来并已存放于 q 中。一旦第 $i+1$ 行数据形成，第 i 行的数据就已经不在数组 q 中。这个数组 q 实际就是一个队列。利用它可以实现需要逐排扫描处理的问题。

程序 3.26　利用队列实现逐行打印杨辉三角形的前 n 行的算法

```cpp
＃include ＜iostream.h＞
＃include "LinkedQueue.cpp"
void YANGVI(int n) {
//分行打印二项展开式 (a+b)ⁿ 的系数。在程序中利用了一个队列，在输出上一行系数时，
//将其下一行的系数预先放入队列中。在各行系数之间插入一个 0
    LinkedQueue＜int＞ q;                    //建立队列对象并初始化
    int i = 1, j, s = 0, t;                 //计算下一行系数时用到的工作单元
    q.EnQueue(i); q.EnQueue(i);             //预先放入第 1 行的两个系数
    for (i = 1; i ＜= n; i++) {             //逐行处理
        cout ＜＜ endl;                      //换一行
        q.EnQueue(0);                       //各行间插入一个 0
        for (j = 1; j ＜= i+2; j++) {       //处理第 i 行的 i+2 个系数(包括一个 0)
            q.DeQueue(t);                   //读取一个系数
            q.EnQueue(s+t);                 //计算下一行系数，并进队列
            s = t;
            if (j != i+2) cout ＜＜ s ＜＜ "    ";   //打印一个系数，第 i+2 个是 0
        }
    }
    cout ＜＜ endl;
};
```

一般地,凡是这类逐行处理的情况都少不了用队列作为其辅助工具。

3.4　优先级队列

前面讨论的队列是一种特征为 FIFO 的数据结构,每次从队列中取出的是最早加入队列中的元素。但是,许多应用需要另一种队列,**每次从队列中取出的应是具有最高优先权的元素**,这种队列就是优先级队列(priority queue),也称优先权队列。

3.4.1　优先级队列的概念

优先级队列是 0 个或多个元素的集合,每个元素都有一个优先权或值。对于优先级队列,执行的操作主要有查找、插入、删除。在最小优先级队列(min priority queue)中,查找操作用来搜索优先权最小的元素,删除操作用来删除该元素;对于最大优先级队列(max priority queue),查找操作用来搜索优先权最大的元素,删除操作用来删除该元素。插入操作只是简单地把一个新的元素加入队列中。

每个元素的优先权需根据问题的要求而定。例如,一个公司中秘书处的工作安排有一定的先后顺序。通常,经理交代下来的任务具有最高的优先权,部门主管交代的任务优先权次之,职工要求完成的任务优先权再次之⋯⋯秘书处是按任务的优先权来安排工作的先后顺序的,而不是按任务的提交时间来安排先后次序的。任务的优先权与执行顺序的关系如表 3.4 所示。

表 3.4　任务的优先权与执行顺序的关系

任务编号	优先权	执行顺序
1	20	3
2	0	1
3	40	5
4	30	4
5	10	2

注:数字越小,优先权越高

当从优先级队列中删除一个元素时,可能出现多个元素具有相同的优先权。在这种情况下,我们把这些具有相同优先权的元素视为一个先来先服务的队列,按它们加入优先级队列的先后次序处理。在本节的讨论中,假定不出现这种情况。

程序 3.27　最小优先级队列的类声明
```
# include <iostream.h>
# include <stdlib.h>
const int DefaultPQSize = 50;                //优先级队列数组的默认长度
template <class T>
class PQueue {                               //优先级队列的类定义
public:
    PQueue(int sz = DefaultPQSize);          //构造函数
    ~PQueue() {delete[] pqelements;}         //析构函数
```

```
    bool Insert(T x);                           //将新元素 x 插入队尾
    bool RemoveMin(T& x);                       //将队头元素删除
    bool getFront(T& x);                        //读取队头(具最小优先权)的值
    void makeEmpty() {count = 0;}               //置优先级队列为空
    bool IsEmpty() {return count == 0;}         //判断队列空否
    bool IsFull() {return count == maxSize; }   //判断队列满否
    int getSize() {return count;}               //求优先级队列中元素个数
protected：
    T * pqelements;                             //优先级队列数组
    int count;                                  //当前元素个数(长度)
    int maxSize;                                //队列最大可容纳元素个数
    adjust();                                   //队列调整
};
```

**3.4.2　优先级队列的存储表示和实现

优先级队列的存储表示和实现方法有多种。本节介绍的是用数组作为优先级队列的存储表示,在第 5 章还要介绍利用堆(heap)作为优先级队列的存储表示。

在优先级队列类的成员函数的实现中,为了能够比较各个元素的优先权大小,必须为数据类型 T 定义"<"(小于)操作符。

程序 3.28　最小优先级队列的成员函数的实现

```
# include <stdlib.h>
# include "PQueue.h"
const int maxSize = 20;
template <class T>
PQueue<T>∷PQueue(int sz)：maxSize(sz)，count(0) {
//构造函数：建立一个最大具有 maxSize 个元素的空优先级队列
    pqelements = new T[sz];                          //创建队列空间
    if (pqelements != NULL) {cerr << "存储分配失败!"<< end l; exit(1);}
};


template <class T>
void PQueue<T>∷adjust() {
//将队尾元素按其优先权大小调整到适当位置,保持所有元素按优先权从小到大有序
    T temp = pqelements[count-1];
    for (int j = count-2; j >= 0; j--) {
        if (pqelements[j] <= temp) break;
            //发现有比 temp 更小或相等的 pqelements[j] 跳出循环
        else pqelements[j+1] = pqelements[j];
            //比 temp 大的元素 pqelements[j]后移
    }
    pqelements[j+1] = temp;                            //temp 插入适当位置
};


template <class T>
```

```
bool PQueue<T>::Insert(T x) {
//若优先级队列不满,则将元素 x 插入该队列的队尾,否则出错处理
    if (count == maxSize) return false;                      //队列满则函数返回
    pqelements[count] = x; count++;                          //x 插入队尾
    adjust();                                                //按优先权进行调整
    return true;
};


template <class T>
bool PQueue<T>::RemoveMin(T& x) {
//若优先级队列不空则函数返回该队列具最大优先权(值最小)元素的值,同时将该元素删除
    if (count == 0) return false;                            //若队列空,函数返回 false
    x = pqelements[0];                                       //保存最小元素到 x
    int k = 1;
    for (int i = 2; i < count; i++)
        if(pqelements[i] < pqelements[k]) k = i;             //选最小元素,用 k 指示
    pqelements[0] = pqelements[k];
    pqelements[k] = pqelements[count - 1];
    count--;                                                 //优先级队列元素个数减 1
    return true;                                             //删除成功,返回 true
};


template <class T>
bool PQueue<T>::getFront(T& x) {
//若优先级队列不空,则函数返回队列具最小优先权元素的值
    if (count == 0) return false;                            //若队列空,函数返回
    x = pqelements[0]; return true;                          //返回具最小优先权元素的值
};
```

Insert()操作直接把元素 item 加入优先级队列的队尾,然后进行调整,把插入元素按它的优先权调整到适当位置,使得队列中所有元素都按照其优先权大小,从小到大形成一个有序序列。最好情况是新插入元素优先权最大,一个元素也不用移动;最差情况是新插入元素的优先权最小,所有元素都要移动,移动次数达到 $n+1$ 次,其计算时间复杂度为 $O(n)$。而RemoveMin()操作在删除队头元素后,为保持队列后续元素有序排列,需要把所有后续 $n-1$ 个元素前移,所以其计算时间复杂度也为 $O(n)$,n 是优先级队列的当前元素个数。

为了提高优先级队列的运算速度,在第 5 章将介绍用"堆"作为优先级队列的存储结构,可将运算时间复杂度提高到 $O(\log_2 n)$ 的数量级。

3.5 双 端 队 列

前面介绍了队列的概念,这是一种只允许在一端删除而在另一端插入的数据结构。下面拓展队列的概念,介绍双端队列(deque),它可以在队列的两端进行插入和删除。双端队列英文的全称是 double-ended queue。

3.5.1　双端队列的概念

双端队列提供了 3 个存取队列头部的函数,包括读队头函数 bool getHead(T& x)、在队头插入函数 bool EnQueueHead(T x)和删除队头函数 bool DeQueueHead(T& x);3 个存取队列尾部的函数,包括读队尾函数 bool getTail(T& x)、在队尾插入函数 bool EnQueueTail(T x)和删除队尾函数 bool DeQueueTail(T& x)。图 3.25 给出这些操作的图示。

程序 3.29 给出了用 C++类定义的双端队列的抽象数据类型。由于双端队列是单端队列的延伸,很自然地,可以从 Queue 类派生出 Deque 类。

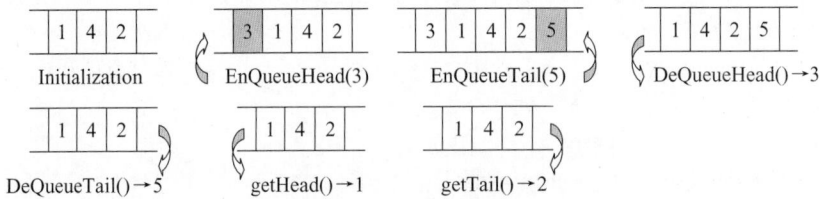

图 3.25　双端队列的基本操作

程序 3.29　Deque 的 C++类
```cpp
template <class T>
class Deque {
public:
    virtual bool getHead(T& x) = 0;
    virtual bool getTail(T& x) = 0;
    virtual bool EnQueue(T x);
    virtual bool EnQueueHead(T x) = 0;
    virtual bool EnQueueTail(T x) = 0;
    virtual bool DeQueue(T& x);
    virtual bool DeQueueHead(T& x) = 0;
    virtual bool DeQueueTail(T& x) = 0;
};
```

注意,在 Deque 类的共有接口中包括了可在任一端进行进队和出队的操作。

为了语义连续,Deque 类提供了默认的一般队列的 EnQueue 和 DeQueue 功能,如程序 3.30 所示,只不过 EnQueue 仅仅调用了 EnQueueTail 函数(在尾部插入),DeQueue 函数仅仅调用了 DeQueueHead 函数(在头部删除)。

程序 3.30　Deque 类成员函数 EnQueue 及 DeQueue 的实现
```cpp
template <class T>
bool Deque<T>::EnQueue(T x) {
    return EnQueueTail(x);
};

template <class T>
bool Deque<T>::DeQueue(T& x) {
```

```
        T temp;
        bool tag = DeQueueHead(temp);
        x = temp; return tag;
    };
```

3.5.2 双端队列的数组表示

程序 3.31 定义了双端队列的数组实现的方式。SeqDeque 类的定义使用了多继承性。它从抽象基类 Deque 和循环队列类 SeqQueue 共同派生出来，Deque 提供使用的接口，SeqQueue 类给出了实现。

```
程序 3.31  SeqDeque 类的定义
#include "Deque.h"
#include "SeqQueue.h"
template <class T>
class SeqDeque：public SeqQueue<T> {
public：
    SeqDeque(int sz);
    bool IsEmpty() {return SeqQueue<T>::IsEmpty();}
    bool IsFull() {return SeqQueue<T>::IsFull();}
    bool getHead(T& x);
    bool getTail(T& x);
    bool EnQueueHead(T x);
    bool EnQueueTail(T x);
    bool DeQueueHead(T& x);
    bool DeQueueTail(T& x);
};
template <class T>
SeqDeque<T>::SeqDeque(int sz) {
    elements = new T[sz];
    if (elements == NULL)
        { cerr << "存储分配失败!" << endl; exit(1);}
    rear = 0;  front = 0; maxSize = sz;
};
```

SeqQueue 类提供了所要求的多数功能。程序 3.32 表明了 SeqDeque 类的 3 个操作 getHead、EnQueueTail 及 DeQueueHead 都是通过调用 SeqQueue 类的相应操作来实现的。

```
程序 3.32  成员函数 getHead、EnQueueTail 和 DeQueueHead 的实现
template <class T>
bool SeqDeque<T>::getHead(T x) {
    T temp;
    bool tag = getFront(temp);
    x = temp; return tag;
};

template <class T>
```

```
bool SeqDeque<T>::EnQueueTail(T& x) {
    return EnQueue(x);
};
```

```
template <class T>
bool SeqDeque<T>::DeQueueHead(T& x) {
    T temp;
    bool tag = DeQueue(temp);
    x = temp; return tag;
};
```

还剩下 3 个成员函数。成员函数 getTail()在首先检查双端队列非空后,返回在双端队列尾部的元素。如果双端队列为空,函数返回 false,表示元素退出失败;否则通过引用型参数 x 得到双端队列的队尾元素的值,函数返回 true。

EnQueueHead()函数要将一个新元素 x 插入双端队列的队头。函数首先检查双端队列是否已满。如果双端队列已满,函数返回 false,表示元素插入队头失败;否则先将队头指针 front 减 1,再按 front 所指示位置将新元素 x 加入,函数返回 true。

DeQueueTail()函数要从双端队列的尾部删除一个元素。函数首先检查双端队列是否为空。如果双端队列已空,函数返回 false,表示元素删除失败;否则先将队尾指针 rear 减 1,再按 rear 所指示位置将元素 x 通过引用型参数返回,函数返回 true。

程序 3.33 成员函数 getTail、EnQueueHead 和 DeQueueTail 的实现

```
template <class T>
bool SeqDeque<T>::getTail(T& x) {
    if (IsEmpty()) return false;
    x = elements[(rear-1+maxSize) % maxSize];
    return true;
};
```

```
template <class T>
bool SeqDeque<T>::EnQueueHead(T x) {
    if (IsFull()) return false;
    front = (front-1+maxSize) % maxSize;
    elements[front] = x;
    return true;
};
```

```
template <class T>
bool SeqQueue<T>::DeQueueTail(T& x) {
    if (Empty()) return false;
    rear = (rear-1+maxSize) % maxSize;
    x = elements[rear];
    return true;
};
```

习　题

一、单项选择题

1. 当利用大小为 n 的数组顺序存储一个栈时,假定用 top==n 表示栈空,则向这个栈插入一个元素时,首先应执行( )语句修改 top 指针。

  A. top++;   B. top--;   C. ++top;   D. --top;

2. 若让元素 1,2,3 依次进栈,则出栈次序不可能出现( )这种情况。

  A. 3,2,1   B. 2,1,3   C. 3,1,2   D. 1,3,2

3. 当利用大小为 n 的数组顺序存储一个队列时,该队列的最大长度为( )。

  A. $n-2$ B. $n-1$ C. n D. $n+1$

4. 假定一个顺序存储的循环队列的队头和队尾指针分别为 front 和 rear,则判断队空的条件为( )。

  A. front+1 == rear   B. rear+1 == front

  C. front == 0   D. front == rear

5. 假定一个链式队列的队头和队尾指针分别为 front 和 rear,则判断队空的条件为( )。

  A. front == rear   B. front != NULL

  C. rear != NULL   D. front == NULL

6. 设链式栈中结点的结构为(data, link),且 top 是指向栈顶的指针。若想在链式栈的栈顶插入一个由指针 s 所指的结点,则应执行操作( )。

  A. top->link = s;

  B. s->link = top->link;　top->link = s;

  C. s->link = top;　top = s;

  D. s->link = top;　top = top->link;

7. 设链式栈中结点的结构为(data, link),且 top 是指向栈顶的指针。若想删除链式栈的栈顶结点,并将被删除结点的值保存到 x 中,则应执行操作( )。

  A. x = top->data;　top = top->link;

  B. top = top->link;　x = top->data;

  C. x = top;　top = top->link;

  D. x = top->data;

8. 为增加内存空间的利用率和减少溢出的可能性,由两个栈共享一片连续的内存空间时,应将两栈的( )分别设在这片内存空间的两端。

  A. 长度   B. 深度   C. 栈顶   D. 栈底

9. 使用两个栈共享一片内存空间,当( )时,才产生上溢。

  A. 两个栈的栈顶同时到达这片内存空间的中心点

  B. 其中一个栈的栈顶到达这片内存空间的中心点

  C. 两个栈的栈顶在这片内存空间的某一位置相遇

D. 两个栈均不空，且一个栈的栈顶到达另一个栈的栈底

10. 递归是将一个较复杂的(规模较大的)问题转化为一个稍为简单的(规模较小的)与原问题(　　)的问题来解决,使之比原问题更靠近可直接求解的条件。

    A. 相关   B. 子类型相关   C. 同类型   D. 不相关

11. 在系统实现递归调用时需利用递归工作记录保存实际参数的值。在引用参数情形,需保存实际参数的(　　),在被调用程序中可直接操纵实际参数。

    A. 空间   B. 地址   C. 返回地址   D. 副本

12. 将递归求解过程改变为非递归求解过程的目的是(　　)。

    A. 提高速度   B. 改善可读性

    C. 增强健壮性   D. 提高可维护性

13. 如果一个递归函数过程中只有一个递归语句,而且它是过程体的最后语句,则称这种递归为(　　),它可以用迭代实现非递归求解。

    A. 单向递归   B. 回溯递归   C. 间接递归   D. 尾递归

14. 设有一个递归算法如下:

```
int fact(int n) {
    if(n <= 0) return 1;
        else return n * fact(n−1);
}
```

    下面正确的叙述是(　　)。

    A. 计算 fact (n)需要执行 n 次函数调用

    B. 计算 fact (n)需要执行 n+1 次函数调用

    C. 计算 fact (n)需要执行 n+2 次函数调用

    D. 计算 fact (n)需要执行 n−1 次函数调用

15. 设有一个递归算法如下:

```
int X(int n) {
    if (n <= 3) return 1;
    else return X(n−2)+X(n−4)+1;
}
```

    计算 X(X(5))时需要调用(　　)次 X 函数。

    A. 4   B. 5   C. 6   D. 7

二、填空题

1. 栈是一种限定在表的一端插入和删除的线性表,它的特点是_____。

2. 队列是一种限定在表的一端插入,在另一端删除的线性表,它的特点是_____。

3. 若设顺序栈的最大容量为 maxSize,则判断栈满的条件是_____。

4. 用长度为 maxSize 的数组存储一个栈时,若用 top == maxSize 表示栈空,则栈满的条件为_____。

5. 在一个链式栈中,若栈顶指针 top == NULL,则为_____。

6. 设链式栈每个结点的结构为(data,link),在向一个栈顶指针为 top 的链式栈中插入

一个新结点 * p 时,应执行_____和_____操作。

7. 设一个循环队列 Q 的队头和队尾指针为 front 和 rear,判断队空的条件是_____。

8. 设一个没有头结点的链式队列 Q 的队头和队尾指针为 front 和 rear,若 front == rear 且 front != NULL,则表示该队列有_____元素。

9. 双端队列是限定插入和删除操作在表的_____进行的线性表。

10. 中缀表达式 $3*(x+2)-5$ 所对应的后缀表达式为_____。

11. 后缀表达式 $4 5 * 3 2 +-$ 的值为_____。

12. 设有一个顺序栈 S,元素 s_1,s_2,s_3,s_4,s_5,s_6 依次进栈,如果 6 个元素的出栈顺序为 s_2,s_3,s_4,s_6,s_5,s_1,则顺序栈的容量至少应为_____。

13. 通常程序在调用另一个程序时,都需要使用一个栈来保存被调用程序内分配的局部变量以及形式参数的_____和_____。

14. 主程序第一次调用递归函数被称为外部调用,递归函数自己调用自己被称为内部调用,它们都需要建立_____记录。

15. 求解递归问题的步骤:了解题意是否适合用递归方法来求解;决定递归_____;决定可将问题规模缩小的递归部分。

16. 如果将递归工作栈的每层视为一项待处理的事务,则位于_____处的递归工作记录是当前急待处理的事务。

17. 函数内部的局部变量是在进入函数过程后才分配存储空间的,在_____后就将释放局部变量占用的存储空间。

18. 迷宫问题是一个回溯控制的问题,可使用_____方法来解决。

三、判断题

1. 每次从队列中取出的应是具有最高优先权的元素,这种队列就是优先级队列。
（   ）

2. 如果进栈序列是 1,2,3,4,5,6,7,8,那么可能的出栈序列有 8! 种。　（   ）

3. 若让元素 1,2,3 依次进栈,则出栈次序 1,3,2 是不可能出现的情况。　（   ）

4. 设顺序栈的栈顶指针初始值为 top = -1,在每次向栈中压入新元素时,要先按栈顶指针指示的位置存入新元素再移动栈顶指针。
（   ）

5. 链式栈与顺序栈相比,一个明显的优点是通常不会出现栈满的情况。　（   ）

6. 栈和队列都是顺序存取的线性表,但它们对存取位置的限制不同。　（   ）

7. 在使用后缀表示实现计算器类时使用了一个栈的实例,它起的作用是暂存运算对象和计算结果。
（   ）

8. 在一个循环队列 Q 中,判断队列满的条件为 Q.rear % maxSize+1 == Q.front。
（   ）

9. 在一个循环队列 Q 中,判断队列空的条件为 Q.rear+1 == Q.front。　（   ）

10. 在循环队列中,进队时队尾指针加1,出队时队头指针减1。　（   ）

11. 在循环队列中,进队时队尾指针加1,出队时队头指针加1。　（   ）

12. 设链式队列 Q 不带头结点,其队头和队尾指针分别为 Q->front 和 Q->rear,则队空条件为 Q->front == Q->rear。
（   ）

13. 在链式队列中,队头在链表的链尾位置。 （　　）

14. 若链式队列采用循环单链表表示,可以不设队头指针,仅在链尾设置队尾指针。

　　　　　　　　　　　　　　　　　　　　　　　　　　　　　　　（　　）

15. 递归调用算法与相同功能的非递归算法相比,主要问题在于重复计算太多,而且调用本身需要分配额外的空间和传递数据和控制,所以时间与空间开销都比较大。（　　）

16. 递归方法和递推方法本质上是一回事,例如求 $n!$ 时既可用递推的方法,也可用递归的方法。 （　　）

17. 用非递归方法实现递归算法时一定要使用递归工作栈。 （　　）

18. 将 $f=1+1/2+1/3+\cdots+1/n$ 转化为递归函数时,递归部分为 $f(n)=f(n-1)+1/n$,递归结束条件为 $f(1)=1$。 （　　）

四、简答题

1. 设 a,b,c 三个元素的进栈顺序是 a,b,c,符号 S 和 X 分别表示对栈进行一次进栈操作和一次出栈操作。

（1）分别写出所有可能的出栈序列,以及获得该出栈序列的操作序列。

（2）指出不可能的出栈序列。

2. 设用 S 表示进栈,X 表示出栈,若一个初始为空的栈,经过一系列的进栈和出栈操作复归于空,这样的进栈或出栈操作可用 S 和 X 组成的序列表示。

（1）判定给定的 S/X 序列是否合理的一般规则是什么?

（2）对同一输入元素的集合,不同的合法输入序列能否通过 S/X 操作得到相同的输出序列? 如能得到,举例说明。

3. 证明:设栈的输入序列是 $1,2,3,\cdots,n$,输出序列是 $p_1,p_2,p_3,\cdots,p_n$,若 $p_i=n$（$1 \leqslant i \leqslant n$）,则有 $p_i > p_{i+1} > p_n$。

4. 设有一个顺序栈 S,元素 s_1,s_2,s_3,s_4,s_5,s_6 依次进栈,如果 6 个元素的出栈顺序为 s_2,s_3,s_4,s_6,s_5,s_1,则顺序栈的容量至少应为多少?

5. 利用操作符优先数法,画出对中缀表达式 $a+b*c-d/e$ 求值时操作符栈 OPTR 和操作数栈 OPND 的变化。算术操作符的优先级见表 3.2。

6. 利用操作符优先数法,利用表 3.2 画出将中缀表达式 $a+b*c-d/e$ 改为后缀表达式时操作符栈 OPTR 的变化。

7. 画出对后缀表达式 $a\ b\ c\ *\ +\ d\ e\ /\ -$ 求值时操作数栈 OPND 的变化。

8. 数学上常用的阶乘函数定义如下:

$$n! = \begin{cases} 1, & n=0 \\ n(n-1)!, & n>0 \end{cases}$$

对应的求阶乘的递归算法:

```
long Fact(long n) {
    if (n<= 0) return (1);              //终止递归的条件
    else return (n * Fact (n−1));       //递归步骤
}
```

推导求 $n!$ 时的计算次数。

9. 设循环队列用数组 $A[m..n]$ 存储,队头、队尾指针分别为 front 和 rear,若 front 指示实际队头位置,rear 指示实际队尾的后一位置。则队列空和队列满的条件分别是什么?队列中元素个数是多少?

10. 设循环队列的容量为 8,队头指针 front 指示实际队头位置,队尾指针 rear 指示实际队尾的后一位置,画出 rear−front ＝ 2 和 rear−front ＝ −2 的示意图。

11. 是否可以在链式队列中增加头结点?此时链式队列的队头和队尾在链表的什么地方?队空条件是什么?

12. 在"数据结构"课程中,分治法、减治法、回溯法、动态规划法、贪心法分别被用于哪些问题的求解?

13. 当函数递归调用自身、进入递归工作栈的下一层时需要做哪三件事?在下一层执行结束返回上一层时又需要做哪三件事?

五、算法题

1. 设一个栈的输入序列为 $1, 2, \cdots, n$,编写一个算法,判断一个序列 $p_1, p_2, \cdots, p_n$ 是否是一个合理的栈输出序列。

2. 设计一个算法,借助栈判断存储在单链表中的数据是否中心对称。例如,单链表中的数据序列 $\{12, 21, 27, 21, 12\}$ 或 $\{13, 20, 38, 38, 20, 13\}$ 即为中心对称。

3. 设计一个算法,借助栈实现单链表上链接顺序的逆转。

4. 设以数组 Q.elem[maxSize] 存放循环队列的元素,且以 Q.front 和 Q.length 分别指示循环队列中的实际队头位置和队列中所含元素的个数。给出该循环队列的队列空条件和队列满条件,并写出相应的插入(EnQueue)和删除(DeQueue)运算的实现。

5. 设以数组 Q.elem[maxSize] 存放循环队列的元素,且设置一个标志 Q.tag,以 Q.tag ＝0 和 Q.tag ＝ 1 来区分在队头指针(front)和队尾指针(rear)相等时,队列状态为空还是满。给出该循环队列的队列空条件和队列满条件,并写出相应的插入(EnQueue)和删除(DeQueue)运算的实现。

6. 若使用不设头结点的循环单链表来表示队列,则 rear 是链表的一个指针(视为队尾指针)。基于此结构给出队列的插入(EnQueue)和删除(DeQueue)算法,并给出 rear 为何值时队列为空。

7. 设计一个算法,检查一个用字符数组 $e[n]$ 表示的串中的花括号、方括号和圆括号是否配对,若能够全部配对则返回 1,否则返回 0。

8. 设计一个算法,利用循环队列编写求 k 阶斐波那契序列中第 $n+1$ 项(f_n)的值。要求满足:$f_n \leqslant$ max 而 $f_{n+1}>$ max,其中 max 为某个约定的常数。(注意:本题所用循环队列的容量仅为 k,则在算法执行结束时,留在循环队列中的元素应是所求 k 阶斐波那契序列中的最后 k 项 $f_{n-k+1}, f_{n-k}, \cdots, f_n$)

9. 已知有 n 个自然数 $1, 2, \cdots, n$ 存放在数组 $A[n]$ 中,设计一个递归算法,输出这 n 个自然数的全排列。

10. 编写一个递归算法,找出从自然数 $1, 2, 3, \cdots, m$ 中任取 n 个数的所有组合。例如 $m ＝ 5, n ＝ 3$ 时所有组合为 543,542,541,532,531,521,432,431,421,321。

11. 已知 Ackerman 函数定义如下:

$$akm(m,n)=\begin{cases} n+1, & m=0 \\ akm(m-1,1), & m\neq 0, n=0 \\ akm(m-1,akm(m,n-1)), & m\neq 0, n\neq 0 \end{cases}$$

（1）根据定义，写出它的递归算法。

（2）设计一个利用栈的非递归算法。

（3）设计一个不用栈的非递归算法。

第4章 数组、串与广义表

关于一维数组(array)的概念和存储在第 2 章中已详细介绍过。本章将主要介绍多维数组、特殊矩阵、稀疏矩阵、字符串和广义表的知识。这些知识在工程领域中经常使用到。

4.1 多维数组的概念与存储

对于许多应用程序来说,使用简单的线性表、栈和队列就能完成任务,但是有一些应用程序,不能使用简单的线性表来有效实现。为此,需要对线性表进行扩展,实现一些功能更强大、具有更多操作的扩展线性结构。

4.1.1 多维数组的概念

数组是下标(index)和值(value)组成的序对的集合。在数组中,每个有定义的下标都与一个值对应,这个值称为数组元素。在 C++ 中有静态数组和动态数组之分。静态数组必须在定义它时指定其大小和类型,在程序运行过程中其结构不能改变,在程序执行结束时自动撤销。动态数组是在程序运行过程中才为它分配存储空间。有的语言(如 Visual Basic)还可以定义变长的数组。通常,数组用作存储结构。

扩展一维数组的概念,可以定义多维数组。例如,"数组元素为一维数组"的一维数组,可以视为二维数组,"数组元素为二维数组"的一维数组可以视为三维数组。二维数组和三维数组都属于多维数组。多维数组实际上是用一维数组实现的。

二维数组的元素类型与一维数组的元素类型相似,可以是基本数据类型,可以是复杂数据类型,还可以是用户自定义的数据类型。二维数组可以看作当一维数组的元素类型是一维数组时的一种扩充,如图 4.1(a)所示。

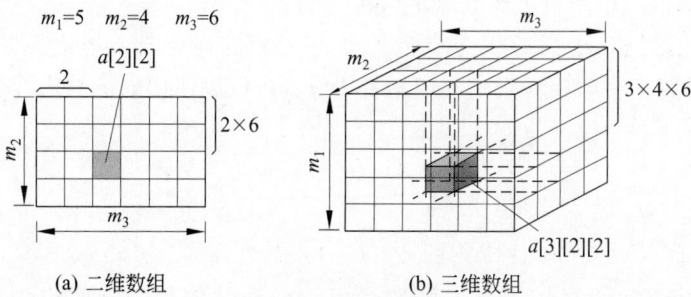

(a) 二维数组   (b) 三维数组

图 4.1 多维数组

如第 2 章所述,一个一维数组为具有相同数据类型的 $n(n \geqslant 0, n$ 为数组长度或数组大小,若 $n = 0$ 就是空数组)个元素的有限序列。因此,也有人称一维数组为向量。而二维数组也可称为矩阵,它可以看作是由 n 个行向量和 m 个列向量所组成的向量,即二维数组

$a[n][m]$是一个矩阵,总共有 $n\times m$ 个数组元素。

对于一维数组,数组中的每个元素在数组中的位置由下标唯一确定;除第一个元素外,其他元素有且仅有一个直接前驱,第一个元素没有前驱;除最后一个元素外,其他元素有且仅有一个直接后继,最后一个元素没有后继,它属于线性结构。同样,在二维数组 $a[n][m]$ 中,每个元素 $a[j][k]$ $(0\leqslant j\leqslant n-1,0\leqslant k\leqslant m-1)$ 同时处于第 j 个行向量和第 k 个列向量之中,它在行的方向和列的方向各有一个直接前驱 $a[j][k-1]$ 和 $a[j-1][k]$,各有一个直接后继 $a[j][k+1]$ 和 $a[j+1][k]$(如果有)。正因为如此,某一数组元素在数组中的位置需由下标的二元组 $[j][k]$ 唯一确定。因此,二维数组可以看作是线性结构的扩展,属于最简单的非线性结构。

沿矩阵的边缘,第 0 列的元素在行的方向没有前驱,第 $m-1$ 列的元素在行的方向没有后继;第 0 行的元素在列的方向没有前驱,第 $n-1$ 行的元素在列的方向没有后继。

在如图 4.1(b)所示的三维数组 $a[m_1][m_2][m_3]$ 中,总共有 $m_1\times m_2\times m_3$ 个数组元素,每个数组元素 $a[i][j][k]$ $(0\leqslant i\leqslant m_1-1,0\leqslant j\leqslant m_2-1,0\leqslant k\leqslant m_3-1)$ 同时处于 3 个向量之中。若把三维数组比作一本书,第一维相当于页,称为页向量,数组元素 $a[i][j][k]$ 是其中的第 i 个页;一旦页号 i 确定,第二维、第三维就相当于从属于该页的一个二维数组,j 表示第 j 个行向量,k 表示第 k 个列向量。这样,数组元素 $a[i][j][k]$ 最多有 3 个直接前驱和 3 个直接后继,它在数组中的位置应由下标的三元组 $[i][j][k]$ 唯一确定。

以此类推,在一个 n 维数组 $a[m_1][m_2]\cdots[m_n]$ 中,总共有 $m_1\times m_2\times\cdots\times m_n$ 个数组元素,每个数组元素 $a[i_1][i_2]\cdots[i_n]$ $(0\leqslant i_1\leqslant m_1-1,0\leqslant i_2\leqslant m_2-1,\cdots,0\leqslant i_n\leqslant m_n-1)$ 处于 n 个向量之中,其位置由下标的 n 元组 $[i_1][i_2]\cdots[i_n]$ 唯一确定。

4.1.2 多维数组的存储表示

既然多维数组实际上是用一维数组实现的,那么可以利用一维数组的存储方式来表示多维数组。如第 2 章所述,对一维数组,只要知道一个数组元素在数组中是第几个(即下标),就可以直接存取这个数组元素。

在实现数组的存储时,通常是按各个数组元素的排列顺序,顺次存放在一个连续的存储区域中,这样得到一个所有数组元素的线性序列。

对于一个一维数组 $a[n]$,若设它第一个数组元素的存储起始地址为 α,每个数组元素的存储大小为 l,则任一数组元素的存储地址 $\mathrm{LOC}(i)$ 可以使用如下的递推公式计算:

$$\mathrm{LOC}(i)=\begin{cases}\alpha, & i=0\\ \mathrm{LOC}(i-1)+l, & i>0\end{cases}$$

显然有

$$\mathrm{LOC}(i)=\mathrm{LOC}(i-1)+l=\alpha+i*l$$

下面,假设多维数组存储于用一维数组表示的连续的存储空间中,每个数组元素所占用的存储大小与相应一维数组中的数组元素所占用的存储大小相同,多维数组第一个元素对应到相应一维数组的第一个元素位置。这样能够将一个多维数组的数组元素 $a[i_1][i_2]\cdots[i_n]$ 映射到一维数组的某个位置,并能对其进行有效查找。只要能计算出多维数组中数组元素在相应一维数组中的位置,就可以直接按此位置存取相应一维数组中的数组元素。

对于二维数组 $a[n][m]$，为能根据它的数组元素的下标计算出在相应一维数组中对应的下标，需要区分两种存储方式，即行优先顺序和列优先顺序。设有一个二维数组：

$$a[n][m] = \begin{bmatrix} a[0][0] & a[0][1] & a[0][2] & \cdots & a[0][m-1] \\ a[1][0] & a[1][1] & a[1][2] & \cdots & a[1][m-1] \\ a[2][0] & a[2][1] & a[2][2] & \cdots & a[2][m-1] \\ \vdots & \vdots & \vdots & & \vdots \\ a[n-1][0] & a[n-1][1] & a[n-1][2] & \cdots & a[n-1][m-1] \end{bmatrix}$$

按照行优先的顺序，所有数组元素按行向量依次排列，第 $i+1$ 个行向量紧跟在第 i 个行向量后面，这样得到数组元素存于一维数组的一种线性序列：

$a[0][0], a[0][1], \cdots, a[0][m-1], a[1][0], a[1][1], \cdots, a[1][m-1], \cdots,$
$a[n-1][0], a[n-1][1], \cdots, a[n-1][m-1]$

大多数程序设计语言，如 ALGOL 语言、Pascal 语言、C 与 C++ 语言、BASIC 语言、Ada 语言等都是按行优先的顺序把数组元素存放于一个一维数组中的。

若按照列优先的顺序，所有数组元素按列向量依次排列，第 $j+1$ 个列向量紧跟在第 j 个列向量后面，这样得到数组元素存于一维数组的另一种线性序列：

$a[0][0], a[1][0], \cdots, a[n-1][0], a[0][1], a[1][1], \cdots, a[n-1][1], \cdots,$
$a[0][m-1], a[1][m-1], \cdots, a[n-1][m-1]$

FORTRAN 语言就是按照这种方式将数组元素存于一个一维数组中的。

现在就行优先的顺序讨论地址的映射方法。

设二维数组 $a[n][m]$ 的第一个元素 $a[0][0]$ 在相应一维数组中存放于第一个位置，其地址为 α，每个元素占 1 个元素的空间，那么，任一数组元素 $a[j][k]$ 在相应一维数组中的存放地址利用递推公式计算得

$$
\begin{aligned}
\text{LOC}(j, k) &= \text{LOC}(j, 0) + k && \text{//第 } j \text{ 行开始位置加 } k \\
&= \text{LOC}(j-1, 0) + m + k && \text{//第 } j-1 \text{ 行开始位置加该行元素个数 } m \text{ 加 } k \\
&= \text{LOC}(j-2, 0) + 2*m + k && \text{//前推到第 } j-2 \text{ 行} \\
&= \cdots \\
&= \text{LOC}(0, 0) + j*m + k && \text{//前推到第 0 行} \\
&= \alpha + j*m + k
\end{aligned}
$$

可以这样理解：在矩阵的第 j 行前有 j 行(行号为 $0\sim j-1$)，每行有 m 个元素，总共有 $j*m$ 个元素。在第 j 行第 k 个元素前有 k 个元素(列号为 $0\sim k-1$)，则在元素 $a[j][k]$ 前面总共有 $j*m+k$ 个元素，加上矩阵第一个元素在相应一维数组中的地址 0，可得 $a[j][k]$ 在相应一维数组中的位置为 $j*m+k$，如图 4.1(a)所示。图中的行数为 m_2，列数为 m_3。

如果要想把三维数组 $a[m_1][m_2][m_3]$ 存放于一个一维数组中，也需要先确定各数组元素的排列顺序。一种方式是页优先的顺序，即下标变动得最快的是第三维。在这种情况下，对于某一页，将有 m_2*m_3 个数组元素，对于任一数组元素 $a[i][j][k]$ 来说，每变动一个 i，行下标 j 和列下标 k 将重新变动。它在一维数组中的存放位置为

$$
\begin{aligned}
\text{LOC}(i, j, k) &= \text{LOC}(i, 0, 0) + j*m_3 + k \\
&= \text{LOC}(i-1, 0, 0) + m_2*m_3 + j*m_3 + k \\
&= \text{LOC}(i-2, 0, 0) + 2*m_2*m_3 + j*m_3 + k
\end{aligned}
$$

$$
\begin{aligned}
&= \cdots \\
&= \mathrm{LOC}\,(0,0,0) + i*m_2*m_3 + j*m_3 + k \\
&= \alpha + i*m_2*m_3 + j*m_3 + k
\end{aligned}
$$

可以这样理解：在三维数组的第 i 页前有 i 页（页号为 0 到 $i-1$），每页有 m_2*m_3 个元素，总共有 $i*m_2*m_3$ 个元素；在第 i 页中，第 j 行（每行有 m_3 个元素）第 k 个元素前总共有 $j*m_3+k$ 个元素，加上矩阵第一个元素在相应一维数组中的地址 α，可得 $a[i][j][k]$ 在相应一维数组中的位置为 $i*m_2*m_3 + j*m_3 + k$，如图 4.1(b) 所示。

另一种方式是列最优先的顺序，而行又比页优先，此时，下标变动得最快的是第一维，其次是第二维。对于任一数组元素 $a[i][j][k]$ 来说，它在一维数组中的存放位置为

$$\mathrm{LOC}(i,j,k) = \alpha + k*m_1*m_2 + j*m_1 + i$$

还有一种方式是行优先的顺序，用这种方式如何映射到一维数组中，相关推导留给读者自己去完成。

推而广之，对于 n 维数组 $a[m_1][m_2]\cdots[m_n]$ 来说，若设它的第一个数组元素 $a[0][0]\cdots[0]$ 在相应一维数组中也是第一个位置，其下标为 α；又设它每个元素所占用的存储大小与相应一维数组中的元素相同，且以第一维优先的顺序存放到一维数组中，其他维的优先顺序随维数增大而逐渐变小。那么，任意一个数组元素 $a[i_1][i_2]\cdots[i_n]$ 在相应一维数组中的存储地址为

$$
\begin{aligned}
&\mathrm{LOC}\,(i_1,i_2,\cdots,i_n) \\
&= \mathrm{LOC}\,(0,0,\cdots,0) + i_1*m_2*m_3*\cdots*m_n + i_2*m_3*\cdots*m_n + \cdots + i_{n-1}*m_n + i_n \\
&= \alpha + i_1*m_2*m_3*\cdots*m_n + i_2*m_3*\cdots*m_n + \cdots + i_{n-1}*m_n + i_n \\
&= \alpha + \left(\sum_{j=1}^{n-1} i_j \prod_{k=j+1}^{n} m_k\right) + i_n
\end{aligned}
$$

4.2 特殊矩阵

在工程领域中经常遇到的矩阵是一些特殊的矩阵，如对称矩阵、带状矩阵、对角矩阵等。它们的元素的值分布有一定规律。对于这些矩阵，如果能利用矩阵的一些性质寻找一些特殊的存储方法，则可以节省大量的存储空间和计算时间。

4.2.1 对称矩阵的压缩存储

设一个 $n \times n$ 的方阵 $\boldsymbol{A}$，对矩阵 $\boldsymbol{A}$ 中的任一元素 a_{ij}，当且仅当 $a_{ij}=a_{ji}$ 时（$0 \leqslant i \leqslant n-1$，$0 \leqslant j \leqslant n-1$），矩阵 $\boldsymbol{A}$ 为对称矩阵。可以利用对称矩阵的这个性质，只存储对角线及对角线以下的元素，或者只存储对角线及对角线以上的元素，前者为下三角阵如图 4.2(b) 所示，后者称为上三角阵如图 4.2(c) 所示。

$$
\begin{bmatrix}
a_{0,0} & a_{0,1} & \cdots & a_{0,n-1} \\
a_{1,0} & a_{1,1} & & a_{1,n-1} \\
\vdots & \vdots & & \vdots \\
a_{n-1,0} & a_{n-1,1} & \cdots & a_{n-1,n-1}
\end{bmatrix}
\quad
\begin{bmatrix}
a_{0,0} & & & \\
a_{1,0} & a_{1,1} & & \\
\vdots & \vdots & \ddots & \\
a_{n-1,0} & a_{n-1,1} & \cdots & a_{n-1,n-1}
\end{bmatrix}
\quad
\begin{bmatrix}
a_{0,0} & a_{0,1} & \cdots & a_{0,n-1} \\
& a_{1,1} & \cdots & a_{1,n-1} \\
& & \ddots & \vdots \\
& & & a_{n-1,n-1}
\end{bmatrix}
$$

(a) 对称矩阵   (b) 下三角阵   (c) 上三角阵

图 4.2 对称矩阵、下三角阵和上三角阵

对一个 $n\times n$ 的对称方阵 A，元素总数有 n^2 个，而上三角阵或下三角阵的元素共有

$$n+(n-1)+(n-2)+\cdots+2+1=n(n+1)/2$$

个元素。故存储对称方阵时最多只需存储 $n(n+1)/2$ 个元素。

如前所述，矩阵可以用二维数组来存储，利用对称矩阵的对称性，可以用一维数组 B 存储对称矩阵 A。因此，关键就是要找到对称矩阵的上三角阵或下三角阵中的任一元素在一维数组中的下标位置。这要区分两种存储方式，即行优先方式和列优先方式。

设在一维数组 B 中从 0 号位置开始存放，$A[0][0]$ 存放于 $B[0]$。若只存下三角部分，并按行优先存储，则图 4.2(b) 的数组元素存于一维数组的一个线性序列如下：

B	$a_{0,0}$	$a_{1,0}$	$a_{1,1}$	$a_{2,0}$	$a_{2,1}$	$a_{2,2}$	$\cdots$	$a_{n-1,0}$	$a_{n-1,1}$	$\cdots$	$a_{n-1,n-1}$

由此可以看出，对于矩阵 A 的任一数组元素 a_{ij}，在按行优先存储的情况下，当 $i\geqslant j$ 时，数组元素 a_{ij} 在一维数组 B 中有对应存放位置。它前面存放 i 行的元素及第 i 行中前 j 个元素，第 0 行存放 1 个元素，第 1 行存放 2 个元素，依次类推，第 $i-1$ 行存放 i 个元素。在第 i 行中，从元素 a_{i0} 算起，第 j 号元素前面有 j 个元素，因此矩阵 A 的数组元素 a_{ij} 在数组 B 中存放位置为

$$\begin{aligned}\mathrm{LOC}(i,j)&=1+2+3+\cdots+i+j\\&=(i+1)*i/2+j\end{aligned}$$

当 $i<j$ 时，数组元素 a_{ij} 在数组 B 中没有对应的存放位置，但基于矩阵元素的对称性，可以通过寻找对称元素 a_{ji} 在数组 B 中的位置而访问到它的值。此时 a_{ij} 的值就是 a_{ji} 在数组 B 中存放的值。故

$$\begin{aligned}\mathrm{LOC}(i,j)&=\mathrm{LOC}(j,i) &&\text{//转变到 } i\geqslant j \text{ 的情况}\\&=(j+1)j/2+i\end{aligned}$$

同样，若只存上三角部分，一维数组 B 中从 0 号位置开始存放，并按行优先存储，则图 4.2(c) 的数组元素存于一维数组的一个线性序列如下：

B	$a_{0,0}$	$a_{0,1}$	$a_{0,2}$	$\cdots$	$a_{0,n-1}$	$a_{1,1}$	$a_{1,2}$	$\cdots$	$a_{1,n-1}$	$a_{2,2}$	$\cdots$	$a_{n-1,n-1}$

由此可以看出，对矩阵 A 的任一数组元素 a_{ij}，在按行优先存储的情况下，当 $i\leqslant j$ 时，数组元素 a_{ij} 在一维数组 B 中有对应的存储位置，它前面存放 i 行的元素及第 i 行中前 $j-i$ 个元素，第 0 行存放 n 个元素，第 1 行存放 $n-1$ 个元素，，依次类推，第 $i-1$ 行存放 $n-(i-1)=n-i+1$ 个元素。在第 i 行中，从对角线的元素 a_{ii} 算起，第 j 号元素前面有 $j-i$ 个元素，因此矩阵 A 的数组元素 a_{ij} 在数组 B 中的存放位置为

$$\begin{aligned}\mathrm{LOC}(i,j)&=n+(n-1)+(n-2)+\cdots+(n-i+1)+(j-i)\\&=(2n-i+1)*i/2+j-i\\&=(2n-i-1)*i/2+j\end{aligned}$$

当 $i>j$ 时，数组元素 a_{ij} 在数组 B 中没有对应的存放位置，可以通过寻找对称元素 a_{ji} 在数组 B 中的位置而访问到它的值。此时 a_{ij} 的值就是 a_{ji} 在数组 B 中位置存放的值。故

$$\begin{aligned}\mathrm{LOC}(i,j)&=\mathrm{LOC}(j,i) &&\text{//转变到 } i\leqslant j \text{ 的情况}\\&=(2n-j-1)*j/2+i\end{aligned}$$

**4.2.2 三对角/多对角矩阵的压缩存储

在工程应用中经常遇到的稀疏矩阵是三对角矩阵。设有一个 $n \times n$ 的方阵 $\boldsymbol{A}$，对于矩阵 $\boldsymbol{A}$ 中的任一元素 a_{ij}，当 $|i-j|>1$ 时有 $a_{ij}=0(1 \leqslant i \leqslant n, 1 \leqslant j \leqslant n)$，则称这样的矩阵为三对角矩阵。图 4.3 为三对角矩阵。

在该矩阵中除主对角线及在主对角线上、下最临近的两条对角线上的元素外，所有其他元素均为 0。同样，为了节省存储空间，只存储主对角线及其上、下两侧次对角线上的元素，主次对角线以外的零元素一律不存储。为此，可以仿照对称矩阵的压缩存储，用一个一维数组 B 来存储三对角矩阵中位于三条对角线上的元素。这里的关键就是如何找到将三对角矩阵的任一元素 a_{ij} 映射到一维数组中的位置的公式。这里同样要区分两种存储方式，即行优先方式和列优先方式。

$$\begin{pmatrix} a_{11} & a_{12} & & & & \\ a_{21} & a_{22} & a_{23} & & 0 & \\ & a_{32} & a_{33} & a_{34} & & \\ & & \ddots & \ddots & \ddots & \\ & 0 & & a_{n-1n-2} & a_{n-1n-1} & a_{n-1n} \\ & & & & a_{nn-1} & a_{nn} \end{pmatrix}$$

图 4.3 三对角矩阵

现在要将三对角矩阵 $\boldsymbol{A}$ 中三条对角线上的元素按行优先方式存放在一维数组 B 中，且 a_{11} 存放于 b_0。矩阵 $\boldsymbol{A}$ 在三条对角线上的元素 $a_{ij}(1 \leqslant i \leqslant n, i-1 \leqslant j \leqslant i+1)$ 在一维数组 B 中的存放位置的计算方法如下：

按行优先排列，矩阵 $\boldsymbol{A}$ 总共有 $3n-2$ 个非零元素，在数组 B 中的存放顺序为

B	$a_{1,1}$	$a_{1,2}$	$a_{2,1}$	$a_{2,2}$	$a_{2,3}$	$a_{3,2}$	$a_{3,3}$	$a_{3,4}$	…	$a_{n,n-1}$	$a_{n,n}$

元素 a_{ij} 在第 i 行，它前面有 $3(i-1)-1$ 个非零元素，而在本行中的 j 列前面有 $j-i+1$ 个，所以元素 a_{ij} 在 B 中的位置为 $2i+j-3$。

更一般的情况，设带状矩阵是 $n \times n$ 的方阵，其中所有的非零元素都在由主对角线及主对角线上、下各 b 条对角线构成的带状区域内，其他都为零元素，这里 b 为带状矩阵的带宽，如图 4.4(a)所示。注意，b 没有包括主对角线。

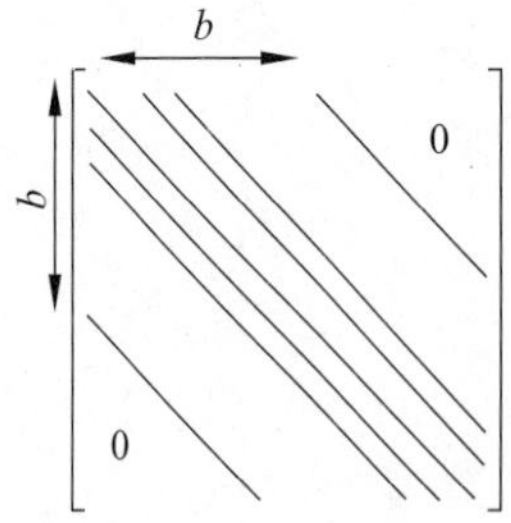

(a) $2b+1$ 条对角线矩阵

$$\begin{bmatrix} a_{00} & a_{01} & a_{02} & & & & & \\ a_{10} & a_{11} & a_{12} & a_{13} & & & & \\ a_{20} & a_{21} & a_{22} & a_{23} & a_{24} & & & \\ & \ddots & \ddots & \ddots & \ddots & \ddots & & \\ & & & a_{53} & a_{54} & a_{55} & a_{56} & a_{57} \\ & & & & a_{64} & a_{65} & a_{66} & a_{67} \\ & & & & & a_{75} & a_{76} & a_{77} \end{bmatrix}$$

(b) 8 阶 5 对角线矩阵 $\boldsymbol{A}$

$$\begin{bmatrix} 0 & 0 & a_{00} & a_{01} & a_{02} \\ 0 & a_{10} & a_{11} & a_{12} & a_{13} \\ a_{20} & a_{21} & a_{22} & a_{23} & a_{24} \\ \vdots & \vdots & \vdots & \vdots & \vdots \\ a_{53} & a_{54} & a_{55} & a_{56} & a_{57} \\ a_{64} & a_{65} & a_{66} & a_{67} & 0 \\ a_{75} & a_{76} & a_{77} & 0 & 0 \end{bmatrix}$$

(c) 过渡矩阵 $\boldsymbol{A}'$

图 4.4 带状矩阵

为了映射方式比较简单，采用一种特殊的处理。首先假设把带宽为 b 的带状矩阵的 $2b+1$ 条对角线上的元素存储到一个 $n \times (2b+1)$ 的过渡矩阵中，如图 4.4(b)所示。然后再按行优先方式依次把图 4.4(b)中所有元素压缩存储到一维数组 $B[n \times (2b+1)]$ 中，就可以简单地找出 a_{ij} 与 B_k 的映射关系。代价是多存储了 $((2b+1)^2-1)/4$ 个零元素。

设 $2b+1$ 对角线矩阵 A 中一个非零元素为 a_{ij},它在过渡矩阵 A' 中对应元素为 a_{ts},其映射关系为 $t=i, s=j-i+b$;而矩阵 A' 中的元素 a_{ts} 在一维数组 B 中的下标 $k=(2b+1)t+s$。然后可得 $k=(2b+1)\times i+j-i+b$。例如,对于图 4.4(b)中的矩阵 A,元素 a_{00} 在 B 中的位置 $k=5\times0+0-0+2=2$;元素 a_{56} 在 B 中的位置 $k=5\times5+6-5+2=28$。

4.3　稀　疏　矩　阵

在工程领域及其他领域常常接触到"矩阵"这类对象。矩阵(matrix)是一个具有 m 行、n 列的二维数组,共包含有 $m\times n$ 个数据(元素),每个元素处在确定的行与列的交点位置上,都与一个<行号,列号>序对唯一对应。当一个矩阵中的行数和列数相同,即 $m=n$ 时,称为 n 阶矩阵或方阵。但在工程中,当某一矩阵有许多元素等于零时,称其为稀疏矩阵。

4.3.1　稀疏矩阵及其三元组数组表示

稀疏矩阵(sparse matrix)是矩阵中的一种特殊情况,其非零元素的个数远远小于零元素的个数,而且这些元素的分布也没有规律。

现在还没有一个精确的定义说明什么样的矩阵是稀疏矩阵,这只是一个凭直觉了解的概念。有人定义了一个稀疏因子,用以描述稀疏矩阵的非零元素的情况。设在一个 m 行、n 列的矩阵中有 t 个非零元素,则稀疏因子 δ 为

$$\delta=\frac{t}{m\times n}$$

通常当这个值小于 0.05 时,可以认为是稀疏矩阵。

图 4.5(a)就是一个 6×7 的稀疏矩阵,该矩阵中共有 42 个元素,其中非零元素为 9 个,占元素总数的分别为 9/42,其他的都是零元素。例如,对于一个 1000×1000 的稀疏矩阵,若非零元素的个数为 200,则非零元素占总元素个数的比例仅为 1/5000。

在工程领域中,稀疏矩阵有多种类型,如对角阵、带状矩阵、变带状矩阵、对称稀疏矩阵、非对称稀疏矩阵等。稀疏矩阵在一些工程领域,如电子电路、工程结构计算等方面,有极为广泛的应用。最常用的是对称稀疏矩阵。

$$A_{6\times7}=\begin{bmatrix} 0 & 0 & 2 & 0 & 0 & 0 & 0 \\ 3 & 0 & 0 & -11 & 0 & 0 & 0 \\ 0 & 0 & 0 & -6 & 0 & 0 & 0 \\ 0 & 0 & 0 & 0 & 0 & -17 & 0 \\ 0 & 9 & 0 & 0 & 19 & 0 & 0 \\ 0 & 0 & 0 & -8 & 0 & 0 & -52 \end{bmatrix} \qquad B_{7\times6}=\begin{bmatrix} 0 & 3 & 0 & 0 & 0 & 0 \\ 0 & 0 & 0 & 0 & 9 & 0 \\ 2 & 0 & 0 & 0 & 0 & 0 \\ 0 & -11 & -6 & 0 & 0 & -8 \\ 0 & 0 & 0 & 0 & 19 & 0 \\ 0 & 0 & 0 & -17 & 0 & 0 \\ 0 & 0 & 0 & 0 & 0 & -52 \end{bmatrix}$$

(a) 稀疏矩阵　　　　　　　　　　　　　　　(b) 转置矩阵

图 4.5　两个矩阵的示例

正如在 4.1 节所述,在计算机中存储矩阵的一般方法是采用二维数组,其优点是可以随

机地访问每个元素,因而能够较容易地实现矩阵的各种运算,如转置运算、加法运算、乘法运算等。但对于稀疏矩阵来说,采用二维数组的存储方法既浪费大量的存储单元来存放零元素,又要在运算中花费大量的时间来进行零元素的无效计算,显然是不可取的。而在实际应用时,需要处理的稀疏矩阵常常是很大的。例如,建立计算机网络时,用 999 条线路把 1000 个站点连接起来。用以表示这个网络的连接矩阵有 1000×1000 个矩阵元素,其中有 999 个非零元素,999001 个零元素。显然,把所有零元素都存在计算机中是不经济的。所以必须考虑对稀疏矩阵压缩存储。

一种较好的方法是只存储在矩阵中极少数的非零元素。为此,必须对每个非零元素,保存它的下标和值。可以采用一个三元组<row,column,value>来唯一地确定一个矩阵元素,因此,稀疏矩阵需要使用一个三元组数组(亦称三元组表)来表示。在该数组中,各矩阵元素的三元组按在原矩阵中的位置,以行优先的顺序依次存放,另外还要存储原矩阵的行数、列数和非零元素个数。基于以上要求,下面给出用数组来表示稀疏矩阵的定义。

程序 4.1　稀疏矩阵的三元组表的类定义

```
#define dafaultsize 100
template <class T>
struct Trituple {                                   //三元组类 Trituple
    int row, col;                                   //非零元素的行号、列号
    T value;                                        //非零元素的值
    Trituple<T>& operator = (Trituple<T>& x)     //结点赋值
        {row = x.row; col = x.col; value = x.value; return * this;}
};


template <class T>
class SparseMatrix {                                //稀疏矩阵的类声明
public:
    SparseMatrix(int maxSz = defaultSize);         //构造函数
    ~SparseMatrix() {delete []elem;}               //析构函数
    SparseMatrix<T>& operator = (SparseMatrix<T>& x);
    void Transpose(SparseMatrix<T>& b);
    //对当前稀疏矩阵对象( * this 指示)执行转置运算
    void Add(SparseMatrix<T>& b, SparseMatrix<T>& c);
    //当前矩阵( * this 指示)与矩阵 b 相加
    void Multiply(SparseMatrix<T>& b, SparseMatrix<T>& c);
    //按公式 c[i][j]=∑(a[i][k] * b[k][j]) 实现当前矩阵与矩阵 b 相乘
private:
    int Rows, Cols, Terms;                          //矩阵行数、列数和非零元素数
    Trituple<T> * elem;                             //三元组表
    int maxTerms;                                   //三元组表最大可容元素数
    friend ostream& operator << (ostream& out, SparseMatrix<T>& M);
                                                    //友元函数:输出流操作符重载
    friend istream& operator >> (istream& in, SparseMatrix<T>& M);
```

```
};

template <class T>
SparseMatrix<T>::SparseMatrix(int maxSz)：maxTerms(maxSz) {
    elem = new Trituple<T>[maxSz];
    if (elem == NULL)
        {cerr << "存储分配错!" << endl；exit(1);}
    Rows = Cols = Terms = 0；
};
```

其中，Rows 和 Cols 分别是稀疏矩阵的行数和列数，Terms 是稀疏矩阵的非零元素个数，maxTerms 是在三元组表 elem 中三元组个数的最大值。稀疏矩阵的操作与普通矩阵的操作相同，通常为求一个矩阵的转置矩阵、计算两个矩阵的和、计算两个矩阵的乘积等。

对于稀疏矩阵中的三元组<row，column，value>表示，若把所有的三元组按照行号为主序、列号为辅序，当行号相同时再考虑列号次序进行排列，就构成了一个唯一表示稀疏矩阵的三元组表。图 4.5 所示的矩阵 **A** 和矩阵 **B** 的三元组表表示如图 4.6 所示。

定义稀疏矩阵 SparseMatrix 的友元函数"<<"和">>"，可以输出和输入稀疏矩阵，使得稀疏矩阵的操作如同一个简单数据类型的操作那样方便。程序 4.2 给出这两个特殊操作的实现。特别需要注意的是，这两个操作不是 SparseMatrix 的成员函数。

	行(row)	列(col)	值(value)
[0]	0	2	2
[1]	1	0	3
[2]	1	3	−11
[3]	2	3	−6
[4]	3	5	−17
[5]	4	1	9
[6]	4	4	19
[7]	5	3	−8
[8]	5	6	−52

a.elem

(a.Rows=6，a.Cols=7，a.Terms=9)

(a) 稀疏矩阵的三元组表

	行(row)	列(col)	值(value)
[0]	0	1	3
[1]	1	4	9
[2]	2	0	2
[3]	3	1	−11
[4]	3	2	−6
[5]	3	5	−8
[6]	4	4	19
[7]	5	3	−17
[8]	6	5	−52

b.elem

(b.Rows=7，b.Cols=6，b.Terms=9)

(b) 转置矩阵的三元组表

图 4.6 用三元组表表示的稀疏矩阵及其转置

程序 4.2 重载的友元函数的实现

```
template <class T>
ostream& operator << (ostream& out，SparseMatrix<T>& M) {
    out << "rows = " << M.Rows << endl；
    out << "cols = " << M.Cols << endl；
    out << "Nonzero terms = " << M.Terms << endl；
    for (int i = 0；i < M.Terms；i++)
        out << "M[" << M.elem[i].row << "][" << M.elem[i].col
```

```
                        << "]=" << M.elem[i].value << endl;
            return out;
        };


        template <class T>
        istream& operator >> (istream& in, SparseMatrix<T>& M) {
            cout << "请输入矩阵的行数、列数:" << endl;
            in >> M.Rows >> M.Cols;
            Trituple<T> x; int endTag = -1;               //行号-1控制输入结束
            M.Terms = 0;
            cout << "请输入元素行号、列号和值:" << endl;
            in >> x.row >> x.col >> x.value;
            while (x.row != endTag) {
                M.Insert(x);
                cout << "请输入元素行号、列号和值:" << endl;
                in >> x.row >> x.col >> x.value;
            }
            return in;
        };
```

4.3.2 稀疏矩阵的转置

图 4.5(b)是图 4.5(a)的转置矩阵。将一个矩阵转置,就是把原矩阵的行、列对换,将原矩阵中$[i][j]$位置的元素,交换到转置矩阵中$[j][i]$的位置上。若 $i = j$,则对角线上的元素保持不变。对于常规的矩阵,可以简单描述如下:

```
for(int i = 0; i < A.Rows; i++)
    for (int j = 0; j < A.Cols; j++)
        B[j][i] = A[i][j];
```

但对于稀疏矩阵,需要考虑如何在该矩阵的压缩存储下直接实现转置。考查图 4.6(a)和 4.6(b)给出的三元组表,它们分别是图 4.5(a)和 4.5(b)中矩阵 **A** 和 **B** 的压缩表示,而在图 4.5 中,矩阵 **B** 是矩阵 **A** 的转置矩阵,因此图 4.6(b)给出的三元组表是图 4.6(a)的转置矩阵的压缩表示。

把图 4.6(a)转换成图 4.6(b),一个最简单的方法是把图 4.6(a)给出的三元组表中的 row 与 col 的内容互换,然后再按照新的 row 中的行号对各三元组从小到大重新排序,最后得到图 4.6(b)所给出的三元组表。

下面介绍一种稀疏矩阵的转置方法。假设稀疏矩阵 **A** 有 Cols 列,相应地,需要针对每个三元组记载的列号(col)进行 Cols 趟扫描,第 k 趟扫描是在三元组表中寻找列号为 k 的三元组。若找到,则意味着这个在原矩阵中第 k 列的元素应存放到转置矩阵中的第 k 行。此时,从原矩阵的三元组表中取出这个三元组,交换其 row(行号)与 col(列号)的内容,连同 value 中存储的值,作为新三元组存放到转置矩阵的三元组表中。当 Cols 趟扫描完成,算法结束,参见程序 4.3。

程序 4.3 稀疏矩阵的转置运算

```
# include "SparseMatrix.cpp"
template <class T>
void SparseMatrix<T>::Transpose(SparseMatrix<T>& b) {
//将稀疏矩阵 a(*this 指示)转置,结果在稀疏矩阵 b 中并通过函数返回。
    b.Rows = Cols;                        //矩阵 b 的行数=矩阵 a 的列数
    b.Cols = Rows;                        //矩阵 b 的列数=矩阵 a 的行数
    b.Terms = Terms;                      //矩阵 b 的非零元素数传送
    if (Terms > 0) {
        int k, i, CurrentB = 0;           //存放位置指针
        for (k = 0; k < Cols; k++)        //按列号做 Cols 趟扫描
            for (i = 0; i < Terms; i++)   //在数组中找列号为 k 的三元组
                if (elem[i].col == k) {
                    b.elem[CurrentB].row = k;
                    b.elem[CurrentB].col = elem[i].row;
                    b.elem[CurrentB].value = elem[i].value;
                    CurrentB++;           //存放指针加 1
                }
    }
};
```

若设稀疏矩阵的行数为 Rows,列数为 Cols,非零元素个数为 Terms,则最坏情况下的时间复杂度主要取决于二重嵌套 for 循环内的 if 语句,if 语句在二重循环的作用下总的执行次数为 $O(\text{Cols} \times \text{Terms})$。

如果非零元素个数 Terms 与矩阵行数、列数的乘积 Rows×Cols 等数量级,则程序 4.3 的算法时间复杂度为 $O(\text{Cols} \times \text{Terms}) = O(\text{Rows} \times \text{Cols}^2)$。设 Rows=500,Cols=100,Terms=10000,则 $O(500 \times 100^2) = O(5000000)$,处理效率极低。

为提高转置效率,采用一种快速转置的方法。在此方法中,引入两个辅助数组。

(1) rowSize[]。用它存放事先统计出来的原稀疏矩阵各列的非零元素个数,转置以后是转置矩阵各行的非零元素个数。统计步骤:先把这个数组清零,再扫描矩阵 **A** 的三元组表,逐个取出三元组的列号 col,把以此列号为下标的辅助数组元素的值累加 1。

```
for (i = 0; i < Cols; i++) rowSize[i] = 0;            //清零
for (i = 0; i < Terms; i++) rowSize[elem[i].col]++;   //统计
```

(2) rowStart[]。用它存放事先计算出来的稀疏矩阵各行非零元素在转置矩阵的三元组表中应存放的位置。具体步骤:首先设定转置矩阵的第 0 行从对应三元组表的 0 号位置开始存放;然后令循环变量 $i = 1, 2, \cdots, \text{Cols}$,逐个计算第 1 行,第 2 行,……,第 Cols 行在对应三元组表中的开始存放位置。

```
rowStart[0] = 0;
for (i = 1; i < Cols; i++) rowStart[i] = rowStart[i-1]+rowSize[i-1];
```

图 4.7 即为从图 4.6(a)得到的辅助数组。

	[0]	[1]	[2]	[3]	[4]	[5]	[6]	语　义
rowSize	1	1	1	3	1	1	1	矩阵 **A** 各列非零元素个数
rowStart	0	1	2	3	6	7	8	矩阵 **B** 各行开始存放位置

图 4.7　辅助数组的示例

快速转置算法的主要思想：事先统计好转置后各行非零元素在转置矩阵的三元组表中应存放的位置,形成两个辅助数组。然后对稀疏矩阵的三元组表进行一趟扫描,依次检测各三元组。每检测到一个三元组,就交换其行号(row)与列号(col),连同它的值(value),构成一个新的三元组,按辅助数组 rowStart [row]所指示的位置,直接存放到转置矩阵的三元组中。

程序 4.4　稀疏矩阵的快速转置运算

```
template <class T>
void SparseMatrix<T>::FastTranspos(SparseMatrix<T>& b) {
//对稀疏矩阵(*this 指示)做快速转置,结果放在矩阵 b 中并通过函数返回
    int * rowSize = new int[Cols];           //辅助数组,统计各列非零元素个数
    int * rowStart = new int[Cols];          //辅助数组,预计转置后各行开始存放位置
    b.Rows = Cols; b.Cols = Rows; b.Terms = Terms;
    if (Terms > 0) {
        int i, j;
        for (i = 0; i < Cols; i++) rowSize[i] = 0;
        for (i = 0; i < Terms; i++) rowSize[elem[i].col]++;
        rowStart[0] = 0;
        for (i = 1; i < Cols; i++)
            rowStart[i] = rowStart[i-1]+ rowSize[i-1];
        for (i = 0; i < Terms; i++) {        //从 a 向 b 传送
            j = rowStart[elem[i].col];       //第 i 个非零元素在矩阵 b 中应放的位置
            b.elem[j].row = elem[i].col;
            b.elem[j].col = elem[i].row;
            b.elem[j].value = elem[i].value;
            rowStart[elem[i].col]++;
        }
    }
    delete [] rowSize; delete [] rowStart;
};
```

在此程序中有 4 个并列循环,其时间复杂度分别为 $O(\text{Cols})$、$O(\text{Terms})$、$O(\text{Cols})$ 和 $O(\text{Terms})$。则程序总的时间复杂度为 $O(\text{Cols}+\text{Terms})$。当 Terms 与 Rows×Cols 等数量级时,程序的时间复杂度为 $O(\text{Cols}+\text{Terms}) = O(\text{Rows}\times\text{Cols})$。设 Rows=500,Cols=100,Terms=10000,则 $O(500\times100)=O(50000)$。当 Terms 远远小于 Rows×Cols 时,此程序会更省时间。但程序中需要增加两个体积为 Cols 的辅助数组。一般 Terms 总是大于

Cols,如果能够大幅度提高速度,这点存储开销是值得的。

**4.3.3 稀疏矩阵的相加

两矩阵相加的前提条件是两矩阵的大小相同,即行数和列数分别对应相等。两矩阵相加的结果仍为一个具有相同大小的矩阵。设有两个 $m \times n$ 的矩阵 A 和 B,它们相加的结果也是一个 $m \times n$ 的矩阵,不妨设为 C。对于 C 中的每个元素 $C[i][j]$,$0 \leqslant i \leqslant m-1$,$0 \leqslant j \leqslant n-1$,有 $C[i][j] = A[i][j] + B[i][j]$。

由于本节考虑的是以三元组表示稀疏矩阵的情况,因此,需要将两个矩阵的相加转换为在它们的三元组表上执行加法。图 4.8 和图 4.9 给出相加的图示。

$$A_{3\times4} = \begin{pmatrix} 10 & 0 & 0 & 7 \\ 2 & 1 & 0 & 0 \\ 0 & 0 & 0 & 0 \end{pmatrix} \quad B_{3\times4} = \begin{pmatrix} 0 & 0 & 5 & 0 \\ 0 & 1 & 6 & 0 \\ 3 & 0 & 0 & 0 \end{pmatrix} \quad C_{3\times4} = A + B = \begin{pmatrix} 10 & 0 & 5 & 7 \\ 2 & 2 & 6 & 0 \\ 3 & 0 & 0 & 0 \end{pmatrix}$$

图 4.8 矩阵相加示例

a.elem

row	col	value
0	0	10
0	3	7
1	0	2
1	1	1

b.elem

row	col	value
0	2	5
1	1	1
1	2	6
2	0	3

c.elem

row	col	value
0	0	10
0	2	5
0	3	7
1	0	2
1	1	2
1	2	6
2	0	3

图 4.9 三元组表

算法的主要思想:矩阵 A 和矩阵 B 执行加法操作,所得到的结果放入矩阵 C 中。矩阵 C 的每个元素是通过从左到右依次扫描矩阵 A 和矩阵 B 对应的三元组表来实现的。从矩阵 A 和矩阵 B 中各取出一个元素,分别为 a.elem[i] 和 b.elem[j]。需要比较 a.elem[i] 和 b.elem[j] 这两个元素在原矩阵中的位置,令

index_a = a.elem[i].row×Cols+a.elem[i].col

index_b = b.elem[j].row×Cols+b.elem[j].col

如果 index_a>index_b,则 a.elem[i] 在 b.elem[j] 之后,此时应该往 C 中添加 b.elem[j];如果 index_a<index_b,则 a.elem[i] 在 b.elem[j] 之前,此时应该往 C 中添加 a.elem[i];如果 index_a=index_b,表示矩阵 A 和矩阵 B 的相同位置都有非零元素,如果这两个非零元素之和不为零,则往 C 中添加的元素的值应为两个非零元素之和,即(a.elem[i].value+b.elem[j].value)。

程序 4.5　用三元组表示的矩阵相加算法

```
template <class T>
void SparseMatrix<T>∷Add(SparseMatrix<T>& b，SparseMatrix<T>& c){
//两个稀疏矩阵 A（*this 指示）与 B（参数表中的 b）相加，结果在 c 中
    if (Rows != b.Rows || Cols != b.Cols) {
        cout << "行列数不一致的矩阵!" << endl;         //两个矩阵规格不一样
        return;
    }
    int i = 0, j = 0, index_a, index_b; c.Terms = 0;
    while (i < Terms && j < b.Terms) {
        index_a = Cols * elem[i].row+elem[i].col;
        index_b = Cols * b.elem[j].row+b.elem[j].col;
        if (index_a < index_b) {                          //elem[i]在 b.elem[j]前
            c.elem[c.Terms] = elem[i];
            i++;
        }
        else if (index_a > index_b) {                     //elem[i]在 b.elem[j]后
            c.elem[c.Terms] = b.elem[j];
            j++;
        }
        else {                                            //elem[i]和 b.elem[j]在相同位置
            c.elem[c.Terms] = elem[i];
            c.elem[c.Terms].value = elem[i].value + b.elem[j].value;
            i++; j++;
        }
        c.Terms++;
    }
                                                          //复制剩余元素
    while (i < Terms) {
        c.elem[c.Terms] = elem[i];
        c.Terms++; i++;
    }
    while (j < b.Terms) {
        c.elem[c.Terms] = b.elem[i];
        c.Terms++; j++;
    }
};
```

在整个程序中有 3 个并列循环语句。其中，while 循环最多执行（Terms+b.Terms）次，第一个 for 循环最多执行 Terms 次，第二个 for 循环最多执行 b.Terms 次。另外由于每次循环只需常量时间，所以函数 Add 的时间复杂度为 $O(\text{Terms}+\text{b.Terms})$。当 Terms+b.

Terms 远小于 rows×cols 时,稀疏矩阵的加法执行效率将大大提高。当稀疏矩阵相当稀疏,即非零元素的个数 t 远远小于行列数的乘积 $m×n$ 时,该算法的时间复杂度比采用二维数组表示时的时间复杂度 $O(m×n)$ 要好得多。

**4.3.4 矩阵的十字链表表示

从 4.3.1 节可以看到,对于一个稀疏矩阵,只保留它的非零元素,可以节省大量的存储空间和计算时间。为此,设计了基于数组的三元组表的形式来存储矩阵中的非零元素。但是在执行矩阵的加、减、乘等运算时,矩阵中的非零元素的数目往往会发生变化,采用基于数组的方式表示稀疏矩阵一般不太适宜。因此,引入十字链表结构来表示稀疏矩阵,它能有效地表示动态变化的矩阵结构,克服顺序存储表示的缺点。

在稀疏矩阵的十字链表表示中,矩阵的每行设置为一个带附加头结点的循环单链表(称为行链表),每列也设置为一个带附加头结点的循环单链表(称为列链表)。

链表中的结点都是属于类 MatrixNode 的对象,这个类包含一个域 head,它用于区分该结点是附加头结点还是链表中的非零元素结点:head ＝ true,表示该结点是附加头结点;head ＝ false,表示该结点是矩阵中的非零元素结点。

每一个附加头结点还有另外 3 个域:down、right 和 next,如图 4.10(a)所示。第 i 个行链表和第 i 个列链表共用一个附加头结点,在它的 down 域存放第 i 个列链表的最前端第一个结点的地址,在它的 right 域存放第 i 个行链表最前端第一个结点的地址,通过 next 域能够链接到第 $i＋1$ 个附加头结点。因此,行或列链表附加头结点总数为 max{行数,列数}。每个非零元素结点包含 6 个域:head、row、col、down、right 和 value,如图 4.10(b)所示。row、col 用以指明该结点的行号/列号;down 存放列链表指针,用以指明在同一个列链表中下一个结点的地址;right 存放行链表指针,用以指明在同一个行链表中下一个结点的地址。如果稀疏矩阵有一个非零元素 $a[i][j]$,则为它创建一个元素结点,令该结点的 row ＝ i,col ＝ j,value ＝ $a[i][j]$,head ＝ false,并把它链接到第 i 个行链表和第 j 个列链表中,如图 4.10(c)所示。因此,这个非零元素结点同时处于两个不同的链表中。

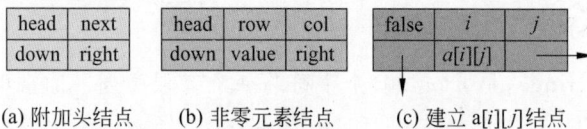

(a) 附加头结点　　(b) 非零元素结点　　(c) 建立 a[i][j]结点

图 4.10　十字链表表示中的结点

在稀疏矩阵中每个行或列链表都有附加头结点,这些附加头结点通过 next 域链接起来,它也有一个附加头结点,该附加头结点的 row 和 col 域给出矩阵的行数和列数。从这个附加头结点出发,可以顺序地访问第一个、第二个……附加头结点。

整个稀疏矩阵将定义为类 Matrix 的一个对象,这个类有一个私有数据成员 ＊headnode,给出整个附加头结点链表的附加头结点的地址。图 4.11 给出一个 6 行 7 列,有 7 个非零元素的稀疏矩阵的十字链表表示。

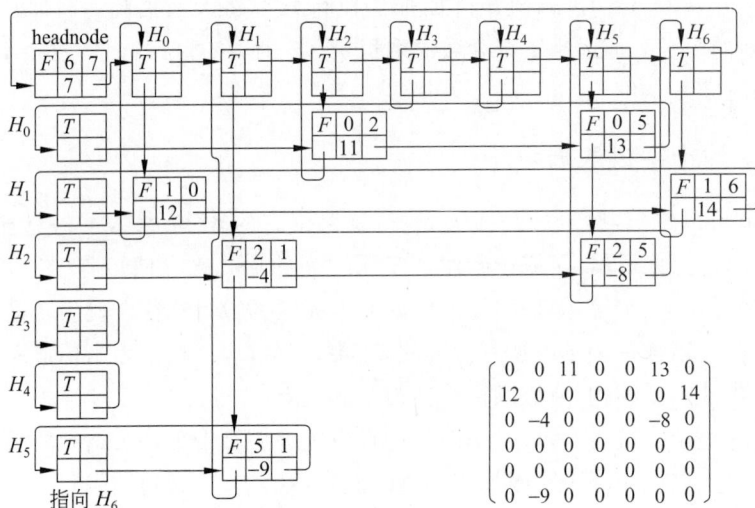

图 4.11　稀疏矩阵的十字链表表示的示例

4.4　字　符　串

字符串是一串文字和符号的序列。确切地说,字符串是由零个或多个字符的顺序排列所组成的数据结构,其基本组成元素是单个字符(char),字符串的长度可变。

字符串在计算机处理中使用非常广泛,人机之间信息的交换、文字信息的处理、生物信息学中基因信息的提取以及 Web 信息的提取等,都离不开字符串的处理。

字符串的处理得到了许多程序设计语言的支持。C ++ 语言提供了一个 string.h 类,提供了丰富的可操作的函数,为程序员编写有关文字处理的应用给予了极大便利。但在许多更复杂的应用中,程序员一般会定义新的 String 类,加入更丰富的操作,使程序编写更简洁,功能更强大。

4.4.1　字符串的概念

字符串简称串(string),是 $n(n \geqslant 0)$ 个字符的一个有限序列。通常可记为

$$S = "a_0 a_1 a_2 \cdots a_{n-1}"$$

其中,S 是串名,可以是串变量名,也可以是串常量名。用引号'…'或"…"作为分界符括起来的内容称为串值,其内的 a_i 是串中的字符 $(0 \leqslant i < n)$,n 是串中的字符个数,也称串的长度,它不包括作为分界符的引号,也不包括串结束符'\0'。长度为零的串称为空串,除串结束符外,它不包含任何其他字符。注意要区别空串和空白串,空白串的长度不为零,除串结束符外,它包含的其他字符均为空格。

若一个字符串不为空,则从这个串中连续取出若干个字符组成的串称为原串的子串。例如,如果 S = "maintenance",P = "ten",则 P 是 S 的子串,它是在 S 中从第 4 个字符开始,连续取 3 个字符组成的串。一般称子串的第 0 个字符在串中的位置为子串在串中的位置,如在上例中,P 在 S 中的位置为 4。

特别地,空串是任意串的子串;任一串是它自身的子串。除它本身以外,一个串的其他子串都是它的真子串。

4.4.2 C++有关字符串的库函数

字符串在解决实际问题时应用的广泛,因此要考虑可能的串操作。C++提供的有关字符串的函数库的名字为<string.h>,要使用这些操作,必须在程序中加载头文件:

♯include <string.h>

1. strcpy 字符串复制

使用格式 int strcpy(char * string1, char * string2)

函数复制字符串 string2 的内容到字符串 string1 中。如果 string1 本身原来有数据,则会被 string2 的内容覆盖掉。如果 string1 的长度大于 string2 的长度,那么 strcpy 将把 string1 的前面部分覆盖上 string2 的数据,而长度大于 string2 的部分保留原来 string1 的数据。

例如,初始时 char str1[] = "word1", char str2[] = "word2",调用 strcpy(str1,str2) 后,str1 = "word2", str2 = "word2"。

2. strncpy 字符串部分复制

使用格式 int strncpy(char * string1, char * string2, int n)

函数用字符串 string2 的前 n 个字符覆盖字符串 string1 的前 n 个字符。如果 string1 本身原来有数据,则会被 string2 覆盖掉。

例如,初始时 char str1[] = "Hello", char str2[ ] = "World",调用 strncpy(str1,str2,2) 后,str1 = "Wollo", str2 = "World"。

3. strcat 字符串连接

使用格式 int strcat(char * string1, char * string2)

函数连接字符串 string2 到 string1 后面,存于 string1 中。string2 中原来的内容保持不变。

例如,初始时 char str1[] = "Tsing", char str2[] = "hua",调用 strcat(str1,str2) 后,str1 = "Tsinghua", str2 = "hua"。

4. strncat 将特定数量字符串连接到另一个字符串

使用格式 int strncat(char * string1, char * string2, int n)

函数将字符串 string2 中前 n 个字符连接到字符串 string1 之后,存于 string1 中,string2 中原来的内容不变。

例如,初始时 char str1[] = "Tsing", char str2[] = "hua",调用 strncat(str1,str2,2) 后,str1 = "Tsinghu", str2 = "hua"。

5. _strdup 预先配置内存,将字符串存入该内存里

使用格式 char * _strdup(char * string1)

函数为字符串 string1 分配内存空间并将 string1 存入其中,返回值 add 为指向该内存开始地址的指针,数据类型为 char *。

例如,若定义 char * p, str[] = "Beijing",在调用 p = _strdup(str)后,在指针 p 内得

到分配给字符串 str 的内存的开始地址。

6. strchr　在给定字符串中搜寻指定字符

使用格式　char * strchr(char * string1, char ch)

函数在字符串 string1 中搜索字符 ch 并返回指向字符 ch 的指针。若搜索失败则函数返回 NULL。

例如,若定义 char * p, str[100] = "The Dog Barked at the Cat!",在调用 p = strchr(_strdup(str),'B') 后,在指针 p 中得到字符'B'的存储地址。

7. strcspn　在给定字符串中搜寻某个指定字符第一次出现的位置

使用格式　int strcspn(char * string1, char ch)

函数在字符串 string1 中搜索字符 ch 并返回该字符在字符串中第一次出现的位置(从 0 开始计数)。

例如,若定义 char str[100] = "The Dog Barked at the Cat!",在调用 int d = strcspn(str,'a') 后,在 d 中的值为 9。若搜索失败,则函数返回字符串的长度。

8. strrchr　在给定字符串中搜寻某个指定字符最后一次出现的地址

使用格式　char * strrchr(char * string1, char ch)

函数在字符串 string1 中搜索字符 ch 并返回指向该字符在字符串中最后一次出现地址的指针。若搜索失败,则函数返回 NULL。

例如,若定义 char str[100] = "The Dog Barked at the Cat!",在调用 char * add = strrchr(str,'a') 后,在 add 中得到字符'a'最后一次出现的地址。

9. strpbrk　在两个字符串中寻找首次共同出现的字符

使用格式　char * strpbrk(const char * string1, const char * string2)

函数在字符串 string1 和 string2 中搜寻首次共同出现的字符,返回该字符在 string1 中的地址。若找不到共同出现的字符,则函数返回 NULL。

例如,若定义 char str1[] = "University", char str2[] = "converse",则在调用 char * p = strpbrk(str1,str2) 后,在指针 p 中得到首先出现的共同字符'n'在 str1 中的地址。

10. strstr　在两个字符串中寻找首次共同出现的共有子字符串

使用格式　char * strstr(const char * string1, const char * string2)

函数在字符串 string1 中寻找和 string2 匹配的子字符串,返回该子字符串第一个字符在 string1 中的地址。若搜索失败,则函数返回 NULL。

例如,若定义 char str1[] = "University", char str2[] = "ver",则在调用 char * p = strstr(str1,str2) 后,在指针 p 中得到首先匹配的共有子字符串"ver"在 str1 中的地址。

11. strlen　计算字符串的长度

使用格式　int strlen(const char * string1)

函数计算字符串 string1 的长度,即字符串中字符的个数(串结束符'\0'和串分界符""""""""不计)。

例如,若定义字符串 str = "Tsinghua",在调用 int k = strlen(str)后,k 中得到该字符串的长度 8。

12. _strnset　在给定的字符串中按指定数目将若干字符置换为指定字符

使用格式　char * _strnset(char * string1, char ch, int m)

函数按照指定的数目 m ，将字符串 string1 中开始的 m 个字符全部设定为 ch。

例如，若定义字符串 str ＝ "Tsinghua University"，在调用 char ＊ p ＝ _strnset(str,'x',9) 后，在字符串 p 中将得到"xxxxxxxxxUniversity"。

13. strcmp　字符串比较大小

使用格式　int strcmp(char ＊ string1，char ＊ string2)

函数比较字符串 string1 和 string2 的大小。函数返回值小于 0、等于 0 或大于 0 分别表示为 string1＜string2、string1＝string2 或 string1＞string2。

例如，若调用 int k ＝ strcmp("Joe"，"Joseph") 后，k 中得到值小于 0。

4.4.3　字符串的实现

字符串是一种特殊的线性结构，其存储表示有两种：数组存储表示和链接存储表示。本节仅讨论字符串的数组存储表示。

字符串的数组存储表示简称顺序串，它用一组地址连续的存储单元来存储字符串中的字符序列。因此，可以使用定长的字符数组来实现。如果使用 C 语言中的类型定义，顺序串的存储分配可以分为两种：静态分配的数组表示和动态分配的数组表示。

```
＃define maxSize 256                    //该值依赖于应用，由使用者定义
typedef char SeqString [maxSize]；      //顺序串的类型定义
```

这是最简单的数组存储表示。字符数组 SeqString 的长度预先定义为 maxSize。该长度定义为 256，但实际上只能存储 255 个字符，因为按照 C 语言规定，在字符串最后应有一个特殊的字符'\0'表示串值的终结。如果需要记录字符串中当前实际字符个数，即字符串的实际长度，需要增加一个整数 curLength 来表示实际长度，0～curLength－1 的位置即为串值中字符存放位置。

```
程序 4.6　字符串的结构定义
＃define maxSize 256
typedef struct {
    char ch[maxSize]；                  //顺序串的存储数组
    int curLength；                     //顺序串的实际长度
} SeqString；
```

这种字符串的存储表示简单，但其存储数组的空间是在程序编译时静态分配的，一旦这个空间在字符存入时放满了，再存入新的字符就会产生溢出。由于数组空间不能扩展，造成程序运行中止。为了方便地进行插入，可以使用 new、delete 等动态存储管理的函数，根据实际需要动态地分配和释放字符串的存储空间。这样定义的顺序串类型也有两种形式。最简单的形式是

```
typedef char ＊ SeqString；
```

较为完整的形式为

```
程序 4.7　动态的字符串结构定义
＃define maxSize 256
typedef struct {
```

```
        char  * ch;                               //顺序串的存储数组
        int curLength;                            //顺序串的实际长度
    } SeqString;
```

在创建字符串时可使用 new 操作动态分配该字符串的存储空间。

程序 4.8　动态分配顺序串的存储空间
```
ch = new char[maxSize];                          //动态分配
if (ch == NULL) exit(1);                         //分配不成功调用 exit 退出
```

这种存储方式的优点是处理简单；缺点是采用预先定义数组大小，不能适应扩展空间的需要。解决方法是将数组长度 maxSize 的定义放在结构定义中，这样就可以随时改变数组空间的大小。

程序 4.9　改进后字符串结构定义
```
# define defaultSize 256
typedef struct {
        char  * ch;                               //顺序串的存储数组
        int maxSize;                              //字符串存储数组的最大长度
        int curLength;                            //顺序串的实际长度
    } SeqString;
```

在初始化时进行动态存储分配，对结构定义中的所有数据成员赋值。

程序 4.10　字符串初始化
```
void initString(SeqString s) {
        s.ch = new char[defaultSize];             //动态分配
        if (s.ch == NULL) exit(1);                //分配不成功调用 exit 退出
        s.ch[0] = '\0';
        s.maxSize = defaultSize;                  //字符串变量 s 的最大容量
        s. curLength = 0;                         //字符串变量 s 的当前长度
    }
```

当数组空间已经放满，可以参照程序 4.11 进行空间的扩展，从而解决空间的溢出处理问题。在该程序中，新空间是成倍扩充的。

程序 4.11　重新分配空间以增加可用的数组空间
```
# include <stdlib.h>
void overflowProcess() {
        char * newAddress = new char[2 * maxSize]; //建立新数组
        if (newAddress == NULL)                   //动态分配失败,不修改
            {cerr << "Memory Allocation Error" << endl; exit (1);}
                                                   //exit 要求连接<stdlib.h>
        int n = maxSize = 2 * maxSize;            //向新数组传送数据的个数
        char * srcptr = ch;                       //源数组首地址
        char * destptr = newAddress;              //新数组首地址
        while (n——) * destptr++ = * srcptr++;   //复制
        delete []ch;                              //删除老数组
```

```
        ch = newAddress;                        //新数组成为当前数组
    }
```

**4.4.4 字符串的自定义类

用 C++ 的类定义来描述字符串的抽象数据类型是很自然的。在字符串的类定义中,将字符串的数据成员置于私有(private)部分,以实现数据的封装;将其他函数可以使用的服务放在共有(public)部分,以实现对字符串中数据成员的访问。这些操作称为接口的成员函数。

程序 4.12　作为字符串抽象数据类型的类定义(包含在 AString.h 中)

```
# include <string.h>
# define defaultSize 128                        //字符串的最大长度
class AString {
//对象:零个或多个字符的一个有限序列
public:
    AString(int sz=defaultSize);
    //构造函数,构造一个最大长度为 sz,实际长度为 0 的字符串
    AString(const char * init);
    //构造函数,构造一个最大长度为 maxSize,由 init 初始化的新字符串对象
    AString(const AString& ob);
    //复制构造函数,由一个已有的字符串对象 ob 构造一个新字符串
    ~AString() {delete []ch;}
    //析构函数,释放动态分配的串空间并撤销该字符串对象
    int Length() {return curLength;}
    //求串 * this 的实际长度
    Astring& operator() (int pos, int len);
    //当 0≤pos<maxSize 且 0≤len 且 pos+len<maxSize 时,则在串 * this 中从 pos 所指出
    //位置开始连续取 len 个字符组成子串返回
    int operator == (AString& ob) {return strcmp(ch,ob.ch)== 0;}
    //判断是否串相等。若串 * this 与 ob 相等,则函数返回 1,否则函数返回 0
    int operator != (AString& ob) {return strcmp(ch,ob.ch) != 0;}
    //判断是否串不相等。若串 * this 与 ob 不相等,则函数返回 1,否则函数返回 0
    int operator ! () {return curLength == 0;}
    //判断是否串空。若串 * this 为空,则函数返回 1,否则函数返回 0
    AString& operator = (AString& ob);
    //串 ob 赋值给当前串 * this
    AString& operator += (AString& ob);
    //若 length(* this)+length(ob)<maxSize,则把串 ob 接在串 * this 后面
    char& operator [] (int i);
    //取 * this 的第 i 个字符。
    int Find_BF(AString& pat);
    //若串 pat 与串 * this 中的某个子串匹配,则函数返回第 1 次匹配时子串在串 * this 中
    //的位置。若串 pat 为空或在串 * this 中没有匹配子串,则函数返回-1
    int Find_KMP(AString& pat, int k);          //模式匹配
    void printAString();                        //输出
```

```
private:
    char  * ch;                                    //串存放数组
    int curLength;                                 //串的实际长度
    int maxSize;                                   //存放数组的最大长度
    void getNext(int next[]);                      //计算失配函数 next
};
```

C++ 在利用构造函数建立一个对象时,自动建立该对象的指针,用以引用这个对象,指针名字为 * this,其成员的引用如 this—>ch,this—>curLength,this—>maxSize,程序中可以简写为 ch,curLength,maxSize。表 4.1 对所有类定义中的重载操作给出了使用示例,调用重载操作的对象 S 在示例中直接放在操作符左面,参数表中的对象在操作符的右面。

表 4.1 重载操作的使用示例

序号	重载操作	操作语义	使用示例（设使用操作的当前串为 S:"tsinghua"）
1	( ) (int pos, int len)	取子串	S1 = S (3, 4), //S1 结果为"nghu"
2	== (AString& ob)	判断两串相等	S == S1, //若 S 与 S1 相等,结果为 1,否则为 0
3	!= (AString& ob)	判断两串不相等	S != S1, //若 S 与 S1 不等,结果为 1,否则为 0
4	! ( )	判断串空否	!S, //若串 S 为空,结果为 1,否则为 0
5	= (AString& ob)	串赋值	S1 = S, //S1 结果为"tsinghua"
6	+= (AString& ob)	串连接	若设 S1 为"university", 执行 S += S1, //S 结果为"tsinghua university"
7	[] (int i)	取第 i 个字符	S[5], //取出字符为"h"

**4.4.5 字符串操作的实现

在类的私有部分封装了字符串的存储表示。因为在实际应用中串所需的存储量都比较大,因此大多数的字符串都采用一个字符数组 * ch 来实现字符串。对于这个数组,需要给出它的最大长度 maxSize 和当前实际长度 curLength。程序 4.13 中实现的操作可以放在文件 Astring.cpp 中。

程序 4.13 字符串类中部分操作的实现
```
AString∷AString(int sz) {                         //串构造函数
    maxSize = sz;
    ch = new char[maxSize+1];
    if (ch == NULL) {cerr << "存储分配失败! \n"; exit(1);}
    curLength = 0; ch[0] = '\0';
};

AString∷AString(char * init) {                     //串构造函数
    maxSize = defaultSize;
    ch = new char[maxSize+1];
    if (ch == NULL) {cerr << "存储分配失败! \n"; exit(1);}
    curLength = strlen(init);
```

```cpp
        strcpy(ch,init);
};

AString∷AString(const AString& ob) {                    //串复制构造函数
    maxSize = defaultSize;
    ch = new char[maxSize+1];
    if (ch == NULL) {cerr << "存储分配失败！\n"; exit(1);}
    curLength = ob.curLength;
    strcpy(ch,ob.ch);
};

AString AString∷operator ( ) (int pos，int len) {
//求子串
    AString temp;
    if (pos < 0 || pos+len−1 >= maxSize || len < 0) {
        temp.curLength = 0; temp.ch[0] = '\0';
    }
    else {
        if (pos+len−1 >= curLength) len = curLength−pos;
        temp.curLength = len;
        for (int i = 0,j = pos; i < len; i++，j++) temp.ch[i] = ch[j];
        temp.ch[len] = '\0';
    }
    return temp;
};

AString& AString∷operator = (AString& ob) {
//串重载操作：串赋值
    if (&ob != this) {                                  //若两个串相等为自我赋值
        delete []ch;
        ch = new char[ob.maxSize];                      //重新分配
        if (ch == NULL) {cerr << "存储分配失败！\n"; exit(1);}
        curLength = ob.curLength;
        strcpy(ch,ob.ch);
    }
    else cout << "字符串自身赋值出错！\n";
    return * this;
};

AString& AString ∷ operator += (AString& ob) {
//串重载操作：串连接
    char * temp = ch;                                   //暂存原串数组
    int n = curLength+ob.curLength;                     //串长度累加
    int m = (maxSize >= n) ? maxSize：n;
    ch = new char[m];
```

```
        if (ch == NULL) {cerr << "存储分配错！\n"; exit(1);}
        maxSize = m；curLength = n；
        strcpy(ch, temp)；                                    //复制原串数组
        strcat(ch, ob.ch)；                                   //连接 ob 串数组
        delete []temp；return * this；
    };


    char AString∷operator [] (int i) {
    //串重载操作：取当前串 * this 的第 i 个字符
        if (i < 0||i >= curLength)
            {cout << "字符串下标超界！\n"; exit(1);}
        return ch[i]；
    };


    void AString∷printAString() {
        cout << "串长度为"<< curLength << endl；
        for (int i = 0；i < curLength；i++) cout << ch[i]；
        cout << endl；
    };
```

下面对求子串重载操作“( )”再做一些说明。在求子串重载操作“( )”中，首先要对参数表中的参数进行检查，pos 是要提取子串在串中的开始位置，它不能小于零，否则就超出了数组下标范围；len 是要提取子串的长度，它也不能小于零；而且 pos+len-1 是要提取子串最后一个字符在串中的位置，它不能超出串的最大允许位置 maxSize-1。在提取子串时，还要判断必须提取多少个字符给子串。如果没有超出当前串的最后位置 curLength-1，则可提取 len 个字符给子串，如图 4.12(a)所示。但如果 pos+len-1≥curLength，则只能把 pos~curLength-1 的共 len = curLength-pos 个字符提取给子串，如图 4.12(b)所示。特别地，当 len = 0 时，子串应为空串。

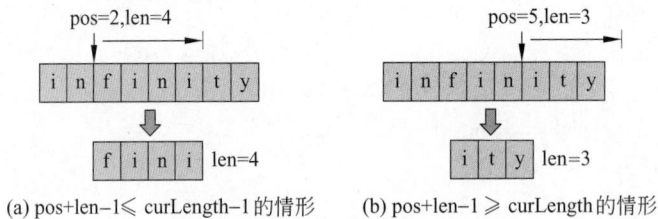

(a) pos+len-1≤ curLength-1 的情形   (b) pos+len-1 ≥ curLength 的情形

图 4.12　提取子串的算法示例

在另外的一个串连接重载操作“+=”的情形，有可能两个串连接后结果串的长度超出原来结果串预设的最大长度，此时需要扩充结果串的存储空间，修改其 maxSize 的值。

**4.4.6　字符串的模式匹配

字符串的模式匹配问题描述如下：设有两个字符串 T 和 pat，若打算在串 T 中查找是否有与串 pat 相等的子串，则称串 T 为目标(target)，称 pat 为模式(pattern)，并称查找模式串在目标串中的匹配位置的运算为模式匹配(pattern matching)。在本书中用操作 int Find

（AString& pat）实现。

1. 朴素的模式匹配

它的基本想法是用 pat 的字符依次与 T 中的字符做比较，例如：

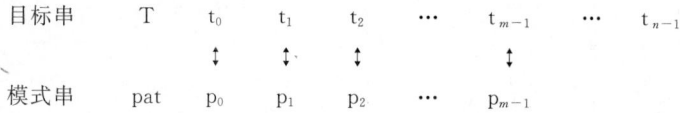

目标串　　 T　　 t_0　　 t_1　　 t_2　　 $\cdots$　　 t_{m-1}　　 $\cdots$　　 t_{n-1}

模式串　 pat　　 p_0　　 p_1　　 p_2　　　　　 p_{m-1}

如果 $t_0 = p_0$，$t_1 = p_1$，$t_2 = p_2$，$\cdots$，$t_{m-1} = p_{m-1}$，则匹配成功，返回模式串第 0 个字符 p_0 在目标串中匹配的位置；如果在其中某个位置 i，$t_i \ne p_i$，比较不等，这时可将模式串 pat 右移一位，用 pat 中字符从头开始与 T 中字符依次比较。

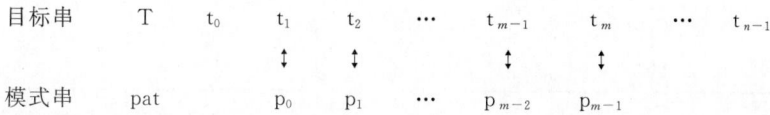

目标串　　 T　　 t_0　　 t_1　　 t_2　　 $\cdots$　　 t_{m-1}　　 t_m　　 $\cdots$　　 t_{n-1}

模式串　 pat　　　　 p_0　　 p_1　　 $\cdots$　　 p_{m-2}　　 p_{m-1}

如此反复执行，直到出现以下两种情况之一，就可以结束算法：一种情况是执行到某一趟，模式串的所有字符都与目标串对应字符相等，则匹配成功。

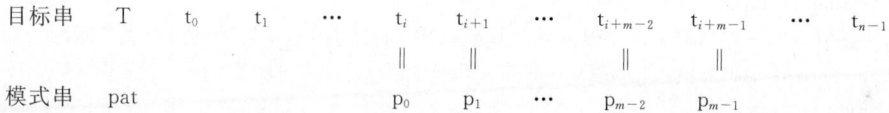

目标串　　 T　　 t_0　　 t_1　　 $\cdots$　　 t_i　　 t_{i+1}　　 $\cdots$　　 t_{i+m-2}　　 t_{i+m-1}　　 $\cdots$　　 t_{n-1}

模式串　 pat　　　　　　　　　 p_0　　 p_1　　 $\cdots$　　 p_{m-2}　　 p_{m-1}

另一种情况是 pat 已经移到最后可能与 T 比较的位置，但不是每个字符都能与 T 匹配，这是匹配失败的情形，函数将返回 −1。

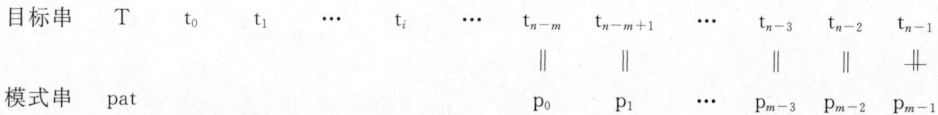

目标串　　 T　　 t_0　　 t_1　　 $\cdots$　　 t_i　　 $\cdots$　　 t_{n-m}　　 t_{n-m+1}　　 $\cdots$　　 t_{n-3}　　 t_{n-2}　　 t_{n-1}

模式串　 pat　　　　　　　　　　　　　 p_0　　 p_1　　 $\cdots$　　 p_{m-3}　　 p_{m-2}　　 p_{m-1}

图 4.13(a)给出了目标串 T = "abbaba"，模式串 P = "aba" 时的匹配过程；图 4.13(b)给出了目标串 T = "abbaba"，模式串 P = "aaa" 时的匹配过程。

若设目标串的长度为 n，模式串的长度为 m，则算法执行的基本思路：

循环 i（目标指针）：从 $0 \sim n-m$（目标中最后一次能提取出与模式长度相等的子串位置）执行
/ * 从目标当前开始检测子串位置 T.ch[i]开始，与模式逐个比较 * /
　　循环 j（模式指针）：从 $0 \sim m-1$（模式中最后字符位置）
　　　　判断：如果模式当前字符 pat.ch[j]不等于目标当前字符 T.ch[i+j]
　　　　　　则：本次匹配失败，停止循环 j，继续外层循环 i，进行下一趟匹配比较
　　　　　　否则（当前检测位置对应字符相等）：继续循环 j，向后比较

对应算法如程序 4.14 所示。参数表中的 pat 是参加比较的模式串，k 是目标串 * this 中开始比较的字符位置（从 0 开始）。

第1趟　T　a　b　b　a　b　a　　　　　　　第1趟　T　a　b　b　a　b　a
　　　　　　‖　‖　╫　　　　　　　　　　　　　　　　　‖　╫
　　　　P　a　b　a　　　　　　　　　　　　　　　P　a　a　a

第2趟　T　a　b　b　a　b　a　　　　　　　第2趟　T　a　b　b　a　b　a
　　　　　　　　╫　　　　　　　　　　　　　　　　　　　╫
　　　　P　　　a　b　a　　　　　　　　　　　　P　　　a　a　a

第3趟　T　a　b　b　a　b　a　　　　　　　第3趟　T　a　b　b　a　b　a
　　　　　　　　　　╫　　　　　　　　　　　　　　　　　　　　╫
　　　　P　　　　　a　b　a　　　　　　　　　　P　　　　　a　a　a

第4趟　T　a　b　b　a　b　a　　　　　　　第4趟　T　a　b　b　a　b　a
　　　　　　　　　　‖　‖　‖　　　　　　　　　　　　　　　　　‖　╫
　　　　P　　　　　a　b　a　　　　　　　　　　P　　　　　　　a　a　a

　　　　　(a) 匹配成功的过程　　　　　　　　　　　(b) 匹配不成功的过程

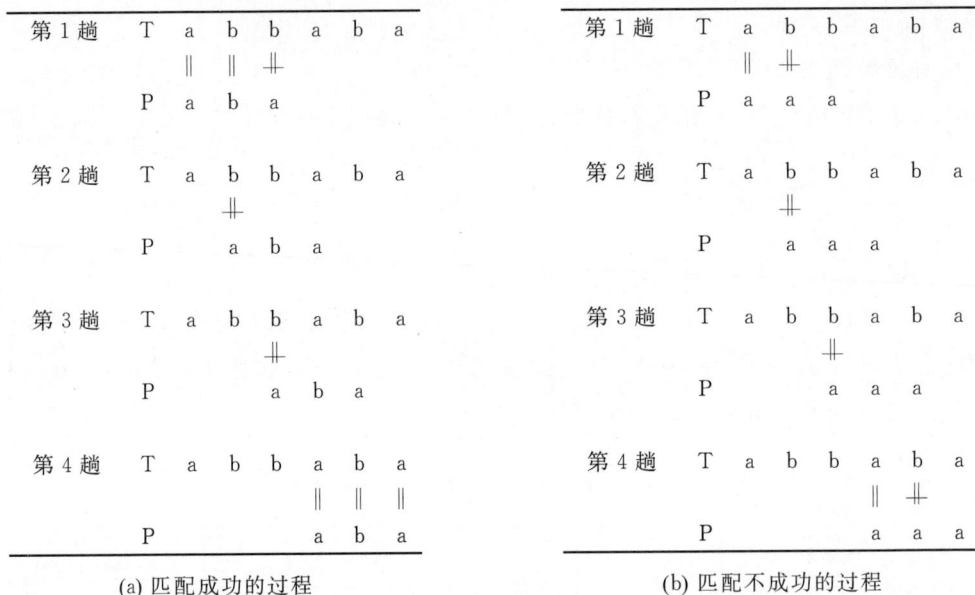

图 4.13　模式匹配的过程

程序 4.14　简单的模式匹配算法

```
int AString∷Find_BF(AString& pat, int k) {
//在目标串 * this 中从第 k 个字符开始寻找模式串 pat 在 * this 中匹配的位置。若匹配
//失败，则函数返回 −1，否则返回 pat 在 * this 中第一次匹配的位置
    int i, j;
    for (i = k; i <= curLength−pat.curLength; i++) {        //逐趟比较
        for (j = 0; j < pat.curLength; j++)
                //从 ch[i]开始的子串与模式 pat.ch 进行比较
            if (ch[i+j] != pat.ch[j]) break;
        if (j == pat.curLength) return i;    //pat 扫描完，匹配成功
    }
    return −1;                              //pat 为空或在 * this 中找不到它
};
```

这个算法是一种带回溯的算法。一旦比较不等，就将 pat 右移一位，从 p_0 开始再进行比较。若设目标串 T 的长度为 n，模式串 P 的长度为 m，从图 4.13(a)可以看到，第 1 趟比较失败，比较次数 m 次；让模式串右移一位，做第 2 趟比较。第 2 趟比较又失败；让模式串再右移一位，做第 3 趟比较。如此执行下去，直到第 4 趟比较成功。在最坏情况下，最多比较 $n−m+1$ 趟，每趟比较都在最后才出现不等，要做 m 次比较，总比较次数达到 $(n−m+1)\times m$。在多数场合下 m 远远小于 n，因此，算法的运行时间为 $O(n\times m)$。下面将介绍一种无回溯的字符串匹配算法，以提高运行效率。

2. 模式匹配的改进算法

分析以上程序的执行过程可知，造成朴素模式匹配算法速度慢的原因是有回溯，而这些回溯是可以避免的。以图 4.13(a)为例，从第 1 趟来看，$t_0=p_0$，$t_1=p_1$，$t_2 \neq p_2$，但 $p_0 \neq p_1$，由此可推知，$t_1(=p_1) \neq p_0$，将 P 右移一位，用 t_1 和 p_0 比较肯定不等，这一趟可以不比较。又由于 $p_0=p_2$，所以 $t_2 \neq (p_2=)p_0$，将 P 再右移一位，用 t_2 和 p_0 比较也不会相等。应当将 P 直接右移 3 位,跳过第 2、第 3 趟,执行第 4 趟,从 t_3 和 p_0 开始进行比较。这样的匹配过程对于 T 来说就消除了回溯。这种处理思想是由 D.E.Knuth、J.H.Morris 和 V.R.Pratt 同时提出来的,故称为 KMP 算法。

下面讨论一般情形,设目标串 T = "$t_0 t_1 \cdots t_{n-1}$",模式串 P = "$p_0 p_1 \cdots p_{m-1}$"。用朴素模式匹配算法做第 s 趟匹配比较时,从目标串 T 的第 s 个位置 t_s 与模式串 P 的第 0 个位置 p_0 开始进行比较,直到在目标串 T 第 $s+j$ 位置 t_{s+j} "失配":

$$
\begin{array}{ccccccccccc}
\text{T} & t_0 & t_1 & \cdots & t_{s-1} & t_s & t_{s+1} & t_{s+2} & \cdots & t_{s+j-1} & t_{s+j} & \cdots & t_{n-1} \\
 & & & & & \| & \| & \| & & \| & \nparallel & & \\
\text{P} & & & & & p_0 & p_1 & p_2 & \cdots & p_{j-1} & p_j & & \\
\end{array}
$$

这时,应有

$$t_s t_{s+1} t_{s+2} \cdots t_{s+j-1} = p_0 p_1 p_2 \cdots p_{j-1} \tag{4.1}$$

按朴素模式匹配算法,下一趟应从目标串 T 的第 $s+1$ 个位置起用 t_{s+1} 与模式串 P 中 p_0 对齐,重新开始匹配比较。若想匹配,必须满足

$$p_0 p_1 p_2 \cdots p_{j-1} \cdots p_{m-1} = t_{s+1} \ t_{s+2} \ t_{s+3} \cdots t_{s+j} \cdots t_{s+m}$$

如果在模式串 P 中,

$$p_0 p_1 \cdots p_{j-2} \neq p_1 p_2 \cdots p_{j-1} \tag{4.2}$$

则第 $s+1$ 趟不用进行匹配比较,就能断定它必然"失配"。因为由式(4.1)和式(4.2)可知

$$p_0 p_1 \cdots p_{j-2} \neq t_{s+1} \ t_{s+2} \cdots t_{s+j-1} (= p_1 p_2 \cdots p_{j-1})$$

既然如此,第 $s+1$ 趟可以不做。那么,第 $s+2$ 趟又怎样呢?从上面推理可知,如果

$$p_0 p_1 \cdots p_{j-3} \neq p_2 p_3 \cdots p_{j-1}$$

仍然有

$$p_0 p_1 \cdots p_{j-3} \neq t_{s+2} \ t_{s+3} \cdots t_{s+j-1} (= p_2 p_3 \cdots p_{j-1})$$

这一趟比较仍然"失配"。以此类推,直到对于某一个值 k,使得

$$p_0 p_1 \cdots p_{k+1} \neq p_{j-k-2} \ p_{j-k-1} \cdots p_{j-1}$$

且

$$p_0 p_1 \cdots p_k = p_{j-k-1} \ p_{j-k} \cdots p_{j-1}$$

才有

$$
\begin{array}{ccccccccc}
p_0 & p_1 & \cdots & p_k & = & t_{s+j-k-1} & t_{s+j-k} & \cdots & t_{s+j-1} \\
 & & & & & \| & \| & & \| \\
 & & & & & p_{j-k-1} & p_{j-k} & \cdots & p_{j-1} \\
\end{array}
$$

这样,可以把在第 s 趟比较失配时的模式串 P 从当时位置直接向右"滑动" $j-k-1$ 位。这时,因为目标串 T 中 t_{s+j} 之前的字符已经与模式串 P 中 p_j 之前的字符匹配了,故而可以直接从 T 中的 t_{s+j} (即上一趟失配的位置)与模式串 P 中的 p_{k+1} 开始,继续向下进行匹配比较。

在这个算法中,目标串 T 在第 s 趟比较失配时,扫描指针 s 不必回溯。算法下一趟继续从此处开始向下进行匹配比较;而在模式串 P 中,扫描指针 p 应退回到 p_{k+1} 位置。

关于 k 的确定方法,Knuth 等人发现,对于不同的 j,k 的取值不同,它仅依赖于模式串 P 本身前 j 个字符的构成,与目标串 T 无关。因此,可以用一个 next 失配函数来确定:当

模式串 P 中第 j 个字符与目标串 S 中相应字符失配时,模式串 P 中应当由哪个字符(设为第 $k+1$ 个)与目标串 T 中刚失配的字符重新继续进行比较。

设模式串 $P = p_0 p_1 \cdots p_{m-2} p_{m-1}$,则它的 next 失配函数定义如下:

$$next(j) = \begin{cases} -1, & \text{当 } j=0 \\ k+1, & \text{当 } 0 \leqslant k < j-1 \text{ 且使得 } p_0 p_1 \cdots p_k = p_{j-k-1} p_{j-k} \cdots p_{j-1} \text{ 的最大整数} \\ 0, & \text{其他情况} \end{cases}$$

称 $p_0 p_1 \cdots p_k$ 为串 $p_0 p_1 p_2 \cdots p_{j-1}$ 的前缀子串,$p_{j-k-1} p_{j-k} \cdots p_{j-1}$ 为串 $p_0 p_1 p_2 \cdots p_{j-1}$ 的后缀子串,它们都是原串的真子串。设模式串 $P =$ "abaabcac",对应的 next 函数如图 4.14 所示。

j	0	1	2	3	4	5	6	7
P	a	b	a	a	b	c	a	c
next(j)	−1	0	0	1	1	2	0	1

图 4.14　next 函数示例

$j=0$ 时,next(j)$=-1$。表示下一趟匹配比较时,模式串的第−1个字符与目标串上次失配的位置对齐,换句话说,模式串的起始位置 p_0 与目标串上次失配位置的下一位置对齐,继续向后做匹配比较。

$j=1$ 时,满足 $0 \leqslant k < j-1$ 的 k 找不到,next(j) $= 0$(按其他情况处理)。表示下一趟匹配比较时,模式串的第 0 个字符 p_0 与目标串上次失配的位置对齐,向后继续比较。

$j=2$ 时,k 的取值可以是 0:因为 $p_0 \neq p_1$,所以 next(j) $= 0$。表示下一趟匹配比较时,模式串的第 0 个字符 p_0 与目标串上次失配的位置对齐,向后继续做匹配比较。

$j=3$ 时,k 的取值可以是 0 和 1,$p_0 = p_2$ 且 $p_0 p_1 \neq p_1 p_2$,故 k 取 0,next(j) $= 1$。表示下一趟匹配比较时,模式串的第 1 个字符 p_1 与目标串上次失配的位置对齐,向后继续比较。

$j=5$ 时,k 可取 0~3 的值,因为 $p_0 \neq p_4$ 且 $p_0 p_1 = p_3 p_4$,此外 $p_0 p_1 p_2 \neq p_2 p_3 p_4$ 且 $p_0 p_1 p_2 p_3 \neq p_1 p_2 p_3 p_4$,因此 $k = 1$,next(j) $= 2$。下一趟匹配比较时,模式串的第 2 个字符 p_2 与目标串上次失配的位置对齐,向后继续比较。此时,模式串右移,$p_0 p_1$ 覆盖到原来 $p_3 p_4$ 的位置,从 p_3 开始继续向后进行对应字符比较。

其他类推。

一般地,若设在进行某一趟匹配比较时在模式串 P 的第 j 位失配,如果 $j > 0$,那么在下一趟比较时模式串 P 的起始比较位置是 $p_{next(j)}$,目标串 T 的指针不回溯,仍指向上一趟失配的字符;如果 $j=0$,则目标串指针 T 加 1,模式串指针 P 回到 p_0,继续进行下一趟匹配比较。

下面给出 KMP 算法的实现。该算法使用了一个整型数组 next[] 表示失配函数。

程序 4.15　用 KMP 算法实现的快速匹配算法
```
int AString∷Find_KMP(AString& pat, int k) {
//在目标串 * this 中从位置 k 开始寻找模式串 pat 的匹配位置。若找到,则函数返回 pat 在
//this 串中首字符的下标,否则函数返回−1。数组 next[] 存放 pat 的 next[j] 值
    int posP = 0, posT = k;                      //两个串的扫描指针
    int next[defaultSize];
    pat.getNext(next);                           //计算 next[] 的值
    int lengthP = pat.curLength;                 //模式串与目标串的长度
```

```
    int lengthT = curLength;
    while (posP < lengthP && posT < lengthT)          //对两个串扫描
        if (posP == -1 || pat.ch[posP] == ch[posT]) {   //对应字符匹配
            posP++; posT++;
        }
        else posP = next[posP];
    if (posP < lengthP) return -1;                      //匹配失败
    else return posT-lengthP;                            //匹配成功
};
```

此算法的时间复杂度取决于 while 循环。由于是无回溯的算法,执行循环时,目标串字符比较有进无退,要么执行 posT 和 posP 加 1,要么查找 next[] 数组进行模式串位置的右移,然后继续向后比较。字符的比较次数最多为 $O(\text{lengthT})$,不超过目标串的长度。

下面举例说明。设目标串 T = "acabaabaabcacaabc",模式串 P = "abaabcac",它的 next 函数的定义如图 4.14 所示。现在根据 KMP 算法进行模式匹配,其过程如图 4.15 所示。

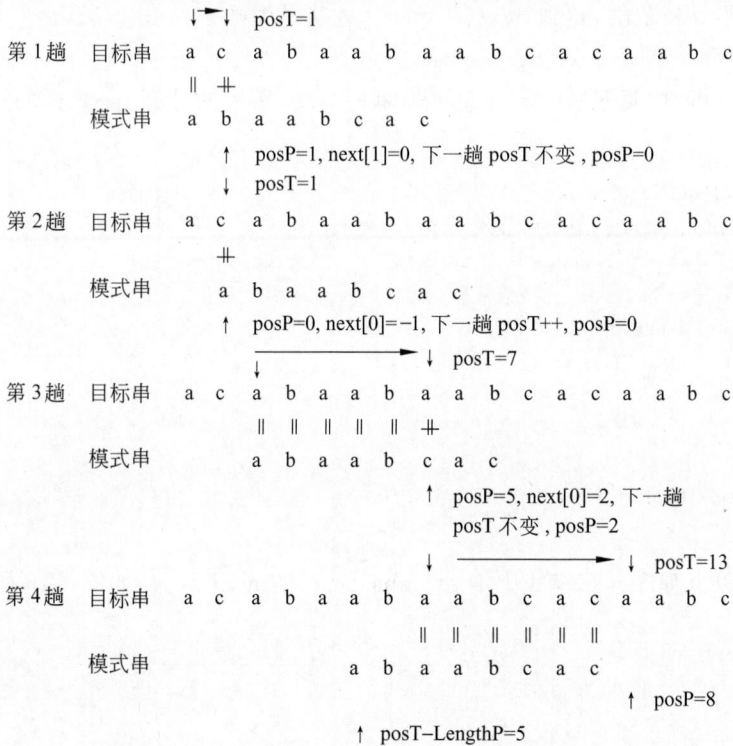

图 4.15　运用 KMP 算法的匹配过程

如何正确地计算出失配函数 $next(j)$,是实现无回溯匹配算法的关键。

从 $next(j)$ 定义出发,计算 $next(j)$,就是要在串 $p_0 p_1 p_2 \cdots p_{j-1}$ 中找出最长的相等的前缀子串 $p_0 p_1 \cdots p_k$ 和后缀子串 $p_{j-k-1} p_{j-k} \cdots p_{j-1}$。这个查找过程实质上仍是一个模式匹配的过程,只是目标串和模式串现在是同一个串 P。

可以用递推的方法求 $next(j)$ 的值。设已有 $next(j) = k$,则有

$$0 \leqslant k < j-1 \quad \text{且} \quad p_0 p_1 \cdots p_k = p_{j-k-1} p_{j-k} \cdots p_{j-1} \tag{4.3}$$

若设 $\text{next}(j+1) = \max\{k+1 \mid 0 \leqslant k+1 < j\}$,使得

$$p_0 p_1 \cdots p_{k+1} = p_{j-k-1} p_{j-k} \cdots p_j \tag{4.4}$$

成立。

若 $p_{k+1} = p_j$,则由式(4.4)可知:$\text{next}(j+1) = k+1 = \text{next}(j)+1$。

若 $p_{k+1} \neq p_j$,可以从式(4.3)出发,在 $p_0 p_1 \cdots p_k$ 中寻找使得

$$p_0 p_1 \cdots p_h = p_{k-h} p_{k-h+1} \cdots p_k \tag{4.5}$$

的 h,这时存在两种情况。

(1) 找到 h,则由 $\text{next}(k)$ 的定义知:$\text{next}(k) = h$。综合式(4.5)与式(4.3),有

$$p_0 p_1 \cdots p_h = p_{k-h} p_{k-h+1} \cdots p_k = p_{j-h-1} p_{j-h} \cdots p_{j-1}$$

即在 $p_0 p_1 p_2 \cdots p_{j-1}$ 中找到了长度为 $h+1$ 的相等的前缀子串和后缀子串。

这时若 $p_{h+1} = p_j$,则由 $\text{next}(j+1)$ 定义

$$\text{next}(j+1) = h+1 = \text{next}(k)+1 = \text{next}(\text{next}(j))+1$$

若 $p_{h+1} \neq p_j$,则在 $p_0 p_1 \cdots p_h$ 中寻找更小的 $\text{next}(h) = 1$。如此递推,有可能还需要以同样方式再缩小寻找范围,直到 $\text{next}(t) = -1$ 才算是失败。

(2) 找不到 h,这时 $\text{next}(k) = -1$。

依据以上分析,仿照 KMP 算法,可得如程序 4.16 所示的计算 $\text{next}(j)$ 的算法。

程序 4.16　计算 $\text{next}(j)$ 的算法
```
void AString∷getNext(int next[]) {
//对模式串 p( * this),计算 next 失配数组
    int j = 0, k = -1, lengthP = curLength;
    next[0] = -1;
    while (j < lengthP)                              //计算 next[j]
        if (k == -1 || ch[j] == ch[k]) {
            j++; k++;
            next[j] = k;
        }
        else k = next[k];
};
```

现在根据以上程序计算模式串 P = "abaabcac" 的 next 函数,如图 4.16 所示。

j	0	1	2	3	4	5	6	7
P	a	b	a	a	b	c	a	c
$\text{next}(j)$	-1	0	0	1	1	2	0	1

图 4.16　应用 getNext( )求得的 next 数组

程序 4.16 的时间复杂度为 $O(\text{lengthP})$。在进行包括计算 next 函数的整个模式匹配的过程中,时间复杂度为 $O(\text{lengthP}+\text{lengthT})$。

**4.4.7　字符串的存储方法

字符串的存储方法与线性表的一般存储方法类似。常见存储结构有顺序存储、块链存储和索引存储。为简单起见,本书只讨论前两种。

1. 串的顺序存储

串的顺序存储结构有时称为顺序串。在顺序串中,串中的字符被依次存放在一组连续的存储单元里。一般来说,1 字节(8 位二进制)可以表示一个字符(即该字符的 ASCII 码)。因此,一个内存单元可以存储多个字符。例如,一个 32 位的内存单元可以存储 4 个字符(即 4 个字符的 ASCII 码)。因此,串的顺序存储有两种方法:一种是每个单元只存一个字符称为非紧缩格式;如图 4.17 所示;另一种是每个单元存放多个字符称为紧缩格式,如图 4.18 所示。在这两个图中,没有任何印刷符号的字节表示空白符(空白符也是一个字符)。显然,非紧缩格式的存储利用率低,但读写很简单;而紧缩格式的存储利用率高,但存取时需要执行压缩与解压缩操作。

在 C++ 语言中,每个字符变量在内存中占用 1 字节,语言文本还规定了"字符串结束标志"用字符"\0"表示,也就是说,遇到字符"\0"时,表示字符串结束,如图 4.19 所示。

图 4.17　非紧缩格式示例

图 4.18　紧缩格式示例

图 4.19　C++ 语言中字符串存储示例

2. 串的块链存储

串的块链存储的组织形式与一般的单链表类似。主要的区别在于,串中的一个存储结点可以存储多个字符。通常将链串中每个存储结点所存储的字符个数称为结点大小。图 4.20(a)和图 4.20(b)分别表示了一个串"DATA STRUCTURES"的结点大小为 4 和 1 的块链存储表示。当结点大小大于 1(例如 4)时,串的最后一个结点的各个数据域不一定总能全被字符占满。此时,应在这些未占用的数据域里补上不属于字符集的特殊符号(例如"♯")以示区别,如图 4.20(a)所示。

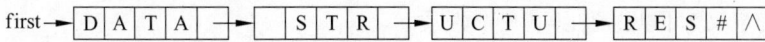

(a) 结点大小为 4

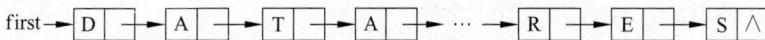

(b) 结点大小为 1

图 4.20　串的块链存储表示示例

设字符串的存储密度为

$$存储密度 = \frac{该串的串值占用的存储空间大小}{为该串分配的存储空间总大小}$$

串的块链存储表示与顺序存储表示类似。结点大小为 1 时存储密度低但操作方便,而结点大小大于1时存储密度高但操作不方便。

4.5 广 义 表

本节将放宽对表中元素的限制,允许表中元素自身具有某种结构,这就引入了广义表的概念。

4.5.1 广义表的定义与性质

广义表(generalized list)简称表,它是线性表的扩展。一个广义表 LS 定义为 $n(n \geqslant 0)$ 个表元素 $\alpha_0, \alpha_1, \alpha_2, \cdots, \alpha_{n-1}$ 组成的有限序列。记作

$$LS = (\alpha_0, \alpha_1, \alpha_2, \cdots, \alpha_{n-1})$$

其中,LS 为表名。$\alpha_i (0 \leqslant i \leqslant n-1)$ 是表中元素,它或者是数据元素(称为原子),或者是子表。n 是表的长度,即表中元素的个数。表的长度不包括作为分界符的左括号"("、右括号")"和表元素之间的分隔符","。长度为 0 的表为空表。

习惯上,用大写字母表示表名,用小写字母表示原子元素。

如果 $n \geqslant 1$,则称广义表的第一个表元素 α_0 为广义表的表头(head),而由表中除 α_0 外其他元素组成的表 $(\alpha_1, \alpha_2, \cdots, \alpha_{n-1})$ 称为广义表的表尾(tail)。

广义表的定义是递归的,因为在表的描述中又用到了表,允许表中有表。这种递归的定义能够很简洁地描述庞大而复杂的结构。下面给出一些广义表的例子。

(1) $A = ()$。这是一个空表,表的长度为 0。它没有表头和表尾。

(2) $B = (a, b)$。这是一个只包括原子的表,称为线性表。表的长度为 2。它的表头为 a,表尾为 (b);表尾还是一个表,其表头为 b,表尾是空表 $()$。

(3) $C = (c, (d, e, f))$。这是一个长度为 2 的表,它的表头为 c,表尾为 $((d, e, f))$;这个表尾仍然是表,其表头为 (d, e, f),表尾为空表 $()$。

(4) $D = (B, C, A)$。这是一个长度为 3 的表,它的 3 个表元素都是子表。其表头为 B,表尾为 (C, A)。

(5) $E = (B, D)$。这是一个长度为 2 的表,表元素都是子表。表头为 B,表尾为 (D)。

(6) $F = (h, F)$。这是一个长度为 2 的表,表头为 h,表尾为 (F);这个表尾还是表,其表头为 F,表尾为空表 $()$。对于表头来说,出现了递归。

由广义表定义,可以得到以下几个性质。

(1) **有次序性**。在广义表中,各表元素在表中以线性序列排列,每个表元素至多一个直接前驱,一个直接后继。这个次序不能交换。

(2) **有长度**。广义表中表元素个数一定,不能是无限的,可以是空表。

(3) **有深度**。广义表的表元素可以是原表的子表,子表的表元素还可以是子表……因此广义表是多层次结构,图 4.21 用有根有序有向的树描述了广义表各元素之间的层次关系。表中括号的重数即为深度。在图 4.21 中,用圆形结点○表示表元素,用方形结点□表示原子元素。在层次结构顶端的○结点表示这个广义表。如果有名字,在结点旁边附上名字。图 4.21 中表元素○结点有几层,其深度等于几。例如,A 和 B 的深度为 1,C 的深度为 2,D 的深度为 3,E 的深度为 4,F 的深度为无穷大。

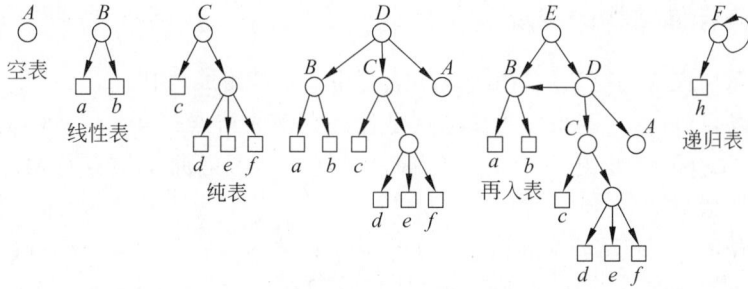

图 4.21　各种广义表的示意图

（4）**可递归**。广义表本身可以是自己的子表,例如表 F 就是这种情况,一般称具有这种性质的表为递归表。

（5）**可共享**。广义表可以为其他广义表共享。例如,在表 E 中,子表 B 即为这种情况。它被称为共享表或再入表。

因为广义表及其子表往往是通过它的名字来使用,为了既说明每个表的构成,又标明它的名字,可以将表的名字直接写在该表对应的括号前面。例如,前面所举的 6 个例子分别可以写成 $A()$, $B(a, b)$, $C(c, (d, e, f))$, $D(B(a, b), C(c, (d, e, f)), A())$, $E(B(a, b), D(B(a, b), C(c, (d, e, f)), A()))$ 和 $F(h, F(h, F(h, F(h, \cdots))))$。

4.5.2　广义表的表示

通常,用链表结构作为广义表的存储表示。例如,广义表 list1 $= (a, b, c, d, e)$ 的链表表示如图 4.22 所示。

图 4.22　只包括原子数据的广义表链表表示

在这种链表中,指针 list1 称为指向表的外部指针,因它不是定义在表结点内部的。其他定义在结点内部的指针称为内部指针。

然而,考虑到广义表中的表元素可能是子表的情形,如

$$\text{list2} = (a, (b, c, (d, e, f), (), g), h, (r, s, t))$$

表中某一个表元素本身又是表。用链表表示它时,表结点的数据域中存放的是一个子表。那么,最简单的实现方式是放一个指向那个子表的外部指针,如图 4.23 所示。

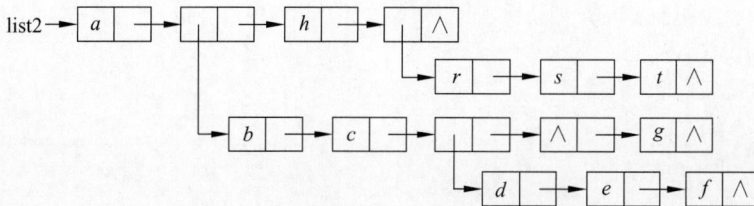

图 4.23　表中套表情形下的广义表链表表示

4.5.3 广义表存储结构的实现

在用于表示广义表的链表中,每个表结点可由 3 个域组成,如图 4.24 所示。

(1) **标志域** utype。它用来标明该结点是什么类型的结点。utype = 0,是广义表专用的附加头结点;utype = 1,是原子结点(为简化讨论,不考虑原子结点数据的不同类型);utype = 2,是子表结点。

(2) **信息域** info。不同类型的结点在这个域中存放的内容不同。当 utype = 0 时,该信息域存放引用计数(ref);当 utype = 1 时,该信息域存放数据值(value);当 utype = 2 时,该信息域存放指向子表表头指针(hlink)。

(3) **尾指针域** tlink。当 utype = 0 时,该尾指针域存放指向该表表头元素结点的指针;当 utype≠0 时,该尾指针域存放同一层下一个表结点的地址。

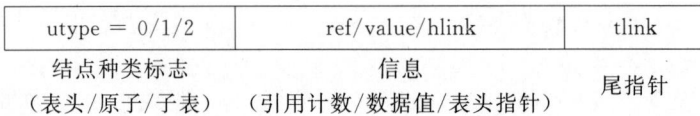

utype = 0/1/2	ref/value/hlink	tlink
结点种类标志	信息	
(表头/原子/子表)	(引用计数/数据值/表头指针)	尾指针

图 4.24 广义表结点构造

看图 4.21 所举的广义表的例子,其存储表示的示意图如图 4.25 所示。

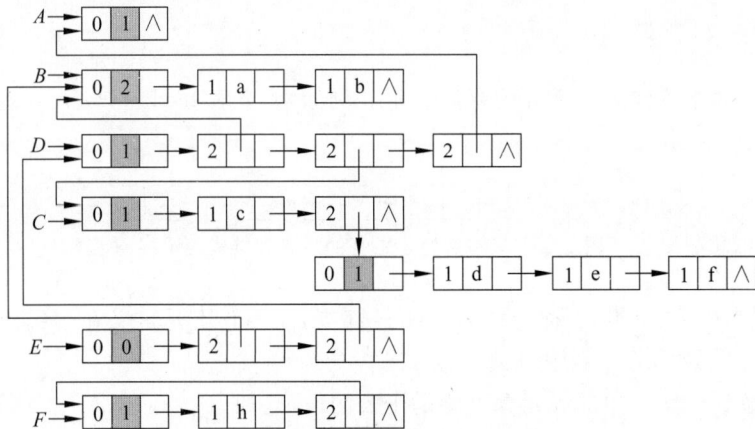

图 4.25 广义表的带附加头结点的存储表示

下面给出广义表这种带头结点的层次表示的定义。

程序 4.17 广义表的类声明
```
# include <iostream.h>
# include <assert.h>
# include <stdlib.h>
# include <string.h>
# define TableLen 25
# define stackSize 25
template <class T>
struct GenListNode {                    //广义表结点类定义
```

```
        int utype;                              //utype＝0 / 1 / 2
        GenListNode <T> ＊tlink;                //指向同一层下一结点的指针
        union {                                 //联合
            int ref;                            //utype＝0,附加头结点,存放引用计数
            T value;                            //utype＝1,存放数据值,假设为字符型
            GenListNode<T> ＊hlink;             //utype＝2,存放指向子表表头指针
        } info;
        GenListNode( ) {utype＝0; tlink＝NULL;   //构造函数
        GenListNode(GenListNode<T>& R) {        //复制构造函数
            utype ＝ R.utype; tlink ＝ R.tlink; info ＝ R.info;
        }
};


template <class T>
struct Items {                                  //返回值的类结构定义
    int utype;                                  //utype＝0/1/2
    union {                                     //联合
        int ref;                                //utype＝0,附加头结点,存放引用计数
        T value;                                //utype＝1,存放数据值
        GenListNode<T> ＊hlink;                 //utype＝2,存放指向子表表头指针
    } info;
    Items( ) : utype(0), info.ref (0) {}        //构造函数
    Items(Items & R) {utype ＝ R.utype; info ＝ R.info;}
                                                //复制构造函数
};


template <class T>
struct nameItem {
    T name;                                     //表名
    GenListNode<T> ＊addr;                      //该表头结点地址
};
template <class T>
class GenList {                                 //广义表类定义
public:
    GenList( );                                 //构造函数
    ～GenList( ) {};                            //析构函数
    bool Head(Items<T> &x);                     //返回表头元素 x
    bool Tail(GenList<T>& lt, nameItem<T> NT[], int& count);
                                                //返回表尾 lt
    GenListNode<T> ＊First( );                  //返回第一个元素
    GenListNode<T> ＊Next(GenListNode<T> ＊x);
                                                //返回表元素 x 的直接后继元素
    void Copy(GenList<T> &R, nameItem<T> NT[], int count);
                                                //广义表的复制
    int Length( );                              //计算广义表的长度
```

```
        int depth();                                    //计算一个非递归表的深度
        void CreateGenList(T in[], nameItem<T> NT[], int& count);
                                                        //从字符串描述 in 建立广义表
        void PrintGenList(nameItem<T> NT[], int count)
            {PrintGenList(first, NT, count);}           //输出广义表
        void Remove(T x) {Remove(first, x);}
        void DelsubGL(T name, nameItem<T> NT[], int count);
    private:
        GenListNode<T> * first;                         //广义表头指针
        GenListNode<T> * Copy(GenListNode<T> * ls, nameItem<T> NT[], int count);
                                                        //复制无共享非递归表 * ls
        int Length(GenListNode<T> * ls);                //求由 ls 指示的广义表的长度
        int depth(GenListNode<T> * ls);                 //计算非递归表的深度
        void PrintGenList(GenListNode<T> * p, nameItem<T> NT[], int count);
        void Remove(GenListNode<T> * ls, T x);          //删除子表中所有的 x
        void DelsubL(GenListNode<T> * & ls);            //删除 ls 子表
        void Search(GenListNode<T> * & ls, T name, nameItem<T> NT[], int count);
                                                        //查找并删除表名为 name 的子表
        friend bool equal(GenListNode<T> * s, GenListNode<T> * t);
                                                        //判断表 * s 和表 * t 是否相等
};
```

这种存储表示有 3 个特点。

(1) **广义表中的所有表**,不论是哪一层的子表,都带有一个附加头结点,空表也不例外。其优点是便于操作。特别是在共享表的情形,如果想要删除表中第一个元素所在结点,且表中不带附加头结点,必须检测所有的子表结点,逐一修改可能的指向被删结点的指针。这样修改工作量极大,很容易发生遗漏现象。如果所有子表都带有附加头结点,在删除表中第一个表元素所在结点时,不用修改任何指向该子表的指针。

(2) **表中结点的层次分明**。**所有位于同一层的表元素,在其存储表示中也在同一层。**

(3) **最高一层的表结点个数**(除附加头结点外)即为表的长度。

程序 4.18 广义表类的部分成员函数的实现
```
template <class T>
Genlist<T>::GenList() {                                 //构造函数
    first = new GenListNode;                            //建立附加头结点
    assert(first != NULL);
};
template <class T>
bool GenList<T>::Head(Items<T>& x) {
//若广义表非空,则通过 x 返回其第一个元素的值,否则函数没有定义
    if (first->tlink == NULL) return false;             //空表,没有返回值可用
    else {                                              //非空表
        x.utype = first->tlink->utype;
        switch (x.utype) {
            case 0: x.info.ref = first->tlink->info.ref;
```

```
                break；
        case 1：x.info.value = first->tlink->info.value；
                break；
        case 2：x.info.hlink = first->tlink->info.hlink；
                break；
        }
        return true；                        //返回 true，返回表头的值
    }
};


template <class T>
bool GenList<T>::Tail(GenList<T>& lt, nameItem<T> NT[], int& count) {
//若广义表非空,则通过 lt 返回广义表除表头元素以外其他元素组成的表,否则函数没有定义
    if (first->tlink == NULL) return false；      //空表
    else {                                        //非空表
        lt.first = new GenListNode<T>；            //创建表尾子表的头结点
        lt.first->utype = 0；                     //设置附加头结点
        lt.first->info.ref = 0；
        lt.first->tlink = Copy(first->tlink, NT, count)；
        return true；
    }
};


template <class T>
GenListNode<T>  * GenList<T>::First() {
//返回广义表的第一个元素(若表空,则返回一个特定的空值 NULL)
    return first->tlink；
};


template <class T>
GenListNode<T>  * GenList<T>::Next(GenListNode<T>  * elem) {
//返回表元素 elem 的直接后继元素
    return elem->tlink；
};
```

**4.5.4 广义表的递归算法

前面讨论递归过程时已经讲过,一个递归算法有两种:一种是递归函数的外部调用;另一种是递归函数的内部调用。通常,把外部调用设置为共有函数,把内部调用设置为私有函数。

1. 广义表的复制算法

任何一个非空的广义表均可分为表头和表尾两部分。因此,一对确定的表头和表尾可唯一地确定一个广义表。这样,复制一个广义表时,只要分别复制它的表头和表尾,然后合成就可以了。其前提是复制和被复制的广义表存在且不是共享表或递归表。

程序 4.19　广义表的复制算法

template ＜class T＞

void GenList＜T＞∷Copy(GenList＜T＞& R，nameItem＜T＞ NT[]，int count){

//共有函数,复制广义表,名址表 NT[count]中的表名对应地址已换过

  first = Copy(R.first，NT，count);　　　　　　　　　　　　//调用私有函数

};

template ＜class T＞

GenListNode＜T＞ * GenList＜T＞∷Copy(GenListNode＜T＞ * ls，nameItem＜T＞ NT[]，int count){

//私有函数,复制一个 ls 指示的无共享子表的非递归表

  GenListNode＜T＞ * q，* s; int i;

  if (ls != NULL){

    q = new GenListNode＜T＞;　　　　　　　　　　//创建新表的当前结点 q

    q−＞utype = ls−＞utype;　　　　　　　　　　//复制结点类型

    if (ls−＞utype == 0){　　　　　　　　　　//修改名址表

      for (i = 0; i ＜ count; i++)　　　　　　　//查表名

        if (NT[i].addr == ls) break;

      NT[i].addr = q;　　　　　　　　　　//让其地址指向新地址

    }

    switch (ls−＞utype){　　　　　　　　　　//根据 utype 传送信息

     case 0：q−＞info.ref = ls−＞info.ref; break;　　　//附加头结点

     case 1：q−＞info.value = ls−＞info.value; break;　//原子结点

     case 2：q−＞info.hlink = Copy(ls−＞info.hlink，NT，count); break; //表结点

    }

    q−＞tlink = Copy(ls−＞tlink，NT，count);　　　　　//处理同一层下一结点

  }

  else q = NULL;

  return q;

};

  算法有三层考虑。首先,如果被复制结点为空,表明被复制广义表为空表,返回为空;其次,被复制结点非空,处理该结点的复制;最后,复制广义表中位于该结点之后的结点。

  考虑此算法的计算时间。对于空表,所花费的时间为常数值。下面分析非空表。考虑表 ls = ((a，b)，((c，d)，e)),设其中的 a，b，d 是整型数,c，e 是字符型数据。它的链表结构如图 4.26 所示。

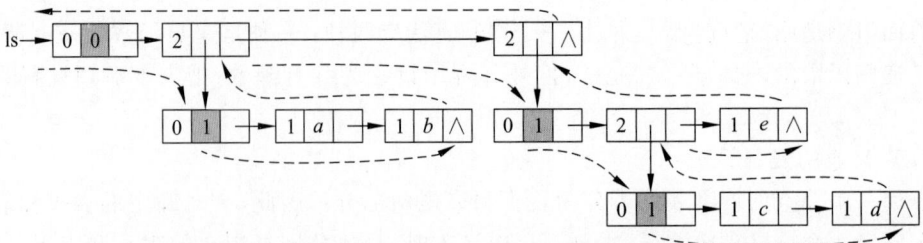

图 4.26　广义表 ls 的链表结构

在图 4.26 中用虚线箭头表示复制时所走的路线。在沿着表尾指针复制结点的过程中，一旦遇到表结点时先复制子表，然后递归复制同一层的后继结点开始的表。假设包括附加头结点在内，总共有 m 个结点，则总的时间复杂度为 $O(m)$。递归工作栈的深度不超过所有子链表的长度和深度的组合，其上界为 m。

2. 求广义表的长度

在广义表中，同一层次的每个结点是通过 tlink 指针链接起来的，所以可以把它看作为是由 tlink 链接起来的单链表。这样，求广义表的长度就是求单链表的长度，可以采用 2.1.5 节介绍的求单链表长度的方法求其长度。由于单链表的结构也是一种递归结构，即每个结点的指针域均指向一个单链表(称为该结点的后继单链表)，它所指向的结点为该单链表的第一个结点(即表头结点)。所以求单链表的长度也可以采用递归算法，即若单链表非空，其长度等于 1 加上表头结点的后继单链表的长度；若单链表为空，则长度为 0，这是递归的终止条件。

程序 4.20　求广义表长度的算法
```
template <class T>
int GenList<T>::Length( ) {
//共有函数,求当前广义表的长度
    return Length(first->tlink);
};


template <class T>
int GenList<T>::Length(GenListNode<T> * ls) {
//私有函数,求以 ls 为头指针的广义表的长度
    if (ls != NULL) return 1+Length(ls->tlink);
    else return 0;
};
```

3. 求广义表的深度

广义表的深度定义为广义表中括号的重数。设非空广义表为 $LS(\alpha_0, \alpha_1, \alpha_2, \cdots, \alpha_{n-1})$，其中，每个 $\alpha_i (0 \leqslant i \leqslant n-1)$ 或者是原子，或者是子表。这样，求 LS 的深度可分解为 n 个子问题，每个子问题为求 α_i 的深度。

若 α_i 是原子，则 α_i 的深度为 0(没有括号)；若 α_i 是子表，则可继续对 α_i 进行分解、求解。而 LS 的深度为各 α_i 的深度的最大值加 1。空表也是广义表，其深度为 1。

由此可知，求广义表深度的递归过程有两个递归结束条件：原子和空表。只要能够求得各个 α_i 的深度，就能求得广义表 LS 的深度。因此，求广义表 $LS(\alpha_0, \alpha_1, \alpha_2, \cdots, \alpha_{n-1})$ 的深度 Depth(LS) 的递归定义为

$$Depth(LS) = \begin{cases} 1, & \text{当 LS 为空表} \\ 0, & \text{当 LS 为原子} \\ 1 + \max_{0 \leqslant i \leqslant n-1} \{Depth(\alpha_i)\}, & \text{其他}, n \geqslant 1 \end{cases}$$

根据此定义，可得求广义表深度的算法。

程序 4.21　求广义表深度的算法

```
template <class T>
int GenList<T>::depth( ) {                    //共有函数：计算一个非递归表的深度
    return depth(first);
};


template <class T>
int GenList<T>::depth(GenListNode<T> * ls) {
//私有函数：计算非递归广义表深度
    if (ls->tlink == NULL) return 1;          //空表,深度为1
    GenListNode<T> * temp = ls->tlink; int m = 0, n;
    while (temp != NULL) {                     //temp 在广义表顶层横扫
        if (temp->utype == 2) {                //扫描到的结点 utype 为表结点
            n = depth(temp->info.hlink);       //计算以该结点为头的广义表深度
            if (m < n) m = n;                  //取最大深度
        }
        temp = temp->tlink;
    }
    return m+1;                                //返回深度
};
```

上述执行过程实际上是按照某种次序扫描广义表的过程。在这个过程中,首先求得各子表的深度,然后综合起来得到整个广义表的深度。例如,对于广义表

$$D(B(a,b),C(u,(x,y,z)),A(\ ))$$

按递归算法分析(见图 4.27)：

$$\mathrm{Depth}(D)=1+\mathrm{Max}\{\mathrm{Depth}(B),\mathrm{Depth}(C),\mathrm{Depth}(A)\}$$
$$\mathrm{Depth}(B)=1+\mathrm{Max}\{\mathrm{Depth}(a),\mathrm{Depth}(b)\}=1+\mathrm{Max}\{0,0\}=1$$
$$\mathrm{Depth}(C)=1+\mathrm{Max}\{\mathrm{Depth}(u),\mathrm{Depth}((x,y,z))\}=1+\mathrm{Max}\{0,1\}=2$$
$$\mathrm{Depth}(A)=1$$
$$\mathrm{Depth}(D)=1+\mathrm{Max}\{1,2,1\}=3$$

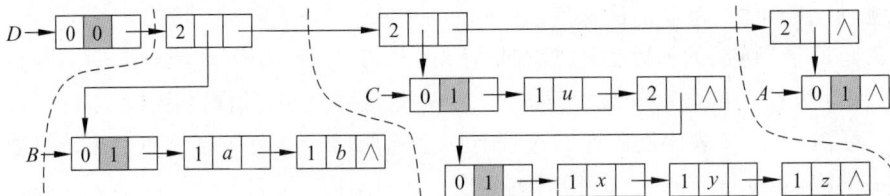

图 4.27　求广义表的深度

4. 广义表的删除算法

设有一个广义表 ls$(u,(x,y),((x)),z)$。对应的链表表示如图 4.28 所示。要删除所有原子结点中数据为 x 的元素。因此,**必须检测所有的子链表**,一旦发现某个原子结点中包含的数据是字符 x,立即将该结点从链中摘下释放掉。

为了编写对应的递归的删除算法,首先应考虑清楚当前的情况。

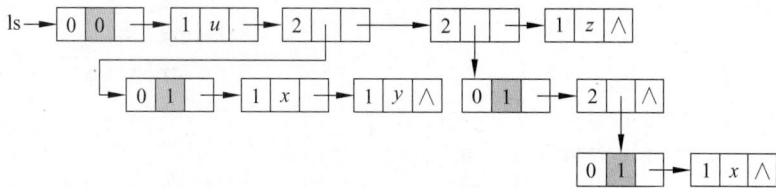

图 4.28 删除 x 前的广义表链表结构

（1）如果扫描到的结点是原子结点，且其信息域中的数据即 x，此时执行在链表中删除含 x 结点的操作。因为有可能连续几个都是含 x 的结点，所以执行一个循环。

（2）如果扫描到的结点是原子结点，但其信息域中的数据不是 x，或者扫描到的结点不是原子结点，则不执行删除操作。

（3）如果扫描到的结点是子表结点，则以子表的附加头结点开始，递归执行删除含 x 结点的操作。

（4）当前情况处理完后，剩下的情况可以照开始那样做递归处理。

根据上述情况，可以写出广义表的删除算法。

程序 4.22　根据给定值在广义表中删除相应结点的算法

```
template <class T>
void GenList<T>::Remove(GenListNode<T> * ls, T x) {
    if (ls->tlink != NULL) {                                //非空表
        GenListNode<T> * p = ls->tlink;                     //找附加头结点后的第一个结点
        while (p != NULL && p->utype == 1 && p->info.value == x) {
            ls->tlink = p->tlink;                           //重新链接
            delete p; p = ls->tlink;                        //删除, p指向同层下一结点
        }
        if (p != NULL) {
            if (p->utype == 2)
                Remove(p->info.hlink, x);                   //在子表中删除
            Remove(p, x);                                   //在以 p 为表头的链表中递归删除
        }
    }
};
```

但对于共享表，若想删除某一个子表，要看它是否为几个表所共享。如果一个表元素有多个地方使用它，贸然删去它会造成其他地方使用出错。因此，当要做删除时，先把该表的附加头结点中的引用计数 ref 减 1，当引用计数减到 0 时才能执行结点的真正释放。

程序 4.23　广义表的删除算法

```
template <class T>
void GenList<T>::DelsubL(GenListNode<T> * ls) {
//私有函数: 释放以 ls 为表头指针的广义表
    ls->info.ref--;                                         //附加头结点的引用计数减1
    if (ls->info.ref <= 0) {                                //如果减到 0
        GenListNode<T> * q;
```

```
        while (ls->tlink != NULL) {                    //横扫表顶层
            q = ls->tlink;                             //到第一个结点
            if (q->utype == 2) {                       //递归删除子表
                DelsubL(q->info.hlink);
                if (q->info.hlink->info.ref <= 0)
                    delete q->info.hlink;              //删除子表附加头结点
            }
            ls->tlink = q->tlink; delete q;
        }
        delete ls;
    }
};
```

5. 建立广义表的链表表示

假设一个广义表的元素类型 T 是字符类型 char，每个原子元素的值为英文字母，并假定广义表从输入流对象 istream 输入。输入形式如

"D(B(a, b), C(u, (x, y, z)), A(♯));"

建立起来的广义表的存储表示如图 4.27 所示。建立广义表存储结构的算法可以是一个递归算法，也可以是一个使用栈的非递归算法，本节给出的建表算法属于后者。

在算法的执行过程中，对于从输入流对象输入的一个字符，检测它的内容。如果遇到用大写字母表示的表名，首先检查这个表名是否已经存在，如果已经存在，说明该表是共享表，只要将相应附加头结点的引用计数加 1 即可；如果不存在，保存该表名并建立相应广义表。表名后面一定是左括号"("，不是则输入错，是则建立广义表的子表结构。如果遇到用小写字母表示的原子，则建立原子结点；如果遇到右括号")"，子表链收尾并退到栈顶保存的上一层子表。注意在空表情形表名后面一定要有一对括号，里面不应有任何字符。整个广义表描述字符串以'♯'结束。

程序 4.24　建立广义表的算法

```
template <class T>
void GenList<T>::CreateGenList(T in[]) {
//从广义表的字符串描述 in 出发，建立一个带附加头结点的广义表,要求输入以'♯'结束
    T chr; int c = 0, j, u = 0;
    GenListNode<T> * ST[stackSize]; int top = -1;    //建地址栈
    GenListNode<T> * s, * t;
    chr = in[c++];                                     //读入一个字符,应是表名
    NATable[count].name = chr;                        //进名址表
    chr = in[c++];                                     //再读入一个字符,应是'('
    if (chr !='(') {cerr << "输入错! \n"; return;}
    first = new GenListNode<T>;                        //创建根结点
    first->utype = 0; first->info.ref = 0;
    ST[++top] = first;
    NATable[count++].addr = first;                     //进名址表
```

```
    chr = in[c++];
    while (chr != '#') {                                    //'#'是输入串最后字符
        if (chr >= 'A' && chr <= 'Z') {                     //大写字母情形,是表名
            s = new GenListNode<T>; s->utype = 2;           //建子表结点
            ST[top]->tlink = s; ST[top] = s;                //结点尾链接,进栈
            for (j = 0; j < count; j++)
                if (NATable[j].name == chr) break;          //在名址表中查找
            if (j < count) {                                //在名址表中查到
                t = NATable[j].addr;                        //共享表头结点
                t->info.ref++;                              //头结点中引用计数加1
                do {                                        //跳过该子表
                    if (in[c] == '(') u++;
                    else if (in[c] == ')') u--;
                    c++;
                } while (u != 0);
                s->info.hlink = t;                          //子表 hlink 指向共享结点
            }
            else NATable[count].name = chr;
        }
        else if (chr == '(') {                              //左括号情形,建子表
            s = new GenListNode<T>;                         //建子表的头结点
            s->utype = 0; s->info.ref = 1;
            ST[top]->info.hlink = s; ST[++top] = s;         //结点头链接,进栈
            NATable[count++].addr = s;
        }
        else if (chr >= 'a' && chr <= 'z') {                //小写字母情形,建原子
            s = new GenListNode<T>;
            s->utype = 1; s->info.value = chr;              //建原子结点
            ST[top]->tlink = s; ST[top] = s;                //结点尾链接,栈顶换 * s
        }
        else if (chr == ')') {                              //右括号情形,封闭子表
            t = ST[top--]; t->tlink = NULL;                 //退栈结点尾指针置空
        }
        chr = in[c++];
    }
    cout << "NATable: " << endl;                            //输出已建名址表
    for (j = 0; j < count; j++)
        cout << NATable[j].name << " (" << NATable[j].addr << ")\n";
};
```

该算法需要扫描输入广义表中的所有字符,并且处理每个字符都是简单的比较或赋值操作,其时间复杂度为 $O(1)$,所以整个算法的时间复杂度为 $O(n)$,n 表示广义表中所有字符的个数,由于平均每两个字符可以生成一个表结点或单元素结点,所以 n 也可以看作是

生成的广义表中所有结点的个数。在这个算法中,用到了一个栈,记忆建表过程中的结点地址,以便为后续结点进行链接,所占空间不会超过生成的广义表中所有结点的个数,因此其空间复杂度也为 $O(n)$。

输出广义表的算法留给读者来完成。如果广义表不是共享表,可以借助二叉树输出的思想来解决;如果广义表是共享表,需要识别和处理共享结点。此外,递归表的处理必须考虑递归结束的问题。

习　　题

一、单项选择题

1. 在二维数组中,每个数组元素同时处于(　　)个向量中。

    A. 0　　　　　　　　B. 1　　　　　　　　C. 2　　　　　　　　D. n

2. 多维数组实际上是由(　　)实现的。

    A. 一维数组　　　　B. 多项式　　　　　C. 三元组表　　　D. 简单变量

3. 在二维数组 $A[8][10]$ 中,每个数组元素 $A[i][j]$ 占用 3 个存储空间,所有数组元素相继存放于一个连续的存储空间中,则存放该数组至少需要的存储空间是(　　)个。

    A. 80　　　　　　　B. 100　　　　　　　C. 240　　　　　　　D. 270

4. 设有一个二维数组 $A[10][20]$,按行存放于一个连续的存储空间中,$A[0][0]$ 的存储地址是 200,每个数组元素占 1 个存储字,则 $A[6][2]$ 的地址为(　　)。

    A. 226　　　　　　B. 322　　　　　　　C. 341　　　　　　　D. 342

5. 设有一个二维数组 $A[10][20]$,按列存放于一个连续的存储空间中,$A[0][0]$ 的存储地址是 200,每个数组元素占 1 个存储字,则 $A[6][2]$ 的地址为(　　)。

    A. 226　　　　　　B. 322　　　　　　　C. 341　　　　　　　D. 342

6. 设有一个 $n \times n$ 的对称矩阵 A,将其下三角部分按行存放在一个一维数组 B 中,$A[0][0]$ 存于 $B[0]$ 中,那么第 i 行的对角元素 $A[i][i]$ 存放于 B 中(　　)处。

    A. $(i+3)*i/2$　　　　　　　　　　B. $(i+1)*i/2$

    C. $(2n-i+1)*i/2$　　　　　　　　D. $(2n-i-1)*i/2$

7. 设有一个 $n \times n$ 的对称矩阵 A,将其上三角部分按行存放在一个一维数组 B 中,$A[0][0]$ 存于 $B[0]$ 中,那么第 i 行的对角元素 $A[i][i]$ 存放于 B 中(　　)处。

    A. $(i+3)*i/2$　　　　　　　　　　B. $(i+1)*i/2$

    C. $(2n-i+1)*i/2$　　　　　　　　D. $(2n-i-1)*i/2$

8. 设有一个 n 阶的三对角线矩阵 A 中,任意非零元素 $A[i][j]$ 的行下标必须满足 $0 \leqslant i \leqslant n-1$,而列下标必须满足(　　)。

    A. $0 \leqslant j \leqslant n-1$　　　B. $i-1 \leqslant j \leqslant i+1$　　　C. $0 \leqslant j \leqslant i$　　　D. $i \leqslant j \leqslant n-1$

9. 字符串可定义为 $n(n \geqslant 0)$ 个字符的有限(　　),其中,n 是字符串的长度,表明字符串中字符的个数。

    A. 集合　　　　　　B. 数列　　　　　　C. 序列　　　　　　D. 聚合

10. 设有两个串 t 和 p,求 p 在 t 中首次出现的位置的运算称为(　　)。

A. 求子串　　　　B. 模式匹配　　　　C. 串替换　　　　D. 串连接

11. 设有一个广义表 $A(a)$，其表尾为(　　)。

A. a　　　　B. $(())$　　　　C. 空表　　　　D. (a)

12. 设有一个广义表 $A((x,(a,b)),(x,(a,b),y))$，运算 $Head(Head(Tail A.))$ 的执行结果为(　　)。

A. x　　　　B. (a,b)　　　　C. $(x,(a,b))$　　　　D. A

13. 下列广义表中的线性表是(　　)。

A. $E(a,(b,c))$　B. $E(a,E)$　　　　C. $E(a,b)$　　　　D. $E(a,L())$

14. 对于一组广义表 $A()$，$B(a,b)$，$C(c,(e,f,g))$，$D(B,A,C)$，$E(B,D)$，其中的 E 是(　　)。

A. 线性表　　　　B. 纯表　　　　C. 递归表　　　　D. 再入表

15. 已知广义表 $A((a,b,c),(d,e,f))$，从 A 中取出原子 e 的运算是(　　)。

A. $Tail(Head(A))$　　　　　　　　B. $Head(Tail(A))$

C. $Head(Tail(Head(Tail(A))))$　　　D. $Head(Head(Tail(Tail(A))))$

二、填空题

1. 数组是相同＿＿＿＿＿＿的元素组成的集合。其中的每个数组元素所占用的存储空间相等。

2. 一维数组所占用的空间是连续的。但数组元素不一定顺序存取，可以按元素的＿＿＿＿＿＿存取。

3. 在程序运行过程中不能扩充的数组是＿＿＿＿＿＿分配的数组。这种数组在声明它时必须指定它的大小。

4. 在程序运行过程中可以扩充的数组是＿＿＿＿＿＿分配的数组。这种数组在声明它时必须使用数组指针。

5. 二维数组是一种非线性结构，其中的每个数组元素最多有＿＿＿＿＿＿个直接前驱（或直接后继）。

6. 若设一个 $n \times n$ 的矩阵 A 的开始存储地址 $LOC(0,0)$ 及元素所占存储单元数 d 已知，按行存储时其任意一个矩阵元素 $a[i][j]$ 的存储地址为＿＿＿＿＿＿。

7. 对称矩阵的行数与列数＿＿＿＿＿＿且以主对角线为对称轴，$a_{ij} = a_{ji}$，因此只存储它的上三角部分或下三角部分即可。

8. 将一个 n 阶对称矩阵的上三角部分或下三角部分压缩存放于一个一维数组中，则一维数组需要存储＿＿＿＿＿＿个矩阵元素。

9. 将一个 n 阶对称矩阵 A 的上三角部分按行压缩存放于一个一维数组 B 中，$A[0][0]$ 存放于 $B[0]$ 中，则 $A[i][i]$ 在 $i \leqslant j$ 时将存放于数组 B 的＿＿＿＿＿＿位置。

10. 将一个 n 阶对称矩阵 A 的下三角部分按行压缩存放于一个一维数组 B 中，$A[0][0]$ 存放于 $B[0]$ 中，则 $A[i][j]$ 在 $i \geqslant j$ 时将存放于数组 B 的＿＿＿＿＿＿位置。

11. 将一个 n 阶三对角矩阵 A 的三条对角线上的元素按行压缩存放于一个一维数组 B 中，$A[0][0]$ 存放于 $B[0]$ 中。对于任意给定数组元素 $A[i][j]$，如果满足 $0 \leqslant i \leqslant n-1$，＿＿＿＿＿＿，则该元素一定能在数组 B 中找到。

12. 将一个 n 阶三对角矩阵 A 的三条对角线上的元素按行压缩存放于一个一维数组 B 中，$A[0][0]$ 存放于 $B[0]$ 中。对于任意给定数组元素 $A[i][j]$，如果它能够在数组 B 中找到，则它应在_____位置。

13. 将一个 n 阶三对角矩阵 A 的三条对角线上的元素按行压缩存放于一个一维数组 B 中，$A[0][0]$ 存放于 $B[0]$ 中。对于任意给定数组元素 $B[k]$，它应是 A 中第_____行的元素。

14. 利用三元组表存放稀疏矩阵中的非零元素，则在三元组表中搜索指定矩阵元素 $A[i][j]$ 的值，只能在三元组表中_____搜索。

15. 若设串 S = "documentHash.doc\0"，则该字符串 S 的长度为_____。

16. 一般可将广义表定义为 n（$n \geqslant 0$）个_____组成的有限序列。

17. 非空广义表第一个表元素称为广义表的_____。

18. 非空广义表的除第一个元素外其他元素组成的表称为广义表的_____。

19. 广义表 $A((a, b, c), (d, e, f))$ 的表尾为_____。

20. 广义表的深度定义为广义表括号的_____。

三、判断题

1. 如果采用如下方式定义一维字符数组：

```
const int maxSize = 30;
char a[maxSize];
```

则这种数组在程序执行过程中不能扩充。　　　　　　　　　　　　　（　　）

2. 如果采用如下方法定义一维字符数组：

```
const int maxSize = 30;
char * a = new char[maxSize];
```

则这种数组在程序执行过程中不能扩充。　　　　　　　　　　　　　（　　）

3. 二维数组可以视为数组元素为一维数组的一维数组。因此，二维数组是线性结构。
　　　　　　　　　　　　　　　　　　　　　　　　　　　　　　　　（　　）

4. 数组是一种数据结构，数组元素之间的关系既不是线性的也不是树形的。　（　　）

5. n 阶三对角矩阵在总共 n^2 个矩阵元素中最多只有 $3n-2$ 个非零元素，因此它是稀疏矩阵。　　　　　　　　　　　　　　　　　　　　　　　　　　　　　（　　）

6. 插入与删除操作是数据结构中最基本的两种操作，因此这两种操作在数组中也经常使用。　　　　　　　　　　　　　　　　　　　　　　　　　　　　　（　　）

7. 使用三元组表示稀疏矩阵中的非零元素能节省存储空间。　　　　　　（　　）

8. 用字符数组存储长度为 n 的字符串，数组长度至少为 $n+1$。　　　　（　　）

9. 一个广义表的表头总是一个广义表。　　　　　　　　　　　　　　　（　　）

10. 一个广义表的表尾总是一个广义表。　　　　　　　　　　　　　　（　　）

11. 一个广义表 $((a), ((b), c), (((d))))$ 的长度为 3，深度为 4，表尾是 $((b), c), (((d)))$。　　　　　　　　　　　　　　　　　　　　　　　　　　　　　　　（　　）

12. 因为广义表有原子结点和子表结点之分，若把原子结点当作叶结点，子表结点当作

分支结点,可以借助二叉树的前序遍历算法对广义表进行遍历。 ( )

四、简答题

1. 对于一个 $n \times n$ 的矩阵 A 的任意矩阵元素 $a[i][j]$,按行存储和按列存储时的地址之差是多少?(若设两种存储的开始存储地址 $LOC(0,0)$ 及元素所占存储单元数 d 相同)

2. 设有一个 10×10 的对称矩阵 A,将其下三角部分按行存放在一个一维数组 B 中,$A[0][0]$ 存放于 $B[0]$ 中,那么 $A[8][5]$ 存放于 B 中什么位置?

3. 设有一个 10×10 的对称矩阵 A,将其上三角部分按行存放在一个一维数组 B 中,$A[0][0]$ 存放于 $B[0]$ 中,那么 $A[8][5]$ 存放于 B 中什么位置?

4. 设有一个 $n \times n$ 的对称矩阵 A,将其下三角部分按行压缩存放于一个一维数组 B 中,$A[0][0]$ 存放于 $B[0]$ 中:

$$B = \{A_{00}, A_{10}, A_{11}, A_{20}, A_{21}, A_{22}, \cdots, A_{n-1\,0}, A_{n-1\,1}, A_{n-1\,2}, \cdots, A_{n-1\,n-1}\}$$

现有两个函数 $\max(i,j)$ 和 $\min(i,j)$,分别代表下标 i 和 j 中的大者与小者。利用它们给出求任意一个 $A[i][j]$ 在 B 中存放位置的公式。(若式中没有 $\max(i,j)$ 和 $\min(i,j)$ 则不给分)

5. 设有一个 $n \times n$ 的对称矩阵 A,将其上三角部分按列压缩存放于一个一维数组 B 中:

$$B = [A_{00}, A_{01}, A_{11}, A_{02}, A_{12}, A_{22}, \cdots, A_{0\,n-1}, A_{1\,n-1}, A_{2\,n-1}, \cdots, A_{n-1\,n-1}]$$

同时有两个函数:$\max(i,j)$ 和 $\min(i,j)$,分别计算下标 i 和 j 中的大者与小者。利用它们给出求任意一个 $A[i][j]$ 在 B 中存放位置的公式。(若式中没有 $\max(i,j)$ 和 $\min(i,j)$ 则不给分)

6. 设有一个 50 阶的三对角矩阵 A,将其主对角线和上、下两条次对角线的非零元素按行存放于一个一维数组 B 中,$A[0][0]$ 存放于 $B[0]$ 中,则 $A[34][35]$ 存于 B 中的什么位置?

7. 设有一个二维数组 $A[m][n]$,假设 $A[0][0]$ 存放位置为 $644_{(10)}$,$A[2][2]$ 存放位置为 $676_{(10)}$,每个元素占一个存储字,则 $A[4][4]$ 存放在什么位置?

8. 设有一个二维数组 $A[11][6]$,按行存放于一个连续的存储空间中,$A[0][0]$ 的存储地址是 1000,每个数组元素占 4 个存储字,则 $A[8][4]$ 的地址在什么地方?

9. 设有一个三维数组 $A[10][20][15]$,按页/行/列存放于一个连续的存储空间中,每个数组元素占 4 个存储字,首元素 $A[0][0][0]$ 的存储地址是 1000,则 $A[8][4][10]$ 存放于什么地方?

10. 已知两个串分别为 str1 = "(xyz) + * ", str2 = "(x+z) * y",利用字符串的基本操作,将 str1 转换成 str2。

11. 设有一个长度为 $n(n>0)$ 的串。

(1) 该串的子串有多少个?

(2) 该串的后缀子串有多少个? 如何进行后缀子串的比较?

12. 在串模式匹配的 KMP 算法中,求模式的失配函数 next 值的定义如下:

$$\text{next}(j) = \begin{cases} -1, & \text{当 } j=0 \\ k+1, & \text{当 } 0 \leqslant k < j-1 \text{ 且使得 } p_0 p_1 \cdots p_k = p_{j-k-1} p_{j-k} \cdots p_{j-1} \text{ 的最大整数} \\ 0, & \text{其他情况} \end{cases}$$

（1）当 $j=0$ 时，为何要取 next[0] $= -1$？

（2）当 $j>0$ 时，为何要取 next[j] 为令 $p_0 p_1 \cdots p_k = p_{j-k-1} p_{j-k} \cdots p_{j-1}$ 的最大整数 $k+1$？其中，称 $p_0 p_1 \cdots p_k$ 为串 $p_0 p_1 \cdots p_{j-1}$ 的前缀子串，$p_{j-k-1} p_{j-k} \cdots p_{j-1}$ 为串 $p_0 p_1 \cdots p_{j-1}$ 的后缀子串，它们都是原串的真子串。

（3）其他情况是什么情况？为何要取 next[j] $=0$？

13. 设串 s 为"aaab"，串 t 为"abcabaa"，串 r 为"abc□aabbabcabaacb"，分别计算它们的 next 函数的值。

14. 对目标串 T $=$ "ababbaabaa"，模式串 P $=$ "aab"，按 KMP 算法进行快速模式匹配，并用图分析计算过程。

15. 画出以下广义表的图形表示。

（1）$D(A(c), B(e), C(a, L(b, c, d)))$。

（2）$A(a, B(b, d), C(c, B(b, d), L(e, f, g)))$。

（3）$J_1(J_2(J_1, a, J_3), J_3(J_1))$。

16. 设广义表 $((), a, (b, (c, d)), (e, f))$ 采用层次表示，画出对应存储结构图。

17. 给出广义表 $((), ((())), ((())))$ 的深度和长度，并按层次表示画出其存储结构图。

五、算法题

1. 设计一个递归算法，判断在一个整数数组 $A[n]$ 中所有整数是否按升序排列。

2. 给定一个整数数组 $A[n]$，设计一个算法，在 A 中寻找一个整数，它大于或等于左侧所有整数，小于或等于右侧所有整数。例如，若 $A = \{12, 39, 43, 15, 01, 31, 47, 54, 65\}$，整数 47 即为所求。

3. 设有一个整数数组 $A[n]$，设计一个算法，从 $A[i]$（$i = 0, 1, \cdots, n-1$）建立一个带有头结点的循环单链表。要求链表中所有的整数按从小到大的顺序排列且重复的数据在链表中只保存一个。算法返回指向链表表头结点的指针。

4. 设一个整数矩阵 $A_{m \times n}$ 用二维数组 $A[m][n]$ 存放，设计一个算法，判断 A 中所有元素是否互不相同。

5. 若矩阵 $A_{m \times n}$ 中的某一元素 $A[i][j]$ 是第 i 行中的最小值，同时又是第 j 列中的最大值，则称此元素为该矩阵的一个鞍点。假设以二维数组存放矩阵，编写一个函数，确定鞍点在数组中的位置（若鞍点存在时），并分析该函数的时间复杂度。

6. 设有两个 $n \times n$ 的对称矩阵，都按行优先方式顺序存储矩阵的上三角部分在一维数组 A 和 B 中，设计一个算法，实现两个矩阵相加，结果按同样方式存放于一维数组 C 中。

7. 设有两个 $n \times n$ 的对称矩阵，都按行优先方式顺序存储矩阵的上三角部分在一维数组 A 和 B 中，设计一个算法，实现两个矩阵相乘，结果存放于二维数组 C 中。

8. 设一个 $m \times n$ 的稀疏矩阵存放于二维数组 $A[m][n]$ 中，设计一个算法，从 A 生成稀疏矩阵的三元组表示。

9. 设稀疏矩阵 $M_{m \times n}$ 采用三元组表 A 表示。设计一个算法，查找值为 x 的元素。

10. 设计一个递归算法，将整数字符串转换为整数。（例："43567\0" → 43567）

11. 把一个字符串 str 中所有字符循环右移形成的新词称为原词 str 的轮转词。例如，

str1 = "abcd", str2 = "cdab",则 str1 和 str2 互为轮转词。设计一个算法,判断两个字符串 str1 与 str2 是否互为轮转词。

12. 一个字符串 str1 中所有字符随意互换位置得到的新词称为原词的重组词。例如, str1 = "123", str2 = "321",则 str1 和 str2 互为重组词。设计一个算法,判断两个字符串 str1 与 str2 是否互为重组词。

13. 编写一个算法 frequency,统计在一个输入字符串中各个不同字符出现的频度。算法返回两个数组:$A[\ ]$记录串中有多少种不同的字符,$C[\ ]$记录每种字符的出现次数。此外,还要返回不同字符数。

第 5 章 树

到目前为止,我们已经学习了线性结构和表结构。这些数据结构一般不适合于描述具有分支结构的数据。在这种数据之间可能有祖先—后代、上级—下属、整体—部分等分支的关系。本章引入的树形结构则是以分支关系定义的层次结构,是一类重要的非线性数据结构,在计算机领域有着广泛应用。例如,在文件系统和数据库系统中,树是组织信息的重要形式之一;在编译系统中,树用来表示源程序的语法结构;在算法设计与分析中,树还是刻画程序动态性质的工具。本章讨论树、二叉树、森林,还要讨论堆与优先级队列,以及树的应用实例,即 Huffman 树。

5.1 树的基本概念

树结构广泛存在于现实世界,例如,家族的家谱、公司的组织机构、书的章节等。在计算机应用中,最为人们熟悉的就是磁盘中的文件夹,即文件目录。它包含文件和文件夹。

5.1.1 树的定义和术语

为了完整地建立有关树的基本概念,以下给出两种树的定义,即自由树(见图 5.1)和有根有序树。

自由树(free tree)。一棵自由树 T_f 可定义为一个二元组 $T_f = (V, E)$,其中 $V = \{v_1, v_2, \cdots, v_n\}$ 是由 n $(n > 0)$ 个元素组成的有限非空集合,称为顶点(vertex)集合,v_i $(1 \leqslant i \leqslant n)$ 称为顶点。$E = \{(v_i, v_j) \mid v_i, v_j \in V, 1 \leqslant i, j \leqslant n\}$ 是由 $n-1$ 个元素组成的序对集合,称为边集合,E 中的元素 (v_i, v_j) 称为边(edge)或分支(branch)。E 使得 T_f 成为一个连通图(参见图论的有关定义)。

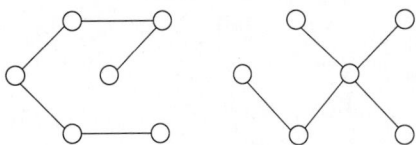

图 5.1 自由树

有关自由树的研究是图论讨论的主要内容之一,本书不讨论。本章讨论的树是有根有序树,它们的顶点统一称为结点(node)。

有根树(rooted tree)。一棵有根树 T,简称树,它是 $n(n \geqslant 0)$ 个结点的有限集合。当 $n = 0$ 时,T 称为空树;否则,T 是非空树,记作

$$T = \begin{cases} \phi, & n = 0 \\ \{r, T_1, T_2, \cdots, T_m\}, & n > 0 \end{cases}$$

其中,r 是 T 的一个特殊结点,称为根(root)。$T_1, T_2, \cdots, T_m$ 是除 r 之外其他结点构成的互不相交的 $m(m \geqslant 0)$ 个子集,每个子集也是一棵树,称为根的子树(subtree)。

每棵子树的根结点有且仅有一个直接前驱(即它的上层结点),但可以有 0 个或多个直接后继(即它的下层结点)。m 称为 r 的分支数。

图 5.2 给出树的逻辑表示,它形如一棵倒长的树。图 5.2(a)是空树,一个结点也没有。

图 5.2(b)是只有一个根结点的树,它的子树为空。图 5.2(c)是有 13 个结点的树,其中 A 是根结点,它一般都画在树的顶部。其余结点分成 3 个互不相交的子集:$T_1 = \{B, E, F, K, L\}$,$T_2 = \{C, G\}$,$T_3 = \{D, H, I, J, M\}$。它们都是根结点 A 的子树。再看 T_1,它的根是 B,其余结点又分成 2 个互不相交的子集 $T_{11} = \{E, K, L\}$,$T_{12} = \{F\}$,它们是 T_1 的子树。

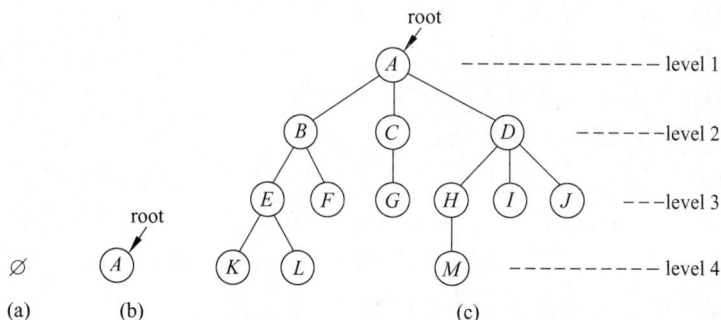

图 5.2 树的示意图

由此可知,树的定义是一个递归的定义,即树的定义中又用到了树的概念。

除了图 5.2 所描述的逻辑表示外,在计算机系统和其他领域还有几种表示方法,如图 5.3 所示。图 5.3(a)是树的目录结构表示;图 5.3(b)是树的集合文氏图表示;图 5.3(c)是树的凹入表表示;图 5.3(d) 是树的广义表表示。

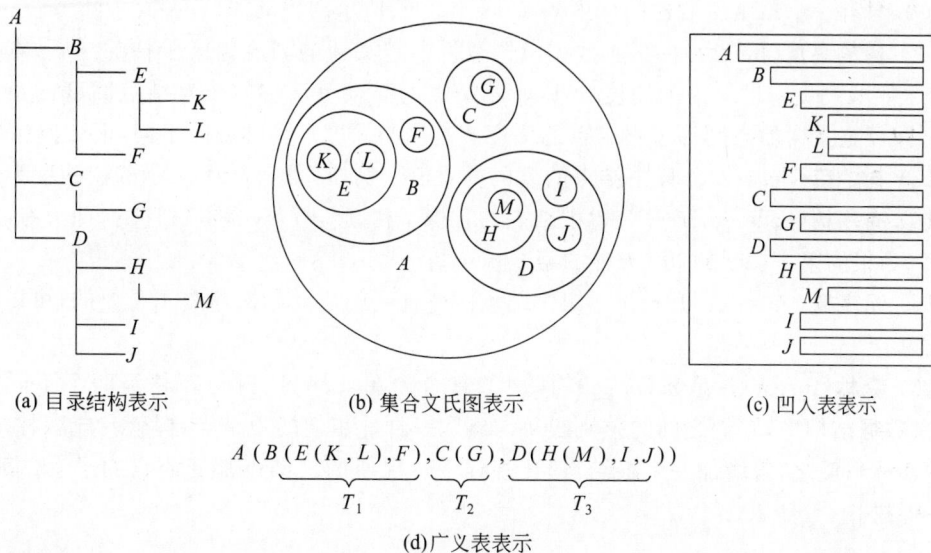

(a) 目录结构表示   (b) 集合文氏图表示   (c) 凹入表表示

$$A(B(E(K, L), F), C(G), D(H(M), I, J))$$

T_1 T_2 T_3

(d)广义表表示

图 5.3 树的其他表示方法

下面介绍有关树的一些术语,它们在本书后续章节将经常遇到。

(1) **结点**(node)。它包含数据项及指向其他结点的分支。例如在图 5.2(c)中的树总共 13 个结点。为方便起见,每个数据项用单个字母表示。

(2) **结点的度**(degree)。结点所拥有的子树棵数。例如在图 5.2(c)所示的树中,根 A

的度为 3,结点 E 的度为 2,结点 K,L,F,G,M,I,J 的度为 0。

(3) **叶结点**(leaf)。即度为 0 的结点,又称终端结点。例如,在图 5.2(c) 所示的树中,$\{K,L,F,G,M,I,J\}$ 构成树的叶结点的集合。

(4) **分支结点**(branch)。除叶结点外的其他结点,又称非终端结点。例如在图 5.2(c) 所示的树中,A,B,C,D,E,H 就是分支结点。

(5) **子女结点**(child)。若结点 x 有子树,则子树的根结点即为结点 x 的子女。例如在图 5.2(c) 所示的树中,结点 A 有 3 个子女,结点 B 有 2 个子女,结点 L 没有子女。

(6) **父结点**(parent)。若结点 x 有子女,它即为子女的父结点。例如在图 5.2(c) 所示的树中,结点 B,C,D,E 有一个父结点,根结点 A 没有父结点。

(7) **兄弟结点**(sibling)。同一父结点的子女互称为兄弟。例如在图 5.2(c) 所示的树中,结点 B,C,D 为兄弟,结点 E,F 也为兄弟,但结点 F,G,H 不是兄弟结点。

(8) **祖先结点**(ancestor)。从根结点到该结点所经分支上的所有结点。例如在图 5.2(c) 所示的树中,结点 L 的祖先为 A,B,E。

(9) **子孙结点**(descendant)。某一结点的子女,以及这些子女的子女都是该结点的子孙。例如在图 5.2(c) 所示的树中,结点 B 的子孙为 E,F,K,L。

(10) **结点所处层次**(level)。简称结点的层次,即从根到该结点所经路径上的分支条数。例如在图 5.2(c) 所示的树中,根结点在第 1 层,它的子女在第 2 层。树中任一结点的层次为它的父结点的层次加 1。结点所处层次也称结点的深度。

(11) **树的深度**(depth)。树中距离根结点最远的结点所处层次即为树的深度。空树的深度为 0,只有一个根结点的树的深度为 1,图 5.2(c) 所示的树的深度为 4。

(12) **树的高度**(height)。很多数据结构教科书定义树的高度等同于树的深度,本书则从下向上定义高度。叶结点的高度为 1,非叶结点的高度等于它的子女结点高度的最大值加 1,这样可定义树的高度等于根结点的高度。高度与深度计算的方向不同,但数值相等。

(13) **树的度**(degree)。树中结点的度的最大值。例如,图 5.2(c) 所示的树的度为 3。

(14) **有序树**(ordered tree)。树中结点的各棵子树 T_1,$T_2 \cdots$ 是有次序的,即为有序树。其中,T_1 为根的第 1 棵子树,T_2 为根的第 2 棵子树……。

(15) **无序树**(unordered tree)。树中结点的各棵子树之间的次序是不重要的,可以互相交换位置。

(16) **森林**(forest)。是 $m(m \geqslant 0)$ 棵树的集合。在自然界,树与森林是两个不同的概念,但在数据结构中,它们之间的差别很小。删除一棵非空树的根结点,树就变成森林(不排除空的森林);反之,若增加一个根结点,让森林中每棵树的根结点都变成它的子女,森林就成为一棵树。

5.1.2 树的抽象数据类型

下面给出树的抽象数据类型。利用树的抽象数据类型中提供的操作,就能实现许多应用问题的解法。

程序 5.1 树的抽象数据类型
class Tree {
//对象:树是由 n($\geqslant$0)个结点组成的有限集合。在类界面中的 position 是树中结点的地址,

//在顺序存储方式下是下标型，在链接存储方式下是指针型。T 是结点中存放数据的类型，要
//求所有结点的数据类型都是一致的

public：

    position Root( )；   //返回根结点地址，若树为空，则返回 0

    BuildRoot(const T& value)；   //建立树的根结点

    position FirstChild(position p)；   //返回 p 第一个子女地址，无子女返回 0

    position NextSibling(position p)；   //返回 p 下一兄弟地址，若无下一兄弟返回 0

    position Parent(position p)；   //返回 p 父结点地址，若 p 为根返回 0

    T getData(position p)；   //函数返回结点 p 中存放的值

    bool InsertChild(const position p, const T &value)；

    //在结点 p 下插入值为 value 的新子女，若插入失败，函数返回 false，否则返回 true

    bool DeleteChild(position p, int i)；

    //删除结点 p 的第 i 个子女及其全部子孙结点，若删除失败，则函数返回 false；若删除

    //成功，则函数返回 true

    void DeleteSubTree(position t)；   //删除以 t 为根结点的子树

    bool IsEmpty( )；   //判断树是否为空。若空则返回 true

    void Traversal(void (* visit)(position p))；

    //遍历，visit 是用户自编的访问结点 p 数据的函数

}；

5.2　二　叉　树

二叉树(binary tree)是树形结构的一种重要类型。

5.2.1　二叉树的定义

二叉树。这个定义也是以递归形式给出的：一棵二叉树是结点的一个有限集合，该集合或者为空，或者是由一个根结点加上两棵分别称为左子树和右子树的、互不相交的二叉树组成。

$$T = \begin{cases} \phi, & n=0 \\ \{r, T_L, T_R\}, & n>0 \end{cases}$$

二叉树的子树 T_L、T_R 仍是二叉树，到达空子树时递归的定义结束。许多基于二叉树的算法都利用了这个递归的特性。

二叉树的特点是每个结点最多有两个子女，分别称为该结点的左子女和右子女。就是说，在二叉树中不存在度大于 2 的结点，并且二叉树的子树有左、右之分，其子树的次序不能颠倒。因此，二叉树是分支数最大不超过 2 的有根有序树。它可能有 5 种不同的形态，如图 5.4 所示。图 5.4 (a)表示一棵空二叉树；图 5.4(b)是只有根结点的二叉树；根的左子树和右子树

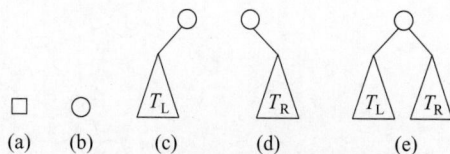

图 5.4　二叉树的 5 种不同形态

都是空的；图 5.4(c)是根的右子树为空的二叉树；图 5.4(d)是根的左子树为空的二叉树；

图 5.4(e)是根的两棵子树都不为空的二叉树。二叉树的任意形状都是基于这 5 种形态经过组合或嵌套而形成的。

关于树的术语对于二叉树都适用。

5.2.2　二叉树的性质

二叉树具有如下性质：

性质 5.1　在二叉树的第 $i(i \geqslant 1)$ 层最多有 2^{i-1} 个结点。

【证明】　用归纳法：当 $i = 1$ 时，非空二叉树在第 1 层只有一个根结点，$2^{1-1} = 2^0 = 1$，结论成立；现假定对于所有的 j，$1 \leqslant j < i$，结论成立，即第 j 层上至多有 2^{j-1} 个结点，则在第 $i-1$ 层至多有 2^{i-2} 个结点。由于二叉树每个结点最多有 2 个子女，因此第 i 层上的最大结点数为第 $i-1$ 层上最大结点数的 2 倍，即 $2 \times 2^{i-2} = 2^{i-1}$ 个结点，性质成立。

性质 5.2　深度为 $k(k \geqslant 0)$ 的二叉树最少有 k 个结点，最多有 $2^k - 1$ 个结点。

【证明】　因为每层最少要有 1 个结点，因此，最少结点数为 k。$k = 0$ 是空二叉树的情形，此时一个结点也没有，$2^0 - 1 = 0$，结论成立。$k \geqslant 1$ 是非空二叉树情形，具有层次 $i = 1$，2，$\cdots$，k。根据性质 5.1，第 i 层最多有 2^{i-1} 个结点，则整个二叉树中所具有的最大结点数为

$$\sum_{i=1}^{k}(\text{第 } i \text{ 层上最大结点数}) = \sum_{i=1}^{k} 2^{i-1} = 2^k - 1$$

性质 5.3　对任何一棵非空二叉树，如果其叶结点数为 n_0，度为 2 的非叶结点数为 n_2，则

$$n_0 = n_2 + 1$$

【证明】　设二叉树中度为 1 的结点数为 n_1，因为二叉树只有度为 0、度为 1 和度为 2 的结点，所以树中结点总数为 $n = n_0 + n_1 + n_2$。再看二叉树中边（分支）条数 e。因为二叉树中除根结点没有父结点，进入它的边数为 0 之外，其他每一结点都有一个且仅有一个父结点，进入它们的边数均为 1，故二叉树中总的边数为 $e = n - 1 = n_0 + n_1 + n_2 - 1$。又由于每个度为 2 的结点发出 2 条边，每个度为 1 的结点发出 1 条边，度为 0 的结点发出 0 条边，因此总的边数为 $e = 2n_2 + n_1$。将两个关于边的等式等同起来，有 $n_0 + n_1 + n_2 - 1 = 2n_2 + n_1$，消去 n_1 和一个 n_2，得 $n_0 - 1 = n_2$，即 $n_0 = n_2 + 1$，结论成立。

其他一些性质是有关某些特殊二叉树的。为此，先定义两种特殊的二叉树。

满二叉树（full binary tree）。深度为 k 的满二叉树是有 $2^k - 1$ 个结点的二叉树。在满二叉树中，每层结点都达到了最大个数。除最底层结点的度为 0 外，其他各层结点的度都为 2。图 5.5 (a) 给出的就是高度为 4 的满二叉树。

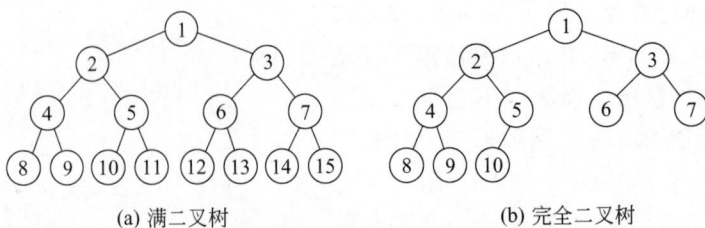

(a) 满二叉树　　　　　　　　　(b) 完全二叉树

图 5.5　两种特殊的二叉树

完全二叉树（complete binary tree） 如果一棵具有 n 个结点的深度为 k 的二叉树，它的每个结点都与深度为 k 的满二叉树中编号为 $1\sim n$ 的结点一一对应，则称这棵二叉树为完全二叉树。图 5.5(b)给出的就是深度为 4 的完全二叉树。其特点：上面从第 $1\sim k-1$ 层的所有各层的结点数都是满的，仅最下面第 k 层或是满的，或从右向左连续缺若干结点。

性质 5.4 具有 n 个结点的完全二叉树的深度为 $\lceil \log_2(n+1) \rceil$。

【证明】 由性质 5.2，深度为 k 的完全二叉树最多结点个数 $n \leqslant 2^k-1$，最少结点个数 $n > 2^{k-1}-1$，因此

$$2^{k-1}-1 < n \leqslant 2^k-1$$

移项得

$$2^{k-1} < n+1 \leqslant 2^k$$

取对数得

$$k-1 < \log_2(n+1) \leqslant k$$

因为 $\log_2(n+1)$ 介于 $k-1$ 和 k 之间且不等于 $k-1$，深度又只能是整数，因此有

$$k = \lceil \log_2(n+1) \rceil$$

结论成立。

注意，此性质针对完全二叉树给出。但对如图 5.6 所示的二叉树也适合。这种二叉树称为理想平衡二叉树，其第 $1\sim k-1$ 层也是满的，达到最大结点个数，第 k 层的结点不一定集中在最左边，可能分布在该层的各处。

有的教科书定义 $k = \lfloor \log_2 n \rfloor + 1$，这与上述定义在 $n > 0$ 时等效，但 $n = 0$ 时不可用。

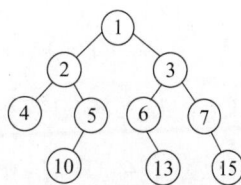

图 5.6 理想平衡二叉树

性质 5.5 如果将一棵有 n 个结点的完全二叉树自顶向下，同一层自左向右连续给结点编号 $1, 2, 3, \cdots, n$，然后按此结点编号将树中各结点顺序地存放于一个一维数组中，并简称编号为 i 的结点为结点 i（$1 \leqslant i \leqslant n$），如图 5.5(b)所示。则有以下关系。

(1) 若 $i == 1$，则结点 i 为根，无父结点；若 $i > 1$，则结点 i 的父结点为结点 $\lfloor i/2 \rfloor$。

(2) 若 $2 \times i <= n$，则结点 i 的左子女为结点 $2 \times i$。

(3) 若 $2 \times i + 1 <= n$，则结点 i 的右子女为结点 $2 \times i + 1$。

(4) 若结点编号 i 为奇数，且 $i != 1$，它处于右兄弟位置，则它的左兄弟为结点 $i-1$。

(5) 若结点编号 i 为偶数，且 $i != n$，它处于左兄弟位置，则它的右兄弟为结点 $i+1$。

(6) 结点 i 所在层次为 $\lfloor \log_2 i \rfloor + 1$。

5.2.3 二叉树的抽象数据类型

下面给出二叉树的抽象数据类型。此定义只给出了二叉树操作的一个最小集合。可以以它为基础增加其他相关的操作。

程序 5.2 二叉树的抽象数据类型

```
class BinaryTree {                          //对象：结点的有限集合,二叉树是有序树
public：
    int Height();                           //返回树的深度或高度
```

```
int Size();                                      //返回树中结点个数
bool IsEmpty();                                  //判断二叉树是否为空
BinTreeNode * Parent(BinTreeNode * current);     //求指定结点的父结点
BinTreeNode * LeftChild(BinTreeNode * current);  //求指定结点的左子女
BinTreeNode * RightChild(BinTreeNode * current); //求指定结点的右子女
bool Insert(T item);                             //按指定规则在树中插入新元素 item
bool Remove(T item);                             //在树中删除元素 item
bool Find(T item);                               //判断 item 是否在树中
bool getData(T& item);                           //取得结点数据,通过 item 返回
BinTreeNode * getRoot();                         //取根
void PreOrder(BinTreeNode * p);                  //前序遍历
void InOrder(BinTreeNode * p);                   //中序遍历
void PostOrder(BinTreeNode * p);                 //后序遍历
void LevelOrder(BinTreeNode * p);                //层次序遍历
};
```

5.3　二叉树的存储表示

二叉树的存储结构有两种:数组方式和链表方式。

5.3.1　二叉树的数组存储表示

二叉树的数组存储表示又称二叉树的顺序存储表示。

在数据处理过程中二叉树的大小和形态不发生剧烈的动态变化的场合,适宜采用数组方式来表示二叉树的抽象数据类型。用数组方式存储二叉树的结构,就是将二叉树的数据元素存储在一组连续的存储单元之内。这种方式可以用 C++ 的数组来描述,用数组元素的下标为索引,随机存取二叉树的结点。这种存储方案必须兼顾树形结构的特点,使各结点能够方便地定位到它的父结点、左子女和右子女。

1. 完全二叉树的数组存储表示

设有一棵完全二叉树,如图 5.7(a)所示,对它所有的结点按照层次次序自顶向下,同一层自左向右顺序编号 1, 2, …, n,就得到一个结点的顺序(线性)序列。按这个线性序列,把这棵完全二叉树放在一个一维数组中,如图 5.7(b)所示。

在数组 BinTree.data$[i]$中存放编号为 i 的完全二叉树的结点。采用这种方式,可以利用完全二叉树的性质 5.5,从一个结点的编号推算出它的父、子女、兄弟等结点的编号,从而找到这些结点。**这种存储表示是存储完全二叉树最简单、最省存储的存储方式。**

2. 一般二叉树的数组表示

设有一棵一般二叉树,如图 5.8(a)所示,需要将它存放在一个一维数组中。为了能够简单地找到某一个结点的上下左右的关系,也必须仿照完全二叉树那样,对二叉树的结点进行编号。然后按其编号将它放到数组中去,如图 5.8

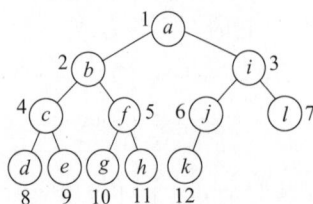

(a) 树形表示

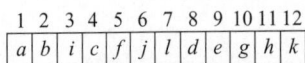

(b) 数组存储

图 5.7　完全二叉树的数组表示

(b)所示。在编号时,如遇到空子树,应在编号时假定有此子树进行编号,而在顺序存储时当作有此子树那样把位置留出来。这样才能反映二叉树结点之间的相互关系,由其存储位置找到它的父结点、子女结点、兄弟结点的位置,但这样做有可能会消耗大量的存储空间。例如,图 5.9 给出的单支二叉树,要求一个可存放 31 个结点的一维数组,但只在第 0,2,6,14,30 这几个位置存放有结点数据,其他大多数结点空间都空着,又不能压缩到一起,造成很大空间浪费。

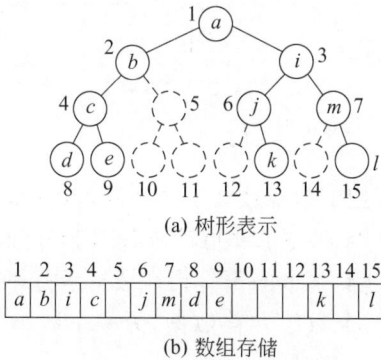

(a) 树形表示

(b) 数组存储

图 5.8　一般二叉树的数组表示

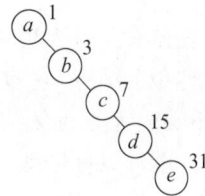

图 5.9　单支树

5.3.2　二叉树的链接存储表示

数组表示法用于完全二叉树的存储表示非常有效,但表示一般二叉树,尤其是形态剧烈变化的二叉树,存储空间的利用不是很理想。使用链接存储表示,可以克服这些缺点。

根据二叉树定义,二叉树的每个结点可以有两个分支,分别指向结点的左、右子树的根结点(如果存在)。因此,二叉树的结点至少应当包括 3 个域,分别存放结点的数据 data、左子女结点指针 leftChild 和右子女结点指针 rightChild,如图 5.10(a)所示。这种链表结构称为二叉链表。**使用这种结构,可以很方便地根据结点 leftChild 指针和 rightChild 指针找到它的左子女和右子女,但要找到它的父结点很困难。** 为了便于查找任一结点的父结点,可以在结点中再增加一个父结点指针域 parent,它被称为三叉链表,如图 5.10(b)所示。

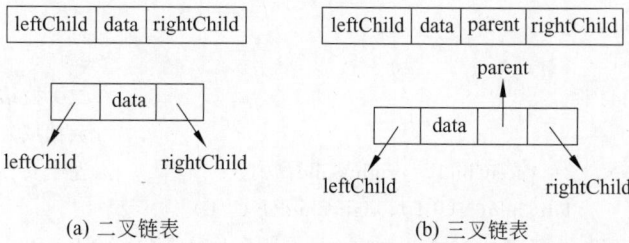

(a) 二叉链表

(b) 三叉链表

图 5.10　二叉树的链接存储表示

整个二叉树的链表有一个表头指针,它指向二叉树的根结点,其作用是当作树的访问点。图 5.11(b)和图 5.11(c)分别是图 5.11(a)所示二叉树的二叉链表和三叉链表。根据性质 5.3 很容易验证,在含有 n 个结点的二叉链表中有 $n+1$ 个空链指针域,这是因为在所有结点的 $2n$ 个链指针域中只有 $n-1$ 个存有边信息的缘故。三叉链表则有 $n+2$ 个空链指针域。

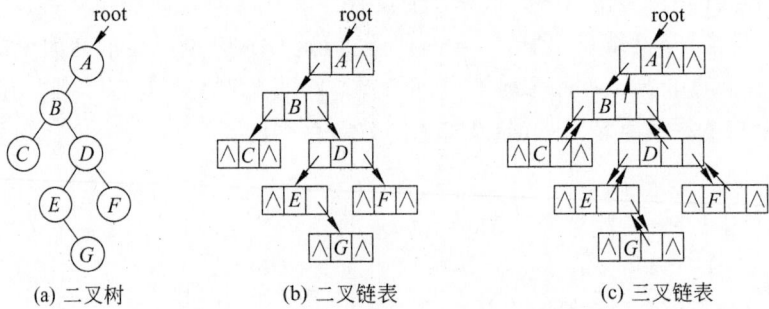

图 5.11 二叉树的链接存储表示的示例

二叉链表和三叉链表可以是静态链表结构,即把链表存放在一个一维数组中,数组中每一数组元素是一个结点,它包括了 3 个域:数据域 data、左子女指针域 leftChild 和右子女指针域 rightChild。为寻找父结点方便,还可增加父指针域 parent。指针域指示另一结点在数组中的下标。也可以把链表分为两个数组存放,一个数组专存数据,另一个数组专存指针(包括 leftChild 指针、rightChild 指针和 parent 指针),如图 5.12 所示。

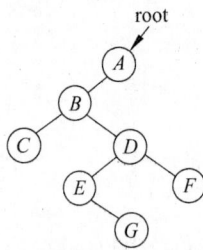

	data	parent	leftChild	rightChild
0	A	−1	1	−1
1	B	0	2	3
2	C	1	−1	−1
3	D	1	4	5
4	E	3	−1	6
5	F	3	−1	−1
6	G	4	−1	−1

图 5.12 静态链表结构

程序 5.3 利用二叉链表的二叉树类定义

```
#include <iostream.h>
#include <stdlib.h>
#include <assert.h>
template <class T>
struct BinTreeNode {                                    //二叉树结点类定义
    T data;                                             //数据域
    BinTreeNode<T> * leftChild, * rightChild;           //左子女、右子女链域
    BinTreeNode(): leftChild(NULL), rightChild(NULL) {}
    BinTreeNode(T x, BinTreeNode<T> * l = NULL, BinTreeNode<T> * r = NULL)
        : data(x), leftChild(l), rightChild(r) {}
};

template <class T>
class BinaryTree {                                      //二叉树类定义
public:
```

```
BinaryTree(): root(NULL) {}                                      //构造函数
BinaryTree(T value): RefValue(value), root(NULL) {}             //构造函数
BinaryTree(BinaryTree<T>& s);                                    //复制构造函数
~BinaryTree() {destroy(root);}                                   //析构函数
bool IsEmpty() {return root == NULL;}                           //判断二叉树是否为空
BinTreeNode<T> * Parent(BinTreeNode <T> * current)             //返回父结点
    if (root == NULL || root == current) return NULL;
        else return Parent(root, current);
int Height() {return Height(root);}                             //返回树的高度
int Size() {return Size(root);}                                 //返回树的结点数
BinTreeNode<T> * getRoot() {return root;}                       //取根
void setRoot(BinTreeNode<T> * p) {root = p;}                    //修改根
BinTreeNode<T> * Search(T item)                                 //搜索
    {return Search(root, item);}
int Insert(T item) {return Insert(root, item);}                //插入新元素
void createBinTree(T in[]) {createBinTree(in, root); }

                                                                //从输入流读入建树
void printBinTree() {printBinTree(root);}                       //用广义表输出二叉树
void Traverse() {Traverse(root,1);}                            //用凹入表输出二叉树
void createBinTree_pre(T pre[])                                //用扩展前序序列建树
    {int n = 0; createBinTree_pre(pre, root, n);}
void PreOrder() {PreOrder(root);}                              //前序遍历
void InOrder() {InOrder(root);}                               //中序遍历
void PostOrder() {PostOrder(root);}                           //后序遍历
void LevelOrder();                                            //层次序遍历
void PreOrder_iter();                                         //非递归前序遍历
void InOrder_iter();                                          //非递归中序遍历
void PostOrder_iter();                                        //非递归后序遍历
friend bool operator == (BinaryTree<T>& s, BinaryTree<T>& t);
                                                              //重载操作:判等
protected:
    BinTreeNode<T> * root;                                    //二叉树的根指针
    T RefValue;                                               //数据输入停止标志
    void destroy(BinTreeNode<T> * & subTree);               //销毁子树
    void createBinTree(T in[], BinTreeNode<T> * & subTree);
                                                              //从广义表串构建二叉树
    void createBinTree_pre(T pre[], BinTreeNode<T> * & subTree, int& n);
                                                              //从扩展前序序列构建二叉树
    BinTreeNode<T> * Parent(BinTreeNode<T> * subTree, BinTreeNode<T> * p);
                                                              //找父结点
    BinTreeNode<T> * Search(BinTreeNode<T> * p, T item);    //搜索
    int Insert(BinTreeNode<T> * & subTree, T item);         //插入
    BinTreeNode<T> * Copy(BinTreeNode<T> * orignode);       //复制
    int Height(BinTreeNode<T> * subTree);                   //求子树的高度
    int Size(BinTreeNode<T> * subTree);                     //求子树的结点数
```

```
        void printBinTree(BinTreeNode<T> * subTree);          //用广义表输出二叉树
        void Traverse(BinTreeNode<T> * subTree, int k);        //用凹入表输出二叉树
        void PreOrder(BinTreeNode<T> * p);                     //前序遍历
        void InOrder(BinTreeNode<T> * p);                      //中序遍历
        void PostOrder(BinTreeNode<T> * p);                    //后序遍历
        bool equal(BinTreeNode<T> * a, BinTreeNode<T> * b);    //判等
};
```

基于以上定义的二叉树部分成员函数的实现如程序 5.4 所示。关于二叉树的搜索算法 Find 和插入算法 Insert 将在 7.2 节介绍二叉搜索树时给出。

程序 5.4　二叉树部分成员函数的实现

```
#include "BinaryTree.h"
template<class T>
void BinaryTree<T>::destroy(BinTreeNode<T> * & subTree) {
//保护函数：若指针 subTree 不为空，则删除根为 subTree 的子树
    if (subTree != NULL) {
        destroy(subTree->leftChild);             //递归删除 subTree 的左子树
        destroy(subTree->rightChild);            //递归删除 subTree 的右子树
        delete subTree;                          //递归 subTree
        subTree = NULL;
    }
};


template <class T>
BinTreeNode<T> * BinaryTree<T>::
Parent(BinTreeNode<T> * subTree, BinTreeNode<T> * cuurent) {
//在子树 subTree 中搜索结点 current 的父结点。若找到
//则函数返回父结点地址，否则函数返回 NULL
    if (subTree == NULL) return NULL;
    if (subTree == current) return NULL;         //根结点无父结点
    if (subTree->leftChild == current || subTree->rightChild == current)
        return subTree;                          //找到,返回父结点 subTree
    BinTreeNode <T> * p;
    if ((p = Parent(subTree->leftChild, current)) != NULL) return p;
                                                 //递归在左子树中搜索
    else return Parent(subTree->rightChild, current);
                                                 //递归在右子树中搜索
};


template <class T>
void BinaryTree<T>::Traverse(BinTreeNode<T> * subTree, int k) {
//按凹入表格式输出根为 subTree 的二叉树,k 是层次（根在 k=1 层）
    for (int i = 0; i < 5 * (k-1); i++) cout << " ";
    if (subTree != NULL) {
        out << subTree->data << endl;            //输出 subTree 的数据值
```

```
        Traverse(subTree->leftChild，k+1)；      //递归搜索并输出 subTree 的左子树
        Traverse(subTree->rightChild，k+1)；     //递归搜索并输出 subTree 的右子树
    }
    else cout << "#" << endl；
}；
```

下面介绍一个采用广义表表示的建立二叉树的算法。算法的具体规定如下：

- 广义表的表名放在表前，表示树的根结点，括号中是根的左、右子树。
- 每个结点的左子树和右子树用逗号隔开。若仅有右子树没有左子树，逗号不能省略。
- 在整个广义表表示输入的结尾加上一个特殊的符号(例如"#"，存于 RefValue 中)表示输入结束。

图 5.13 是从广义表 $A(B(D，E(G，))，C(，F))$# 建立起来的二叉树。

此算法的基本思路：依次从保存广义表的字符串 ls 中输入字符。

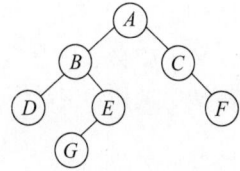

图 5.13 从广义表得到
的二叉树

- 若是字母(假定以字母作为结点的值)，则表示是结点的值，为它建立一个新的结点，并把该结点作为左子女(当 $k = 1$)或右子女(当 $k = 2$)链接到其父结点上。
- 若是左括号"("，则表明子表开始，将 k 置为 1；若遇到的是右括号")"，则表明子表结束。
- 若遇到的是逗号"，"，则表示以左子女为根的子树处理完毕，应接着处理以右子女为根的子树，将 k 置为 2。如此处理每个字符，直到读入结束符"#"为止。在算法中使用了一个栈 s，在进入子表之前将根结点指针进栈，以便括号内的子女链接之用。在子表处理结束时退栈。

程序 5.5   用广义表表示建立和输出二叉树的算法

```
#define stackSize 20
template<clase T>
void BinaryTree<T>::createBinTree (T in[]，BinTreeNode<T> *& BT) {
//算法输入形如"A(B(D,E(G,)),(C,F))#"的广义表串，建立根指针为 BT 的树的二叉链表指针。
//输入串以'#'结束。算法使用了一个内嵌栈
    BinTreeNode<T>  * S[stackSize]；int top = -1；
    BinTreeNode<char>  * p，* t；int k=0，flag；char ch；      //用 flag 作为处理左、右子树标记
    BT = NULL；                           //置空二叉树
    ch = in[k++]；                        //从 in 顺序读入一个字符
    while (ch != '#') {                   //逐个字符处理
        switch (ch) {
        case '('：S[++top] = p；flag = 1；break；   //进入子树
        case ')'：t = S[top--]；break；             //退出子树
        case ','：flag = 2；break；
        default：p = new BinTreeNode <T> (ch)；
            if (BT == NULL) BT = p；
```

```
        else {
            t = S[top];
            if (flag == 1) t->leftChild = p;   //链入 t 的左子女
            else t->rightChild = p;            //链入 t 的右子女
        }
    }
    ch = in[k++];                              //读入下一字符
  }
};
```

在建树算法中,栈 s 的最大深度,即栈中活动记录个数,等于二叉树的高度,而二叉树的高度则等于广义表表示中圆括号嵌套的最大层数加 1。所以当定义栈 s 的数组空间时,其长度(即下标上限值)要大于或等于二叉树的高度减 1。该算法的时间复杂度为 $O(n)$,n 表示二叉树广义表中字符的个数,由于平均每 $2\sim3$ 个字符具有一个元素字符,所以 n 也可以看作是二叉树中元素结点的个数。

5.4 二叉树遍历及其应用

二叉树是最基本的树形结构,也是重点研究的对象,在二叉树上所有可用的操作中,遍历是最常用的操作。二叉树遍历(binary tree traversal)就是遵从某种次序,遍访二叉树中的所有结点,使得每个结点被访问一次,而且只访问一次。这里,"访问"的意思就是对结点施行某些操作,例如查找具有某种属性值的结点,输出结点的信息,修改结点的数据值等,但要求这种访问不破坏它原来的数据结构。

对于线性结构,遍历是一种基本的操作,但二叉树是一种非线性结构,每个结点可能有不止一个直接后继,这样必须规定遍历的规则,按此规则遍历二叉树,最后得到二叉树结点的一个线性序列。

5.4.1 二叉树遍历的递归算法

令 L, R, V 分别代表遍历一个结点的左子树、右子树和访问该结点的操作,则遍历二叉树有 6 种规则:VLR, LVR, LRV, VRL, RVL 和 RLV。若规定先左后右,则仅剩下前面 3 种规则,即 VLR(前序遍历)、LVR(中序遍历)和 LRV(后序遍历)。另 3 种是它们的镜像。

图 5.14 给出了对一棵二叉树的 3 种遍历过程。从图中可以看到,这 3 种遍历过程具有相同的遍历路线,但遍历的结果各不相同。对于每种遍历,树中每个结点都要经过三次(对于叶结点,其左、右子树视为空子树),但前序遍历在第一次遇到结点时立即访问,而中序遍历是在第二次遇到结点时才访问,后序遍历要到第三次(最后一次)遇到结点才访问。

程序 5.6、程序 5.7、程序 5.8 分别给出了中序、前序、后序遍历二叉树的递归实现。它们的差别在于访问语句 cout << subTree->data 所处的位置不同。

程序 5.6 二叉树的中序遍历算法
```
template <class T>
void BinaryTree<T>::InOrder(BinTreeNode<T> * subTree) {
```

```
//递归函数：此算法按照中序遍历以 subTree 为根的子树
    if (subTree != NULL) {                   //递归结束条件
        InOrder(subTree->leftChild);         //中序遍历根的左子树
        cout << subTree->data;               //访问根结点
        InOrder(subTree->rightChild);        //中序遍历根的右子树
    }
};
```

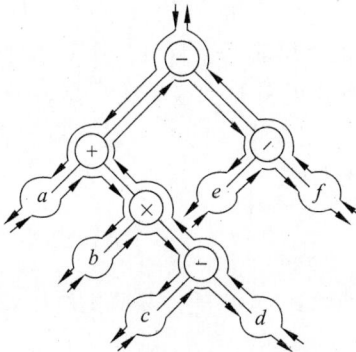

前序遍历　$-+a\times b-cd/ef$

中序遍历　$a+b\times c-d-e/f$

后序遍历　$abcd-\times+ef/-$

图 5.14　相同的遍历路线，不同的遍历结果

例如，对于图 5.14 所示的一个表达式 $a+b\times(c-d)-e/f$ 对应的语法树，执行中序遍历后得到 $a+b\times c-d-e/f$，这个线性序列就是表达式的中缀表示。这个结果与表达式原来的字符顺序一致，但把括号丢失了。这是由于在求线性序列的过程中丢失了一些信息的缘故。

程序 5.7　二叉树的前序遍历算法

```
#include "BinaryTree.cpp"
template <class T>
void BinaryTree<T>::PreOrder(BinTreeNode<T> * subTree) {
//递归函数：此算法按照前序遍历以 subTree 为根的二叉树
    if (subTree != NULL) {                   //递归结束条件
        cout << subTree->data;               //访问根结点
        PreOrder(subTree->leftChild);        //前序遍历根的左子树
        PreOrder(subTree->rightChild);       //前序遍历根的右子树
    }
};
```

对于图 5.14 所示的表达式 $a+b\times(c-d)-e/f$ 的语法树，执行前序遍历算法的结果是线性序列 $-+a\times b-cd/ef$。这是表达式的前缀表示。在此前序遍历结果序列中隐含了树的一些结构信息。第一个被访问的元素一定是二叉树的根，如果根的左子树非空，则在根后紧随的一定是根的左子女；如果左子女为空，则其后紧跟的是其右子树的根。以此类推。

程序 5.8　二叉树的后序遍历算法

```
#include "BinaryTree.cpp"
template <class T>
void BinaryTree<T>::PostOrder(BinTreeNode<T> * subTree) {
```

```
//递归函数:此算法按照后序遍历以 subTree 为根的二叉树
    if (subTree != NULL) {                        //递归结束条件
        PostOrder(subTree->leftChild);            //后序遍历根的左子树
        PostOrder(subTree->rightChild);           //后序遍历根的右子树
        cout << subTree->data;                    //访问根结点
    }
};
```

对于图 5.14 所示的表达式 $a+b\times(c-d)-e/f$ 的语法树,执行后序遍历算法的结果是线性序列 $abcd-\times+ef/-$。这是表达式的后缀表示。这种表示对于计算表达式是十分有用的。此外,在此后序遍历结果序列中也隐含了树的一些结构信息。最后一个被访问的元素一定是二叉树的根,如果根的右子树非空,则在根之前的一定是根的右子女;如果右子女为空,则其前的元素是其左子树的根。以此类推。

5.4.2 二叉树遍历的应用

以上二叉树遍历的方法是构造各种二叉树操作的基础。某些操作如果选用恰当的遍历方法可以简化实现。下面略举几例。

1. 二叉树后序遍历的应用

为了计算二叉树的结点个数,可以遍历根结点的左子树和右子树,分别计算出左子树和右子树的结点个数,然后把访问根结点的语句改为相加语句:二叉树根结点的左子树结点个数加上右子树结点个数,再加上根结点个数,得到整个二叉树的结点个数。

计算二叉树高度的算法类似:如果二叉树为空,则空树的高度为 0;否则先递归计算根结点左子树的高度和右子树的高度,再求出两者中的大者,并加 1(增加根结点时高度加 1),得到整个二叉树的高度。

```
程序 5.9  应用二叉树后序遍历的实例
template <class T>
int BinaryTree<T>::Size(BinTreeNode<T> * subTree) {
//保护函数:计算以 * subTree 为根的二叉树的结点个数
    if (subTree == NULL) return 0;                //递归结束:空树结点个数为 0
    else return 1+Size(subTree->leftChild)+Size(subTree->rightChild);
};


template <class T>
int BinaryTree<T>::Height(BinTreeNode<T> * subTree) {
//保护函数:计算以 * subTree 为根的二叉树的高度
  if (subTree == NULL) return 0;                  //递归结束:空树高度为 0
  else {
      int i = Height(subTree->leftChild);
      int j = Height(subTree->rightChild);
      return (i < j) ? j+1: i+1;
      }
};
```

2. 二叉树前序遍历的应用

为了实现二叉树的复制构造函数,可以利用二叉树的前序遍历算法。若二叉树 s 非空,则首先复制根结点,这相当于二叉树前序遍历算法中的访问根结点语句;然后分别复制二叉树根结点的左子树和右子树,这相当于二叉树前序遍历算法中的遍历左子树和右子树。

程序 5.10　应用二叉树前序遍历的实例

```
template <class T>
BinaryTree<T>::BinaryTree(BinaryTree<T>& s) {
//共有函数:复制构造函数
    root = Copy(s.root);
};


template <class T>
BinTreeNode<T> * BinaryTree<T>::Copy(BinTreeNode<T> * orignode) {
//保护函数:这个函数返回一个指针,它给出一个以 orignode 为根的二叉树的副本
    if (orignode == NULL) return NULL;                          //根为空,返回空指针
    BinTreeNode<T> * temp = new BinTreeNode<T>;                 //创建根结点
    temp->data = orignode->data;                               //传送数据
    temp->leftChild = Copy(orignode->leftChild);              //复制左子树
    temp->rightChild = Copy(orignode->rightChild);            //复制右子树
    return temp;                                                //返回根指针
};
```

3. 利用前序遍历建立二叉树

应用前序遍历的递归算法可以建立二叉树。在此算法中,输入结点值的顺序必须对应二叉树结点前序遍历的顺序,并约定以输入序列中不可能出现的值作为空结点的值以结束递归,此值在 RefValue 中。例如用"♯"或"0"表示字符序列或正整数序列的空结点。

如图 5.15 所示的二叉树,所有结点值为"♯"的结点位于原二叉树的空子树结点的位置,按照前序遍历所得到的前序序列为 $ABC♯♯DE♯G♯♯F♯♯♯$。算法的基本思想:每读入一个值,就为它建立结点。该结点作为根结点,其地址通过函数的引用型参数 subTree 直接链接到作为实际参数的指针中。然后,分别对根的左、右子树递归地建立子树,直到读入"♯"或"0"建立空子树递归结束。

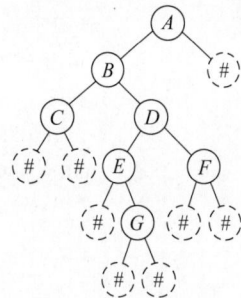

图 5.15　加入递归结束结点的二叉树

程序 5.11　应用前序遍历建立二叉树的算法

```
template<class T>
void BinaryTree<T>::createBinTree_pre(T pre[], BinTreeNode<T> * & subTree, int& n)
{
//保护函数:以递归方式建立二叉树。pre 是输入串,限定 T 为字符型,序列以';'结束
    T ch = pre[n++];
    if (ch == ';') return;                                     //处理结束,返回
    if (ch ! = '♯') {                                          //建立非空子树
        subTree = new BinTreeNode<T>(ch);                     //建立根结点
        createBinTree_pre(pre, subTree->leftChild, n);       //递归建立左子树
```

```
            createBinTree_pre(pre, subTree->rightChild, n);        //递归建立右子树
        }
        else subTree = NULL;                                        //否则建立空子树
```

```
};
```

4. 利用前序遍历输出二叉树

现在讨论如何将二叉树的二叉链表以广义表的形式打印出来。用广义表表示一棵二叉树的规则：根结点作为广义表的表名放在由左、右子树组成的表的前面，而表是用一对圆括号括起来的。如对于图 5.15 所示的二叉树，其对应的广义表表示为 $A(B(C, D(E(, G), F)),)$。因此，用广义表的形式输出一棵二叉树时，应首先输出根结点，然后再依次输出它的左子树和右子树，不过在输出左子树之前要打印出左括号，在输出右子树之后要打印出右括号。另外，依次输出的左、右子树要求至少有一个不为空，若都为空就无须输出。

由以上分析可知，输出二叉树的算法可在前序遍历算法的基础上做出适当修改后得到。

程序 5.12 以广义表形式输出二叉树的算法
```
template <class T>
void BinaryTree<T>::printBTree(BinTreeNode<T> * BT) {
//算法按照广义表形式输出使用二叉链表存储的二叉树,根指针为 BT
    if (BT != NULL) {                                           //树为空时结束递归
        cout << BT->data;                                       //输出根结点的值
        if (BT->leftChild != NULL || BT->rightChild != NULL) {
            cout << '(';                                        //输出左括号
            printBTree(BT->leftChild);                          //输出左子树
            cout << ',';                                        //输出逗号分隔符
            if (BT->rightChild != NULL)                         //若右子树不为空
                printBTree(BT->rightChild);                     //输出右子树
            cout << ')';                                        //输出右括号
        }
    }
};
```

5.4.3　二叉树遍历的非递归算法

3 种不同次序遍历二叉树的递归算法的结构相似，只是访问根结点及遍历左子树、遍历右子树的先后次序不同。如果暂时把访问根结点这个不涉及递归的语句抛开，则 **3 个算法递归走过的路线是一样的**。在递归执行过程中，前序遍历的情形是每进入一层递归调用时先访问根结点，再依次向它的左、右子树递归调用。中序遍历的情形是在从左子树递归调用退出时访问根结点，然后向它的右子树递归调用。

为了把一个递归过程改为非递归过程，一般需要利用一个工作栈，记录遍历时的回退路径。 在改写时，可以通过一个实例分析一个递归算法的执行过程，观察栈的变化，直接写出它的非递归(亦称迭代)算法来。

1. 利用栈的前序遍历非递归算法

图 5.16(b) 显示利用栈实现前序遍历图 5.16(a)给出的二叉树的过程。每次访问一个

结点后,在向左子树遍历下去之前,利用这个栈记录该结点的右子女(如果有)结点的地址,以便在左子树退回时可以直接从栈顶取得右子树的根结点,继续其右子树的前序遍历。

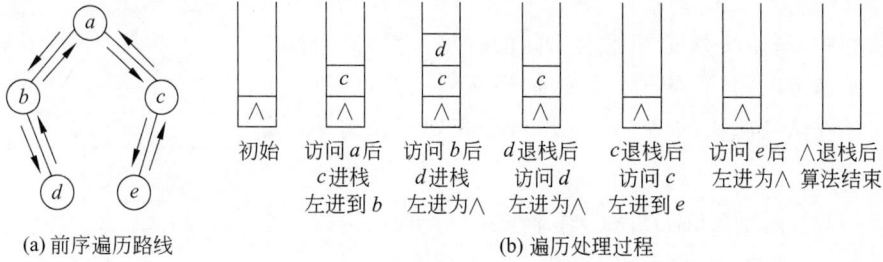

(a) 前序遍历路线 　　　　　　　　　　 (b) 遍历处理过程

图 5.16　利用栈实现二叉树的前序遍历

程序 5.13　二叉树前序遍历的非递归算法

```
#include "LinkedStack.cpp"
template <class T>
void BinaryTree<T>::PreOrder_iter( ) {
    LinkedStack<BinTreeNode<T> * > S;
    BinTreeNode<T> * p = root;                          //初始化
    S.Push(NULL);
    while (p != NULL) {
        cout << p->data;                                //访问结点
        if (p->rightChild != NULL) S.Push(p->rightChild);  //预留右子树指针在栈中
        if (p->leftChild != NULL) p = p->leftChild;     //进左子树
        else S.Pop(p);                                  //左子树为空
    }
};
```

程序 5.14 给出另一种前序遍历的方法。为了保证先左子树后右子树的顺序,在进栈时是先进右子女结点地址,后进左子女结点地址,出栈时正好相反。

程序 5.14　另一种前序遍历的非递归算法

```
#include "LinkedStack.cpp"
template <class T>
void BinaryTree<T>::PreOrder_iter( ) {
    LinkedStack<BinTreeNode<T> * > S;
    BinTreeNode<T> * p;
    S.Push(root);
    while (! S.IsEmpty( )) {
        S.Pop(p); cout << p->data;                      //退栈,访问
        if (p->rightChild != NULL) S.Push(p->rightChild);
        if (p->leftChild != NULL) S.Push(p->leftChild);
    }
};
```

2. 层次序遍历

层次序遍历从二叉树的根结点开始,自上向下、自左向右分层依次访问树中的各个结

点。如图 5.17 所示,按照层次序遍历,结点的访问次序为 $-+/a*efb-cd$。

按层次顺序访问二叉树的处理需要利用一个队列。
在访问二叉树的某一层结点时,把下一层结点指针预先
记忆在队列中,利用队列安排逐层访问的次序。因此,每
当访问一个结点时,将它的子女依次加到队列的队尾,然
后再访问已在队列队头的结点。这样可以实现二叉树结
点的按层访问。

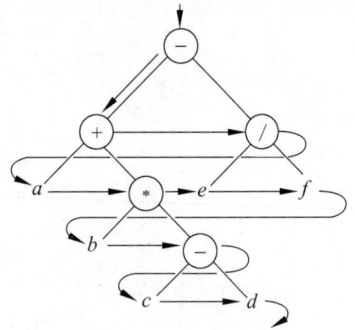

图 5.17　层次序遍历

程序 5.15　利用队列实现层次序遍历的算法

```
＃include "LinkedQueue.cpp"
template ＜class T＞
void BinaryTree＜T＞::LevelOrder( ) {
    LinkedQueue＜BinTreeNode＜T＞ * ＞ Q;
    BinTreeNode＜T＞ * p = root;
    Q.EnQueue(p);
    while (! Q.IsEmpty( )) {                              //队列不空
        Q.DeQueue(p); cout ＜＜ p－＞data;                 //退出一个结点,访问
        if (p－＞leftChild != NULL) Q.EnQueue(p－＞leftChild);   //左子女进队
        if (p－＞rightChild != NULL) Q.EnQueue(p－＞rightChild); //右子女进队
    }
};
```

3. 利用栈的中序遍历非递归算法

中序遍历二叉树的非递归算法也要使用一个栈,以记录遍历过程中回退的路径。如
图 5.18 所示,在一棵子树中首先访问的是中序下的第一个结点,它位于从根开始沿
leftChild 链走到最左下角的结点,该结点的 leftChild 指针为 NULL。访问它的数据之后,
再遍历该结点的右子树。此右子树又是二叉树,重复执行上面的过程,直到该子树遍历完。

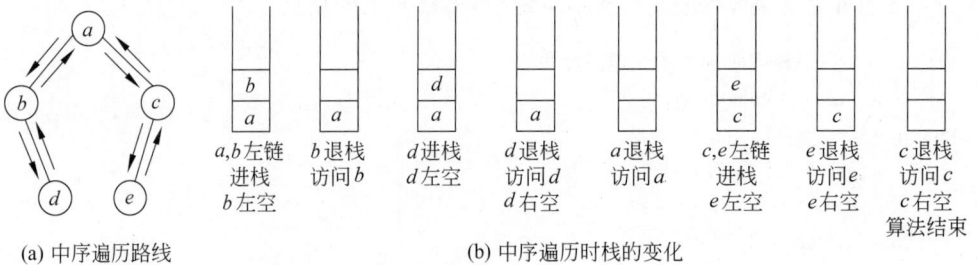

(a) 中序遍历路线　　　　　　　　　(b) 中序遍历时栈的变化

图 5.18　利用栈实现二叉树的中序遍历

如果某结点的右子树遍历完或右子树为空,说明以这个结点为根的二叉树遍历完,此时
从栈中退出更上层的结点并访问它,再向它的右子树遍历下去。

程序 5.16　中序遍历的非递归算法

```
＃include "LinkedStack.cpp"
template ＜class T＞
void BinaryTree＜T＞::InOrder_iter( ) {
    LinkedStack＜BinTreeNode＜T＞ * ＞ S;
```

```
BinTreeNode<T> * p = root;                      //p 是遍历指针,从根结点开始
do {
    while (p != NULL) {                         //遍历指针未到最左下的结点,不空
        S.Push(p);                              //该子树沿途结点进栈
        p = p->leftChild;                       //遍历指针进到左子女结点
    }
    if (!S.IsEmpty()) {                         //栈不空时退栈
        S.Pop(p); cout << p->data               //退栈,访问根结点
        p = p->rightChild;                      //遍历指针进到右子女结点
    }
} while (p != NULL || !S.IsEmpty());
};
```

算法结束的条件:栈为空同时遍历指针也为空。在中途访问根结点时栈变为空,但这时遍历指针指向根的右子女结点。如果该指针不为空,说明右子树非空,还必须遍历根的右子树。

4. 利用栈的后序遍历非递归算法

后序遍历比前序和中序遍历的情况复杂。在遍历完左子树时还不能访问根结点,需要再遍历右子树。待右子树遍历完后才访问根结点。所以在栈工作记录中必须注明刚才是在左子树(L)还是在右子树(R)中。为此,可定义栈结点的结构如程序 5.17 所示。

程序 5.17　在后序遍历过程中所用栈的结点定义
```
template <class T>
struct stkNode {                                //在遍历时所用栈结点类定义
    BinTreeNode<T> * ptr;                       //指向树结点的指针
    enum tag {L, R};                            //该结点退栈标记
    stkNode(BinTreeNode<T> * N = NULL): ptr(N),tag(L) {}   //构造函数
};
```

在算法中首先使用栈暂存根结点地址,再向左子树遍历下去,此时根结点的 tag = L。当访问完左子树中结点并从左子树退回时,还要去遍历根的右子树,此时改根结点的 tag = R。在从右子树中退出时才访问位于栈顶的根结点的值。图 5.19 给出利用栈实现二叉树的后序遍历。

程序 5.18　后序遍历的非递归算法
```
template <class T>
void BinaryTree<T>::PostOrder_iter() {
    if (root == NULL) {cout << "空树,不可遍历!"<< endl; return;}
    stkNode<T> S[stkSize]; int top = -1;        //定义栈并置空
    stkNode<T> w; BinTreeNode<T> * p = root;
    w.ptr = p; w.tag = L; S[++top] = w;         //根开始进栈
    while (p != NULL || top != -1) {            //当栈不空时
        while ( p != NULL ) {                   //沿左子树方向遍历
            w.ptr = p; w.tag = L; S[++top] = w;
            p = p->leftChild;                   //边走边进栈
        }
```

```
        w = S[top－－]; p = w.ptr;                    //取栈顶
        if (w.tag == L) {                            //从左子树退回,遍历右子树
            w.tag = R; S[＋＋top] = w;                //栈顶改右子树标志
            p = p－＞rightChild;                       //转向右子树
        }
        else {
            cout ＜＜ p－＞data;
            if (p == root) {cout ＜＜ endl; return;}
            else p = NULL;
        }
    }
};
```

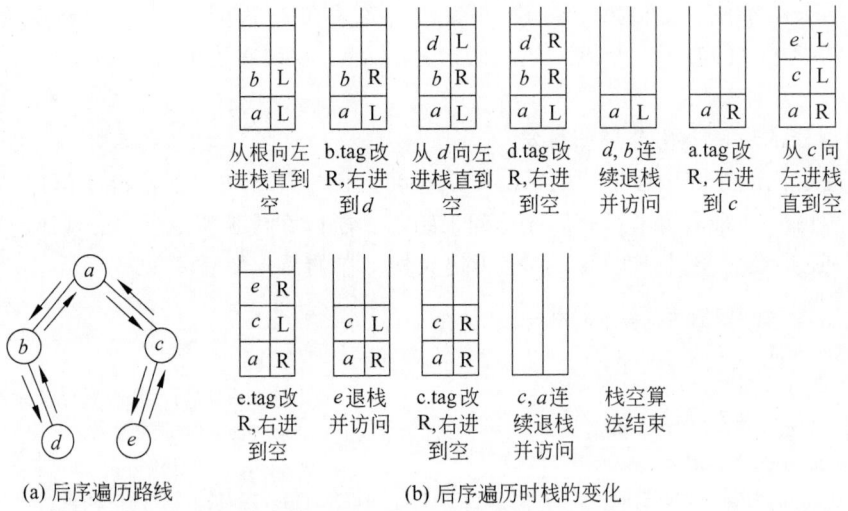

(a) 后序遍历路线   (b) 后序遍历时栈的变化

图 5.19　利用栈实现二叉树的后序遍历

5.4.4　二叉树的计数

具有 n 个结点的不同的二叉树有多少种? 这与用栈得出的 $1\sim n$ 的数字有多少种不同的排列具有相同的结论。

首先考虑一个问题: 假定给定了一棵二叉树的前序序列($HBDFAEKCG$)和中序序列($HBDFAEKCG$),用它们能否唯一地确定一棵二叉树?

根据前序遍历的定义,前序序列的第一个字母 A 一定是树的根,又根据中序遍历的定义,字母 A 把中序序列划分为两个子序列(($HBDF$)A($EKCG$)),这样可得到对二叉树的第一次近似,如图 5.20(a)所示。然后,取前序序列的下一个字母 B,它出现在 A 的左子树中,应是 A 的左子树的根,它把中序子序列($HBDF$)又划分为两个子序列((H)B(DF)),这样可得到对二叉树的第二次近似,如图 5.20(b)所示。将这个过程继续下去,最后可以得到如图 5.20(i)所示的二叉树。

事实上,这个构造过程是一个递归的过程,根据给定的前序序列和中序序列,建立二叉树的根结点,并将中序序列划分为左(子树)序列和右(子树)序列。再分别根据左(子树)序

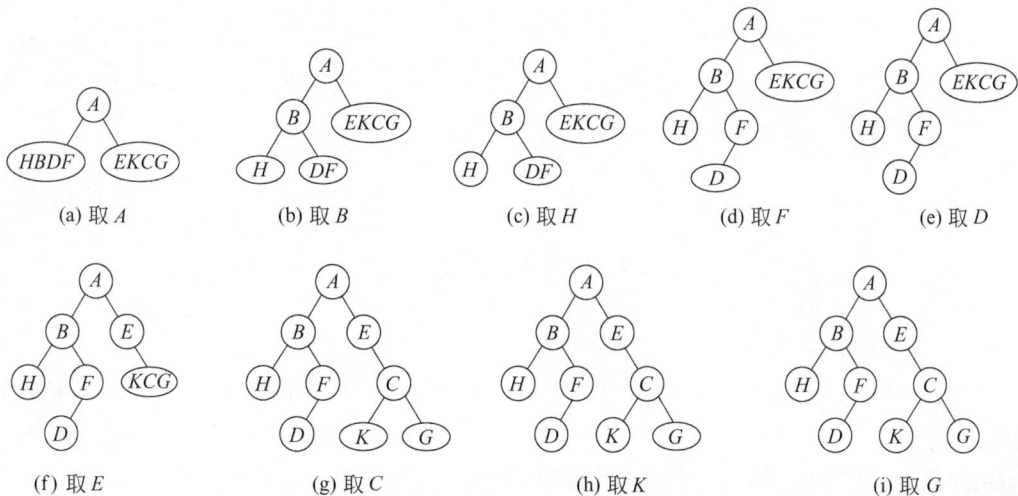

(a) 取 A	(b) 取 B	(c) 取 H	(d) 取 F	(e) 取 D

(f) 取 E	(g) 取 C	(h) 取 K	(i) 取 G

图 5.20　由前序序列和中序序列构造二叉树的过程

列递归地构造左子树,根据右(子树)序列递归地构造右子树。

程序 5.19　利用前序序列和中序序列构造二叉树

```
template<class T>
BinTreeNode<T> * createBinaryTree(T * VLR, T * LVR, int n) {
//VLR 是二叉树的前序序列, LVR 是二叉树的中序序列, 构造出的二叉树根指针由函数返回
    if (n == 0) return NULL;
    int k = 0;
    while (VLR[0] != LVR[k]) k++;                         //在中序序列中寻找根
    BinTreeNode<T> * t = new BinTreeNode<T>(VLR[0]);      //创建根结点
    t->leftChild = createBinaryTree(VLR+1, LVR, k);
        //从前序 VLR+1 开始对中序的 0~k-1 左(子树)序列的 k 个元素递归建立左子树
    t->rightChild = createBinaryTree(VLR+k+1, LVR+k+1, n-k-1);
        //从前序 VLR+k+1 开始对中序的 k+1~n-1 右(子树)序列的 n-k-1 个元素建立右子树
    return t;
};
```

通过归纳法可以验证,由给定的前序序列和中序序列能够唯一地确定一棵二叉树。下面将利用这个结论推导不同形态的二叉树棵数。

假设一棵二叉树有 n 个结点,并对各个结点做了编号。如果前序遍历这棵树,得到的结点编号序列称为前序排列;如果中序遍历这棵树,得到的结点编号序列称为中序排列。例如图 5.21 给出的两棵二叉树的前序排列都为 1, 2, 3, 4, 5, 6, 7, 8, 9,但图 5.21(a)的中序排列为 3, 2, 5, 4, 1, 6, 8, 7, 9,图 5.21(b)的中序排列为 4, 3, 5, 2, 1, 7, 6, 8, 9。这是两棵不同的二叉树。

如果能够做到结点编号的前序排列正好是 1, 2, 3, …, n,那么,这棵二叉树有多少中序排列,就能确定多少棵不同的二叉树。

现在问题就归结为,当二叉树的前序排列为 1, 2, 3, …, n 时,可能有多少种中序

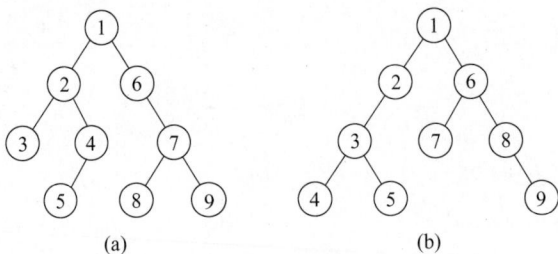

图 5.21　前序排列相同的二叉树

排列。

　　二叉树的中序遍历都要使用栈,结点出栈的顺序正是中序排列的次序。因此,遍历过程中结点出栈次序不同就得到不同的中序排列。为了求得不同的中序排列,必须找到所有可能的进栈和出栈顺序。例如,当 $n = 3$ 时,使用栈所能得到的所有可能的中序排列有(1, 2, 3)、(1, 3, 2)、(2, 1, 3)、(2, 3, 1)、(3, 2, 1)。若用左括号"("表示进栈,用右括号")"表示出栈,则对应于上述中序排列的 5 种进栈和出栈情况分别如图 5.22 所示。

　1 进 1 出 2 进 2 出 3 进 3 出 ()()() → (1, 2, 3)　　1 进 1 出 2 进 3 进 3 出 2 出 ()(()) → (1, 3, 2)
　1 进 2 进 2 出 1 出 3 进 3 出 (())() → (2, 1, 3)　　1 进 2 进 2 出 3 进 3 出 1 出 (()()) → (2, 3, 1)
　1 进 2 进 3 进 3 出 2 出 1 出 ((())) → (3, 2, 1)　　1 进 2 进 3 进 3 出? 1 出不来 → (3,1?)

图 5.22　(1,2,3)的进栈和出栈情况

　　除了这 5 种排列外,其他都是不合理的情况。例如在图 5.23 中有一种排列(3, 1, 2)没有出现,因为这是一种不合理的进栈/出栈情况。

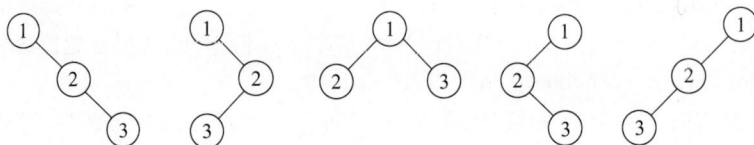

图 5.23　与 5 种中序排列对应的二叉树

　　现在来求解不同二叉树棵数。设 b_n 表示有 n 个结点的不同二叉树棵数。当 n 很小时可直接导出,如图 5.24 所示。$b_0 = 1$(空树),$b_1 = 1$(只有一个结点的二叉树),$b_2 = 2$(有两个结点的二叉树),$b_3 = 5$(有 3 个结点的二叉树)。

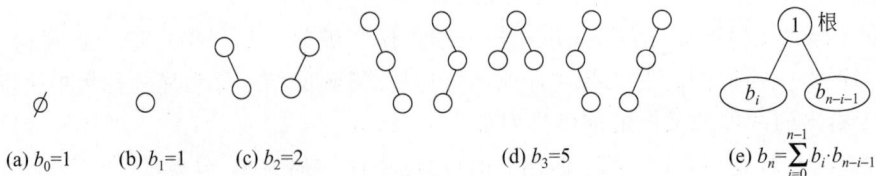

(a) $b_0 = 1$　(b) $b_1 = 1$　(c) $b_2 = 2$　　　　(d) $b_3 = 5$　　　　(e) $b_n = \sum\limits_{i=0}^{n-1} b_i \cdot b_{n-i-1}$

图 5.24　有 0 个、1 个、2 个、3 个、n 个结点的不同二叉树

　　当 $n > 1$ 时可以通过递推公式直接计算。一般地,

$$\begin{cases} b_0 = 1, & n = 0 \\ b_n = \sum_{i=0}^{n-1} b_i \cdot b_{n-i-1}, & n \geqslant 1 \end{cases}$$

其中, $b_i \cdot b_{n-i-1}$ 表示一棵二叉树可以由根结点、有 i 个结点的左子树和有 $n-i-1$ 个结点的右子树组成。在这种情况下,它的不同二叉树棵数等于左子树上可能的不同二叉树棵数与右子树上可能的不同二叉树棵数的乘积。如图 5.25 所示,当 $n = 4$, $i = 0$ 时,根的左子树为空,右子树上有 3 个结点, $b_0 \cdot b_3 = 5$;当 $i = 1$ 时,根的左子树上有一个结点,右子树上有两个结点, $b_1 \cdot b_2 = 2$;另外两种情况是 $b_2 \cdot b_1 = 2$, $b_3 \cdot b_0 = 5$,这 4 种情况所得不同二叉树棵数累加起来,就是总的不同二叉树棵数。

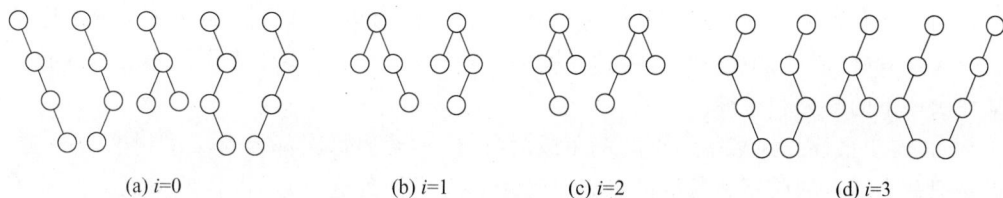

(a) $i=0$ (b) $i=1$ (c) $i=2$ (d) $i=3$

图 5.25　具有 4 个结点的不同二叉树

可以利用生成函数(称为 catalan 函数)来求解这个递推公式,但这已经超出本书范围,有兴趣者可查阅参考文献[2]。最后给出一个最终结果:

$$b_n = \frac{1}{n+1} C_{2n}^n = \frac{1}{n+1} \frac{(2n)!}{n! \cdot n!}$$

树的计数可以通过将它转换为对应的二叉树表示,利用不同二叉树的计数来实现。因为树的二叉树表示中根只有左子女,没有右兄弟,所以可以不考虑根。这样 n 个结点树的计数问题就利用 $n-1$ 个结点的对应二叉树表示来计算。

类似地,可以考虑 n 个元素进栈,可能的出栈序列有多少的问题。假设 n 个元素进栈有 b_n 种出栈序列,又设 n 个元素为 $a_1, a_2, \cdots, a_n$。又假设 a_1 在第 $k+1$ 个元素出栈:

$$a_{i1}\, a_{i2} \cdots\, a_{ik}\, a_1\, a_{j1}\, a_{j2} \cdots\, a_{jn-k-1}$$

那么, a_1 前 k 个元素有 b_k 种可能的出栈序列, a_1 后 $n-k-1$ 个元素有 b_{n-k-1} 种可能的出栈序列,共有 $b_k \cdot b_{n-k-1}$ 种可能的出栈序列。由此得到递推关系:

$$b_n = \sum_{k=0}^{n-1} b_k \cdot b_{n-k-1}$$

这与分析 n 个结点的不同二叉树棵数的结果相同,所以也可用上述 catalan 函数求解。

5.5　线索二叉树

二叉树虽然是非线性结构,但二叉树的遍历却为二叉树的结点集导出了一个线性序列,因而,二叉树的结点存在关于这个线性序列的前驱和后继。对应于前序、中序、后序遍历,除了相应序列的第一个和最后一个,二叉树的每个结点都存在前序前驱/后继、中序前驱/后继、后序前驱/后继。例如,在图 5.26 中, D 的前序前驱是 B,前序后继是 C; D 的中序前驱是 B,中序后继是 A; D 的后序前驱为空(称为悬空),后序后继是 B。

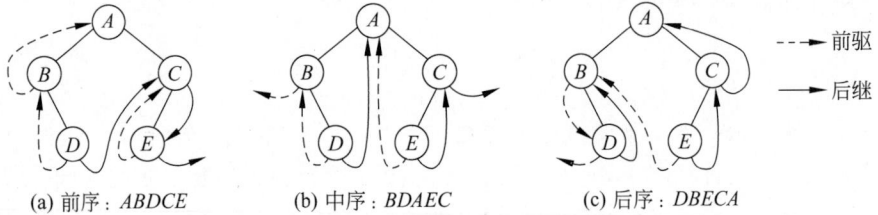

(a) 前序: *ABDCE*   (b) 中序: *BDAEC*   (c) 后序: *DBECA*

图 5.26   二叉树的 3 种遍历序列的前驱与后继

5.5.1   线索

利用上述几种遍历方式对二叉树进行遍历后,可将树中所有结点都按照某种次序排列在一个线性有序(前序、中序和后序)的序列中。这样,从某个结点出发可以很容易地找到它在某种次序下的前驱和后继。

然而,希望很快找到某一结点的前驱或后继,但不希望每次都要对二叉树遍历一遍,这就需要把每个结点的前驱和后继信息记录下来。为了做到这一点,可在原来的二叉链表中增加一个前驱指针域(pred)和一个后继指针域(succ),分别指向该结点在某种次序下的前驱结点和后继结点。以中序遍历为例,如图 5.27 所示。二叉树每个结点 5 个域,通过结点的 pred 指针和 succ 指针,就能找到该结点在中序下的前驱和后继。

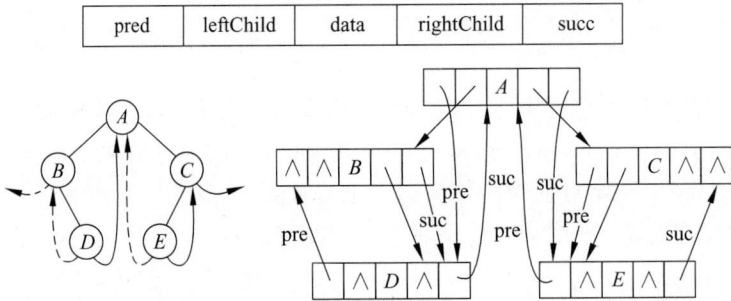

图 5.27   增加中序 pred 指针和 succ 指针的二叉树

这样做显然浪费了不少存储空间。每个结点增加了两个指针域,而原来的 leftChild 与 rightChild 指针域中有许多指针是空指针又没有利用。为了不浪费存储空间,利用原有的空指针域来存放结点的前驱指针和后继指针。一般约定,利用空的 leftChild 域存放结点的前驱结点指针,利用空的 rightChild 域存放结点的后继结点指针。

这一类指示前驱与后继的指针称为线索(thread),加上了线索的二叉树称为线索二叉树。对应二叉链表称为线索二叉链表。在线索二叉树中,由于有了线索,无须遍历二叉树就可得到任一结点的前驱与后继结点的地址。

5.5.2   中序线索二叉树的建立和遍历

为了区别线索和子女指针,在每个结点中设置两个标志 ltag 和 rtag。以中序线索二叉树为例,如果 ltag == 0,标明 leftChild 域中存放的是指向左子女结点的指针,否则 leftChild 域中是指向该结点中序下的前驱的线索;如果 rtag == 0,标明 rightChild 域中存放的是指向右子女结点的指针,否则 rightChild 域中是指向该结点中序下的后继的线索。
由于它们只需占用 1 位,每个结点所需存储空间节省很多,如图 5.28 所示。

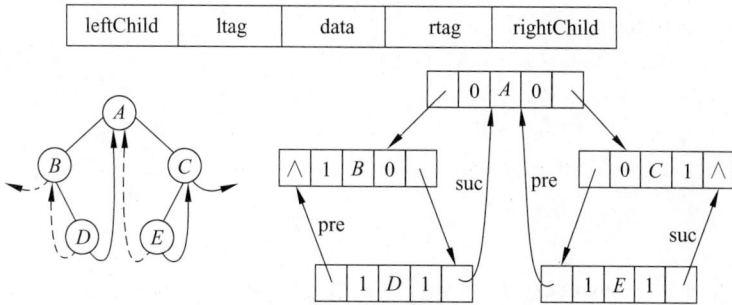

图 5.28　中序线索二叉树及其二叉链表表示

程序 5.20　中序线索二叉树的类定义

```
template <class T>
struct ThreadNode {                                    //线索二叉树的结点类
    int ltag, rtag;                                    //线索标志
    ThreadNode<T> * leftChild, * rightChild;           //线索或子女指针
    T data;                                            //结点中所包含的数据
    ThreadNode(T item):data(item),leftChild (NULL),
        rightChild (NULL),ltag(0),rtag(0) {}           //构造函数
};


template <class T>
class ThreadTree {                                     //线索化二叉树类
protected:
    ThreadNode<T> * root;                              //树的根指针
    void createBinTree_Pre(ThreadNode<T> * & t, T pre[], int& n);
                                                       //扩展前序序列输入建树
    void printBinTree_Pre(ThreadNode<T> * t);          //前序输出二叉树
    void createInThread(ThreadNode<T> * p, ThreadNode<T> * & pre);
        //中序遍历建立线索二叉树,p是子树扫描指针,pre指示它的前驱
    void InOrder(ThreadNode<T> * t);                   //中序遍历
    void PreOrder(ThreadNode<T> * t);                  //前序遍历
    void PostOrder(ThreadNode<T> * t);                 //后序遍历
    ThreadNode<T> * Search(ThreadNode<T> * p, T item);    //搜索
public:
    ThreadTree() : root(NULL) {}                       //构造函数:构造空树
    void createBinTree_Pre(T pre[], int& n)            //扩展前序序列输入建树
        {createBinTree_Pre(root, pre, n);}
    void printBinTree_Pre() {printBinTree_Pre(root);}  //前序输出线索树
    void createInThread();                             //建立中序线索二叉树
    ThreadNode<T> * First(ThreadNode<T> * t);          //子树 * t 中序下第一个结点
    ThreadNode<T> * Last(ThreadNode<T> * t);           //子树 * t 中序下最后一个结点
    ThreadNode<T> * Next(ThreadNode<T> * p);           //寻找结点 * p 中序下后继结点
```

```
ThreadNode<T> * Prior(ThreadNode<T> * p);          //寻找结点 *p 中序下前驱结点
ThreadNode<T> * parent(ThreadNode<T> * p);         //寻找结点 *p 的父结点
ThreadNode<T> * Search(T item)                      //根据给定值搜索结点
    {return Search(root, item);}
void Insert(ThreadNode<T> * s, ThreadNode<T> * r);  // *r 插入成为 *s 的右子女
void InOrder() {InOrder(root);}                     //中序遍历
void PreOrder() {PreOrder(root);}                   //前序遍历
void PostOrder() {PostOrder(root);}                 //后序遍历
    ...
};
```

在中序线索二叉树中如何从当前指定结点寻找后继结点呢? 如表 5.1 所示的判定表。如果在结点的 rightChild 中存放的是后继线索(通过 rtag 确定),可以直接按后继线索找到该结点的直接后继;否则 rightChild 中是右子女指针,需要通过一定运算才能找到它的后继。

表 5.1　寻找当前结点在中序序列下的后继

rightChild	rtag	
	== 0(右子女指针)	== 1(后继线索)
== NULL	无此情况	无后继
!= NULL	后继为当前结点右子树中序下的第一个结点	后继为右子女结点

寻找结点前驱的操作与寻找结点后继的操作非常类似,只是左右指针和左右线索标志互换了一下。因此,有人称中序遍历为**对称序遍历**。表 5.2 给出在中序下寻找当前结点的前驱结点的方法。

表 5.2　寻找当前结点在中序序列下的前驱

leftChild	ltag	
	== 0(左子女指针)	== 1(前驱线索)
== NULL	无此情况	无前驱
!= NULL	前驱为当前结点左子树中序下的最后一个结点	前驱为左子女结点

程序 5.21　中序线索二叉树若干成员函数的实现

```
template <class T>
ThreadNode<T> * ThreadTree<T>::First(ThreadNode<T> * t) {
//函数返回以 *t 为根的中序线索二叉树中中序序列下的第一个结点
    ThreadNode<T> * p = t;
    while (p->ltag == 0) p = p->leftChild;          //最左下结点(不一定是叶结点)
    return p;
};


template <class T>
ThreadNode<T> * ThreadTree<T>::Next(ThreadNode<T> * t) {
```

```
//函数返回在中序线索二叉树中结点 t 在中序下的后继结点
    ThreadNode<T> * p = t->rightChild;
    if (t->rtag == 0) return First(p);              //在右子树中找中序下第一个结点
    else return p;                                  //rtag==1,直接返回后继线索
};


template <class T>
ThreadNode<T> * ThreadTree<T>::Last(ThreadNode<T> * t) {
//函数返回以 * t 为根的中序线索二叉树中中序序列下的最后一个结点
    ThreadNode<T> * p = t;
    while (p->rtag == 0) p = p->rightChild;         //最右下结点(不一定是叶结点)
    return p;
};


template <class T>
ThreadNode<T> * ThreadTree<T>::Prior(ThreadNode<T> * t) {
//函数返回中序线索二叉树中结点 t 在中序下的前驱结点
    ThreadNode<T> * p = t->leftChild;
    if (t->ltag == 0) return Last(p);               //在左子树中找中序下最后一个结点
    else return p;                                  //ltag==1,直接返回前驱线索
};
```

利用中序线索遍历二叉树 * t 时,可以先利用 First(t) 找到二叉树在中序序列下的第一个结点 * p,然后利用求后继结点的运算 Next(p) 按中序次序逐个访问,直到二叉树的最后一个结点。在遍历过程中可以不用栈。

程序 5.22 在线索化二叉树上执行中序遍历的算法
```
template <class T>
void ThreadTree<T>::Inorder(ThreadNode<T> * t) {
    ThreadNode<T> * p;
    for (p = First(t); p != NULL; p = Next(p)) cout << p->data;
    cout << endl;
};
```

对中序遍历的递归算法稍加改动,就可得到对一个已存在的二叉树按中序遍历进行线索化的算法。在算法中用到了一个指针 pre,它在遍历过程中总是指向遍历指针 p 的中序下的前驱结点,即在中序遍历过程中刚刚访问过的结点。在做中序遍历时,只要一遇到空指针域,立即填入前驱或后继线索。

程序 5.23 利用中序遍历对二叉树进行中序线索化
```
template <class T>
void ThreadTree<T>::createInThread() {
    ThreadNode<T> * pre = NULL;                     //前驱结点指针
    if (root != NULL) {                             //非空二叉树,线索化
        createInThread(root, pre);                  //中序遍历线索化二叉树
        pre->rightChild = NULL; pre->rtag = 1;      //后处理中序最后一个结点
```

```
        }
    };


    template <class T>
    void ThreadTree<T>::createInThread(ThreadNode<T> * p,
        ThreadNode<T> * & pre) {
//通过中序遍历,对二叉树进行线索化
        if (p == NULL) return;
        createInThread(p->leftChild, pre);                  //递归,左子树线索化
        if (p->leftChild == NULL)                           //建立当前结点的前驱线索
            {p->leftChild = pre; p->ltag = 1;}
        if (pre != NULL && pre->rightChild == NULL)    //建立前驱结点的后继线索
            {pre->rightChild = p; pre->rtag = 1;}
        pre = p;                                            //前驱跟上,当前指针向前遍历
        createInThread(p->rightChild, pre);                 //递归,右子树线索化
    };
```

利用中序线索信息,不但容易实现中序遍历,还可以实现前序和后序遍历。

利用中序线索的前序遍历算法见程序 5.24。与非递归前序遍历二叉树的算法类似。前序序列中的第一个结点即二叉树的根,因此从根结点开始前序遍历二叉树。若当前结点有左子女,则前序下的后继结点即为左子女结点;否则,若当前结点有右子女,则前序下的后继结点即为右子女结点。对于叶结点,则沿着中序后继线索走到一个有右子女的结点,这个右子女结点就是当前结点的前序后继结点。

程序 5.24 在中序线索二叉树上实现前序遍历的算法
```
template <class T>
void ThreadTree<T>::PreOrder(ThreadNode<T> * p) {
    while (p != NULL) {
        cout << p->data;                            //访问根结点
        if (p->ltag == 0) p = p->leftChild;         //有左子女,即为后继
        else if (p->rtag == 0) p = p->rightChild;   //否则有右子女,即为后继
        else {
            while (p != NULL && p->rtag == 1)       //沿后继线索检测
                p = p->rightChild;                  //直到有右子女的结点
            if (p != NULL) p = p->rightChild;       //右子女即为后继
        }
    }
};
```

中序线索二叉树的后序遍历算法见程序 5.25。首先从根结点出发,寻找在后序序列中的第一个结点。寻找的方法是从根出发,沿着左子女链一直找下去,找到左子女不再是左子女指针的结点,再找到该结点的右子女,在以此结点为根的子树上再重复上述过程,直到叶结点为止。接着,从此结点开始后序遍历中序线索二叉树。在遍历过程中,每次都先找到当前结点的父结点,如果当前结点是父结点的右子女,或者虽然当前结点是父结点的左子女,但这个父结点没有右子女,则后序下的后继即为该父结点;否则,在当前结点的右子树(如果

存在)上重复执行上面的操作。这种后序遍历过程必须搜寻父结点,并确定当前结点与其父结点的关系,即是左子女还是右子女。

程序 5.25　中序线索二叉树的后序遍历算法

```
template <class T>
void ThreadTree<T>::PostOrder(ThreadNode<T> * p) {
    ThreadNode<T> * t = root;
    while (t->ltag == 0 || t->rtag == 0)                  //寻找后序下的第一个结点
        if (t->ltag == 0) t = t->leftChild;
        else if (t->rtag == 0) t = t->rightChild;
    cout << t->data;                                       //访问第一个结点
    while ((p = parent(t)) != NULL) {
        if (p->rightChild == t || p->rtag == 1)            // * t 是 * p 的后序后继
            t = p;
        else {                                             //否则
            t = p->rightChild;                             //t 移到 * p 的右子树
            while (t->ltag == 0 || t->rtag == 0)
                if (t->ltag == 0) t = t->leftChild;
                else if (t->rtag == 0) t = t->rightChild;
        }
        cout << t->data;
    }
};
```

　　在中序线索二叉树上寻找父结点的过程见程序 5.26。程序中包括两条查找父结点的路径:①从当前结点走到树上层的一个中序前驱(不一定是直接前驱),然后向右下找父结点;②从当前结点走到树上层的一个中序后继(不一定是直接后继),然后向左下找父结点。以下通过一个具体的例子来说明为什么不可以只采用一种方法。

程序 5.26　在中序线索二叉树中求父结点

```
template <class T>
ThreadNode<T> * ThreadTree<T>::parent(ThreadNode<T> * t) {
    ThreadNode<T> * p;
    if (t == NULL || t == root) return NULL;               //根结点无父结点
    for (p = t; p->ltag == 0; p = p->leftChild); {
    if (p->leftChild != NULL) {
        p = p->leftChild;
        while(p !=NULL && p->leftChild != t && p->rightChild != t)
        p = p->rightChild;
    }
    if (p==NULL || p->leftChild == NULL) {
        for (p = t; p->rtag == 0; p = p->rightChild);
        p = p->rightChild;
        while (p !=NULL && p->leftChild != t && p->rightChild != t)
        p = p->leftChild);
    }
    return p;
};
```

图 5.29 中显示了寻找结点"∗"的父结点的两条路径：一条路径是从结点"∗"沿左子女链走到"b"，然后顺中序前驱线索走到"+"，而"+"就是"∗"的父结点；另一条路径是从

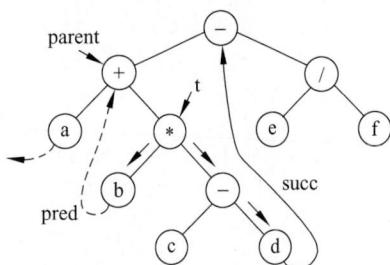

图 5.29　寻找结点"∗"的两条路径

结点"∗"沿右子女链走到"d"，然后顺中序后继线索走到"一"，再向左子女方向走到结点"+"，找到结点"∗"的父结点。对于此例，无论第一条路径还是第二条路径都可以找到父结点。但情况不总是这样。例如，在图 5.29 中找结点"+"的父结点，从"+"沿左子女链将走到结点"a"，而"a"无中序前驱线索，因此这条路径失败，但通过另一条路径找到了结点"+"的父结点"一"。这个例子表明了只采用一种方法是不行的。

程序 5.26 的实现是先试探第一条路径，如果走到中序序列的第一个结点而告失败，则改换后一条路径寻找父结点。只有找根结点的父结点，这两种方法才都会失败。因为从根结点沿左子女链一定走到中序序列的第一个结点，沿右子女链一定走到中序序列的最后一个结点。然而，根结点根本就无父结点，所以这种特例在程序 5.26 开始就排除了。

**5.5.3　前序与后序的线索化二叉树

前面已经以中序线索二叉树为例，详尽地介绍了它的结构和有关操作的实现。除此之外，还可以通过前序遍历或后序遍历，建立前序线索二叉树和后序线索二叉树，如图 5.30。图 5.30(a)是前序线索二叉树，标有 pred 的是前驱线索，标有 succ 的是后继线索。图 5.30(b)是后序线索二叉树。可以通过前序遍历建立前序线索二叉树，通过后序遍历建立后序线索二叉树。它与中序遍历建立中序线索二叉树的算法的区别仅在于加入前驱和后继线索的时间不同而已。

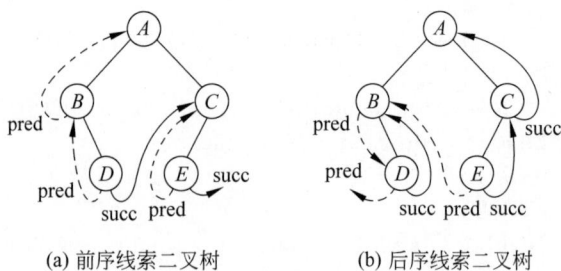

(a) 前序线索二叉树　　　　　　(b) 后序线索二叉树

图 5.30　前序与后序的线索二叉树

与中序线索二叉树一样，前序线索二叉树与后序线索二叉树部分前驱、后继信息隐藏在树的结构中，在前序线索二叉树中，寻找已知结点 p 的后继结点与前驱结点的方法参看图 5.31 给出的判定树。在后序线索二叉树中，寻找已知结点 p 的后继结点与前驱结点的方法参看图 5.32 给出的判定树。根据判定树给出的逻辑关系，不难写出相应的算法。

p->ltag==1?

（前驱线索）＝／　　＼≠（左子女）

前驱为　　　　　q=p->parent
p->leftChild　　　q==NULL?

　　　　　　　　　≠／　　＼＝

q->ltag==1 ‖ q->leftChild==p?　　无前驱

p->ltag==1?

（前驱线索）＝／　　＼≠（左子女）

p->rightChild==NULL?　　后继为
　　　　　　　　　　　p->leftChild

＝／　　＼≠

无后继　　后继为
　　　　p->rightChild

≠／　　＼＝

前驱为 q 的左子树中　　前驱为 q
前序序列的最后一个结点

(a) 求结点 p 的后继　　　　　　(b) 求结点 p 的前驱

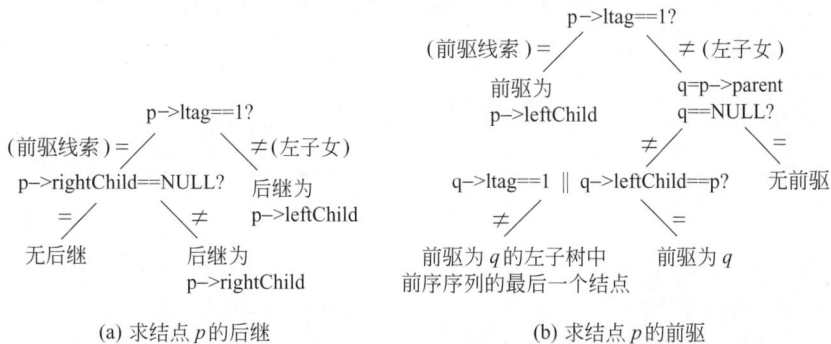

图 5.31　在前序线索二叉树上寻找任一结点 p 的后继和前驱的判定树

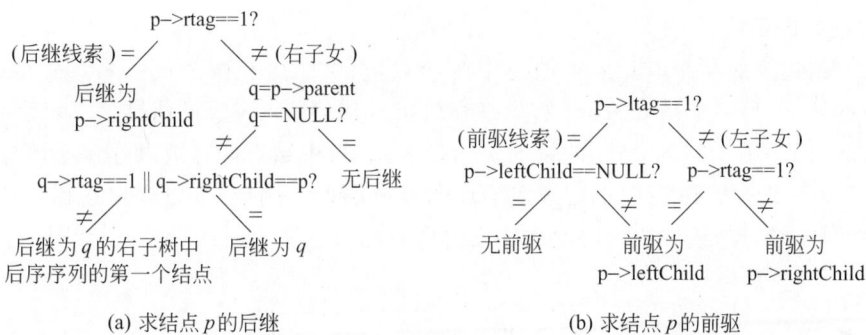

p->rtag==1?

（后继线索）＝／　　＼≠（右子女）

后继为　　　　　q=p->parent
p->rightChild　　q==NULL?

　　　　　　　≠／　　＼＝

q->rtag==1 ‖ q->rightChild==p?　　无后继

≠／　　＼＝

后继为 q 的右子树中　　后继为 q
后序序列的第一个结点

p->ltag==1?

（前驱线索）＝／　　＼≠（左子女）

p->leftChild==NULL?　　p->rtag==1?

＝／　　＼≠　　＝／　　＼≠

无前驱　　　前驱为　　　　前驱为
　　　　　p->leftChild　　p->rightChild

(a) 求结点 p 的后继　　　　　　(b) 求结点 p 的前驱

图 5.32　在后序线索二叉树上寻找任一结点 p 的后继和前驱的判定树

5.6　树 与 森 林

本节将介绍树与森林的存储表示及其与二叉树的转换方法。

5.6.1　树的存储表示

本节讨论树与森林的存储表示。与二叉树不同，对于一般的树（多叉树），由于每个结点的分支数可能不等，其存储表示相应要复杂一些。树有多种存储表示，以下介绍 4 种常用的存储表示。

1. 广义表表示法

利用广义表来表示一棵树，是一种非常有效的方法。树中的结点可以分为 3 种：叶结点、根结点、除根结点外的其他非叶结点（也称分支结点）。在广义表中也可以有 3 种结点与之对应：原子结点、表头结点、子表结点。

图 5.33(a)给出了一棵树，它的广义表表示为 $R(A(D,E), B, C(F(G,H,K)))$。其存储表示如图 5.33(b)所示。树根结点 R 有 3 个子女，则它的广义表链表中，附加头结点为 R，它有 3 个子结点。每个子结点表示一棵子树。第一个子结点代表第一棵子树的根结点，但不是叶结点，它有一个广义表子链表，链表的附加头结点为 A，它有两个原子结点 D、E，分别表示树 A 的两个属于叶结点的子女。第二个子结点是第二棵子树的根结点，也是

叶结点,故它是原子结点。第三个子结点与第一个子结点情况类似。

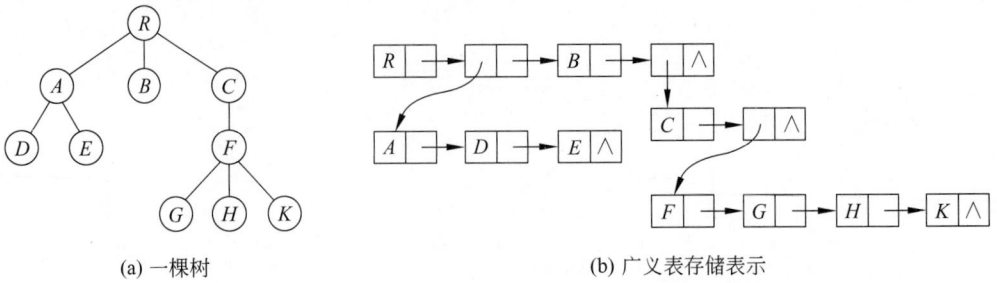

(a) 一棵树   (b) 广义表存储表示

图 5.33   树的广义表表示法(结点的 uType 域没有画出)

使用这种表示,可以利用前面讨论的有关广义表的所有操作来对树做运算。

2. 父指针表示法

它以一组连续的存储单元来存放树中的结点,每个结点有两个域:一个是 data 域,用来存放数据元素;另一个是 parent 域,用来存放指示其父结点位置的指针。

图 5.34(b)是图 5.34(a)所示的树的父指针表示,树中结点的存放顺序一般不做特殊要求,但为了操作实现方便,有时也会规定结点的存放顺序。例如,可以规定按树的前序次序存放树中的各个结点,或按树的层次次序安排所有结点。图 5.34(c)是父指针图示。

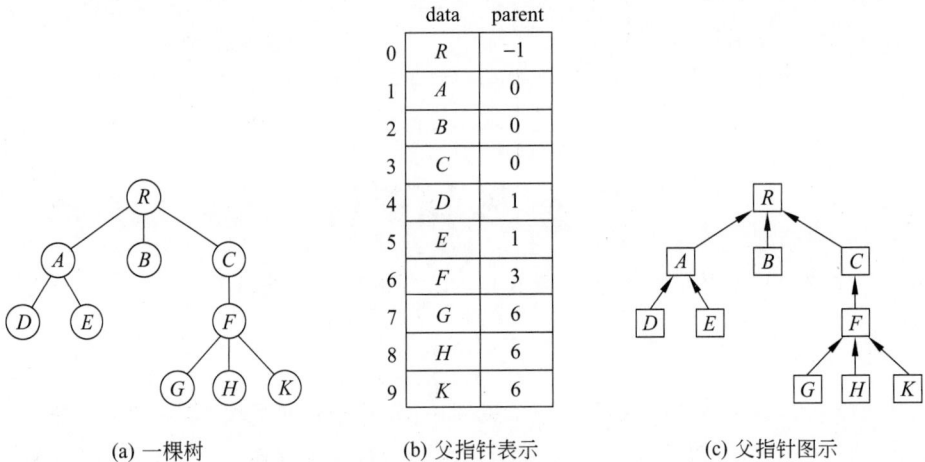

(a) 一棵树   (b) 父指针表示   (c) 父指针图示

图 5.34   树的父指针表示法

这种存储表示找父结点的操作的时间复杂度为 $O(1)$,但找子女的操作需遍历整个数组,看谁的父结点是它,谁就是它的子女,时间复杂度达 $O(n)$,其中 n 是树中结点个数。这种存储表示适合经常需要寻找父结点的应用。

如果树中各个结点按前序次序排列,则可利用许多树的前序序列性质实现树的操作。例如,根结点总在树的第一个位置。一个结点如果有子女,则第一个子女一定紧跟在它的后面;如果一个结点没有子女但有兄弟,则下一个兄弟一定紧跟在它的后面;如果一个结点既有子女又有兄弟,则所有子女和兄弟都排在它的后面。

如果树中各个结点按层次次序排列,则一个结点的所有子女都排列在一起。这样只要找到结点的第一个子女,其他子女就在它的邻近。寻找兄弟也很方便。

3. 子女链表示法

对于一般的树,树中每个结点具有的子女结点个数可能不尽相同。如果像二叉链表那样,为每个子女设置一个子女指针,每个结点需要的子女指针个数也各有不同,很难确定每个结点究竟要设置多少指针为宜。若每个结点按树的度 d 来设置指针,则 n 个结点一共有 $n \times d$ 个指针域。但树的边只有 $n-1$ 条,故树中空指针域有 $d \times n - (n-1) = n(d-1)+1$ 个。显然 d 越大,浪费空间越多。不过这种解决方案的好处是管理容易。

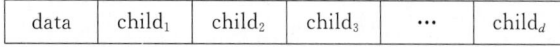

data	child$_1$	child$_2$	child$_3$	⋯	child$_d$

若按每个结点的度来设置结点指针域个数,并在结点中增加一个结点度数域 degree 来指明该结点包含的指针域数,则各结点不等长,虽然节省了空间,但给管理带来了不便。

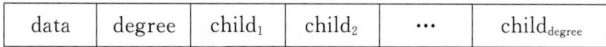

data	degree	child$_1$	child$_2$	⋯	child$_{degree}$

较好的方法是为树中每个结点设置一个子女链表,并将这些结点的数据和对应子女链表的头指针放在一个向量中,就构成了子女链表表示。在这种表示中,有 n 个结点就有 n 个子女链表(叶结点的子女链表为空链表)。例如,对于图 5.34(a)给出的树,其子女链表表示如图 5.35(a)所示。在图 5.35(c)中用虚线箭头标出子女链表中指针的指向。

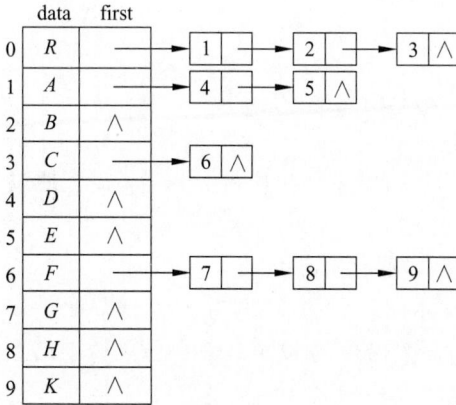

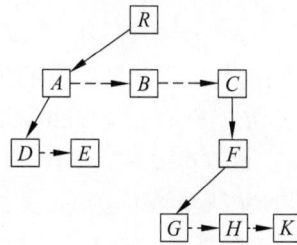

(a) 树的子女链表表示 (b) 子女链结点 (c) 子女链表图示

图 5.35 树的子女链表表示法

在子女链表表示中,各个结点在向量中存放次序任意,但一般约定根结点放在最前端。此外,在子女链表中各个子女的先后位置在无序树的情形下不强调谁先谁后,而在有序树的情形,必须按树中各子树的自左到右的次序依次链接。

对于这种存储表示,寻找子女的操作在子女链表中进行,时间复杂度为 $O(d)$,d 是树的度。寻找父结点的操作需遍历整个子女链表头指针组成的数组,时间复杂度为 $O(n)$,n 是树中结点个数。这种存储表示适合需要频繁寻找子女的应用。如果将父指针表示法与子女链表表示法结合起来,则无论寻找父结点还是寻找子结点都很方便。

4. 子女-兄弟链表示法

这种存储表示又称**长子-兄弟表示法**,是一种二叉树表示法。它的每个结点的度 $d = 2$,是最节省存储空间的树的存储表示。它的每个结点由 3 个域组成:

data	firstChild	nextSibling

如图 5.36(b)所示，**树中的根结点 R 只有一个，它没有兄弟，所以它的 nextSibling 域**（简称兄弟链域或右链域）为空；但它有 3 个子女，所以它的 firstChild 域（简称子女链域或左链域）存放的是它的第一个子女 A 的结点地址。结点 A 又有子女又有兄弟，它的 nextSibling 域存放它的下一个兄弟 B 的结点地址，它的 firstChild 域存放它的第一个子女 D 的结点地址。结点 E 既没有兄弟又没有子女，所以它的两个链域都是空的。

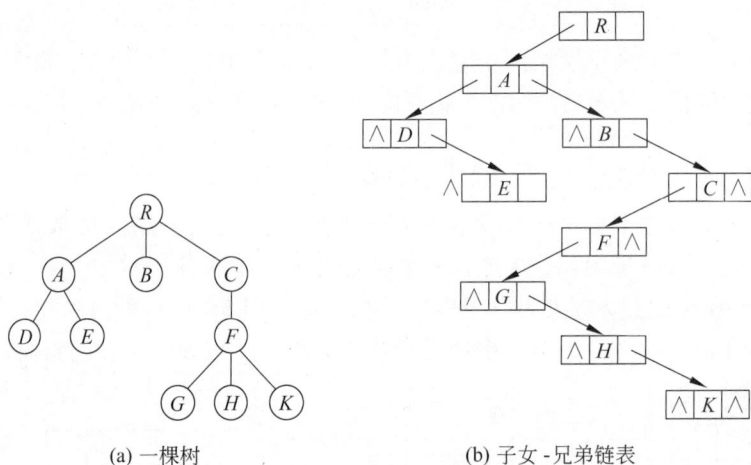

(a) 一棵树　　　　　　　　(b) 子女-兄弟链表

图 5.36　树的子女-兄弟链表表示法

在树的子女-兄弟链表表示中，若要检测某一结点 A 的所有子女，只需先通过结点 A 的 firstChild 指针，找到它的第一个子女 D，再通过结点 D 的 nextSibling 指针找到它的下一个兄弟 E，因为结点 E 的 nextSibling 指针为空，则检测结束。

这种表示与子女链表一样，适合于频繁寻找子女的应用，其时间复杂度是 $O(d)$，d 是树的度。寻找父结点必须遍历二叉链表，时间复杂度为 $O(n)$，其中 n 是树中结点个数。

为了寻找父结点方便，也可为每个结点增设指向其父结点的指针域。

程序 5.27　树的子女-兄弟链表表示的类定义

```
template <class T>
struct TreeNode {                                              //树的结点类
    T data;                                                    //结点数据
    TreeNode<T> * firstChild, * nextSibling;                   //子女及兄弟指针
    TreeNode(T value = 0, TreeNode<T> * fc = NULL, TreeNode<T> * ns = NULL)
        : data(value), firstChild(fc), nextSibling(ns) {}      //构造函数
};
template <class T>
class Tree {                                                   //树类
private:
    TreeNode<T> * root;                                        //根指针
    void createTree(T f[], T c[], TreeNode<T> * & t);          //构建树
    void printTree(TreeNode<T> * t, int k);                    //按凹入表输出树
```

```
    TreeNode<T>  * Find(TreeNode <T> * p, T value);        //在子树 * p 中搜索 value
    TreeNode<T>  * FindParent(TreeNode<T> * t, TreeNode<T> * p);
                                                           //取结点 * p 的父结点
public：
    Tree() {root = NULL;}                                  //构造函数，建立空树
    TreeNode<T> * getRoot() {return root;}                 //取根地址
    bool IsEmpty() {return root == NULL;}                  //判空树
    void createTree(T f[], T c[])                          //从输入序列建树
        {createTree(f, c, root);}
    void printTree() {printTree(root，1);}                 //输出树
    TreeNode<T>  * FirstChild(TreeNode<T> * p);            //取树中结点 * p 的长子
    TreeNode<T>  * NextSibling(TreeNode<T> * p);           //取树中结点 * p 的兄弟
    T getValue(TreeNode<T> * p) {return p->data;}          //取结点 * p 的值
    TreeNode<T>  * Parent(TreeNode<T> * p);                //寻找结点 * p 的父结点
    TreeNode<T>  * Find(T value);                          //搜索值为 value 的结点
    //树的其他共有操作
        ⋮
};
```

为了构建一棵树，一种方法是通过输入一系列二元组 (f, c) 逐步构建树的子女-兄弟链表。二元组中的 f 是父结点的标识，c 是子女结点的标识，且在输入的二元组序列中，c 是按层次顺序出现的。当 $f = {}'^{\wedge}{}'$ 时，c 为根结点的标识，若 f 和 c 都为 $'^{\wedge}'$，则表示输入结束。例如，图 5.36 所示树的输入序列为 $^{\wedge}R$，RA，RB，RC，AD，AE，CF，FG，FH，FK，$^{\wedge\wedge}$。在算法实现时，建立了两个辅助数组 pointer[] 和 lastChild[]，前者暂存新建树结点，后者暂存各非叶结点最后一个子女结点的地址：lastChild[i] 是 pointer[i] 的最后子女结点地址。由于 pointer[] 和 lastChild[] 记录的都是树结点地址，这些地址后来都链入树中，最后只要把根结点地址保存到引用型参数 t 中，就可以把辅助数组的空间释放掉。

程序 5.28 通过输入一系列二元组建立树的子女-兄弟链表的算法

```
#define maxSize 30                                        //树最大结点个数
template <class T>
void Tree<T>::createCSTree(T f[], T c[], TreeNode<T> * & t) {
//算法以层次序输入一棵树的各边(f[i], c[i])，构建树的子女-兄弟链表 t
    int n, i, k;  T father, child;
    if (f[0] != '^') {cout << "输入错！开始应输入根。" << endl;  return;}
    if (c[0] == '^') {t = NULL;  return;}                 //连续输入'^'，建立空树
    TreeNode<T> * pointer = new TreeNode<T> * [maxSize];
    TreeNode<T> * lastChild = new TreeNode<T> * [maxSize];
    pointer[0] = new TreeNode<T>;                         //创建根结点
    pointer[0]->data = c[0];
    pointer[0]->lchild = pointer[0]->rsibling = NULL;
    i = 1;  n = 1;
    father = f[i];  child = c[i];
    while (father != '^' && child ! = '^') {              //两端点同时不为'^'
        pointer[n] = new TreeNode<T>;                     //创建树结点
```

```
        pointer[n]->data = child;
        pointer[n]->lchild = pointer[n]->rsibling = NULL;
        for (k = n-1; k >= 0; k--)                    //查找父结点
            if (pointer[k]->data == father) break;
        if (pointer[k]->lchild == NULL) {             //父结点原来没有子女
            pointer[k]->lchild = pointer[n];          //成为父结点第一个子女
            lastChild[k] = pointer[n];
        }
        else {                                         //父结点原来有子女
            lastChild[k]->rsibling = pointer[n];       //链入其子女的兄弟链
            lastChild[k] = pointer[n];
        }
        n++;
        father = f[++i];   child = c[i];
    }
    t = pointer[0];   delete [] pointer;   delete [] lastChild;
};
```

程序 5.29　子女-兄弟链表表示的部分操作的实现

```
template <class T>
void Tree<T>::printTree(TreeNode<T> * t, int k) {
//算法按照凹入表的方式分层输出树的所有结点,k 控制缩进格式,初值为 1
    for (int i = 0; i < k; i++) cout << " ";
    if (t != NULL) {
        cout << t->data << endl;
        for (TreeNode<T> * p = t->firstChild; p != NULL; p = p->nextSibling)
            printTree(p, k+5);
    }
};
template <class T>
TreeNode<T> * Tree<T>::Parent(TreeNode<T> * p) {
//函数返回树中结点 * p 的父结点,若搜索失败则函数返回 NULL
    if (p == NULL || p == root) return NULL;      //空树或根,返回 NULL
    else return FindParent(root, p);              //从根开始找 * p 的父结点
};
template <class T>
TreeNode<T> * Tree<T>::FindParent(TreeNode<T> * t, TreeNode<T> * p ) {
//函数返回在根为 * t 的子树中找 * p 的父结点,若搜索失败则函数返回 NULL
    TreeNode<T> * s, * q = t->firstChild;
    while (q != NULL) {                           //循根的长子的兄弟链,搜索
        if (q == p) return t;                     //若子女结点为 * p,则父结点为 * t
        s = FindParent(q, p);                     //否则到子树 q 中查找
        if (s == NULL) q = q->nextSibling;        //q 子树中未找到,检查下一个子女
        else return s;
    }
    return NULL;                                  //根结点无父结点
```

```
};
template <class T>
TreeNode<T> * Tree<T>::FirstChild(TreeNode<T> * p) {
//函数返回树中结点 * p 的长子
    if (p != NULL && p->firstChild != NULL)
        return p->firstChild;
    else return NULL;
};
template <class T>
TreeNode<T> * Tree<T>::NextSibling(TreeNode<T> * p) {
//函数返回树中结点 * p 的兄弟
    if (p != NULL && p->nextSibling != NULL)
        return p->nextSibling;
    else return NULL;
};
template <class T>
TreeNode<T> * Tree<T>::Find(T value) {
    if (IsEmpty()) return NULL;
    return Find(root, value);
};
template <class T>
TreeNode<T> * Tree<T>::Find(TreeNode <T> * p, T value) {
//函数返回树中根为 * p 的子树中值为 value 结点的地址
    if (p->data == value) return p;                      //根即为值为 value 的结点
    else {                                               //搜索根的各棵子树
        TreeNode<T> * q, * s;
        for (q = p->firstChild; q != NULL; q = q->nextSibling) {
            s = Find(q, value);
            if (s != NULL && s->data == value) return s;
        }
        return NULL;
    }
};
```

5.6.2 树、森林与二叉树的转换

通过树的子女-兄弟链表表示的介绍可知,树、森林和二叉树之间有一种自然的对应关系,它们之间可以互相进行转换,即任何一个森林或一棵树可以对应一棵二叉树,而任一棵二叉树也能对应到一个森林或一棵树上。

1. 树、森林转换为二叉树

树的子女-兄弟链表表示是一种二叉链表结构,它可对应到一棵二叉树。当然,它们在语义上是不同的,在树的子女-兄弟链表表示中,结点的左指针指示它的第一个子女结点的地址,右指针指示它的兄弟结点的地址,但二叉树的子树不包含这些信息。

在将树转换为二叉树的过程中,对于每个结点,仅保留一个子女结点(若存在)的链接指

针在结点的 fchild 域中,断开其他子女结点的链接指针;同时,把它的所有子女结点通过它们的右兄弟指针 nsibling 链接起来,再右旋 45°,即可得到树的对应二叉树表示,如图 5.37 所示。一棵树可转换成唯一的一棵二叉树。

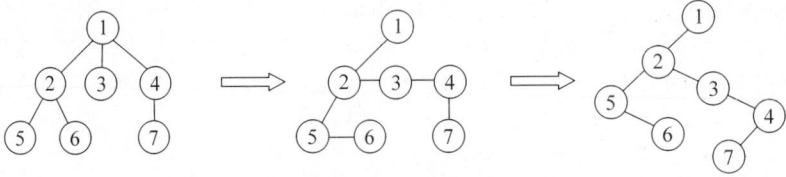

图 5.37　树转换为二叉树

由于根结点没有兄弟,所以树转换为二叉树后,二叉树的根的右子树一定为空。将一个森林转换为一棵二叉树的方法:先将森林中的每一棵树转换为二叉树,再将第一棵树的根作为转换后的二叉树的根,第一棵树的左子树作为转换后二叉树根的左子树,第二棵树作为转换后二叉树的右子树,第三棵树作为转换后二叉树根的右子树的右子树,以此类推,森林就可以转换为一棵二叉树,如图 5.38 所示。

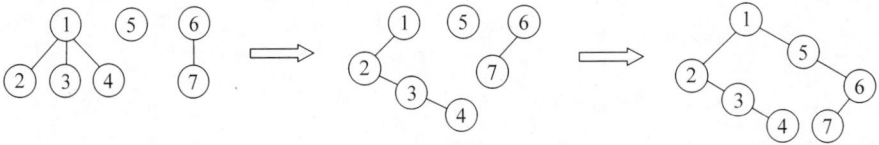

图 5.38　森林转换为二叉树

2. 二叉树转换为树和森林

若二叉树非空,则二叉树根及其左子树为第一棵树的二叉树形式,二叉树根的右子树又可以看作是一个由森林转换后的二叉树,应用同样的方法,直到最后产生一棵其右子树为空的二叉树为止,这样就得到了森林。为了进一步得到树,可用树的二叉树表示的逆方法,如图 5.39 所示。二叉树转换为树和森林是唯一的。

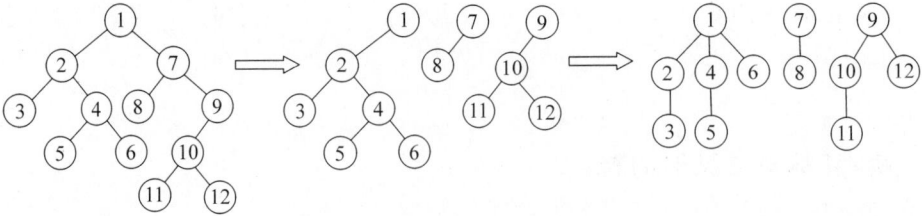

图 5.39　二叉树转换为树和森林

5.7　树与森林的遍历及其应用

与二叉树类似,在树与森林的基本操作中,遍历是其最重要的操作。

5.7.1 树与森林的深度优先遍历

1. 树的深度优先遍历

树的遍历方式有两种,即深度优先遍历和广度优先遍历。树的深度优先遍历通常有两种遍历次序:先根次序(前序)遍历和后根次序(后序)遍历。因为一般的树没有硬性规定子树的先后次序,所以只能人为地假设第一棵子树 T_1、第二棵子树 T_2……

给定树 T,如果 $T = \varnothing$,则遍历结束;否则若 $T = \{r, T_1, T_2, \cdots, T_m\}$,则可以导出先根次序遍历和后根次序遍历两种方法。

(1)先根次序遍历。

若树 $T = \varnothing$,返回。否则

① 访问树的根结点 r;

② 依次先根次序遍历根的第一棵子树 T_1,第二棵子树 T_2……

(2)后根次序遍历。

若树 $T = \varnothing$,返回。否则

① 依次后根次序遍历根的第一棵子树 T_1,第二棵子树 T_2……

② 访问树的根结点 r。

图 5.40 给出对一棵树进行先根次序遍历和后根次序遍历的结果。

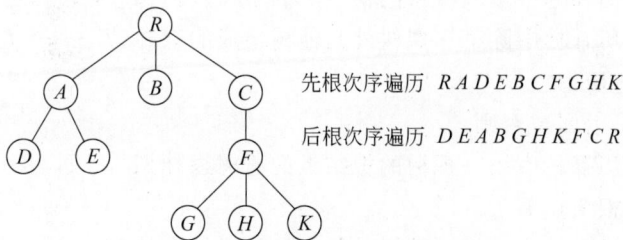

先根次序遍历 $R\,A\,D\,E\,B\,C\,F\,G\,H\,K$

后根次序遍历 $D\,E\,A\,B\,G\,H\,K\,F\,C\,R$

图 5.40 树的深度优先遍历的示例

程序 5.30 树的递归的先根次序遍历算法和后根次序遍历算法

```
template <class T>
void Tree<T>::PreOrder(TreeNode<T> * p) {
//先根次序遍历并输出以 * p 为根的树
    if (p != NULL) {                              //当树非空时
        cout << p->data;                          //输出根结点数据
        for (p = p->firstChild; p != NULL; p = p->nextSibling)
            PreOrder(p);
    }
};

template <class T>
void Tree<T>::PostOrder(TreeNode<T> * p) {
//以指针 p 为根, 按后根次序遍历树
    if (p != NULL) {                              //当树非空时
```

```
        TreeNode<T>  * q;
        for (q = p->firstChild; q != NULL; q =q->nextSibling)
            PostOrder(q);
        cout << p->data;                        //最后访问根结点
    }
};
```

通过前面的学习可知,二叉树有前序、中序、后序 3 种遍历次序,但树的遍历不宜定义中根遍历,原因是如果定义中根遍历,那么访问根结点操作的位置较难固定。例如,对于 $T = \{r, T_1, T_2, \cdots, T_m\}$,在 $T_1, T_2, \cdots, T_m$ 之间共有 $m-1$ 个位置,而且 m 也并不固定。

2. 森林的深度优先遍历

给定森林 F,若 $F = \varnothing$,则遍历结束;否则若 $F = \{T_1 = \{r_1, T_{11}, T_{12}, \cdots, T_{1k}\}, T_2, \cdots, T_m\}$,则可以导出先根次序遍历、后根次序遍历两种方法。其中,r_1 是第一棵树的根结点,$\{T_{11}, T_{12}, \cdots, T_{1k}\}$ 是第一棵树的子树森林,$\{T_2, \cdots, T_m\}$ 是除去第一棵树之后剩余的树构成的森林。

(1) 先根次序遍历。

若森林 $F = \varnothing$,返回。否则

① 先访问森林的根结点(同时也是第一棵树的根结点)r_1;

② 先根次序遍历森林中第一棵树的根结点的子树森林 $\{T_{11}, T_{12}, \cdots, T_{1k}\}$;

③ 先根次序遍历森林中除第一棵树外其他树组成的森林 $\{T_2, \cdots, T_m\}$。

(2) 后根次序遍历。

若森林 $F = \varnothing$,返回。否则

① 后根次序遍历森林中第一棵树的根结点的子树森林 $\{T_{11}, T_{12}, \cdots, T_{1k}\}$;

② 访问森林的根结点 r_1;

③ 后根次序遍历森林中除第一棵树外其他树组成的森林 $\{T_2, \cdots, T_m\}$。

图 5.41 给出这两种遍历的例子。

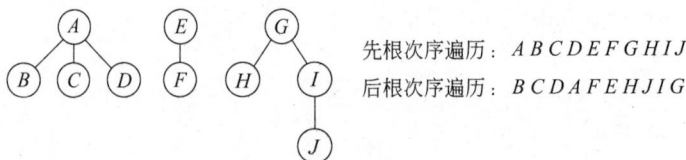

先根次序遍历: $ABCDEFGHIJ$
后根次序遍历: $BCDAFEHJIG$

图 5.41　森林的深度优先遍历示例

由 5.6.2 节讨论的森林与二叉树之间的转换规则可知,当森林转换为二叉树时,其第一棵树的根的子树森林转换成左子树,根的剩余其他树组成的森林转换成右子树,则**上述森林的先根次序遍历和后根次序遍历对应为二叉树的前序遍历和中序遍历**,如图 5.42 所示。

当以二叉链表作为树的存储结构时,树的先根次序遍历和后根次序遍历可借用二叉树的前序遍历和中序遍历算法实现,如图 5.43 所示。

在利用相应二叉树的递归的前序遍历和中序遍历算法实现树的先根次序遍历和后根次序遍历时,需将指针的名字从 leftChild 和 rightChild 换成 firstChild 和 nextSibling。

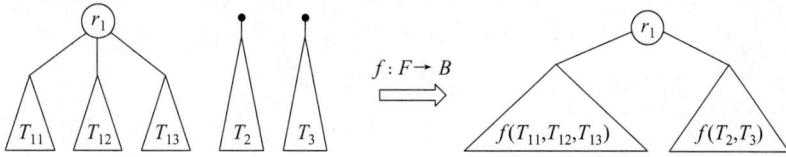

图 5.42　森林转换为二叉树

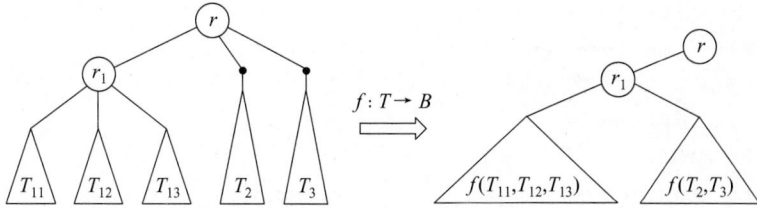

图 5.43　树的二叉树表示

程序 5.31　借助二叉树实现树的先根次序遍历和后根次序遍历

```
template <class T>
void Tree<T>::PreOrder(TreeNode<T> * t) {
    if (t == NULL) return;
    cout << t->data;
    PreOrder(t->firstChild);
    PreOrder(t->nextSibling);
};


template <class T>
void Tree<T>::PostOrder(TreeNode<T> * t) {
    if (t == NULL) return;
    PostOrder(t->firstChild);
    cout << t->data;
    PostOrder(t->nextSibling);
};
```

5.7.2　树和森林的广度优先遍历

1. 树的广度优先遍历

树的广度优先遍历方式是分层次进行访问的。首先访问层号为 1 的结点,再自左向右顺序访问层号为 2 的结点,直到所有结点都访问完。例如,对于图 5.44(a)所示的树,按广度优先遍历的顺序为 $RABCDEF$。

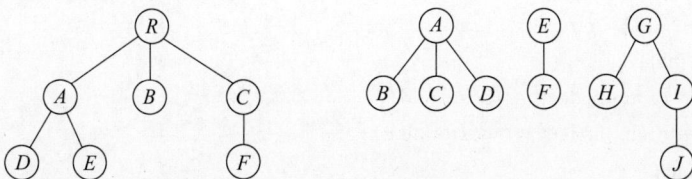

(a) 树的层次序列: $RABCDEF$　　　(b) 森林的层次序列: $AEGBCDFHIJ$

图 5.44　树和森林的广度优先遍历图示

树和森林的广度优先遍历算法不是递归算法，在算法中借助一个队列来安排分层访问的顺序。在访问某一层的结点时，扫描它的所有子女（循子女的右兄弟链），把它们依次进队列。这样预先把下一层要访问的结点顺序排在了队列中。

程序 5.32　树的广度优先遍历算法

```
#include "tree.cpp"
#include "LinkedQueue.cpp"
template <class T>
void Tree<T>::LevelOrder(TreeNode<T> * p) {
//按广度优先次序(层次次序)分层遍历树，树的根结点是 * p。算法中用到一个队列
    LinkedQueue<TreeNode<T> * > Q;
    if (p != NULL) {                          //当树非空时
        Q.EnQueue(p);                         //根指针进队列
        while (!Q.IsEmpty()) {
            Q.DeQueue(p);                     //队列中取一个结点
            cout << p->data;                  //输出结点数据
            for (p = p->firstChild; p != NULL; p = p->nextSibling)
                Q.EnQueue(p);                 //待访问结点的子女进队列
        }
    }
};
```

2. 森林的广度优先遍历

森林的层次次序遍历规则要求从第 1 层起，自顶向下，同一层自左向右，依次访问森林各棵树的结点，不要求一棵树一棵树地解决。例如，对图 5.44(b)所示的森林，结点的访问顺序为 $AEGBCDFHIJ$。这种遍历可以在森林的对应二叉树上执行。相应算法请读者自行考虑，基本思路是利用一个队列。算法开始时先将所有树的根结点加入队列，然后对非空队列反复执行以下操作：从队列退出一个结点并访问它，接着把这个结点的所有子女加入队列。

**5.7.3　树遍历算法的应用

与二叉树的遍历操作相同，求树的各种属性也可以由遍历操作实现。程序 5.33 是利用先根次序遍历求树中的结点总数的算法。

程序 5.33　求树的结点总数

```
template<class T>
int Tree<T>::count_node(TreeNode<T> * t) {
    if (t == NULL) return 0;
    int count = 1;
    count += count_node(t->firstChild);
    count += count_node(t->nextSibling);
    return count;
};
```

程序 5.34 是利用后根次序遍历求树的深度的算法。比较求二叉树深度的程序 5.9，两

者加 1 的位置不同。

程序 5.34　求树的深度

```
template<class T>
int Tree<T>∷find_depth(TreeNode<T> ∗ t){
    if (t == NULL) return 0;
    int fc_depth = find_depth(t−>firstChild)+1;
    int ns_depth = find_depth(t−>nextSibling);
    return (fc_depth > ns_depth) ? fc_depth∶ns_depth;
};
```

5.8　堆

数据集合如果有序,将为各种操作带来便利。但是有些应用并不要求数据全部有序,或者在操作开始前就完全有序。在许多应用中,通常需要先收集一部分数据,从中挑选具有最小或最大关键码的记录开始处理,接着,可能会收集更多数据,并处理当前数据集中具有最小或最大关键码的记录。对于这类应用,我们期望的数据结构应能支持插入操作,并能方便地从中取出具有最小或最大关键码的记录,这样的数据结构即为优先级队列(priority queue)。从外表看来,优先级队列颇似队列(删除最早的数据)和栈(删除最新的数据),但要构造高效率的优先级队列,需要比实现队列和栈考虑更多因素。在优先级队列的各种实现中,堆(heap)是最高效的一种数据结构。

5.8.1　最小堆和最大堆

假定在各个数据记录(或元素)中存在一个能够标识数据记录(或元素)的数据项,并将依据该数据项对数据进行组织,则可称此数据项为**关键码**(key)。

如果有一个关键码的集合 $K = \{k_0, k_1, k_2, \cdots, k_{n-1}\}$,把它的所有元素按完全二叉树的顺序存储方式存放在一个一维数组中。并且满足

$$k_i \leqslant k_{2i+1} \text{且} k_i \leqslant k_{2i+2} \text{(或者} k_i \geqslant k_{2i+1} \text{且} k_i \geqslant k_{2i+2}) \quad i = 0, 1, \cdots, \lfloor (n-2)/2 \rfloor$$

则称这个集合为**最小堆**(或**最大堆**)。图 5.45 给出最小堆和最大堆的例子。前者任一结点的关键码均小于或等于它的左、右子女的关键码,位于堆顶(即完全二叉树的根结点位置)的结点的关键码是整个集合中最小的,所以称它为最小堆(min-heap);后者任一结点的关键码均大于或等于它的左、右子女的关键码,位于堆顶的结点的关键码是整个集合中最大的,所以称它为最大堆(max-heap)。不失一般性,我们将只介绍最小堆。只要把它掌握好,最大堆的情况能够仿照最小堆来处理。

在堆中,所有的记录具有称之为堆序(heap-ordered)的关系。同样,堆序分最小堆序和最大堆序。具有最小堆序的结点(除没有子女的情形外)之间存在小于或等于关系,具有最大堆序的结点(除没有子女的情形外)之间存在大于或等于关系。

在 5.2 节曾讨论过完全二叉树的性质,并由性质 5.5 给出了在按层次次序编号(从 1 开始计数)的完全二叉树中,给定任意结点查找其父结点和左右子女的方法。由于堆存储在下标从 0 开始计数的数组中,因此,在堆中给定下标为 i 的结点时:

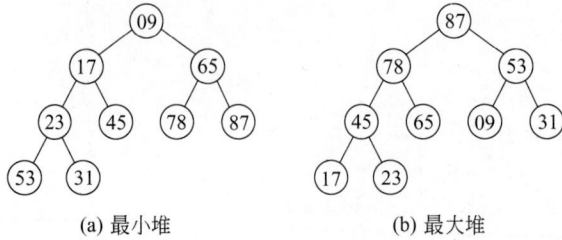

(a) 最小堆　　　　　　　　(b) 最大堆

图 5.45　堆的例子

（1）如果 $i = 0$，结点 i 是根结点，无父结点；否则结点 i 的父结点为结点 $\lfloor (i-1)/2 \rfloor$；

（2）如果 $2i+1 > n-1$，则结点 i 无左子女；否则结点 i 的左子女为结点 $2i+1$；

（3）如果 $2i+2 > n-1$，则结点 i 无右子女；否则结点 i 的右子女为结点 $2i+2$。

程序 5.35 给出了最小堆的类定义。因为堆中存储的是一个记录的集合，并根据每个记录的关键码以最小堆序排列。所以在使用堆的操作之前，使用者需要定义记录的结构类型，在程序 5.35 中以 T 表示关键码类型，以 E 表示其他数据成员类型。

程序 5.35　最小堆的类定义

```
＃define DefaultSize  30                                //定义在 maxheap.h 文件
template ＜class T, class E＞                           //T 是关键码类型,E 是其他数据成员类型
struct Element {                                       //数据表元素定义
    T key；                                            //关键码
    E other；                                          //其他数据成员
    Element＜T,E＞& operator ＝（Element＜T,E＞& x）   //元素 x 的值赋给 this
        {key ＝ x.key；  other ＝ x.other；  return ＊ this；}
    bool operator ＜＝ （Element＜T,E＞& x）{return key ＜＝ x.key；}
                                                       //判断 ＊ this 大于或等于 x
    bool operator ＞ （Element＜T,E＞& x）{return key ＞ x.key；}
                                                       //判断 ＊ this 小于或等于 x
}；
template ＜class T, class E＞
class minHeap {                                        //最小堆的类定义
public：
    minHeap(int sz ＝ DefaultSize) {                   //构造函数
        heap ＝ new Element＜T,E＞[sz]；
        currentSize ＝ 0；maxHeapSize ＝ sz；
    }
    ～minHeap() {delete []heap；}                       //析构函数
    bool Insert(Element＜T,E＞ x)；                     //将 x 插入最小堆中
    bool Remove(Element＜T,E＞& x)；                    //删除堆顶上的最小元素
    bool IsEmpty() {return currentSize ＝＝ 0；}        //判断堆空否。空则返回 true, 否则返回 false
    bool IsFull() {return currentSize ＝＝ maxHeapSize；}  //判断堆满否。满则返回 true, 否则返回 false
    friend void operator ＞＞ (istream& in, minHeap＜T,E＞& H)；   //输入
    friend void operator ＜＜ (ostream& out, minHeap＜T,E＞& H)；  //输出
private：
```

```
Element<T,E> * heap;                                  //存放最大堆中元素的数组
int currentSize;                                      //最大堆中当前元素个数
int maxHeapSize;
void siftDown(int start, int m);                      //从 start 到 m 自顶向下调整
void siftUp(int start);                               //从 start 到 0 自底向上调整
void Swap(int u, int v)
    {Element<T,E> tmp = heap[u]; heap[u] = heap[v]; heap[v] = tmp;}
};
```

5.8.2 堆的建立

有两种方式建立最小堆:一种是通过构造函数建立一个空堆,其大小通过动态存储分配得到;另一种是通过友元函数"operator >>"从输入流获取一组不一定按堆序排列的元素,并对其用函数 siftDown 加以调整形成一个堆。

程序 5.36 创建最小堆的友元函数
```
template <class T, class E>
void operator >> (istream& in, minHeap<T,E>& H) {     //输入
    Element<T,E> w;  T endtag = -1;                   //输入结束标志,假定输入为整数
    E Info;   int k = 0;  T tmp;                       //tmp 是关键码
    cout << "输入结点信息:[Info,tmp]" << endl;
    in >> Info >> tmp;                                //输入数据 Info 是其他数据
    while (tmp ! = endtag) {
        w.other = Info;  w.key = tmp;   H.heap[k++] = w;
        cout << "输入结点信息:[Info,tmp]" << endl;
        in >> Info >> tmp;
    }
    H.currentSize = k;                                //建立当前大小
    int currentPos = (H.currentSize-2)/2;             //找最初调整位置:最后分支结点
    while (currentPos >= 0) {                          //自底向上逐步扩大形成堆
        H.siftDown(currentPos, H.currentSize-1);      //局部自上向下下滑调整
        currentPos--;                                 //再向前换一个分支结点
    }
};
```

当给出一个记录的关键码集合时,首先把它的记录顺序放在堆的 heap 数组中。最初数据的排列显示它不是一个最小堆,因此需要把它调整成为一个堆。调整的过程如图 5.46 所示。

采用从下向上逐步调整形成堆的方法。轮流以按完全二叉树结点编号为 $i = 3, 2, 1,$ 0 的分支结点为开始结点,调用下滑调整算法 siftDown,将以它们为根的子树调整为最小堆。从局部到整体,将最小堆逐步扩大,直到将整个树调整为最小堆。

siftDown 是一个自上而下的调整算法。其基本思想:对有 m 个记录的集合 R,将它置为完全二叉树的顺序存储。首先从结点 i 开始向下调整,前提条件是假定它的两棵子树都已成为堆。接着比较结点 i 左子女的关键码和右子女的关键码,让 j 指示关键码小的子女,然后再比较 $R[i]$ 与 $R[j]$ 的关键码:$R[j].key<R[j+1].key$ ($j = 2i+1$),则沿结点 i 的左分支进行调整,否则沿结点 i 的右分支进行调整,让 j 指示参加调整的子女。调整的方法

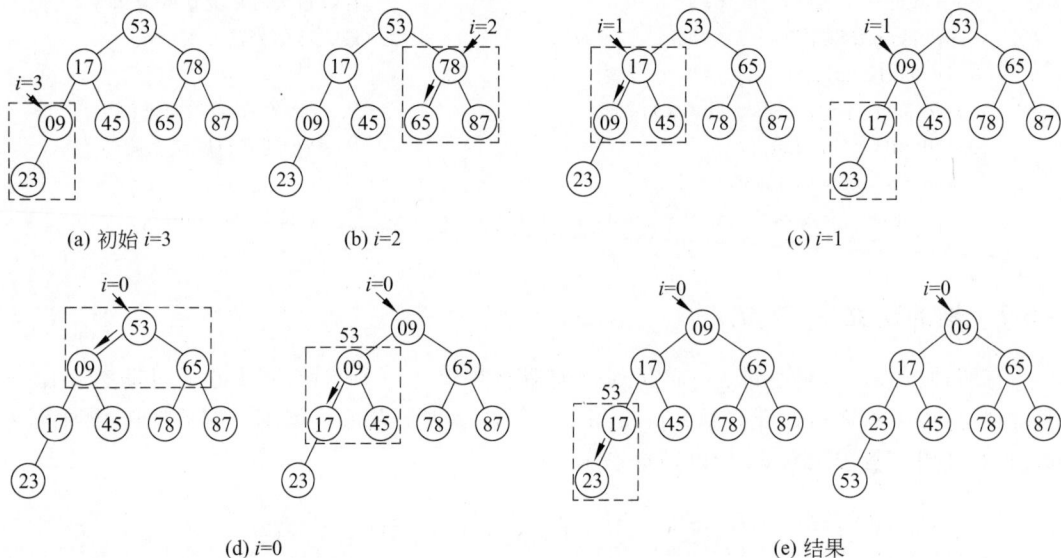

(a) 初始 $i=3$ (b) $i=2$ (c) $i=1$

(d) $i=0$ (e) 结果

图 5.46   从下向上逐步调整为最小堆

是以 $R[i]$ 与 $R[j]$ 进行关键码比较,若 $R[i].key>R[j].key$,则把关键码小的结点上浮。然后令 $i=j$, $j=2i+1$,继续向下一层进行比较,若 $R[i].key \leqslant R[j].key$ 则不对调,也不再向下一层继续比较,算法终止。最后结果是关键码最小的结点上浮到了堆顶,局部的最小堆形成。在程序 5.37 中,关键码比较用的是重载操作符"＞"和"＜＝",它们应在 Element 的声明中定义。

程序 5.37   最小堆的下滑调整算法

```
template <class T, class E>
void minHeap<T,E>::siftDown(int start, int m) {
//私有函数: 从结点 start 开始到 m 为止, 自上向下比较, 如果子女的值小于父结点的值,
//则关键码小的上浮, 继续向下层比较, 这样将一个集合局部调整为最小堆
    int i = start, j = 2 * i+1;              //j 是 i 的左子女位置
    Element<T,E> temp = heap[i];
    while (j <= m) {                         //检查是否到最后位置
        if (j < m && heap[j] > heap[j+1]) j++;   //让 j 指向两子女中的小者
        if (temp <= heap[j]) break;          //小则不做调整
        else {heap[i] = heap[j]; i = j; j = 2 * j+1; }  //否则小者上移, i,j 下降
    }
    heap[i] = temp;                          //回放 temp 中暂存的元素
};
```

5.8.3   堆的插入与删除

最小堆的插入算法调用了另一种堆的调整算法 siftUp,实现自下而上的上滑调整。因为每次新结点总是插在已经建成的最小堆后面,如图 5.47 所示。这时必须遵循与 siftDown 相反的比较路径,从下向上,与父结点的关键码进行比较,对调。

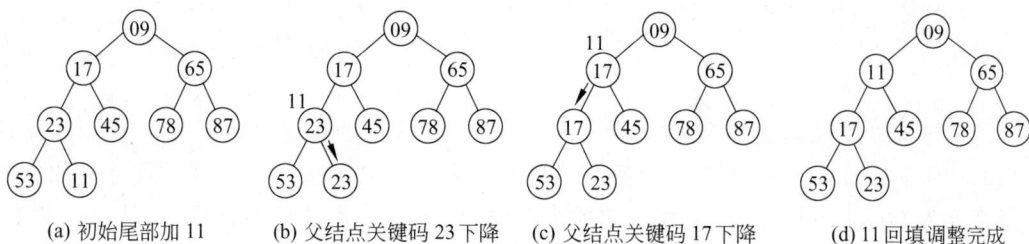

(a) 初始尾部加 11   (b) 父结点关键码 23 下降   (c) 父结点关键码 17 下降   (d) 11 回填调整完成

图 5.47　最小堆的上滑调整算法图示

程序 5.38　堆的上滑调整操作及插入算法

```
template <class T, class E>
void minHeap<T, E>::siftUp(int start) {
//私有函数：从结点 start 开始到结点 0 为止，从下向上比较，如果子女的值小于父结点的值
//则相互交换，这样将集合重新调整为最小堆。关键码比较符"<="在 Element 中定义
    int j = start，i = (j−1)/2；Element<T, E> temp = heap[j]；
    while (j > 0) {                               //沿父结点路径向上直达根
        if (heap[i] <= temp) break;               //父结点值小，不调整
        else {heap[j] = heap[i]; j = i; i = (i−1)/2; }   //父结点值大，调整
    }
    heap[j] = temp;                               //回送
};


template <class T, class E>
bool minHeap<T, E>::Insert(Element<T, E> x) {
//共有函数：将 x 插入最小堆中
    if (IsFull( ))
        {cerr << "Heap Full!" << endl; return false;}   //堆满
    heap[currentSize] = x;                        //插入
    siftUp(currentSize);                          //向上调整
    currentSize++;                                //堆计数加 1
    return true;
};
```

通常，从最小堆删除具有最小关键码记录的操作是将最小堆的堆顶元素，即其完全二叉树的顺序存储表示的第 0 号元素删除。在把这个元素取走后，一般以堆的最后一个结点填补取走的堆顶元素，并将堆的实际元素个数减 1。但是用最后一个元素取代堆顶元素将破坏堆，需要调用 siftDown 算法从堆顶向下进行调整。

程序 5.39　最小堆的删除算法

```
template <class T, class E>
bool minHeap<T, E>::RemoveMin(Element<T, E>& x) {
    if (!currentSize) {cout << "Heap empty" << endl; return false;}
                                                  //堆空，返回 false
    x = heap[0]; heap[0] = heap[currentSize−1];   //最后元素填补到根结点
    currentSize−−;
```

· 221 ·

```
        siftDown(0, currentSize-1);                              //从上向下调整为堆
        return true;                                             //返回最小元素
    };
```

从关于完全二叉树的性质可知,n 个结点的完全二叉树的深度为 $k = \lceil \log_2(n+1) \rceil$,应用堆的调整算法 siftDown 时,while 循环次数最大为树的深度减 1,所以堆的删除算法的时间复杂度为 $O(\log_2 n)$。而在插入一个新结点时,使用了一个堆的调整算法 siftUp,其中,while 循环次数不超过树的深度减 1,所以堆的插入算法的时间复杂度也是 $O(\log_2 n)$。建树操作执行了 $\lfloor n/2 \rfloor$ 次 siftDown 算法,其时间复杂度为 $O(n \log_2 n)$。

5.9 Huffman 树及其应用

Huffman 树,又称最优二叉树,是一类加权路径长度最短的二叉树,在编码设计、决策和算法设计等领域有着广泛应用。

5.9.1 路径长度

在讨论 Huffman 树之前,首先给出路径和路径长度的定义。

路径(path)。从树中一个结点到另一个结点之间的分支构成该两结点之间的路径。

路径长度(path length)。路径上的分支条数。树的路径长度是从树的根结点到每个结点的路径长度之和。

由树的定义可知,**从树的根结点到达树中每一结点有且仅有一条路径**。若设树的根结点处于第 1 层,某一结点处于第 k 层,因为从根结点到达这个结点的路径上的分支条数为 $k-1$,所以**从根结点到其他各个结点的路径长度等于该结点所处的层次 $k-1$**。例如在图 5.48(a)所示的二叉树中,根结点①到各结点①,②,③,④,⑤,⑥,⑦,⑧的路径长度分别为 $0,1,1,2,2,2,2,3$。该树的路径长度为 PL $= 0+1+1+2+2+2+2+3 = 13$。图 5.48(b)所示二叉树的路径长度为 PL $= 0+1+1+2+2+2+3+3 = 14$。显然前者的路径长度短。原因是第 i 层的结点个数最多为 2^{i-1},而第 i 层结点到根的路径长度为 $i-1$。由此可知,到根结点的路径长度为 k 的结点最多有 2^k 个。如图 5.48(a)所示的是完全二叉树,二叉树的路径长度是以下数列前 n 项的和:

$$0,1,1,2,2,2,2,3,3,3,3,3,3,3,3,3,3,4,4\cdots$$

而图 5.48(b)所示的是一般二叉树,虽然也是 8 个结点,但所取路径长度不是上面数列前 8 项的和,而是向后跳着取的:$0,1,1,2,2,2,3,3$,因而其路径长度就比较大。由此得到

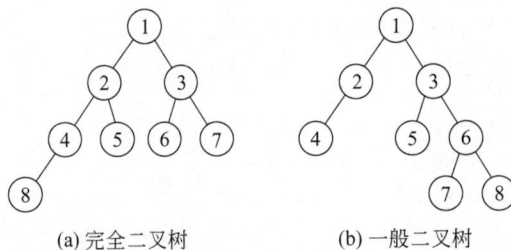

(a) 完全二叉树   (b) 一般二叉树

图 5.48 具有不同路径长度的二叉树

以下结论：n 个结点的二叉树的路径长度不小于前述数列前 n 项的和，即

$$PL = \sum_{i=0}^{n-1} \lfloor \log_2(i+1) \rfloor$$

其最小路径长度等于 PL。完全二叉树的路径长度就满足这个要求。

当然，除了完全二叉树外，只要满足上述要求的二叉树都具有最小路径长度。例如，在 5.2 节提到过的理想平衡二叉树。

5.9.2 Huffman 树

现在考虑**带权路径长度**（weighted path length，WPL）。假设给定一个有 n 个权值的集合 $\{w_1, w_2, \cdots, w_n\}$，其中 $w_i \geqslant 0 (1 \leqslant i \leqslant n)$。若 T 是一棵有 n 个叶结点的二叉树，而且将权值 $w_1, w_2, \cdots, w_n$ 分别赋给 T 的 n 个叶结点，则称 T 是权值为 $w_1, w_2, \cdots, w_n$ 的扩充二叉树。带有权值的叶结点称为扩充二叉树的外结点，其余不带权值的分支结点称为内结点。外结点的带权路径长度为 T 的根到该结点的路径长度与该结点上权值的乘积。而 n 个外结点的扩充二叉树的带权路径长度定义为

$$WPL = \sum_{i=1}^{n} w_i \cdot l_i$$

式中，w_i 为外结点 i 所带的权值；l_i 为外结点 i 到根结点的路径长度。在权值为 $w_1, w_2, \cdots, w_n$ 的扩充二叉树中，其 WPL 最小的扩充二叉树称为最优二叉树。

例如，图 5.49 所示的 3 棵二叉树都是权值为 $\{7, 5, 2, 4\}$ 的扩充二叉树。图 5.49(a) 的带权路径长度为 WPL $= 2 \times (2+4+5+7) = 36$，图 5.49(b) 的带权路径长度为 WPL $= 2 + 2 \times 4 + 3 \times (5+7) = 46$，图 5.49(c) 的带权路径长度为 WPL $= 7 + 2 \times 5 + 3 \times (2+4) = 35$。图 5.49(c) 所示的扩充二叉树的带权路径长度最小。由此可见，**带权路径长度最小的扩充二叉树不一定是完全二叉树**。

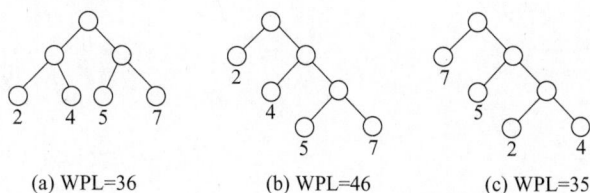

图 5.49　具有不同带权路径长度的扩充二叉树

直观地看，**带权路径长度最小的二叉树应是权值大的外结点离根结点最近的扩充二叉树**，这就是 Huffman 树。

为了构造权值集合为 $\{w_1, w_2, \cdots, w_n\}$ 的 Huffman 树，Huffman 提出了一个构造算法，这个算法被称为 Huffman 算法。其基本思路如下。

（1）根据给定的 n 个权值 $\{w_1, w_2, \cdots, w_n\}$，构造具有 n 棵扩充二叉树的森林 $F = \{T_1, T_2, \cdots, T_n\}$，其中每棵扩充二叉树 T_i 只有一个带权值 w_i 的根结点，其左、右子树均为空。

（2）重复以下步骤，直到 F 中仅剩下一棵树为止。

① 在 F 中选取两棵根结点的权值最小的扩充二叉树，作为左、右子树构造一棵新的二

叉树。置新的二叉树的根结点的权值为其左、右子树上根结点的权值之和。

② 在 F 中删除这两棵二叉树。

③ 把新的二叉树加入 F。

最后得到的就是 Huffman 树。

例如,设给定的权值集合为{7,5,2,4},Huffman 树的构造过程如图 5.50 所示。首先构造每棵树只有一个结点的森林,如图 5.50(a)所示;然后每次选择两个根结点权值最小的扩充二叉树,以它们为左、右子树构造新的扩充二叉树,步骤如图 5.50(b)、5.50(c)和 5.50(d)所示,最后得到一棵扩充二叉树。图 5.50 中带权外结点用矩形框表示,内结点用圆形框表示。

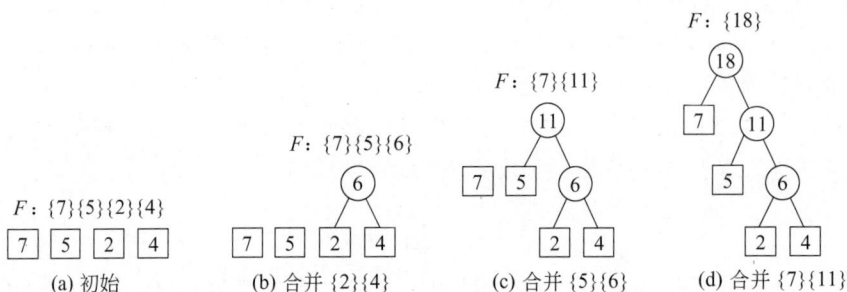

图 5.50 Huffman 树的构造过程

在定义 Huffman 树结点时需要注意,每个结点的数据可能也是一个结构型,其中有一个关键码(key)域,用于识别不同的结点,还有一个数据(data)域,存放结点的其他信息。此外,每个结点有 3 个指针,分别指示它的左子女、右子女和父结点。在下面的类定义时,为操作方便,采用了静态三叉链表作为 Huffman 树的存储结构。

程序 5.40　Huffman 树的类定义

```
#define leafNumber 20                              //默认权重集合大小
#define totalNumber 39                             //树结点个数＝2 * leafNumber－1
template <class T, class E>
struct HFNode {                                    //树结点的类定义
    T key;                                         //结点关键码
    E data;                                        //结点其他数据
    int lchild, rchild, parent;                    //左子女、右子女和父结点指针
};
template <class T, class E>
struct HFTree {                                    //Huffman 树类定义
    HFNode<T,E> elem[totalNumber];                 //Huffman 树存储数组
    int num;                                       //num 是实际外结点数
    int root;                                      //root 是根
    void createHFTree(E ch[], T fr[], int n);
        //从输入序列建树,fr[]是关键码序列,ch 是其他数据序列,n 是个数
    void printHFTree();
};
```

程序 5.41 给出了构造 Huffman 树的算法。该算法首先把 n 个权值及其数据存放到静态链表数组的前 n 个位置,并将所有指针置空(用 -1 表示)。然后在其中选出最小的和次小的权值,构造新的二叉树,顺序存放到链表的后续位置。这个过程重复 $n-1$ 次,直到 Huffman 树构建完成。注意,最小和次小的权值都应在父指针等于 -1(视为子树的根)的结点中选择。

程序 5.41 构造 Huffman 树的算法

```
# include "huffmanTree.h"
# define maxValue 999
template <class T, class E>
void HFTree<T,E>::createHFTree(E ch[], T fr[], int n) {
//算法输入数据序列 value[n],对应的权值序列 fr[n],构建 Huffman 树
    int i, k, s1, s2;   int min1, min2;
    for (i = 0; i < n; i++)                          //所有外结点赋值
        {elem[i].data = ch[i];   elem[i].key = fr[i];}
    for (i = 0; i < leafNumber; i++ )                //所有指针置空
        elem[i].parent = elem[i].lchild = elem[i].rchild = −1;
    for (i = n; i < 2 * n−1; i++) {                  //逐步构造 Huffman 树
        min1 = min2 = maxValue;                      //min1 是最小权值,min2 是次小权值
        s1 = s2 = 0;                                 //s1 是最小权值点,s2 是次小权值点
        for (k = 0; k < i; k++)
            if (elem[k].parent == −1)               //未成为其他树的子树
                if (elem[k].key < min1) {           //新的最小权值
                    min2 = min1;   s2 = s1;          //原来的最小权值变成次小权值
                    min1 = elem[k].key;              //记忆新的最小权值
                    s1 = k;
                }
                else if (elem[k].key < min2)        //记忆新的次小权值
                    {min2 = elem[k].key;   s2 = k;}
        elem[s1].parent = elem[s2].parent = i;       //构造新的子树
        elem[i].lchild = s1;        elem[i].rchild = s2;
        elem[i].key = elem[s1].key+elem[s2].key;
    }
    num = n;   root = 2 * n−2;
};
template <class T, class E>
void HFTree<T,E>::printHFTree() {
    for (int i = 0; i < 2 * num−1; i++) {
        E value = (i < num) ? elem[i].data : '−';
        if (i < 10) cout << " ";
        cout << i << ": " << value;
        if (elem[i].key < 10) cout << " ";
        cout << " " << elem[i].key;
        if (i < num)
            cout << " " << elem[i].lchild << " " << elem[i].rchild << " ";
```

```
    else
        cout << "  " << elem[i].lchild << "  " << elem[i].rchild << "  ";
    cout << elem[i].parent << endl;
    }
    cout << "root=" << root << endl;
};
```

如果定义 k 叉树为结点的有限集合,它或者为空集合,或者由一个根和 k 棵有序的不相交的 k 叉树组成,则 Huffman 算法可以扩展到 k 叉树,以后在第 10 章介绍外排序时再讨论。

**5.9.3   Huffman 树的应用:最优判定树

人们在日常生活与工作中常遇到判定问题,即根据反馈信息,在给定的 n 个对象中选择一个满足要求的对象。例如,有一个考试成绩查询系统,根据某门课程的考试对所有考试的成绩做了分类,如表 5.3 所示。

表 5.3   考生成绩分类表

成绩	不及格	及格	中	良	优
考分范围	$[0,60)$	$[60,70)$	$[70,80)$	$[80,90)$	$[90,100]$
分布比率	0.10	0.20	0.35	0.25	0.10

现以考分的分布比率作为权重,构造 Huffman 树,如图 5.51 所示。分支结点(内结点)是判定过程,叶结点(外结点)是判定结果。

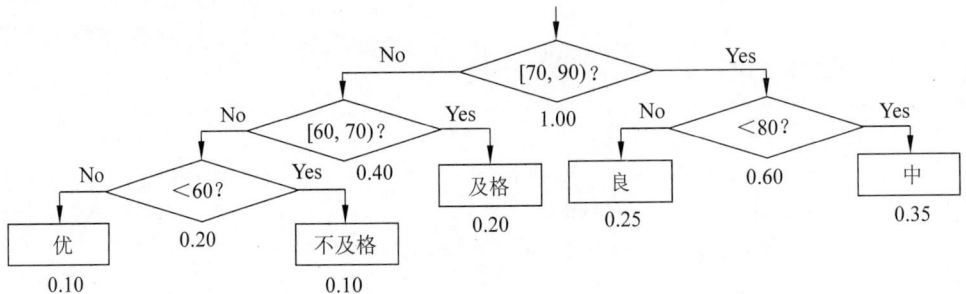

图 5.51   考试成绩查询判定树

这显然不是最优判定树,有些判定中的判断条件需要做两次。为此,T. C. Hu 和 A.C. Tucker 提出了一个改进算法。下面仍用表 5.3 所示考生成绩查询系统的例子。对各个外结点加以编号:1—不及格,权重 0.10;2—及格,权重 0.20;3—中,权重 0.35;4—良,权重 0.25;5—优,权重 0.10。Hu-Tucker 算法的处理规则如下。

(1) 按照初始顺序排列各个结点,每个结点是一棵树,形成森林 F,如图 5.52(a)所示。

(2) 让 i 从 1 到 $n-1$,轮流检查相邻两棵树根结点权重之和 $T_{i.w} + T_{i+1.w}$,选择值最小的一对,用 k 记忆 i。再以 T_k 为左子树,T_{k+1} 为右子树,构造一个二叉树 $B_{k,k+1}$,该二叉树根结点的权重等于 T_k 和 T_{k+1} 根结点权重之和。接着,在 F 中删去 T_k 和 T_{k+1},并把 $B_{k,k+1}$ 加入。这样,森林中树的棵数 n 减 1,如图 5.52(b)所示。

（3）重复执行（2），直到森林中只剩一棵树，如图 5.52(c)、图 5.52(d)、图 5.52(e)所示。

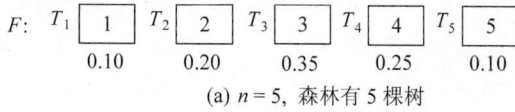

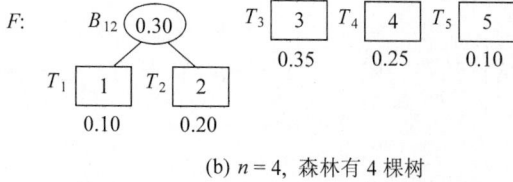

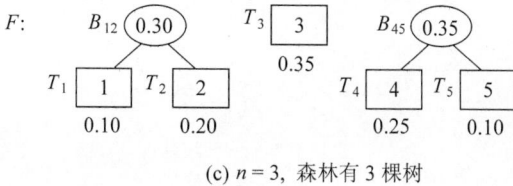

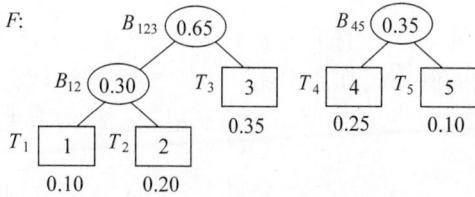

(a) $n = 5$，森林有 5 棵树

(b) $n = 4$，森林有 4 棵树

(c) $n = 3$，森林有 3 棵树

(d) $n = 2$，森林有 2 棵树

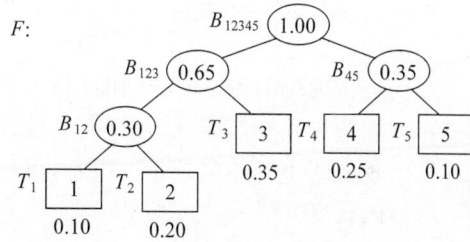

(e) $n = 1$，森林有 1 棵树

图 5.52　用 Hu-Tucker 算法构造最佳判定树的过程

改换为判定树，如图 5.53 所示。

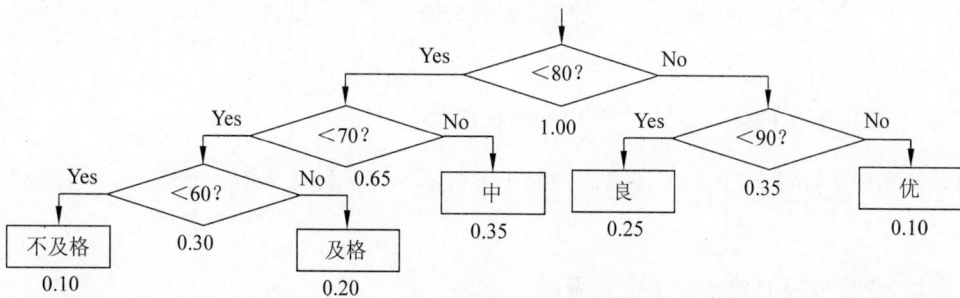

图 5.53　用 Hu-Tucker 算法构造的最佳判定树

这个判定树的带权路径长度为 WPL ＝ $0.35 \times 2 + 0.25 \times 2 + 0.10 \times 2 + 0.10 \times 3 + 0.20 \times 3 = 2.3$，这棵判定树是实际可行的带权路径长度最短的最优判定树。

5.9.4　Huffman 树的应用：Huffman 编码

Huffman 树最经典的应用在通信领域。经 Huffman 编码的信息消除了冗余数据，极大地提高了通信信道的传输速率。目前,Huffman 编码技术还是数据压缩的重要方法。

设某信息由 a,b,c,d,e 5 个字符组成,每个字符出现的概率分别为 0.12,0.40, 0.15,0.08,0.25,现在如果把这些字符编码成二进制的 0,1 序列,可采用定长编码方案或变长编码方案,如图 5.54 所示。

图 5.54 中的两种二进制编码可以用二叉树表示,如图 5.55(a) 和图 5.55(b) 所示。其中,二叉树的叶结点标记字符,由根结点沿着二叉树路径下行,左分支标记为 0,右分支标记为 1,则每条从根结点到叶结点的路径唯一表示了该叶结点的二进制编码。

符号	概率	定长编码	变长编码
a	0.12	000	1111
b	0.40	001	0
c	0.15	010	110
d	0.08	011	1110
e	0.25	100	10

图 5.54　两种编码

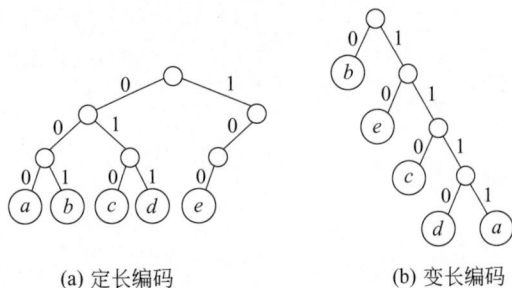

(a) 定长编码　　(b) 变长编码

图 5.55　两种编码方案

虽然定长编码的编、译码操作都很方便,但当每个字符的出现概率不等时,这种编码方案极有可能造成冗余。因此,设计变长编码,为出现概率较高的字符指定较短的码字,而为出现概率较低的字符指定较长的码字,可以明显地提高传输的平均性能。根据这样的考虑,用平均编码长度

$$\sum_{k=1}^{n} p_k l_k$$

衡量各种编码方案的效率,其中 p_k 是第 k 个字符出现的概率,l_k 是第 k 个字符的编码长度。例如,在图 5.55(a) 中,定长编码的平均编码长度为

$$\sum_{k=1}^{5} p_k l_k = 0.12 \times 3 + 0.40 \times 3 + 0.15 \times 3 + 0.08 \times 3 + 0.25 \times 3$$
$$= 3$$

图 5.55(b) 所示的变长编码的平均编码长度为

$$\sum_{k=1}^{5} p_k l_k = 0.12 \times 4 + 0.40 \times 1 + 0.15 \times 3 + 0.08 \times 4 + 0.25 \times 2$$
$$= 2.15$$

显然,变长编码的效率高于定长编码。

为避免编码、译码时出现歧义,在变长编码集中必须保证任一字符编码都不是其他字符的前缀,该性质称为编码的前缀性质。满足前缀性质的编码称为前缀编码。由二叉树表示的编码,易见其前缀性质得到保证,每个二进制串表示的字符都不可能是其他字符的前缀。反之,构造一棵具有 n 个叶结点的二叉树,并将 n 个待编码的字符与这 n 个叶结点一一对应,则这棵二叉树表示的二进制编码自然是前缀编码。

平均编码长度最小的前缀编码称为**最优编码**。不难看出,如果以字符的出现概率为权值构造 Huffman 树,并用相应字符标记对应的叶结点,则最优二进制编码问题可以通过构

造 Huffman 树获得解决。Huffman 树的加权路径长度就是相应编码的平均编码长度,这样得到的编码被称为 Huffman 编码。例如,从图 5.55(b)中得到的变长编码就是 Huffman 编码,它是最优二进制编码。图 5.55(b)是用来设计这种变长编码的 Huffman 树。

由于 Huffman 树的形态可以不唯一,因此,对同一组字符集进行 Huffman 编码,有可能得出多套编码方案,但这些编码都是最优二进制编码。例如,对表 5.4 给出的一组字符及其出现概率,列出了两种最优编码方案及其对应的 Huffman 树(见图 5.56),这两种编码的平均编码长度都是 2.71。

表 5.4 Huffman 编码的生成

字符	概率	定长编码	变长编码
a	0.05	0001	0001
b	0.29	10	11
c	0.07	1110	1010
d	0.08	1111	1011
e	0.14	110	100
f	0.23	01	01
g	0.03	0000	0000
h	0.11	001	001

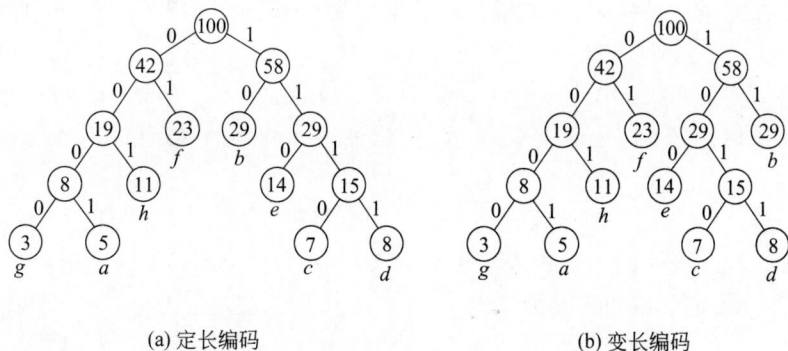

(a) 定长编码   (b) 变长编码

图 5.56 同样的字符集有不同的 Huffman 树

习   题

一、单项选择题

1. 设树中有 n 个结点,则所有结点的度等于(   )。

    A. $n-1$ B. n C. $n+1$ D. $2n$

2. 在一棵树中,( )没有前驱结点。

    A. 分支结点　　　　B. 叶结点　　　　C. 根结点　　　　D. 空结点

3. 在一棵有 n 个结点的二叉树的二叉链表中,空指针域数等于非空指针域数加( )。

    A. -1　　　　　　B. 1　　　　　　C. 2　　　　　　D. 3

4. 在一棵有 n 个结点的二叉树中,所有结点的空子树个数等于( )。

    A. $n-1$　　　　　B. n　　　　　C. $n+1$　　　　D. $2n$

5. 在一棵有 n 个结点的二叉树的第 i 层上(假定根结点为第 1 层,i 大于或等于 1 而小于或等于树的高度),这一层最多有( )个结点。

    A. 2^{i-1}　　　　B. 2^{i}　　　　C. 2^{i+1}　　　　D. 2^{n}

6. 一棵高度为 h(假定根结点的层号为 1)的完全二叉树中所含结点数不小于( )。

    A. 2^{h-1}　　　　B. 2^{h}　　　　C. $2^{h}-1$　　　　D. $2^{h+1}-1$

7. 在一棵具有 35 个结点的完全二叉树中,该树的高度为( )。假定空树的高度为 0。

    A. 2　　　　　　　B. 3　　　　　　C. 5　　　　　　D. 6

8. 在一棵具有 n 个结点的完全二叉树中,分支结点的最大编号为( )。假定树根结点的编号为 0。

    A. $\lfloor (n-1)/2 \rfloor$　　B. $\lfloor n/2 \rfloor$　　C. $\lceil n/2 \rceil$　　D. $\lfloor n/2 \rfloor -1$

9. 在一棵完全二叉树中,若编号为 i 的结点存在左子女,则左子女结点的编号为( )。假定根结点的编号为 0。

    A. $2i-1$　　　　B. $2i$　　　　C. $2i+1$　　　　D. $2i+2$

10. 在一棵完全二叉树中,假定根结点的编号为 0,则对于编号为 i($i>0$)的结点,其父结点的编号为( )。

    A. $\lfloor (i+1)/2 \rfloor$　　B. $\lfloor (i-1)/2 \rfloor$　　C. $\lfloor i/2 \rfloor$　　D. $\lfloor i/2 \rfloor -1$

11. 设一棵树用子女-兄弟链表表示,在这种表示中一个结点的右子女是该结点的( )结点。

    A. 兄弟　　　　　B. 子女　　　　C. 祖先　　　　D. 子孙

12. 已知一棵二叉树的广义表表示为 $a(b(c),d(e(,g(h)),f))$,则该二叉树的高度为( )。假定空树的高度为 0。

    A. 3　　　　　　　B. 4　　　　　　C. 5　　　　　　D. 6

13. 已知一棵树的边集表示为 $\{<A,B>,<A,C>,<B,D>,<C,E>,<C,F>,<C,G>,<F,H>,<F,I>\}$,则该树的高度为( )。假定空树的高度为 0。

    A. 2　　　　　　　B. 3　　　　　　C. 4　　　　　　D. 5

14. 利用 n 个值作为叶结点上的权值生成的 Huffman 树中共包含有( )个结点。

    A. n　　　　　　B. $n+1$　　　　C. $2n$　　　　D. $2n-1$

15. 利用 3,6,8,12 这四个值作为叶结点的权值生成一棵 Huffman 树,该树的带权路径长度为( )。

    A. 55　　　　　　B. 29　　　　　C. 58　　　　　D. 38

16. 一棵树的广义表表示为 $a(b,c(e,f(g)),d)$,当用子女-兄弟链表表示时,右指针域非空的结点个数为( )。

    A. 1   B. 2   C. 3   D. 4

17. 向具有 n 个结点的堆中插入一个新元素的时间复杂度为( )。

    A. $O(1)$ B. $O(n)$ C. $O(\log_2 n)$ D. $O(n\log_2 n)$

二、填空题

1. 一棵树的广义表表示为 $a\ (b\ (c\ ,\ d\ (e\ ,\ f)\ ,\ g\ (h)\ )\ ,\ i\ (j\ ,\ k\ (x\ ,\ y)\ )\ )$,结点 k 的所有祖先结点有_____个。

2. 一棵树的广义表表示为 $a\ (b\ (c\ ,\ d\ (e\ ,\ f)\ ,\ g\ (h)\ )\ ,\ i\ (j\ ,\ k\ (x\ ,\ y)\ )\ )$,结点 f 在第_____层。设根结点在第 1 层。

3. 假定一棵三叉树有 50 个结点,则它的最小高度为_____。

4. 在一棵高度为 3 的四叉树中,最多含有_____个结点。

5. 在一棵三叉树中,若度为 3 的结点有 2 个,度为 2 的结点有 1 个,度为 1 的结点为 2 个,则度为 0 的结点有_____个。

6. 在一棵高度为 5 的完全二叉树中,最多含_____个结点。

7. 一棵树的广义表表示为 $A\ (B\ (C\ ,\ D\ (E\ ,\ F\ ,\ G)\ ,\ H\ (I\ ,\ J)))$,则该树的高度为_____。

8. 在一棵二叉树中,若度为 2 的结点有 5 个,度为 1 的结点有 6 个,则叶结点有_____个。

9. 若一棵二叉树的结点个数为 18,则它的最小高度为_____。

10. 在一棵高度为 h 的理想平衡树(即 $0\sim h-1$ 层都是满的,第 h 层的结点分布在该层各处)中,最少含有_____个结点。根结点为第 1 层,叶结点的高度为 0。

11. 在一棵高度为 h 的理想平衡树(即 $1\sim h-1$ 层都是满的,第 h 层的结点分布在该层各处)中,最多含有_____个结点。

12. 若将一棵树 $A\ (B\ (C\ ,\ D\ ,\ E)\ ,\ F\ (G\ (H)\ ,\ I))$ 按照子女-兄弟链表表示法转换为二叉树,该二叉树中度为 2 的结点个数为_____个。

13. 一棵树按照子女-兄弟链表表示转换成对应的二叉树,则该二叉树中根结点肯定没有_____子女。

14. 在一个堆的顺序存储中,若一个元素的下标为 $i(0\leqslant i\leqslant n-1)$,则它的左子女的下标为_____。

15. 在一个堆的顺序存储中,若一个元素的下标为 $i(0\leqslant i\leqslant n-1)$,则它的右子女的下标为_____。

16. 在一个最小堆中,堆顶结点的值是所有结点中的_____。

17. 在一个最大堆中,堆顶结点的值是所有结点中的_____。

18. 6 个结点可构造出_____种不同形态的二叉树。

19. 设森林 F 中有 4 棵树,第 1、2、3、4 棵树的结点个数分别为 n_1、n_2、n_3、n_4,当把森林 F 转换成一棵二叉树后,其根结点的右子树中有_____个结点。

20. 设森林 F 中有 4 棵树,第 1、2、3、4 棵树的结点个数分别为 n_1、n_2、n_3、n_4,当把森林 F 转换成一棵二叉树后,其根结点的左子树中有_____个结点。

21. 将含有 82 个结点的完全二叉树从根结点开始顺序编号,根结点为第 0 号,其他结点自上向下,同一层自左向右连续编号。则第 40 号结点的父结点的编号为_____。

三、判断题

1. 在一棵二叉树中,假定每个结点只有左子女,没有右子女,对它分别进行前序遍历和后序遍历,则具有相同的遍历结果。( )

2. 在一棵二叉树中,假定每个结点只有左子女,没有右子女,对它分别进行中序遍历和后序遍历,则具有相同的遍历结果。( )

3. 在一棵二叉树中,假定每个结点只有左子女,没有右子女,对它分别进行前序遍历和中序遍历,则具有相同的遍历结果。( )

4. 在一棵二叉树中,假定每个结点只有左子女,没有右子女,对它分别进行前序遍历和层次序遍历,则具有相同的遍历结果。( )

5. 在树的存储中,若使每个结点带有指向父结点的指针,将在算法中为寻找父结点带来方便。( )

6. 对于一棵具有 n 个结点,其高度为 h 的二叉树,进行任一种次序遍历的时间复杂度均为 $O(n)$。( )

7. 对于一棵具有 n 个结点,其高度为 h 的二叉树,进行任一种次序遍历的时间复杂度均为 $O(h)$。( )

8. 对于一棵具有 n 个结点的二叉树,进行前序、中序或后序遍历的空间复杂度均为 $O(\log_2 n)$。( )

9. 在一棵具有 n 个结点的线索二叉树中,每个结点的指针可能指向子女结点,也可能作为线索,指向某一种遍历次序的前驱或后继结点,所有结点中作为线索使用的指针共有 n 个。( )

10. 当向一个最小堆中插入一个具有最小值的元素时,该元素需要逐层向上调整,直到被调整到堆顶位置为止。( )

11. 对具有 n 个结点的堆进行插入一个元素运算的时间复杂度为 $O(n)$。( )

12. 当从一个最小堆中删除一个元素时,需要把堆尾元素填补到堆顶位置,然后再按条件把它逐层向下调整,直到调整到合适位置为止。( )

13. 从具有 n 个结点的堆中删除一个元素,其时间复杂度为 $O(\log_2 n)$。( )

14. 若有一个结点是二叉树中某个子树的中序遍历结果序列的最后一个结点,则它一定是该子树的前序遍历结果序列的最后一个结点。( )

15. 若有一个结点是二叉树中某个子树的前序遍历结果序列的最后一个结点,则它一定是该子树的中序遍历结果序列的最后一个结点。( )

16. 若有一个叶结点是二叉树中某个子树的中序遍历结果序列的最后一个结点,则它一定是该子树的前序遍历结果序列的最后一个结点。( )

17. 若有一个叶结点是二叉树中某个子树的前序遍历结果序列的最后一个结点,则它一定是该子树的中序遍历结果序列的最后一个结点。( )

18. 若将一批杂乱无章的数据按堆结构组织起来,则堆中各数据必然按自小到大的顺序排列起来。( )

四、简答题

1. 假定一棵二叉树的广义表表示为 $a(b(c,),d(e,f))$，分别写出对它进行前序、中序、后序、层次序遍历的结果。

2. 满足以下条件的二叉树的可能形态是什么？
(1) 二叉树的前序序列与中序序列相同。
(2) 二叉树的中序序列与后序序列相同。
(3) 二叉树的前序序列与后序序列相同。

3. 设二叉树根结点所在层次为 1，规定二叉树的叶结点的高度为 0，分支结点的高度等于其左、右子树高度的大者加 1，树的高度 h 为根结点的高度。
(1) 高度为 h 的完全二叉树的不同二叉树有多少棵？
(2) 高度为 h 的满二叉树的不同二叉树有多少棵？

4. 已知一棵二叉树的顺序存储表示如图 5.57 所示，其中 -1 表示空，分别写出该二叉树的前序、中序、后序遍历的序列。

0	1	2	3	4	5	6	7	8	9	10	11	12
20	8	46	5	15	30	-1	-1	-1	10	18	-1	35

图 5.57　第 4 题的一棵二叉树的顺序存储表示

5. 已知一棵树的父指针数组表示（即父表示）如图 5.58 所示，其中用 -1 表示空指针，树的根结点存于 0 号单元，该树的度为 0 的结点（叶结点）有多少个？度为 1 的结点有多少个？度为 3 的结点有多少个？度为 3 的结点有多少个？

序号:	0	1	2	3	4	5	6	7	8	9	10
data:	a	b	c	d	e	f	g	h	i	j	k
parent:	-1	0	1	1	3	0	5	6	6	0	9

图 5.58　一棵树的父指针数组表示

6. 已知一棵二叉树的前序遍历序列为 $\{a,b,c,d,e,f,g,h,i,j\}$，中序遍历序列为 $\{c,b,a,e,f,d,i,h,j,g\}$，求该二叉树的后序遍历序列。

7. 已知一棵二叉树的中序遍历序列为 $\{c,b,d,e,a,g,i,h,j,f\}$，后序遍历序列为 $\{c,e,d,b,i,j,h,g,f,a\}$，求该二叉树的高度（假定空树的高度为 0）和度为 2、度为 1 的结点及叶结点个数。

8. 已知一棵正则二叉树（只有度为 0 和度为 2 的结点）的前序遍历序列为 $\{a,b,c,d,e,f,g,h,i,j,k\}$，后序遍历序列为 $\{c,e,f,d,b,i,j,h,k,g,a\}$，求该二叉树的中序遍历序列。

9. 假定一棵普通树的广义表表示为 $a(b(e),c(f(h,i,j),g),d)$，分别写出先根次序遍历、后根次序遍历、层次序遍历的结果。

10. 设有一棵满 m 叉树，根在第 1 层。
(1) 第 i 层最多有多少结点？
(2) 设树的高度为 h，则树中最多有多少个结点？最少有多少个结点？

（3）设树中有 n 个结点，树的高度是多少？

（4）若对树中从 0 开始自上向下分层给各结点编号。则编号为 k 的结点的父结点编号是多少？它的第 1 个子女的编号是多少？该结点在第几层？

11. 设一个最大堆为$\{56, 38, 42, 30, 25, 40, 35, 20\}$，依次向它插入 45 和 64 后，最大堆如何变化？

12. 设一个最小堆为$\{20, 35, 50, 57, 42, 70, 83, 65, 86\}$，依次从中删除 3 个最小元素后，最小堆如何变化？

13. 已知一组数为$\{56, 48, 25, 16, 74, 52, 83, 45\}$，把该组数调整为最小堆。

14. 有 7 个带权结点，权值分别为$\{3, 7, 8, 2, 6, 10, 14\}$，以它们为叶结点生成一棵 Huffman 树，计算该树的带权路径长度、高度及度为 2 的结点个数。

五、算法题

1. 设一棵二叉树以二叉链表作为它的存储表示，设计一个算法，查找元素值为 x 的结点，返回该结点地址及其父结点的地址。

2. 设一棵二叉树以二叉链表作为它的存储表示，设计一个算法，用括号形式 key(LT, RT)输出二叉树的各个结点。其中，key 是根结点的数据，LT 和 RT 是括号形式的左子树和右子树。这是个递归的输出，要求空树不打印任何信息，若结点的左子树为空，则打印形式为(，RT)。若结点的右子树为空，则打印形式为(LT)，而不是(LT，)。

3. 设一棵二叉树以二叉链表作为它的存储表示，设计一个算法，返回二叉树值为 x 的结点所在的层号。

4. 设一棵二叉树以二叉链表作为它的存储表示，设计一个算法，在以 ∗t 为根的子树中检查每个结点的左子女和右子女的值，若左子女的值大于右子女的值，则交换 ∗t 的左、右子树。

5. 设一棵二叉树以二叉链表作为它的存储表示，设计一个算法，求以 ∗t 为根的二叉树的高度。

6. 设一棵二叉树以二叉链表作为它的存储表示，给定二叉树的前序遍历序列 pre$[s_1..t_1]$ 和中序遍历序列 in$[s_2..t_2]$，设计一个算法，利用前序遍历序列和中序遍历序列构造二叉树。

7. 设一棵二叉树以二叉链表作为它的存储表示，给定二叉树的后序遍历序列 post$[s_1..t_1]$ 和中序遍历序列 in$[s_2..t_2]$，设计一个算法，利用后序遍历序列和中序遍历序列构造二叉树。

8. 设一棵二叉树以二叉链表作为它的存储表示，设计一个算法，用层次序遍历求二叉树所有叶结点的值及其所在的层号。

9. 设后序线索二叉树的类型为 ThreadNode ∗PostThBinTree，设计一个算法，实现二叉树到后序线索二叉树的转换。

10. 设后序线索二叉树的类型为 ThreadNode ∗PostThBinTree，设计算法：

（1）在后序线索二叉树上求以 ∗t 为根的子树的后序下的第一个结点。

（2）在以 ∗t 为根的后序线索二叉树中求指定结点 ∗p 的父结点。

（3）在后序线索二叉树 T 上求结点 ∗p 的后序下的后继结点。

（4）在后序线索二叉树实现后序遍历。

11. 一棵树采用子女-兄弟链表表示存储，设计算法：

（1）统计树中的叶结点个数。

（2）求树的度。

（3）计算树的高度。

12. 一棵树采用子女-兄弟链表表示存储,设计一个算法,根据树的先根次序遍历序列和后根次序遍历序列构造这棵树。

13. 设计一个算法,计算 Huffman 树的带权路径长度。

14. 设一棵 Huffmaan 树采用链接存储,设计一个算法,按凹入表的形式输出一棵 Huffman 树(仅输出结点的权值)。

15. 设 Huffman 编码的类型定义如下:

```
# define Len 20                         //Huffman 编码的最大长度
typedef struct {                        //Huffman 编码的类定义
    char hcd[Len];                      //结点 Huffman 编码存放数组
    int start;                          //从 start 到 Len－1 存放
} HFCode;
```

设计一个算法,利用已建 Huffman 树生成 Huffman 编码。

16. 假设已知 Huffman 编码,其存储结构的数据类型是 HFCode,设计一个算法,对一个给定的报文 t,输出其全部 Huffman 编码。

以下第 17、18 题所处理的最小堆都采用完全二叉树的顺序存储组织,其结构定义如下:

```
# define heapSize 40
typedef struct {                        //在堆中结点类型定义
    int id;                             //元素在原数组中的下标
    int weight;                         //元素的权值
} NodeType;
typedef struct {
    NodeType elem[heapSize];            //最小堆元素存储数组
    int curSize;                        //最小堆当前元素个数
} minHeap;
```

17. 设有一个整数数组 $A[n]$,其中 $A[k]$ 值最小,而 k 是通过一个最小堆 hp 选出,即 $k=$ hp.elem[0].id。设计一个算法,实现这种最小堆的插入运算。

18. 设有一个整数数组 $A[n]$,其中 $A[k]$ 值最小,而 k 是通过一个最小堆 hp[n] 选出,即 $k=$ hp.elem[0].id。若 hp.elem[n] 被视为完全二叉树的顺序存储,设计一个算法,实现这种最小堆的删除运算。

19. 若设 Huffman 树采用静态二叉链表存储,其结构定义如下:

```
# define totalSize 40
# define maxSize 30
typedef struct {                        //Huffman 树的结点类型定义
    char data;                          //结点数据
    int weight;                         //权值
    int lchild, rchild;                 //左、右子女指针,空为－1
} HFNode;
```

```
typedef struct {
    HFNode elem[totalSize];              //Huffman 树的存储数组
    int num;                             //权值个数
    int root;                            //根
} HFTree;
```

设计一个算法，利用上面两题所给出的最小堆的插入和删除运算，构造一棵 Huffman 树。

第6章　集合与字典

集合(set)是数学中的重要概念,它在各个领域获得了广泛的应用,许多算法都是以集合为基础设计的。在计算机科学中也是如此,因此有必要讨论它在计算机中的存储和相应操作的实现。

6.1　集合及其表示

聚集是一个数学的概念,也是一种基本的数据结构。数学中的集合是一些个体(值)的无序群集。在计算机的实际应用中,作为数据结构的集合,是许多重要抽象数据类型的基础。例如,在银行中保存的所有储户账户的集合,图书馆内所有藏书的集合,一个程序内部所有标识符的集合等。掌握集合实现和应用的方法,是数据结构学习的重要内容。

6.1.1　集合的基本概念

集合是成员(也称元素)的一个群集。集合中的成员可以是原子(单元素),也可以是集合。集合的成员必须是互不相同的,即同一个成员不能在集合中出现多次。

在数据结构中所遇到的集合,其单元素通常是整数、字符、字符串或指针,且同一集合中所有成员具有相同的数据类型。如 colour ＝ {red, range, yellow, green, black, blue, purple, white},name ＝ {An,Cao,Liu,Ma,Peng,Wang,Zhang}等。

在数学上,元素 x 属于某个集合 A 用 $x \in A$ 表示,也就是说,x 是集合 A 的元素。有限集合常用直接列出其所有元素的方式表示,如{1, 2, 3}表示的是一个包含整数 1,2,3 的集合。另一种表示集合的方式是用 $\{x \mid P(x)\}$ 的形式表示所有满足条件 P 的元素 x 的集合。例如,自然数 x 的集合可以表示为 $N = \{x \mid \text{integer}(x) \wedge x \geqslant 0\}$,自然数中所有偶数的集合可以表示为$\{x \mid x \in N \wedge x \bmod 2 = 0\}$。

作为数据结构的集合,其特殊性有以下 3 点。

(1) 集合的抽象定义中明确说明集合的成员是无序的,没有先后次序关系。这样,必须对两个集合中的所有成员都做了比较之后,才能判断两个集合是否相等。为了提高效率,集合的许多实现中都规定了成员存储的顺序和成员之间进行比较的顺序。例如,在比较两个集合是否相等时,常常设定集合中的单元素具有线性有序关系,此关系可记作"＜",表示优先于或小于。事实上,整数、字符和字符串都有自然的线性顺序,而指针也可以依据其在序列中安排的位置给予一个线性顺序。因此,在为特定问题选择实现方式时,必须考虑能否为集合元素规定某种顺序关系。

(2) 在某些集合中保存的是实际数据值,某些集合中保存的是表示元素是否在集合中的指示信息。例如,一个学校开设的所有课程,其数量有限,为了处理方便,可以给每门课程一个编码,用以识别各门课程。一个学期开设的课程构成一个集合,它是学校所有课程的子集,可以将这个集合设计成一个指示信息序列,若某门课程在该学期开设,则对应指示信息为 true,否则为 false。如果需要,对应值的集合很容易建立起来。又例如,针对一个商店里每月的销售记录,则应该在集合中保存实际数据的值。

（3）集合的抽象概念要求每个元素在集合中只出现一次,但有些实际应用却有元素重复出现的情况。例如,在一个年级所有学生名字的集合中就可能出现重复的学生名字。对于这种情况,可以采用集合的一种变体,称为多重集合（multiset）。多重集合又称包（bag）,是一种类集合结构,其基本性质与集合类似,但允许元素的重复出现。如果在集合实现时采用保存实际数据值的方法,只要给每个数据附加一个出现次数计数器,就可以实现包;如果集合用保存元素存在指示信息的方式实现,要改为包就比较困难。

作为数据结构的集合,其最基本的操作就是求集合的并（union）、交（intersection）、差（difference）、判存在（contain）等。例如,A,B 是两个集合,即 $A = \{a, b, c\}$,$B = \{b, d\}$,则并运算 $A \cup B = \{a, b, c, d\}$,交运算 $A \cap B = \{b\}$,差运算 $A - B = \{a, c\}$。集合运算的文氏（Venn）图如图 6.1 所示。

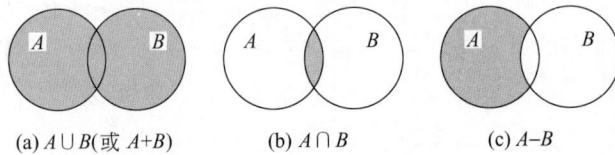

(a) $A \cup B$(或 $A + B$)　　　(b) $A \cap B$　　　(c) $A - B$

图 6.1　集合运算的文氏图

程序 6.1　用C++类描述的集合抽象数据类型

```
enum bool {false,true}
template <class T>
class Set {
public：
    virtual Set() = 0;                                    //构造函数
    virtual makeEmpty() = 0;                              //置空集合
    virtual bool addMember(T x) = 0;                      //加入新成员
    virtual bool delMember(T x) = 0;                      //删除老成员
    virtual Set<T> intersectWith(Set<T>& R) = 0;          //集合的交运算
    virtual Set<T> unionWith(Set<T>& R) = 0;              //集合的并运算
    virtual Set<T> differenceFrom(Set<T>& R) = 0;         //集合的差运算
    virtual bool Contains(T x) = 0;                       //判断是否为集合的成员
    virtual bool subSet(Set<T>& R) = 0;                   //判断是否为集合的子集
    virtual bool operator == (Set<T>& R) = 0;             //判断集合是否相等
};
```

6.1.2　用位向量实现集合抽象数据类型

举一个例子。假设在学校里一年级有3000名学生,为了识别他们,赋予每位学生一个学号 $i(1 \leqslant i \leqslant 3000)$。可以把标识学生的学号映射到一个二进位数组 $A[3001]$ 中。数组元素 $A[i]$ 对应第 i 个学生。现要利用 $A[]$ 建立一个数学系一年级所有学生的集合,它是全校一年级学生集合的子集。若第 j 个学生不是数学系一年级的学生,则 $A[j] = 0$;反之,若第 j 个学生是数学系一年级的学生,则 $A[j] = 1$。

从这个例子可知,二进位数组 $A[\,]$（也称位向量）实际上是一个指示信息数组,用它来表示一个集合。

现实中任一个有限集合都可以对应到 $\{0,1,2,3,\cdots,n\}$ 的序列。为此,可以建立一个全集合 $\{1,2,3,\cdots,n\}$,使得日常处理的集合成为这个全集合的一个子集。当 n 是一个不大的整数时,则可用二进位(0,1)数组(bit vector)来实现集合。

如果有必要,从二进位数组可以直接映射回原来的集合。

一个二进位只有两个取值：1 或 0,分别表示在集合与不在集合。如果采用 16 位无符号短整数数组 bitVector[ ] 作为集合元素的存储,这时就要考虑已知元素 i 如何求出 i 在 bitVector 数组中的相应位置的值,以及如何将集合元素 i 的值存入 bitVector 数组相应位置中。在程序 6.2 给出的位向量表示集合的定义中,使用函数 getMember(i) 和 putMember(i,x) 实现。

程序 6.2 使用位向量表示集合的类定义

```cpp
#define defaultSize 20;
class bitSet {
//用位向量来存储集合元素。这些集合元素只具有整数类型,集合元素为 0~defaultSize-1
public:
    bitSet( );                                  //构造函数
    ~bitSet() { }                               //析构函数
    int getMember(int x);                       //读取集合元素 x 的值
    void putMember(int x, int v);               //将元素 x 的值设置为 v
    bool addMember(int x);                      //加入新成员 x
    bool delMember(int x);                      //删除老成员 x
    bitSet operator = (bitSet R);               //集合 R 赋值给集合 this
    bitSet operator + (bitSet R);               //求集合 this 与 R 的并
    bitSet operator * (bitSet R);               //求集合 this 与 R 的交
    bitSet operator - (bitSet R);               //求集合 this 与 R 的差
    bool Contains(int x);                       //判断 x 是否为集合 this 的成员
    bool subSet(bitSe& R);                      //判断 this 是否为 R 的子集
    bool operator == (bitSet& R);               //判断集合 this 与 R 是否相等
    friend istream& operator >> (istream& in, bitSet& R);   //输入
    friend ostream& operator << (ostream& out, bitSet& R);  //输出
private:
    int setSize;                                //集合大小
    int vecterSize;                             //位数组大小
    unsigned short bitVector[defaultSize];      //存储集合元素的位数组
};

bitSet::bitSet( ) {                             //构造函数
    vectorSize = defaultSize;                   //检查参数的合理性
    setSize = 0;                                //存储数组大小
    for (int i = 0; i < vectorSize; i++ ) bitVector[i] = 0;   //初始化
};
```

赋值操作是一个操作符重载函数,主要在元素赋值时使用。

bitSet operator = (bitSet R);

设置这个操作的目的是使赋值符可以适用于集合。若设 s_1、s_2 和 s_3 都是集合元素,表达式 $s_3 = s_1 + s_2$ 中的"+"和"="都是 bitSet 类中定义的重载操作。这样设计可以提高应用程序的可读性,从而降低维护的难度。

bitSet 类定义中的 getMember 和 putMember 函数实现了集合元素 x 与在存储数组中实际位置之间的映射。getMember 是获得集合元素 x 在 bitVector[] 中相应位置的值,putMember 是修改集合元素 x 在 bitVector[] 中相应位置的值。

程序 6.3　两个映射函数 getMember 和 putMember 的实现
```
int bitSet∷getMember(int x){          //读取集合元素 x,x 从 0 开始
    return bitVector[x];              //取 x 所在数组元素
};

void bitSet∷putMember(int x, int v){  //将集合元素 x 设置为 v
    if (bitVector[x] != v)
        {bitVector[x] = v; setSize++;}
};
```

其他集合操作如程序 6.4 所示。其中,对两个位数组的"并"运算,利用按位的"或"实现。例如:

主体位数组为	10011001
参数位数组为	00111000
求"并"结果位数组为	10111001

两个集合的交集由各个集合的共有元素组成。对两个位数组的求"交"运算,利用按位的"与"实现。例如:

主体位数组为	10011001
参数位数组为	00111000
求"交"结果位数组为	00011000

一个集合与另一个集合的差集是由存在于第 1 个集合中,同时又不在第 2 个集合中出现的元素组成。用第 1 个集合与第 2 个集合的"反"做"交"运算,就可以得到它们的差集。例如:

主体位数组为	10011001
参数位数组为	00111000
求"差"结果位数组为	10000001

程序 6.4　其他集合操作的实现
```
bool bitSet∷addMember(int x){         //把 x 加入集合 this 中
    assert(x >= 0 && x < vectorSize); //检查 x 的合理性
    if (bitVector[x] == 0){
        bitVector[x] = 1; setSize ++;
    return true;
    }
    else return false;
```

```
};

bool bitSet∷delMember(int x) {              //把 x 从集合中删除
    assert(x >= 0 && x < vectorSize );    //判断元素 x 是否合理
    if (bitVector[x] == 1) {
        bitVector[x] = 0; setSize ++;
        return true;
    }
    else return false;
};

bitSet bitSet∷operator + (bitSet R) {
//求集合 this 与 R 的并
    bitSet temp; int i, k = 0;
    for (i = 0; i < vectorSize; i++) {
        temp.bitVector[i] = bitVector[i] | R.bitVector[i];
        if (temp.bitVector[i] == 1) k++;
    }
    temp.vectorSize = R.vectorSize; temp.setSize = k;
    return temp;                            //按位求"或"，由第 3 个集合返回
};

bitSet bitSet∷operator * (bitSet R) {
//求集合 this 与 R 的交
    bitSet temp; int i, k = 0;
    for (i = 0; i < vectorSize; i++) {
        temp.bitVector[i] = bitVector[i] & R.bitVector[i];
        if (temp.bitVector[i] == 1) k++;
    }
    temp.vectorSize = R.vectorSize; temp.setSize = k;
    return temp;                            //按位求"与"，由第 3 个集合返回
};

bitSet bitSet∷operator - (bitSet R) {
//求集合 this 与 R 的差
    bitSet temp; int i, k = 0;
    for (i = 0; i < vectorSize; i++) {
        temp.bitVector[i] = bitVector[i] & !R.bitVector[i];
        if (temp.bitVector[i] == 1) k++;
    }
    temp.vectorSize = R.vectorSize; temp.setSize = k;
    return temp;                            //由第 3 个集合返回
};

bool bitSet∷Contains(int x) {               //判断 x 是否为集合 this 的成员
    assert(x >= 0 && x <= vectorSize);     //判断元素 x 是否合理
    return bitVector(x) == 1;               //返回相关信息
```

```
                                                                };

        bool bitSet∷subSet(bitSet& R) {                          //判断 this 是否为 R 的子集
            assert(vectorSize == R.vectorSize);                  //判断两集合元素个数是否相等
            for (int i = 0; i < vectorSize; i++)                 //相等再按位判断
                if (bitVector[i] & !R.bitVector[i]) return false;
            return true;                                         //this 集合该位为 1,而 R 集合该位为 0,则两集合不等
        };

        bool bitSet∷operator == (bitSet& R) {                    //判断集合 this 与 R 是否相等
            if (vectorSize != R.vectorSize) return false;        //两集合元素个数不等
            for (int i = 0; i < vectorSize; i++)                 //按位判断对应位是否相等
                if (bitVector[i] != R.bitVector[i]) return false;
            return true;                                         //对应位全部相等
        };

        istream& operator >> (istream& in, bitSet& R) {          //输入
            int refValue, x;
            cout << "请输入结束符号[−1 or '♯']:"; cin >> refValue;
            cout << "请输入要加入集合的元素:"; cin >> x;
            while (x != refValue) {
                R.addMember(x);
                cout << "请输入要加入集合的元素:"; cin >> x;
            }
            return in;
        };

        ostream& operator << (ostream& out, bitSet& R) {         //输出
            int i, k = 0;
            for (i = 0; i < R.vectorSize; i++) {
                out << R.bitVector[i] << " ";
                if (R.bitVector[i] == 1) k++;
            }
            out << endl;
            if (k != R.setSize) out << "集合大小有误!" << endl;
            out << endl; return out;
        };
```

当全集合是一个有限集合,但不是由连续整数组成时,仍可以用位数组来表示该集合的子集。这时,只需建立全集合的成员与整数 $0, 1, 2, \cdots,$ setSize-1 一个一一对应的关系。可以设立一个映像表数组 A,用数组元素 $A[i]$ 表示整数 i 所对应的另一个集合中的成员,从而建立位向量成员与其他集合中的成员之间的相互转换。

现在举例说明集合抽象数据类型的使用。假设有 5 个集合:

```
const int len = 20;
bitSet<int> s1(len), s2(len), s3(len), s4(len), s5(len);
for (int k = 0; k < 9; k++)
```

{s1.addMember(k); s2.addMember(k+7);}
    //s1={0,1,2,3,4,5,6,7,8}, s2={7,8,9,10,11,12,13,14,15}
s3 = s1+s2; s4 = s1 * s2; s5 = s1−s2;
    //s3 = {0,1,2,3,4,5,6,7,8,9,10,11,12,13,14,15}
    //s4 = {7,8}, s5 = {0,1,2,3,4,5,6}

6.1.3　用有序链表实现集合的抽象数据类型

用有序链表来表示集合时,链表中的每个结点表示集合的一个成员,各个结点所表示的成员 $e_0, e_1, \cdots, e_n$ 在链表中按升序排列,即 $e_0 < e_1 < \cdots < e_n$。因此,在一个有序链表中寻找一个集合成员时,一般不用搜索整个链表,搜索效率可以提高很多。此外,用有序链表表示集合,可以不表示整个全集合,只需表示所用到的一个子集即可。这样,集合成员可以无限增加。因此,**用有序链表可以表示无穷全集合的子集**。

下面给出用有序链表表示集合时的类的声明。为了简化链表的操作,应当设置链表的附加头结点,如图 6.2 所示。

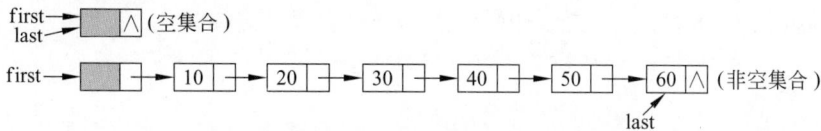

图 6.2　用带附加头结点的有序链表表示集合

程序 6.5　使用有序链表表示集合的类定义

```
template <class T>
struct SetNode {                                    //集合的结点类定义
    T data;                                         //每个成员的数据
    SetNode<T> * link;                              //链接指针
    SetNode() {link = NULL;}                        //构造函数
    SetNode(T x, SetNode<T> * next = NULL)          //构造函数
            { data = x; link = next };
};


template <class T>
class LinkedSet {                                   //集合的类定义
private:
    SetNode<T> * first, * last;                     //有序链表表头指针、表尾指针
public:
    LinkedSet() {first = last = new SetNode<T>;}    //构造函数
    ~LinkedSet() {makeEmpty();}                      //析构函数
    void makeEmpty();                               //置空集合
    bool addMember(T x);                            //把新元素 x 加入集合中
    bool delMember(T x);                            //把集合中成员 x 删除
    LinkedSet<T>& operator = (const LinkedSet<T>& R);  //复制集合 R 到 this
    LinkedSet<T>& operator + (const LinkedSet<T>& R);  //求集合 this 与 R 的并
    LinkedSet<T>& operator * (const LinkedSet<T>& R);  //求集合 this 与 R 的交
```

LinkedSet<T>& operator － (const LinkedSet<T>& R);　　//求集合 this 与 R 的差

bool Contains(T x);　　　　　　　　　　　　　　　　//判断 x 是否为集合的成员

bool operator ＝＝ (const LinkedSet<T>& R);　　　//判断集合 this 与 R 是否相等

bool Min(T& x);　　　　　　　　　　　　　　　　//返回集合最小元素的值

bool Max(T& x);　　　　　　　　　　　　　　　　//返回集合最大元素的值

bool subSet(bitSet<T>& R);　　　　　　　　　　//判断 this 是否为 R 的子集

friend istream& operator >> (istream& in, LinkedSet<T>& R);　　　//输入

friend ostream& operator << (ostream& out, LinkedSet<T>& R);　　　//输出

};

　　下面的程序给出集合的有序链表类的搜索、插入和删除操作的实现。其中，Contains 是判断一个元素 x 是否在集合中的操作。它从链表的第一个结点开始，沿链表搜索，直到找到这个元素或遇到大于这个元素的一个元素。如果是前者，则可判定该元素在此集合中，否则该元素不在此集合中。函数 addMember 是加入新元素的操作。为此需要先搜索插入位置，如果找到这个元素，则不能插入，否则插入在刚刚大于该元素的元素前面。这时必须用一个指针 pre 记忆 p 的前驱结点地址，新元素插入在 pre 与 p 中间。delMember 是删除指定元素的操作。同样需要先搜索删除结点位置。如果没有找到这个元素，则不能删除，否则必须将被删元素所在结点从链中摘下。这时也要求一个指针 pre 记忆 p 的前驱结点地址。

程序 6.6　用有序链表表示集合的搜索、插入和删除操作实现

```
＃include "LinkedSet.h"
template <class T>
bool LinkedSet<T>::Contains(T x) {
//测试函数: 如果 x 是集合的成员, 则函数返回 true, 否则返回 false
    SetNode<T> * temp = first->link;                    //链的扫描指针
    while (temp != NULL && temp->data < x)             //循链搜索
        temp = temp->link;
    if (temp != NULL && temp->data == x) return true;  //找到
    else return false;                                  //未找到
};


template <class T>
bool LinkedSet<T>::addMember(T x) {
//把新元素 x 加入集合中。若集合中已有此元素, 则函数返回 false, 否则返回 true
    SetNode<T> * p = first->link, * pre = first;        //p 是扫描指针, pre 是 p 的前驱
    while (p != NULL && p->data < x)                   //循链扫描
        {pre = p; p = p->link;}
    if (p != NULL && p->data == x) return false;       //集合中已有此元素
    SetNode<T> * s = new SetNode<T> (x);               //创建值为 x 的结点
    s->link = p;   pre->link = s;                       //链入
    if (p == NULL) last = s;                            //链到链尾时改链尾指针
    return true;
};
```

```
template <class T>
bool LinkedSet<T>∷delMember(T x) {
//把集合中成员 x 删除。若集合不空且元素 x 在集合中,则函数返回 true,否则返回 false
    SetNode<T> * p = first->link,  * pre = first;
    while (p != NULL && p->data < x)                    //循链扫描
        {pre = p;  p = p->link;}
    if (p != NULL && p->data == x) {                    //找到,可以删除结点 p
        pre->link = p->link;                            //重新链接,摘下 p
        if (p == last) last = pre;                      //删除链尾时改链尾指针
        delete p;   return true;                        //删除含 x 的结点
    }
    else return false;                                  //集合中无此元素
};


template<class T>
istream& operator >> (istream& in, LinkedSet<T>& R) {   //输入
    T refValue, x;
    cout << "请输入结束符号[-1 or '#']:"; cin >> refValue;
    cout << "请输入要加入集合的元素:"; cin >> x;
    while (x != refValue) {
        R.addMember(x);
        cout << "请输入要加入集合的元素:"; cin >> x;
    }
    return in;
};


template <class T>
ostream& operator << (ostream& out, LinkedSet<T>& R) {  //输出
    SetNode<T> * p = R.first->link;
    while (p != NULL) {cout << p->data << " "; p = p->link;}
    return out;
};
```

现在考虑有序链表表示的集合的几个重载操作。如果原来两个链表的长度一个是 n_1,另一个是 n_2,则这几个重载操作的实现需要时间最多为 $O(n_1+n_2)$。

程序 6.7 用有序链表表示集合的几个重载操作
```
# include "LinkedSet.cpp"
template <class T>
LinkedSet<T>& LinkedSet<T>∷ operator = (const LinkedSet<T>& R) {
//复制集合 R 到 this
    SetNode<T> * pb = R.first->link;                    //复制源集合
    SetNode<T> * pa = first = new SetNode<T>;           //复制目标集合,创建头结点
    while (pb != NULL) {                                //在链中逐个结点复制
        pa->link = new SetNode<T>(pb->data);            //创建 this 链下一个新结点
        pa = pa->link;  pb = pb->link;                  //pa,pb 进到下一个结点
    }
```

```
        pa->link = NULL;  last = pa;
        return * this;                                          //目标链表收尾
};


template <class T>
LinkedSet<T>& LinkedSet<T>::operator + (const LinkedSet<T>& R) {
//求集合 this 与集合 R 的并，计算结果通过 this 集合返回,this 集合已改变
        SetNode<T> * pb = R.first->link;                        //R 集合的链扫描指针
        SetNode<T> * pa = first->link;                          //this 集合的链扫描指针
        SetNode<T> * p, * pc = first;                           //结果链的存放指针
        while (pa != NULL && pb != NULL) {                      //两链数据两两比较
            if (pa->data == pb->data) {                         //两集合共有元素
                pc->link = pa;
                pa = pa->link;  pb = pb->link;
            }
            else if (pa->data < pb->data) {                     //this 集合中元素值小
                pc->link = pa;
                pa = pa->link;
            } else {                                            //R 集合中元素值小
                pc->link = pb;
                pb = pb->link;
            }
            pc = pc->link;
        }
        if(pa != NULL) p = pa;                                  //this 集合未扫完
        else p = pb;                                            //或 R 集合未扫完
        while (p != NULL) {                                     //向结果链逐个复制
            pc->link = p;
            pc = pc->link;  p = p->link;
        }
        pc->link = NULL;  last = pc;                            //链表收尾
        return * this;
};


template <class T>
LinkedSet<T>& LinkedSet<T>::operator * (const LinkedSet<T>& R) {
//求集合 this 与集合 R 的交，计算结果通过 this 集合返回,this 集合已改变
        SetNode<T> * pb = R.first->link;                        //R 集合的链扫描指针
        SetNode<T> * pa = first->link;                          //this 集合的链扫描指针
        SetNode<T> * p, * pc = first;                           //结果链的存放指针
        while (pa != NULL && pb != NULL) {                      //两链数据两两比较
            if (pa->data < pb->data)                            //this 集合中元素值小
                {p=pa; pa = pa->link; delete p;}
            else if (pa->data == pb->data) {                    //两集合共有的元素
                pc->link = pa;                                  //链入结果链表尾部
```

```
            pc = pc->link;
            pa = pa->link;   pb = pb->link;
        }
        else pb = pb->link;                             //R 集合中元素值小
    }
    while (pa != NULL) { p = pa; pa = pa->link; delete p;}
    pc->link = NULL;   last = pc;                       //置链尾指针
    return * this;
};


template <class T>
LinkedSet<T>& LinkedSet<T>::operator - (const LinkedSet<T>& R) {
//求集合 this 与集合 R 的差,计算结果通过 this 集合返回,this 集合已改变
    SetNode<T>  * pb = R.first->link;                   //R 集合链扫描指针
    SetNode<T>  * pa = first->link;                     //this 集合链扫描指针
    SetNode<T>  * p, * pc = first;                      //结果链的存放指针
    while (pa != NULL && pb != NULL) {                  //两链数据两两比较
        if (pa->data == pb->data)                       //两集合共有的元素
            {p = pa; pa = pa->link;   pb = pb->link; delete p;}
        else if (pa->data < pb->data) {                 //this 集合值小,保留
            pc->link = pa;
            pc = pc->link;   pa = pa->link;
        }
        else pb = pb->link;                             //不要,向前继续检测
    }
    while (pa != NULL) {                                //向结果链逐个复制
        pc->link = pa;
        pc = pc->link;   pa = pa->link;
    }
    pc->link = NULL;   last = pc;                       //链表收尾
    return * this;
};


template <class T>
bool LinkedSet<T>::operator == (const LinkedSet<T>& R) {
//当且仅当集合 this 与集合 R 相等时,函数返回 true,否则返回 false
    SetNode<T>  * pb = R.first->link;                   //R 集合的链扫描指针
    SetNode<T>  * pa = first->link;                     //this 集合的链扫描指针
    while (pa != NULL && pb != NULL)
        if (pa->data == pb->data)                       //相等,继续检测
            {pa = pa->link;   pb = pb->link;}
        else return false;                              //扫描途中不等时退出
    if (pa != NULL || pb != NULL) return false;         //链不等长时,返回 0
    return true;
};
```

在判断两个集合是否相等时，需要同时扫描两个链，比较对应结点的元素。如果对应元素相等，继续检测两个链的下一个结点；如果不等，则可断定两个链不等。如果两个链中有一个链已经扫描完，而另一个链没有扫描完，则可断定两个链长度不等，因而两个链不等。又因为是用有序链表表示集合，所以集合中最小的元素一定是链表中的第 1 个结点中的数据，而最大的元素一定是链表中的最后一个结点中的数据。

最后要说明的一点是，可以先定义集合的抽象类作为基类，将各种有关集合的操作定义为纯虚函数。集合的具体实现，即用位向量实现的集合类或用有序链表实现的集合类，可以定义为基类的派生类。在本节因为这两种实现方案定义的各种集合操作实现完全不同，所以直接作为独立的类声明了位向量类和有序链表类。

6.2　并查集与等价类

在一些应用问题中，需要将 n 个不同的元素划分成一组不相交的集合。开始时，每个元素自成一个单元素集合，然后按一定规律将归于同一组元素的集合合并。在此过程中要反复用到查询某个元素归属于哪个集合的运算。适合描述这类问题的抽象数据类型称为并查集(union-find set)。

6.2.1　并查集的定义及其实现

并查集是一种简单的用途广泛的集合，也称 disjoint set。它支持以下 3 种操作。

(1) Union(Root1,Root2)：把子集 Root2 并入集合 Root1 中。要求 Root1 与 Root2 互不相交，否则不执行合并。

(2) Find(x)：搜索单元素 x 所在的集合，并返回该集合的名字。

(3) UFSets(s)：将并查集(用 UFSets 命名)中 s 个元素初始化为 s 个只有一个单元素的子集。

并查集中需要两种数据类型的参数：集合名类型和集合元素的类型。在许多情况下，可以用整数作为集合名。如果集合中有 n 个元素，可以用 $1 \sim n$ 的整数来表示元素。实现并查集的一个典型方法是采用树形结构来表示元素及其所属子集的关系。

用这种实现方式，每个集合以一棵树表示，树的每个结点代表集合的一个单元素。所有各个集合的全集合构成一个森林，并用树与森林的父指针表示来实现。其下标代表元素名。第 i 个数组元素代表包含集合元素 i 的树结点。树的根结点的下标代表集合名，根结点的父指针为 -1，表示集合中的元素个数。

例如，设有一个全集合为 $S = \{0, 1, 2, 3, 4, 5, 6, 7, 8, 9\}$，初始化时每个元素自成为一个单元素子集，如图 6.3 所示。

经过一段时间的计算，这些子集合并成 3 个集合，它们是全集合 S 的子集：$S_1 = \{0, 6, 7, 8\}$，$S_2 = \{1, 4, 9\}$，$S_3 = \{2, 3, 5\}$，则表示它们的并查集的树形结构如图 6.4(a)所示，对应的父指针数组表示如图 6.4(b)所示。

在父指针数组表示中，同一棵树上所有结点所代表的集合元素在同一个子集中。对于任意给定的集合元素 x，只要借助这个映射，就能找到存放 x 的树结点。由于我们已经把树结点从子女到父结点通过父指针链接起来了，因此沿此存放 x 的结点的父指针向上一直走

(a) 全集合 S 初始化时形成一个森林

0	1	2	3	4	5	6	7	8	9
−1	−1	−1	−1	−1	−1	−1	−1	−1	−1

(b) 初始化时形成的父指针表示

图 6.3 并查集的初始化

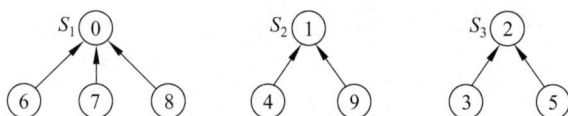

(a) 集合的树形表示

0	1	2	3	4	5	6	7	8	9
−4	−3	−3	2	1	2	0	0	0	1

(b) 集合 S_1、S_2 和 S_3 的父指针数组表示

图 6.4 用树表示并查集

到树的根结点,就可以得到 x 所在集合的名字。

为了得到两个集合的并,只要将表示其中一个集合的树的根结点置为表示另一个集合的树的根结点的子女即可。因此,$S_1 \bigcup S_2$ 可以具有如图 6.5 所示的两种表示。

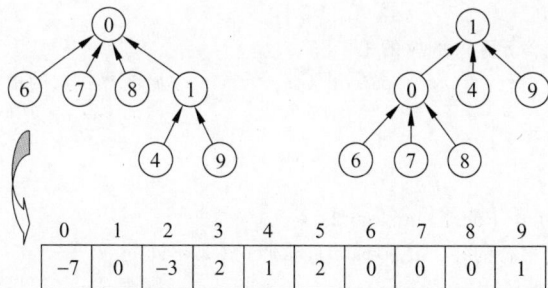

0	1	2	3	4	5	6	7	8	9
−7	0	−3	2	1	2	0	0	0	1

图 6.5 $S_1 \bigcup S_2$ 的可能的表示方法

为了简化讨论,在介绍合并和搜索算法时,用表示集合的树的根来标识集合。

在采用树的父指针表示作为它的存储表示时,集合元素的编号为 0~size−1。其中 size 是最大元素个数,第 i 个数组元素代表包含集合元素 i 的树结点。根结点的父指针为 −1,表示集合中的元素个数。为了区别父指针信息($\geqslant 0$),集合元素个数信息用负数表示。

因此,只要发现结点的父指针是负数,该结点一定是一个子集的根。

现在给出表示并查集的树的类声明和构造函数。父指针数组是 parent[size]。

程序 6.8　用父指针数组表示的并查集类定义

```
#define DefaultSize = 30
class UFSets {                                      //集合中的各个子集互不相交
public：
    UFSets(int sz = DefaultSize);                   //构造函数
    ~UFSets() {delete []parent;}                    //析构函数
    UFSets& operator = (UFSets& R);                 //重载函数：集合赋值
    void Merge(int Root1, int Root2);               //基本例程：两个子集合并
    int Find(int x);                                //基本例程：搜寻集合 x 的根
    void MergebyWeight(int Root1, int Root2);       //改进例程：按权值的合并
    int CollapsingFind(int i);                      //改进例程：压缩高度的折叠算法
    void printUFSets();                             //l 输出集合
private：
    int * parent;                                   //集合元素数组(父指针数组)
    int size;                                       //集合元素的个数
};


UFSets::UFSets(int sz) {
//构造函数：sz 是集合元素个数。父指针数组为 parent[0]~parent[size-1]
    size = sz;                                      //集合元素个数
    parent = new int[size];                         //创建父指针数组
    for (int i = 0; i < size; i++) parent[i] = -1;  //每个自成单元素集合
};
```

Find (x)操作的实现非常简单,从 x 开始,沿父指针链一直向上,直到达到一个父指针域为负值的结点位置。Merge(Root1，Root2)操作的实现只需让 Root2 的父指针指向 Root1,即完成两个集合的合并。

程序 6.9　并查集的合并与查找操作的实现

```
int UFSets::Find(int x) {
//函数搜索并返回包含元素 x 的树的根
    while (parent[x] >= 0) x = parent[x];           //循链寻找 x 的根
    return x;                                       //根的 parent[]值小于 0
};


void UFSets::Merge(int Root1, int Root2) {
//函数求两个不相交集合的并。要求 Root1 与 Root2 是不同的
    parent[Root2] = Root1;                          //将根 Root2 连接到另一根 Root1 下面
};
```

上面的 Find 是一个非递归算法,可以简单地用递归算法实现,如程序 6.10 所示。

程序 6.10　Find 的递归算法

```
int UFSets::Find(int x) {
    if (parent[x] < 0) return x;                    //x 是根时直接返回 x
    else return Find(parent[x]);                    //否则,递归找 x 的父的根
};
```

并查集的合并与查找操作实现起来很简单,但性能特性并不好。假设最初 n 个元素自

成一个单元素的集合(即 $S_i=\{i\}$, $0\leqslant i<n$),相应的树结构为 n 棵树组成的森林,parent$[i]=$ -1, $0\leqslant i<n$。如果做如下处理:Merge$(n-2$, $n-1)$, $\cdots$, Merge$(1$, $2)$,Merge$(0,1)$,将产生如图 6.6 所示的退化的树。

因为执行一次 Merge 操作所需时间是 $O(1)$,所以 $n-1$ 次 Merge 操作可在 $O(n)$ 时间范围内完成。但若再执行 Find(0),Find(1),$\cdots$,Find$(n-1)$,每个 Find 操作需要从被搜索元素出发,沿父指针链走到根。若被搜索的元素为 i,完成 Find(i)操作需要时间为 $O(i)$,完成 n 次搜索需要的总时间将达到

图 6.6 退化的树

$$O\left(\sum_{i=1}^{n}i\right)=O(n^2)$$

为了避免产生退化的树,一种改进的方法是先判断两集合中元素的个数,如果以 i 为根的树中的结点个数少于以 j 为根的树中的结点个数,则让 j 成为 i 的父,否则,让 i 成为 j 的父。此即为 Merge(i,j)的加权规则。

如图 6.7 所示,以 0 为根的树中结点个数为 4,以 1 为根的树中结点个数为 3,因此有 parent$[0]$($=-4$)< parent$[1]$($=-3$),则直接让 0 成为 1 的父:parent$[1]=0$。

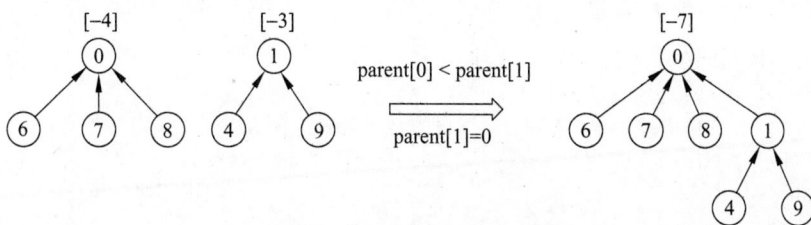

图 6.7 Merge 操作的加权规则

若对于 n 个元素构成的单元素集合(即 $S_i=\{i\}$, $0\leqslant i<n$),以及与刚才同样的合并序列:Merge$(n-2,n-1)$, $\cdots$, Merge$(1,2)$, Merge$(0,1)$,使用 MergebyWeighted 操作,将得到如图 6.8 所示的树。

程序 6.11 使用加权规则得到的改进 Merge 操作
```
void UFSets∷MergebyWeight(int Root1,int Root2) {
//使用结点个数探查方法求两个 UFsets 型集合的并
    int r1 = Find(Root1), r2 = Find(Root2), temp;
    if (r1 != r2) {
        temp = parent[r1] + parent[r2];               //以 r2 为根的树结点多
        if (parent[r2] < parent[r1])
        {parent[r1] = r2;  parent[r2] = temp;}        //让 r1 接在 r2 下面
        else {parent[r2] = r1;  parent[r1] = temp;}   //让 r1 成为新的根
    }
};
```

从程序可知,执行一次 MergebyWeight 的时间比执行一次 Merge 的时间要稍多一些,但仍在常量界限 $O(1)$范围内。搜索操作 Find 保持不变,其搜索时间的上界不超过树的高度加 1。可以用归纳法证明,若设 T 是由一系列合并操作 MergebyWeight 建立的有 m 个

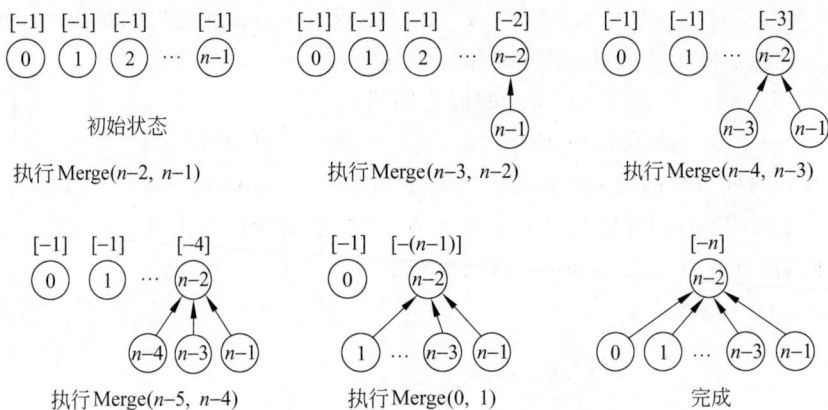

图 6.8　使用加权规则得到的树

结点的树,则 T 的高度不大于 $\lfloor \log_2 m \rfloor$。对证明有兴趣的读者,参看参考文献[1]。

为了进一步改进树的性能,可以使用如下的折叠规则来压缩路径:如果 j 是从 i 到根的路径上的一个结点,并且 $\text{parent}[j] \neq \text{root}[i]$,则把 $\text{parent}[j]$ 置为 $\text{root}[i]$。图 6.9 给出使用折叠规则压缩路径的示例。

程序 6.12　按照折叠规则压缩路径的算法

```
int UFSets::CollapsingFind(int i) {
//在包含元素 i 的树中搜索根,并将从 j 到根的路径上的所有结点都变成根的子女
    for (int j = i; parent[j] >= 0; j = parent[j]);       //搜索根 j
    while (i != j) {                                       //向上逐次压缩
        int temp = parent[i];
        parent[i] = j; i = temp;
    }
    return j;                                              //返回根
};
```

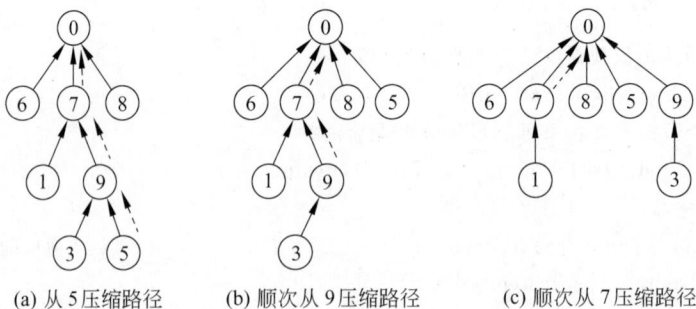

(a) 从 5 压缩路径　　　(b) 顺次从 9 压缩路径　　　(c) 顺次从 7 压缩路径

图 6.9　使用折叠规则压缩路径

使用折叠规则完成单个搜索,所需时间大约增加一倍。但是,它能减少在最坏情况下完成一系列搜索操作所需的时间。

**6.2.2　并查集的应用:等价类划分

在求解实际应用问题时,常会遇到等价类的问题。例如,编写一个程序,判断输入的 3

个数 a,b,c 能否构成三角形的 3 条边。那么,可能有许多组测试输入数据 $(3,4,5)$,$(4,5,6)$,$(5,6,7)$…都合乎要求。从测试程序正确性的角度来看,这些数据发现错误的能力是一样的,它们可归属于一个等价类。另外,$(1,2,3)$,$(2,3,5)$…属于另一个等价类,两边之和不大于第 3 边;$(0,1,2)$,$(3,5,0)$…又构成另一个等价类。

从数学上看,等价类是一个元素(或成员)的集合,在此集合中的所有元素应满足等价关系。假定用符号 $\equiv$ 表示集合上的等价关系,那么对于该集合中的任意元素 x,y,z,下列性质成立:

(1) 对于任一元素 x,$x \equiv x$(即等于自身),则 $\equiv$ 称为自反的(reflexive);

(2) 对于任意两个元素 x 和 y,如果 $x \equiv y$,则 $y \equiv x$。因此 $\equiv$ 称为对称的(symmetric);

(3) 对于任意三个元素 x、y 和 z,如果 $x \equiv y$ 且 $y \equiv z$,则 $x \equiv z$。关系 $\equiv$ 就是传递的(transitive)。

因此,定义等价关系是集合上的一个自反、对称、传递的关系。

等价关系的例子很多。如"相等"($=$)就是一种等价关系,它满足上述的 3 个特性。一般地,一个集合 S 中的所有元素可以通过等价关系划分为若干个互不相交的子集 S_1,S_2,S_3…,它们的并就是 S。这些子集即为等价类。

利用等价关系把集合 S 划分成若干等价类的原则:对于集合 S 中的两个元素 x 与 y,当且仅当 $x \equiv y$,它们才属于同一等价类。

确定等价类的算法分两步:第一步,读入并存储所有的等价对 (i,j);第二步,标记和输出所有的等价类。

例如,给定集合 $S = \{0,1,2,3,4,5,6,7,8,9,10,11\}$,及如下等价对:

$0 \equiv 4$,　$3 \equiv 1$,　$6 \equiv 10$,　$8 \equiv 9$,　$7 \equiv 4$,　$6 \equiv 8$,　$3 \equiv 5$,　$2 \equiv 11$,　$11 \equiv 0$

首先把 S 的每个元素看成是一个等价类,再根据等价关系的自反、对称、传递性质,顺序地处理上面给出的等价对:

```
初始     {0}, {1}, {2}, {3}, {4}, {5}, {6}, {7}, {8}, {9}, {10}, {11}
0≡4      {0, 4}, {1}, {2}, {3}, {5}, {6}, {7}, {8}, {9}, {10}, {11}
3≡1      {0, 4}, {1, 3}, {2}, {5}, {6}, {7}, {8}, {9}, {10}, {11}
6≡10     {0, 4}, {1, 3}, {2}, {5}, {6, 10}, {7}, {8}, {9}, {11}
8≡9      {0, 4}, {1, 3}, {2}, {5}, {6, 10}, {7}, {8, 9}, {11}
7≡4      {0, 4, 7}, {1, 3}, {2}, {5}, {6, 10}, {8, 9}, {11}
6≡8      {0, 4, 7}, {1, 3}, {2}, {5}, {6, 8, 9, 10}, {11}
3≡5      {0, 4, 7}, {1, 3, 5}, {2}, {6, 8, 9, 10}, {11}
2≡11     {0, 4, 7}, {1, 3, 5}, {2, 11}, {6, 8, 9, 10}
11≡0     {0, 2, 4, 7, 11}, {1, 3, 5}, {6, 8, 9, 10}
```

接下来,要根据算法的框架,考虑算法如何实现。设等价对个数为 m,元素个数为 n。应当选择什么样的存储表示来存放这些数据呢?一种选择是利用一个二维的布尔型数组,如 pair$[n][n]$。当输入了一个等价对 (i,j) 时,令数组元素 pair$[i][j] = $ true。这种表示比较简单、有效,但往往需要存储较多,而且数组中许多位置未用到。使用这种数据结构的算法的时间复杂度一般都是 $O(n^2)$。

另一种可选的存储表示为并查集。如图 6.10 所示,最初全部 n 个元素各自在自己的等价类中,因此有 parent$[i]=-1, 0 \leqslant i < n$,如图 6.10(a)所示。以后每处理一个等价对 $i \equiv j$,先要确定 i 和 j 所在的集合,如果这是两个不同的集合,则用它们的并集代替它们,否则不做任何事情,因为 i 和 j 已经在同一个等价类中,$i \equiv j$ 是冗余的,如图 6.10(b)~6.10(d)所示。

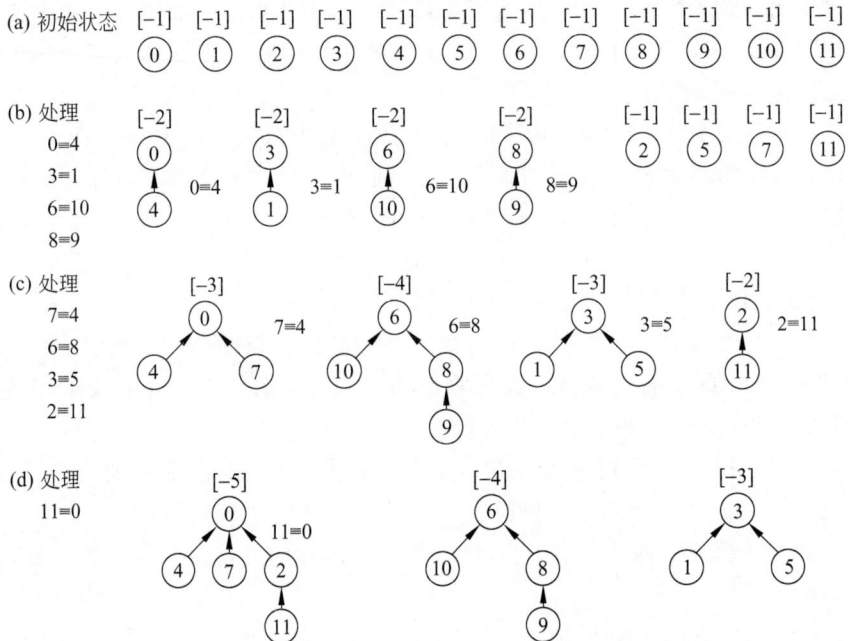

图 6.10 使用并查集处理等价对,形成等价类的过程

处理每个等价对时,需要执行两次 Find 操作,最多一次 MergebyWeight 操作。若有 n 个元素和 m 个等价对,首先需要使用时间 $O(n)$ 来建立初始的 n 棵树组成的森林,然后需要 $2m$ 次 Find 操作和最多 $\min\{n-1, m\}$ 次 MergebyWeight 操作。

6.3 字   典

在算法设计中用到集合,往往不做集合的并、交、差运算,而经常需要判定某个元素是否在给定的集合中,并且需要经常对这个集合进行插入和删除操作。以集合为基础,并支持 Member、Insert 和 Remove 三种运算的抽象数据类型有一个专门的名称为字典。本节讨论实现字典的一些方法。

6.3.1 字典的概念

字典(dictionary)是一些元素的集合,每个元素有一个称为关键码(key)的域,不同元素的关键码互不相同。在计算机科学中,字典常常以计算机系统的文件(file)或表格(table)的方式来使用。

在讨论字典抽象数据类型时,把字典定义为<**名字-属性**>对的集合。根据问题的不同,可以为名字和属性赋予不同的含义。例如,在图书馆检索目录中,名字是书名,属性是索书号及作者等信息;在计算机活动文件表中,名字是文件名,属性是文件地址、大小等信息;而在编译程序建立的变量表中,名字是变量标识符,属性是变量的属性、存放地址等信息。

一般来说,有关字典的操作有如下 5 种:

（1）确定一个指定的名字是否在字典中;

（2）搜索出该名字的属性;

（3）修改该名字的属性;

（4）插入一个新的名字及其属性;

（5）删除一个名字及其属性。

下面给出字典的抽象数据类型。

程序 6.13　字典的抽象数据类型

```
#define DefaultSize 26
template <class Name, class Attribute>
class Dictionary {                                    //字典的抽象数据类型
//对象：一组<名字-属性>对,其中,名字是唯一的
public:
    Dictionary(int size = DefaultSize);
        //建立一个容量为 size 的空的字典
    bool Member(Name name);
        //若 name 在字典中,则返回 true,否则返回 false
    Attribute * Search(Name name);
        //若 name 在字典中,则返回指向相应 Attr 的指针,否则返回 0
    void Insert(Name name, Attribute attr);
        //若 name 在字典中,则修改相应<name, Attr>对的 attr 项,否则插入
        //<name, Attr>到字典中
    void Remove(Name name);
        //若 name 在字典中,则在字典中删除相应的<name, Attr>对
}
```

在字典的所有操作中,最基本的只有 3 种:Search(搜索),Insert(插入)和 Remove(删除)。在选择字典的表示时,必须确保这 3 个操作的实现。

在用文件或表格来表示实际的元素集合时,使用文件中的记录(record)或表格中的表项(entry)来表示单个元素,这样,字典中的**<名字-属性>对**一般存在于记录或者表项中,通过记录或表项的关键码(即<名字-属性>对中的名字)来标识该记录或表项。记录或表项的存放位置及其关键码之间的对应关系可以用一个二元组表示:

（关键码 key,记录或表项位置指针 adr）

这个二元组构成了搜索某一指定记录或表项的索引项。

扩充字典的定义,可以定义具有重复元素的字典(dictionary with duplicates),它与前面定义的字典相似,只是它允许多个元素具有相同的关键码。在具有重复元素的字典中,需要为执行搜索和删除操作制定规则,以消除可能的歧义。就是说,如果要搜索(或删除)关键码为 k 的元素,必须决定在所有关键码为 k 值的元素中返回(或删除)哪一个。在某些字典的应用中就规定了搜索(或删除)某个时间段插入的元素。

例如,一个课程所有选课的学生就构成了一个字典。当一个学生选课成功时,就会在字典中插入一个与这个学生相关的记录。当有一个学生要退选这门课程时则在字典中删除他的记录。老师可以查询字典以获得与某个学生相关的记录并修改记录(如加入或修改考试成绩)。学生的姓名可当作关键码。

又例如,在编译程序中定义的符号表(symbol table)就是有重复元素的字典。当定义一个标识符时,要建立一个记录并插入符号表中。记录中包括了作为关键码的标识符以及作为属性的其他信息,如标识符的数据类型、存储其值的内存地址等。因为相同的关键码可以在不同的程序块中重复定义,所以符号表中就会出现多个记录具有相同的关键码。可以规定搜索的结果应是最新插入的记录。

字典可以用线性表的方式组织,线性表可以用基于数组的存储表示,也可以用基于链表的存储表示,因而可以考虑用顺序搜索或用折半搜索的方法来搜索要求的元素。考虑到搜索效率,还可以采用二叉搜索树或多路搜索树的方式组织字典。本节介绍典型的 3 种字典的组织方式:线性表、跳表(skip list)和散列表(hash table)。

6.3.2　字典的线性表描述

字典可以保存在线性序列$(e_1, e_2, \cdots)$中,其中 e_i 是字典中的元素,其关键码从左到右依次增大。为了适应这种描述方式,可以定义有序顺序表和有序链表。前者采用顺序表描述,后者采用单链表描述。

用有序链表来表示字典时,链表中的每个结点表示字典中的一个元素,各个结点按照结点中保存的数据值非递减链接,即 $e_0 \leqslant e_1 \leqslant \cdots$,如图 6.11 所示。因此,在一个有序链表中寻找一个指定元素时,一般不用搜索整个链表,搜索效率可以提高很多。

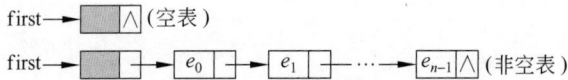

图 6.11　用带附加头结点的有序链表表示字典

下面给出用有序链表表示字典的类定义。

程序 6.14　有序链表表示字典的类定义
```
template <class E, class K>
struct ChainNode {
    K name;                                    //名字
    E attr;                                    //属性
    ChainNode<E,K> * link;
    ChainNode() { link = NULL;};                           //构造函数
    ChainNode(K x, E el, ChainNode<E,K> * next = NULL)      //构造函数
        { name = x; attr = el; link = next; }
};

template <class E, class K>
class SortedChain {                                        //有序链表类定义
public:
```

```cpp
    SortedChain() {                                                        //构造函数
        first = new ChainNode<E,K>;
        if (first == NULL ) { cerr << "存储分配失败!\n"; exit(1); }
    }
    ~SortedChain() {makeEmpty();}                                          //析构函数
    void makeEmpty();                                                     //置空
    bool Search(K x);                                                     //搜索
    void Insert(K x, E el);                                               //插入
    bool Remove(K x, E el);                                               //删除
    void printDic();
    ChainNode<E,K> * Begin() {return first->link;}                        //定位第一个
    ChainNode<E,K> * Next(ChainNode<E,K> * p) {                           //定位 * p 的下一个
        if (p != NULL) return p->link;
        else return NULL;
    }
private:
    ChainNode<E,K> * first;                                               //链表的头指针
    ChainNode<E,K> * Search(K x, ChainNode<E,K> * & pr);                  //搜索
};

template <class E, class K>
void SortedChain<E,K>::makeEmpty() {                                      //置空
    ChainNode<E,K> * p;
    while (first->link != NULL)
        {p = first->link; first->link = p->link; delete p;}
};

template <class E, class K>
ChainNode<E,K> * SortedChain<E,K>::Search(K x, ChainNode<E,K> * & pr) {
    ChainNode<E,K> * p = first->link; pr = first;
    while (p != NULL && p->name < x) {pr = p; p = p->link;}
    return p;
};

template <class E, class K>
void SortedChain<E,K>::Insert(K x, E el) {
    ChainNode<E,K> * p, * pre = NULL, * s;
    p = Search(x, pre);                                                   //查找插入位置
    s = new ChainNode<E,K>;                                               //创建插入结点
    s->name = x; s->attr = el;
    if (s == NULL) {cerr << "存储分配失败!" << endl; exit(1);}
    if (p == first->link)                                                 //链接为首元结点
        {s->link = first->link; first->link = s;}
    else {s->link = p; pre->link = s;}                                    //插入链中或链尾
```

```
};

template <class E, class K>
bool SortedChain<E,K>::Remove(K x, E& e1) {
    ChainNode<E,K> * p, * pre;
    p = Search(x, pre);                              //查找被删结点位置
    if (p != NULL && p->name == x) {                 //元素关键码等于 x
        pre->link = p->link;                         //删除前重新链接
        e1 = p->attr; delete p;                      //删除
        return true;
    }
    else return false;                               //未找到删除结点
};
```

在有 n 个结点的有序链表中,搜索、插入、删除操作的时间复杂度均为 $O(n)$。

6.4   跳   表

在前面的讨论中可以知道,在一个有序顺序表中进行折半搜索,时间效率很高。但是在有序链表中进行搜索,只能顺序搜索,需要执行 $O(n)$ 次关键码比较。如果在链表中部结点中增加一个指针,则比较次数可以减少到 $(n/2)+1$。在搜索时,首先用要搜索元素与中间元素进行比较,如果要搜索元素小于中间元素,则仅需搜索链表的前半部分,否则只要在链表的后半部分进行比较即可。

6.4.1   跳表的概念

如图 6.12(a)所示,有序链表中有 7 个元素结点,另外有一个附加头结点和一个附加尾结点。对该链表进行搜索可能需要进行 7 次比较。如果采用图 6.12(b)中的办法,最差情况下的关键码比较次数减少到 4 次。搜索一个元素 x 时,首先将它与中间元素进行比较,然后根据得到的结果,到链表的前半部分或者后半部分进行搜索。例如,要搜索值为 20 的元素,只需搜索 40 左边的元素;要搜索值为 60 的元素,只需搜索 40 右边的元素。

也可以像图 6.12(c)那样,分别在链表前半部分和后半部分的中间结点再增加一个链接指针,以便进一步减少在最差情况下的搜索比较次数。在图 6.12(c)中有 3 条链,0 级链就是图 6.12(a)中的初始链表,包括了所有 7 个元素。1 级链包括第 2 个、第 4 个和第 6 个元素。2 级链只包括第 4 个元素。为了搜索值为 30 的元素,首先与中间元素 40 进行比较,在 2 级链中只需比较 1 次。由于 30 < 40,因此下一步搜索链表前半部分的中间元素,在 1 级链也仅需比较 1 次。由于 30 > 20,因此到 0 级链继续搜索,与链表中下一元素进行比较。

采用如图 6.12(c)所示的 3 级链结构,对所有的搜索至多需要 3 次比较。3 级链结构可以实现在有序链表中进行折半搜索。

通常,0 级链包括 n 个元素,1 级链包括 $n/2$ 个元素,2 级链包括 $n/4$ 个元素。每 2^i 个元素就有一个 i 级链指针。当且仅当一个元素在 $0\sim i$ 级链上,而不在 $i+1$ 级链(如果存在)上时,就可称该元素是 i 级链元素。在图 6.12(c)中,40 是 2 级链上唯一的元素,20 和 60

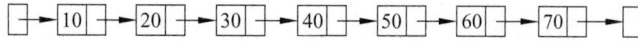

(a) 带有附加头结点和尾结点的有序链表

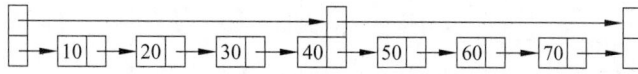

(b) 在链表中部增加一个链接指针

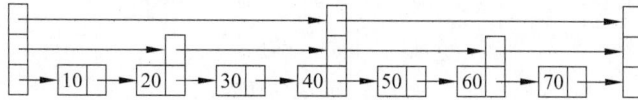

(c) 在前半部分和后半部分中部各增加一个链接指针

图 6.12　跳表的结构

是 1 级链上的元素,10、30、50 和 70 是 0 级链上的元素。

图 6.12(c)所示的结构就是跳表。在该结构上有一组有层次的链,0 级链是包含所有元素的有序链表,其第 $2^1,2×2^1,3×2^1$ …个结点链接起来形成 1 级链,故 1 级链是 0 级链的一个子集;$2^2,2×2^2,3×2^2$ …个结点链接起来形成 2 级链,以此类推,第 i 级链所包含的元素是 $i-1$ 级链的子集。在图 6.12(c)中,i 级链上所有元素都在 $i-1$ 级链上。一个有 n 个元素的跳表理想情况下的链级数为 $\lceil \log_2 n \rceil$,即跳表的最高级数为 $\lceil \log_2 n \rceil -1$。

**6.4.2　跳表的搜索、插入和删除

1. 跳表的搜索

当需要在跳表中搜索一个值为 k_1 的元素时,可用共有成员函数 Search。Search 从最高级链(Levels 级,仅含一个元素)的表头结点开始搜索,顺着指针向右搜索,遇到某一关键码大于或等于要搜索的关键码,则下降到下一级,沿较低级链的指针向右搜索,逐步逼近要搜索的元素,一直到 0 级链。当从 for 循环退出时,正好处于要寻找的元素的左边。与 0 级链的下一个元素进行比较,就能知道要找的元素是否在跳表中。

例如,在图 6.13(a)所示的跳表中搜索关键码 50。首先由 2 级链的头指针开始向右搜索,令 50 与 40 比较,因为 50 > 40,继续向右进行比较,令 50 与 ∞ 比较,因为 50 < ∞,故下降到 1 级链;令 50 与 60 比较,因为 50 < 60,再下降到 0 级链,令 50 与 50 比较,两关键码相等,搜索成功。与 50 比较的跳表中的关键码依次为 40,∞,60,50。

2. 跳表的插入

从图 6.12(c)所示的跳表中可以看到,一个指针的元素结点有 $n/2$ 个,两个指针的元素结点有 $n/4$ 个,三个指针的元素结点有 $n/8$ 个,以此类推,有 i 个指针的元素结点有 $n/2^i$ 个,它们处于 i 级链上。这样的跳表称为理想的跳表或者完全平衡的跳表。在插入或者删除的过程中,要始终保持跳表的这种理想状态,其代价是很大的。事实上,每当插入一个新的元素时,就为该元素分配一个级别,指明它最高属于第几级链的元素。一个结点的级别规定了该结点所包含的指针数目。例如,在图 6.13(a)中插入一个新元素 65 时,对 65 分配级别 1,就意味着在将 65 插入 60 与 70 之间时,还需建立它在 0 级链和 1 级链的链接指针,如图 6.13(b)所示。

(a) 有 7 个元素的跳表

(b) 插入元素 65 后的跳表

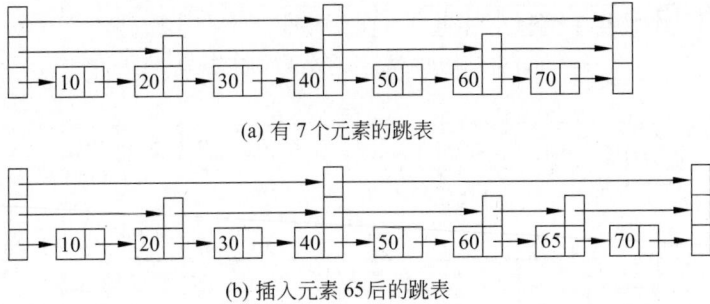

图 6.13 跳表的插入

3. 跳表的删除

例如,要删除图 6.13(b)中的 65,首先要找到 65。先后遇到的链指针是结点 40 的 2 级链指针、结点 60 的 1 级链指针和 0 级链指针。在这些链指针中,因为 65 为 1 级链元素,所以只需改变 0 级链和 1 级链的指针即可。当这些指针变成指向 65 后面的元素时,就回到了图 6.13(a)的结构。

对于有 n 个元素的跳表,搜索、插入、删除操作的时间复杂度均为 $O(n+\text{maxLevel})$。在最差情况下,可能只有一个 maxLevel 级元素,且余下的所有元素均在 0 级链上。$i>0$ 时,在 i 级链上花费的时间为 $O(\text{maxLevel})$,而在 0 级链上花费的时间为 $O(n)$。尽管最差情况下的性能较差,但跳表仍不失为一种有用的数据结构,搜索、插入和删除的平均时间复杂度均为 $O(\log_2 n)$。

在空间复杂度方面,最差情况下所有元素都可能是 maxLevel 级,每个元素都需要有 maxLevel+1 个指针。因此,除了存储 n 个元素之外,还要存储 $n\times\text{maxLevel}$ 个指针,总的空间数为 $O(n\times\text{maxLevel})$。平均情况下,有 $n/2$ 个元素在 1 级链上,$n/2^2$ 个元素在 2 级链上,有 $n/2^i$ 个元素在 i 级链上。因此,指针域的平均值(不包括附加头结点和尾结点的指针)是

$$\sum_i \left(\frac{1}{2}\right)^i = \frac{1}{1-\dfrac{1}{2}} = 2$$

因此,在最差情况下空间需求比较大,但平均情况下的空间需求并不大。平均空间需求(加上 n 个结点中的指针)大约是 $2n$ 个指针空间。

6.5 散 列

在前面讨论的用作表示集合和字典的数据结构(线性表、二叉搜索树、AVL 树、B 树、Trie 树、跳表)中,元素在存储结构中的位置与元素的关键码之间不存在直接的对应关系。在数据结构中搜索一个元素需要进行一系列的关键码比较。搜索的效率取决于搜索过程进行的比较次数。散列表(Hash table)是表示集合和字典的另一种有效方法,它提供了一种完全不同的存储和搜索方式,通过将关键码映射到表中某个位置上来存储元素,然后根据关键码用同样的方式直接访问。

6.5.1　散列表与散列方法

理想的搜索方法是可以不经过任何比较,一次直接从字典中得到要搜索的元素。如果在元素的存储位置与它的关键码之间建立一个确定的对应函数关系 Hash( ),使得每个关键码与结构中的一个唯一的存储位置相对应:

$$Address = Hash(key)$$

在插入时,以此函数计算存储位置并按此位置存放。在搜索时,对元素的关键码进行同样的函数计算,把求得的函数值当作元素的存储位置,在结构中按此位置取元素比较,若关键码相等,则搜索成功。这种方法就是散列方法(Hash method)。在散列方法中使用的转换函数称为散列函数(Hash function)。而按此种想法构造出来的表或结构称为散列表。

事实上,通过散列函数建立了从元素关键码集合到散列表地址集合的一个映射。有了散列函数,就可以根据关键码,确定元素在散列表中唯一的存放地址。

由于使用这种方法进行搜索不必进行多次关键码的比较,因此搜索速度比较快,可以直接到达或逼近具有此关键码的元素的实际存放地址。在某些操作系统或大型软件中进行文件管理时常常使用这种方法。

一般来说,散列函数是一个压缩映像函数。通常关键码集合比散列表地址集合大得多。因此有可能经过散列函数的计算,把不同的关键码映射到同一个散列地址上,这就产生了冲突(collision)。例如,有一组元素,其关键码分别是 12361,07251,03309,30976。采用的散列函数是 $Hash(x) = x \% 73$,其中,"%"是除法取余操作。则有 $Hash(12361) = Hash(07251) = Hash(03309) = Hash(30976) = 24$。就是说,对不同的关键码,通过散列函数的计算,得到了同一散列地址。称这些散列地址相同的不同关键码为同义词(synonym)。

如果元素按计算出的地址加入散列表时产生了冲突,就必须考虑如何解决冲突。冲突太多会降低搜索效率。如果能够构造一个地址分布比较均匀的散列函数,使得关键码集合中的任何一个关键码经过这个散列函数的计算,映射到地址集合中所有地址的概率相等,就可以有效减少冲突。但实际上,由于关键码集合比地址集合大得多,冲突很难避免。所以对于散列方法,需要讨论以下两个问题:

(1) 对于给定的一个关键码集合,选择一个计算简单且地址分布比较均匀的散列函数,避免或尽量减少冲突;

(2) 拟订解决冲突的方案。

6.5.2　散列函数

在构造散列函数时有 3 点需要加以注意:①散列函数的定义域必须包括需要存储的全部关键码,而如果散列表允许有 m 个地址时,其值域必须为 $0 \sim m - 1$。②散列函数计算出来的地址应能均匀分布在整个地址空间中,即若 key 是从关键码集合中随机抽取的一个关键码,散列函数应能以同等概率取 $0 \sim m - 1$ 中的每个值。③散列函数应是简单的,能在较短的时间内计算出结果。下面介绍几个散列函数。

1. 除留余数法(division)

设散列表中允许的地址数为 m,取一个不大于 m,但最接近于或等于 m 的质数 p 作为

除数,利用以下公式把关键码转换成散列地址。散列函数为

$$\text{Hash(key)} = \text{key} \% p \qquad p \leqslant m$$

式中,"%"是整数除法取余的运算,要求这时的**质数** p **不是接近 2 的幂**。

如果选 p 为 2 的幂,就有 $p = 2^i$,那么散列函数 Hash(key)计算出来的地址就是 key 的最低的 i 位二进制数字。如果 key 是十进制数字,那么 p 也应避免取 10 的幂。例如,选 10^k,因为这样会使得计算出来的散列函数值仅是关键码的最低 k 位数的值,以至于得到的地址分布太集中,导致冲突增多。

例如,有一个关键码为 key = 962148,散列表的地址数 $m = 25$,即 HT[25],取质数 $p = 23$,散列函数为 Hash(key) = key % 23,则 Hash(962148) = 962148 % 23 = 12。

可以按计算出的地址存放记录。需要注意的是,使用上面的散列函数计算出来的地址为 0~22,因此,23、24 这两个散列地址实际上在一开始是不可能用散列函数计算出来的,只可能在处理冲突时达到这些地址。

2. 数字分析法（digit analysis）

设有 n 个 d 位数,每位可能有 r 种不同的符号。这 r 种不同的符号在各位上出现的频率不一定相同,可能在某些位上分布均匀些,每种符号出现的机会均等;在某些位上分布不均匀,只有某几种符号经常出现。可根据散列表的大小,选取其中各种符号分布均匀的若干位作为散列地址。计算各位数字中符号分布的均匀度 λ_k 的公式为

$$\lambda_k = \sum_{i=1}^{r} (\alpha_i^k - n/r)^2$$

式中,α_i^k 为第 i 个符号在第 k 位上出现的次数;n/r 为各种符号在 n 个数中均匀出现的期望值。计算出的 λ_k 值越小,表明在该位(第 k 位)各种符号分布得越均匀。

例如,有一组关键码,对其各位编号及其符号分布均匀度如图 6.14 所示。

```
9 4 2 1 4 8    ①位,仅 9 出现 8 次,λ₁ = (8− 8/10)²×1 + (0− 8/10)²×9 = 56.60
9 4 1 2 6 9    ②位,仅 4 出现 8 次,λ₂ = (8−8/10)²×1 + (0−8/10)²×9 = 56.60
9 4 0 5 2 7    ③位,0,2 各出现 2 次,1 出现 4 次
9 4 1 6 3 0    λ₃ = (2− 8/10)²×2 + (4− 8/10)² * 1 + (0− 8/10)²×7 = 16.60
9 4 1 8 0 5    ④位,0,5 各出现 2 次,1,2,6,8 各出现 1 次
9 4 1 5 5 8    ⑤位,0,4 各出现 2 次,2,3,5,6 各出现 1 次
9 4 2 0 4 7    ⑥位,7,8 各出现 2 次,0,1,5,9 各出现 1 次
9 4 0 0 0 1    λ₄ = λ₅ = λ₆ = (2− 8/10)²×2 + (1− 8/10)²×4 + (0− 8/10)²×4 = 5.60
① ② ③ ④ ⑤ ⑥
```

图 6.14 关键码各位编号及符号分布均匀度计算

若散列表地址范围有 3 位数字,取各关键码的④,⑤,⑥位作为记录的散列地址。显然,**数字分析法仅适用事先明确知道表中所有关键码每位数值的分布情况**,它完全依赖于关键码集合。如果换一个关键码集合,选择哪几位要重新决定。

3. 平方取中法（mid-square）

此方法在字典处理中使用十分广泛。它先计算构成关键码的标识符的内码的平方,然后按照散列表的大小取中间的若干位作为散列地址。设标识符可以用一个计算机字长的内码表示。因为内码平方数的中间几位一般是由标识符所有字符决定,所以对不同的标识符

计算出的散列地址大多不相同,即使其中有些字符相同。表 6.1 给出一些标识符的八进制内码表示及其平方,其中每个字符用两个八进制数表示。在平方取中法中,**一般取散列地址为 8 的某次幂**。例如,若散列地址总数取 $m = 8^r$,则对内码的平方数取中间的 r 位。如果 $r = 3$,所取得的散列地址如表 6.1 最右一列。

表 6.1 标识符的八进制内码表示及其平方值

标识符	内码	内码的平方	散列地址(3 位)
A	01	<u>01</u>	001
A1	0134	20<u>42</u>0	042
A9	0144	23<u>42</u>0	342
B	02	<u>4</u>	004
DMAX	04150130	21526<u>443</u>617100	443
DMAX1	0415013034	5264473<u>522</u>151420	352
AMAX	01150130	1354<u>236</u>17100	236
AMAX1	0115013034	3454246<u>522</u>151420	652

4. 折叠法(folding)

此方法把关键码自左到右分成位数相等的几部分,每部分的位数应与散列表地址位数相同,只有最后一部分的位数可以短一些。把这些部分的数据叠加起来,就可以得到具有该关键码的记录的散列地址。有两种叠加方法:

(1) 移位法(shift folding)——把各部分的最后一位对齐相加;

(2) 分界法(folding at the boundaries)——各部分不折断,沿各部分的分界来回折叠,然后对齐相加,将相加的结果当作散列地址。

例如,设给定的关键码为 key = 23938587841,若存储空间限定 3 位,则划分结果为每段 3 位,上述关键码可划分为 4 段:

$$\underline{239}\quad \underline{385}\quad \underline{878}\quad \underline{41}$$

用上述方法计算出的结果如图 6.15 所示。把超出地址位数的最高位删除,仅保留最低的 3 位,作为可用的散列地址。

一般当关键码的位数很多,而且关键码每位上数字的分布大致比较均匀时,可用这种方法得到散列地址。

以上介绍了几种常用的散列函数。

应用这些散列函数计算出来的地址如果是 r 位,可能的地址为是 $0 \sim (10^r - 1)$。例如,$r = 3$ 时,地址为 $0 \sim 999$,然而表的大小只能容纳 200 个元素。此时,必须确定一个比例因子 $f = 200/1000 = 0.2$,将计算出来的地址乘以这个 f,把地址压缩到地址空间的范围内。

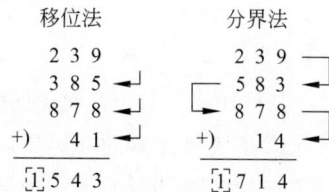

图 6.15 折叠法散列函数的示例

6.5.3 处理冲突的闭散列方法

解决冲突的方法又称溢出处理技术。因为任一种散列函数也不能避免产生冲突,因此选择好的解决冲突的方法十分重要。

为了减少冲突,对散列表加以改造。若设散列表 HT 有 m 个地址,将其改为 m 个桶(bucket)。其桶号与散列地址一一对应,第 $i(0 \leqslant i < m)$ 个桶的桶号即为第 i 个散列地址。每个桶可存放 $s(s \geqslant 1)$ 个元素,这些元素的关键码应互为同义词。如果对两个不同元素的关键码用散列函数计算得到同一个散列地址,就产生了冲突,它们可以放在同一个桶内的不同位置。只有当桶内所有 s 个元素位置都放满元素后再加入元素才会产生溢出。

通常桶的大小 s 取的比较小,因此在桶内大多采用顺序搜索。

处理冲突的一种常用的方法就是闭散列,也称开地址法。所有的桶都直接放在散列表数组中,并把该数组组织成环形结构。每个桶只有一个元素($s = 1$)。若设散列表中各桶的编址为 $0 \sim (m-1)$,当要加入一个元素 R_2 时,用它的关键码 $R_2.\text{key}$,通过散列函数 $\text{Hash}(\text{key})$ 的计算,得到它的存放桶号 j,但是在存放时发现这个桶已经被另一个元素 R_1 占据了。这时不但发生了冲突,还必须处理冲突。为此,必须把 R_2 存放到表中"下一个"空桶中。如果表未被装满,则在允许的范围内必定还有空桶。找"下一个"空桶的方法很多,下面讨论其中的 3 种。

1. 线性探查法(linear probing)

设给出一组元素,它们的关键码为 37, 25, 14, 36, 49, 68, 57, 11,散列表为 HT[12],表的大小 $m = 12$。采用的散列函数是:

$$\text{Hash}(x) = x \% 11 \qquad //11\text{ 是小于或等于 m 最接近于 m 的质数}$$

这样,可得

$\text{Hash}(37) = 4$ $\qquad \text{Hash}(25) = 3$ $\qquad \text{Hash}(14) = 3$ $\qquad \text{Hash}(36) = 3$

$\text{Hash}(49) = 5$ $\qquad \text{Hash}(68) = 2$ $\qquad \text{Hash}(57) = 2$ $\qquad \text{Hash}(11) = 0$

又设采用线性探查法处理冲突,则上述关键码在散列表中散列位置如图 6.16 所示。

0	1	2	3	4	5	6	7	8	9	10	11
11		68	25	37	14	36	49	57			

图 6.16　线性探查法处理冲突

需要加入一个元素时,使用散列函数进行计算,确定元素的桶号 H_0。按此桶号查看该桶,如果是所要搜索的关键码,则说明表中已有此元素,不再进行此元素的插入;否则即为冲突,再查看紧随其后的下一个桶,如果是空桶,则称搜索失败,新元素即可插入其中。表 6.2 给出各个关键码散列的情况。在把这些关键码放入表中之后,若想搜索表中的元素,可按同样方式进行搜索。找到一个元素的比较次数与当初将它存入时的探查次数相同。

表 6.2　散列情况统计

要散列关键码	初始桶号	冲突桶号	最后存入桶号	探查次数
37	4	—	4	1
25	3	—	3	1
14	3	3,4	5	3

264 ·

要散列关键码	初始桶号	冲突桶号	最后存入桶号	探查次数
36	3	3,4,5	6	4
49	5	5,6	7	3
68	2	—	2	1
57	2	2,3,4,5,6,7	8	7
11	9	—	0	1

若设 H_0 为初始桶号,一旦发生冲突,在表中顺次向后寻找"下一个"空桶 H_i 的公式为

$$H_i = (H_{i-1} + 1) \ \% \ m, \quad i = 1, 2, \cdots, m-1$$

即用线性探查序列 $H_0+1, H_0+2, \cdots, m-1, 0, 1, 2, \cdots, H_0-1$ 在表中寻找"下一个"空桶的桶号。它亦可写成

$$H_i = (H_0 + i) \ \% \ m, \quad i = 1, 2, \cdots, m-1$$

每当发生冲突后,就探查下一个桶。当循环 $m-1$ 次后就会回到开始探查时的位置,说明待查关键码不在表内,而且表已满,不能再插入新关键码。

程序 6.15　使用闭散列法组织的散列表的类定义

```
# defing DefaultSize 100
enum KindOfStatus {Active,Empty,Deleted};          //元素分类(活动/空/删)
template <class E, class K>
struct Item {
    K key;                                         //关键码
    E data;                                        //数据
    enum KindOfStatus state;                       //表项状态
    Item() {state = Empty;}                        //构造函数
};


template <class E, class K>
class HashTable {                                   //散列表类定义
public:
    HashTable(int d, int sz = DefaultSize);        //构造函数
    ~HashTable() {delete []ht;}                    //析构函数
    HashTable<E,K>& operator = (HashTable<E,K>& ht2);   //表赋值
    bool Search(K k1);                             //在散列表中搜索 k1
    bool Insert(Item<E,K>& x);                     //在散列表中插入 e1
    bool Remove(Item<E,K>& x);                     //在散列表中删除 e1
    void makeEmpty();                              //置散列表为空
    void printHashTable();
private:
    int divisor;                                   //散列函数的除数
    int CurrentSize, TableSize;                    //当前表项数及最大表项数
    Item<E,K> * ht;                                //散列表存储数组
```

```
    int FindPos(Item<E,K> x);                                    //散列函数:计算初始桶号
    int operator == (Item<E,K> & x){return this -> key == x.key;}    //元素判等
    int operator != (Item<E,K> & x){return this ->key != x.key;}        //元素判不等
};

template <class E, class K>
HashTable<E,K>::HashTable(int d, int sz) {                       //构造函数,d 为除数
    divisor = d;
    TableSize = sz;   CurrentSize = 0;
    ht = new Item<E,K> [TableSize];
    for (int i = 0; i < TableSize; i++) ht[i].state = Empty;
};
```

为了衡量方法的搜索性能,引入搜索成功的平均搜索长度 ASL_{succ} 和搜索不成功的平均搜索长度 ASL_{unsucc}。**搜索成功的平均搜索长度 ASL_{succ} 是指搜索到表中已有元素的平均探查次数,它是找到表中各个已有元素的探查次数的平均值。而搜索不成功的平均搜索长度 ASL_{unsucc} 是指在表中搜索不到待查的元素,但找到插入位置的平均探查次数,它是表中所有可能散列到的位置上要插入新元素时为找到空桶的探查次数的平均值。**

在使用线性探查法对图 6.16 所示的例子进行搜索时,搜索成功的平均搜索长度为

$$ASL_{succ} = \frac{1}{8}\sum_{i=1}^{8} C_i = \frac{1}{8}(1+1+3+4+3+1+7+1) = \frac{21}{8}$$

搜索不成功的平均搜索长度为

$$ASL_{unsucc} = \frac{2+1+8+7+6+5+4+3+2+1+1}{11} = \frac{40}{11}$$

在搜索成功的情形,由于表中总共 8 个元素,把找到每个元素的比较次数累加再除以 8 得到搜索成功时的平均搜索长度。

在搜索不成功的情形,散列函数能够计算出的桶地址为 0～10,总共 11 个桶地址,把在 0～10 号地址插入(表中原来没有的)新元素时的探查次数加起来,除以 11,得到搜索不成功的平均搜索长度。

程序 6.16 给出用线性探查法在散列表 ht 中搜索给定值 x.key 的算法。私有函数 FindPos 利用线性探查法查找满足要求的元素,返回桶号 i。查找结果有 3 种:

(1) ht[i].state = Active 且 ht[i].key = x.key,搜索成功,要求元素在 i 号桶;

(2) ht[i].state == Empty,表明表中没有要搜索的元素,插入元素到 i 号桶;

(3) i 已回到初始桶号,表已满。

共用函数 Search 则调用了 FindPos,得到一个桶号 i。如果没有找到要搜索的元素,函数返回 false,否则返回 true,并通过引用参数 $e1$ 返回查到的元素。

程序 6.16   使用线性探查法的搜索算法
```
template <class E, class K>
int HashTable<E,K>::FindPos(Item<E,K> x) {
//搜索在一个散列表中关键码与 x.key 匹配的元素,搜索成功,则函数返回该元素的位置,
//否则返回插入点(如果有足够的空间)
    int i = x.key % divisor;                                    //计算初始桶号
```

```
        int j = i;                                    //j 是检测下一表项下标
        do {
            if (ht[j].state == Empty || ht[j].state == Active && ht[j].key == x.key) return j;
                                                      //找到
            j = (j+1) % TableSize;                    //当作循环表处理，探查下一表项
        } while (j != i);
        return j;                                     //转一圈回到开始点，表已满，失败
};


template <class E, class K>
bool HashTable<E,K>::Search(K k1) {
//使用线性探查法在散列表 ht 中搜索 k1。如果 k1 在表中存在，
//则函数返回 true;否则返回 false
        int i = FindPos(k1);                          //搜索
        if (ht[i].state != Active || ht[i].key != k1) return false;
        else return true;
};
```

在利用散列表进行各种处理之前,必须首先将散列表中原有的内容清掉,这时可以将表中 ht 数组中的 state 域全部置为 Empty 即可。因为散列表存放的是元素集合,不应有重复的关键码,所以在插入新元素时,如果发现表中已经有关键码相同的元素,则不再插入。

特别要注意的是,**在闭散列的情形下不能随便物理删除表中已有的元素。因为若删除已有元素会影响其他元素的搜索。**如在图 6.16 所示的例子中,若把关键码为 37 的元素真正删除,把它所在 4 号桶的 ht[4].state 置为 Empty,那么以后在搜索关键码为 14,36 和 57 的元素时就查不下去,从而会错误地判断表中没有关键码为 14,36 或 57 的元素。所以若想删除一个元素时,只能给它做一个删除标记 deleted,进行逻辑删除。但这样做的副作用是在执行多次删除后,表面上看起来散列表很满,实际上有许多位置没有利用。因此,**当散列表经常变动时,最好不用闭散列方法处理冲突,可改用开散列方法来处理冲突。**

程序 6.17　散列表其他一些操作的实现
```
template <class E, class K>
void HashTable<E,K>::makeEmpty() {                    //清除散列表
        for (int i = 0; i < TableSize; i++) ht[i].state = Empty;
        CurrentSize = 0;
};


template <class E, class K>
HashTable<E,K>& HashTable<E,K>::operator = (HashTable<E,K>& ht2) {
//重载函数：复制一个散列表 ht2
        if (this != &ht2) {                           //防止自我复制
            delete [] ht;
            TableSize = ht2.TableSize;
            ht = new Item<E,K> [TableSize];
            for (int i = 0; i < TableSize; i++) {
                ht[i].key = ht2.ht[i].key;            //从源散列表向目标散列表传送
```

```
                ht[i].data = ht2.ht[i].data;
                ht[i].state = ht2.ht[i].state;
            }
            CurrentSize = ht2.CurrentSize;                    //传送当前元素个数
        }
        return * this;                                        //返回目标散列表结构指针
    };


    template <class E, class K>
    bool HashTable<E,K>::Insert(Item<E,K>& x) {
    //在 ht 表中搜索 x.key。若找到则不再插入，若未找到，但表已满，则不再插入，返回 false；
    //若找到位置的标志是 Empty，x 插入，返回 true
        if (CurrentSize == TableSize)
            {cout << "表已满,不能插入新表项！\n"; return false;}
        int i = FindPos(x);                                   //用散列函数计算存放地址
        if (ht[i].state == Empty) {
            ht[i].key = x.key; ht[i].data = x.data;
            ht[i].state = Active;                             //插入新元素
            CurrentSize++;
            return true;
        }
        else if (ht[i].state == Active && ht[i].key == x.key)
            {cout << "表中已有此元素,不能插入！\n"; return false;}
        else {cout << "表已满,不能插入新表项！\n"; return false;}
    };


    template <class E, class K>
    bool HashTable<E,K>::Remove(Item<E,K>& x) {
    //在 ht 表中删除元素 x。若表中找不到 x.key 则函数返回 false;否则在表中删除元素，返回 true
        int i = FindPos(x);
        if (ht[i].state == Active) {                          //找到要删除元素，且是活动元素
            ht[i].state = Deleted;   CurrentSize--;           //做逻辑删除标志，不物理删除
            return true;                                      //删除操作完成,返回 true
        }
        else return false;                                    //表中无被删元素,返回 false
    };
```

  线性探查方法容易产生**堆积**(cluster)的问题。即**不同探查序列互相穿插，本可利用的空桶被其他探查序列的关键码占用，使得为寻找某一关键码需要翻越不同的探查序列的元素**，导致搜索时间增加。图 6.16 中为寻找 57 比较了 7 次，降低了搜索效率。为此，可利用二次探查法，以改善上述的堆积问题，减少为完成搜索所需的平均探查次数。

  2. 二次探查法（quadratic probing）

  使用二次探查法，在表中寻找"下一个"空桶的公式为

$$H_i = (H_0 + i^2) \% m, \quad H_i = (H_0 - i^2) \% m, \quad i = 1, 2, 3, \cdots, (m-1)/2$$

式中，$H_0 = \text{Hash}(x)$ 是通过散列函数 Hash() 对元素的关键码 x 进行计算得到的桶号，它

是一个非负整数。m 是表的大小，它应是一个值为 $4k+3$ 的质数，其中 k 是一个整数。这样的质数如 3，7，11，19，23，31，43，59，127，251，503，1019 等。

二次探查法的探查序列形如 $H_0,H_0+1,H_0-1,H_0+4,H_0-4,\cdots$。在做 $(H_0-i^2)\%m$ 的运算时，当 $H_0-i^2<0$ 时，运算结果也是负数。实际算式可改为 if$(j=(H_0-i^2)\%m)<0$ 则 $j+=m$。

仍然是针对图 6.16 所示的例子，设给出一组元素，它们的关键码为 37,25,14,36,49,68,57,11，因为散列表的大小必须是满足 **$4k+3$ 的质数**，可取 $m=19$，这样散列表可设定为 HT[19]。采用的散列函数：

$$\text{Hash(x)} = \text{x} \% 19 \qquad\qquad //19\ \text{是等于 m 的质数}$$

这样，可得

Hash(37)=18 Hash(25)=6 Hash(14)=14 Hash(36)=17

Hash(49)=11 Hash(68)=11 Hash(57)=0 Hash(11)=11

又设采用二次探查法处理冲突，则上述关键码在散列表中散列位置如图 6.17 所示。括号内的数字表示找到空桶时的比较次数。散列情况统计如表 6.3 所示。

0	1	2	3	4	5	6	7	8	9	10
57						25				11

11	12	13	14	15	16	17	18
49	68		14			36	37

图 6.17 二次探查法处理冲突（TableSize $=$ 19）

表 6.3 散列情况统计

要散列关键码	初始桶号	冲突桶号	最后存入桶号	探查次数
37	18	—	18	1
25	6	—	6	1
14	14	—	14	1
36	17	—	17	1
49	11	—	11	1
68	11	11	12	2
57	0	—	0	1
11	11	11,12	10	3

使用二次探查法处理冲突时的搜索成功的平均搜索长度为

$$\text{ASL}_{\text{succ}} = \frac{1}{8}\sum_{i=1}^{8}C_i = \frac{1}{8}\times(1+1+1+1+1+2+1+3) = \frac{11}{8}$$

搜索不成功的平均搜索长度为

$$\text{ASL}_{\text{unsucc}} = \frac{1}{19} \times (2+1+1+1+1+1+2+1+1+1+3+4$$

$$+2+1+2+1+1+3+4) = \frac{33}{19}$$

设散列表的桶数为 m，待查元素的关键码为 x，第一次通过散列函数计算出来的桶号为 $H_0 = \text{Hash}(x)$。当发生冲突时，第 i 次计算出来的"下一个"桶号分别为

$$H_i^{(0)} = (H_0 + i^2) \% m, \quad H_i^{(1)} = (H_0 - i^2) \% m$$

在下面的冲突处理算法 FindPos 中，首先求出 H_0 作为当前桶号 i，保存在 save 中。当发生冲突时求"下一个"桶号，$i = 1$。此时用一个标志 odd 控制是加 i^2 还是减 i^2。若 odd $== 0$ 就加 i^2，并置 odd $=1$；若 odd $== 1$ 就减 i^2，并置 odd $=0$。下次 i 加 1 后，又可由 odd 控制先加后减。

程序 6.18 使用二次探查法进行搜索的算法

```
template <class E, class K>
int HashTable<E,K>::FindPos(Item<E,K> x) {
//搜索在一个散列表中关键码与 x.key 匹配的元素,搜索成功,则函数返回该元素的位置,
//否则返回插入点(如果有足够的空间)
    int i = x.key % divisor;                          //i 为计算出的初始桶号
    int k = 0, odd = 0, save = i;                     //k 为探查次数,odd 是控制加减标志
    while (1) {
        if (ht[i].state == Empty) return i;           //返回可插入位置
        else if (ht[i].state == Active && ht[i].key == x.key) return i; //搜索成功,返回表项散列地址
        else {
            if (odd == 0) {                           //(H₀+i²)%TableSize 情形
                k++;                                  //求"下一个"散列地址
                i = (save+k * k) % TableSize;  odd = 1;
            }
            else {                                    //odd=1 为(H₀-i²)%TableSize 情形
                i = (save-k * k) % TableSize;  odd = 0;
                if (i < 0) i = i+TableSize;           //求"下一个"散列地址
            }
            if (i == save) return -1;                 //转回起始地址,搜索失败
        }
    }
};
```

可以证明，当表的长度 TableSize 为质数且表的装载因子 α 不超过 0.5 时，新的表项 e 一定能够插入，而且任何一个位置不会被探查两次。 因此，只要表中至少有一半空的，就不会有表满问题。在搜索时可以不考虑表装满的情况，但在插入时必须确保表的装载因子 α 不超过 0.5；如果超出，必须将表长度扩充 1 倍，进行表的分裂。

在删除一个元素时，为确保搜索链不致中断，也只能做元素的逻辑删除，即将被删除元素的标记 info[] 改为 Deleted。

3. 双散列法

使用双散列法时，需要两个散列函数。第一个散列函数 Hash() 按元素的关键码 key 计

算元素所在的桶号 $H_0 = \mathrm{Hash(key)}$。一旦发生冲突,利用第二个散列函数 ReHash() 计算该元素到达"下一个"桶的移位量。**它的取值与 key 的值有关,要求它的取值应当是小于地址空间大小 TableSize,且与 TableSize 互质的正整数。**

若设表的长度为 $m = \mathrm{TableSize}$,则在表中寻找"下一个"桶的公式为

$$j = H_0 = \mathrm{Hash(key)}, \quad p = \mathrm{ReHash(key)} \quad j = (j + p) \% m$$

式中,p 是小于 m 且与 m 互质的整数。

这是为了解决线性探查法处理溢出容易产生"堆积"的问题。利用双散列法,按一定的距离,跳跃式地寻找"下一个"桶,减少了堆积的机会。

双散列法的探查序列也可写成:

$$H_i = (H_0 + i * \mathrm{ReHash(key)}) \% m, \quad i = 1, 2, \cdots, m-1$$

最多经过 $m-1$ 次探查,它会遍历表中所有位置,回到 H_0 位置。

例如,给出一组元素的关键码 22,41,53,46,30,13,01,67。散列函数为

$$\mathrm{Hash}(x) = (3x) \% 11$$

散列表为 HT[11],$m = 11$。再散列函数为 $\mathrm{ReHash}(x) = (7x) \% 10 + 1$。

$$H_i = (H_{i-1} + \mathrm{ReHash}(x)) \% 11, \quad i = 1, 2, \cdots$$

对各个关键码计算可得:

$$\mathrm{Hash}(22) = 0 \quad \mathrm{Hash}(41) = 2 \quad \mathrm{Hash}(53) = 5 \quad \mathrm{Hash}(46) = 6$$
$$\mathrm{Hash}(30) = 2 \quad \mathrm{Hash}(13) = 6 \quad \mathrm{Hash}(01) = 3 \quad \mathrm{Hash}(67) = 3$$

表 6.4 给出各个元素根据双散列法散列的结果。图 6.18 是散列后的情况。

表 6.4 用双散列法散列的情况

要散列关键码	初始桶号	再散列函数值	冲突桶号	最后存入桶号	探查次数
22	0	5	—	0	1
41	2	8	—	2	0
53	5	2	—	5	1
46	6	9	—	6	1
30	2	1	2	3	2
13	6	2	6	8	2
01	3	8	3,0,8,5,2	10	6
67	3	10	3,2	1	3

0	1	2	3	4	5	6	7	8	9	10
22	67	41	30		53	46		13		01

图 6.18 使用双散列法得到的散列表

此方法的思路是应用伪随机探查方法,使用一个伪随机数产生器(再散列函数),根据元素的关键码,计算出一个向后寻找"下一个"候选桶的移位量,以便可以向后按此移位量跳到"下一个"候选桶。因为它不是逐个桶向后寻找"下一个"空桶,有利于避开堆积的产生,从而

提高搜索的效率。在图 6.18 所示的例子中,搜索成功的平均搜索长度为

$$\mathrm{ASL_{succ}} = \frac{1}{8} \times (1+1+1+1+2+2+6+3) = \frac{17}{8}$$

搜索不成功的平均搜索长度比较难计算,要考虑所有可能的散列位置(散列函数计算到的位置)。每一散列位置的移位量有 10 种:$1, 2, \cdots, 10$。先计算每一散列位置各种移位量情形下找到"下一个"空位的比较次数,求出平均值;最后再计算各个位置的平均比较次数的总平均值。

ReHash() 的取法很多。例如,当 m 是质数时,可定义

$$\mathrm{ReHash(key)} = \mathrm{key} \ \% \ (m-1)+1$$

或

$$\mathrm{ReHash(key)} = \lfloor \mathrm{key}/m \rfloor \% (m-2)+1$$

当 m 是 2 的方幂时,ReHash(key) 可取 $0 \sim m-1$ 中的任意一个奇数。

6.5.4 处理冲突的开散列方法

开散列法(又称链地址法)首先对关键码集合用某个散列函数计算它们的存放位置。若设散列表地址空间的所有位置为 $0 \sim m-1$,则关键码集合中的所有关键码被划分为 m 个子集,通过散列函数计算出来的具有相同地址的关键码归于同一子集。称同一子集中的关键码互为同义词。每个子集称为一个桶。

通常各个桶中的元素通过一个单链表链接起来,称为同义词子表。所有桶号相同的元素都链接在同一个同义词子表中,各链表的表头结点组成一个向量。因此,向量的元素个数与可能的桶数一致。桶号为 i 的同义词子表的表头结点是向量中的第 i 个元素。

例如,设给出一组元素,它们的关键码为 37, 25, 14, 36, 49, 68, 57, 11,散列表为 HT[12],表的大小 $m=12$。采用的散列函数:

Hash(x) = x % 11   //11 是小于或等于 m 最接近于 m 的质数

这样,可得

Hash(37)=4   Hash(25)=3   Hash(14)=3   Hash(36)=3
Hash(49)=5   Hash(68)=2   Hash(57)=2   Hash(11)=0

采用开散列法处理冲突,则上述关键码在散列表中的散列位置如图 6.19 所示。

通常,每个桶中的同义词子表都很短,设有 n 个关键码通过某个散列函数,存放到散列表中的 m 个桶中。那么每个桶中的同义词子表的平均长度为 n/m。这样,**以搜索平均长度为 n/m 的同义词子表代替了搜索长度为 n 的顺序表,搜索速度快得多。**

此例的搜索成功的平均搜索长度为

$$\mathrm{ASL_{succ}} = \frac{1}{8} \times (1+1+2+1+2+3+1+1) = \frac{12}{8}$$

搜索不成功的平均搜索长度为

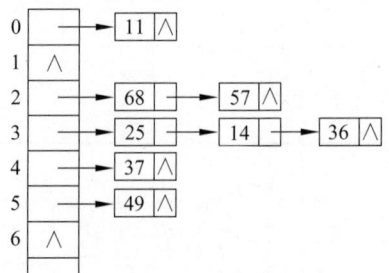

图 6.19 用开散列法(链地址法)得到的散列表结构

$$\mathrm{ASL_{unsucc}} = \frac{1}{11} \times (2+1+3+4+2+2+1+1+1+1+1)$$

$$= \frac{19}{11}$$

在此计算中,根据散列函数,散列位置为 0~10,共 11 个位置,表中第 12 个位置因为用散列函数不会计算到这里,所以不计入。

适用开散列法的散列表类的声明及搜索操作的实现如下。

程序 6.19　使用开散列法的散列表类定义

```
#define defaultSize 100
template <class E, class K>
struct ChainNode {                              //各桶中同义词子表的链结点定义
    K key;
    E data;                                     //元素
    ChainNode<E,K> * link;                      //链指针
    ChainNode<E,K> ( ) { link = NULL; }         //构造函数
};


template <class E, class K>
class HashTable {                               //散列表(表头指针向量)定义
public:
    HashTable(int d, int sz = defaultSize);     //散列表的构造函数
    ~HashTable() {delete []ht}                  //析构函数
    bool Search(K k1);                          //搜索
    bool Insert(K k1, E& e1);                   //插入
    bool Remove(K k1, E& e1);                   //删除
    void printHashTable();
private:
    int divisor;                                //除数(必须是质数)
    int CurrentSize, TableSize;                 //容量(桶的个数)
    ChainNode<E,K> * * ht;                      //散列表定义
    int FindPos(K k1, ChainNode<E,K> * p);      //散列
};


template <class E, class K>
HashTable<E,K>::HashTable(int d, int sz) {      //构造函数,d 为除数
    divisor = d;
    TableSize = sz; CurrentSize = 0;
    ht = new ChainNode<E,K> *[sz];
    if (ht == NULL) {cerr << "存储分配失败! \n"; exit(1);}
    for (int i = 0; i < TableSize; i++) ht[i] = NULL;
};


template <class E, class K>
int HashTable<E,K>::FindPos(K k1, ChainNode<E,K> * p) {
//搜索在一个散列表中关键码与 k1 匹配的元素,函数返回该元素应在的桶号(散列地
```

//址)。若搜索成功,引用参数 p 返回链结点的地址;若元素不存在,则 p 返回 NULL
```
    int i = k1 % divisor;                      //计算散列地址
    p = ht[i];                                 //扫描第 i 个桶的同义词子表
    while (p != NULL && p->key != k1) p = p->link;
    return i;                                  //返回
};


template <class E, class K>
bool HashTable<E,K>::Insert(K k1, E& e1) {
//在 ht 表中搜索 k1。若找到则不再插入,函数返回 false;若未找到,插入 k1 和 e1,
//函数返回 true
    ChainNode<E,K> * p = NULL, * s;
    int i = FindPos(k1, p);                    //计算新结点应在的桶号
    if (p != NULL) return false;               //已找到,不再插入
    s = new ChainNode<E,K>;                    //未找到,创建新链结点
    s->key = k1; s->data = e1;
    s->link = ht[i]; ht[i] = s;                //插入
    CurrentSize++;
    return true;
};
```

其他操作可参照单链表的算法来实现。应用开散列法处理冲突,需要增设链接指针,似乎增加了存储开销。事实上,由于闭散列法必须保持大量的空闲空间以确保搜索效率,如二次探查法要求装载因子 $\alpha \leqslant 0.5$,而元素所占空间又比指针大得多,所以使用开散列法反而比开地址法节省存储空间。

6.5.5 散列表分析

散列表是一种直接计算元素存放地址的方法,它在关键码与存储位置之间直接建立了映像。当选择的散列函数能够得到均匀的地址分布时,在搜索过程中可以不做多次探查,搜索效率较高。但是由于很难避免冲突,这就增加了搜索时间。

冲突的出现,与散列函数的选取(地址分布是否均匀)和处理冲突的方法(是否产生堆积)有关。从理论上可以认为,各种均匀的散列函数对于同样一组从关键码集合中随机选取的关键码,造成冲突的程度是相同的,所以散列表的性能主要取决于处理冲突的方法。但是在实际应用中,情况并非如此。在实际使用关键码进行散列时,如在用作关键码的许多标识符具有相同的前缀或后缀,或者是相同字符的不同排列的场合,不同的散列函数往往导致散列表具有不同的搜索性能。

表 6.5 给出一些实验结果,列出在采用不同的散列函数和不同的处理冲突的方法时,搜索关键码时所需的对桶的平均访问次数。实验数据为 33575,24050,4909,3072,2241,930,762,500。从表 6.5 中可以看出,**开散列法优于闭散列法;在散列函数中,用除留余数法作散列函数优于其他类型的散列函数,最差的是折叠法**。当装载因子 α 较高时,因选择的散列函数不同,散列表的搜索性能差别很大。因此,在一般情况下多选用除留余数法。

对散列表技术进行的实验评估表明,它具有很好的平均性能,优于一些传统的技术,如平衡树。但是,散列表在最坏情况下性能很差。如果对一个有 n 个关键码的散列表执行一

次搜索或插入操作，最坏情况下需要 $O(n)$ 的时间。

表 6.5　搜索关键码时所需对桶的平均访问次数

$\alpha=n/m$	0.50		0.75		0.90		0.95	
散列函数种类	开散列法	闭散列法	开散列法	闭散列法	开散列法	闭散列法	开散列法	闭散列法
平方取中	1.26	1.73	1.40	9.75	1.45	310.14	1.47	310.53
除留余数	1.19	4.52	1.31	10.20	1.38	22.42	1.41	25.79
移位折叠	1.33	21.75	1.48	65.10	1.40	710.01	1.51	116.57
分界折叠	1.39	22.97	1.57	46.70	1.55	69.63	1.51	910.56
数字分析	1.35	4.55	1.49	30.62	1.52	89.20	1.52	125.59
理论值	1.25	1.50	1.37	2.50	1.45	5.50	1.48	10.50

Knuth 在他的 *The Art of Computer Programming：Sorting and Searching* 一书中，对不同的冲突处理方法进行了概率分析，其分析结果如下。

若设 α 是散列表的装载因子：

$$\alpha = \frac{\text{表中已装有的记录数 } n}{\text{表中预设的最大记录数 } m}$$

并采用地址分布均匀的散列函数 Hash() 计算桶号。又设 S_n 是搜索一个随机选择的关键码 $x_i(1 \leqslant i \leqslant n)$ 所需的关键码比较次数的期望值，U_n 是在长度为 m 的散列表中 n 个桶已装入元素的情况下，装入第 $n+1$ 项所需执行的关键码比较次数期望值。前者称为在 $\alpha = n/m$ 时的搜索成功的平均搜索长度，后者称为在 $\alpha = n/m$ 时的搜索不成功的平均搜索长度。那么，用不同的方法处理冲突时散列表的平均搜索长度如表 6.6 所示。

一般情形下，散列表的装载因子 α 表明了一个表中的装满程度。它越大，说明表越满，再插入新元素时发生冲突的可能性就越大。而散列表的搜索性能，即平均搜索长度依赖于散列表的装载因子，不直接依赖于 n 或 m。不论表的长度有多大，总能选择一个合适的装载因子，把平均搜索长度限制在一定范围内。

表 6.6　各种方法处理冲突时散列表的平均搜索长度

处理冲突的方法		平均搜索长度	
		搜索成功 S_n	搜索不成功（录入新记录）U_n
闭散列法	线性探查法	$\dfrac{1}{2}\left(1+\dfrac{1}{1-\alpha}\right)$	$\dfrac{1}{2}\left[1+\dfrac{1}{(1-\alpha)^2}\right]$
	伪随机探查法、二次探查法、双散列法	$-\left(\dfrac{1}{\alpha}\right)\log_e(1-\alpha)$	$\dfrac{1}{1-\alpha}$
开散列法（同义词子表法）		$1+\dfrac{\alpha}{2}$	$\alpha + e^{-\alpha} \approx \alpha$

习　题

一、单项选择题

1. 以下有关集合的说法中，正确的是(　　)。
   A. 集合的成员都是单元素　　　　　　B. 集合的成员必须互不相同
   C. 实现集合时成员间的关系是无序的　　D. 集合成员之间不能做"优先"比较

2. 有一个色彩的集合 colour ＝ { red，orange，yellow，green，black，blue，purple，white }，采用位向量实现集合，blue 将映射为第(　　)位。
   A. 3　　　　　　　B. 4　　　　　　　C. 5　　　　　　　D. 6

3. 设有 n 个元素的集合采用有序链表来实现，设每个集合元素占 8 字节，链接指针占 2 字节，该集合占用了(1)字节的存储，存储密度为(2)。
   (1) A. $8(n+1)$　　B. $10(n+1)$　　C. $8n$　　　　D. $10n$
   (2) A. 0.8　　　　B. $n/(n+1)$　　C. $0.8\,n/(n+1)$　　D. $0.8(n+1)/n$

4. 设跳表中有 $n = 2^k$ 个元素，那么跳表中包含(　　)级链。
   A. $k-1$　　　　　B. k　　　　　　C. $k+1$　　　　　D. n

5. 设跳表最高的链级为 maxLevel，则应有(　　)个链表头指针。
   A. 1　　　　　　B. maxLevel-1　　C. maxLevel　　　D. maxLevel$+1$

6. 并查集是一种把集合划分为若干(　　)子集的集合表示方法。
   A. 不相交　　　　B. 单元素　　　　　C. 相交　　　　　D. 纯

7. 并查集采用树的父结点表示(或父指针表示)存储，若并查集最多有 n 个结点，最坏情况下 Find 操作的时间复杂度可达到(　　)。
   A. $O(1)$　　　　　B. $O(n)$　　　　　C. $O(\log_2 n)$　　D. $O(n\log_2 n)$

8. 以下属于并查集操作的是(　　)。
   A. 查找　　　　　B. 插入　　　　　　C. 删除　　　　　D. 判等

9. 采用把结点少的树合并到结点多的树的策略，若合并后的树中有 n 个结点，则其深度是(　　)。
   A. $O(1)$　　　　　B. $O(\log_2 n)$　　　C. $O(n)$　　　　D. $O(n\log_2 n)$

10. 在查找过程中做路径压缩，即每次从待查找结点走到根结点的过程中把路径上各结点的父指针都指向根结点。采用这种方法，查找的时间复杂度是(　　)，合并的时间复杂度是(　　)，设 n 是树中的结点个数。
    A. $O(1)$　　　　　B. $O(\log_2 n)$　　　C. $O(n)$　　　　D. $O(n\log_2 n)$

11. 并查集的一个重要应用是构造等价类。等价类是一个具有等价关系的元素的非空集合。等价关系是一种二元关系，以下不属于等价关系的特性是(　　)。
    A. 对称性　　　　B. 反对称性　　　　C. 自反性　　　　D. 传递性

12. 散列法存储的基本思想是根据(　　)来决定元素的存储地址。
    A. 元素序号　　　B. 元素个数　　　　C. 关键码值　　　D. 非码属性

13. 设一个散列表中有 n 个元素，用散列法进行搜索的平均搜索长度是(　　)。

A. $O(1)$ B. $O(n)$ C. $O(\log_2 n)$ D. $O(n^2)$

14. 使用散列函数将元素关键码值映射为散列地址时常产生冲突。此时冲突是指( )。

    A. 两个元素具有相同的序号

    B. 两个元素的关键码值不同,而非关键码值相同

    C. 不同关键码值对应到相同的存储地址

    D. 装载因子过大,数据元素过多

15. 以下关于散列函数选择原则的叙述中,不正确的是( )。

    A. 散列函数应是简单的,能在较短的时间内计算出结果

    B. 散列函数的定义域应包括全部关键码值,值域必须在表范围之内

    C. 散列函数计算出来的地址应能均匀分布在整个地址空间中

    D. 装载因子必须限制在 0.8 以下

16. 计算出的地址分布最均匀的散列函数是( )。

    A. 数字分析法   B. 除留余数法   C. 平方取中法   D. 折叠法

17. 散列函数有一个共同的性质,即函数值应当以( )取其值域的每个值。

    A. 最大概率   B. 最小概率   C. 平均概率   D. 同等概率

18. 除留余数法的基本思路:设散列表的地址空间为 $0 \sim m-1$,元素的关键码值为 k,用 p 去除 k,将余数作为元素的散列地址,即 $h(k) = k \% p$,为了减少发生冲突的可能性,一般取 p 为( )。

    A. m B. 小于或等于 m 的最大素数

    C. 大于 m 的最小素数   D. 与 m 互质的最大整数

19. 在闭散列表中,散列到同一个地址而引起的堆积问题是由于( )引起的。

    A. 同义词之间发生冲突   B. 非同义词之间发生冲突

    C. 同义词之间或非同义词之间发生冲突   D. 散列表"溢出"

20. 假设有 k 个关键码值互为同义词,若用线性探查法把这 k 个关键码值存入散列表中,至少需要进行( )次探查。

    A. $k-1$ B. k C. $k+1$ D. $k(k+1)/2$

21. 设散列表长度 $m=14$,散列函数 Hash(key) = key $\%$ 11。表中已有 4 个结点,地址分别为 addr(15) = 4、addr(38) = 5、addr(61) = 6、addr(84) = 7,其余地址为空。如用二次探查法解决冲突,关键码值为 49 的散列地址是( )。

    A. 8   B. 3   C. 5   D. 9

22. 设散列表中已经有 8 个元素,用二次探查法解决冲突。若插入第 9 个元素的平均探查次数不超过 2.5,则表的大小为( )。

    A. 13   B. 14   C. 17   D. 19

23. 每个散列地址所链接的同义词子表中各个表项的( )相同。

    A. 关键码值   B. 元素值   C. 散列地址   D. 含义

24. 随着散列表的装载因子 α 的增大,搜索表中指定表项的平均搜索长度也要增大,但若采用( )法解决冲突,可平稳控制平均搜索长度的增大幅度达到最小。

    A. 线性探查   B. 二次探查   C. 双散列   D. 开散列

25. 散列表的平均搜索长度(　　)。

  A. 与处理冲突方法有关而与表的长度无关

  B. 与处理冲突方法无关而与表的长度有关

  C. 与处理冲突方法有关且与表的长度有关

  D. 与处理冲突方法无关且与表的长度无关

二、填空题

1. 集合中的成员可以是原子(或称单元素),还可以是_____。

2. 某些集合中保存的是表示元素是否在集合中的指示信息,通常使用一个_____把映射过来的指示信息存储起来。

3. 某些集合需要保存数据集合元素的数据,通常使用_____来表示集合。

4. 并查集中的"合并"操作是指表示两个集合的树的_____的合并。

5. 设树中有 m 个结点,使用折叠规则压缩路径,可以使树的高度降至_____,每次搜索时间的上界不超过_____。

6. 使用并查集处理等价类时,先用_____操作找到表示两个等价类的树的根,再使用_____操作把两个等价类合并成一个等价类。

7. 字典是_____对的集合,其中_____在字典中是唯一标识一个表项的。

8. 跳表是一个多级链表结构,其中存放全部元素的是_____级链。

9. 有 n 个元素的跳表在理想情况下的链级树为_____。

10. 在散列法中把映射到同一散列地址的不同关键码称为_____。由于出现了同义词,就导致插入时产生了冲突(或碰撞)。

11. 在设计散列函数时要求函数的定义域必须包括全部_____。若散列表的存储区间为 ht[m],则散列函数的值域应为_____。

12. 用线性探查法处理冲突时,不同探查序列互相交错,导致了_____,使得关键码搜索时间增加。

13. 用二次探查法处理冲突时,要求散列表的大小 m 必须是满足_____的质数,且表的装载因子 α 不超过_____,从而保证任一新元素一定能够插入,且同一散列地址不会被探查二次。

14. 用双散列法处理冲突时,要求再散列函数计算出的地址与_____互质。

15. 用开散列(或称链地址)法解决冲突,比用其他方法解决冲突,在_____不断增大时,搜索任何一个关键码的时间代价不会增长得很快。

三、判断题

1. 集合中的元素都是原子(单元素),不可以是集合。(　　)

2. 集合的元素必须是互不相同的,即同一个元素不能在集合中出现多次。(　　)

3. 同一集合中所有元素具有相同的数据类型。(　　)

4. 集合的元素在逻辑上是无序的,但集合的实现中元素之间可能会有一定的顺序。

(　　)

5. 集合的定义要求每个元素在集合中只出现一次。但有些实际应用却有元素重复出

现的情况。 （　　）

6. 跳表主要用于在有序表(包括有序顺序表和有序链表)上执行折半搜索。 （　　）

7. 有 n 个元素的跳表有 $\lceil \log_2 n \rceil$ 级链,链级编号为 $0 \sim \lceil \log_2 n \rceil - 1$。 （　　）

8. 并查集是集合,可用于任意集合的情形。 （　　）

9. 在初始化一个并查集时,应把父指针数组中所有父指针置为 -1。 （　　）

10. 如果在查找过程中压缩路径可使得树的高度压到最低,可能会低于 $\log_2 n$,其中 n 是集合的元素个数。 （　　）

11. 合并运算可让子集中任一结点的父指针指向另一子集的任一结点。 （　　）

12. 理想情况下,在散列表中搜索一个元素的时间复杂度为 $O(1)$。 （　　）

13. 散列法只能存储数据元素的值,不能存储数据元素之间的关系。 （　　）

14. 在散列过程中出现冲突,是指同一个关键码值对应多个不同的散列地址。 （　　）

15. 在散列法中,一个可用的散列函数必须保证绝对不产生冲突。 （　　）

16. 在用散列法进行搜索时,关键码的比较次数和散列表中关键码值的个数直接相关。 （　　）

17. 在散列法中采取开散列(或称链地址)法来解决冲突时,其装载因子 α 的取值一定为 $(0, 1)$。 （　　）

18. 在散列法中采取闭散列(或称开地址)法来解决冲突时,一般不要立刻做物理删除,否则在搜索时会发生错误。 （　　）

19. 在用线性探查法处理冲突的散列表中,散列函数值相同的关键码值总是存放在一片连续的存储单元中。 （　　）

20. 若散列表的装载因子 $\alpha \ll 1$,则可避免冲突的产生。 （　　）

21. 散列表的搜索效率主要取决于散列表造表时选取的散列函数和处理冲突的方法。 （　　）

22. 随着装载因子 α 的增大,用闭散列法解决冲突,其平均搜索长度比用开散列法解决冲突时的平均搜索长度增长得慢。 （　　）

23. 采用开散列法解决冲突时,搜索一个元素的时间是相同的。 （　　）

24. 采用开散列法解决冲突时,若规定插入总是在链头,则插入任一个元素的时间是相同的。 （　　）

25. 采用开散列法解决冲突很容易引起堆积现象。 （　　）

26. 双散列法不易产生堆积。 （　　）

四、简答题

1. 设 $A = \{1, 2, 3\}$, $B = \{3, 4, 5\}$,求下列结果:
(1) $A + B$　　　(2) $A * B$　　　(3) $A - B$　　(4) $A.\text{Contains}(1)$
(5) $A.\text{AddMember}(1)$ (6) $A.\text{DelMember}(1)$　(7) $A.\text{Min}()$

2. 当全集合可以映射成 $1 \sim N$ 的整数时,可以用位数组来表示它的任一子集。当全集合是下列集合时,应当建立什么样的映射? 用映射对照表表示。
(1) 整数 $0, 1, \cdots, 99$。
(2) $n \sim m$ 的所有整数,$n \leqslant m$。

(3) 整数 n，$n+2$，$n+4$，$\cdots$，$n+2k$。

(4) 字母 'a'，'b'，'c'，$\cdots$，'z'。

(5) 两个字母组成的字符串，其中，每个字母取自 'a'，'b'，'c'，$\cdots$，'z'。

3. 证明：集合 A 是集合 B 的子集的充分必要条件是集合 A 和集合 B 的交集是 A。

4. 证明：集合 A 是集合 B 的子集的充分必要条件是集合 A 和集合 B 的并集是 B。

5. 给出下列操作运算的结果：Merge(1，2)，Merge(3，4)，Merge(3，5)，Merge(1，7)，Merge(3，6)，Merge(8，9)，Merge(1，8)，Merge(3，10)，Merge(3，11)，Merge(3，12)，Merge(3，13)，Merge(14，15)，Merge(16，17)，Merge(14，16)，Merge(1，3)，Merge(1，14)。

具体要求如下：

(1) 以任意方式执行 Merge。

(2) 根据树的高度执行 Merge。

(3) 根据树中结点个数执行 Merge。

6. 证明若用树实现并查集时，如果使用路径压缩，并允许大树并到小树上去。则存在一个由 n 次运算组成的序列，它需要的计算时间为 $O(n\log_2 n)$。

7. 设散列表为 HT[13]，散列函数为 Hash(key) = key % 13。用闭散列法解决冲突，对下列关键码序列 12，23，45，57，20，3，78，31，15，36 造表。

(1) 采用线性探查法寻找下一个空位，画出相应的散列表，并计算等概率下搜索成功的平均搜索长度和搜索不成功的平均搜索长度。

(2) 采用双散列法寻找下一个空位，再散列函数为 ReHash(key) = (7 * key) % 10 + 1，寻找下一个空位的公式为 $H_i = (H_{i-1} + \text{ReHash(key)}) \% 13$，$H_1 = \text{Hash(key)}$。画出相应的散列表，并计算等概率下搜索成功的平均搜索长度。

8. 设有 150 个记录要存储到散列表中，并利用线性探查法解决冲突，要求找到所需记录的平均比较次数不超过二次。散列表需要设计多大？（设 α 是散列表的装载因子，则有 $\text{ASL}_{\text{succ}} = (1 + 1/(1-\alpha))/2$）。

9. 设有一个散列表，要存放的数据有 8 个，采用除留余数法计算散列地址，并用二次探测法解决冲突，不过仅用 $H_i = (H_0 + i^2) \% m$ 计算下一个散列地址，m 是表的长度，$i = 1$，2，$\cdots$，$m-1$。

(1) 如果要求平均探查二次就能找到新元素的散列地址，确定表长度 m 和散列函数。

(2) 设存放的数据为 $\{25，40，11，97，59，30，87，73\}$，依次计算并存放这些数据到散列表中，同时计算存放后表的搜索成功的平均搜索长度 ASL_{succ}。

10. 若用二次探查法解决冲突，求"下一个"空位的探查序列为
$$H_i = (H_0 + i^2) \% m，\quad H_i = (H_0 - i^2) \% m，\quad i = 1，2，\cdots，m/2$$
其中，H_0 是第一次求得的散列地址；H_i 是第 i 次求得的散列地址；m 是散列表的大小。

(1) 相邻的地址 H_i 与 H_{i-1} 之间是什么关系？

(2) 为保证散列地址序列的地址不会循环往复地重叠，m 应设为什么数？装载因子 α 的取法如何？

11. 设有 15 000 个记录需放在散列文件中，文件中每个桶内各页块采用链接方式连接，每个页块可存放 30 个记录。若采用按桶散列，且要求搜索到一个已有记录的平均读盘时间

不超过 1.5 次,则该文件应设置多少个桶?

12. 为什么当装载因子非常接近 1 时,线性探查类似于顺序搜索? 为什么说当装载因子较小(如 $\alpha = 0.7$ 左右)时,散列搜索的平均搜索时间为 $O(1)$?

五、算法题

1. 设计一个递归的算法,求包括 n 个自然数集合的幂集。n 为整数,集合包含的自然数为不大于 n 的正整数。例如,若 $n = 3$,则自然数集合 $S_x = \{ x = 1, 2, 3 \}$,设其幂集为 $P(S_x)$,则有:$S_0 = \varnothing$,$P(S_0) = \{\varnothing\}$;$S_1 = \{1\}$,$P(S_1) = \{\varnothing, \{1\}\}$;$S_2 = \{1, 2\}$,$P(S_2) = \{ \varnothing, \{1\}, \{2\}, \{1, 2\}\}$;$S_3 = \{1, 2, 3\}$,$P(S_3) = \{\varnothing, \{1\}, \{2\}, \{3\}, \{1, 2\}, \{2, 3\}, \{1, 3\}, \{1, 2, 3\}\}$。

2. 给定一个用无序链表表示的集合,需要在其上执行 operator$+$( ), operator $*$ ( ), operator$-$( ), Contains(x), AddMember(x), DelMember(x), Min( ),写出它的类声明,并给出所有这些成员函数的实现。

3. 用无序链表表示集合,在执行两个集合的并、交、差运算时往往需要一个二重循环,而有序链表场合仅需执行单重循环。若有两个集合 $A[n]$ 和 $B[m]$ 都采用带头结点的单链表无序存储,且元素值都为 $0\sim M$。设计一个算法,借助两个位向量辅助数组,实现集合 A 与 B 的并、交、差运算,结果存放到集合 C 中,它也是用单链表存储的集合。

4. 集合可以用有序链表作为它的存储表示。如果这个有序链表是循环单链表,其表头指针为 head。另设一个指针 current,初始时等于 head,每次搜索后指向当前搜索到的结点,但如果搜索不成功则 current 不动。设计一个算法 search(head, current, key)实现在集合中对 key 的搜索。当搜索成功时函数返回被检索的结点地址,若搜索不成功则函数返回空指针 0。说明如何保持指针 current 以减少搜索时的平均搜索长度。

5. 考虑用双向链表来实现一个有序链表,使得能在这个表中进行正向和反向搜索。若指针 p 总是指向最近时间成功搜索到的结点,搜索可以从 p 指示的结点出发沿任一方向进行。根据这种情况编写一个函数 search(head,p,key),检索具有关键码 key 的结点,并相应地修改 p。

6. 设散列表采用线性探查法解决冲突,对已经创建成功的散列表,计算搜索成功的平均搜索长度和搜索不成功的平均搜索长度。

7. 设计一个算法,以字典顺序输出散列表中的所有元素。设散列函数为 Hash(x) $=$ x ％ divisor,其中的 divisor 是不超出 TableSize 的最大素数,若采用线性探查法来解决冲突。估计该算法所需的时间。

8. 设有 1000 个值为 $1\sim10\,000$ 的整数,设计一个利用散列方法的算法,以最少的数据比较次数和移动次数对它们进行排序。

第7章　搜索结构

搜索(search)是数据处理中最常见的一种运算。所谓搜索,就是在数据集合中寻找满足某种条件的数据元素。最常见的一种方式是事先给定一个值,在集合中找出其关键码等于给定值的元素。搜索的结果通常有两种可能:一种可能是搜索成功,即找到满足条件的数据元素。这时,作为结果,可报告该元素在结构中的位置,还可进一步给出该元素中的具体信息。后者在数据库技术中称为检索(retrieval)。另一种可能是搜索不成功,或搜索失败。作为结果,也应报告一些信息,如失败标志、失败位置等。

通常称用于搜索的数据集合为搜索结构,它是由同一数据类型的元素(或记录)组成的。在搜索结构中,每个元素(或记录)称为对象,搜索结构可用对象类来定义。

在每个对象中有若干属性,其中应当有一个属性,其值可唯一地标识这个对象,该属性称为关键码(key)。例如,在图书目录中的关键码不是书名而是馆藏号,书名可以有重复,但每种书的馆藏号是唯一的。**使用基于关键码的搜索,搜索结果应是唯一的**。但在实际应用时,搜索条件是多方面的,图书馆中应允许按书名搜索、按作者搜索、按出版社搜索,……这样,可以**使用基于属性的搜索方法,但搜索结果可能不唯一**。

实施搜索时有两种不同的环境:一种是静态环境;另一种是动态环境。在静态环境下,搜索结构在执行插入和删除等操作的前后不发生改变。这种结构操作简单,效率不高,而且需要处理溢出问题。在动态环境下,为保持较高的搜索效率,搜索结构在执行插入和删除等操作的前后将自动进行调整,结构可能会发生变化。前者被称为静态搜索结构,后者被称为动态搜索结构。

对于用不同方式组织起来的搜索结构,相应的搜索方法也不相同。反过来,为了提高搜索速度,又往往采用某些特殊的组织方式来组织需要搜索的信息。例如,搜索电话号码时,需要先搜索电话号码簿的分类目录,找到通话对方所属类别在号码簿中的开始页数,再到词类中顺序搜索。这就是分块(索引顺序)搜索方法,其组织方式就是索引结构。又例如,搜索英文词典时,因为词典是按英语字母顺序编排的,可以采用折半搜索。先在书中间找一个位置,确定一个范围,再逐步缩小这个范围,最后找到需要的单词。

对于大量的数据,特别是在外存中存放的数据,一般都是按物理块进行存取。执行内外存交换过多将严重影响搜索速度。为确保搜索效率,需要采用散列或索引技术。

为度量一个搜索算法的性能,同样需要在时间和空间方面进行权衡。**衡量一个搜索算法的时间效率的标准:在搜索过程中关键码的平均比较次数或平均读写磁盘次数(只适合于外部搜索),这个标准也称平均搜索长度**(average search length, ASL),通常它是搜索结构中元素总数 n 或文件结构中物理块总数 n 的函数。另外衡量一个搜索算法还要考虑算法所需的存储量和算法的复杂性等问题。

7.1 静态搜索结构

7.1.1 静态搜索表

静态搜索结构中最简单的就是基于数组的数据表类,即静态搜索表。在静态搜索表中,数据对象存放于数组中,利用数组元素的下标作为数据对象的存放地址。搜索算法根据给定值 k,在数组中进行搜索。直到找到 k 在数组中的存放位置或可确定在数组中找不到 k 为止。如果各数据对象具有简单的数据类型,如 int 或 string,可以直接用 k 与数组每个元素中存储的数据进行比较;如果各数据对象具有比较复杂的数据类型,如用户自定义的数据类型,则需要用 k 与各数据对象的关键码(key)进行比较。就搜索而言,数据对象中的其他属性可以不关心。例如,在一个商店的数据库中存储了各相关客户的信息。一个客户的信息包括信用卡号码、姓名、住址、电话号码等。其中只有客户的信用卡号码可以唯一地标识这个客户,可以将这个属性作为客户类的关键码域用于搜索。下面分别给出一般数据表类和用于搜索目的的搜索表类的定义。

程序 7.1 数据表与搜索表的类定义

```
＃include <iostream.h>
＃include <stdlib.h>
＃define DefaultSize 20
template <class E, class K>
struct dataNode {                          //数据表中结点类的定义
    K key;                                 //关键码域
    E other;                               //其他域
    dataNode<E,K>& operator = (dataNode<E,K>& x)
        {key = x.key; other = x.other; return * this;}
};


template <class E, class K>
class dataList {                           //数据表类定义
public:
    dataList(int sz = defaultSize) {
        Element = new dataNode<E,K>[sz];
        if (Element == NULL) {cerr << "存储分配失败" << endl; exit(1);}
        ArraySize = sz; CurrentSize = 0;
    }
    ~dataList() {delete []Element;}        //析构函数
    int Length() {return CurrentSize;}
    bool Insert(K x, E el);                //插入
    bool Remove(K& x, E& el);             //删除
    friend ostream& operator << (ostream& out, dataList<E,K>& OutList);
    friend istream & operator >> (istream& in, dataList<E,K>& InList);
protected:
```

```
    dataNode<E,K>  * Element;                        //数据表中存储数据的数组
    int ArraySize, CurrentSize;                      //数组最大长度和当前长度
};


template <class E, class K>
class searchList : public dataList<E,K> {
//搜索表 searchList 继承了 dataList,并且增加了成员函数 SeqSearch()
public:
    searchList(int sz = defaultSize) {}
    int SeqSearch(K x);
};


template <class E, class K>
bool dataList<E,K>::Insert(K x, E e1) {
//在 dataList 的尾部插入新元素 e1,若插入失败函数返回 false,否则返回 true
    if (CurrentSize == ArraySize) return false;
    Element[CurrentSize].key = x;
    Element[CurrentSize].other = e1;                 //插入在尾端
    CurrentSize++; return true;
};


template <class E, class K>
bool dataList<E,K>::Remove(K x, E& e1) {
//在 dataList 中删除关键码为 x 的元素,通过 e1 返回。用尾元素填补被删除元素
    if (CurrentSize == 0) return false;
    for (int i = 0; i < CurrentSize; i++)
        if(Elemont[i].key == x) break;               //在顺序寻找关键码为 x 的元素
    if (i == CurrentSize) return false;              //未找到返回
    e1 = Element[i].other;                            //找到,保存被删元素的值
    for (i++; i < CurrentSize; i++)
        Element[i-1] = Element[i];                    //填补
    CurrentSize--; return true;
};
```

在定义中有两个用于数据表的重载操作"<<"和">>"。其中,重载操作"<<"用于数据表的输出,它将数据表对象 OutList 的信息输出到输出流对象 out(如 cout)中,使用形式为 out << OutList;重载操作">>"用于数据表的输入,它从输入流对象 in(如 cin)读入信息到数据表对象 InList 中,使用形式为 in >> InList。在对象数组 Element 中从 0 开始存放。

程序 7.2 数据表类的友元函数
```
template <class E, class K>
ostream& operator << (ostream& out, dataList<E,K>& OutList) {
    out << "Array Contents : \n";                    //输出表的所有表项到 out
    for (int i = 0; i < OutList.CurrentSize; i++)
        out << OutList.Element[i].key << OutList.Element[i].other << " ";
```

```
out << endl;
out << "Array Current Size :" << OutList.CurrentSize << endl;      //输出表的当前长度到 out
return out;
};


template <class E, class K>
istream& operator >> (istream& in, dataList<E,K>& InList) {
    cout << "Enter array Current Size : ";
    in >> InList.CurrentSize;                                  //从 in 输入表的当前长度
    cout << "Enter array elements : \n";
    for (int i = 0; i < InList.CurrentSize; i++) {            //从 in 输入表的全部表项
        cout << "Element" << i+1 << " : ";
        in >> InList.Element[i].key >> InList.Element[i].other;
    }
    return in;
};
```

7.1.2 顺序搜索

顺序搜索(sequential search)是最基本的搜索方法之一。顺序搜索又称线性搜索,主要用于在线性表中进行搜索。若设表中有 CurrentSize 个对象,则顺序搜索从表的先端开始,顺序用各对象的关键码与给定值 x 进行比较,直到找到与其值相等的对象,则搜索成功,给出该对象在表中的位置。若整个表都已检测完仍未找到关键码与 x 相等的对象,则搜索失败,给出失败信息。在顺序表上的顺序搜索的算法实际上在第 2 章介绍顺序表结构时已经给出,在单链表上的顺序搜索的顺序搜索算法也在该章给出。这里介绍一种使用了"监视哨"的顺序搜索算法,如程序 7.3 所示。注意,表中元素序号从 0 开始。

程序 7.3   使用监视哨的顺序搜索算法
```
# include "SearchList.cpp"
template <class E, class K>
int searchList<E,K>::SeqSearch(K x) {
//在搜索表 searchList 中顺序搜索其关键码为 x 的数据元素,要求数据元素在表中从下标 0
//开始存放,第 CurrentSize 号位置作为控制搜索过程自动结束的"监视哨"使用。若找到则
//函数返回该元素在表中的位置 i,否则返回 CurrentSize
    Element[CurrentSize].key = x;                    //将 x 设置为监视哨
    for(int i=0; Element[i].key != x; i++);          //从前向后顺序搜索
    return i;
};
```

还可使用如下的递归算法实现顺序搜索,先判断是否检测到表尾,是则返回-1,表示搜索失败,此时 loc(0≤loc≤CurrentSize-1)停留在 CurrentSize 位置。不是,再判断位于 loc 位置的元素的关键码是否等于 x,是则搜索成功,返回元素的位置;否则算法递归检测下一个位置 loc+1。该递归算法的调用语句形式为

int loc = 0; int Pos = SeqSearch1(x, loc)

程序 7.4　顺序搜索的递归算法

```
#include "SearchList.cpp"
template <class E, class K>
int searchList<E,K>::SeqSearch1(K x, int loc) {
    if (loc >= CurrentSize) return -1;                    //搜索不成功
    else if (Element[loc].key == x) return loc;           //搜索成功
        else return SeqSearch1(x, loc+1);                 //继续递归搜索
};
```

分析顺序搜索算法的效率,通常用平均搜索长度 ASL 来衡量。所谓在搜索成功时的平均搜索长度,是指为确定对象在搜索表中的位置所执行的关键码比较次数的期望值。对于一个含有 n 个对象的表,搜索成功时的平均搜索长度是

$$\text{ASL}_{\text{succ}} = \sum_{i=0}^{n-1} p_i \cdot c_i \quad \left(\sum_{i=0}^{n-1} p_i = 1\right)$$

式中,p_i 是搜索表中第 i 个对象的搜索概率;c_i 是搜索到第 i 个对象所需的关键码比较次数。根据使用的搜索方法不同,c_i 可以不同。

对于顺序搜索,搜索到第 i 个对象($i = 0, 1, \cdots, n-1$),需要比较 $i+1$ 次。因此 $c_i = i + 1$。则顺序搜索的搜索成功时的平均搜索长度为

$$\text{ASL}_{\text{succ}} = \sum_{i=0}^{n-1} p_i \cdot (i+1)$$

假设每个对象的搜索概率都相等,即 $p_i = 1/n$。则在等概率情形下顺序搜索的 ASL_{succ} 为

$$\text{ASL}_{\text{succ}} = \sum_{i=0}^{n-1} p_i \cdot (i+1) = \sum_{i=0}^{n-1} \frac{1}{n}(i+1) = \frac{1}{n}\sum_{i=0}^{n-1}(i+1) = \frac{1}{n} \cdot \frac{n(n+1)}{2} = \frac{n+1}{2}$$

即顺序搜索时,在等概率情形下搜索到一个对象的平均搜索长度为 $(n+1)/2$。

但是,在许多情形下搜索表中各个对象的搜索概率不相等。例如,在用计算机处理汉字输入时,如果打入一个拼音 WEI(全拼),会有多达 69 个同音字。若每次显示 10 个字供挑选,全部显示需要显示 7 次。如果像 WordStar 软件那样按 4 声排列,则一些搜索概率高的汉字,如为、位、未、围等需要显示多次才能找到。由于顺序搜索的 ASL_{succ} 必须在 $p_0 \geqslant p_1 \geqslant p_2 \geqslant \cdots \geqslant p_{n-1}$ 时才能达到最小。因此,可以把这 69 个汉字按搜索概率从高到低排个队,把搜索概率高的为、位、未、围等字放在前面,把搜索概率低的煨、艉、隈、崴等字放在后面,从而提高顺序搜索的搜索效率。

在搜索不成功时与给定值进行的关键码比较次数为 $n+1$(设置监视哨的情形)。

顺序搜索与其他搜索方法比较,搜索成功时的平均搜索长度较长,特别当 n 较大时搜索效率较低。但它对表的特性没有要求,无论元素怎样存放都可以,因此也有它的优点。

7.1.3　基于有序顺序表的顺序搜索和折半搜索

如果**静态搜索表是有序顺序表**,即表中各个对象按关键码从小到大或从大到小排好序,形成有序表,顺序搜索的平均搜索长度也能降低。

有序顺序表继承了静态搜索表的定义,但其对象排列是按其关键码从小到大有序的,在语义上有所不同。因此,有序顺序表的类定义继承了静态搜索表的类定义,包括其属性和操作,并增加了与自己相关的特殊操作,如程序 7.5 所示。

程序 7.5　有序顺序表的类定义

```
#include "dataList.cpp"
template <class E, class K>
class SortedList : public dataList<E,K> {
public：
    SortedList(int sz = 100) {}
    ~SortedList() {}
    int SequentSearch(K x);                     //迭代的顺序搜索
    int BinarySearch_iter(K x);                 //迭代的折半搜索
    int BinarySearch_recur(K x);                //递归的折半搜索
    bool Insert(K x, E el);                      //有序插入
};
```

1. 顺序搜索

7.1.2 节讨论的顺序搜索算法是基于一般搜索表的,它对表中元素的排列没有限制。该算法搜索成功时的平均搜索长度达到$(n+1)/2$,即平均需要搜索一半表中的元素才能找到所需的元素;搜索不成功时则遍历了表中的所有元素,需要搜索 n 个(未设置监视哨)或 $n+1$ 个(设置监视哨)元素。而在有序顺序表中的情形有所不同。基于有序顺序表的顺序搜索算法在搜索不成功时不需要遍历表中所有元素,若设有序顺序表为 A,要查找的元素为 x,那么当满足 $A[i-1].key<x\leqslant A[i].key$ 时就可以停止搜索。此时若有 $x==A[i].key$,则搜索成功,否则搜索失败。在这种情况下,不需要一直检测整个表中元素,时间代价会少得多。

程序 7.6　有序顺序表的顺序搜索算法

```
template <class E, class K>
int SortedList<E,K>::SequentSearch(K x) {
//顺序搜索关键码为 x 的数据元素
    for (int i = 0; i < CurrentSize; i++)
        if (Element[i].key == x) return i;      //成功,停止搜索
        else if (Element[i].key > x) break;     //不成功,停止搜索
    return -1;                                   //顺序搜索失败
};
```

用判定树来描述顺序搜索的搜索过程,如图 7.1 所示。树中的圆形结点为内部结点,它表示在有序顺序表中已有的元素;树中的方形结点为外部结点,也称失败结点,它描述的是表中两个相邻元素之间的那些不在表中的数据值的集合。如果搜索到达失败结点,说明搜索不成功。

若设给定元素为 x,则判定树的构造过程如下。

(1) 树的根结点(设由指针 t 指示)是搜索序列中的第一个元素结点,是内部结点。

(2) 如果 $x<t->Element[].key$,在 t 的左子树建立一个失败结点。

(3) 如果 $x>t->Element[].key$,在 t 的右子树建立由剩余搜索序列构成的判定树。

(4) 如果剩余搜索序列为空,在 t 的右子树建立失败结点。

从图 7.1 可知,搜索过程从根结点开始。搜索成功时,搜索指针一定停在某个内部结点。不计失败结点,树的高度为 $h=n$,其中 n 是表中元素个数。最大搜索次数不超过 h。

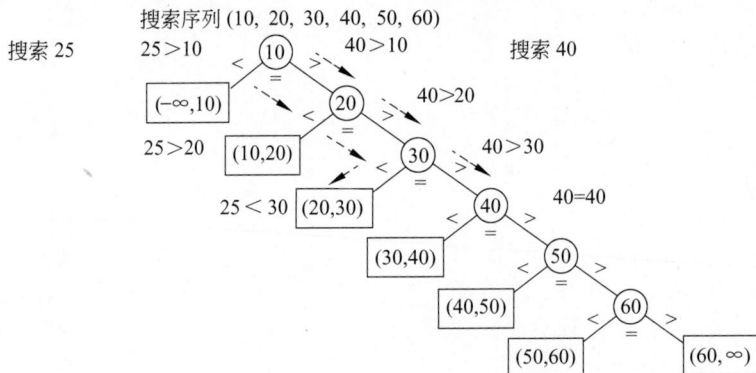

图 7.1　有序顺序表顺序搜索的判定树

搜索成功的平均搜索长度在相等搜索概率的情形下为

$$\text{ASL}_{\text{succ}} = \sum_{i=1}^{n} p_i \cdot c_i = \frac{1}{n} \sum_{i=1}^{n} i = \frac{1}{n}(1+2+\cdots+n) = \frac{1}{n} \cdot \frac{n(n+1)}{2} = \frac{n+1}{2}$$

当 $n=6$ 时，$\text{ASL}_{\text{succ}} = 7/2$，与一般搜索算法相同。然而搜索不成功时的情况就不同于一般搜索算法了。在搜索不成功时，搜索指针一定走到某个失败结点，到达失败结点的关键码比较次数等于到达该失败结点前经过的内部结点个数，正好等于失败结点所在层次编号减 1。搜索不成功时的平均搜索长度在相等搜索概率情形下有

$$\text{ASL}_{\text{unsucc}} = \sum_{j=0}^{n} q_j \cdot (l_j - 1) = \frac{1}{n+1}(1+2+\cdots+n+n) = \frac{n}{2} + \frac{n}{n+1}$$

式中，q_j 是到达第 j 个失败结点的概率，在相等搜索概率的情形，等于 $1/(n+1)$，因为在表中元素之间有 $n+1$ 个间隔，所以有 $n+1$ 个失败结点；l_j 是第 j 个失败结点所在层次编号。到达某个失败结点时关键码比较次数等于从根结点到达该失败结点所经过路径上内部结点的个数（$=l_j-1$）。当 $n = 6$ 时，$\text{ASL}_{\text{unsucc}} = 6/2+6/7 = 3.86$，比 7.1.2 节给出的顺序搜索算法好。

顺序搜索的时间复杂度为 $O(n)$。考虑搜索效率，采用折半搜索进行搜索，时间复杂度可以减少到 $O(\log_2 n)$。

2. 折半搜索

折半搜索(binary search)又称二分法搜索、对分搜索，算法的思路可描述如下。

若设有 n 个元素存放在一个有序的顺序表中，采用折半搜索时，先求出位于搜索区间正中的元素的下标 mid，用其关键码 Element[mid].key 与给定值 x 进行比较，比较的结果有 3 种可能性。

(1) 若 Element[mid].key $= x$，搜索成功，报告成功信息并返回其下标。

(2) 若 $x<$ Element[mid].key，说明如果表中存在要找的元素，该元素一定在 mid 左侧，可把搜索区间缩小到表的前半部分，再继续进行折半搜索。

(3) 若 $x>$ Element[mid].key，说明如果表中存在要找的元素，该元素一定在 mid 右侧，可把搜索区间缩小到表的后半部分，再继续进行折半搜索。

每比较一次，搜索区间缩小一半。因此在最坏情况下搜索到要求元素所需的关键码比较次数约为 $O(\log_2 n)$。对于较大的 n，显然比顺序搜索快得多。如果搜索区间已经缩小到

一个元素,经与给定值比较仍未找到想要搜索的元素,则搜索失败。

例如,设有序表为 $\{10, 20, 30, 40, 50, 60\}$,图 7.2(a)给出了搜索关键码为 40 的元素时的搜索过程。找到所需元素一共做了 3 次关键码比较。图 7.2(b)给出了搜索关键码为 25 的元素时的搜索过程。直到确认搜索失败也执行了 3 次关键码比较。

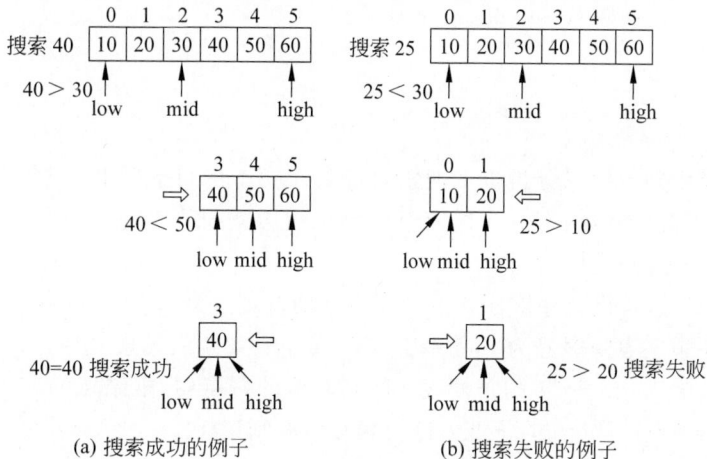

(a) 搜索成功的例子　　　　　　　(b) 搜索失败的例子

图 7.2　折半搜索的过程

程序 7.7 分别给出折半搜索的迭代算法和递归算法。递归算法的主调用语句形式为 int loc = BinarySearch1(x,1,CurrentSize)。当搜索成功时函数返回搜索到的元素的存放位置;当搜索不成功时函数返回 0。迭代算法只有一个参数 x,通过循环不断缩小搜索区间,直到位于中间位置的元素的关键码等于给定值 x,则搜索成功,函数返回中点位置;如果搜索区间缩小到只有一个元素,其关键码仍然不等于给定值,则搜索失败。

程序 7.7　有序顺序表的折半搜索算法
```
template <class E, class K>
int SortedList<E,K>::BinarySearch(K x) {
//迭代算法
    int high = CurrentSize−1,  low = 0,  mid;
    while (low <= high) {
        mid = (low + high)/2;
        if (x > Element[mid].key) low = mid+1;              //右缩搜索区间
        else if (x < Element[mid].key) high = mid−1;        //左缩搜索区间
            else return mid+1;                              //搜索成功
    }
    return −1;                                              //搜索失败
};

template <class E, class K>
int SortedList<E,K>::BinarySearch1(K x, int low, int high ) {
//递归算法:在搜索区间[low,high]采用折半搜索算法搜索与给定元素匹配的元素
//此程序中 low 与 high 的值为 0~CurrentSize−1
    int mid = −1;
```

```
if (low <= high) {
    mid = (low + high)/2;
    if (x > Element[mid].key)                    //右缩搜索区间
        mid = BinarySearch1(x, mid+1, high);
    else if (x < Element[mid].key)               //左缩搜索区间
        mid = BinarySearch1(x, low, mid-1);
}
return mid;                                       //实际元素序号与数组下标差 1
};
```

下面仍然借用判定树来分析折半搜索的搜索性能。在判定树上,每个结点表示搜索表中的一个元素。若设判定树有 n 个结点,可用如下的方法来构造它。

(1) 当 $n=0$ 时,判定树为空树。

(2) 当 $n \neq 0$ 时,若设有序顺序表的搜索区间的左端点为 low,右端点为 high,则判定树的根结点是有序顺序表中序号为 mid $= \lfloor (low+high)/2 \rfloor$ 的元素,根结点的左子树是与有序顺序表中序号为 1~mid-1 的子搜索区间相对应的判定树,根结点的右子树是与有序顺序表中序号为 mid$+1$~high 的子搜索区间相对应的判定树。

这是一个递归的构造方法。对于图 7.2 所示的例子,有序顺序表中有 6 个元素,low $= 0$,high $= 5$。第一次取 mid $= \lfloor (0+5)/2 \rfloor = 2$,用 Element[2$-1$]作为整个判定树的根结点。其左子树是 Element[0]~Element[1],右子树是 Element[3]~Element[5]。再把这两棵子树当作判定树来构造,就得到如图 7.3 所示的判定树。

搜索序列 (10, 20, 30, 40, 50, 60)

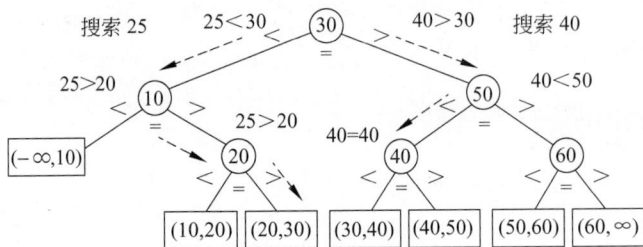

图 7.3   从有序表构造出的判定树

从图 7.3 可知,在搜索 40 时,正好走了一条从根结点到与该值相应的结点的路径,所用的关键码与给定值进行比较的次数正好等于该结点所在层次编号。因此,用折半搜索搜索到要求元素所需的与给定值的比较次数最多不超过这棵树的高度。在本例中,判定树的高度为 $\lceil \log_2(6+1) \rceil = 3$(失败结点的高度为 0)。

在判定树上搜索不成功的过程恰好是走了一条从根结点到某个失败结点的路径,而与给定值进行比较的次数则等于该路径上内部结点的个数。例如,在图 7.3 所示的例子中搜索 25 时,所需的关键码比较次数为 3。

一般地,对于有 n 个关键码的有序顺序表,使用折半搜索所需的与给定值进行的关键码比较最多为 $\lceil \log_2(n+1) \rceil$。那么,折半搜索的平均搜索长度是多少?

若设 $n=2^h-1$,则描述折半搜索的判定树是高度为 h 的满二叉树。$h = \log_2(n+1)$。第 1 层结点有一个,搜索第 1 层结点要比较一次;第 2 层结点有两个,搜索第 2 层结点要比较二次;……,第 i ($1 \leqslant i \leqslant h$) 层结点有 2^{i-1} 个,搜索第 i 层结点要比较 i 次,……假定每个结点的搜索概率相等,即 $p_i = 1/n$,则搜索成功的平均搜索长度为

$$\text{ASL}_{\text{succ}} = \sum_{i=1}^{n} p_i \cdot c_i = \frac{1}{n} \sum_{i=1}^{n} c_i$$

$$= \frac{1}{n}(1 \times 1 + 2 \times 2^1 + 3 \times 2^2 + \cdots + (h-1) \times 2^{h-2} + h \times 2^{h-1})$$

可以用归纳法证明

$$1 \times 1 + 2 \times 2^1 + 3 \times 2^2 + \cdots + (h-1) \times 2^{h-2} + h \times 2^{h-1} = (h-1) \times 2^h + 1$$

这样

$$\text{ASL}_{\text{succ}} = \frac{1}{n}((h-1) \times 2^h + 1) = \frac{1}{n}(h \times 2^h - 2^h + 1) = \frac{1}{n}((n+1)\log_2(n+1) - n)$$

$$= \frac{n+1}{n}\log_2(n+1) - 1 \approx \log_2(n+1) - 1$$

因此,折半搜索的搜索成功时的平均搜索长度为 $O(\log_2 n)$。

3. 有序顺序表的插入

在有序顺序表中插入一个新的元素时,必须保持表中元素按其关键码从小到大排列。为此,在插入一个新元素的过程中需要从头扫描链中各个结点元素的值,一旦找到大于插入元素值的结点元素就可以停止扫描并插入在这个结点之前,如程序 7.8 所示。

程序 7.8　有序顺序表的插入算法

```
#include "SortedList.h"
template <class E, class K>
bool SortedList<E,K>::Insert(K x, E e1) {
//在 SortedList 有序顺序表中插入新元素 e1,若插入失败函数返回 false,否则返回 true
    if (CurrentSize == ArraySize) return false;
    for (int i = CurrentSize-1; i >= 0; i--)          //从后向前扫描
        if (Element[i].key > x) Element[i+1] = Element[i];//比 x 大者后移
        else break;                                   //空出 x 插入位置
    Element[i+1].key = x; Element[i+1].other = e1;    //插入
    CurrentSize++; return true;
}
```

由于在插入时要移动 $O(n)$ 个元素为新元素腾出空间,所以插入操作的时间代价为 $O(n)$,n 是表中元素的个数。

**7.1.4　基于有序顺序表的其他搜索方法

斐波那契搜索也是基于有序顺序表的逐步缩减搜索区间的搜索方法。该方法的搜索区间端点和中间点都与斐波那契数列有关。斐波那契数列的定义为

$$F(n) = \begin{cases} n, & n = 0,1 \\ F(n-1) + F(n-2), & n \geqslant 2 \end{cases}$$

$n = 10$ 以内的斐波那契数如下:

n	0	1	2	3	4	5	6	7	8	9	10
$F(n)$	0	1	1	2	3	5	8	13	21	34	55

若有一个具有 n 个元素的有序表，$n=F(k)-1$，即比某个斐波那契数少 1（如果 n 不是正好等于某个斐波那契数，可以增加一些虚元素，使其达到某个斐波那契数）。例如，$n=F(7)-1=12$，可取 low=1，high $=n=12$，mid$=F(6)=8$，如图 7.4(a)所示。

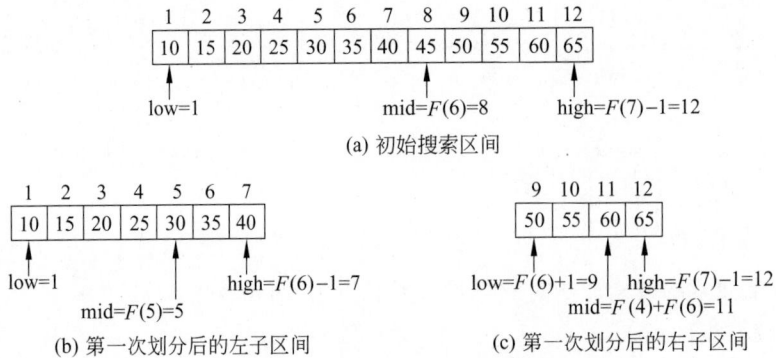

(a) 初始搜索区间

(b) 第一次划分后的左子区间   (c) 第一次划分后的右子区间

图 7.4 斐波那契搜索的区间划分

比较给定值 x 与 Element[mid].key，有 3 种可能性。

(1) 若 $x=$ Element[mid].key，则搜索成功。

(2) 若 $x<$ Element[mid].key，则关键码等于 x 的元素可能在搜索区间的前半部分。令 high $=$ mid-1，向左缩小搜索区间，得到的子表的长度正好是 $F(6)-1=7$。对它再进行斐波那契搜索，新的中点 mid $=F(5)=5$，如图 7.4(b)所示。

(3) 若 $x>$ Element[mid].key，则关键码等于 x 的元素可能在搜索区间的后半部分。令 low $=$ mid$+1$，向右缩小搜索区间，得到的子表的长度正好是 $F(7)-1-F(6)=F(5)-1=4$。对它再进行斐波那契搜索，新的中点 mid $=F(6)+F(4)=11$，如图 7.4(c)所示。

一般情况下，分割区间的原则：若表的长度为 $n=F(k)-1$，则选其中间点为 $F(k-1)$。它将整个表分成两个子表，前一个子表的长度为 $F(k-1)-1$，后一个子表的长度为 $F(k-2)-1$。对子表的分割以此类推。

搜索不成功的判断条件与折半搜索相同。对于 $n=F(7)-1$ 的判定如图 7.5 所示。

当 n 很大（>10）时，这种搜索方法称为黄金分割法，其平均性能比折半搜索好。但最坏情况时，性能比折半搜索差。搜索成功的平均搜索长度也是 $O(\log_2 n)$。这种方法的优点是找中间点 mid 不需要做除法，只需做加减法即可。

使用有序顺序表表示静态搜索表，还有一种插值搜索法。设搜索区间为[low,high]，mid 是区间中的中间点，利用插值公式可得

$$\frac{\text{mid} - \text{low}}{\text{high} - \text{low}} = \frac{k_1 - \text{Element[low].key}}{\text{Element[high].key} - \text{Element[low].key}}$$

式中，k_1 是在搜索区间内任一元素的关键码；Element[high]与 Element[low]分别为有序顺序表中具有最大关键码和最小关键码的元素，一般在搜索区间的两端。对此插值公式进

行变换,得到求中间点公式为

$$mid = low + \frac{k_1 - Element[low].key}{Element[high].key - Element[low].key}(high - low)$$

插值搜索的搜索方法类似于折半搜索,它的搜索性能在关键码分布比较均匀的情况下优于折半搜索。

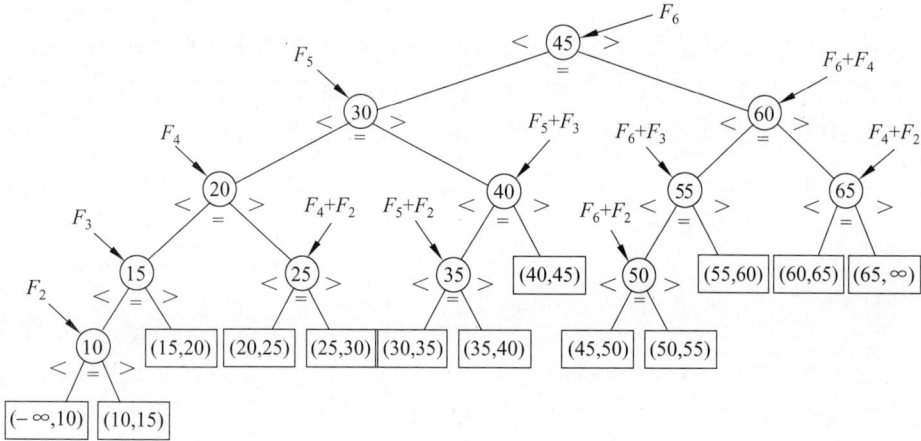

图 7.5　斐波那契搜索的判定树

7.2　二叉搜索树

从前面讨论折半搜索的性能中可知,如果每次从搜索序列的中间进行搜索,把区间缩小一半,通过有限次迭代,很快就能逼近所要寻找的元素。进一步,如果直接输入搜索序列,构造出类似于折半搜索的判定树那样的树形结构,就能实现快速搜索。这种树形结构就是二叉搜索树。本节讨论的二叉搜索树是一种基于二叉树的动态搜索结构。因输入的元素关键码序列的不同会有不同形态的二叉搜索树。下面将讨论它的数据结构。

7.2.1　二叉搜索树的概念

二叉搜索树(binary search tree)或者是一棵空树,或者是具有下列性质的二叉树。

(1) 每个结点都有一个作为搜索依据的关键码(key),所有结点的关键码互不相同。

(2) 左子树(如果存在)上所有结点的关键码都小于根结点的关键码。

(3) 右子树(如果存在)上所有结点的关键码都大于根结点的关键码。

(4) 左子树和右子树也是二叉搜索树。

关键码事实上是结点所保存元素中的某个域的值,它能够唯一地表示这个结点。因此,如果对一棵二叉搜索树进行中序遍历,可以按从小到大的顺序,将各结点关键码排列起来,所以也称二叉搜索树为二叉排序树(binary sorting tree)。

图 7.6 给出几棵二叉搜索树的例子。从这些树中可以看到,任一结点上的关键码大于它的左子树上所有结点的关键码,同时小于它的右子树上所有结点的关键码。

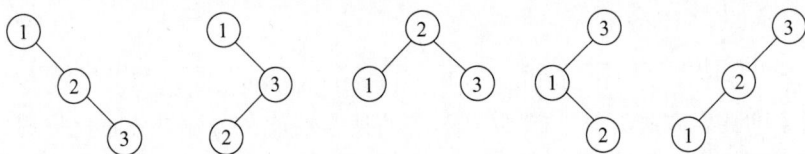

图 7.6 几棵二叉搜索树的例子

二叉搜索树常用来表示字典结构。程序 7.9 给出二叉搜索树的类定义。由于结点常用关键码表征,因此在二叉树结点定义中应增加一些重载操作,用以定义元素之间的等于、大于、小于等操作符,从而实现关键码之间的比较。

程序 7.9 二叉搜索树的类定义

```
template <class E, class K>
struct BSTNode {                                          //二叉树结点类
    K key;
    E data;                                               //数据域
    BSTNode<E,K> * left, * right;                         //左子女和右子女
    BSTNode() {left = NULL; right = NULL;}                //构造函数
    BSTNode(K x, E d)
        {key = x; data = d; left = right = NULL;}         //构造函数
    ~BSTNode() {}                                         //析构函数
};


template <class E, class K>
class BST {                                               //二叉搜索树类定义
public:
    BST() {root = NULL;}                                  //构造函数
    ~BST() {};                                            //析构函数
    BSTNode<E,K> * Search(K x, BSTNode<E,K> * & pr);      //搜索 x
    BST<E,K>& operator = (BST<E,K>& R);                   //赋值
    void createBSTree(K v[], E ch[], int n);             //创建
    void printBSTree() {printBSTree(root, 0);}           //输出
    BSTNode<E,K> * Min(BSTNode<E,K> * ptr);              //求最小
    BSTNode<E,K> * Max(BSTNode<E,K> * ptr);              //求最大
    bool Insert(K x, E el);                              //插入新元素
    bool Remove(K& x, E& el);                            //删除含 x 的结点
    void InOrder() {InOrder(root);}                      //中序遍历
private:
    BSTNode<E,K> * root;                                 //二叉搜索树的根指针
    void printBSTree (BSTNode<E,K> * t, int k);          //递归:打印
    void InOrder(BSTNode<E,K> * ptr);                    //中序遍历
};
```

从二叉搜索树的类定义可知,它是用二叉链表作为它的存储表示的。因此,许多操作的实现与二叉树类似。下面重点讨论二叉搜索树的搜索、插入和删除。

7.2.2 二叉搜索树上的搜索

在二叉搜索树上进行搜索,是一个从根结点开始,沿某一个分支逐层向下进行比较判等的过程。它可以是一个递归的过程。假设想要在二叉搜索树中搜索关键码为 x 的元素,搜索过程从根结点开始。如果根指针为 NULL,则搜索不成功。否则用给定值 x 与根结点的关键码进行比较:如果给定值等于根结点的关键码,则搜索成功,返回搜索成功信息,并报告搜索到的结点地址;如果给定值小于根结点的关键码,则继续递归搜索根结点的左子树,否则递归搜索根结点的右子树。

程序 7.10 二叉搜索树的搜索算法

```
template <class E, class K>
BSTNode<E,K> * BST<E,K>::Search(K x, BSTNode<E,K> * & pr) {
//算法在 BST 中搜索关键码为 x,若找到,函数返回找到结点的地址,引用参数 pr 返回它的父结点
//地址;否则函数返回 NULL,pr 返回 x 应插入结点的地址
    BSTNode<E,K> * p = root; pr = NULL;        //pr 是查找结点的父结点
    while (p != NULL) {
        if (p->key == x) return p;            //寻找包含 x 的结点
        else {
            pr = p;                            //不等,向下层继续查找
            if (x < p->key) p = p->left;
            else p = p->right;                //p 向子树继续查找
        }
    }
    return p;
};
```

以图 7.7 为例。在图中所给出的二叉搜索树中搜索给定值 23,它先与根结点中的关键码 53 比较,因为小于 53 转向根结点的左子树;再与左子树根结点中的关键码 17 比较,因为比 17 大,转向 17 的右子树;如此下去,直到找到关键码为 23 的结点。一共比较了 4 次。又例如,搜索给定值 88,它走了一条从根到搜索失败的路径,比较次数为 4。若设二叉搜索树的高度为 h,则比较次数不超过 h。

7.2.3 二叉搜索树的插入

为了向二叉搜索树中插入一个新元素,必须先检查这个元素是否在树中已经存在。所以在插入之前,先使用搜索算法在树中检查要插入的元素是否存在。如果搜索成功,说明树中已经有这个元素,则不再插入;如果搜索不成功,说明树中原来没有关键码等于给定值的结点,则把新元素加到搜索操作停止的地方。例如,向图 7.7 所示的二叉搜索树中插入新元素 88,先使用搜索操作 Search 进行检查,搜索操作返回的是 NULL,说明可以插入。接着查明是在关键码为 94 的结点中又向 left 方向搜索时搜索指针变空的,因此把新元素 88 作为 94 的左子女插入二叉搜索树中。插入结果如图 7.8 所示。

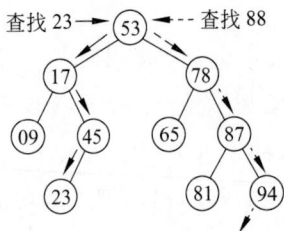

图 7.7　二叉搜索树的搜索

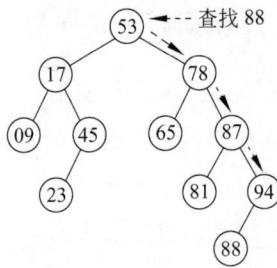

图 7.8　插入新结点 88

程序 7.11　二叉搜索树的插入算法

```
template <class E, class K>
bool BST<E,K>::Insert (K x, E el) {
//算法插入一个关键码为 x 的结点,插入成功函数返回 true,否则返回 false
    BSTNode<E,K> * s, * p, * pr;
    p = Search(x, pr);                       //寻找插入位置
    if (p != NULL) return false;             //搜索成功,不插入
    s = new BSTNode<E,K>(x, el);             //否则,新结点插入
    if (root == NULL) root = s;              //空树,新结点为根结点
    else if (x < pr->key) pr->left = s;      //x 小于 pr->key,链为左子女
    else pr->right = s;                      //否则链为右子女
    return true;
};
```

利用二叉搜索树的插入算法,可以很方便地建立二叉搜索树。例如,有一个结点关键码的输入序列{53, 78, 65, 17, 87, 09, 81, 45, 23},从空的二叉搜索树开始,一个结点一个结点逐步插入,从而建立起最终的二叉搜索树。插入过程如图 7.9 所示。

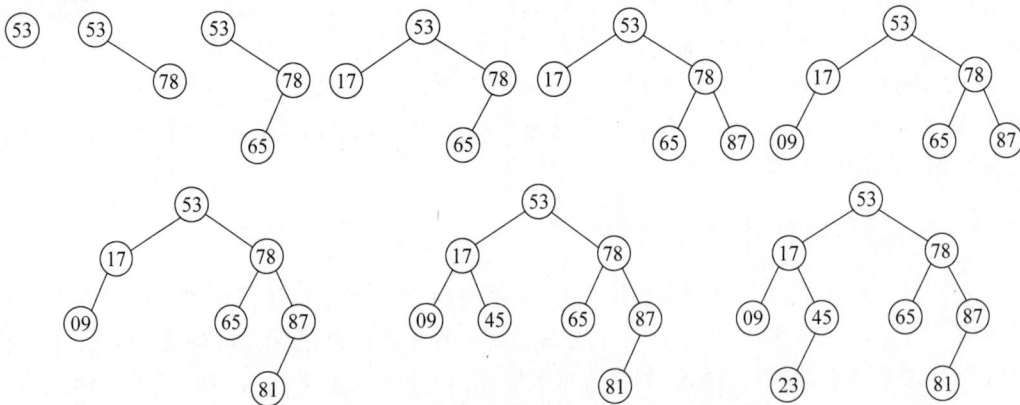

图 7.9　输入数据,建立二叉搜索树的过程

必须注意,每次结点的插入,都要从根结点出发搜索插入位置,然后把新结点作为叶结点插入。这样不需移动结点,只需修改某个已有树中结点的一个空指针即可。

输入一系列数据,建立一棵二叉搜索树的算法如程序 7.12 所示。它要求从空树开始建

296

树,输入序列以输入一个结束标志 value 结束。这个值应当取不可能在输入序列中出现的值,例如输入序列的值都是正整数时,取 RefValue 为 0 或负数。

程序 7.12　建立二叉搜索树的算法
template <class E, class K>
void BST<E,K>::createBSTree(K v[], E ch[], int n) {
//输入一个元素序列,建立一棵二叉搜索树
    root = NULL;　　　　　　　　　　　　　　　//置空树
    for (int i = 0; i < n; i++) Insert(v[i], ch[i]);
};

从图 7.6 可知,同样 3 个数据{1, 2, 3},输入顺序不同,建立起来的二叉搜索树的形态也不同。例如,图 7.6 中各个二叉搜索树分别是由输入序列{1, 2, 3}、{1, 3, 2}、{2, 1, 3}或{2, 3, 1}、{3, 1, 2}、{3, 2, 1}得到的。这直接影响二叉搜索树的搜索性能。如果输入序列选得不好,会建立起一棵单支树,使二叉搜索树的高度达到最大,这样必会降低搜索性能。

7.2.4　二叉搜索树的删除

在二叉搜索树中删除一个结点时,必须将因删除结点而断开的二叉链表重新链接起来,同时确保二叉搜索树的性质不会失去。此外,为了保证在执行删除后,树的搜索性能不至于降低,还需要防止重新链接后树的高度增加。在删除算法中所有这些因素都应当体现。下面以图 7.10 进行讨论。

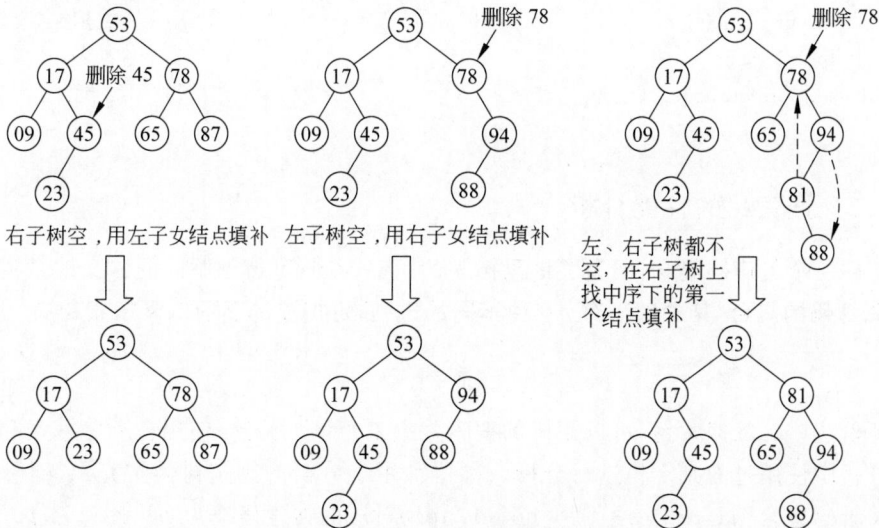

图 7.10　二叉搜索树的删除

如果想要删除叶结点,只需将其父结点指向它的指针清零,再释放它即可。如果被删结点右子树为空,可以拿它的左子女结点顶替它的位置,再释放它;如果被删结点左子树为空,可以拿它的右子女结点顶替它的位置,再释放它。这些都比较简单。

如果被删结点左、右子树都不空,可以在它的右子树中寻找中序下的第一个结点(关键

码最小),用它的值填补到被删结点中,再来处理这个结点的删除问题,这是一个递归处理。例如,在图 7.10 中想要删除关键码为 78 的结点,它的左、右子树都不空。在它的右子树中找中序下的第一个结点,其关键码为 81。把它的值填补到被删结点中去,下面的问题就是删除关键码为 81 的结点了。这个结点左子树为空,用它的右子女(关键码为 88)代替它的位置就可以了。算法的实现如程序 7.13 所示。当然,也可以在被删结点的左子树中找中序下的最后一个结点(关键码最大),用它来填补被删结点。

程序 7.13　二叉搜索树上的删除算法

```
template <class E, class K>
bool BST<E,K>::Remove(K& x, E& e1) {
//算法删除一个关键码为 x 的结点,删除成功则函数返回 true,否则返回 false
    BSTNode<E,K> * s, * p, * pr;
    p = Search(x, pr);                                  //寻找删除结点
    if (p == NULL) return false;                        //搜索失败,不删除
    if (p->left != NULL && p->right ! = NULL) {         //否则若结点有双子女
        s = p->right; pr = p;                           //找 * p 的中序后继 * s
        while (s->left ! = NULL) {pr = s; s = s->left;}
        p->key = s->key; p->data = s->data;             //用 * s 的值代替 * p 的值
        p = s;                                          //再删 * s
    }
    if (p->right == NULL) s = p->left;                  //左子树非空,记下左子女
    else s = p->right;                                  //否则记下右子女(可能空)
    if (p == root) root = s;                            //被删结点为根结点
    else if (pr->left == p) pr->left = s;               //父结点直接链接子女结点
    else pr->right = s;
    delete p; return true;                              //释放被删结点
}
```

7.2.5　二叉搜索树的性能分析

对于同一个关键码集合,因为关键码插入的顺序不同,可得到不同的二叉搜索树。**对于有 n 个关键码的集合,其关键码有 $n!$ 种不同的排列,可构成的不同二叉搜索树有**

$$\frac{1}{n+1}C_{2n}^{n}$$

棵。为评价这些二叉搜索树,可以用树的搜索效率来衡量。为此,使用在顺序搜索和折半搜索算法分析中使用过的判定树进行分析。称这种用于分析的判定树为扩充二叉树。例如,有一个关键码集合 $\{a1, a2, a3\} = \{do, if, to\}$,对应的搜索概率为 $p1 = 0.5, p2 = 0.1, p3 = 0.05$,在各个搜索不成功的间隔内搜索概率又分别为 $q0 = 0.15, q1 = 0.1, q2 = 0.05, q3 = 0.05$。可能的扩充二叉树如图 7.11 所示。

在这种扩充二叉树中,圆形结点○表示内部结点,它包含了关键码集合中的某个关键码;方形结点□表示外部结点,它代表了造成搜索失败的各关键码间隔中的那些不在关键码集合中的关键码。在每两个外部结点之间必然存在一个内部结点。若设二叉树的内部结点有 n 个,根据二叉树的性质,外部结点的个数有 $n+1$ 个。如果定义每个结点的路径长度为

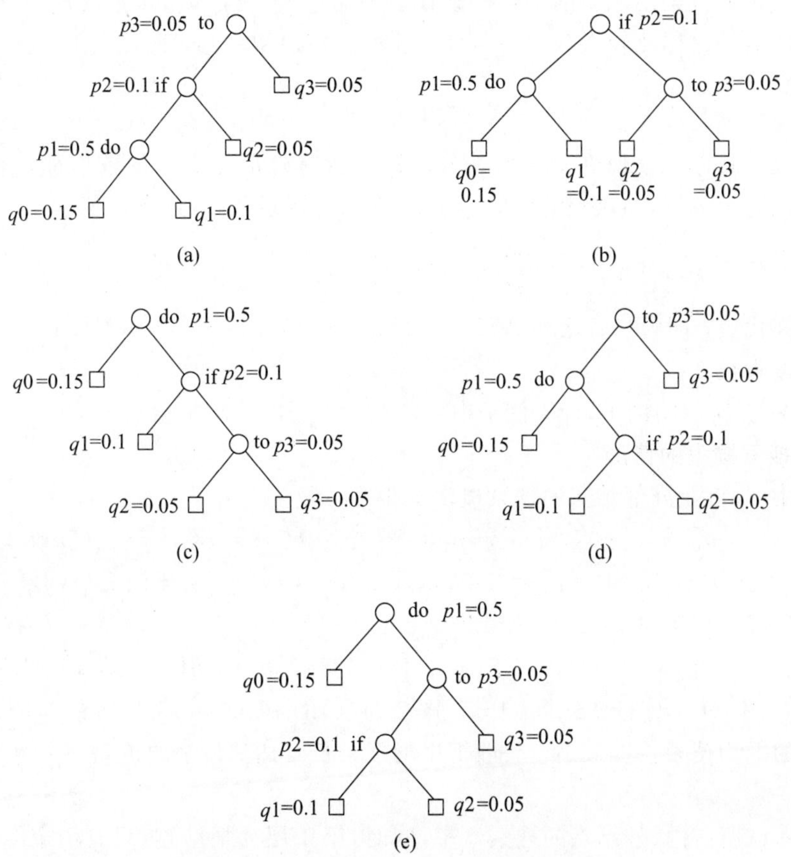

图 7.11　3 个结点的 5 种不同的判定树

该结点的层次编号减 1,并用 I 表示所有 n 个内部结点的路径长度之和,用 E 表示 $n+1$ 个外部结点的路径长度之和,即可以用归纳法证明,$E=I+2n$。如果对这种扩充二叉树进行中序遍历,所得到的结点的中序序列将从最左下的外部结点开始,到最右下的外部结点结束,中间内、外部结点交替排列。也就是说,在这种序列中,第 i 个内部结点正好位于第 $i-1$ 个外部结点和第 i 个外部结点之间。

结点关键码		do		if		to	
搜索概率	$q0$	$p1$	$q1$	$p2$	$q2$	$p3$	$q3$

为了讨论这种扩充二叉树的搜索性能,定义树的搜索成功的平均搜索长度和搜索不成功的平均搜索长度。

一棵扩充二叉树的搜索成功的平均搜索长度可以定义为该树所有内部结点上的权值 $p[i]$ 与搜索该结点时所需的关键码比较次数 $c[i](=\mathrm{le}[i])$ 乘积之和,即

$$\mathrm{ASL}_{\mathrm{succ}} = \sum_{i=1}^{n} p[i] \times \mathrm{le}[i]$$

式中,$\mathrm{le}[i]$ 是内部结点 $a[i]$ 所在的层次编号,根结点在第 1 层;$p[i]$ 是 $a[i]$ 上的权值,即该结点的搜索概率。这里所有内部结点上的数据都是搜索表中已有的数据。

扩充二叉树的搜索不成功的平均搜索长度为树中所有外部结点上的权值 $q[j]$ 与到达该外部结点所需关键码比较次数 $c'[j](= \mathrm{le}'[j]-1)$ 乘积之和,即

$$\mathrm{ASL}_{\mathrm{unsucc}} = \sum_{j=0}^{n} q[j] \times (\mathrm{le}'[j] - 1)$$

式中,$\mathrm{le}'[j]$ 是外部结点 j 所在的层次编号。这里所有外部结点上的数据都是搜索表中已有数据之间没有的数据,结点上的权值 $q[j]$ 即它们的搜索概率,且有

$$\sum_{i=1}^{n} p[i] + \sum_{j=0}^{n} q[j] = 1$$

总的时间代价,即为二者之和 $\mathrm{ASL} = \mathrm{ASL}_{\mathrm{succ}} + \mathrm{ASL}_{\mathrm{unsucc}}$,它表示对该扩充二叉树搜索时的总平均搜索长度。

考虑图 7.11 所示的例子,计算例子中各扩充二叉树的平均搜索长度。

1. 相等搜索概率的情形

若设树中所有内、外部结点的搜索概率都相等,则有

$$p[1] = p[2] = \cdots = p[n] = q[0] = q[1] = \cdots = q[n] = 1/(2n+1)$$

在图 7.11 的例子中,$p[i] = q[j] = 1/7, 1 \leqslant i \leqslant 3, 0 \leqslant j \leqslant 3$。对于图 7.11(a),有 $\mathrm{ASL}_{\mathrm{succ}} = 1/7 \times 3 + 1/7 \times 2 + 1/7 \times 1 = 6/7$,$\mathrm{ASL}_{\mathrm{unsucc}} = 1/7 \times 3 \times 2 + 1/7 \times 2 + 1/7 \times 1 = 9/7$。因此,可得 $\mathrm{ASL} = 6/7 + 9/7 = 15/7$。对于图 7.11(b),可计算出 $\mathrm{ASL} = 13/7$,而图 7.11(c) 的 $\mathrm{ASL} = 15/7$,图 7.11(d) 的 $\mathrm{ASL} = 15/7$,图 7.11(e) 的 $\mathrm{ASL} = 15/7$。显然,图 7.11(b) 的情形下所得的平均搜索长度最小。一般把平均搜索长度达到最小的扩充二叉树为最优二叉搜索树。

若分开考虑所有内、外结点的搜索概率,同时,第 1 层为根结点,只有 1 个结点,第 2 层有 2 个结点,第 3 层有 4 个结点⋯⋯第 k 层有 2^{k-1} 个结点。则有 n 个内结点的扩充二叉树的内路径长度 I 至少等于序列 0, 1, 1, 2, 2, 2, 2, 3, 3, 3, 3, 3, 3, 3, 3, 4, 4⋯的前 n 项的和。最优二叉搜索树的搜索成功的平均搜索长度和搜索不成功的平均搜索长度分别为

$$\mathrm{ASL}_{\mathrm{succ}} = \frac{1}{n} \sum_{i=1}^{n} \lfloor \log_2 i \rfloor \qquad \mathrm{ASL}_{\mathrm{unsucc}} = \frac{1}{n+1} \sum_{i=n+1}^{2n+1} \lfloor \log_2 i \rfloor$$

其形态与 7.1 节所构造的折半搜索的判定树基本相同。

2. 不相等搜索概率的情形

若设树中所有内、外部结点的搜索概率互不相等,且设 $p[1] = 0.5, p[2] = 0.1, p[3] = 0.05, q[0] = 0.15, q[1] = 0.1, q[2] = 0.05, q[3] = 0.05$。下面分别计算图 7.11 各图的搜索成功的平均搜索长度和搜索不成功的平均搜索长度。对于图 7.11(a),有 $\mathrm{ASL}_{\mathrm{succ}} = 0.5 \times 3 + 0.1 \times 2 + 0.05 \times 1 = 1.75$,$\mathrm{ASL}_{\mathrm{unsucc}} = 0.15 \times 3 + 0.1 \times 3 + 0.05 \times 2 + 0.05 \times 1 = 0.9$。因此,可得 $\mathrm{ASL} = \mathrm{ASL}_{\mathrm{succ}} + \mathrm{ASL}_{\mathrm{unsucc}} = 2.65$。对于图 7.11(b),可计算出 $\mathrm{ASL} = 1.9$;而图 7.11(c) 的 $\mathrm{ASL} = 0.85$,图 7.11(d) 的 $\mathrm{ASL} = 2.15$,图 7.11(e) 的 $\mathrm{ASL} = 1.6$。由此可知,图 7.11(c) 的情形下树的平均搜索长度达到最小,因此,图 7.11(c) 的情形是最优二叉搜索树。在最优二叉搜索树中,搜索概率高的结点离根近(可能就是根)。

下面对二叉搜索树做一般分析。设一棵二叉搜索树有 n 个结点,其高度为 h,则该树的搜索、插入和删除需要检测的结点最多不超过树的高度。

二叉搜索树的高度最大为 n,最小为 $\lceil \log_2(n+1) \rceil$(类似完全二叉树的情形)。下面考虑

在随机情况下,二叉搜索树的平均高度是多少。

假设在一个有 $n(n \geqslant 1)$ 个关键码的序列中,有 i 个关键码小于第一个关键码,$n-i-1$ 个关键码大于第一个关键码。以此构成的二叉搜索树,其左子树上有 i 个结点,右子树上有 $n-i-1$ 个结点。设 $c(n,i)$ 是在一棵有 n 个结点,其左子树上有 i 个结点,右子树上有 $n-i-1$ 个结点的二叉搜索树上以等概率进行搜索,成功搜索一个关键码的平均比较次数,$p(n)$ 是在一棵有 n 个结点的二叉搜索树上成功搜索一个关键码的平均比较次数,则有

$$p(n) = \frac{1}{n} \sum_{i=0}^{n-1} c(n,i)$$

由于

$$c(n,i) = \frac{1}{n}(1 + i * (p(i)+1) + (n-i-1) * (p(n-i-1)+1))$$

因此

$$p(n) = \frac{1}{n} \sum_{i=0}^{n-1} \frac{1}{n}(1 + i * (p(i)+1) + (n-i-1) * (p(n-i-1)+1))$$

$$= \frac{1}{n^2} \sum_{i=0}^{n-1} (1 + i * p(i) + i + (n-i-1) * p(n-i-1) + n-i-1)$$

$$= 1 + \frac{1}{n^2} \sum_{i=0}^{n-1} (i * p(i) + (n-i-1) * p(n-i-1))$$

$$= 1 + \frac{2}{n^2} \sum_{i=0}^{n-1} i * p(i) \qquad (n \geqslant 2)$$

可以用归纳法证明:

$$p(n) = 1 + \frac{2}{n^2} \sum_{i=0}^{n-1} i * p(i) \leqslant 1 + 4\log_2 n$$

由此可知,在随机情况下,二叉搜索树搜索、插入、删除操作的平均时间代价为 $O(\log_2 n)$。

7.3 AVL 树

AVL 树又称高度平衡的二叉搜索树,是 1962 年由两位俄罗斯数学家 G.M.Adel'son-Vel'skii 和 E.M.Landis 提出的。引入它的目的,是为了提高二叉搜索树的效率,减少树的平均搜索长度。为此,就必须每向二叉搜索树插入一个新结点时调整树的结构,使得二叉搜索树保持平衡,从而尽可能降低树的高度,减少树的平均搜索长度。

7.3.1 AVL 树的概念

一棵 AVL 树或者是空树,或者是具有下列性质的二叉搜索树:它的左子树和右子树都是 AVL 树,且左子树和右子树的高度之差的绝对值不超过 1。

图 7.12(a)给出的二叉搜索树不是 AVL 树,根的右子树的高度为 2,而左子树的高度为 5。图 7.12(b)给出的二叉搜索树是 AVL 树。在图中每个结点旁边所注的数字给出该结点右子树的高度减去左子树的高度所得的高度差。我们称这个数字为结点的平衡因子(balance factor,bf)。根据 AVL 树的定义,任一结点的平衡因子只能取 -1,0 和 1。如果一

个结点的平衡因子的绝对值大于 1，则这棵二叉搜索树就失去了平衡，不再是 AVL 树了。

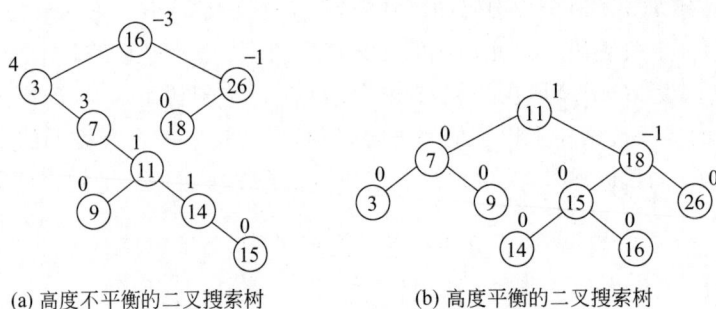

(a) 高度不平衡的二叉搜索树　　　　　　(b) 高度平衡的二叉搜索树

图 7.12　高度不平衡和平衡的二叉搜索树

如果一棵二叉搜索树是高度平衡的，它就成为 AVL 树。如果它有 n 个结点，其高度可保持在 $O(\log_2 n)$，平均搜索长度也可保持在 $O(\log_2 n)$。

7.3.2　平衡化旋转

如果在一棵原本是平衡的二叉搜索树中插入一个新结点，造成了不平衡，此时必须调整树的结构，使之平衡化。平衡化旋转有两类：单旋转和双旋转。

程序 7.14　加入了平衡化旋转操作的 AVL 树类的声明

```
＃include <iostream.h>
＃include "LinkedStack.cpp"
template <class E, class K>
struct AVLNode : public BSTNode<E,K> {              //AVL 树结点的类定义
    int bf;
    AVLNode() : left(NULL), right(NULL), bf(0) {}
    AVLNode(E d, AVLNode<E,K> * l = NULL, AVLNode<E,K> * r = NULL)
        : data(d), left(l), right(r), bf(0) {}
};


template <class E, class K>
class AVLTree : public BST<E,K> {                    //AVL 树类定义
public:
    AVLTree() : root(NULL) {}                        //构造函数：构造空 AVL 树
    AVLTree(K Ref) : RefValue(Ref), root(NULL) {}    //构造函数：构造非空 AVL 树
    bool Insert(E& el) {return Insert(root, el);}
    bool Remove(K x, E& el) {return Remove(root, x, el);}
    friend istream& operator >> (istream& in, AVLTree<E,K>& Tree);
    friend ostream& operator << (ostream& out, const AVLTree<E,K>& Tree);
    int Height() const;
protected:
    AVLNode<E,K> * Search(K x, AVLNode<E,K> * &par);
    bool Insert(AVLNode<E,K> * & ptr, K x, E el);
    bool Remove(AVLNode<E,K> * & ptr, K x, E& el);
```

```
        void RotateL(AVLNode<E,K> * & ptr);              //左单旋转
        void RotateR(AVLNode<E,K> * & ptr);              //右单旋转
        void RotateLR(AVLNode<E,K> * & ptr);             //先左后右双旋转
        void RotateRL(AVLNode<E,K> * & ptr);             //先右后左双旋转
        int Height(AVLNode<E,K> * ptr);                  //求高度
};
```

　　每当插入一个新结点时,AVL 树中相关结点的平衡状态会发生改变。因此,在插入一个新结点后,需要从插入位置沿通向根的路径回溯,检查各结点左、右子树的高度差。如果在某一结点发现高度不平衡,则停止回溯。从发生不平衡的结点起,沿刚才回溯的路径取直接下两层的结点。如果这 3 个结点处于一条直线上,则采用单旋转进行平衡化;如果这 3 个结点处于一条折线上,则采用双旋转进行平衡化。

　　单旋转可按其方向分为左单旋转和右单旋转,其中一个是另一个的镜像,其方向与不平衡的形状相关。而双旋转分为先左后右和先右后左两类。

1. 左单旋转(rotation left)

　　如果在插入新结点之前 AVL 树的形状如图 7.13(a)所示。图中的圆形框表示结点,旁边附注的数字为该结点的平衡因子值;矩形框表示结点的子树,也称该结点的负载,其中的字母 h 给出子树的高度。若 $h=0$,则该子树为空树;若 $h>0$,则这个子树的结点在树中实际存在。此时树满足 AVL 树的条件,是高度平衡的二叉搜索树。接下来,如果在 ptr 所指结点 30 的较高的右子树的右侧插入一个新结点,该子树的高度增加 1 导致根结点的平衡因子从 +1 变成 +2,如图 7.13(b)所示,出现不平衡。从发生不平衡结点 30 沿插入路径找到它的右子女 60(改用 ptr 指示),这两个结点的平衡因子值的(正负)号相同,均为“+”号,因此需要做左单旋转。以 ptr 所指结点 60 为旋转轴,让结点 30 反时针旋转成为 60 的左子女,60 代替原来 30 的位置,原来 60 的左子树 β(该子树所有结点的关键码在 30~60)转为30 的右子树。平衡旋转后的形状如图 7.13(c)所示。

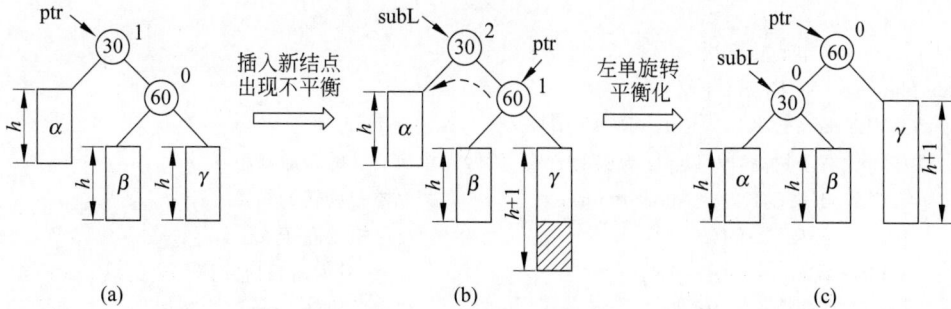

图 7.13　左单旋转前后树的变化

　　通过检查各个结点的平衡因子可知,树又恢复了平衡,并且保持了二叉搜索树的特性。

程序 7.15　左单旋转算法
```
template <class E, class K>
void AVLTree<E,K>::RotateL(AVLNode<E,K> * & ptr) {
//右子树比左子树高:对以 ptr 为根的 AVL 树做左单旋转, 旋转后新根在 ptr
    AVLNode<E,K> * subL = ptr;                //要左旋转的结点
```

```
    ptr = subL->right;                  //原根的右子女
    subL->right = ptr->left;            //ptr 成为新根前卸掉左边负载
    ptr->left = subL;                   //左单旋转，ptr 为新根
    ptr->bf = subL->bf = 0;
};
```

2. 右单旋转(rotation right)

这种旋转是左单旋转的镜像。如果一棵 AVL 树如图 7.14(a)所示,在 ptr 所指示结点 60 的较高的左子树的左侧插入一个新结点,该子树的高度增加 1 导致根结点的平衡因子从 −1 变成−2,如图 7.14(b)所示,出现不平衡。从发生不平衡结点 60 沿插入路径找到它的 左子女 30(改用 ptr 指示),这两个结点的平衡因子值的(正负)号相同,都是"−"号,因此需 要做右单旋转。以 ptr 所指结点 30 为旋转轴,让结点 60 顺时针旋转成为 30 的右子女,30 代 替原来 60 的位置,原来 30 的右子树 β 转为 60 的左子树。平衡旋转后的形状如图 7.14(c) 所示。

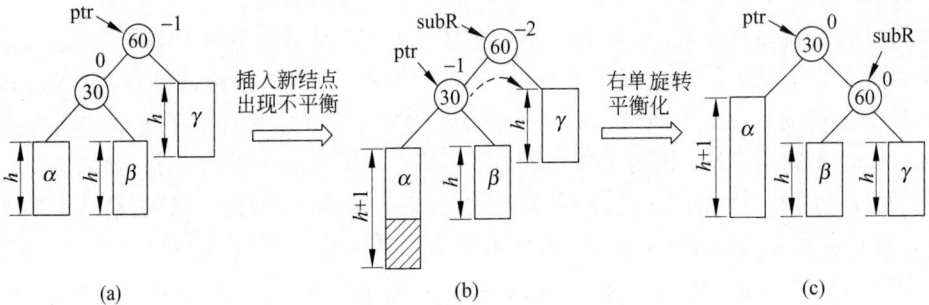

图 7.14 右单旋转前后树的变化

右单旋转的算法如程序 7.16 所示。从程序中可以看到,它的每条语句与左单旋转都是 镜像的。

程序 7.16 右单旋转算法
```
template <class E, class K>
void AVLTree<E,K>::RotateR(AVLNode<E,K> * & ptr) {
//左子树比右子树高:对以 ptr 为根的 AVL 树做右单旋转,旋转后新根在 ptr
    AVLNode<E,K> * subR = ptr;          //要右旋转的结点
    ptr = subR->left;                   //原根的左子女
    subR->left = ptr->right;            //ptr 成为新根前卸掉右边负载
    ptr->right = subR;                  //右单旋转,ptr 成为新根
    ptr->bf = subR->bf = 0;
};
```

3. 先左后右双旋转(rotation left right)

双旋转总是考虑 3 个结点。设给出一棵 AVL 树,如图 7.15(a)所示。图中用矩形框表 示的所有子树都是 AVL 树。结点 30 和 60 的平衡因子为 0 而结点 90 的平衡因子为−1。 现在假设在结点 90 的较高的左子树的右子树 β 或 γ 中插入一个新结点,则该子树的高度增 加 1,如图 7.15(b)所示,结点 90 的平衡因子变为−2,发生了不平衡。

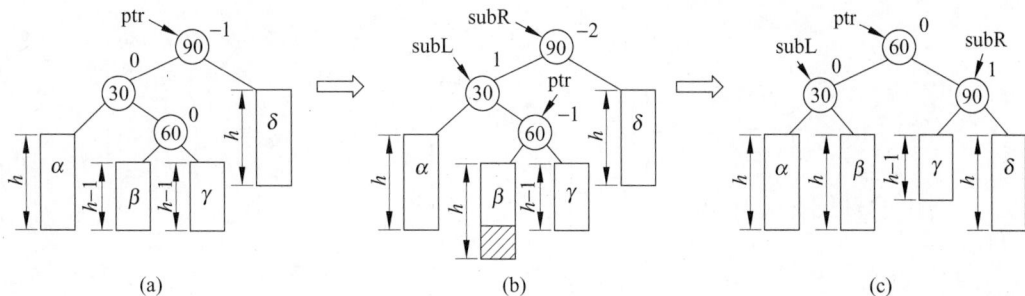

图 7.15 先左后右的双旋转

从结点 90 起沿插入路径选取 3 个结点 90、30 和 60。由于结点 90 与结点 30 的(正负)号相反,90 左高而 30 右高,因此需要进行先左后右的双旋转。首先以结点 60 为旋转轴,将结点 30 反时针旋转,以 60 代替原来 30 的位置,使得 30 成为 60 的左子女,原来 60 的左子树 β 转为 30 的右子树,这恰是前面介绍的左单旋转。接下来,再以结点 60 为旋转轴,将结点 90 顺时针旋转,使得 90 成为 60 的右子女,原来 60 的右子树 γ 转为 90 的左子树。这样又恢复了树的平衡,如图 7.15(c)所示,这恰为前面介绍的右单旋转。

由于子树 β 所有结点的关键码都在 30~60,在成为结点 30 的右子树后,它还处于结点 60 的左子树中,仍然满足二叉搜索树的要求。子树 γ 的情况也是如此。

程序 7.17 先左后右双旋转算法

```
template <class E, class K>
void AVLTree<E,K>::RotateLR(AVLNode<E,K> * & ptr) {
    AVLNode<E,K> * subR = ptr, * subL = subR->left;
    ptr = subL->right;
    subL->right = ptr->left;                      //ptr 成为新根前卸掉它左边的负载
    ptr->left = subL;                             //左单旋转,ptr 成为新根
    subR->left = ptr->right;                      //ptr 成为新根前卸掉它右边的负载
    ptr->right = subR;                            //右单旋转,ptr 成为新根
    if (ptr->bf == -1) {subL->bf = 0; subR->bf = 1;}      //原 ptr 左子树高
    else if (ptr->bf == 1) {subL->bf = -1; subR->bf = 0;} //右子树高
    else {subL->bf = 0; subR->bf = 0;};                   //原 ptr 两子树同高
    ptr->bf = 0;
};
```

4. 先右后左双旋转(rotation right left)

先右后左双旋转是先左后右双旋转的镜像。设给出一棵 AVL 树,如图 7.16(a)所示。结点 90 和 60 的平衡因子为 0,而结点 30 的平衡因子为 1。现在在较高的右子树的下层子树 β 或 γ 中插入一个新结点,则该子树的高度增加 1,如图 7.16(b)将新结点插入子树 γ 中。此时结点 30 的平衡因子变为 2,发生了不平衡。

从结点 30 起沿插入路径选取 3 个结点 30、90 和 60,分别用指针 subL、subR 和 ptr 指示它们。由于上两层结点 30、90 的平衡因子的(正负)号相反,30 右高而 90 左高,因此需要进行先右后左的双旋转。首先做右单旋转:以结点 60(改用 ptr 指示)为旋转轴,将结点 90 顺时针旋转,以 60 代替原来 90 的位置,使得 90 成为 60 的右子树,原来 60 的右子树 γ 转为

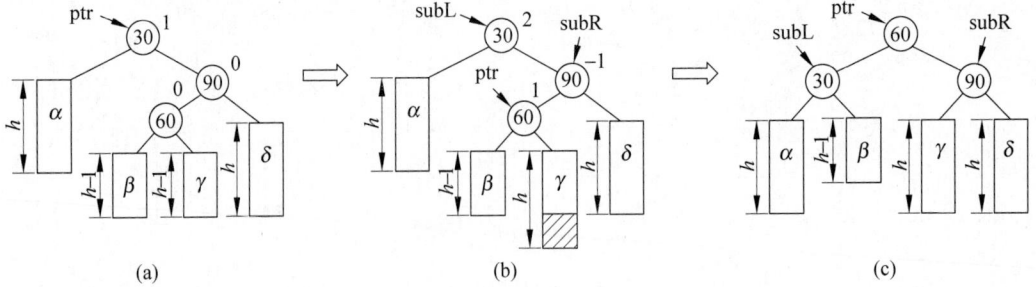

图 7.16　先右后左的双旋转

90 的左子树。接下来做左单旋转:以结点 60 为旋转轴,将结点 30 反时针旋转,使得 30 成为 60 的左子女,原来 60 的左子树 β 转为 30 的右子树。这样又恢复了树的平衡,如图 7.17(c) 所示。

程序 7.18　先右后左双旋转算法

```
template <class E, class K>
void AVLTree<E,K>::RotateRL(AVLNode<E,K> * & ptr) {
    AVLNode<E,K> * subL = ptr, * subR = subL->right;
    ptr = subR->left;
    subR->left = ptr->right;                    //ptr 成为新根前卸掉它右边的负载
    ptr->right = subR;                          //右单旋转, ptr 成为新根
    subL->right = ptr->left;                    //ptr 成为新根前卸掉它左边的负载
    ptr->left = subL;                           //左单旋转, ptr 成为新根
    if (ptr->bf == -1) {subL->bf = 0; subR->bf = 1;}        //原 ptr 的左子树高
    else if (ptr->bf == 1)  {subL->bf = -1; subR->bf = 0;}  //右子树高
    else {subL->bf = 0; subR->bf = 0;}                      //两子树同高
    ptr->bf = 0;
};
```

7.3.3　AVL 树的插入

在向一棵 AVL 树中插入一个新结点时,如果树中某个结点的平衡因子的绝对值 $|bf| > 1$,则出现了不平衡,需要做平衡化处理。

设新插入的结点为 p,从结点 p 到根结点的路径上,每个结点为根的子树的高度都可能增加 1。因此在每执行一次二叉搜索树的插入运算后,都需从新插入的结点 p 开始,沿该结点的插入路径向根结点方向回溯,修改各结点的平衡因子,调整子树的高度,恢复被破坏的平衡性质。

新结点 p 的平衡因子为 0。现在来考查它的父结点 p_r。若 p 是 p_r 的右子女,则 p_r 的平衡因子加 1,否则 p_r 的平衡因子少 1。按照修改后 p_r 的平衡因子值有 3 种情况。

(1) **结点 p_r 的平衡因子为 0**。说明刚才是在 p_r 的较矮的子树上插入了新结点,结点 p_r 处平衡,且其高度没有增减。此时从 p_r 到根的路径上各结点为根的子树高度不变,从而各结点的平衡因子不变,可以结束重新平衡化的处理,返回主程序。

(2) **结点 p_r 的平衡因子的绝对值 $|bf| = 1$**。说明插入前 p_r 的平衡因子是 0,插入新结

点后,以 p_r 为根的子树没有失去平衡,不需平衡化旋转。但该子树的高度增加,还需从结点 p_r 向根的方向回溯,继续考查结点 p_r 的父结点的平衡状态。

(3) **结点 p_r 的平衡因子的绝对值 |bf|＝2**。说明新结点在较高的子树上插入,造成了不平衡,需要做平衡化旋转。此时可进一步分两种情况讨论:

① 若结点 p_r 的 bf = 2,说明右子树高,结合其右子女 q 的 bf 分别处理:
- 若 q 的 bf 为 1,执行左单旋转;
- 若 q 的 bf 为－1,执行先右后左双旋转。

② 若结点 p_r 的 bf ＝－2,说明左子树高,结合其左子女 q 的 bf 分别处理:
- 若 q 的 bf 为－1,执行右单旋转;
- 若 q 的 bf 为 1,执行先左后右双旋转。

旋转后以 p_r 为根的子树高度降低,因此无须继续向上层回溯。

程序 7.19 给出一个新结点作为叶结点插入并逐层修改各结点的平衡因子的算法。在程序中,用到一个栈记录从根开始逐层向下寻找插入位置时所经过的路径,用于重新平衡化时从下向上检查该路径上各结点的平衡因子。

程序 7.19　AVL 树的插入算法

```
＃define stackSize 30
template ＜class E, class K＞
bool AVLTree＜E,K＞::Insert(AVLNode＜E,K＞ * & ptr, K x, E el) {
//插入 ptr 是 AVL 树的根指针,因为旋转可能会变化,x 和 el 是插入结点的关键码和数据
    if (ptr == NULL) {                              //空树情形
        ptr = new AVLNode＜E,K＞(x, el);            //创建根结点
        return true;
    }
    AVLNode＜E,K＞ * pr, * p = ptr, * q;           //非空树情形
    AVLNode＜E,K＞ * S[stackSize]; int top = -1;    //内嵌栈,存结点指针
    S[++top] = NULL;
    while (p != NULL) {                             //寻找插入位置
        if (x == p->key) return false;             //找到找到 x,不插入
        S[++top] = p;                              //否则用栈记忆查找路径
        p = (x < p->key) ? p->left; p->right;       //向下继续查找
    }
    p = new AVLNode＜E,K＞(x, el);                  //创建新结点
    if (S[top] == NULL) ptr = p;                    //空树,新结点成为根结点
    else if (x < S[top]->key) S[top]->left = p;     //新结点插入
    else S[top]->right = p;
    while (top >0) {                                //重新平衡化
        pr = S[top --];                             //从栈中退出父结点
        if (p == pr->left) pr->bf--;               //调整父结点的平衡因子
        else pr->bf++;
        if (pr->bf == 0) break;                     //第 1 种情况,平衡退出
        if (pr->bf == 1 || pr->bf == -1)            //第 2 种情况,|bf|=1
            p = pr;                                 //沿插入路径回溯
```

```
        else {                                          //第 3 种情况, |bf|＝2
            if ((p->bf) * (pr->bf) > 0) {               //两结点 bf 同号,单旋转
                if (pr->bf < 0) RotateR(pr);            //右单旋转(LL 单旋转)
                else RotateL(pr);                       //左单旋转(RR 单旋转)
            }
            else {                                      //两结点 bf 反号,双旋转
                if (pr->bf < 0) RotateLR(pr);           //LR 双旋转
                else RotateRL(pr);                      //RL 双旋转
            }
            break;                                      //不再向上调整
        }
    }
    if (top == 0) ptr = pr;                             //根结点
    else {                                              //中间重新链接
        q = S[top --]
        if (q->key > pr->key) q->left = pr;
        else q->right = pr;
    }
    return true;
};
```

在 AVL 树上定义了重载操作"＞＞"和"＜＜",以及中序遍历的算法。利用这些操作可以执行 AVL 树的建立和结点数据的输出。

程序 7.20 在 AVL 树上定义的友元函数"＞＞"和"＜＜"

```
template <class E, class K>
istream& operator >> (istream& in, AVLTree<E,K>& Tree) {
//输入一系列的值,建立 AVL 树。约定树中的 refValue 是终止输入的标记
    K x, refValue; E item;                              //输入暂存单元
    cout << "构造一棵 AVL 树:" << endl;                  //提示:构造 AVL 树
    cout << "请输入结束标志[-1 或'#']:"; in >> refValue;
    cout << "请输入结点信息[key, data]:";
    in >> x >> item;                                    //输入
    while (x != refValue) {                             //当输入不结束时
        Tree.Insert(x, item);                           //插入树中
        cout << "请输入结点信息[key, data]:";
        in >> x >> item;                                //输入
    }
    return in;
};
template <class E, class K>
ostream& operator << (ostream& out, AVLTree<E,K>& Tree) {
    out << "按凹入表形式前序输出 AVL 树\n";
    Tree.printAVLTree();
    out << endl; return out;
};
```

```
template <class E, class K>
void AVLTree<E,K>::printAVLTree(AVLNode<E,K> * t, int k) {
//递归算法:按凹入表形式输出二叉搜索树,k 是缩进空白字符数,初值为 0
    for (int i = 0; i < k; i++) cout << " ";
    if (t != NULL) {
        cout << t->key << "(" << t->data << "," << t->bf << ")" << endl;
        printAVLTree(t->left, k+7);
        printAVLTree(t->right, k+7);
    }
    else cout << " # " << endl;
};
template <class E, class K>
void AVLTree<E,K>::printAVLTree()
    {printAVLTree(root, 0);}
```

算法">>"从一棵空树开始,通过输入一系列元素的关键码,逐步建立 AVL 树。在插入新结点时使用了前面所给的算法进行平衡旋转。例如,如果输入关键码序列为{16,3,7,11,9,26,18,14,15},则插入和调整过程如图 7.17 所示。

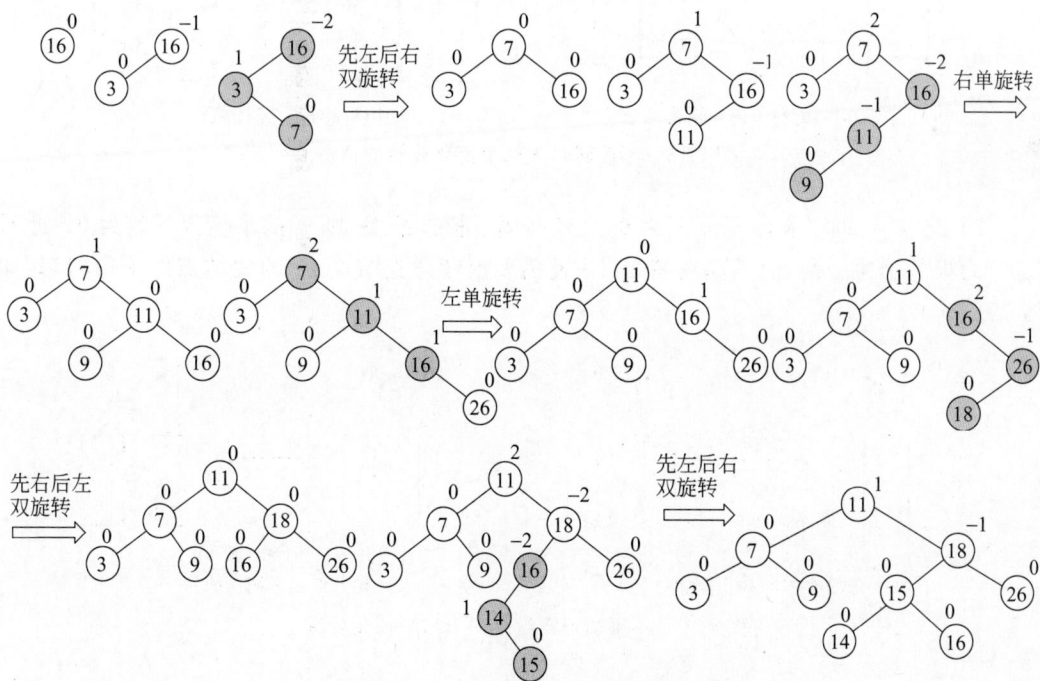

图 7.17　从空树开始的建树过程

7.3.4　AVL 树的删除

　　AVL 树的删除算法与二叉搜索树类似。不同之处在于:若删除后破坏了 AVL 树的高度平衡性质,还需要做平衡化旋转。

1. 如果被删结点 p 有两个子女

首先搜索 p 在中序次序下的直接前驱 q（同样可以找直接后继）。再把结点 q 的内容传送给结点 p，现在问题转移到删除结点 q。把结点 q 当作被删结点 p，它是只有一个子女的结点。

2. 如果被删结点 p 最多只有一个子女 q

可以简单地把 p 的父结点 p_r 中原来指向 p 的指针改指到 q；如果结点 p 没有子女，p 的父结点 p_r 的相应指针置为 NULL。然后将原来以结点 p_r 为根的子树的高度减 1，并沿 p_r 通向根的路径反向追踪高度的这一变化对路径上各个结点的影响。

考查结点 q 的父结点 p_r。若 q 是 p_r 的左子女，则 p_r 的平衡因子应当增加 1，否则减少 1。根据修改后的 p_r 的平衡因子值，按 3 种情况分别进行处理。

（1）p_r 的平衡因子原来为 0，在它的左子树或右子树被缩短后，则它的平衡因子改为 1 或 −1。由于以 p_r 为根的子树高度没有改变，从 p_r 到根结点的路径上所有结点都不需要调整。此时可结束本次删除的重新平衡过程，如图 7.18 所示。

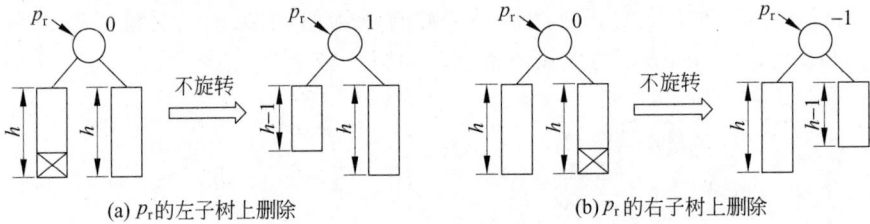

(a) p_r 的左子树上删除 (b) p_r 的右子树上删除

图 7.18 不旋转且无须平衡化旋转的情形

（2）结点 p_r 的平衡因子原不为 0，且较高的子树被缩短，则 p 的平衡因子改为 0。此时以 p_r 为根的子树平衡，但其高度减 1。为此需要继续考查结点 p_r 的父结点的平衡状态，如图 7.19 所示。

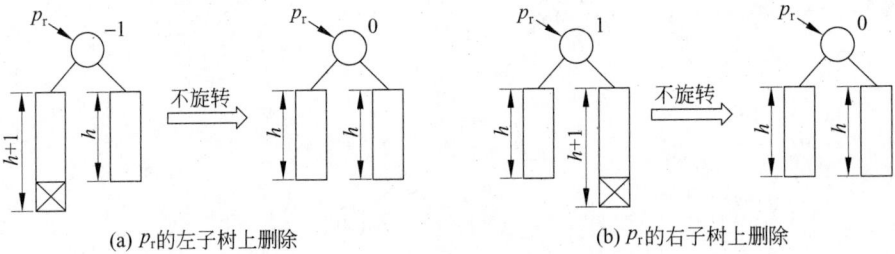

(a) p_r 的左子树上删除 (b) p_r 的右子树上删除

图 7.19 不平衡但需继续向上做平衡化处理

（3）结点 p_r 的平衡因子原不为 0，且较矮的子树又被缩短，则在结点 p_r 发生不平衡。为此需进行平衡化旋转来恢复平衡。令 p_r 的较高的子树的根为 q（该子树未被缩短），根据 q 的平衡因子，有如下 3 种平衡化操作。

① 如果 q 的平衡因子为 0，执行一个单旋转来恢复结点 p_r 的平衡，如图 7.20 所示。图中是左单旋转的例子，右单旋转的情形可以对称地处理。由于平衡旋转后以 q 为根的子树的高度没有发生改变，从 q 到根的路径上所有结点的平衡因子不变。此时可以结束重新平衡的过程。

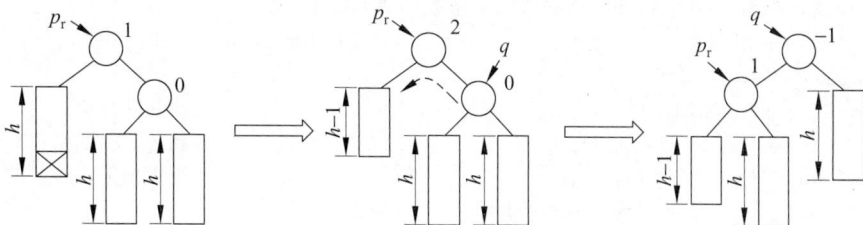

图 7.20   第一种单旋转平衡化处理

② 如果 q 的平衡因子与 p_r 的平衡因子(正负)号相同,则执行一个单旋转来恢复平衡,结点 p_r 和 q 的平衡因子均改为 0,如图 7.21 所示。图中是左单旋转的例子,右单旋转的情形可以对称地处理。由于经过平衡旋转后结点 q 的子树高度降低 1,故需要继续沿插入路径向上考查结点 q 的父结点的平衡状态,即将当前考查结点向根结点方向上移。

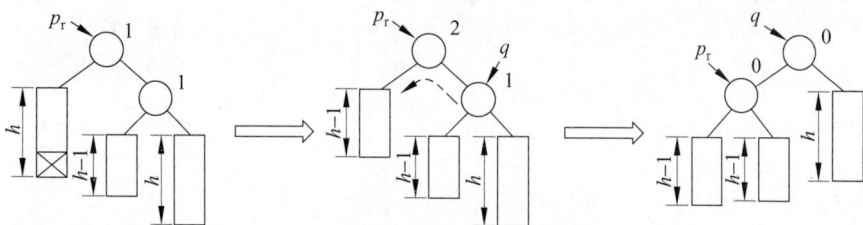

图 7.21   第二种单旋转平衡化处理

③ 如果 p_r 与 q 的平衡因子(正负)号相反,则执行一个双旋转来恢复平衡,先围绕 q 转再围绕 p_r 转。新的根结点的平衡因子置为 0,其他结点的平衡因子相应处理,同时由于经过平衡化处理后子树的高度降低 1,还需要考查它的父结点,继续向上层进行平衡化工作,如图 7.22 所示。

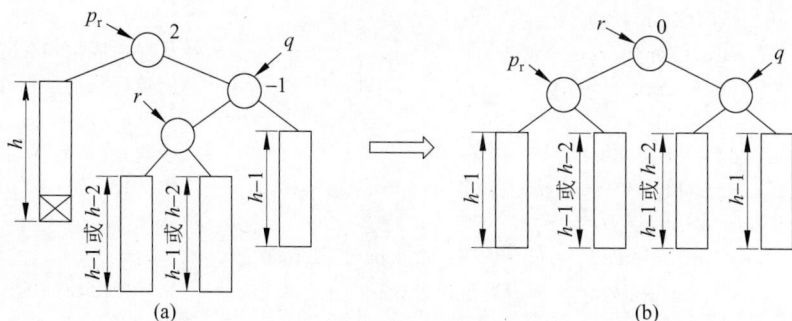

图 7.22   双旋转平衡化处理

程序 7.21 是删除算法,其中用到一个栈,在搜索被删除结点时记忆从根到被删除结点的路径,以便从下向上进行平衡化。

程序 7.21   AVL 树的删除算法
template $<$class E, class K$>$
bool AVLTree$<$E,K$>$::Remove(AVLNode$<$E,K$>$ $*$ & ptr, K x, E& e1) {
//在以 ptr 为根的 AVL 树中删除关键码为 x 的结点。如果删除成功,函数返回 true,同时通过参

```
//数 e1 返回被删结点元素;如果删除失败则函数返回 false
    AVLNode<E,K> * pr = NULL, * p = ptr, * q, * ppr; int d, dd = 0;
    LinkedStack<AVLNode<E,K> * > st;
    while (p != NULL) {                                    //寻找删除位置
        if (x == p->key) break;                            //找到等于 k 的结点,停止搜索
        pr = p; st.push(pr);                               //否则用栈记忆查找路径
        if (x < p->key) p = p->left;
        else p = p->right;
    }
    if (p == NULL) return false;                           //未找到被删结点,删除失败
    if (p->left != NULL && p->right != NULL) {             //被删结点有两个子女
        pr = p; st.Push(pr);
        q = p->left;                                       //在 p 左子树找 p 的直接前驱
        while (q->right != NULL)
            {pr = q; st.Push(pr); q = q->right;}
        p->key = q->key; p->data = q->data;                //用 q 的值填补 p
        p = q;                                             //被删结点转化为 q
    }
    if (p->left != NULL) q = p->left;                      //被删结点 p 只有一个子女 q
    else q = p->right;
    if (pr == NULL) ptr = q;                               //被删结点为根结点
    else {                                                 //被删结点不是根结点
        if (pr->left == p) pr->left = q;                   //链接
        else pr->right = q;
    }
    while (! st.IsEmpty()) {                               //重新平衡化
        st.Pop(pr);                                        //从栈中退出父结点
        if (pr->right == q) pr->bf--;                      //调整父结点的平衡因子
        else pr->bf++;
        if (! st.IsEmpty()) {
            st.getTop(ppr);                                //从栈中取出祖父结点
            dd = (ppr->left == pr) ? -1 : 1;               //旋转后与上层链接
        }
        else dd = 0;                                       //栈空,旋转后不与上层链接
        if (pr->bf == 1 || pr->bf == -1) break;           //图 7.18,|bf|=1
        if (pr->bf != 0) {                                 //|bf|=2
            if (pr->bf < 0) {d = -1; q = pr->left;}
            else {d = 1; q = pr->right;}                   //用 q 指示较高的子树
            if (q->bf == 0) {                              //图 7.20
                if (d == -1)
                    {RotateR(pr); pr->bf = 1; pr->right->bf = -1;}
                else {RotateL(pr); pr->bf = -1; pr->left->bf = 1;}
                break;
            }
            if (q->bf == d) {                              //两结点平衡因子同号,图 7.21
                if (d == -1) RotateR(pr);                  //右单旋转
                else RotateL(pr);                          //左单旋转
            }
```

```
                else {                                  //两结点平衡因子反号,图 7.22
                    if (d == -1) RotateLR(pr);          //先左后右双旋转,"<"型
                    else RotateRL(pr);                  //先右后左双旋转,">"型
                }
                if (dd == -1) ppr->left = pr;
                else if (dd == 1) ppr->right = pr;      //旋转后新根与上层链接
            }
            q = pr;                                     //图 7.19,|bf|=0
        }
        ptr = pr;                                       //调整到树的根结点
        delete p; return true;
    };
```

图 7.23 给出删除一个结点时做平衡化旋转的示例。

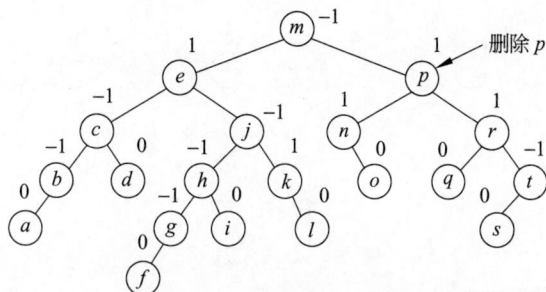

(a) 删除前树的初始状态,删除 p

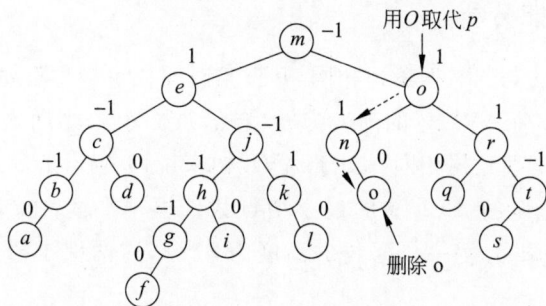

(b) 在 p 的左子树寻找 p 的前驱,用其值 O 填补 p,再删除 o

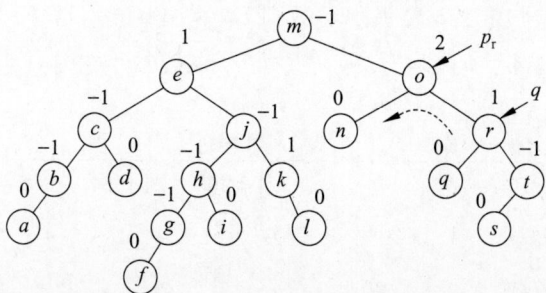

(c) 失衡,较高子树的根 r 的平衡因子的值与其父结点同号,作左单旋转

图 7.23　在 AVL 树中删去一个结点时做平衡化旋转的示例

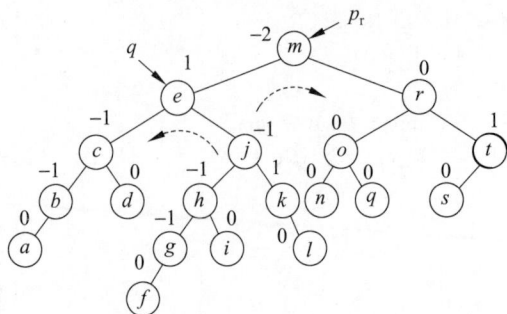

(d) 旋转后子树高度减1，根结点失衡，较高子树的根 e 的平衡因子的值与其父结点反号，作双旋转

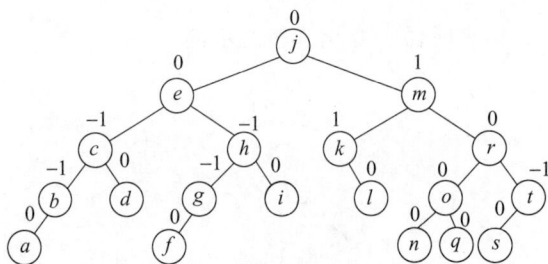

(e) 平衡旋转的结果

图 7.23（续）

7.3.5 AVL 树的性能分析

AVL 树的搜索算法与二叉搜索树相同，其搜索时间代价最大不超过树的高度。

若设在新结点插入前 AVL 树的高度为 h，结点个数为 n，则插入一个新结点的时间是 $O(h)$。这与一般的二叉搜索树相同。对于 AVL 树来说，h 应当是多大呢？

若设 N_h 是高度为 h 的 AVL 树的最小结点数。根据平衡性要求，在最差情况下，根的一棵子树的高度为 $h-1$，另一棵子树的高度为 $h-2$，这两棵子树也是高度平衡的。因此有

$$N_0 = 0（空树）, \quad N_1 = 1（仅有根结点）, \quad N_h = N_{h-1} + N_{h-2} + 1, \quad h > 1$$

注意，N_h 的这个递归定义与斐波那契数列 $F_0 = 0$，$F_1 = 1$，$F_n = F_{n-1} + F_{n-2}$ 有类似性。事实上，可以证明，对于 $h \geqslant 1$，有 $N_h = F_{h+2} - 1$ 成立。

h	1	2	3	4	5	6	7	8	9	10
N_h	1	2	4	7	12	20	33	54	88	143
F_h	1	1	2	3	5	8	13	21	34	55

另外，斐波那契数满足公式

$$F_{h+2} = \frac{1}{\sqrt{5}}\left[\left(\frac{1+\sqrt{5}}{2}\right)^{h+2} - \left(\frac{1-\sqrt{5}}{2}\right)^{h+2}\right] > \frac{1}{\sqrt{5}}\left(\frac{1+\sqrt{5}}{2}\right)^{h+2} - 1$$

由此可得

$$N_h > \frac{1}{\sqrt{5}}\left(\frac{1+\sqrt{5}}{2}\right)^{h+2} - 2$$

整理得

$$\Phi^{h+2} < \sqrt{5}(N_h + 2), \quad \Phi = \frac{1+\sqrt{5}}{2}$$

两边取对数得

$$h + 2 < \log_\Phi \sqrt{5} + \log_\Phi(N_h + 2)$$

由换底公式

$$\log_\Phi X = \log_2 X / \log_2 \Phi \quad \text{及} \quad \log_2 \Phi = 0.694$$

可得

$$h + 2 < \frac{\log_2 \sqrt{5}}{\log_2 \Phi} + \frac{\log_2(N_h + 2)}{\log_2 \Phi} = 1.6723 + 1.4404 \times \log_2(N_h + 2)$$

有 n 个结点的 AVL 树的高度不超过 h。在 AVL 树删除一个结点并做平衡化旋转所需时间也为 $O(\log_2 n)$。

7.4 伸 展 树

还有一种与 AVL 树类似的改进的二叉搜索树,称为伸展树(splaying tree),是由 John Edward Hopcroft 和 Robert Endre Tarjan 于 1985 年共同发明的。它与 AVL 树以及在 6.2 节介绍并查集时的父指针表示的树的路径压缩一样,同属于自调整数据结构(self-adjusting data structure)。

在讨论 AVL 树时,主要关注点在于保持树的高度平衡,不要倾斜向一方,理想情况下使叶结点只出现在最低的一层或两层上。因此,如果一个新插入的结点破坏了树的平衡,就需要通过平衡旋转来加以调整。然而,是否这种重新调整总是必要的呢? 对于二叉搜索树来说,它主要用于内存中目录的编制,因此,快速插入、搜索、删除元素才是我们关心的问题,而不是树的形状。通过平衡树可以提高效率,但这不是唯一的方法。

伸展树就是另一种提高搜索效率的方法。它参照了以下两种想法。

(1) 单一旋转:其目的是将经常访问的结点最终上移到靠近根的地方,使得以后的访问比以前更快。为此,除根结点外,只要访问子女结点,就将它围绕它的父结点进行旋转。

(2) 移动到根部:假设正在访问的结点将以很高的概率再次被访问,因此,对它反复进行子女—父结点旋转,直到被访问的结点位于根部为止。这样,即使下一次没有访问此结点,它仍然还在靠近根部的地方。

伸展树发展了上述想法,它提出了一组改进二叉搜索树性能的规则,每当执行搜索、插入、删除等操作时,就要依据这些规则调整二叉搜索树,从而保证操作的时间代价。

每当访问(包括搜索、插入或删除)一个结点 s 时,伸展树就执行一次"展开"(splaying)的过程。"展开"将结点 s 移到二叉搜索树的根部。当删除结点 s 时,"展开"把结点 s 的父结点上移到根结点。就像 AVL 树,一次"展开"由一组旋转组成。旋转有 3 种类型:单旋转、一字形旋转和之字形旋转。一次旋转的目的是通过调整结点 s 与它的父结点 p 和祖父结点 g 之间位置,把它上移到树的更高层。下面分情况讨论。

情况 1：被访问结点 s 的父结点是根结点。此时执行单旋转，如图 7.24 所示。在保持二叉搜索树特性的情况下，结点 s 成为新的根，原来的根 p 成为它的子女结点。

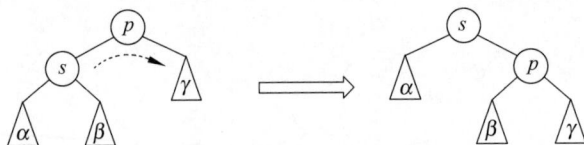

图 7.24　右单旋转的例子

情况 2：同构形状（homogeneous configuration）。结点 s 是其父结点 p 的左子女，结点 p 又是其父结点 g 的左子女（/）。或者结点 s 是其父结点 p 的右子女，结点 p 又是其父结点 g 的右子女（\）。此时执行一字形旋转，如图 7.25 所示。这是一个双旋转：首先围绕 p 旋转 g，再围绕 s 旋转 p。旋转发生后，当前刚访问的结点 s 调整到祖父结点的位置，同时仍保持了二叉搜索树的特性。

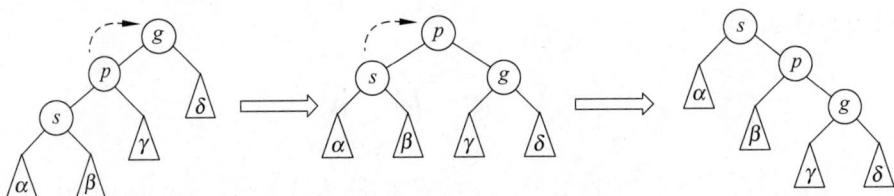

图 7.25　同构形状下的一字形旋转

情况 3：异构形状（heterogeneous configuration）。结点 s 是其父结点 p 的左子女，结点 p 又是其父结点 g 的右子女（＞）。或者结点 s 是其父结点 p 的右子女，结点 p 又是其父结点 g 的左子女（＜＝）。此时执行之字形旋转，如图 7.26 所示。因为刚访问的结点 s 与其父结点 p 和祖父结点 g 形成折线，需要做与 AVL 树一样的双旋转，首先围绕 s 旋转 p，再围绕 s 旋转 g，把结点 s 上升到祖父结点的位置，并保持二叉搜索树的特性。

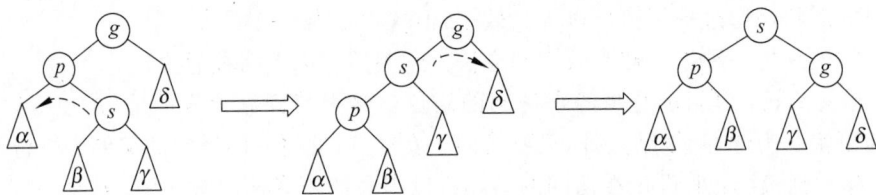

图 7.26　异构形状下的之字形旋转

之字形旋转使得树结构趋向于平衡化，它将子树 β 和 γ 上升一层，并把子树 δ 下降一层，结果常常使树结构的高度减 1。而一字形旋转一般不会降低树结构的高度，它只是把刚访问的结点向根结点上移。

被访问结点 s "展开" 过程的算法描述如程序 7.22 所示，它包括了一系列双旋转，提升结点 s 直到它到达根结点或根结点的一个子女结点。必要的话，再执行一次单旋转将 s 上升到根结点位置。"展开" 的结果使得访问最频繁的结点靠近树结构的根部，从而减少访问代价。

程序 7.22　将刚访问的结点 s 上移到树的根部的算法

splaying(g,p,s){

//g 是 p 的父结点,p 是 s 的父结点。算法将 s 移到根结点位置

　　　while(s 不是树的根结点)

　　　　　if(s 的父结点是根结点)

　　　　　　　进行单旋转,将 s 调整为根结点

　　　　　else if(s 与它的前驱 p,g 是同构形状)

　　　　　　　进行一字形双旋转,将 s 上移

　　　　　　else(s 与它的前驱 p,g 是异构形状)

　　　　　　　进行之字形双旋转,将 s 上移

};

　　伸展树并不要求每个操作都是高效的,但是对于一个有 n 个结点的树结构,并执行 m 次操作的情形,可能一次插入或搜索操作需要花费 $O(n)$ 时间,当 $m \geqslant n$ 时,所有 m 个操作总共需要花费 $O(m\log_2 n)$ 时间,从而使每次访问操作所花费的平均时间达到 $O(\log_2 n)$,从整体上保持较高的时间性能。证明伸展树确实能够保证达到 $O(m\log_2 n)$ 的时间复杂度已经超出本书的范围,详细的讨论请参考 Adam Drozdek 的 *Data Structures and Algorithms in C++(Second Edition)*。

　　图 7.27 描述了伸展树是如何通过"展开"实现自调整的。首先在伸展树中搜索 70,搜索过程与二叉搜索树完全一样,一旦搜索成功,就执行"展开"过程将该结点上移到根结点位置。

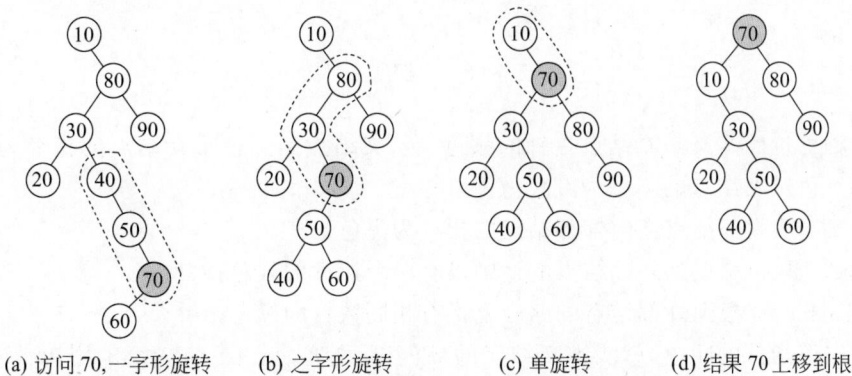

(a) 访问 70,一字形旋转　　　(b) 之字形旋转　　　(c) 单旋转　　　(d) 结果 70 上移到根

图 7.27　在伸展树中搜索 70 之后再"展开"的例子

　　伸展树的插入操作与二叉搜索树相同,但结点一经插入之后立即展开到根结点。同样,从伸展树中删除一个结点的操作也与二叉搜索树相同,但需要把被删结点的父结点展开到根结点。伸展树与 AVL 树在操作上稍有不同。伸展树的调整与结点被访问(包括搜索、插入、删除)的频率有关,能够进行更合理的调整。而 AVL 树的结构调整只与插入、删除的顺序有关,与访问的频率无关。

7.5 红 黑 树

7.5.1 红黑树的概念和性质

红黑树(red-black tree)是这样的一棵二叉搜索树：树中的每个结点的颜色不是黑色就是红色。可以把一棵红黑树视为一棵扩充二叉树，用外部结点表示空指针。其特性描述如下。

特性 1：根结点和所有外部结点的颜色是黑色。

特性 2：从根结点到外部结点的途中没有连续两个结点的颜色是红色。

特性 3：所有从根到外部结点的路径上都有相同数目的黑色结点。

从红黑树中任一结点 x 出发(不包括结点 x)，到达一个外部结点的任一路径上的黑结点个数称为结点 x 的黑高度，也称结点的阶(rank)，记作 $bh(x)$。红黑树的黑高度定义为其根结点的黑高度。

图 7.28 所示的二叉搜索树就是一棵红黑树。结点旁边的数字为该结点的黑高度。

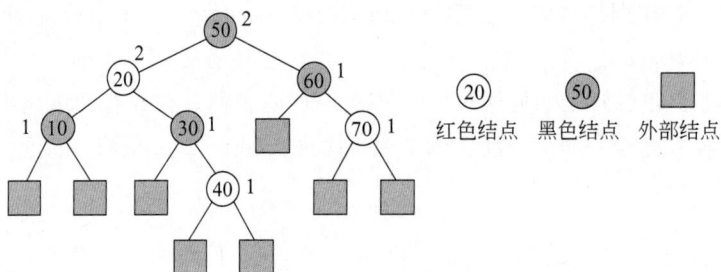

图 7.28　一棵红黑树

另一种等价的定义是看结点指针的颜色。从父结点到黑色子女结点的指针为黑色，从父结点到红色子女结点的指针为红色。

特性 $1'$：从内部结点指向外部结点的指针为黑色。

特性 $2'$：从根结点到外部结点的途中没有两个连续的红色指针。

特性 $3'$：所有根到外部结点的路径上都有相同数目的黑色指针。

如果知道指针的颜色，就能推断结点的颜色，反之亦然。图 7.29 给出用指针颜色表示的红黑树，它与图 7.28 所示红黑树等价。树中的粗线是黑色指针，细线是红色指针。从指针的颜色和特性 1 可知，结点 20、40、70 是红色的，因为指向它们的指针是红色的，其余的结点都是黑色的。此外，从根到外部结点的每条路径上都有两个黑色指针和 3 个黑色结点(包括根与外部结点)，不存在含有两个连续红色结点或指针的路径。

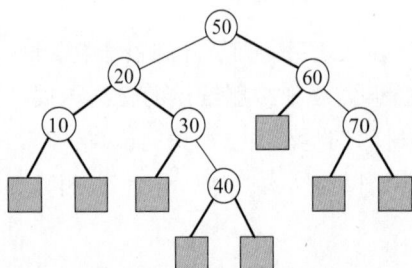

图 7.29　用指针颜色表示红黑树结点

结论 1　设从根到外部结点的路径长度(path length,PL)为该路径上指针的个数，如果 P 与 Q

是红黑树中的两条从根到外部结点的路径,则有
$$\mathrm{PL}(P) \leqslant 2\mathrm{PL}(Q)$$

证明:考查任意一棵红黑树。假设根结点的黑高度 $\mathrm{bh(root)} = r$。由特性 $1'$ 可知,每条从根结点到外部结点的路径中最后一个指针为黑色;从特性 $2'$ 可知,不存在有连续两个红色指针的路径。因此,每个红色指针后面都会跟随一个黑色指针,从而每条从根到外部结点的路径上都有 $r \sim 2r$ 个指针,综上所述,有 $\mathrm{PL}(P) \leqslant 2\mathrm{PL}(Q)$。参看图 7.29,从根到 40 左下的外部结点的路径长度 $\mathrm{PL}(40) = 4$,从根到 70 右下的外部结点的路径长度 $\mathrm{PL}(70) = 3$,因此 $\mathrm{PL}(40) \leqslant 2\mathrm{PL}(70)$ 或者 $\mathrm{PL}(70) \leqslant 2\mathrm{PL}(40)$。

结论 2　设 h 是一棵红黑树的高度(不包括外部结点), n 是树中内部结点的个数, r 是根结点的黑高度,则以下关系式成立:

(1) $h \leqslant 2r$。

(2) $n \geqslant 2^r - 1$。

(3) $h \leqslant 2\log_2(n+1)$。

证明:

(1) 从结论 1 的证明可知,从根到任一外部结点的路径长度不超过 $2r$,同时从树的定义可知,树的高度即为根结点的高度,等于从根到离根最远的外部结点的路径的长度,因此有 $h \leqslant 2r$。例如,在图 7.29 中红黑树的高度(不计外部结点)为 $2r = 4$。

(2) 因为红黑树的黑高度为 r,则从树的第 1 层到第 r 层没有外部结点,因而在这些层中有 $2^r - 1$ 个内部结点,也就是说,内部结点的总数至少为 $2^r - 1$。例如,在图 7.29 所示的红黑树中,树的黑高度 $r = 2$,第 1 层和第 2 层共有 $2^2 - 1 = 3$ 个内部结点,而在第 3 层和第 4 层还有 4 个内部结点,则有 $n \geqslant 2^r - 1$。

(3) 由(2)可得 $r \leqslant \log_2(n+1)$,结合(1),有 $h \leqslant 2\log_2(n+1)$。

由于红黑树的高度最大为 $2\log_2(n+1)$,所以,搜索、插入、删除操作的时间复杂度为 $O(\log_2 n)$。注意,最差情况下的红黑树的高度大于最差情况下具有相同结点个数的 AVL 树的高度(近似于 $1.44\log_2(n+2)$)。

红黑树继承了二叉搜索树的定义,一些数据成员和成员函数可以直接使用二叉搜索树的成员。

7.5.2　红黑树的搜索

由于每棵红黑树都是二叉搜索树,可以使用与搜索普通二叉搜索树时所使用的完全相同的算法进行搜索。在搜索过程中不需使用颜色信息。

对普通二叉搜索树进行搜索的时间复杂度为 $O(h)$,对于红黑树则为 $O(\log_2 n)$。因为在搜索普通二叉搜索树、AVL 树和红黑树时使用了相同的代码,并且在最差情况下 AVL 树的高度最小,因此,在那些以搜索操作为主的应用程序中,最差情况下 AVL 树能获得最优的时间复杂度。

** 7.5.3　红黑树的插入

首先使用二叉搜索树的插入算法将一个元素插入红黑树中,该元素将作为新的叶结点插入某一外部结点位置。在插入过程中需要为新元素染色。

如果插入前是空树,那么新元素将成为根结点,根据特征 1,根结点必须染成黑色。

如果插入前树非空,若新结点被染成黑色,将违反红黑树的特性 3,所有从根到外部结点的路径上的黑色结点个数不等。因此,新插入的结点将染成红色,但这又可能违反红黑树的特性 2,出现连续两个红色结点,因此需要重新平衡。

设新插入的结点为 u,它的父结点和祖父结点分别是 pu 和 gu,现在来考查不平衡的类型。若 pu 是黑色结点,则特性 2 没有破坏,结束重新平衡的过程。若 pu 是红色结点,则出现连续两个红色结点的情形,这时还要考查 pu 的兄弟结点。

情况 1:如果 pu 的兄弟结点 gr 是红色结点,此时结点 pu 的父结点 gu 是黑色结点,它有两个红色子女结点。交换结点 gu 和它的子女结点的颜色,将可能破坏红黑树特性 2 的红色结点上移。如图 7.30 所示,其中黑色结点用深色阴影表示,红色结点用浅色阴影表示。

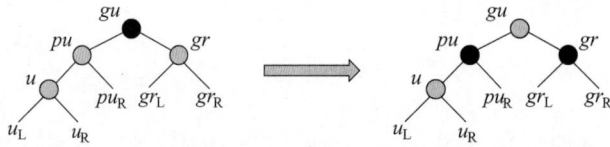

图 7.30　插入重新平衡的情况 1

情况 2:如果 pu 的兄弟结点 gr 是黑色结点,此时又有两种情况。

(1) u 是 pu 的左子女,pu 是 gu 的左子女。在这种情况下只要做一次右单旋转,交换一下 pu 和 gu 的颜色,就可恢复红黑树的特性,并结束重新平衡过程,如图 7.31 所示。

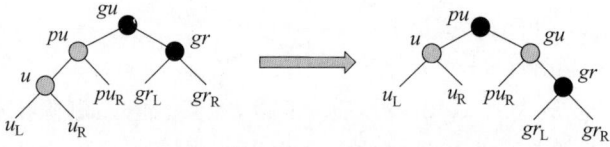

图 7.31　插入重新平衡的情况 2-1

(2) u 是 pu 的右子女,pu 是 gu 的左子女。在这种情况下做一次先左后右的双旋转,再交换一下 u 与 gu 的颜色,就可恢复红黑树的特性,结束重新平衡过程,如图 7.32 所示。

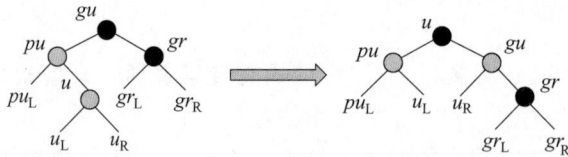

图 7.32　插入重新平衡的情况 2-2

在情况(2)中,结点 u 是 pu 的右子女的情形与 u 是 pu 的左子女的情形是镜像的,只要左、右指针互换即可。

** 7.5.4　红黑树的删除

红黑树的删除算法与二叉搜索树的删除算法类似,不同之处在于,在红黑树中执行一次二叉搜索树的删除运算,可能会破坏红黑树的特性,需要重新平衡。

在红黑树中真正删除的结点应是叶结点或只有一个子女的结点。若设被删除结点为 p,其唯一的子女为 s。结点 p 被删除后,结点 s 取代了它的位置。

如果被删结点 p 是红色的,删除它不存在问题。因为树中各结点的黑高度都没有改变,也不会出现连续两个红色结点,红黑树的特性仍然保持,不需执行重新平衡过程。

如果被删结点 p 是黑色的,一旦删除它,红黑树将不满足特性 3 的要求,因为在这条路径上黑色结点少了一个,从根到外部结点的黑高度将会降低。为此,可以将结点 u 看成具有额外的一重黑色,这样,任意包含结点 u 的路径上的黑高度仍保持删除前的值,就能恢复红黑树的特性。问题是在红黑树的定义中没有包括双重黑色的结点,因此必须通过旋转变换和改变结点的颜色,消除双重黑色结点,恢复红黑树的特性。

设 u 是被删结点 p 的唯一的子女结点。如果 u 是红色结点,可以把结点 u 染成黑色,从而恢复红黑树的特性。如果被删结点 p 是黑色结点,它的唯一的子女结点 u 也是黑色结点,就必须先将结点 p 摘下,将结点 u 链到其祖父结点 g 的下面。假设结点 u 成为结点 g 的右子女,v 是 u 的左兄弟。根据 v 的颜色,分以下两种情况讨论。

情况 1:结点 v 是黑色结点,若设结点 v 的左子女结点为 w。根据 w 的颜色又需分两种情况讨论:

(1) 结点 w 是红色结点,此时作一次右单旋转,将 w、g 染成黑色,v 染成红色,如图 7.33 所示,就可消除结点 u 的双重黑色,恢复红黑树的性质。

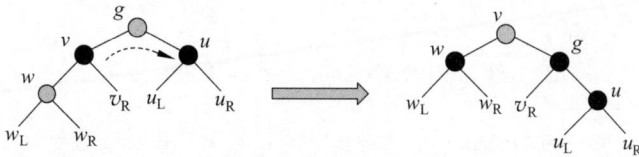

图 7.33　删除后重新平衡的情况 1-1

(2) 结点 w 是黑色结点,还要看结点 w 的右兄弟结点 r。根据结点 r 的颜色,又要分两种情况:

① 结点 r 是红色结点,可通过一次先左后右的双旋转,并将 g 染成黑色,就可消除结点 u 的双重黑色,恢复红黑树的特性,如图 7.34 所示。

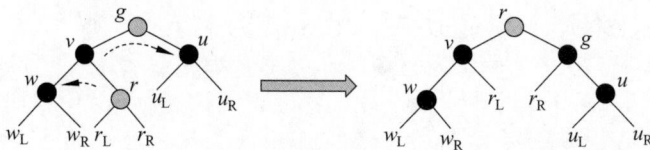

图 7.34　删除后重新平衡的情况 1-2-(1)

② 结点 r 是黑色结点,这时还要看结点 g 的颜色。如果 g 是红色结点,只要交换结点 g 和其子女结点 v 的颜色就能恢复红黑树的特性,如图 7.35(a)所示。如果 g 是黑色结点,可做一次右单旋转,将结点 v 上升并染成双重黑色,从而消除结点 u 的双重黑色,将双重黑色结点向根的方向转移,如图 7.35(b)所示。

情况 2:结点 v 是红色结点。考查 v 的右子女结点 r。根据红黑树的特性 2,r 一定是

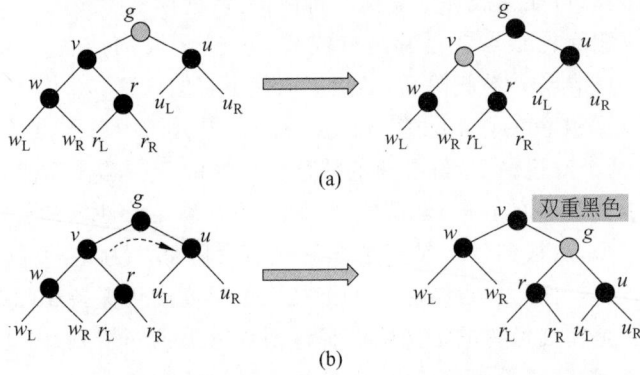

(a)

(b)

图 7.35　删除后重新平衡的情况 1-2-(2)

黑色结点。再看结点 r 的左子女结点 s。根据 s 的颜色,可以分两种情况讨论。

（1）结点 s 是红色结点。通过一次先左后右双旋转,让 r 上升,使包含 u 的路径的黑高度增 1,从而消除结点 u 的双重黑色,恢复红黑树的特性,如图 7.36 所示。

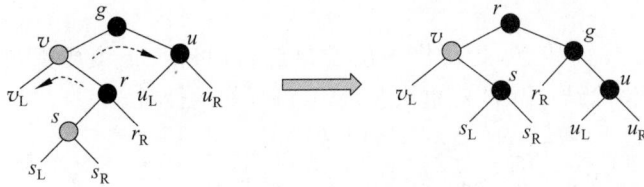

图 7.36　删除后重新平衡的情况 2-1

（2）结点 s 是黑色结点,再看结点 s 的右兄弟结点 t。根据结点 t 的颜色又分为两种情况进行讨论。

① 若结点 t 为红色结点,先以 t 为旋转轴,做左单旋转,以 t 替补 r 的位置;再以 t 为旋转轴,做一次先左后右的双旋转,可消除结点 u 的双重黑色,恢复红黑树的特性,如图 7.37 所示。

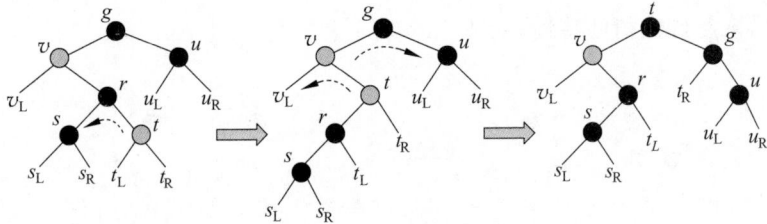

图 7.37　删除后重新平衡的情况 2-2-(1)

② 若结点 t 为黑色结点,以 v 为旋转轴,做一次右单旋转,并改变 v 和 r 的颜色,即可消除结点 u 的双重黑色,恢复红黑树的特色,如图 7.38 所示。

当结点 u 是结点 g 的左子女的情况与上面讨论的情况是镜像的,只要左、右指针互换即可。

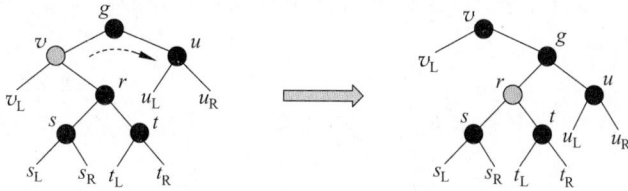

图 7.38 删除后重新平衡的情况 2-2-(2)

习　题

一、单项选择题

1. 下面有关搜索的说法中,正确的是(　　)。

   A. 所有搜索算法的执行都是基于关键码比较的

   B. 有序表中所有元素都是按照关键码的值正序(后一个大于或等于前一个)或逆序(前一个大于后一个)依次排列的

   C. 如果一个待查关键码集合存放于一个静态链表中,它应是静态搜索结构

   D. 如果允许搜索结构中存在关键码相等的不同元素,则基于关键码搜索的结果一定不唯一

2. 下面有关搜索性能方面的叙述中,错误的是(　　)。

   A. 搜索成功的平均搜索长度是指找到指定元素所需关键码比较次数的期望值

   B. 搜索不成功的平均搜索长度是指没有找到指定元素,但找到该元素插入位置所需关键码比较次数的期望值

   C. 平均搜索长度与元素的搜索概率无关

   D. 平均搜索长度与元素在结构中的分布情况有关

3. 顺序搜索算法适用于(　　)。

   A. 线性表　　　　B. 搜索树　　　　C. 搜索网　　　　D. 连通图

4. 若搜索表中各元素的概率相等,则在长度为 n 的顺序表上搜索到表中指定元素的平均搜索长度为(　　)。

   A. n　　　　B. $n+1$　　　　C. $(n-1)/2$　　　　D. $(n+1)/2$

5. 长度为 3 的顺序表进行搜索,若搜索第一个元素的概率为 $1/2$,搜索第二个元素的概率为 $1/3$,搜索第三个元素的概率为 $1/6$,则搜索到表中任一元素的平均搜索长度为(　　)。

   A. $5/3$　　　　B. 2　　　　C. $7/3$　　　　D. $4/3$

6. 对长度为 n 的有序单链表,若搜索每个元素的概率相等,则顺序搜索到表中任一元素的平均搜索长度为(　　)。

   A. $n/2$　　　　B. $(n+1)/2$　　　　C. $(n-1)/2$　　　　D. $n/4$

7. 对于长度为 n 的有序顺序表,若采用折半搜索,则对所有元素的搜索长度中最大为(　　)值的向上取整。

   A. $\log_2(n+1)$　　　　B. $\log_2 n$　　　　C. $n/2$　　　　D. $(n+1)/2$

8. 对于长度为 9 的有序顺序表,若采用折半搜索,在等概率情况下搜索成功的平均搜索长度为( )的值除以 9。

    A. 20   B. 18   C. 25   D. 22

9. 对于长度为 18 的有序顺序表,若采用折半搜索,则搜索第 15 个元素的搜索长度为( ),元素下标从 0 开始。

    A. 3   B. 4   C. 5   D. 6

10. 已知有序顺序表{13,18,24,35,47,50,62,83,90,115,134},当用折半搜索法搜索值为 18 的元素时,搜索成功的数据比较次数为( )。

    A. 1   B. 2   C. 3   D. 4

11. 已知有序顺序表{13,18,24,35,47,50,62,77,83,90,115,134},当用斐波那契搜索法搜索值为 18 的元素时,搜索成功的数据比较次数为( )。

    A. 1   B. 2   C. 3   D. 4

12. 已知有序顺序表{1,3,9,12,32,41,45,62,75,77,82,95,100},当用插值搜索法搜索值为 82 的元素时,搜索成功的数据比较次数为( )。

    A. 1   B. 2   C. 4   D. 8

13. 当采用分块搜索时,数据的组织方式为( )。

    A. 数据分成若干块,每块内数据有序

    B. 数据分成若干块,每块内数据不必有序,但块间必须有序,每块内最大(或最小)的数据作为索引项加入索引表

    C. 数据分成若干块,每块内数据有序,每块内最大(或最小)的数据作为索引项加入索引表

    D. 数据分成若干块,每块(除最后一块外)中数据个数相等

14. 采用分块搜索法搜索时,若线性表中有 625 个元素,搜索各元素的概率相同,设索引表搜索和块内搜索都采用顺序搜索法,那么每块应有元素个数为( )。

    A. 5   B. 10   C. 15   D. 25

15. 设顺序存储的某线性表共有 123 个元素,按分块搜索的要求等分为 3 块。若对索引表进行搜索和在块内进行搜索都采用顺序搜索法,则在等概率的情况下,分块搜索成功的平均搜索长度为( )。

    A. 21   B. 23   C. 41   D. 62

16. 在一棵高度为 h 的具有 n 个元素的二叉搜索树中,搜索所有元素的搜索长度中最大的为( )。

    A. n B. $\log_2 n$ C. $(h+1)/2$ D. h

17. 从具有 n 个结点的二叉搜索树中搜索一个元素时,若各元素的搜索概率相等,最好情况下进行成功搜索的时间复杂度为( )。

    A. $O(n)$ B. $O(1)$ C. $O(\log_2 n)$ D. $O(n^2)$

18. 从具有 n 个结点的二叉搜索树中搜索一个元素时,若各元素的搜索概率相等,最坏情况下进行成功搜索的时间复杂度为( )。

    A. $O(n)$ B. $O(1)$ C. $O(\log_2 n)$ D. $O(n^2)$

19. 向具有 n 个结点的 AVL 树中插入一个元素时,其时间复杂度为( )。

A. $O(1)$ B. $O(\log_2 n)$ C. $O(n)$ D. $O(n\log_2 n)$

20. 在一棵 AVL 树中,每个结点的平衡因子的取值范围是(　　　)。

　　A. $-1\sim 1$ B. $-2\sim 2$ C. $1\sim 2$ D. $0\sim 1$

21. 向一棵 AVL 树插入元素时,可能引起对最小不平衡子树的调整过程,此调整分为(　　　)种旋转类型。

　　A. 2   B. 3   C. 4   D. 5

22. 向一棵 AVL 树(高度平衡的二叉搜索树)插入元素时,可能引起对最小不平衡子树的左单旋转或右单旋转的调整过程,此时需要修改相关(　　　)个结点指针域的值。

　　A. 2   B. 3   C. 4   D. 5

23. 向一棵 AVL 树插入元素时,可能引起对最小不平衡子树的双向旋转的调整过程,此时需要修改相关(　　　)个结点指针域的值。

　　A. 2   B. 3   C. 4   D. 5

二、填空题

1. 以顺序搜索方法从长度为 n 的顺序表或单链表中搜索一个元素时,在搜索成功的情况下的时间复杂度为＿＿＿＿。

2. 对长度为 n 的搜索表进行搜索时,假设搜索第 i 个元素的概率为 p_i,找到它的元素比较次数为 c_i,则在搜索成功情况下的平均搜索长度的计算公式为＿＿＿＿。

3. 假设一个顺序表有 40 个元素且顺序搜索每个元素的概率都相同,则在搜索成功情况下的平均搜索长度为＿＿＿＿。

4. 使用折半搜索算法在有 n 个元素的有序表中搜索一个元素,搜索成功时的时间复杂度为＿＿＿＿。

5. 从有序顺序表{12,18,30,43,56,78,82,95}中折半搜索元素 56 时,其搜索长度为＿＿＿＿。

6. 假定对长度 $n = 50$ 的有序表进行折半搜索,则对应的二叉判定树中最下一层的结点数为＿＿＿＿个。

7. 从一棵二叉搜索树中搜索一个元素时,若给定值小于根结点的值,则需要向＿＿＿＿继续搜索。

8. 从一棵二叉搜索树中搜索一个元素时,若给定值大于根结点的值,则需要向＿＿＿＿继续搜索。

9. 向一棵二叉搜索树中插入一个新元素时,若该新元素的值小于根结点的值,则应把它插入结点的＿＿＿＿上。

10. 向一棵二叉搜索树中插入一个新元素时,若该新元素的值大于根结点的值,则应把它插入结点的＿＿＿＿上。

11. 向一棵二叉搜索树上插入一个元素时,若递归搜索到的根结点为＿＿＿＿,则应把新元素结点链接到这个结点的位置上。

12. 输入 n 个元素建立一棵二叉搜索树的时间复杂度为＿＿＿＿。

13. 在一棵 AVL 树中,每个结点的左子树高度与右子树高度之差＿＿＿＿不超过1。

14. 依次插入一组数据 56,42,50,64,48 生成一棵 AVL 树,当插入 50 时需要进行

_____旋转。

15. 依次插入一组数据 56，74，63，64，48 生成一棵 AVL 树，当插入 63 时需要进行 _____旋转。

16. 依次插入一组数据 56，42，38，64，48 生成一棵 AVL 树，当插入 38 时需要进行 _____旋转。

17. 依次插入一组数据 56，42，73，50，64，48，22 生成一棵 AVL 树，当插入值为 _____的结点时才出现不平衡，需要进行旋转调整。

18. 在一棵 AVL 树上进行插入或删除元素时，所需的时间复杂度为_____。

三、判断题

1. 在顺序表中进行顺序搜索时，若各元素的搜索概率不等，则各元素应按照搜索概率的降序排列存放，则可得到最小的平均搜索长度。　　　　　　　　　　（　　）

2. 进行折半搜索的表必须是顺序存储的有序表。　　　　　　　　　　（　　）

3. 能够在链接存储的有序表上进行折半搜索，其时间复杂度与在顺序存储的有序表上相同。　　　　　　　　　　（　　）

4. 对二叉搜索树进行中序遍历得到的结点序列是一个有序序列。　　　（　　）

5. 在由 n 个元素组成的有序表上进行折半搜索时，对任一个元素进行搜索的长度（即比较次数）都不会大于 $\log_2 n + 1$。　　　　　　　　　　（　　）

6. 对于一组关键码互不相同的记录，若生成二叉搜索树时插入元素的次序不同则得到不同形态的二叉搜索树。　　　　　　　　　　（　　）

7. 对于一组关键码互不相同的记录，生成二叉搜索树的形态与插入记录的次序无关。
　　　　　　　　　　（　　）

8. 对于两棵具有相同元素集合而具有不同形态的二叉搜索树，按中序遍历得到的结点序列是相同的。　　　　　　　　　　（　　）

9. 在二叉搜索树中，若各结点的搜索概率不等，使得搜索概率越大的结点离树根越近，则得到的是最优二叉搜索树。　　　　　　　　　　（　　）

10. 在二叉搜索树中，若各结点的搜索概率不等，使得搜索概率越小的结点离树根越近，则得到的是最优二叉搜索树。　　　　　　　　　　（　　）

11. AVL 树是高度最小的二叉搜索树。　　　　　　　　　　（　　）

12. AVL 树一定是理想平衡树。　　　　　　　　　　（　　）

13. 有 n 个结点的 AVL 树的高度为 $O(\log_2 n)$。　　　　　　　　　　（　　）

14. 向一棵有 n 个结点的 AVL 树中插入新结点 x，失去平衡的结点可能多达 $O(\log_2 n)$ 个。　　　　　　　　　　（　　）

15. 对于 AVL 树，如果向某个结点 $*p$ 的子树上插入新结点没有增高以 $*p$ 为根的子树，则从 $*p$ 到根的上溯路径上所有祖先结点的高度都不会改变。　　　（　　）

16. 如果在 AVL 树上结点 a 的较高的子树上插入新结点，结点 a 必然失去平衡。
　　　　　　　　　　（　　）

17. 如果在 AVL 树上结点 a 因为插入新结点而失去平衡，那么需要考察新结点插入路径上结点 a 的下一层结点 b。如果结点 a 和结点 b 的因子的正负号相同，则做单旋转，否则做双旋转。   (   )

18. 在向 AVL 树中插入新结点 x 之后,除了 x 的各级祖先结点外,其他结点的高度无须更新。   (   )

19. 在一棵 AVL 树中删除一个结点后,失去平衡的结点可能多于一个。   (   )

20. 如果通过一连串的删除和平衡旋转导致 AVL 树的高度降低,那么这种降低一定是自下向上发生的。   (   )

四、简答题

1. 设有序顺序表中的元素依次为 10,20,30,40,50。画出对其进行顺序搜索时的二叉判定树,并计算搜索成功的平均搜索长度和搜索不成功的平均搜索长度。

2. 设有序顺序表中的元素依次为 10,20,30,40,50。画出对其进行折半搜索时的二叉判定树,并计算搜索成功的平均搜索长度和搜索不成功的平均搜索长度。

3. 若对有 n 个元素的有序顺序表和无序顺序表分别进行顺序搜索,在下列 3 种情况下分别讨论两者在相等搜索概率时的平均搜索长度是否相同?

(1) 搜索不成功,即表中没有关键码等于给定值 K 的元素。

(2) 搜索成功,且表中只有一个关键码等于给定值 K 的元素。

(3) 搜索成功,且表中有若干个关键码等于给定值 K 的元素,一次搜索要求找出所有元素。此时的平均搜索长度应考虑找到所有元素时所用的比较次数。

4. 已知一个有序顺序表 $A[8N]$ 的表长为 $8N$,并且表中没有关键码相同的数据元素。假设按如下所述的方法搜索一个关键码等于给定值 x 的数据元素:先在 $A[7]$,$A[15]$,$A[23]$,…,$A[8K-1]$,…,$A[8N-1]$ 中进行顺序搜索。若搜索成功,则算法报告成功位置并返回;若不成功,当 $A[8K-1] < X < A[8(K+1)-1]$ 时,则可确定一个缩小的搜索范围 $A[8K] \sim A[8(K+1)-2]$,然后可以在这个范围内执行折半搜索。特殊情况是若 $X > A[8N-1]$ 的关键码,则搜索失败。要求画出描述上述搜索过程的判定树,并计算相等搜索概率下搜索成功的平均搜索长度。

5. 对长度为 2400 的表进行分块查找,分成多少块最理想?每块的理想长度是多少?若块内采用顺序查找,则查找成功的平均查找长度是多少?

6. 在一棵表示有序集 S 的二叉查找树中,任意一条从根结点到叶结点的路径将 S 分为 3 部分:在该路径左边结点中的元素组成的集合 S_1,在该路径上结点中的元素组成的集合 S_2,在该路径右边结点中的元素组成的集合 S_3。$S = S_1 \cup S_2 \cup S_3$。若对于任意的 $a \in S_1$,$b \in S_2$,$c \in S_3$,是否总有 $a \leqslant b \leqslant c$? 为什么?

7. 设二叉查找树中的关键码互不相同,则其中的最小元素必无左子女,最大元素必无右子女。此命题是否正确? 最小元素和最大元素一定是叶结点吗?

8. 将 {55,31,11,37,46,73,63,2,7} 中的关键码依次插入初始为空的二叉搜索树中,画出所得到的树 T。然后画出删除 37 之后的二叉搜索树 T'。若再将 37 插入 T' 中得到的二叉搜索树 T'' 是否与 T' 相同?

9. 将二叉搜索树 T 的前序序列中的关键码依次插入一棵空的二叉搜索树中,所得到的二叉搜索树 T' 与 T 是否相同? 为什么?

10. 对一棵二叉查找树做中序遍历,再基于得到的中序序列重新构造二叉查找树,这两棵二叉查找树是否相同?

11. 什么样的输入将会使二叉查找树退化成单链表?

12. 分别画出在图 7.39 所示的 AVL 树中插入 15、36 后树的变化。如果有平衡旋转,注明相关结点平衡因子的变化。

13. 图 7.40 是一棵 AVL 树,画出从树中删除 22、3、10、9 后树的形态和旋转的类型。要求以被删关键码的中序下的直接前驱替补该被删关键码。

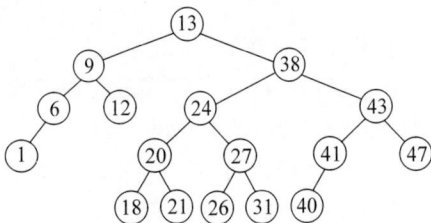

图 7.39　第 12 题的图　　　　　　　　图 7.40　第 13 题的图

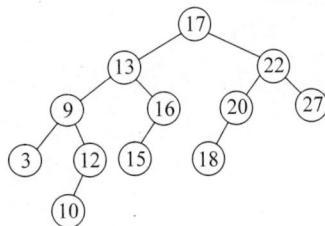

14. 在高度为 h 的 AVL 树中离根最近的叶结点在第几层?

15. 向 AVL 树插入新结点后可能失去平衡。如果在从插入新结点处到根的路径上有多个失去平衡的祖先结点,为何要选择离插入结点最近的失去平衡的祖先结点,对以它为根的子树做平衡旋转?

16. 有 n 个结点的 AVL 树的最小高度是多少? 最大高度是多少?

五、算法题

1. 若线性表中各结点的搜索概率不等,则可用如下策略提高顺序搜索的效率。若找到与给定值相匹配的元素,则将该元素与其直接前驱元素(若存在)交换,使得经常被搜索的元素尽量位于表的前端。设计一个算法,在线性表的顺序存储表示和链接存储表示的基础上实现顺序搜索。

2. 设计一个非递归算法,在一个存储整数的有序顺序表中用折半搜索法搜索值不小于 x 的最小整数。若搜索成功,则算法返回这个整数在表中的位置,否则算法返回 -1。

3. 一个长度为 $L(L \geqslant 1)$ 的升序序列 S,处在第 $\lceil L/2 \rceil$ 个位置的数称为 S 的中位数。例如,若序列 $S_1 = \{11, 13, 15, 17, 19\}$,则 S_1 的中位数为 15。若又有一个升序序列 $S_2 = \{2, 4, 6, 8, 10\}$,两个序列的中位数定义为它们所有元素的升序序列的中位数,则 S_1 和 S_2 的中位数为 11。现有两个等长的用带头结点的单链表存储的升序序列 L_1 和 L_2,设计一个算法,找出两个序列 L_1 和 L_2 的中位数。

4. 把第 3 题的条件改一改,定义中位数为第 $\lfloor L/2 \rfloor$ 个位置的数,例如对于两个升序序列 $S_1 = \{11, 13, 15, 17, 19\}$ 和 $S_2 = \{2, 4, 6, 8, 10\}$,它们的中位数为 10。现有两个等长的用一维数组存储的升序序列 A 和 B,设计一个算法,找出两个序列 L_1 和 L_2 的中位数。

5. 仿照折半搜索方法设计一个斐波那契搜索算法,并对 $n = 12$ 情况画出斐波那契算法的判定树。

6. 为了一开始就根据给定值直接逼近到要搜索的位置,可以采用插值搜索。插值搜索的思路:在待查区间 $[\text{low}, \text{high}]$ 中,假设元素值是线性增长的,如图 7.41 所示。mid 是区间内的一个位置(low≤mid≤high)，又假设 $K[x]$ 是某位置 x 的函数值，根据比例关系：

$$\frac{K[\text{high}]-K[\text{low}]}{\text{high}-\text{low}}=\frac{K[\text{mid}]-K[\text{low}]}{\text{mid}-\text{low}}$$

做一下移位，得到插值搜索的公式

$$\text{mid}=\text{how}+\frac{K[\text{mid}]-K[\text{low}]}{K[\text{high}]-K[\text{low}]}(\text{high}-\text{low})$$

只要给定待查值 $y=K[x]$，就能求出它的位置 x。设计一个算法，实现插值搜索方法。

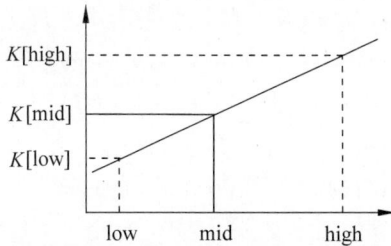

图 7.41　第 6 题的图

7. 设 BT 是一棵二叉树，树中结点的关键码互不相同。设计一个递归算法，判别 BT 是否为二叉搜索树。

8. 设计一个算法，从存放于数组 $R[n]$ 内的一棵二叉搜索树的前序遍历序列恢复该二叉搜索树。

9. 设计一个算法，从大到小输出二叉搜索树中所有其值不小于 k 的关键码。

10. 设在一棵二叉搜索树的每个结点中，key 域用于存放关键码，count 域用于存放与它有相同关键码的结点个数。当向该树插入一个元素时，若树中已存在与该元素的关键码相同的结点，则让该结点的 count 域增 1，否则就由该元素生成一个新结点而插入树中，并将其 count 域置为 1，设计一个算法，实现这个插入要求。

11. 设计一个算法，判定给定的关键码序列（假定关键码互不相同）是否是二叉搜索树的搜索序列。若是则函数返回 true，否则返回 false。

12. 设计一个算法，在二叉搜索树上找出任意两个不同结点的最近共有祖先。

13. 设二叉搜索树的结点与线索二叉树的结点在结构上相同，由 5 个域组成：BSTTHNode = {left, ltag, data, rtag, right}。设计一个非递归算法，从有 n 个正整数的数组中依次读入数据，创建一棵既是二叉搜索树又是中序线索二叉树的二叉树。

14. 设中序线索二叉搜索树的存储结构同第 13 题，设计一个算法，在中序线索二叉搜索树中插入一个关键码。

设树中有 n 个结点，算法的时间复杂度为 $O(\log_2 n)\sim O(n)$，空间复杂度为 $O(n)$。

15. 设中序线索二叉搜索树的存储结构同第 13 题，设计一个算法，从中序线索二叉搜索树中删除一个关键码的算法。

16. 利用二叉树遍历的思想，设计一个算法，判断二叉搜索树是否为 AVL 树。

17. 设有一棵 AVL 树，设计一个算法，利用各结点的平衡因子求 AVL 树的深度。

18. 在 AVL 树的每个结点中增设一个域 lsize，存储以该结点为根的左子树中的结点个数加 1。编写一个算法，确定树中第 $k(k\geqslant 1)$ 个结点的位置。

第8章　图

图是非线性结构。这类结构的灵活性更强,可以用来描述和求解更多的实际问题,因此得到了广泛的应用。最典型的应用领域有电路分析、寻找最短路线、项目规划、鉴别化合物、统计力学、遗传学、控制论、语言学,以及一些社会科学中。反过来,也正是由于其限制很少,已不再属于线性结构,因此运用这类结构时需要有更多的技巧。

第 5 章已经讨论了一种非线性结构——树,它是由结点组成的具有根的分层结构,各个结点通过指针链接形成亲子关系,一个结点最多有一个父结点,但可以有零个或多个子女结点。本章将讨论另一种非线性结构——图(graph),它的每个顶点都可以与多个其他顶点相关联,各顶点之间的关系是任意的。

8.1　图的基本概念

图是由顶点集合(vertex)及顶点间的关系集合组成的一种数据结构:Graph $=$ $(V,$ $E)$。其中,顶点集合 $V = \{x \mid x \in$ 某个数据对象集$\}$是有穷非空集合;$E = \{(x,y) \mid x, y \in V\}$ 或 $E = \{<x,y> \mid x, y \in V \ \&\& \ \mathrm{Path}(x,y)\}$是顶点间关系的有穷集合,也称边(edge)集合。$\mathrm{Path}(x,y)$表示从顶点 x 到顶点 y 的一条单向通路,它是有方向的。

8.1.1　与图有关的若干概念

有向图(directed graph)与无向图(undirected graph)。在有向图中,顶点对$<x,y>$是有序的,称为从顶点 x 到顶点 y 的一条有向边。注意,$<x,y>$与$<y,x>$是不同的两条边。此时,对于有向边$<x,y>$而言,x 是始点,y 是终点。在无向图中,顶点对(x,y)是无序的,是连接于顶点 x 和顶点 y 之间的一条边。这条边没有特定的方向,(x,y)与$(y,$ $x)$是同一条边。注意无向边与有向边各自的记法。

在如图 8.1 所示的 4 个例子中,图 G_1 和 G_2 是无向图,G_1 的顶点集为 $V(G_1) = \{0, 1,$ $2, 3\}$,边集合为 $E(G_1) = \{(0,1), (0,2), (0,3), (1,2), (1,3), (2,3)\}$。$G_2$ 的顶点集合为 $V(G_2) = \{0, 1, 2, 3, 4, 5, 6\}$,边集合为 $E(G_2) = \{(0,1), (0,2), (1,3), (1,4), (2,5), (2,6)\}$,可以视其为一棵树。图 G_3 和 G_4 是有向图,G_3 的顶点集合为 $V(G_3)$

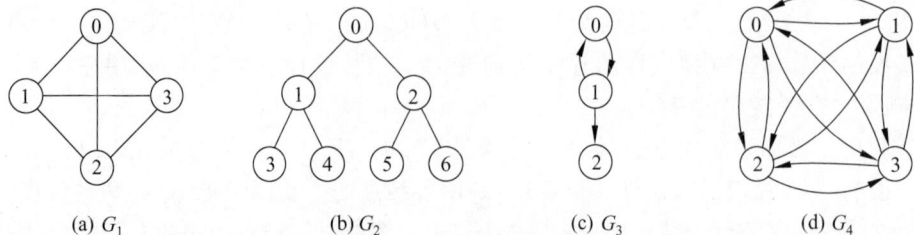

(a) G_1　　　　　(b) G_2　　　　　(c) G_3　　　　　(d) G_4

图 8.1　4 个图的实例

$= \{0,1,2\}$，边集合为 $E(G_3) = \{<0,1>,<1,0>,<1,2>\}$。$G_4$ 的顶点集合为 $V(G_4) = \{0,1,2,3\}$，边集合为 $E(G_4) = \{<0,1>,<1,0>,<0,2>,<2,0>,<0,3>,<3,0>,<1,2>,<2,1>,<1,3>,<3,1>,<2,3>,<3,2>\}$。在图 G_3 中，用箭头表示有向边的方向，箭头从始点指向终点。在无向图中不加箭头。

在讨论图时，需要做两点限制。

(1) **不考虑顶点有直接与自身相连的边**(self loop，即自环)。也就是说，不应有形如(x,x)或$<x,x>$的边。图 8.2(a)中存在自环，这类图就不属于本章讨论的范围。

(2) 在无向图中，任意两个顶点之间不能有多条边直接相连。如图 8.2(b)所示的图称为多重图(multigraph)，它突破了这个限制，不在本书的讨论范围之内。

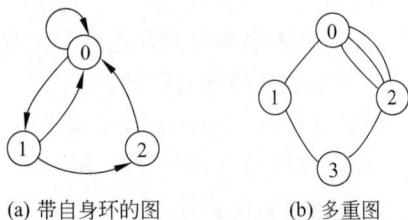

(a) 带自身环的图   (b) 多重图

图 8.2   本章不予讨论的图

完全图(complete graph)   在由 n 个顶点组成的无向图中，若有 $n(n-1)/2$ 条边，则称其为无向完全图，图 8.1(a)所示的 G_1 就是无向完全图。在由 n 个顶点组成的有向图中，若有 $n(n-1)$ 条边，则称其为有向完全图，图 8.1(d)所示的 G_4 就是有向完全图。完全图中的边数达到最大。

权(weight)。在某些图中，边具有与之相关的数值，称为权重。权重可以表示从一个顶点到另一个顶点的距离、花费的代价、所需的时间、次数等。这种带权图也称**网络**(network)。

邻接顶点(adjacent vertex)   如果(u,v)是 $E(G)$ 中的一条边，则 u 与 v 互为邻接顶点，且边(u,v)依附于顶点 u 和 v，顶点 u 和 v 依附于边(u,v)。在图 8.1(b)的 G_2 中，与顶点 1 相邻接的顶点有 0、3、4。在 G_2 中依附于顶点 2 的边有$(0,2)$、$(2,5)$和$(2,6)$。如果$<u,v>$一条有向边，则称顶点 u 邻接到顶点 v，顶点 v 邻接自顶点 u，边$<u,v>$与顶点 u 与 v 相关联。例如，在图 8.1(c)的 G_3 中，顶点 1(通过有向边$<1,2>$)邻接到 2，顶点 2 邻接自 1，顶点 1 与边$<0,1>$、$<1,0>$和$<1,2>$相关联。

子图(subgraph)   设图 $G = (V,E)$ 和 $G' = (V',E')$。若 $V' \subseteq V$ 且 $E' \subseteq E$，则称图 G' 是图 G 的子图。图 8.3(a)给出了无向图 G_1 的 3 个子图，图 8.3(b)给出有向图 G_3 的 3 个子图。

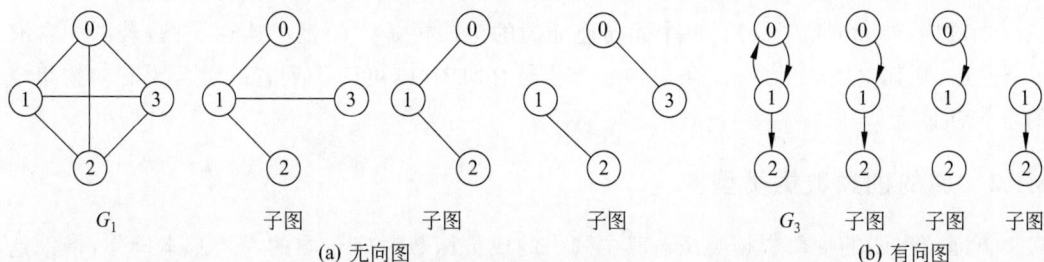

G_1 子图   子图   子图 G_3 子图   子图   子图

(a) 无向图   (b) 有向图

图 8.3   图与子图

度(degree)   与顶点 v 关联的边数，称为 v 的度，记作 $\deg(v)$。在有向图中，顶点的度等于其入度与出度之和。其中，顶点 v 的入度是以 v 为终点的有向边的条数，记作

indeg(v)；顶点 v 的出度是以 v 为始点的有向边的条数，记作 outdeg(v)。顶点 v 的度 deg(v)＝indeg(v)＋outdeg(v)。一般地，若图 G 中有 n 个顶点、e 条边，则

$$e = \frac{1}{2}\Big\{\sum_{i=1}^{n}\deg(v_i)\Big\}$$

路径（path）　在图 $G = (V, E)$ 中，若从顶点 v_i 出发，沿一些边经过若干顶点 v_{p1}，v_{p2}，$\cdots$，v_{pm} 到达顶点 v_j，则称顶点序列（v_i，v_{p1}，v_{p2}，$\cdots$，v_{pm}，v_j）为从顶点 v_i 到顶点 v_j 的一条路径。它经过的边（v_i，v_{p1}），（v_{p1}，v_{p2}），$\cdots$，（v_{pm}，v_j）都是来自 E 的边。

注意，在本书中是用顶点序列定义路径的，但在某些算法（例如求关键路径）中，是通过求一系列的边来寻找路径的。

路径长度（path length）　对于不带权的图，路径长度是指此路径上边的条数。对于带权图，路径长度是指路径上各条边上权值的和。

简单路径与回路（cycle）　若路径上各顶点 $v_1,v_2,\cdots,v_m$ 均不互相重复，则称这样的路径为简单路径。若路径上第一个顶点 v_1 与最后一个顶点 v_m 重合，则称这样的路径为回路或环。在图 8.4 中，图 8.4(a)是简单路径，图 8.4(b)是非简单路径，图 8.4(c)是回路。在解决实际应用问题时，通常只考虑简单路径。

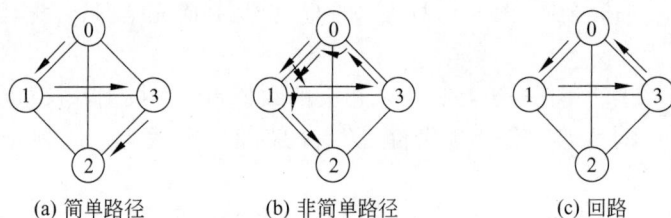

(a) 简单路径　　　　(b) 非简单路径　　　　(c) 回路

图 8.4　简单路径与回路

连通图与连通分量（connected graph & connected component）　在无向图中，若从顶点 v_1 到顶点 v_2 有路径，则称顶点 v_1 与 v_2 是连通的。如果图中任意一对顶点都是连通的，则称此图是连通图。非连通图的极大连通子图称为连通分量。

强连通图与强连通分量（strongly connected digraph & strongly connected component）　在有向图中，若在每对顶点 v_i 和 v_j 之间都存在一条从 v_i 到 v_j 的路径，也存在一条从 v_j 到 v_i 的路径，则称此图是强连通图。非强连通图的极大强连通子图称为强连通分量。

生成树（spanning tree）　一个无向连通图的生成树是它的极小连通子图，若图中含有 n 个顶点，则其生成树由 $n-1$ 条边构成。若是有向图，则可能得到它的由若干有向树组成的生成森林。

8.1.2　图的抽象数据类型

下面给出图的抽象数据类型。其中列出的成员函数对应于图的一组基本操作，借助这些操作，可以创建图并执行某些测试。在后续各节中将陆续讨论有关图的遍历、判断图的连通性及重连通性的函数。

程序 8.1　有关图的抽象数据类型
class Graph {

//对象:由一个顶点的非空集合和一个边集合构成,每条边由一个顶点对来表示
public:
    Graph();
      //建立一个空的图
    void insertVertex(const T& vertex);
      //在图中插入一个顶点 vertex,该顶点暂时没有入边
    void insertEdge(int v1, int v2, int weight);
      //若构成边的两个顶点 v1 和 v2 是图中的顶点,则在图中插入一条边(v1,v2)
    void removeVertex(int v);
      //若被删顶点是图中的顶点,则删除顶点 v 和所有关联到它的边
    void removeEdge(int v1, int v2);
      //若构成边的两个顶点 v1 和 v2 是图中的顶点,则在图中删除边(v1,v2)
    bool IsEmpty();
      //若图中没有边,则函数返回 true,否则返回 false
    T getWeight(int v1, int v2);
      //函数返回边 (v1,v2) 的权值
    int getFirstNeighbor(int v);
      //给出顶点位置为 v 的第一个邻接顶点的位置,如果找不到,则函数返回 -1
    int getNextNeighbor(int v1, int v2);
      //给出顶点位置为 v1 的某邻接顶点 v2 的下一个邻接顶点的位置,如果找不到,则返回 -1
};

8.2 图的存储结构

图是一种使用非常广泛的数据结构,其存储结构根据不同的应用问题有不同的表示。在介绍几种常用的存储表示之前,根据程序 8.1 给出的抽象数据类型,定义图的模板基类。在模板类定义中的数据类型参数表 <class T, class E> 中,T 是顶点数据的类型,E 是边上所附数据的类型。这个模板基类是按照最复杂的情况(即无向带权图)来定义的,如果需要使用非带权图,可将数据类型参数表 <class T, class E> 改为 <class T>,使用数据类型参数表时将 <T, E> 改为 <T>,并修改程序中与边上权值相关的部分。如果使用的是有向图,也可以对程序做相应的改动。

程序 8.2 图的模板基类

```
#define maxVertices 30                          //最大顶点数
#define maxEdges 40                             //最大边数
#define maxWeight 999                           //代表无穷大的值
template <class T, class E>
class Graph {                                   //图的类定义
public:
    bool GraphEmpty() {
        return (numEdges == 0)
    }
    bool GraphFull() {
        return (numVertices == maxVertices ||
```

```
                numEdges == maxVertices * (maxVertices-1)/2;}
    }
    int NumberOfVertices() {return numVertices;}        //返回当前顶点数
    int NumberOfEdges() {return numEdges;}              //返回当前边数
    virtual T getValue(int i);                          //取顶点 i 的值,i 不合理返回 0
    virtual E getWeight(int v1, int v2);                //取边(v1,v2)上的权值
    virtual int getVertexPos(T vertex);                 //给出顶点 vertex 在图中的位置
    virtual int getFirstNeighbor(int v);                //取顶点 v 的第一个邻接顶点
    virtual int getNextNeighbor(int v, int w);          //取邻接顶点 w 的下一个邻接顶点
    virtual bool insertVertex(T vertex);                //插入一个顶点 vertex
    virtual bool insertEdge(int v1, int v2, E cost);    //插入边(v1,v2),权为 cost
    virtual bool removeVertex(int v, T& vertex);        //删除顶点 v 和所有与其相关联的边
    virtual bool removeEdge(int v1, int v2, E& cost);   //在图中删除边(v1,v2)
protected:
    int numEdges;                                       //当前边数
    int numVertices;                                    //当前顶点数
};
```

所有虚函数都与具体存储表示相关,可以加上一个"＝0"改为纯虚函数,基类中所有函数可以作为接口函数供其他函数使用。

可以通过很多方法来表示和存储图结构,本节将介绍其中最常用的 3 种。

8.2.1 图的邻接矩阵表示

第一种是邻接矩阵(adjacency matrix)表示。首先将所有顶点的信息组织成一个顶点表,然后利用一个矩阵来表示各顶点之间的邻接关系,称为邻接矩阵。设图 $A=(V,E)$ 包含 n 个顶点,则 A 的邻接矩阵是一个二维数组 $A.\mathrm{Edge}[n][n]$,其定义为

$$A.\mathrm{Edge}[i][j]=\begin{cases}1, & 若(v_i,v_j)\in E \text{ 或者} <v_i,v_j>\in E \\ 0, & 否则\end{cases}$$

在图 8.5 中,分别给出了无向图 G_8、有向图 G_3 和有向图 G_7 的邻接矩阵。

不难看出,无向图的邻接矩阵是对称的,第 i 行(列)元素之和,就是顶点 i 的度。有向图的邻接矩阵则不一定是对称的,第 i 行(列)元素之和,就是顶点 i 的出(入)度。即

$$\mathrm{outdeg}(i)=\sum_{j=0}^{n-1}A.\mathrm{Edge}[i][j], \quad \mathrm{indeg}(j)=\sum_{k=0}^{n-1}A.\mathrm{Edge}[k][j]$$

如果用邻接矩阵来表示图,要想回答"图中有多少条边""图是否连通"等问题,一方面需要对除了对角线以外的所有 n^2-n 个元素逐一检查,时间开销很高。另一方面,当图中的边数 e 远远小于 n^2 时,图的邻接矩阵变成稀疏矩阵,存储利用率很低。为了克服这些问题,可以改用后面介绍的邻接表结构。

对于网络(或带权图),邻接矩阵定义为

$$A.\mathrm{Edge}[i][j]=\begin{cases}W(i,j), & 若(i!=j) \text{ 同时}(<v_i,v_j>\in E \text{ 或}(v_i,v_j)\in E) \\ \infty, & 否则 \quad 但 i!=j \\ 0, & 若 i==j\end{cases}$$

图 8.6 给出了一个网络及其对应的邻接矩阵。这样,第 i 行(列)中权值 $0<W[i][j]<$

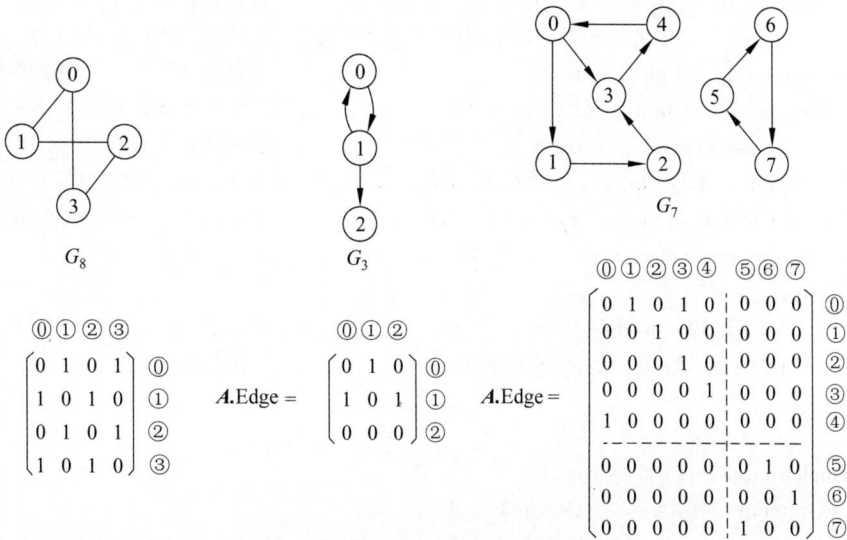

图 8.5　图的邻接矩阵表示

∞ 的顶点数目，就是顶点 i 的出(入)度。

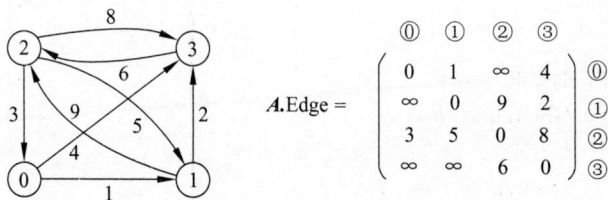

图 8.6　网络的邻接矩阵

下面给出用邻接矩阵作为存储表示的图的类声明以及部分成员函数的实现，此定义针对无向带权图。其中，有一个类型为顺序表的顶点表向量 VerticesList，用以存储顶点的信息；还有一个作为邻接矩阵使用的二维数组 Edge，用以存储图中的边；其矩阵元素个数取决于顶点个数，与边数无关。它是基类 Graph 的派生类，所以部分数据成员，如 maxVertices、numVertices、numEdges 等不再定义，直接继承基类的数据成员。

程序 8.3　用邻接矩阵表示的图的类定义

```
# include "Graph.h"
template <class T, class E>
class Graphmtx : public Graph<T, E> {                    //图的邻接矩阵类定义
friend istream& operator >> (istream& in, Graphmtx<T,E>& G);      //输入
friend ostream& operator << (ostream& out, Graphmtx<T,E>& G);     //输出
public：
    Graphmtx(int sz = DefaultVertices);                 //构造函数
    ~Graphmtx()                                         //析构函数
    int getVertexPos(T vextex)                          //给出顶点 vextex 在图中顶点的位置
    T getValue(int i)                                   //取顶点 i 的值，i 不合理返回 0
        {return (i >= 0 && i <= numVertices) ? VerticesList[i] : 0;}
```

```
    E getWeight(int v1, int v2)                          //取边(v1,v2)上的权值
        {return (v1 != -1 && v2 != -1) ? Edge[v1][v2] : 0;}
    int getFirstNeighbor(int v);                         //取顶点 v 的第一个邻接顶点
    int getNextNeighbor(int v, int w);                   //取 v 的邻接顶点 w 的下一个邻接顶点
    bool insertVertex(T vertex);                         //插入顶点 vertex
    bool insertEdge(int v1, int v2, E cost);             //插入边(v1,v2),权值为 cost
    bool removeVertex(int v, T& vertex);                 //删除顶点 v 和所有与它相关联的边
    bool removeEdge(int v1, int v2, E& cost);            //在图中删除边(v1,v2)
private:
    T VerticesList[maxVertices];                         //顶点表
    E Edge[maxVertices][maxVertices];                    //邻接矩阵
};


template <class T, class E>
int Graphmtx<T, E>::getVertexPos(T vertex) {
//给出顶点 vertex 在图中的位置
    for (int i = 0; i < numVertices; i++)
        if (VerticesList[i] == vertex) return i;
    return -1;
};


template <class T, class E>
Graphmtx<T,E>::Graphmtx(int sz) {
//构造函数
    numVertices = 0; numEdges = 0;
    int i, j;
    for (i = 0; i < maxVertices; i++)                    //邻接矩阵初始化
        for (j = 0; j < maxVertices; j++)
            Edge[i][j] = (i == j) ? 0 : maxWeight;
};
```

为了在其他场合执行有关图的运算,程序 8.4 给出常用的存取操作的实现。

程序 8.4 用邻接矩阵表示的图的存取操作的实现

```
template <class T, class E>
int Graphmtx<T,E>::getFirstNeighbor(int v) {
//给出顶点位置为 v 的第一个邻接顶点的位置,如果找不到,则函数返回-1
    if (v != -1) {
        for (int col = 0; col < numVertices; col++)
            if (Edge[v][col] > 0 && Edge[v][col] < maxWeight) return col;
    }
    return -1;
};


template <class T, class E>
int Graphmtx<T,E>::getNextNeighbor(int v, int w) {
```

```
//给出顶点 v 的某邻接顶点 w 的下一个邻接顶点
    if (v != -1 && w != -1) {
        for (int col = w+1; col < numVertices; col++)
            if (Edge[v][col] > 0 && Edge[v][col] < maxWeight) return col;
    }
    return -1;
};


template <class T, class E>
bool Graphmtx<T,E>::insertVertex(T vertex) {              //插入顶点 vertex
    if (numVertices == maxVertices) return false;         //顶点表满,不插入
    VerticesList[numVertices] = vertex;                   //新加顶点信息
    numVertices++ return true;                            //顶点数加 1
};


template <class T, class E>
bool Graphmtx<T,E>::removeVertex(int v, T& vertex) {
//删除顶点 v 和所有与它相关联的边
    if (v < 0 || v >= numVertices) return false;          //v 不在图中,不删除
    if (numVertices == 1) return false;                   //只剩一个顶点,不删除
    for (int i = 0; i < numVertices; i++ )                //修改图的边数
        if (Edge[v][i] > 0 && Edge[v][i] < maxWeight) numEdges--;
    vertex = VerticesList[v];                             //顶点表中删除该顶点
    VerticesList[v] = VerticesList[numVertices-1];
    for (i = 0; i < numVertices; i++)                     //用最后一列填补第 v 列
        Edge[i][v] = Edge[i][numVertices-1];
    for (i = 0; i < numVertices; i++)                     //用最后一行填补第 v 行
        Edge[v][i] = Edge[numVertices][i];
    numVertices--; return true;                           //顶点数减 1
};


template <class T, class E>
bool Graphmtx<T,E>::insertEdge(int v1, int v2, E cost) {
//插入边(v1, v2),权值为 cost
    if (v1 > -1 && v1 < numVertices && v2 > -1 && v2 < numVertices) {
        if (Edge[v1][v2] == 0 || Edge[v1][v2] == maxWeight)
            numEdges++;                                   //插入边后边数加 1
        Edge[v1][v2] = Edge[v2][v1] = cost;               //插入边
        return true;
    }
    else return false;
};


template <class T, class E>
bool Graphmtx<T,E>::removeEdge(int v1, int v2, E& cost) {
```

```
//在图中删除边(v1,v2)
    if (v1 > -1 && v1 < numVertices && v2 > -1 && v2 < numVertices) {
        if (Edge[v1][v2] > 0 && Edge[v1][v2] < maxWeight) {
            cost = Edge[v1][v2];                      //保存边上权值
            Edge[v1][v2] = Edge[v2][v1] = maxWeight; //删边
            numEdges--;
            return true;
        }
        else return false;
    }
    else return false;
};
```

为了建立用邻接矩阵存储的图,下面定义了两个用于图输入输出的重载操作">>"和"<<"。它们被定义为图的友元函数。在输入情形,首先输入各顶点信息,如 A, B, C, D, E,然后输入各边的信息,如 A, B, 24; A, C, 46; B, C, 15; B, E, 67; C, B, 37; C, D, 53; E, D, 31。

程序 8.5　基于邻接矩阵的图输入输出的友元重载函数
```
template <class T, class E>
istream& operator >> (istream& in, Graphmtx<T,E>& G) {
//通过从输入流对象 in 输入 n 个顶点信息和 e 条无向边的信息建立用邻接矩阵表示的图 G。邻接
//矩阵初始化的工作已经在构造函数中完成
    int i, j, k, n, m; T e1, e2;  E weight;
    cout << "输入顶点数、边数" << endl;
    in >> n >> m;                                    //输入顶点数 n 和边数 m
    for (i = 0; i < n; i++) {                        //建立顶点表数据
        cout << "输入顶点值";
        in >> e1; G.insertVertex(e1);
    }
    i = 0;
    while (i < m) {
        cout << "输入边信息" << endl;
        in >> e1 >> e2 >> weight;                    //输入端点信息
        j = G.getVertexPos(e1); k = G.getVertexPos(e2);  //查顶点号
        if (j == -1 || k == -1)
            cout << "边两端点信息有误,重新输入!" << endl;
        else {
            G.insertEdge(j, k, weight); i++;
        }
    }
    return in;
};

template <class T, class E>
ostream& operator << (ostream& out, Graphmtx<T,E>& G) {
```

```
//输出图的所有顶点和边的信息
    int i, j, n, m; T e1, e2; E w;
    n = G.NumberOfVertices(); m = G.NumberOfEdges();
    out << "顶点数" << n << ", 边数" << m << endl;                    //输出顶点数与边数
    out << "所有顶点信息为" << endl;
    for (i = 0; i < n; i++) out << G.getValue(i) << " ";
    out << endl << "所有边的信息为" << endl;
    for (i = 0; i < n; i++)
        for (j = i+1; j < n; j++) {
            w = G.getWeight(i, j);                                   //取边上权值
            if (w > 0 && w < maxWeight) {                            //有效
                e1 = G.getValue(i); e2 = G.getValue(j);              //取顶点号
                out << "(" << e1 << "," << e2 << "," << w << ")";
            }
        }
    out << endl; return out;
};
```

8.2.2　图的邻接表表示

以邻接矩阵的形式存储图结构,当 e 远远小于 n^2 时,大量的元素都是零。显然,如此之多冗余的零元素,势必造成存储空间的巨大浪费。当出现这一问题时,可以将邻接矩阵改进为邻接表(adjacency list)。为此,需要把邻接矩阵的各行分别组织为一个单链表。

在第 i 行的单链表中,各结点(称作边结点)分别存放与同一个顶点 v_i 关联的各条边。各结点配有标识 dest,指示该边的另一个顶点(终顶点);还配有指针 link,指向同一链表中的下一条边的边结点(都与顶点 v_i 相关联)。对于带权图,结点中还要保存该边的权值 cost。通过在顶点表的第 i 个顶点信息中保存的指针 adj,可以找到与顶点 i 对应的边链表的第一个边结点;此外,该记录还保存有该顶点的其他信息。下面给出以邻接表形式存储的无向带权图的结构定义。

程序 8.6　用邻接表表示的图的类定义
```
# include "Graph.h"
template <class T, class E>
struct Edge {                                          //边结点的定义
    int dest;                                          //边的另一个顶点位置
    E cost;                                            //边上的权值
    Edge<T,E> * link;                                  //下一条边链指针
    Edge() {}                                          //构造函数
    Edge(int num, E weight) : dest(num), cost(weight), link (NULL) {}    //构造函数
    bool operator != (Edge<T,E>& R)const {             //判断边不等否
        return (dest != R.dest) ? true : false;
    }
};
```

```
template <class T, class E>
struct Vertex {                                              //顶点的定义
    T data；                                                 //顶点的名字
    Edge<T,E> * adj；                                        //边链表的头指针
}；


template <class T, class E>
class Graphlnk：public Graph <T,E>{                          //图的类定义
friend istream& operator >> (istream& in, Graphlnk<T,E>& G)；    //输入
friend ostream& operator << (ostream& out, Graphlnk<T,E>& G)；   //输出
public：
    Graphlnk(int sz = DefaultVertices)；                     //构造函数
    ～Graphlnk()；                                           //析构函数
    int getVertexPos(J vertex)；                             //取顶点 vertex 在结点表中的序号
    T getValue(int i)                                        //取位置为 i 的顶点中的值
        {return (i >= 0 && i < NumVertices) ? NodeTable[i].data：0；}
    E getWeight(int v1, int v2)；                            //返回边(v1,v2)上的权值
    bool insertVertex( T vertex)；                           //在图中插入一个顶点 vertex
    bool removeVertex(int v, T& vertex)；                    //在图中删除一个顶点 v
    bool insertEdge(int v1, int v2, E cost)；                //在图中插入一条边(v1,v2)
    bool removeEdge(int v1, int v2, E& cost)；               //在图中删除一条边(v1,v2)
    int getFirstNeighbor(int v)；                            //取顶点 v 的第一个邻接顶点
    int getNextNeighbor(int v, int w)；                      //取 v 的邻接顶点 w 的下一个邻接
                                                            //顶点
private：
    Vertex<T,E> NodeTable[maxVertices]；                     //顶点表（各边链表的头结点）
}；
template<class T, class E>
int Graphlnk<T, E> getVertexPos(T vertex) {                 //给出顶点 vertex 在图中的位置
    for (int i = 0；i < numVertices；i++)
        if (NodeTable[i].data == Vertex) return i；
    return −1；
}
```

图 8.7 给出一个无向图及其对应的邻接表。从图中可以看到,**同一条边在邻接表中出现了两次**,这是因为(V_i,V_j)与(V_j,V_i)是同一条边,但在邻接表中,一个在顶点 i 对应的边链表中,另一个在顶点 j 对应的边链表中。**如果想知道顶点 i 的度,只需统计顶点 i 的边链表中边结点的数目即可。**

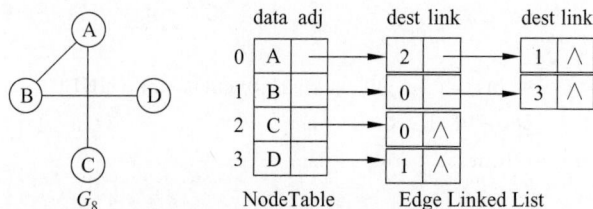

图 8.7 无向图的邻接表表示

图 8.8(a)给出一个有向图的邻接表。每条边在邻接表中只出现一次。此时,与顶点 i 对应的链表所含结点的个数就是该顶点的出度,因此这种链表称为出边表。但想要得到该顶点的入度,必须检测其他所有顶点对应的边链表,看有多少个边结点的 dest 域中是 i。这样十分不方便。为此,建立逆邻接表,如图 8.8(b)所示,顶点 i 的边链表中链接的是所有进入该顶点的边,所以也称入边表。统计顶点 i 的边链表中结点的个数,就能得到该顶点的入度。

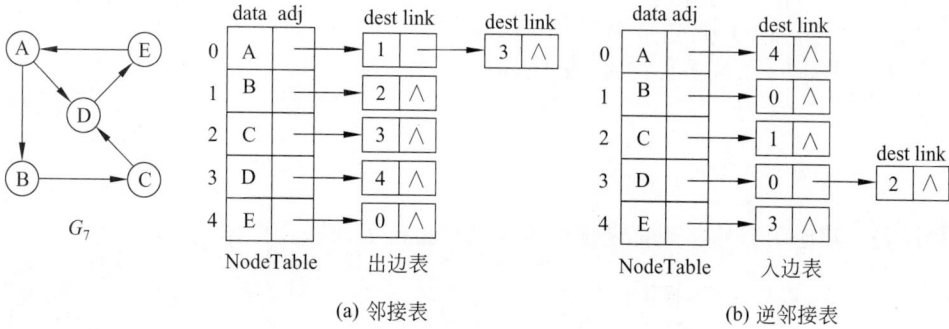

图 8.8　有向图的邻接表和逆邻接表表示

对于带权图,必须在邻接表的边结点中增设一个域 cost,存放各边的权值。一个带权图的邻接表表示的示例如图 8.9 所示。

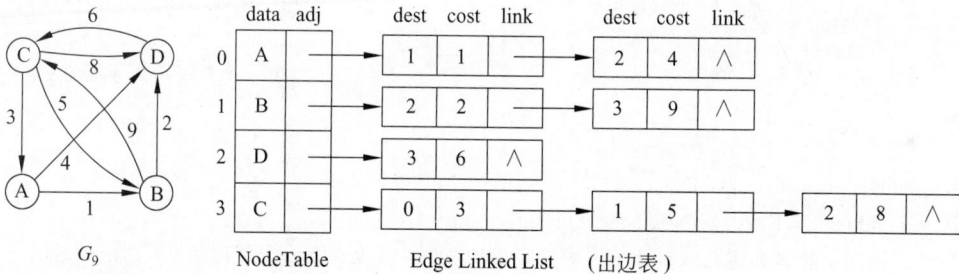

图 8.9　带权图(网络)的邻接表表示

在每个边链表中,各边结点的链入顺序任意,视边结点插入的次序而定。若有 n 个顶点、e 条边,则用邻接表表示无向图,需要 n 个顶点结点和 $2e$ 个边结点;用邻接表表示有向图,若不考虑逆邻接表,则只需 n 个顶点结点和 e 个边结点。当 e 远远小于 n^2 时,可以节省大量的存储空间。此外,把同一个顶点的所有边链接在一个单链表中,也使得图的操作更为便捷。程序 8.7 给出基于上述邻接表表示的图的构造函数和析构函数的实现以及其他一些图的成员函数的实现。

程序 8.7　邻接表构造函数和析构函数的实现

```
template <class T, class E>
Graphlnk<T,E>::Graphlnk() {
//构造函数:建立一个空的邻接表
    numVertices = 0; numEdges = 0;
    for (int i = 0; i < maxVertices; i++) NodeTable[i].adj = NULL;
```

```
};

template <class T, class E>
Graphlnk<T,E>::~Graphlnk() {
//析构函数：删除一个邻接表
    for (int i = 0; i < numVertices; i++) {                //删除各边链表中的结点
        Edge<T,E> * p = NodeTable[i].adj;                  //找到其对应边链表的首结点
        while (p != NULL) {                                //不断地删除第一个结点
            NodeTable[i].adj = p->link;
            delete p; p = NodeTable[i].adj;
        }
    }
};
```

邻接表上其他函数的实现都是顶点表与某个边链表的联合操作。

程序 8.8 邻接表其他存取操作的实现
```
template <class T, class E>
int Graphlnk<T,E>::getFirstNeighbor(int v) {
//给出顶点位置为 v 的第一个邻接顶点的位置，如果找不到，则函数返回 -1
    if (v != -1) {                                         //顶点 v 存在
        Edge<T,E> * p = NodeTable[v].adj;                  //对应边链表第一个边结点
        if (p != NULL) return p->dest;                     //存在，返回第一个邻接顶点
    }
    return -1;                                             //第一个邻接顶点不存在
};


template <class T, class E>
int Graphlnk<T,E>::getNextNeighbor(int v, int w) {
//给出顶点 v 的邻接顶点 w 的下一个邻接顶点的位置，若没有下一个邻接顶点，则函数返回 -1
    if (v != -1) {                                         //顶点 v 存在
        Edge<T,E> * p = NodeTable[v].adj;                  //对应边链表第一个边结点
        while (p != NULL && p->dest != w)                  //寻找邻接顶点 w
            p = p->link;
        if (p != NULL && p->link != NULL)
            return p->link->dest;                          //返回下一个邻接顶点
    }
    return -1;                                             //下一个邻接顶点不存在
};


template <class T, class E>
E Graphlnk<T,E>::getWeight(int v1, int v2) {
//函数返回边(v1,v2)上的权值，若该边不在图中，则函数返回权值 0
    if (v1 != -1 && v2 != -1) {
        Edge<T,E> * p = NodeTable[v1].adj;                 //v1 的第一条关联的边
        while (p != NULL && p->dest != v2)                 //寻找邻接顶点 v2
```

```cpp
            p = p—>link;
        if (p != NULL) return p—>cost;                    //找到此边，返回权值
    }
    return 0;                                             //边(v1,v2)不存在
};


template <class T, class E>
bool Graphlnk<T,E>::insertVertex(T vertex) {
//在图的顶点表中插入一个新顶点 vertex。若插入成功,函数返回 true,否则返回 false
    if (numVertices == maxVertices) return false;         //顶点表满，不能插入
    NodeTable[numVertices].data = vertex;                 //插入在表的最后
    NodeTable[numVertices].adj = NULL;
    numVertices++;    return true;
};


template <class T, class E>
bool Graphlnk<T,E>::removeVertex(int v, T& vertex) {
//在图中删除一个指定顶点 v, v 是顶点号。若删除成功，函数返回 true,否则返回 false
    if (numVertices == 1 || v < 0 || v >= numVertices) return false;
                                                          //表空或顶点号超出范围
    Edge<T,E> * p, * s, * t;   int i, k;
    while (NodeTable[v].adj != NULL) {                    //删除第 v 个边链表中所有结点
        p = NodeTable[v].adj;   k = p—>dest;              //取邻接顶点 k
        s = NodeTable[k].adj;   t = NULL;                 //找对称存放的边结点
        while (s != NULL && s—>dest != v) {
            t = s;   s = s—>link;
        }
        if (s != NULL) {                                  //删除对称存放的边结点
            if (t == NULL) NodeTable[k].adj = s—>link;
            else t—>link = s—>link;
            delete s;
        }
        NodeTable[v].adj = p—>link;                       //清除顶点 v 的边链表结点
        delete p;   numEdges——;                          //与顶点 v 相关联的边数减 1
    }
    vertex = NodeTable[v].data;
    numVertices——;                                       //图的顶点个数减 1
    NodeTable[v].data = NodeTable[numVertices].data;      //填补
    p = NodeTable[v].adj=NodeTable[numVertices].adj;
    while (p != NULL) {
        s = NodeTable[p—>dest].adj;
        while (s != NULL) {
            if (s—>dest == numVertices) {s—>dest = v; break;}
            else s = s—>link;
        }
```

343 •

```
                p = p->link；
        }
        return true；
};


template <class T, class E>
bool Graphlnk<T,E>::insertEdge(int v1, int v2, E weight) {
//在带权图中插入一条边(v1,v2)，若此边存在或参数不合理，函数返回 false，否则返回
//true。对于非带权图，最后一个参数 weight 不要，算法中相应语句也不要
    if (v1 >= 0 && v1 < numVertices && v2 >= 0 && v2 < numVertices) {
        Edge<T,E> * q, * p = NodeTable[v1].adj；         //v1 对应的边链表头指针
        while (p != NULL && p->dest != v2)               //寻找邻接顶点 v2
            p = p->link；
        if (p != NULL) return false；                     //找到此边，不插入
        p = new Edge<T,E>；  q = new Edge<T,E>；          //否则，创建新结点
        p->dest = v2；  p->cost = weight；
        p->link = NodeTable[v1].adj；                     //链入 v1 边链表
        NodeTable[v1].adj = p；
        q->dest = v1；  q->cost = weight；
        q->link = NodeTable[v2].adj；                     //链入 v2 边链表
        NodeTable[v2].adj = q；
        numEdges++；  return true；
    }
    else return false；
};


template <class T, class E>
bool Graphlnk<T,E>::removeEdge(int v1, int v2, E& cost) {
//在图中删除一条边(v1, v2)
    if (v1!= -1 && v2 != -1) {
        Edge<T,E> * p = NodeTable[v1].adj, * q = NULL, * s = p；
        while (p != NULL && p->dest != v2)               //v1 对应边链表中找被删边
            {q = p；  p = p->link；}
        if (p != NULL) {                                  //找到被删边结点
            if (p == s) NodeTable[v1].adj = p->link；      //边链表首结点
            else q->link = p->link；                       //不是，重新链接
            cost = p->cost；
            delete p；
        }
        else return false；                               //没有找到被删边结点
        p = NodeTable[v2].adj；  q = NULL, s = p；         //v2 对应边链表中删除
        while (p->dest != v1) {q = p；  p = p->link；}      //寻找被删边结点
        if (p == s) NodeTable[v2].adj = p->link；          //该结点是边链表首结点
        else q->link = p->link；                           //不是，重新链接
        delete p；
```

```
        return true;
    }
    return false;                                              //没有找到结点
};
```

在邻接表上的友元重载函数"＞＞"和"＜＜"的实现与在邻接矩阵上相应的函数实现基本相同,只是在邻接表上的输入输出对象为 Graphlnk＜T,E＞& 类型,在邻接矩阵上的是 Graphmtx＜T,E＞& 类型。

最后,对邻接矩阵和邻接表这两种图的存储表示做一简单的比较。邻接矩阵和邻接表这两种存储方法的空间效率孰优孰劣,需要结合实际的应用加以考虑。一般来讲,主要取决于边的数目。图越稠密(边的数量大),邻接矩阵的空间效率越高,因为邻接表的指针开销较大,而邻接矩阵的边可能只需要一个二进制位(bit)就可以表示。对于稀疏图,即边的数目远远小于顶点数目的平方的图,使用邻接表可以获得较高的空间效率。

在时间效率方面,邻接表往往优于邻接矩阵,因为访问图的某个顶点的所有邻接顶点的操作使用最频繁,如果是邻接表,只需检查此顶点对应的边链表,就能很快找到所有与此顶点相邻的全部顶点;而在邻接矩阵中,则必须检查某一行全部矩阵元素。

此外,就无向图的存储而言,邻接表还有一点不足,即每条边都被存储了两遍。如图 8.7 所示,只要 (v_i, v_j) 出现在顶点 i 的边链表中,(v_j, v_i) 就必然出现在顶点 j 的边链表中;反之亦然。实际上,它们就是同一条边。另一方面,在解决很多应用问题的过程中,都需要给被处理的边做上(已访问或已删除等)标记。若采用邻接表,则必须给各边对应的两个结点同时增加标记。由于这两个结点分属不同的边链表,操作很不方便。针对这一问题的一种改进方法,就是采用邻接多重表结构。

** 8.2.3　图的邻接多重表表示

邻接多重表(adjacency multilist)以处理图的边为主,要求每条边处理一次在实际应用中特别有用。邻接多重表把多重表结构引入图的邻接表表示中,实际上是把邻接表表示中代表同一条边的两个边结点合为一个边结点,把几个边链表合成一个多重表,这样图的每条边只用一个多重表结点表示。

1. 无向图的邻接多重表表示

在无向图的邻接多重表中,图的每条边用一个边结点表示,它由 5 个域组成:

mark	vertex1	vertex2	path1	path2

其中,mark 是标记域,标记该边是否已接受过处理;vertex1 和 vertex2 是顶点域,指明该边所依附的两个顶点(按顶点号标识);path1 和 path2 是链接指针域,指向依附于 vertex1 和 vertex2 的下一条边。如有必要,还可设置一个域以存放该边的权值 cost。

除增加一个 mark 域外,邻接多重表所需的存储空间与表示无向图的邻接表相同。

存储顶点信息的结点表以顺序表方式组织,每个顶点结点有两个域:

data	firstout

其中，data 域存放与该顶点相关的信息；firstout 是指针域，指向依附于该顶点的第一条边。

图 8.10 是一个无向图的邻接多重表表示的例子。

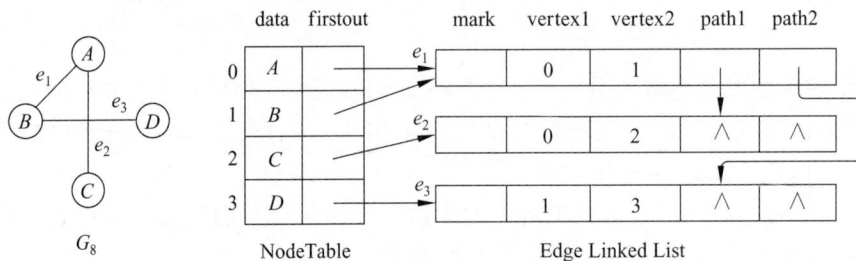

图 8.10　无向图的邻接多重表表示

如果想要搜索所有依附于顶点 A 的边，只要先调用成员函数 GetVertexPos() 找到顶点 A 的位置（即 0 号位置），然后通过该顶点结点的 firstout 指针，找到依附于它的第一条边 $e1$，因为在边结点 $e1$ 的 vertex1 中存放的是顶点号 0，故通过边结点 $e1$ 中的 path1 指针（对应于 vertex1）找到依附于它的第二条边 $e2$。边结点 $e2$ 中的 path1（还是对应于 vertex1）指针为空，表明它是依附于顶点 A 的最后一条边。

再如，要是希望找出依附于顶点 B 的所有边，可先找到顶点 B 的位置（即 1 号位置），通过该顶点的 firstout 指针，找到依附于它的第一条边 $e1$，因为在边结点 $e1$ 的 vertex2 中存放的是顶点号 1，则必须通过边结点 $e1$ 中的 path2 指针找到依附于顶点 B 的下一条边。

由此可知，在邻接多重表中，依附于同一个顶点的所有边都链接在同一个单链表中。只要从顶点 i 出发，即可循链找出依附于该顶点的所有边（以及它的所有邻接顶点）。

2. 有向图的邻接多重表

在用邻接表表示有向图时，有时需要同时使用邻接表和逆邻接表。可以把这两个表结合起来，用有向图的邻接多重表（通常称为十字链表）来表示一个有向图。在有向图的十字链表中，每个边结点也有 5 个域：

mark	vertex1	vertex2	path1	path2

其中，mark 是标记域；vertex1 和 vertex2 是顶点域，分别指向该有向边的始点和终点。path1 是链接指针域，指向与该边有同一始顶点的下一条边（出边表）；path2 也是链接指针域，指向与该边有同一终顶点的下一条边（入边表）。需要时还可有权值域 cost。

在这样的十字链表中，每个顶点有一个结点，它相当于出边表和入边表的表头结点：

data	firstin	firstout

其中，data 存放与该顶点相关的信息域；firstout 和 firstin 是指针域，分别指示以该顶点为始顶点的出边表的第一条边和以该顶点为终顶点的入边表的第一条边。图 8.11 是一个有向图的十字链表表示的例子。

在有向图的十字链表中，从顶点结点的 firstout 指针出发，沿 path1 指针依次相连的各个边结点，恰好构成了原先的一个邻接表结构。该链中边结点的总数就是该顶点的出度。

若从顶点结点的 firstin 指针出发,沿 path2 指针依次相连的各个边结点,恰好构成了原先的一个逆邻接表结构。该链中边结点的总数就是该顶点的入度。

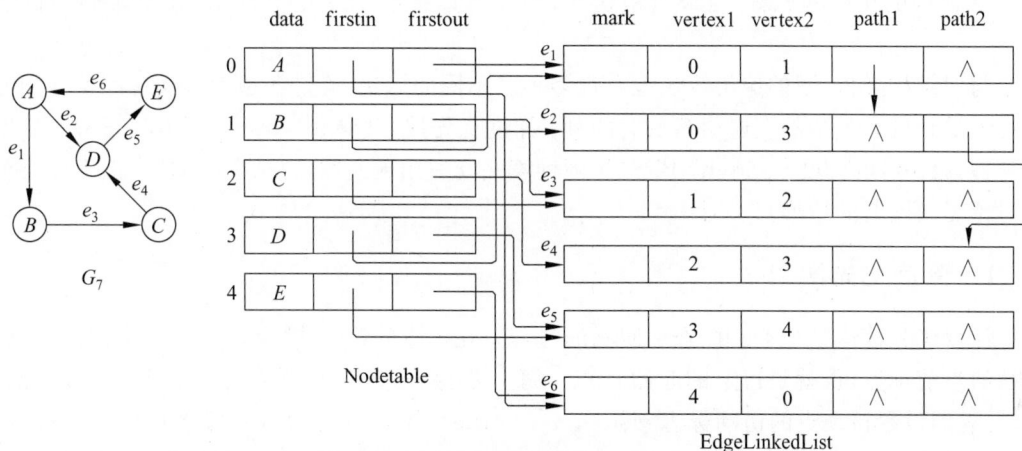

图 8.11　有向图的十字链表表示

8.3　图 的 遍 历

　　与树的遍历类似,对图结构也可以进行遍历。图的遍历(graph traversal)是指给定一个图 G 和其中任意一个顶点 v_0,从 v_0 出发,沿着图中各边访遍图中的所有顶点,且每个顶点仅被访问一次。这里所说的"访问",因具体的应用问题而异。可以是输出顶点的信息,也可以是修改顶点的某个属性,还可能是对所有顶点的某个属性进行统计(如累计所有顶点的权值)。在与图相关的各种应用问题中,涉及遍历的情况很多。例如,通过遍历,可以找出某个顶点所在的极大连通子图,可以消除图中的所有回路,可以找出关节点等。

　　一方面,绝大多数有关图和网络的问题都涉及图的整体结构,因此只有在收集到所有顶点的信息之后,才能正确地求解问题;另一方面,如果不能控制各顶点被访问的次数,算法的冗余计算将导致问题复杂化,变得无法计算,大大降低时间效率。基于实际需要,要求通过遍历,能够覆盖所有的顶点,并让每个顶点只被访问一次。

　　对于树结构而言,上述两点要求自然满足:因为树是连通的,故从任意一个顶点出发,(迟早)都可以抵达其他的每个顶点。此外,树是无环图,故任意两个顶点之间最多只有一条通路。

　　然而对于一般的图结构而言,这两点并不能直接满足。首先,若图中存在回路,则回路上的任一顶点在被访问之后,都有可能会(沿着回路)再次被访问。为了避免此类重复,需要利用一个标志数组 visited[] 记录顶点是否被访问过。在开始遍历之前,将该数组的所有数组元素全部置为 0[1];在实施遍历的过程中,顶点 v_i 一旦被访问,就立即将 visited[i] 置为 1。这样,无论到达哪个顶点,只要检查其对应的 visited 标志,就可以判断是否应该访问该顶

---

　　[1]　这一步可以进一步优化。例如,只需在创建图的时候做一次这样的初始化。在此后的每次访问中,每访问过一个顶点,就将其对应的 visited 标志加 1。也就是说,(若不考虑溢出)每个顶点的 visited 标志的数值,恰好是该顶点从图诞生以来被访问过的总次数。通过比对这一标志,同样可以判断该顶点在本轮遍历中是否已经被访问过。

点,从而防止一个顶点被多次访问。其次,对于非连通图,在两个顶点之间可能不存在通路,每次遍历只能遍访其中的一个连通分量。为了保证所有顶点都能被访问到,需要检测所有顶点的访问标志,一旦没有被访问过,就可以从这个顶点出发,再开始实施新的图遍历。

与树结构类似,图的遍历算法也有很多种。不同的算法,确定各顶点接受访问次序的原则也不尽相同。基本的图遍历算法有两种:深度优先搜索(depth first search,DFS)和广度优先搜索(breadth first search,BFS)。两种算法既适用无向图,也适用有向图,但下面将重点讨论无向图时的情形。

8.3.1 深度优先搜索

深度优先搜索是个不断探查和回溯的过程。在探查的每一步,算法都有一个当前顶点。最初的当前顶点,也就是指定的起始顶点。每一步探查过程中,首先对当前顶点 v 进行访问,并立即设置该顶点的访问标志 visited[v] = true。接着在 v 的所有邻接顶点中,找出尚未访问过的一个,将其作为下一步探查的当前顶点。倘若当前顶点的所有邻接顶点都已经被访问过,则退回一步,将前一步所访问的顶点重新取出,当作探查的当前顶点。重复上述过程,直到最初指定起始顶点的所有邻接顶点都被访问到,此时连通图中的所有顶点也必然都被访问过了。

图 8.12(a)给出了深度优先搜索过程。从顶点 A 出发做深度优先搜索,可以遍历该连通图的所有顶点。各顶点旁边的数字表明了各顶点被访问的次序,这个访问次序与树的前序遍历次序类似。图 8.12(b)给出了在深度优先搜索的过程中所有访问过的顶点和经过的边,它们构成一个连通的无环图,也就是树。我们称其为原图的深度优先生成树(DFS tree),简称 DFS 树。既然遍历覆盖了全部 n 个顶点,故 DFS 树包含 $n-1$ 条边。下面给出深度优先搜索的递归实现。

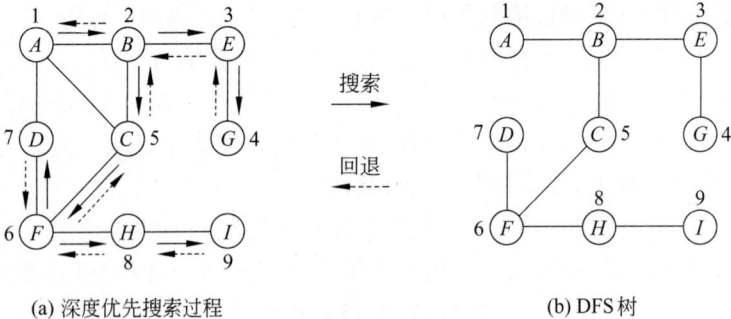

(a) 深度优先搜索过程   (b) DFS 树

图 8.12　深度优先搜索的示例

程序 8.9　深度优先搜索的递归算法
template<class T, class E>
void DFS_recur(Graphlnk<T,E>& G, int v, bool visited[]) {　　　　//子过程
//从顶点位置 v 出发,以深度优先的次序访问所有可读入的尚未被访问过的顶点。算法中用到一个
//辅助数组 visited,对已访问过的顶点做访问标记
　　cout << G.getValue(v) << " ";　　　　　　　　//访问顶点 v
　　visited[v] = true;　　　　　　　　　　　　//顶点 v 做访问标记

```
        int w = G.getFirstNeighbor(v);              //找顶点 v 的第一个邻接顶点 w
        while (w != -1) {                           //若邻接顶点 w 存在
            if (visited[w] == false)
                DFS_recur(G, w, visited);           //若 w 未访问过，递归访问顶点 w
            w = G.getNextNeighbor(v, w);            //取 v 排在 w 后的下一个邻接顶点
        }
    };


template<class T, class E>
void DFS_recur(Graphlnk<T,E>& G, T v) {
//从顶点 v 出发，对图 G 进行深度优先遍历的主过程
    int i, loc, n = G.NumberOfVertices();           //取图中顶点个数
    bool * visited = new bool[n];                   //创建辅助数组 visted
    for (i = 0; i < n; i++) visited[i] = false;     //辅助数组 visited 初始化
    loc = G.getVertexPos(v);
    DFS_recur(G, loc, visited);                     //从顶点 loc 开始深度优先搜索
    delete [] visited;                              //释放 visited
};
```

从软件工程的观点来看，在参数表中显式传递数组 visited，比隐式传递使用定义为全局量的 visited，提高了模块独立性，有利于程序的编码、测试和移植，也避免了使用者误用。

深度优先搜索算法的运算时间主要花费在 while 循环中。设图中有 n 个顶点、e 条边。若用邻接表表示图，沿 link 链可以依次取出顶点 v 的所有邻接顶点。由于总共有 $2e$ 个边结点，所以扫描边的时间为 $O(e)$。每个顶点只被访问一次，故遍历图的时间复杂度为 $O(n+e)$。如果用邻接矩阵表示图，则查找每个顶点的所有的边，所需时间为 $O(n)$，则遍历图中所有的顶点所需的时间为 $O(n^2)$。

8.3.2　广度优先搜索

与深度优先搜索方法不一样，广度优先搜索方法没有探查和回溯的过程，而是一个逐层遍历的过程。在此过程中，图中有多少个顶点就要重复多少步。每步都有一个当前顶点。最初的当前顶点是主过程指定的起始顶点。在每步中，首先访问当前顶点 v，并设置该顶点的访问标志 visited[v] = true。接着依次访问 v 的各个未曾被访问过的邻接顶点 w_1，w_2，…，w_t，然后再顺序访问 w_1，w_2，…，w_t 的所有还未被访问过的邻接顶点。再从这些访问过的顶点出发，访问它们的所有还未被访问过的邻接顶点，如此做下去，直到图中所有顶点都被访问到为止。图 8.13(a)给出一个从顶点 A 出发进行广度优先搜索的过程。图中各顶点旁边附的数字标明了顶点访问的顺序。图 8.13(b)给出经由广度优先搜索得到的广度优先生成树，它由遍历时访问过的 n 个顶点和遍历时经历的 $n-1$ 条边组成。

广度优先搜索不是一个递归的过程，其算法也不是递归的。为了实现逐层访问，算法中使用了一个队列，以记忆正在访问的这一层和上一层的顶点，便于向下一层访问。另外，与深度优先搜索过程一样，为避免重复访问，需要一个辅助数组 visited[]，给被访问过的顶点加标记。程序 8.10 给出广度优先搜索的算法。

程序 8.10　广度优先搜索算法的实现

```
template <class T, class E>
void BFS(Graph<T,E>& G, T v) {
//从顶点 v 出发,以广度优先的次序横向搜索图,算法中使用了一个队列
    int i, w, n = G.NumberOfVertices();          //取图中顶点个数
    bool * visited = new bool[n];                 //visited 记录顶点是否被访问过
    for (i = 0; i < n; i++) visited[i] = false;   //初始化
    int loc = G.getVertexPos(v);                  //取顶点号
    cout << G.getValue(loc) <<" ";                //访问顶点 v,做已访问标记
    visited[loc] = true;
    LinkedQueue<int> Q; Q.EnQueue(loc);           //顶点进队列,实现分层访问
    while (!Q.IsEmpty()) {                         //循环,访问所有结点
        Q.DeQueue(loc);                           //从队列中退出顶点 loc
        w = G.getFirstNeighbor(loc);              //找顶点 loc 的第一个邻接顶点 w
        while (w != -1) {                          //若邻接顶点 w 存在
            if (visited[w] == false) {            //若未被访问过
                cout << G.getValue(w) << " ";     //访问顶点 w
                visited[w] = true;
                Q.EnQueue(w);                     //顶点 w 进队列
            }
            w = G.getNextNeighbor(loc, w);        //找顶点 loc 的下一个邻接顶点
        }                                         //重复检测 v 的所有邻接顶点
    }                                             //外层循环,判队列空否
    delete [] visited;
};
```

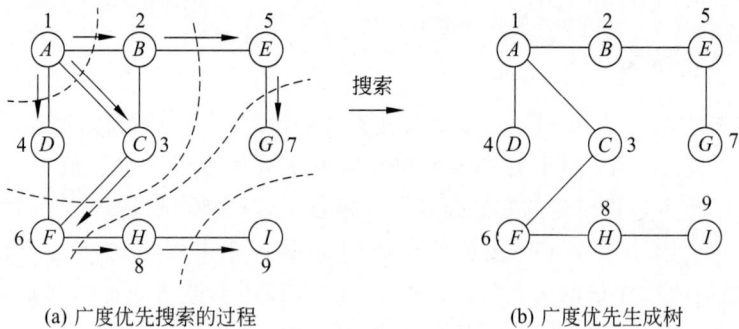

(a) 广度优先搜索的过程　　　　　　　(b) 广度优先生成树

图 8.13　广度优先搜索的示例

　　在图的广度优先搜索算法中,每个顶点进队列一次且仅一次,因此算法中的 while 循环至多执行 n 次。如果使用邻接表表示图,则该循环的总时间代价为 $d_0 + d_1 + \cdots + d_{n-1} = O(e)$,其中的 d_i 是顶点 i 的度,总的时间代价为 $O(n+e)$。如果使用邻接矩阵,则对于每个被访问过的顶点,循环要检测矩阵中的 n 个元素,总的时间代价为 $O(n^2)$。

8.3.3　连通分量

　　当无向图为非连通图时,从图中某一顶点出发,利用深度优先搜索算法或广度优先搜索

算法无法遍历图的所有顶点,而只能访问到该顶点所在最大连通子图的所有顶点,这些顶点构成一个连通分量(connected component)。若在无向图每一连通分量中,分别从某个顶点出发进行一次遍历,就可以得到无向图的所有连通分量。

在实际算法中,需要对图中顶点逐一检测:若已被访问过,则该顶点一定落在图中已求得的某一连通分量上;若尚未被访问,则从该顶点出发遍历图,即可求得图的另一个连通分量。

图 8.14(a)给出了一个非连通无向图,对应的邻接表如图 8.14(b)所示。对它进行深度优先搜索,将 3 次调用 DFS 过程:第一次从顶点 A 出发。第二次从顶点 H 出发,第三次从顶点 K 出发。最后得到原图的 3 个连通分量,即 3 个极大连通子图。

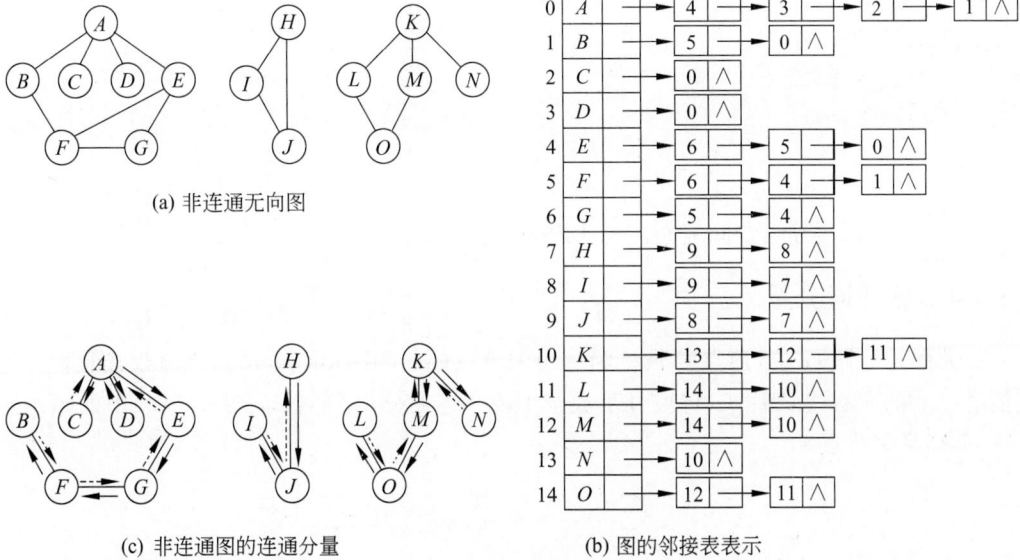

(a) 非连通无向图

(c) 非连通图的连通分量

(b) 图的邻接表表示

图 8.14　非连通图的遍历

对于非连通无向图,每个连通分量中的所有顶点集合和用某种方式遍历它时所走过的边的集合,构成了一棵生成树,这是一个极小连通子图。所有连通分量的生成树组成了非连通图的生成森林。如图 8.14(c)就是图 8.14(a)的生成森林。

程序 8.11 给出一个利用广度优先搜索求得一个非连通图的所有连通分量的算法。对于图 8.14 所示的非连通图,所有连通分量的输出结果是$(0, 2, 3, 4, 5, 6, 1)$ $(7, 9, 8)$ $(10, 12, 14, 11, 13)$。

程序 8.11　利用广度优先搜索建立求非连通图的连通分量的算法

```
template < class T, class E>
void ConnectCom_BFS(Graphlnk<T,E>& G) {
//通过 BFS 遍历非连通图 G:输出求得的所有连通分量
    LinkedQueue<int> Q; int i, u, w;
    bool visited[maxVertices];                    //定义访问标志数组
    for (i = 0; i < G.NumberOfVertices(); i++) visited[i] = false;
    for (i = 0; i < G.NumberOfVertices(); i++) {  //对所有顶点检查
        if (visited[i] == false) {                //从顶点 i 做 BFS 遍历
```

```
            Q.EnQueue(i); visited[i] = true;
            cout << "(" << G.getValue(i);
            while (!Q.IsEmpty()) {                          //队列不空
                Q.DeQueue (u);
                w = G.getFirstNeighbor(u);
                while (w != −1) {
                    if (visited[w] == false) {
                        cout << ", " << G.getValue(w);
                        Q.EnQueue(w); visited[w] = true;
                    }
                    w = G.getNextNeighbor(u, w);
                }
            }
            cout << ")" << endl;                             //一个连通分量遍历完
        }
    }
};
```

算法的时间复杂度、空间复杂度与 BFS 算法相同。

** 8.3.4　重连通分量

在无向连通图 G 中,顶点 v 被称为一个关节点(articulation point),当且仅当删除 v 以及依附于 v 的所有边之后,G 将被分割成至少两个连通分量。例如,图 8.15(a)中的顶点 1,3,5,7 都是关节点。

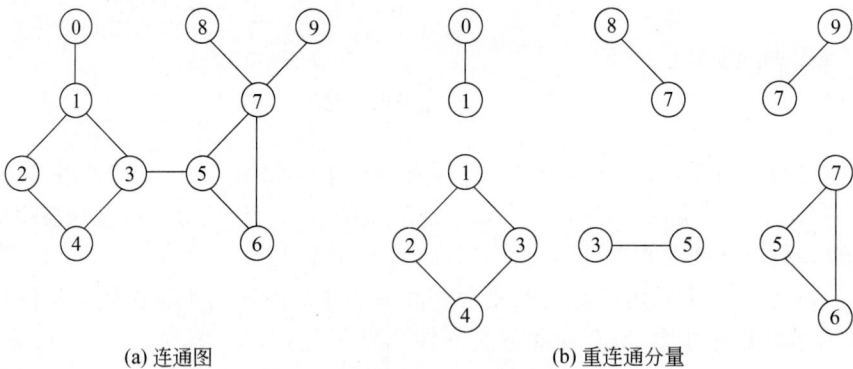

(a) 连通图　　　　　　　　　　　(b) 重连通分量

图 8.15　连通图和它的重连通分量

一个没有关节点的连通图称为重连通图(biconnected graph)。在重连通图上,任何一对顶点之间至少存在两条路径,在删除某个顶点及与该顶点相关联的边后,也不破坏图的连通性。

例如,一个通信网络可以表示为一个图:其中,用顶点表示通信节点,用边表示可行的通信链路。对于这样一个通信网络,一般应保证它是重连通的,即不允许存在关节点。否则,一旦关节点发生失效,某些节点之间将无法通信。

一般地,若一个连通图 G 不重连通,它必然包括多个重连通分量。G 的每一重连通分量都是一个极大连通子图。如图 8.15(a)所示的连通图,含有 6 个重连通分量,如图 8.15(b)所示。不难验证,同一个图中的任何两个重连通分量最多只可能有一个共有顶点,同一条边也不可能同时处在多个重连通分量中。因此,图 G 的重连通分量事实上把 G 的边划分到互不相交的边的子集中。

任一重连通图本身就是一个重连通分量。为了找出无向连通图 G 的各个重连通分量,可以利用 DFS 树。图 8.16(a)给出了对图 8.15(a)所示的连通图,从顶点③出发进行深度优先搜索所得到的根为③的 DFS 树。为了更直观地描述树形结构,将此生成树改画成如图 8.16(b)所示的树形形状,并用虚线画出了几条虽然属于图 G,但不属于 DFS 树的边。在顶点外侧标注的数字给出了进行深度优先搜索时各顶点接受访问的次序。这一次序也称该顶点的深度优先数,存放在数组 dfn 中,如 dfn[0]=5,dfn[9]=9。不难证明:对于任意两个顶点 u 和 v,若在 DFS 树中 u 是 v 的祖先,则必有 dfn[u]<dfn[v],也就是说,祖先的深度优先数必然小于其子孙。

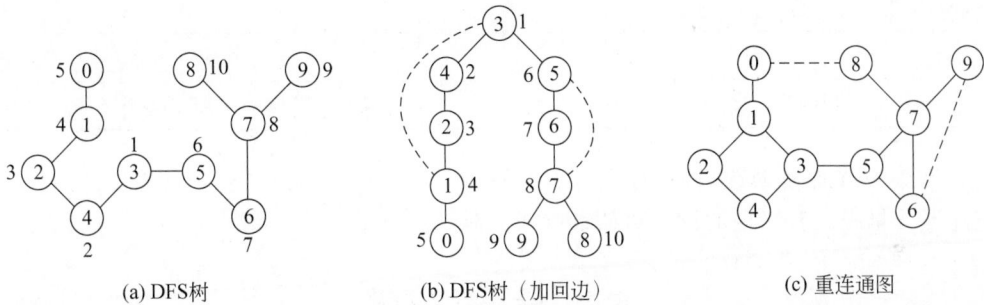

(a) DFS树   (b) DFS树(加回边)   (c) 重连通图

图 8.16　连通图和它的 DFS 树

图 8.16(b)中的虚线,对应于未被 DFS 树采用的边,称为回边(back edge)。例如,(3,1)和(5,7)就是回边。若(u,v)是一条回边,则在 DFS 树中,要么 u 是 v 的祖先,要么 v 是 u 的祖先。因此,DFS 树的根是关节点的充要条件是,它至少有两个子女。另外,任一非根顶点 u 不是关节点的充要条件是,它的每个子女 w(如果存在)都可以沿着某条路径(包括绕过它的子孙)通往 u 的某一祖先,这条路径上的某些边可能是回边,它们不在 DFS 树上但在图中。

例如,在图 8.16(b)中,DFS 树的根结点③有两个子女,它是关节点。顶点⑤不存在从它或它的子孙指向它的祖先的回边,它只有唯一的祖先③;但若想从它的子女⑥通往③,必然要经过⑤本身,所以⑤也是关节点。但顶点⑥的子孙有指向它的祖先的回边(7,5),顶点⑥不是关节点。特别地,叶结点⑧、⑨都不是关节点。为了消除关节点,建立重连通图,只需加入少量边,使所有那些关节点的子孙都有回边指向它的祖先。

为了求解关节点,对于图 G 的每一顶点,可以定义 low 值,low[u]是从 u 或 u 的子孙出发通过回边可以到达的最小深度优先数。low[u]定义如下:

$$\text{low}[u] = \min\{\text{dfn}[u], \min\{\text{low}[w]\,|\,w \text{ 是 } u \text{ 的子女}\}, \min\{\text{dfn}[x]\,|\,(u,x) \text{ 是一条回边}\}\}$$

其中,dfn[u]是顶点 u 的深度优先数,min{low[w]|w 是 u 的子女}是所有 u 的子女 w 通过回边能到达的顶点的最小深度优先数,min{dfn[x]|(u,x)是一条回边}是所有依附于 u 的回边(u,x)上另一端点的深度优先数中的最小者。三者选最小,就是从 u 出发通过回

边可以达到的最小深度优先数。

总之，u 是关节点的充要条件：u 或者是树根且拥有至少两个子女；或者不是根，但有一个子女 w，使得 low[w]$\geqslant$dfn[u]（此时即使允许途径回边，w 也不可能绕开 u 而到达 u 的祖先）。

以图 8.16 为例，各顶点的 dfn 和 low 值如表 8.1 所示。

表 8.1　计算 dfn 与 low 的值

顶点	0	1	2	3	4	5	6	7	8	9
dfn	5	4	3	1	2	6	7	8	10	9
low	5			1					10	
low	5			1					10	9
low	5	1	1					6	10	9
low	5	1	1		1	6	6		10	9
low	5	1	1	1	1	6	6	6	10	9
	根的第一棵子树,退回顺序 0,1,2,4,3					根的第二棵子树,退回顺序 8,9,7,6,5				

将算法 DFS 略加修改，即可计算各顶点的 dfn 和 low，并可进一步把连通图的边划分到各重连通分量中。有兴趣的读者可阅读参考文献[2]。

8.4　最小生成树

8.1.1 节已经介绍过，连通图中的每棵生成树，都是原图的一个极小连通图。也就是说，从其中删去任何一条边，生成树就不再连通；反之，在其中引入任何一条新边，都会形成（恰好）一个回路。

按照不同的遍历算法，将得到不同的生成树；从不同的顶点出发，得到的生成树也有所差异。对于一个带权图（即网络），不同的生成树所对应的总权值也不尽相同。那么，如何找出总权值最小的生成树呢？在多数可以表示为带权图的实际应用中，都会遇到这一问题。

例如，在规划建立 n 个城市之间的通信网络时，至少要架设 $n-1$ 条线路。如果在任何两个城市间建立通信线路的成本已经确定，那么如何使总造价最低？若用顶点表示城市，用边表示城市之间的通信线路，边上的权值表示线路对应的造价，就可以将这一问题表示为一个带权图。为了建立成本最低的通信网络，就要找出该网络的一棵最小（代价）生成树（minimum-cost spanning tree）。

按照定义，若连通网络由 n 个顶点组成，则其生成树必含 n 个顶点、$n-1$ 条边。因此，构造最小生成树的准则有 3 条：

（1）只能使用该网络中的边来构造最小生成树；

（2）只能使用恰好 $n-1$ 条边来联结网络中的 n 个顶点；

（3）选用的这 $n-1$ 条边不能构成回路。

构造最小生成树的方法有多种，典型的有两种：Kruskal 算法和 Prim 算法。这两个算法都采用了逐步求解的策略，也称贪心策略：给定带权图 $N=\{V,E\}$，V 中共有 n 个顶点。

首先构造一个包括全部 n 个顶点和 0 条边的森林 $F = \{T_0, T_1, \cdots, T_{n-1}\}$,然后不断迭代。每经过一轮迭代,就会在 F 中引入一条边。经过 $n-1$ 轮迭代,最终得到一棵包含 $n-1$ 条边的最小生成树。

需要指出的是,同一带权图可能有多棵最小生成树。例如,当有多条边具有相等的权值时,很可能出现这种现象。

8.4.1 Kruskal 算法

虽然最小生成树并不唯一确定,但还是能够证明: 在任一带权图中,权值最小的那条边必然会被至少一棵最小生成树采用。另外,权值次小的那条边也会被至少一棵最小生成树采用。

由此人们会很自然地联想到: 权值第三小的边,或者其他各条边是否同样具有这种性质? 若是,则只要将所有边按权值大小排序,则最小的 $n-1$ 条边就给出了最小生成树。但很遗憾,从第三条最短边开始,就不一定能够被最小生成树采用。原因在于,这些边的引入有可能导致回路的出现,这就违背了树结构的基本要求。尽管如此,只要对上述贪心策略稍做修改,就可以得到一个可行的算法,即 Kruskal 算法。

该算法的基本过程: 任给一个有 n 个顶点的连通网络 $N = \{V, E\}$,首先构造一个由这 n 个顶点组成、不含任何边的图 $T = \{V, \varnothing\}$,其中每个顶点自成一个连通分量。不断从 E 中取出权值最小的一条边(若有多条,任取其一),若该边的两个端点来自不同的连通分量,则将此边加入 T 中。如此重复,直到所有顶点在同一个连通分量上为止。

程序 8.12 Kruskal 算法的伪代码描述

```
T = ∅;              //T 是最小生成树的边集合,初值为空;E 是无向带权图的边集合
while (T 包含的边少于 n−1 && E 不空) {
    从 E 中选一条具有最小代价(cost)的边(v, w);
    从 E 中删除(v, w);
    如果(v, w)加到 T 中后不会产生回路,则将(v, w)加入 T;否则放弃(v, w);
}
if (T 中包含的边少于 n−1 条) cout << "不是最小生成树" << endl;
```

例如,针对图 8.17(a)所示的带权图,首先将所有顶点组成一个如图 8.17(b)所示的非连通图,然后不断迭代。每次迭代时,**选出一条具有最小权值,且两端点不在同一连通分量上的边,加入生成树当中**。图 8.17(a)共有 7 个顶点,故经过 6 轮迭代(见图 8.17(c)~(h)),就可以得到在图 8.17(h)中由 6 条边组成的一棵生成树。

利用最小堆(minheap)和并查集(ufsets)来实现 Kruskal 算法。首先,利用最小堆来存放 E 中的所有的边,堆中每个结点的格式为

tail(边的顶点位置)	head(边的顶点位置)	cost(边的权值)

在构造最小生成树的过程中,尚未处理的边存放在最小堆中。通过并查集的 Find 运算,可以很快地判断任意一条边的两个端顶点是否来自同一个连通分量。若是,则舍去这条边;否则,将此边加入 T 中,并通过并查集的 Union 运算,将两个端顶点各自所处的两个连通分量(两棵树)合二为一。随着 T 中的边不断增多,连通分量也逐步合并,直到最后整体

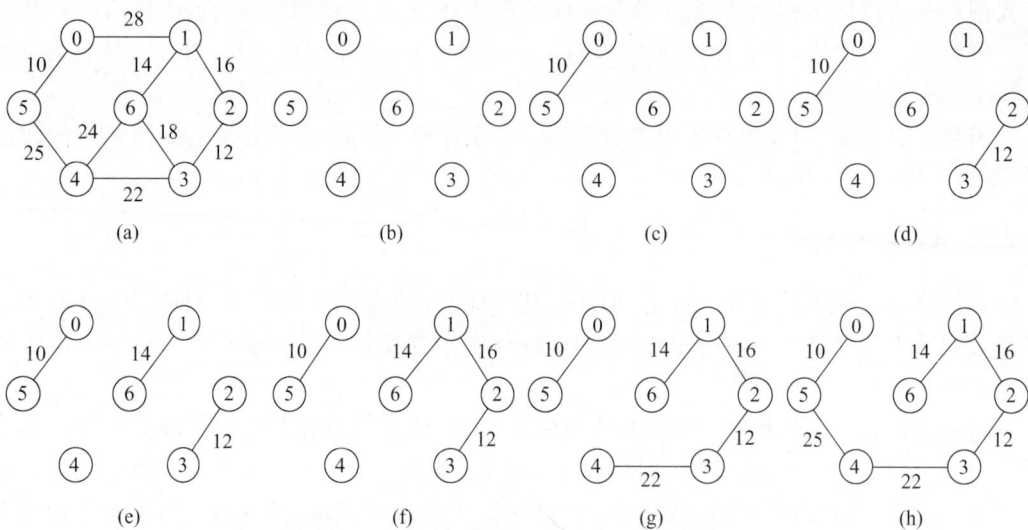

图 8.17　应用 Kruskal 算法构造最小生成树的过程

构成一个连通分量(一棵树)为止。

为了给出算法,先给出最小生成树的类声明。

程序 8.13　最小生成树的类定义

```
#define maxValue 999                              //机器可表示的、问题中不可能出现的大数
#define maxSize 30
template <class T>
struct MSTEdgeNode {                              //最小生成树边结点的类声明
    int tail, head; T key;                        //两顶点位置及边上的权值
    MSTEdgeNode() : tail(-1), head(-1), key(0) {}//构造函数
    bool operator <= (MSTEdge Node<T,E>& R){return key <= R.key;}
    bool operator > (MSTEdge Node<T,E>& R){return key > R.key;}
};


template <class T>
class MinSpanTree {                               //最小生成树的类定义
protected:
    MSTEdgeNode<T> edgevalue[maxEdges];           //用边值数组表示树
    int maxSize, n;                               //数组的最大元素个数和当前个数
public:
    MinSpanTree() {n = 0;}
    int Insert(MSTEdgeNode <T> item);
    void printEdges();
};


template <class T>
void MinSpanTree<T>::Insert(MinSpanTree<T> item) {
    eagevalue[n++] = item;
```

```
};
template <class T>
void MinSpanTree<T>::printEdges() {
        cout << "依次输出最小生成树的边:" << endl;
        for (int i = 0; i < n; i++)
            cout << "(" << edgevalue[i].tail << ", " << edgevalue[i].head
                    << ", " << edgevalue[i].key << ") ";
        cout << endl;
};
```

在求解最小生成树时,可以用邻接矩阵存储图,也可以用邻接表存储图。算法中使用图的抽象基类的操作,但为了实际应用,还需指定一种存储表示,如邻接表 Graphlnk。

程序 8.14　Kruskal 算法的实现
```
# include "Graphlnk.cpp"
# include "minHeap.cpp"
# include "UFSets.h"
# include "MinSpanTree.cpp"
template <class T, class E>
void Kruskal(Graphlnk<T,E>& G, MinSpanTree<E>& MST) {
    Element<E> e;
    MSTEdgeNode<E> ed;
    int u, v, count;
    int n = G.NumberOfVertices();          //顶点数
    int m = G.NumberOfEdges();             //边数
    minHeap <E> H;                         //最小堆,关键码类型为 E
    UFSets F;                              //并查集
    for (u = 0; u < n; u++)
        for (v = u+1; v < n; v++)
            if (G.getWeight(u,v) > 0 && G.getWeight(u, v) < maxWeight) {
                e.i = u;   e.j = v;        //插入堆
                e.key = G.getWeight(u, v);
                H.Insert(e);
            }
    count = 1;                             //最小生成树加入边数计数
    while (count < n) {                    //反复执行,取 n−1 条边
        H.Remove(e);                       //从最小堆中退出具最小权值的边 ed
        u = F.Find(e.i);
        v = F.Find(e.j);                   //取两顶点所在集合的根 u 与 v
        if (u != v) {                      //不是同一集合,说明不连通
            F.Merge(u, v);                 //合并,连通它们
            ed.tail = e.i; ed.head = e.j;   ed.key = e.key;
            MST.Insert(ed);                //该边存入最小生成树
            count++;
        }
    }
};
```

如果基于邻接矩阵实现图的存储,则在建立最小堆时需要检测图的邻接矩阵,这需要 $O(n^2)$ 时间。此外,需要将 e 条边组成初始的最小堆。如果直接从空堆开始,依次插入各边,需要 $O(e\log_2 e)$ 时间。在构造最小生成树的过程中,需要进行 $O(e)$ 次出堆操作 Remove()、$2e$ 次并查集的 Find() 操作及 $n-1$ 次 Merge() 操作,计算时间分别为 $O(e\log_2 e)$、$O(e\log_2 n)$ 和 $O(n)$,所以总的计算时间为 $O(e\log_2 e + e\log_2 n + n^2 + n)$。对连通图而言,也就是 $O(n^2 + e\log_2 e)$。

如果采用邻接表实现图的存储,则在建立最小堆时需要检测图的邻接表,需要 $O(n+e)$ 时间。为建成初始的最小堆,需要 $O(e\log_2 e)$ 时间。在构造最小生成树的过程中,需要进行 $O(e)$ 次出堆操作 Remove()、$2e$ 次并查集的 Find() 操作及 $n-1$ 次 Merge() 操作,计算时间分别为 $O(e\log_2 e)$、$O(e\log_2 n)$ 和 $O(n)$,所以总的计算时间为 $O(e\log_2 e + e\log_2 n + n^2 + n)$。对连通图而言,也就是 $O(n+e\log_2 e)$。

8.4.2　Prim 算法

Prim 算法也是不断迭代进行的。任意给定带权图 $N = \{V, E\}$,算法始终将顶点集合分成不重叠的两部分,$V = V_{mst} \bigcup (V-V_{mst})$,也就是该图的一个割(cut)。其中 V_{mst} 是生成树的顶点集合,$V-V_{mst}$ 是图中不在生成树内顶点的集合。这里只考虑连通的网络,所以只要 V_{mst} 与 $V-V_{mst}$ 均非空,它们之间就至少有一条边相连,称这种边为该割的一座桥(bridge)。每轮迭代中,都要在当前割的所有桥中,挑选出权值最小者 (u, v),$u \in V_{mst}$,$v \in V-V_{mst}$,然后将顶点 v 加入生成树的顶点集合中,即令 $V_{mst} = V_{mst} \bigcup \{v\}$;将边 (u, v) 加入生成树的边集合 E_{mst} 中,即令 $E_{mst} = E_{mst} \bigcup \{(u, v)\}$。(注意:若最短桥有多座,又该如何处置?)这一过程不断重复,每经过一轮迭代,V_{mst} 中都会增加一个顶点,E_{mst} 中会增加一条边。当 V_{mst} 中含有 n 个顶点、E_{mst} 中含有 $n-1$ 条边时,算法即可终止。此时的 (V_{mst}, E_{mst}) 就给出了 N 的一棵最小生成树。

程序 8.15　Prim 算法的伪代码描述
选定构造最小生成树的出发顶点 u_0;
$V_{mst} = \{u_0\}$,$E_{mst} = \varnothing$;　　　　　//E_{mst} 是最小生成树的边集合,V_{mst} 是其顶点集合
while (V_{mst} 包含的顶点少于 n && E 不空) {
　　从 E 中选一条边(u, v),$u \in V_{mst} \bigcap v \in V-V_{mst}$,且具有最小代价(cost);
　　令 $V_{mst} = V_{mst} \bigcup \{v\}$, $E_{mst} = E_{mst} \bigcup \{(u, v)\}$;
　　将新选出的边从 E 中剔除:E = E-{(u,v)};
}
if (V_{mst} 包含的顶点少于 n) cout << "不是最小生成树" << endl;

以图 8.17(a)中的带权图为例,若从顶点 0 开始采用 Prim 算法构造其最小生成树,构造的过程如图 8.18 所示。

与 Kruskal 算法类似,需要一个最小堆存储图的边,每次选出一个端点在生成树中,另一个端点不在生成树的权值最小的边 (u, v),它正好在最小堆的堆顶,将其从堆中退出,加入生成树中。然后将新出现的所有一个端点在生成树中,一个端点不在生成树的边都插入最小堆中。下一轮迭代中,下一条满足要求的权值最小的又上升到最小堆的堆顶。如此重复 $n-1$ 次(n 是图中顶点个数),最后建立起该图的最小生成树。

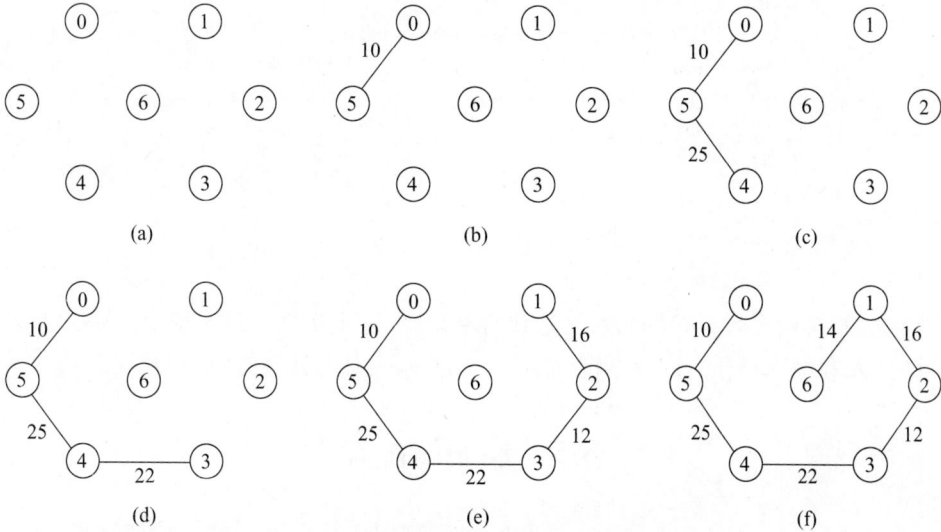

图 8.18　用 Prim 算法构造最小生成树的过程

算法中使用的最小生成树的类定义与程序 8.13 相同。

程序 8.16　Prim 算法的实现

```cpp
＃include "Graphlnk.cpp"
＃include "minHeap.cpp"
＃include "MinSpanTree.cpp"
template <class T, class E>
void Prim(Graphlnk<T,E>& G, T u0, MinSpanTree<E>& MST) {
    Element<E> e;
    MSTEdgeNode<E> ed;
    int i, u, v, count;
    int n = G.NumberOfVertices();                    //顶点数
    int m = G.NumberOfEdges();                        //边数
    u = G.getVertexPos(u0);                           //求起始顶点号 u
    minHeap <E> H;                                    //最小堆,关键码类型为 E
    bool Vmst = new bool[n];                          //最小生成树顶点集合
    for (i = 0; i < n; i++) Vmst[i] = false;
    Vmst[u] = true;                                   //u 加入生成树
    count = 1;
    do {                                              //迭代
        v = G.getFirstNeighbor(u);
        while (v != -1) {                             //重复检测 u 的所有邻接顶点
            if (Vmst[v] == false) {                   //若 v 不在生成树,(u,v)加入堆
                e.i = u; e.j = v;
                e.key = G.getWeight(u,v);             //u 在树内,v 不在树内
                H.Insert(e);
            }
            v= G.getNextNeighbor(u, v);               //找顶点 u 的下一个邻接顶点 v
        }
        while (H.IsEmpty() == false && count < n) {
            H.Remove(e);                              //从堆中退出具最小权值的边 e
```

```
        if (Vmst[e.j] == false) {
            ed.tail = e.i; ed.head = e.j;ed.key = e.key;
            MST.Insert(ed);                    //加入最小生成树
            u = ed.head; Vmst[u] = true;       //u 加入生成树顶点集合
            count++; break;
        }
    }
} while (count < n);
};
```

此算法的迭代次数为 $O(n)$，每次迭代将平均 $2e/n$ 条边插入最小堆中，e 条边从堆中删除，堆的插入和删除操作时间复杂度均为 $O(\log_2 e)$，则总的计算时间为 $O(e\log_2 e)$。

8.5 最短路径

通常，交通运输网络可以表示为一个带权图，用图的顶点表示城市，用图的各条边表示城市之间的交通运输路线，各边的权值表示该路线的长度或沿此路线运输所需的时间或运费等。这种运输路线往往有方向性，例如汽车的上山和下山、轮船的顺水和逆水，此时，即使是在同一对地点之间，沿正反方向的代价也不尽相同。因此，往往用有向带权图来表示交通运输网络。最短路径(shortest path)问题是指：从在带权图的某一顶点(称为源点)出发，找出一条通往另一顶点(称为终点)的最短路径。最短也就是沿路径各边的权值总和达到最小。

本书将讨论最常见的 3 种最短路径算法。

8.5.1　非负权值的单源最短路径

问题的提法：给定一个有向带权图 D 与源点 v，各边上的权值均非负。要求找出从 v 到 D 中其他各顶点的最短路径。

为了求得这些最短路径，Dijkstra 提出了按路径长度的递增次序，逐步产生最短路径的算法。首先求出长度最短的一条最短路径，然后参照它求出长度次短的一条最短路径，依次类推，直到从顶点 v 到其他各顶点的最短路径全部求出为止。

作为一个例子，考虑如图 8.19(a)所示的有向带权图。边上的数字即为该边的长度，并设源点为顶点 0。按照 Dijkstra 算法，首先引用其邻接矩阵的第 0 行，求出从顶点 0 到其他各顶点最短路径的初步结果；以后逐步求最短路径的过程如图 8.20 所示。

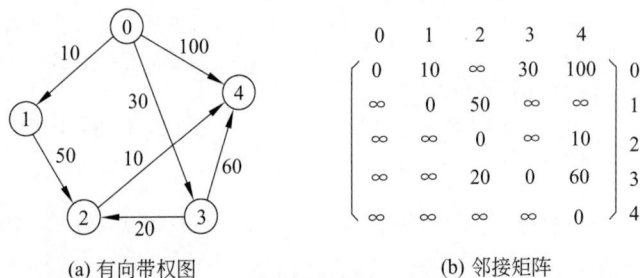

(a) 有向带权图　　　　　　　　　(b) 邻接矩阵

图 8.19　有向带权图及其邻接矩阵表示

源点	终点	最短路径			路径长度		
v_0	v_1	(v_0,v_1)			10		
	v_2	—	(v_0,v_1,v_2)	(v_0,v_3,v_2)	—	60	50
	v_3	(v_0,v_3)			30		
	v_4	(v_0,v_4)	(v_0,v_3,v_4)	(v_0,v_3,v_2,v_4)	100	90	60

图 8.20　Dijkstra 逐步求解的过程

　　具体做法：设集合 S 存放已经求出的最短路径的终点。初始状态时,集合 S 中只有一个源点,不妨设为 v_0。以后每求得一条最短路径 $(v_0,\cdots,v_k)$,就将 v_k 加入集合 S 中。直到全部顶点都加入集合 S 中,算法就可以结束了。

　　为了当前找到的从源点 v_0 到其他顶点的最短路径长度,再引入一个辅助数组 dist[]。它的每个分量 dist[i] 表示当前找到的从源点 v_0 到终点 v_i 的最短路径的长度。它的初始状态：若从源点 v_0 到顶点 v_i 有边,则 dist[i] 为该边上的权值;若从源点 v_0 到顶点 v_i 没有边,则 dist[i] 为 $+\infty$(在程序中用机器可表示的最大正数 maxValue 代表)。

　　设第一条最短路径为 (v_0,v_k),其中 k 满足：
$$\mathrm{dist}[k] = \min_i\{\mathrm{dist}[i] \mid v_i \in V - \{v_0\}, V \text{是图的顶点集合}\}$$

　　那么下一条最短路径是哪一条呢?假设下次最短路径的终点是 v_j,则可想而知,它或者是 (v_0,v_j),或者是 (v_0,v_k,v_j)。其长度或者是从 v_0 到 v_j 的有向边上的权值,或者是 dist[k] 与从 v_k 到 v_j 的有向边上的权值之和。

　　一般情况下,下一条最短路径总是在"由已产生的最短路径再扩充一条边"形成的最短路径中得到。假设 S 是已求得的最短路径的终点的集合,则可证明：下一条最短路径必然是从 v_0 出发,中间经过 S 中的顶点再扩充一条边便可到达顶点 $v_i(v_i \in V - S)$ 的各条路径中的最短者。若设下一条最短路径 $(v_0,\cdots,v_k)$ 的终点是 v_k,则有
$$\mathrm{dist}[k] = \min_i\{\mathrm{dist}[i] \mid v_i \in V - S\}$$

　　如果不是这样,设在路径 $(v_0,\cdots,v_k)$ 上存在另一个顶点 $v_p \in V - S$,使得 $(v_0,\cdots,v_p,v_k)$ 成为另一条终点不在 S 而长度比路径 $(v_0,\cdots,v_k)$ 还短的路径,如图 8.21 所示。然而,这个假设是不成立的。因为我们是按照最短路径的长度递增的次序,来逐次产生各条最短路径,因此,长度比这条路径短的所有路径均已产生,而且它们的终点也一定已在集合 S 中,故假设不成立。

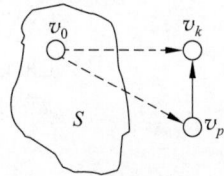

图 8.21　下一条最短路径上,不可能存在 $v_p \in V - S$

　　在每次求得一条最短路径之后,其终点 v_k 加入集合 S,然后对所有的 $v_i \in V - S$,修改其 dist[i]：
$$\mathrm{dist}[i] = \min_i\{\mathrm{dist}[i], \mathrm{dist}[k] + G.\mathrm{getWeight}(k,i)\}$$
其中,$G.\mathrm{getWeight}(k,i)$ 是边 (v_k,v_i) 上的权值。

程序 8.17　Dijkstra 算法的伪代码描述
① 初始化：　 S ← {v0};
　　　　　　 dist[j] ← Edge[0][j], j=1,2,$\cdots$,n−1;
　　　　　　　　//n 为图中顶点个数
② 求出最短路径的长度：dist[k]←min{dist[i]}, i∈V−S;

$$S \leftarrow S \cup \{k\};$$

③ 修改： $dist[i] \leftarrow min\{dist[i], dist[k]+Edge[k][i]\}$，对于每个 $i \in V-S$；

④ 判断：若 $S = V$，则算法结束，否则转②。

程序 8.18 给出 Dijkstra 算法的实现。

程序 8.18　Dijkstra 求最短路径的算法

```
#include "DGraphmtx.cpp"
template <class T, class E>
void ShortestPath(DGraphmtx<T,E>& G, int v, E dist[], int path[]) {
//DGraphmtx 是一个有向带权图 G 的邻接矩阵表示。本算法建立一个数组：dist[j],0≤j<n,是当
//前求到的从顶点 v 到顶点 j 的最短路径长度，同时用数组 path[j], 0≤j<n，存放求到的最短路径
    int n = G.NumberOfVertices();
    bool *S = new bool[n];                       //最短路径顶点集
    int i, j, k;  E w, min;
    for (i = 0; i < n; i++) {
        dist[i] = G.getWeight(v, i);             //数组初始化
        S[i] = false;
        if (i != v && dist[i] < maxWeight) path[i] = v;
        else path[i] = -1;
    }
    S[v] = true;  dist[v] = 0;                   //顶点 v 加入顶点集合
    for (i = 0; i < n-1; i++) {
        min = maxWeight;  int u = v;             //选不在 S 中具有最短路径的顶点 u
        for (j = 0; j < n; j++)
            if (S[j] == flase && dist[j] < min) {u = j; min = dist[j];}
        S[u] = true;                             //将顶点 u 加入集合 S
        for (k = 0; k < n; k++) {                //修改
            w = G.getWeight(u, k);
            if (S[k] == flase && w < maxWeight && dist[u]+w < dist[k]) {
                                                 //顶点 k 未加入 S,且绕过 u 可以缩短路径
                dist[k] = dist[u]+w;
                path[k] = u;                     //修改到 k 的最短路径
            }
        }
    }
};
```

　　分析 Dijkstra 算法的时间复杂度：该算法包括了两个并列的 for 循环，第一个 for 循环做辅助数组的初始化工作，时间复杂度为 $O(n)$，其中的 n 是图中的顶点数；第二个 for 循环是二重嵌套循环，进行最短路径的求解工作，因为是对图中几乎所有顶点都要做计算，每个顶点的计算又要对集合 S 内的顶点进行检测，对集合 $V-S$ 中的顶点进行修改，所以运算时间复杂度为 $O(n^2)$。算法总的时间复杂度为 $O(n^2)$。

　　仍然以图 8.19 所示的有向带权图为例，逐次选取从源点 $v=0$ 到其他各终点的步骤和辅助数组 S、dist 和 path 的变化如表 8.2 所示。

表 8.2 **Dijkstra 算法中各辅助数组的变化**

选取终点	顶点 1			顶点 2			顶点 3			顶点 4		
	$S[1]$	$dist[1]$	$path[1]$	$S[2]$	$dist[2]$	$path[2]$	$S[3]$	$dist[3]$	$path[3]$	$S[4]$	$dist[4]$	$path[4]$
初始	0	10	0	0	∞	-1	0	30	0	0	100	0
1	1	10	0	0	60	1	0	30	0	0	100	0
3	1	10	0	0	50	3	1	30	0	0	90	3
2	1	10	0	1	50	3	1	30	0	0	60	2
4	1	10	0	1	50	3	1	30	0	1	60	2

从表 8.2 中可以读取源点 0 到终点 v 的最短路径。以顶点 4 为例，读取最短路径的顺序为 $path[4] = 2 \rightarrow path[2] = 3 \rightarrow path[3] = 0$，反过来排列，得到路径 $\{0, 3, 2, 4\}$，这就是源点 0 到终点 4 的最短路径，其长度为 $dist[4] = 60$。

程序 8.19 从 path 数组读取最短路径的算法

```
template <class T, class E>
void printShortestPath(DGraphmtx<T,E>& G, int v, E dist[], int path[]) {
    cout << "从顶点" << G.getValue(v) << "到其他各顶点的最短路径为" << endl;
    int i, j, k, n = G.NumberOfVertices();
    int * d = new int[n];
    for (i = 0; i < n; i++)
        if (i != v) {
            j = i; k = 0;
            while (j != v) {d[k++] = j; j = path[j];}
            cout << "顶点" << G.getValue(i) << "的最短路径为" << G.getValue(v);
            while (k > 0) cout << G.getValue(d[--k]) << " ";
            cout << "最短路径长度为" << dist[i] << endl;
        }
    delete [] d;
};
```

** 8.5.2 任意权值的单源最短路径

本节讨论更一般的情况，有向带权图 D 的某几条边或所有边的长度可能为负值。例如，对于图 8.22(a)所示的有向带权图，利用上节给出的 Dijkstra 算法，不一定能得到正确的结果。若设源点 $v = 0$，使用 Dijkstra 算法，所得到的结果如表 8.3 所示。显然，结果是不对的。源点 0 到终点 2 的最短路径应是 0，1，2，其长度为 2，它小于算法中计算出来的 $dist[2]$ 的值。

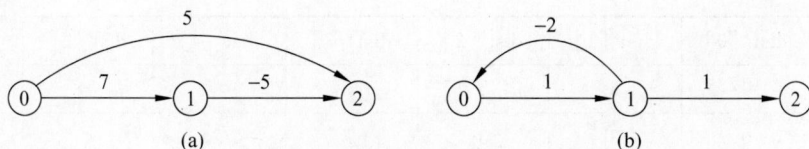

图 8.22 边上带有负值的有向带权图

表 8.3　Dijkstra 算法中各辅助数组的变化

选取顶点	顶点 0			顶点 1			顶点 2		
	S[0]	dist[0]	path[0]	S[1]	dist[1]	path[1]	S[2]	dist[2]	path[2]
0	1	0	−1	0	7	0	0	5	0
2	1	0	−1	0	7	0	1	5	0
1	1	0	−1	1	7	0	1	5	0

为了能够求解边上带有负值的单源最短路径问题,Bellman 和 Ford 提出了从源点逐次绕过其他顶点,以缩短到达终点的最短路径长度的方法。该方法有一个限制条件,即要求图中不能包含由带负权值的边组成的回路。例如,图 8.22(b)中有一个回路{0,1,0},它包括了一条具有负权值的边,其路径长度为−1,当路径为 0,1,0,1,…,0,1,2 时,路径长度会越来越小,顶点 0 到顶点 2 的最短路径长度可达−∞。为了能够用有限条边构成最短路径,必须把这种情况避开。所以 Bellman-Ford 算法不考虑这种情况。

当图中没有由带负权值的边组成的回路时,有 n 个顶点的图中任意两个顶点之间如果存在最短路径,此路径最多有 $n-1$ 条边。这是因为如果路径上的边数超过了 $n-1$ 条时,必然会重复经过一个顶点,形成回路。这就违反了先前的限制。下面将以此为依据考虑计算从源点 v 到其他顶点 u 的最短路径的长度 $\text{dist}[u]$。

Bellman-Ford 算法构造一个最短路径长度数组序列 $\text{dist}^1[u], \text{dist}^2[u], \cdots, \text{dist}^{n-1}[u]$。其中,$\text{dist}^1[u]$ 是从源点 v 到终点 u 的只经过一条边的最短路径的长度,并有 $\text{dist}^1[u] = \text{Edge}[v][u]$;而 $\text{dist}^2[u]$ 是从源点 v 最多经过两条边到达终点 u 的最短路径的长度,$\text{dist}^3[u]$ 是从源点 v 出发最多经过不构成带负长度边回路的 3 条边到达终点 u 的最短路径的长度,依次类推,$\text{dist}^{n-1}[u]$ 是从源点 v 出发最多经过不构成带负长度边回路的 $n-1$ 条边到达终点 u 的最短路径的长度。算法的最终目的是计算出 $\text{dist}^{n-1}[u]$。可以用递推方式计算 $\text{dist}^k[u]$。设已经求出 $\text{dist}^{k-1}[j]$,$j=0,1,\cdots,n-1$,此即从源点 v 最多经过不构成带负长度边回路的 $k-1$ 条边到达终点 u 的最短路径的长度。从图的邻接矩阵中可以找到各个顶点 j 到达顶点 u 的距离 $\text{Edge}[j][u]$,计算 $\min\{\text{dist}^{k-1}[j] + \text{Edge}[j][u]\}$,可得从源点 v 绕过各个顶点,最多经过不构成带负长度边回路的 k 条边到达终点 u 的最短路径的长度,用它与 $\text{dist}^{k-1}[u]$ 比较,取小者作为 $\text{dist}^k[u]$ 的值。因此,可得递推公式:

$$\text{dist}^1[u] = \text{Edge}[v][u];$$
$$\text{dist}^k[u] = \min\{\text{dist}^{k-1}[u], \min\{\text{dist}^{k-1}[j] + \text{Edge}[j][u]\}\}$$

图 8.23(a)给出一个有 7 个顶点的有向带权图,同时在表 8.4 给出了相应的 $\text{dist}^k[\ ]$ 数组。数组中各个结点的最短路径长度的值是用上述递推公式计算出来的。

表 8.4　图的最短路径长度

k	$\text{dist}^k[0]$	$\text{dist}^k[1]$	$\text{dist}^k[2]$	$\text{dist}^k[3]$	$\text{dist}^k[4]$	$\text{dist}^k[5]$	$\text{dist}^k[6]$
1	0	6	5	5	∞	∞	∞
2	0	3	3	5	5	4	∞
3	0	1	3	5	2	4	7

续表

k	$dist^k[0]$	$dist^k[1]$	$dist^k[2]$	$dist^k[3]$	$dist^k[4]$	$dist^k[5]$	$dist^k[6]$
4	0	1	3	5	0	4	5
5	0	1	3	5	0	4	3
6	0	1	3	5	0	4	3

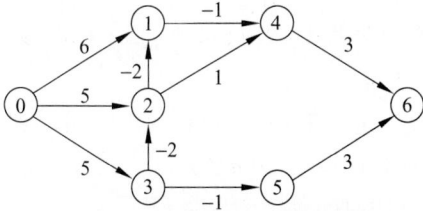

(a) 有向带权图　　　　　　　　(b) 邻接矩阵

图 8.23　带有负长度边的有向带权图及其邻接矩阵

程序 8.20 给出计算有向带权图的最短路径长度的 Bellman-Ford 算法。算法中使用了同一个 dist[u] 数组来存放一系列的 $dist^k[u]$，其中 $k = 1, 2, \cdots, n-1$。算法结束时 dist[u] 中存放的是 $dist^{n-1}[u]$。

程序 8.20　Bellman_Ford 算法的实现

```cpp
#include "DGraphmtx.cpp"
template <class T, class E>
void Bellman_Ford(DGraphmtx<T,E>& G, int v, E dist[], int path[]) {
//在有向带权图中有的边具有负的权值。从顶点 v 找到所有其他顶点的最短路径
    int i, k, u, n = G.NumberOfVertices();   E w;
    for (i = 0; i < n; i++) {
        dist[i] = G.getWeight(v, i);
        if (i != v && dist[i] < maxWeight) path[i] = v;
        else path[i] = -1;
    }
    for (k = 2; k < n; k++) {
        for (u = 0; u < n; u++)
            if (u != v)
                for (i = 0; i < n; i++) {
                    w = G.getWeight(i, u);
                    if (w < maxWeight && dist[u] > dist[i]+w) {
                        dist[u] = dist[i]+w;
                        path[u] = i;
                    }
                }
    }
};
```

算法中有一个三重嵌套的 for 循环,如果使用邻接矩阵作为图的存储表示,最内层 if 语句的总执行次数为 $O(n^3)$;如果使用邻接表表示,内层的两个 for 循环改为 while 循环,可使算法的复杂度降为 $O(n \times e)$。n 为图中的顶点个数,e 为边数。还可以有一些其他的方法改进算法的时间复杂度。例如,考虑在三重嵌套循环执行过程中监视 dist 数组的变化。假设在一次循环中 dist 数组没有发生改变,那么在以后的循环中它也不会改变。这时可将循环结束条件增加一条:若一次循环之后发现 dist 数组没有修改则结束循环。

**8.5.3 所有顶点之间的最短路径

问题的提法:已知一个各边权值均大于 0 的有向带权图,对每对顶点 $v_i \neq v_j$,求出 v_i 与 v_j 之间的最短路径和最短路径长度。

解决此问题的一个办法:轮流以每个顶点为源点,重复执行 Dijkstra 算法 n 次,就可求得每对顶点之间的最短路径及最短路径长度,总的执行时间是 $O(n^3)$。

本节介绍的 Floyd 算法形式更直接一些,虽然它的时间复杂度也是 $O(n^3)$。

Floyd 算法仍然使用 8.2.1 节定义的图的邻接矩阵 Edge$[n][n]$ 来存储有向带权图。算法的基本思想:设置一个 $n \times n$ 的方阵 $A^{(k)}$,其中除对角线的矩阵元素都等于 0 外,其他元素 $a^{(k)}[i][j]$ $(i \neq j)$ 表示从顶点 v_i 到顶点 v_j 的有向路径长度,k 表示运算步骤。初始时,以任意两个顶点之间的直接有向边的权值作为路径长度:对于任意两个顶点 v_i 和 v_j,若它们之间存在有向边,则以此边上的权值作为它们之间的最短路径长度;若它们之间不存在有向边,则以 maxWeight(机器可表示的在问题中不会遇到的最大数)作为它们之间的最短路径长度。因此,$A^{(-1)} =$ Edge。

以后逐步尝试在原路径中加入其他顶点作为中间顶点。如果增加中间顶点后,得到的路径路径比原来的长度减少了,则以此新路径代替原路径,修改矩阵元素,代入新的更短的路径长度。参看图 8.24。最初从顶点 v_2 到顶点 v_1 的距离为边<2,1>上的权值($= 5$)。当加入中间顶点 v_0 后,边<2,0>和<0,1>上的权值之和($= 4$)小于原来边<2,1>上的权值,则以此新路径<2,0,1>的长度作为从顶点 v_2 到顶点 v_1 的距离 $a[2][1]$,并修改相应的矩阵元素。需要加以说明的是,考虑顶点 v_0 作为中间顶点可能还会改变其他顶点之间的距离。例如,路径<2,0,3>的长度($= 7$)小于原来有向边<2,3>上的权值($= 8$),矩阵元素 $a[2][3]$ 也要修改,这种修改会对以后的运算产生影响。

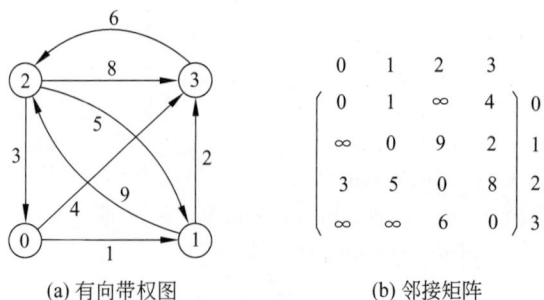

(a) 有向带权图　　　　　　　　(b) 邻接矩阵

图 8.24　有向带权图及其邻接矩阵

如果在下一步又增加顶点 v_1 作为中间顶点,对于图中的每条有向边<v_i,v_j>,要比

较从 v_i 到 v_1 的路径长度加上从 v_1 到 v_j 的路径长度是否小于原来从 v_i 到 v_j 的路径长度，即是否 $a[i][1]+a[1][j] < a[i][j]$？如果小于，又需用此新值代替原值作为元素 $a[i][j]$ 的值。这时，从 v_i 到 v_1 的路径长度，以及从 v_1 到 v_j 的路径长度已经由于 v_0 作为中间顶点而修改过了。

所以最新的 $a[i][j]$ 值实际上是包含了顶点 v_i、v_0、v_1、v_j 的路径的长度。如图 8.24 所示的例子，元素 $a[2][3]$ 在引入中间顶点 v_0 后，其值减为 7，再引入中间顶点 v_1 后，其值又减到 6。当然，有时加入中间顶点后的路径较原路径更长，这时就维持原来相应的矩阵元素的值不变。依次类推，可得到 Floyd 算法。

程序 8.21　Floyd 算法的伪代码描述
定义一个 n 阶方阵序列：$A^{(-1)}$, $A^{(0)}$, $\cdots$, $A^{(n-1)}$,其中：
$\quad A^{(-1)}[i][j] = Edge[i][j]$;
$\quad A^{(k)}[i][j] = \min \{A^{(k-1)}[i][j], A^{(k-1)}[i][k]+A^{(k-1)}[k][j]\}, k=0,1,\cdots,n-1$

由上述公式可知，$A^{(0)}[i][j]$ 是从顶点 v_i 到 v_j,中间顶点是 v_0 的最短路径的长度，$A^{(k)}[i][j]$ 是从顶点 v_i 到 v_j,中间顶点的序号不大于 k 的最短路径的长度，$A^{(n-1)}[i][j]$ 是从顶点 v_i 到 v_j 的最短路径长度。

程序 8.22　计算每一对顶点间最短路径及最短路径长度的 Floyd 算法

```
＃include "DGraphmtx.cpp"
template ＜class T, class E＞
void Floyd(DGraphmtx＜T,E＞& G, E a[][maxVertices], int path[][maxVertices]) {
//a[i][j]是顶点 i 和 j 之间的最短路径长度。path[i][j]是相应路径上顶点 j 的前一顶点的顶点号。
    int i, j, k, n = G.NumberOfVertices();
    for (i = 0; i < n; i++)                       //矩阵 a 与 path 初始化
        for (j = 0; j < n; j++) {
            a[i][j] = G.getWeight(i, j);
            if (i != j && a[i][j] < maxWeight) path[i][j] = i;
            else path[i][j] = 0;
        }
    for (k = 0; k < n; k++)                       //针对每个 k，产生 a(k) 及 path(k)
        for (i = 0; i < n; i++)
            for (j = 0; j < n; j++)
                if (a[i][k] + a[k][j] < a[i][j]) {
                    a[i][j] = a[i][k] + a[k][j];
                    path[i][j] = path[k][j];       //缩短路径长度，绕过 k 到 j
                }
};
```

对图 8.24 所示的例子用 Floyd 算法进行计算，所得结果如表 8.5 所示。以 Path$^{(3)}$ 为例，对最短路径的读法特别加以说明。从 $A^{(3)}$ 可知，顶点 1 到顶点 0 的最短路径长度为 $a[1][0]=11$,其最短路径看 path[1][0] = 2,表示顶点 0 的前一顶点是顶点 2;再看 path[1][2]=3,表示顶点 2 的前一顶点是顶点 3;再看 path[1][3] = 1,表示顶点 3 的前一顶点是顶点 1;最后从顶点 1 到顶点 0 的最短路径为 <1, 3>,<3, 2>,<2, 0>。

表 8.5　Floyd 算法求解的结果

	$A^{(-1)}$				$A^{(0)}$				$A^{(1)}$				$A^{(2)}$				$A^{(3)}$			
	0	1	2	3	0	1	2	3	0	1	2	3	0	1	2	3	0	1	2	3
0	0	1	∞	4	0	1	∞	4	0	1	10	3	0	1	10	3	0	1	9	3
1	∞	0	9	2	∞	0	9	2	∞	0	9	2	12	0	9	2	11	0	8	2
2	3	5	0	8	3	4	0	7	3	4	0	6	3	4	0	6	3	4	0	6
3	∞	∞	6	0	∞	∞	6	0	∞	∞	6	0	9	10	6	0	9	10	6	0

	$Path^{(-1)}$				$Path^{(0)}$				$Path^{(1)}$				$Path^{(2)}$				$Path^{(3)}$			
	0	1	2	3	0	1	2	3	0	1	2	3	0	1	2	3	0	1	2	3
0	0	0	0	0	0	0	0	0	0	0	1	1	0	0	1	1	0	0	3	1
1	0	0	1	1	0	0	1	1	0	0	1	1	0	0	1	1	2	0	3	1
2	2	2	0	2	2	0	0	0	2	0	0	1	2	0	0	1	2	0	0	1
3	0	0	3	0	0	0	3	0	0	0	3	0	2	0	3	0	2	0	3	0

　　Floyd 算法允许图中有带负权值的边,但不许有包含带负权值的边组成的回路。证明从略。最后说明一点,本章给出的求解最短路径的算法不仅适用有向带权图,对无向带权图也可以适用。因为无向带权图可以看作是有往返二重边的有向图,只要在顶点 v_i 与 v_j 之间存在无向边 (v_i , v_j),就可以看成是在这两个顶点之间存在权值相同的两条有向边 $< v_i , v_j >$ 和 $< v_j , v_i >$。

8.6　用顶点表示活动的网络(AOV 网络)

　　通常把计划、施工过程、生产流程、程序流程等都当成一个工程。除了很小的工程外,一般都把工程分为若干个被称为“活动”的子工程。完成了这些活动,这个工程就可以完成。例如,计算机专业学生的学习就是一个工程,每门课程的学习就是整个工程的一些活动。图 8.25(a)给出了若干门必修的课程,其中有些课程要求先修课程,有些则不要求。这样在有的课程之间有领先关系,有的课程可以并行地学习。

　　可以利用如图 8.25(b)所示的有向图来表示这种先修关系。在这种有向图中,顶点表示课程学习活动,有向边表示课程学习活动之间的领先(先修)关系。

　　实际上,可以用有向图表示一个工程。在这种有向图中,用顶点表示活动,用有向边 $< V_i , V_j >$ 表示活动 V_i 必须先于活动 V_j 进行。这种有向图称为顶点表示活动的网络(activity on vertices network,AOV 网络)。

　　在 AOV 网络中,如果活动 V_i 必须在活动 V_j 之前进行,则存在有向边 $< V_i , V_j >$,并称 V_i 是 V_j 的直接前驱,V_j 是 V_i 的直接后继。这种前驱与后继的关系有传递性。此外,任何活动 V_i 不能以它自己作为自己的前驱或后继,这称为反自反性。从前驱和后继的传递性和反自反性来看,AOV 网络中不能出现有向回路,即有向环。在 AOV 网络中如果出现了有向环,则意味着某项活动应以自己作为先决条件,这是不对的。如果设计出这样的流程

课程代号	课程名称	先修课程
C_1	高等数学	
C_2	程序设计基础	
C_3	离散数学	C_1, C_2
C_4	数据结构	C_3, C_2
C_5	高级语言程序设计	C_2
C_6	编译方法	C_5, C_4
C_7	操作系统	C_4, C_9
C_8	普通物理	C_1
C_9	计算机原理	C_8
(a)		(b)

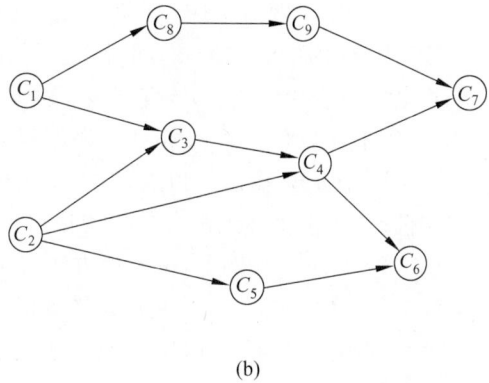

图 8.25　学生课程学习工程图

图,工程将无法进行。对于程序而言,将出现死循环。因此,对给定的 AOV 网络,必须先判断它是否存在有向环。

检测有向环是对 AOV 网络构造它的拓扑有序序列。即将各个顶点(代表各个活动)排列成一个线性有序的序列,使得 AOV 网络中所有应存在的前驱和后继关系都能得到满足。例如,对于图 8.26(a)给出的 AOV 网络,它的拓扑有序序列如图 8.26(c)所示。原来图 8.26(a)中的所有前驱和后继关系,在图 8.26(c)中都有保留;而且原来图 8.26(a)中没有前驱和后继关系的顶点(如 C_1 和 C_2)之间也人为地增加了前驱和后继关系,如图 8.26(b)所示,使得全部顶点都排在一个线性有序的序列中。这种构造 AOV 网络全部顶点的拓扑有序序列的运算就称为拓扑排序(topological sorting)。

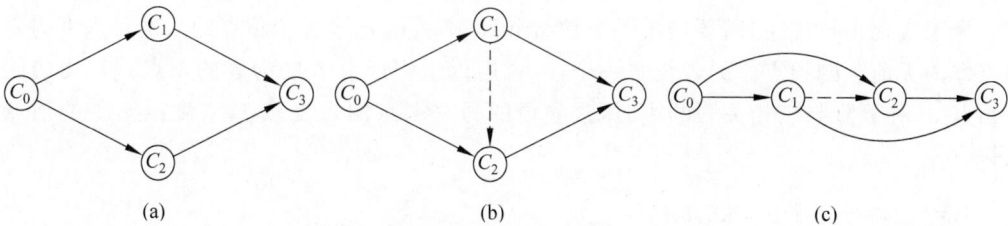

图 8.26　拓扑有序序列及拓扑排序

如果通过拓扑排序能将 AOV 网络的所有顶点都排入一个拓扑有序的序列中,则该 AOV 网络中必定不会出现有向环;相反,如果得不到满足要求的拓扑有序序列,则说明 AOV 网络中存在有向环,此 AOV 网络所代表的工程是不可行的。例如,对图 8.25(b)给出的学生选课工程图进行拓扑排序,得到的拓扑有序序列为

$$C_1, C_2, C_3, C_4, C_5, C_6, C_8, C_9, C_7$$

或

$$C_1, C_8, C_9, C_2, C_5, C_3, C_4, C_7, C_6$$

学生必须按照拓扑有序的顺序选修课程,才能保证学习任一门课程时,其先修课程已经学过。从上面所举的例子可以看到,一个 AOV 网络的顶点的拓扑有序序列不唯一。

进行拓扑排序的步骤如下:

（1）输入 AOV 网络。令 n 为顶点个数；

（2）在 AOV 网络中选一个没有直接前驱的顶点并输出；

（3）从图中删去该顶点，同时删去所有它发出的有向边。

重复以上步骤（2）、（3），直到满足：

① 全部顶点均已输出，拓扑有序序列形成，拓扑排序完成；

② 图中还有未输出的顶点，但已跳出处理循环。这说明图中还剩下一些顶点，它们都有直接前驱，再也找不到没有前驱的顶点了。这时 AOV 网络中必定存在有向环。

图 8.27 给出一个例子，按上述方法一步步完成拓扑排序。最后得到的拓扑有序序列为 C_4，C_0，C_3，C_2，C_1，C_5。它满足图 8.27(a)中给出的所有前驱和后继关系，对于本来没有这种关系的顶点，如 C_4 和 C_2，也排出了先后次序关系。

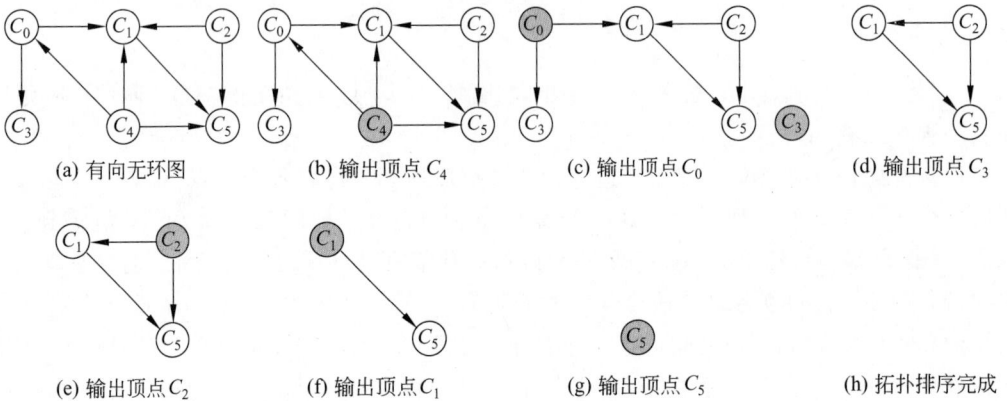

(a) 有向无环图　　　(b) 输出顶点 C_4　　　(c) 输出顶点 C_0　　　(d) 输出顶点 C_3

(e) 输出顶点 C_2　　　(f) 输出顶点 C_1　　　(g) 输出顶点 C_5　　　(h) 拓扑排序完成

图 8.27　拓扑排序的过程

为了实现拓扑排序，需要增设一个数组 inDegree[]，记录各个顶点的入度。入度为零的顶点即为无前驱的顶点。另外设置一个栈 S，用以组织所有入度为零的顶点。每当访问一个顶点 v_i 并删除与它相关联的边时，这些边的另一端点的入度减 1，入度减至零的顶点进入栈 S。

程序 8.23　拓扑排序算法的伪代码

```
stack S;                              //建立入度为零顶点的栈
检查图的所有顶点                       //所有入度为零的顶点进栈
if (顶点 i 的入度为零)顶点号 i 进栈 S;
count = 0;                            //设置输出顶点计数器
while (当栈 S 不空时){
    从栈 S 退出一个顶点 v; 输出 v;     //从栈中退出一个顶点并输出
    count++;                          //输出顶点计数加 1
    遍历顶点 v 的所有邻接顶点 w，将其入度减 1
    入度减至零的顶点 w 进入栈 S;
}
if (输出顶点个数 count < 网络顶点个数 n) 报告网络中存在有向环
```

为了建立入度为零的顶点栈，可以不另外分配存储空间，直接利用入度为零的顶点的 count[] 数组元素。同时设立了一个栈顶指针 top，指示当前栈顶的位置，即某个入度为零的

顶点位置。栈初始化时置 top $= -1$,表示空栈。将顶点 w 进栈时,执行以下指针的修改:

count[w] = top; top = w;   //top 指向新栈顶 i,原栈顶元素放在 count[w]中

退栈操作可以写成:

v = top; top = count[top];   //位于栈顶的顶点位置记于 v, top 退到次栈顶

对图 8.28(a)所示的 AOV 网络进行拓扑排序时,它的邻接表表示如图 8.28(b)所示,入度为零顶点栈的变化如图 8.29 所示。

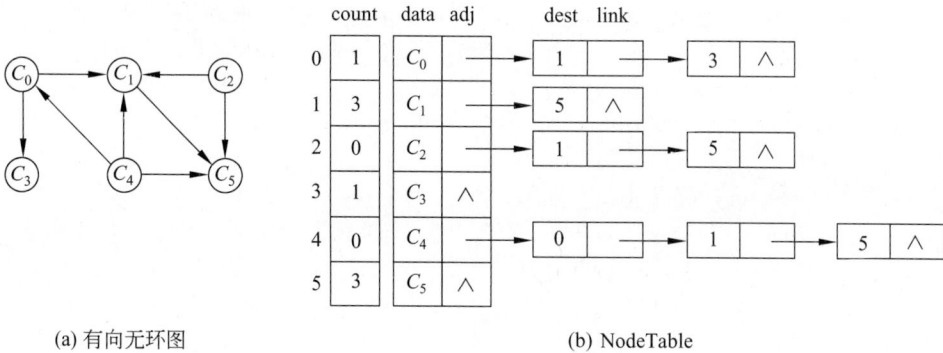

(a) 有向无环图   (b) NodeTable

图 8.28   AOV 网络及其邻接表表示

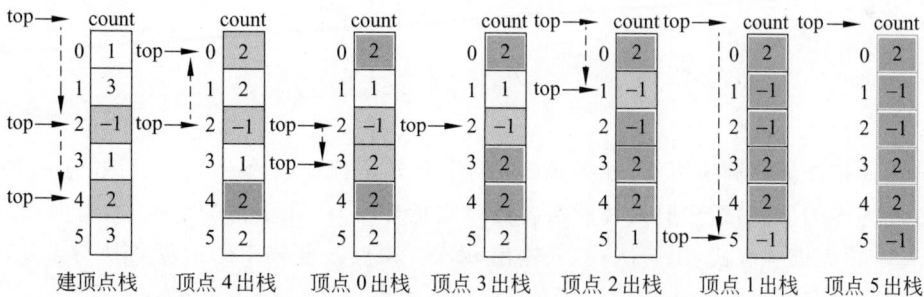

建顶点栈   顶点 4 出栈   顶点 0 出栈   顶点 3 出栈   顶点 2 出栈   顶点 1 出栈   顶点 5 出栈

图 8.29   在拓扑排序过程中栈顶指针 top 的变化

由于无前驱的顶点都压入入度为零顶点的栈,每步选取位于栈顶的顶点,所以栈顶指针 top 的变化与拓扑排序时顶点的输出次序是一致的。有一种例外情况:如果在顶点全部输出完之前,栈顶指针已经变为 -1,表明栈已成为空栈。也就是说,已经没有无前驱的顶点可取了,说明 AOV 网络中存在有向环,拓扑排序强制停止。

程序 8.24   拓扑排序算法的实现

```
#include "DGraphlnk.cpp"                        //DGraphlnk 是有向图的邻接表表示
template <class T, class E>
void TopologicalSort(DGraphlnk<T, E>& G) {
    int i, j, w, v;
    int top = -1;                               //入度为零顶点的栈初始化
    int n = G.NumberOfVertices();               //网络中顶点个数
    int * count = new int[n];                   //入度数组兼入度为零顶点栈
```

```
for (i = 0; i < n; i++) count[i] = 0;
    for (i = 0; i < n; i++) {                          //检查有向图所有的边
    j = G.getFirstNeighbor(i);
    while (j != −1) {
        count[j]++;                                    //邻接顶点入度加 1
        j = G.getNextNeighbor(i, j);
    }
}
for (i = 0; i < n; i++)                                //检查网络所有顶点
    if (count[i] == 0) {count[i] = top; top = i;}      //入度为零的顶点进栈
for (i = 0; i < n; i++)                                //期望输出 n 个顶点
    if (top == −1)                                     //中途栈空,转出
        {cout << "网络中有回路!" << endl; return;}
    else {                                             //继续拓扑排序
        v = top; top = count[top];                     //退栈 v
        cout << G.getValue(v) << " " << endl;          //输出
        w = G.GetFirstNeighbor(v);
        while (w != −1) {                              //扫描出边表
            if (−−count[w] == 0)                       //邻接顶点入度减 1
                {count[w] = top; top = w;}             //顶点入度减至零,进栈
            w = G.GetNextNeighbor(v, w);
        }
    }
delete [ ] count;
};
```

分析此拓扑排序算法可知,如果 AOV 网络有 n 个顶点、e 条边,在拓扑排序的过程中,搜索入度为零的顶点,建立链式栈所需的时间是 $O(n)$。在正常的情况下,有向图有 n 个顶点,每个顶点进一次栈,出一次栈,共输出 n 次。顶点入度减 1 的运算共执行了 e 次。所以总的时间复杂度为 $O(n+e)$。

8.7 用边表示活动的网络(AOE 网络)

与 AOV 网络密切相关的另一种网络就是 AOE 网络。如果在无有向环的有向带权图中用有向边表示一个工程中的各项活动(activity),用有向边上的权值表示活动的持续时间(duration),用顶点表示事件(event),则这样的有向图称为用边表示活动的网络(activity on edge network,AOE 网络)。

例如,图 8.30(a)是一个有 11 个活动的 AOE 网络。其中有 9 个事件 V_0,V_1,…,V_8。事件 V_0 发生表示整个工程的开始,事件 V_8 发生表示整个工程的结束。其他每个事件 V_i 发生则表示在它之前的活动都已完成,在它之后的活动可以开始。例如,事件 V_4 发生表示活动 a_4 和 a_5 已经完成,活动 a_7 和 a_8 可以开始。通常,这些时间只是估计值。在工程开始之后,活动 a_1、a_2 和 a_3 可以并行进行,在事件 V_4 发生后,活动 a_7 和 a_8 也可以并行进行。

由于整个工程只有一个开始点和一个完成点,所以称开始点(即入度为零的顶点)为源

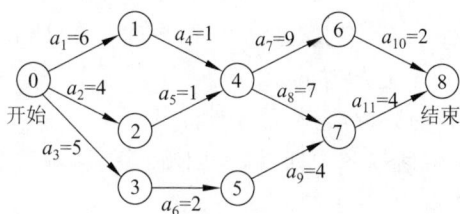

(a) AOE网络   (b) 邻接表

图 8.30   一个 AOE 网络及其邻接表表示

点(source),称结束点(即出度为零的顶点)为汇点(sink)。

AOE 网络在某些工程估算方面非常有用。例如,可以使人们了解:

(1) 完成整个工程至少需要多少时间(假设网络中没有环)?

(2) 为缩短完成工程所需的时间,应当加快哪些活动?

在 AOE 网络中,有些活动可以并行地进行。从源点到各个顶点,以至从源点到汇点的有向路径可能不止一条。这些路径的长度也可能不同。完成不同路径的活动所需的时间虽然不同,但只有各条路径上所有活动都完成了,整个工程才算完成。因此,完成整个工程所需的时间取决于从源点到汇点的最长路径长度,即在这条路径上所有活动的持续时间之和。这条路径长度最长的路径被称为关键路径(critical path)。

在图 8.30(a)所示的例子中,关键路径是 a_1, a_4, a_7, a_{10} 或 a_1, a_4, a_8, a_{11}。这条路径的所有活动的持续时间之和是 18。也就是说,完成整个工程所需的时间是 18。

要找出关键路径,必须找出关键活动,即不按期完成就会影响整个工程完成的活动。关键路径上的所有活动都是关键活动。因此,只要找到了关键活动,就可以找到关键路径。

下面先定义几个与计算关键活动有关的量。

(1) 事件 V_i 的最早可能开始时间 $V_e(i)$ 是从源点 V_0 到顶点 V_i 的最长路径长度。例如,只有当 a_1, a_2, a_4, a_5 这些活动都完成了,事件 V_4 才能开始。虽然 a_2, a_5 这条路径的完成只需 5 天,但 a_1, a_4 这条路径还未完成,事件 V_4 还不能开始。只有当 a_1, a_4 也完成了,事件 V_4 才能开始。所以事件 V_4 的最早可能开始时间是 $V_e[4] = 7$ 天。

(2) 事件 V_i 的最迟允许开始时间 $V_1[i]$ 是在保证汇点 V_{n-1} 在 $V_e[n-1]$ 时刻完成的前提下,事件 V_i 的允许的最迟开始时间。它等于 $V_e[n-1]$ 减去从 V_i 到 V_{n-1} 的最长路径长度。

(3) 活动 a_k 的最早可能开始时间 $A_e[k]$:设活动 a_k 在有向边 $<V_i, V_j>$ 上,则 $A_e[k]$ 是从源点 V_0 到顶点 V_i 的最长路径长度。因此, $A_e[k] = V_e[i]$。

(4) 活动 a_k 的最迟允许开始时间 $A_1[k]$:设活动 a_k 在有向边 $<V_i, V_j>$ 上,则 $A_1[k]$ 是在不会引起时间延误的前提下,该活动允许的最迟开始时间。 $A_1[k] = V_1[j] -$ dur$(<i, j>)$。其中,dur$(<i, j>)$是完成 a_k 所需的时间。

(5) 用 $A_1[k] - A_e[k]$ 表示活动 a_k 的最早可能开始时间和最迟允许开始时间的时间余

量,也称松弛时间(slack time)。$A_1[k] = A_e[k]$表示活动 a_k 是没有时间余量的关键活动。

在图 8.30(a)所示的例子中,活动 a_8 的最早可能开始时间是 $A_e[8] = V_e[4] = 7$,最迟允许开始时间是 $A_1[8] = V_1[7] - \text{dur}(<4, 7>) = 14 - 7 = 7$,所以 a_8 是关键路径上的关键活动。再看活动 a_9。它的最早可能开始时间是 $A_e[9] = V_e[5] = 7$,最迟允许开始时间是 $A_1[9] = V_1[7] - \text{dur}(<5, 7>) = 14 - 4 = 10$,它的时间余量是 $A_1[9] - A_e[9] = 3$。它推迟 3 天或延迟 3 天完成都不会影响整个工程的完成,它不是关键活动。

因此,分析关键路径的目的,是要从源点 V_0 开始估算各个活动,辨明哪些是影响整个工程进度的关键活动,以便科学地安排工作。

为了找出关键活动,就要求得各个活动的 $A_e[k]$ 与 $A_1[k]$,以判别是否 $A_1[k] = A_e[k]$;而为了求得 $A_e[k]$ 与 $A_1[k]$,就要先求得从源点 V_0 到各个顶点 V_i 的最早可能开始时间 $V_e[i]$ 和最迟允许开始时间 $V_1[i]$。下面给出求 $V_e[i]$ 的递推公式。

(1) 从 $V_e[0] = 0$ 开始,向前递推

$$V_e[i] = \max_j \{V_e[j] + \text{dur}(<V_j, V_i>)\}, \quad <V_j, V_i> \in S_2, \quad i = 1, 2, \cdots, n-1$$

其中,S_2 是所有指向顶点 V_i 的有向边 $<V_j, V_i>$ 的集合。

(2) 从 $V_1[n-1] = V_e[n-1]$ 开始,反向递推

$$V_1[i] = \min_j \{V_1[j] - \text{dur}(<V_i, V_j>)\}, \quad <V_i, V_j> \in S_1, \quad i = n-2, n-3, \cdots, 0$$

其中,S_1 是所有从顶点 V_i 发出的有向边 $<V_i, V_j>$ 的集合。

这两个递推公式的计算必须分别在拓扑有序及逆拓扑有序的前提下进行。也就是说,计算 $V_e[i]$ 时,V_i 的所有前驱顶点 V_j 的 $V_e[j]$ 都已求出。反之,在计算 $V_1[i]$ 时,也必须在 V_i 的所有后继顶点 V_j 的 $V_1[j]$ 都已求出的条件下才能进行计算。所以可以以拓扑排序的算法为基础,在把各个顶点排出拓扑有序序列的同时,计算 $V_e[i]$;再以逆拓扑有序的顺序计算 $V_1[i]$。

(3) 设活动 $a_k (k = 1, 2, \cdots, e)$ 用带权有向边 $<V_i, V_j>$ 表示,它的持续时间用 $\text{dur}(<V_i, V_j>)$ 表示,则有 $A_e[k] = V_e[i]$;$A_1[k] = V_1[j] - \text{dur}(<V_i, V_j>)$;$k = 1, 2, \cdots, e$。这样就得到计算关键路径的算法。

① 输入 e 条带权的有向边,建立邻接表结构。

② 从源点 V_0 出发,令 $V_e[0] = 0$,按拓扑有序的顺序计算每个顶点的 $V_e[i]$,$i = 1, 2, \cdots, n-1$。若拓扑排序的循环次数小于顶点数 n,则说明网络中存在有向环,不能继续求关键路径。

③ 从汇点 V_{n-1} 出发,令 $V_1[n-1] = V_e[n-1]$,按逆拓扑有序顺序求各顶点的 $V_1[i]$,$i = n-2, n-3, \cdots, 0$。

④ 根据各顶点的 $V_e[i]$ 和 $V_1[i]$ 值,求各有向边的 $A_e[k]$ 和 $A_1[k]$。

⑤ $A_e[k] = A_1[k]$ 即为关键活动,输出关键活动。

程序 8.25 给出求关键路径的算法。为了计算关键路径,可以一边进行拓扑排序一边计算各顶点的 $V_e[i]$,因此可以如同前面给出的拓扑排序算法中那样设置一个存放入度为零顶点的链式栈,利用邻接表中的 count 数组作为链式栈的存储空间,实现拓扑排序。在入度为零的顶点出栈的同时进行反向拉链,以便在计算完各顶点的 $V_e[i]$ 之后,可以按逆拓扑有序的顺序计算各顶点的 $V_1[i]$。但在程序中,为了简化算法,假定在求关键路径之前已经对

各顶点实现了拓扑排序,并按拓扑有序的顺序对各顶点重新进行了编号。算法在求 $V_e[i]$,$i=0,1,\cdots,n-1$ 时按拓扑有序的顺序计算;在求 $V_l[i]$,$i=n-1,n-2,\cdots,0$ 时按逆拓扑有序的顺序计算。最后扫描一遍邻接表,计算 A_e 和 A_l。

程序 8.25　计算关键路径的算法

```cpp
#include "DGraphlnk.cpp"
template <class T, class E>
struct EdgeNode {int v1; int v2; E key;};
template <class T, class E>
void CriticalPath (DGraphlnk<T,E>& G, EdgeNode<T,E> cp[], int& count) {
//算法调用方式 CriticalPath(G, cp, n)。输入:用邻接表存储的带权无环有向图 G;
//输出:数组 cp 返回关键活动的各边,引用参数 count 返回关键活动数
    int i, k, lnk = -1, u, v, top = -1; E w; EdgeNode<T, E> ed;
    int ind[maxVertices];                     //入度数组
    int n = G.NumberOfVertices();
    for (i = 0; i < n; i++) ind[i] = 0;
    for (i = 0; i < n; i++) {
        u = G.getFirstNeighbor(i);
        while (u != -1) {
            ind[u]++;                         //统计各顶点入度
            u = G.getNextNeighbor(i,u);
        }
    }
    E Ve[maxVertices], Vl[maxVertices];       //各事件最早和最迟开始时间
    E Ae[maxEdges], Al[maxEdges];             //各活动最早和最迟开始时间
    for (i = 0; i < n; i++) Ve[i] = 0;
    for (i = 0; i < n; i++)                   //所有入度为零的顶点进栈
        if (!ind[i]) {ind[i] = top; top = i;}
    while (top != -1) {                       //拓扑有序地计算 Ve[]
        u = top; top = ind[top];              //退栈顶点存 u
        ind[u] = lnk; lnk = u;                //反向通过 lnk 拉链
        v = G.getFirstNeighbor(u);
        while (v != -1) {
            w = G.getWeight(u, v);
            if (Ve[u]+w > Ve[v]) Ve[v] = Ve[u]+w;        //计算 Ve
            if (--ind[v] == 0) {ind[v] = top; top = v;}  //入度减至零进栈
            v = G.getNextNeighbor(u, v);
        }
    }
    for (i = 0; i < n; i++) Vl[i] = Ve[lnk];
    while (lnk != -1) {                       //逆拓扑有序计算 Vl[]
        v = ind[lnk]; lnk = v;                //逆拓扑排序
        if (lnk == -1) break;
        k = G.getFirstNeighbor(v);
        while (k != -1) {
```

```
                w = G.getWeight(v,k);
                if (Vl[k]-w < Vl[v]) Vl[v] =. Vl[k]-w;
                k = G.getNextNeighbor(v, k);
            }
        }
        k = count = 0;
        for (i = 0; i < n; i++) {                    //求各活动的 Ae 和 Al
            u = G.getFirstNeighbor(i);
            while (u != -1) {
                w = G.getWeight(i, u);
                Ae[k] = Ve[i]; Al[k] = Vl[u]-w;
                if (Ae[k] == Al[k])
                    {ed.v1 = i; ed.v2 = u; ed.key = w; cp[count++] = ed;}
                k++;
                u = G.getNextNeighbor(i, u);
            }
        }
    };
```

在拓扑排序求 $V_e[i]$ 和逆拓扑有序求 $V_1[i]$ 时，所需时间为 $O(n+e)$，求各个活动的 $A_e[k]$ 和 $A_1[k]$ 时所需时间为 $O(e)$，总共花费时间仍然是 $O(n+e)$。

图 8.30(a)所给出的 AOE 网络是一个有 9 个顶点、11 项活动的有向无环图，其邻接表表示如图 8.30(b)所示。求得的两个数组 V_e 和 V_1 及各边的 $A_e[k]$ 和 $A_1[k]$ 如表 8.6 所示。由此可求得关键活动为 $a_1, a_4, a_7, a_8, a_{10}, a_{11}$。

表 8.6 关键路径的相关量的计算

事件	V_0	V_1	V_2	V_3	V_4	V_5	V_6	V_7	V_8
$V_e[i]$	0	6	4	5	7	7	16	14	18
$V_1[i]$	0	6	6	8	7	10	16	14	18

边	<0,1>	<0,2>	<0,3>	<1,4>	<2,4>	<3,5>	<4,6>	<4,7>	<5,7>	<6,8>	<7,8>
活动	a_1	a_2	a_3	a_4	a_5	a_6	a_7	a_8	a_9	a_{10}	a_{11}
A_e	0	0	0	6	4	5	7	7	7	16	14
A_1	0	2	3	6	6	8	7	7	10	16	14
A_1-A_e	0	2	3	0	2	3	0	0	3	0	0
关键活动	是			是			是	是		是	是

关于活动网络，还有一点需要说明。拓扑排序算法只能检测出网络中的有向回路。网络中可能还存在其他问题。例如，存在从开始顶点无法到达的顶点。当在这样的网络中进行关键路径计算时，将有多个顶点的 $V_e[i]$ 等于 0。因为整个网络中各活动的持续时间都应大于 0，所以只有开始顶点的 $V_e[0]$ 可以等于 0。利用关键路径法也可以检测工程中是否存

在这样的问题。

此外,对于一个网络做深度优先搜索,在每次退出递归时访问结点,可得该网络的逆拓扑有序序列。但此时要求该网络没有有向回路。

习　　题

一、单项选择题

1. 在无向图中定义顶点的度为与它相关联的(　　)的数目。
   A. 顶点　　　　　B. 边　　　　　C. 权　　　　　D. 权值

2. 在无向图中定义顶点 v_i 与 v_j 之间的路径为从 v_i 到达 v_j 的一个(　　)。
   A. 顶点序列　　　B. 边序列　　　C. 权值总和　　D. 边的条数

3. 图的简单路径是指(　　)不重复的路径。
   A. 权值　　　　　B. 顶点　　　　C. 边　　　　　D. 边与顶点均

4. 设无向图的顶点个数为 n,则该图最多有(　　)条边。
   A. $n-1$　　　　B. $n(n-1)/2$　C. $n(n+1)/2$　D. $n(n-1)$

5. n 个顶点的连通图至少有(　　)条边。
   A. $n-1$　　　　B. n　　　　　C. $n+1$　　　　D. 0

6. 在一个无向图中,所有顶点的度数之和等于所有边数的(　　)倍。
   A. 3　　　　　　B. 2　　　　　　C. 1　　　　　　D. 1/2

7. 设 $G_1=(V_1,E_1)$ 和 $G_2=(V_2,E_2)$ 为两个图,如果 $V_1\subseteq V_2,E_1\subseteq E_2$,则称(　　)。
   A. G_1 是 G_2 的子图　　　　　　B. G_2 是 G_1 的子图
   C. G_1 是 G_2 的连通分量　　　　D. G_2 是 G_1 的连通分量

8. 有向图的一个顶点的度为该顶点的(　　)。
   A. 入度　　　　　B. 出度　　　　C. 入度+出度　　D.(入度+出度)/2

9. 若采用邻接矩阵法存储一个有 n 个顶点的无向图,则该邻接矩阵是一个(　　)。
   A. 上三角矩阵　　B. 稀疏矩阵　　C. 对角矩阵　　D. 对称矩阵

10. 设一个有 n 个顶点和 e 条边的有向图采用邻接矩阵表示,要计算某个顶点的出度所耗费的时间是(　　)。
    A. $O(n)$　　　　B. $O(e)$　　　C. $O(n+e)$　　D. $O(^2)$

11. 在一个有向图的邻接矩阵表示中,删除一条边 $<v_i,v_j>$ 需要耗费的时间是(　　)。
    A. $O(1)$　　　　B. $O(i)$　　　C. $O(j)$　　　D. $O(i+j)$

12. 对于具有 e 条边的无向图,它的邻接表中有(　　)个边结点。
    A. $e-1$　　　　B. e　　　　　C. $2(e-1)$　　D. $2e$

13. 图的深度优先搜索类似于树的(　　)次序遍历。
    A. 先根　　　　　B. 中根　　　　C. 后根　　　　D. 层次

14. 图的广度优先搜索类似于树的(　　)次序遍历。
    A. 先根　　　　　B. 中根　　　　C. 后根　　　　D. 层次

15. 为了实现图的广度优先遍历,BFS 算法使用的一个辅助数据结构是(　　)。

A. 栈   B. 队列   C. 数组   D. 串

16. 一个连通图的生成树是包含图中所有顶点的一个( )子图。

     A. 极小   B. 连通   C. 极小连通   D. 无环

17. $n(n>1)$ 个顶点的强连通图中至少含有( )条有向边。

     A. $n-1$ B. n C. $n(n-1)/2$ D. $n(n-1)$

18. 在一个连通图中进行深度优先搜索得到一棵深度优先生成树,树的根结点是关节点的充要条件是它至少有( )个子女。

     A. 1   B. 2   C. 3   D. 0

19. 在用 Kruskal 算法求解带权连通图的最小(代价)生成树时,通常采用一个( )辅助结构,判断一条边的两个端点是否在同一个连通分量上。

     A. 位向量   B. 堆   C. 并查集   D. 生成树顶点集合

20. 在用 Kruskal 算法求解带权连通图的最小(代价)生成树时,选择权值最小的边的原则是该边不能在图中构成( )。

     A. 重边   B. 有向环   C. 回路   D. 权值重复的边

21. 在用 Dijkstra 算法求解有向带权图的最短路径问题时,要求图中每条边所带的权值必须是( )。

     A. 非零   B. 非整   C. 非负   D. 非正

22. 设有向图有 n 个顶点和 e 条边,采用邻接表作为其存储表示,在进行拓扑排序时,总的计算时间为( )。

     A. $O(n\log_2 e)$ B. $O(n+e)$ C. $O(n^e)$ D. $O(n^2)$

23. 设有向图有 n 个顶点和 e 条边,采用邻接矩阵作为其存储表示,在进行拓扑排序时,总的计算时间为( )。

     A. $O(n\log_2 e)$ B. $O(n+e)$ C. $O(n^e)$ D. $O(n^2)$

24. 对于如图 8.31 所示的有向带权图,从顶点 1 到顶点 5 的最短路径为( )。

     A. 1, 4, 5   B. 1, 2, 3, 5

     C. 1, 4, 3, 5   D. 1, 2, 4, 3, 5

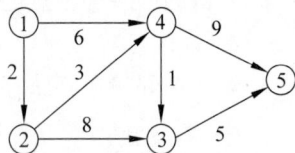

图 8.31 一个有向带权图

25. 具有 n 个顶点的有向无环图最多可包含( )条有向边。

     A. $n-1$ B. n

     C. $n(n-1)/2$ D. $n(n-1)$

26. 在 n 个顶点的有向无环图的邻接矩阵中至少有( )个零元素。

     A. n B. $n(n-1)/2$ C. $n(n+1)/2$ D. $n(n-1)$

27. 对于有向图,其邻接矩阵表示比邻接表表示更适合存储( )图。

     A. 无向   B. 连通   C. 稀疏   D. 稠密

二、填空题

1. 图的定义包含一个顶点集合和一个边集合。其中,顶点集合是一个有穷_____集合。

2. 用邻接矩阵存储图,占用存储空间与图中_____有关。

3. $n(n>0)$ 个顶点的无向图最多有_____条边,最少有_____条边。

4. $n(n>0)$ 个顶点的连通无向图最少有_____条边。

5. $n(n>0)$ 个顶点的连通无向图各顶点的度之和最少为_____。

6. $n(n>0)$ 个顶点的无向图中顶点的度的最大值为_____。

7. 若 3 个顶点的图 G 的邻接矩阵为 $\begin{bmatrix} 0 & 1 & 0 \\ 1 & 0 & 0 \\ 0 & 1 & 0 \end{bmatrix}$,则图 G 一定是_____向图。

8. 设图 $G = (V, E)$,$V = \{V_0, V_1, V_2, V_3\}$,$E = \{(V_0, V_1), (V_0, V_2), (V_0, V_3), (V_1, V_3)\}$,则从顶点 V_0 开始的图 G 的不同深度优先序列有_____种,例如_____。

9. 设图 $G = (V, E)$,$V = \{P, Q, R, S, T\}$,$E = \{<P, Q>, <P, R>, <Q, S>, <R, T>\}$,从顶点 P 出发,对图 G 进行广度优先搜索所得的序列有_____种,例如_____。

10. 在重连通图中每个顶点的度至少为_____。

11. $n(n>0)$ 个顶点的连通无向图的生成树至少有_____条边。

12. 101 个顶点的连通网络 N 有 100 条边,其中权值为 1, 2, 3, 4, 5, 6, 7, 8, 9, 10 的边各 10 条,则网络 N 的最小生成树各边的权值之和为_____。

13. 在使用 Kruskal 算法构造连通网络的最小生成树时,只有当一条候选边的两个端点不在同一个_____上,才有可能加入生成树中。

14. 深度优先生成树的高度比广度优先生成树的高度_____。

15. 求解带权连通图最小生成树的 Prim 算法适合_____图的情形,而 Kruskal 算法适合_____图的情形。

16. 若对一个有向无环图进行拓扑排序,再对排在拓扑有序序列中的所有顶点按其先后次序重新编号,则在相应的邻接矩阵中所有_____的信息将集中到对角线以上。

三、判断题

1. 一个图的子图可以是空图,顶点个数为 0。 (　　)

2. 存储图的邻接矩阵中,矩阵元素个数不但与图的顶点个数有关,而且与图的边数也有关。 (　　)

3. 一个有 1000 个顶点和 1000 条边的有向图的邻接矩阵是一个稀疏矩阵。 (　　)

4. 对一个连通图进行一次深度优先搜索可以遍访图中的所有顶点。 (　　)

5. 有 $n(n \geqslant 1)$ 个顶点的无向连通图最少有 $n-1$ 条边。 (　　)

6. 有 $n(n \geqslant 2)$ 个顶点的有向强连通图最少有 n 条边。 (　　)

7. 图中各个顶点的编号是人为的,不是它本身固有的,因此可以因为某种需要改变顶点的编号。 (　　)

8. 如果无向图中各个顶点的度都大于 2,则该图中必有回路。 (　　)

9. 如果有向图中各个顶点的度都大于 2,则该图中必有回路。 (　　)

10. 图的深度优先搜索是一种典型的贪心法求解的例子,可以通过递归算法求解。

(　　)

11. 图的广度优先搜索是一种典型的穷举法求解的例子,可以采用非递归算法求解。
（　　）

12. 有 n 个顶点和 e 条边的带权连通图的最小生成树一般由 n 个顶点和 $e-1$ 条边组成。
（　　）

13. 对于一个边上权值任意的有向带权图,使用 Dijkstra 算法可以求一个顶点到其他各顶点的最短路径。
（　　）

14. 对一个有向图进行拓扑排序,可以将图的所有顶点按其关键码大小排列到一个拓扑有序的序列中。
（　　）

15. 有回路的有向图不能完成拓扑排序。
（　　）

16. 对任何用顶点表示活动的网络(AOV 网络)进行拓扑排序的结果都是唯一的。
（　　）

17. 用边表示活动的网络(AOE 网络)的关键路径是指从源点到终点的路径长度最长的路径。
（　　）

18. 对于 AOE 网络,加速任一关键活动就能使整个工程提前完成。
（　　）

19. 对于 AOE 网络,任一关键活动延迟将导致整个工程延迟完成。
（　　）

20. 在 AOE 网络中,可能同时存在几条关键路径,称所有关键路径都需通过的有向边为桥。如果加速这样的桥上的关键活动就能使整个工程提前完成。
（　　）

四、简答题

1. 设连通图 G 如图 8.32 所示。画出该图对应的邻接矩阵表示,并给出对它执行从顶点 V_0 开始的广度优先搜索的结果。

2. 设连通图 G 如图 8.32 所示。画出该图及其对应的邻接表表示,并给出对它执行从 V_0 开始的深度优先搜索的结果。

3. 设连通图 G 如图 8.32 所示。画出从顶点 V_0 出发的深度优先生成树,指出图 G 中哪几个顶点是关节点(即万一它失效则网络将发生故障)。

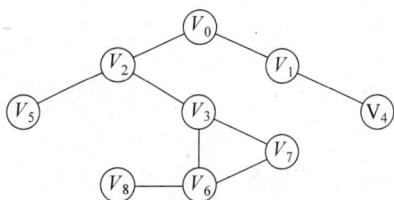

4. 设连通图 G 如图 8.33 所示,

图 8.32　连通无向图(一)　　　　图 8.33　连通无向图(二)

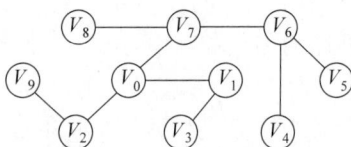

(1) 如果有关节点,找出所有的关节点。

(2) 如果想把该连通图变成重连通图,至少在图中加几条边?如何加?

5. 对于如图 8.34 所示的有向图,写出:

(1) 从顶点 V_1 出发进行深度优先搜索得到的所有深度优先生成树;

(2) 从顶点 V_2 出发进行广度优先搜索得到的所有广度优先生成树。

6. 设有向图 G 如图 8.35 所示。画出从顶点 V_0 开始进行深度优先搜索和广度优先搜索得到的 DFS 生成森林和 BFS 生成森林。

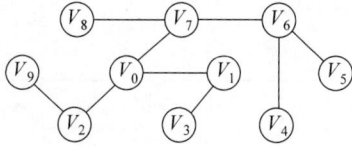

图 8.34　第 5 题的有向图　　　　　　　图 8.35　第 6 题的有向图

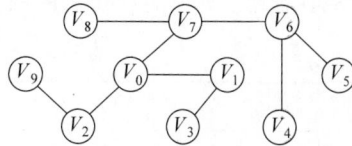

7. 设有一个连通网络如图 8.36 所示。画出应用 Kruskal 算法构造最小生成树的过程中每步选出的边(包括两端点和权值)。

8. 设有一个连通网络如图 8.37 所示。采用 Prim 算法从顶点 V_0 开始构造最小生成树。画出该图对应的邻接矩阵,并写出加入生成树顶点集合 S 和选择边 Edge 的顺序。

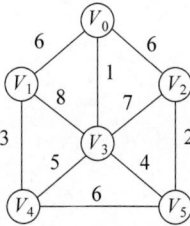

图 8.36　第 7 题的连通网络　　　　图 8.37　第 8 题的连通网络

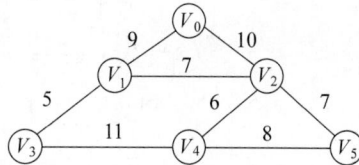

9. Kosaraju 算法是一个常用的求有向图强连通分量的方法。其步骤如下。

(1) 对原图 G 进行深度优先遍历,对每个顶点,一旦它们前进(出边方向)路上的邻接顶点不存在或全部访问过即记录(可在顶点旁边附加数字标识记录顺序)。

(2) 从最晚记录的顶点开始,按入边进行第二次深度优先遍历,删除能够遍历到的顶点,这些顶点构成一个强连通分量。

(3) 如果还有顶点没有删除,继续步骤(2),否则算法结束。

根据上面对算法的描述,确定图 8.38 所示的有向图的强连通分量。

10. 以图 8.39 为例,按 Dijkstra 算法计算从顶点 A 到其他各顶点的最短路径长度和最短路径长度。

11. 设图 8.40 中的顶点表示村庄,有向边代表交通路线。如果要建立一家医院,那么建在哪一个村庄能使各村庄总体上的交通代价最小。

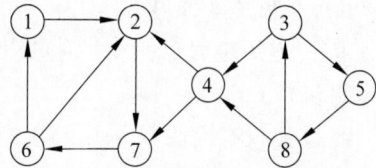

图 8.38　一个非强连通有向图

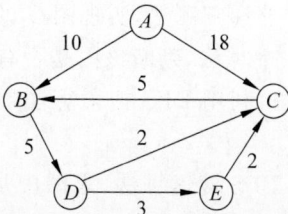

图 8.39　第 10 题的有向带权图　　　图 8.40　第 11 题的有向带权图

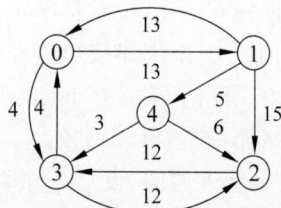

12. 有 8 项活动，每项活动要求的前驱如表 8.7 所示。

表 8.7　内部排序方法性能比较

活动	A_0	A_1	A_2	A_3	A_4	A_5	A_6	A_7
前驱	无前驱	A_0	A_0	A_0, A_2	A_1	A_2, A_4	A_3	A_5, A_6

(1) 画出相应的 AOV 网络，并给出一个拓扑排序序列。

(2) 改变某些结点的编号，使得用邻接矩阵表示该网络时所有对角线以下元素全为 0。

13. 对图 8.41 所示的 AOE 网络，回答以下问题：

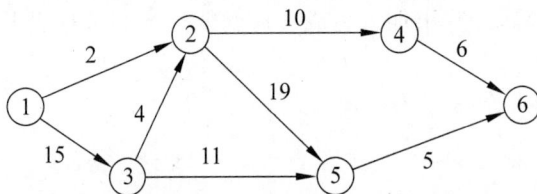

图 8.41　一个 AOE 网络

(1) 这个工程最早可能在什么时间结束？

(2) 确定哪些活动是关键活动。画出由所有关键活动构成的图，指出哪些活动加速可使整个工程提前完成。

五、算法题

1. 设一个无权图 G 采用邻接矩阵表示存储。基于该图的邻接矩阵，可构造一系列矩阵 $A^{(0)}, A^{(1)}, \cdots, A^{(n-1)}$。其中，$A^{(0)}[i][j] = G.\text{Edge}[i][j]$，若等于 1，表示从 i 到 j 只需一步可达，$A^{(2)}[i][j] = 1$ 表示从 i 到 j 走 2 步可达，以此类推，$A^{(n-1)}[i][j] = 1$ 表示从 i 到 j 需走 n 步可达。而 $A^{(k)}[i][j] = A^{(k-1)}[i][k] \otimes G.\text{Edge}[k][j]$，"$\otimes$"为按位乘，定义矩阵 A 的传递闭包为 $C = A^{(0)} \oplus A^{(1)} \oplus \cdots \oplus A^{(n-1)}$，"$\oplus$"为按位加。设计一个算法，求图 G 的传递闭包 C。

2. 设无权有向图 G 采用邻接矩阵存储，设计一个算法，求图 G 中出度为零的顶点个数。

3. 设无权有向图 G_1 采用邻接表存储，设计一个算法，从 G_1 求得该图的逆邻接表表示 G_2。

4. 设无权有向图 G 采用邻接表存储，设计一个算法，求图 G 中各顶点的入度。

5. 设无权无向图 G 采用邻接表存储，设计一个非递归算法，实现图 G 的深度优先搜索。

6. 设无权无向图 G 采用邻接矩阵存储，设计一个算法，判断该图是否有回路（或圈）。

7. 设连通图 G 采用邻接表存储，设计一个算法，利用 DFS 搜索算法，求图中从顶点 u 到 v 的一条简单路径，并输出该路径。

8. 设图 G 是一个连通图，设计一个算法，利用 BFS 搜索算法，求图中从顶点 u 到 v 的一条简单路径，并输出该路径。

9. 设在 4 地 (A, B, C, D) 之间架设有 6 座桥，如图 8.42 所示。要求从某一地出发，经过每座桥恰巧一次，最后仍回到原地。

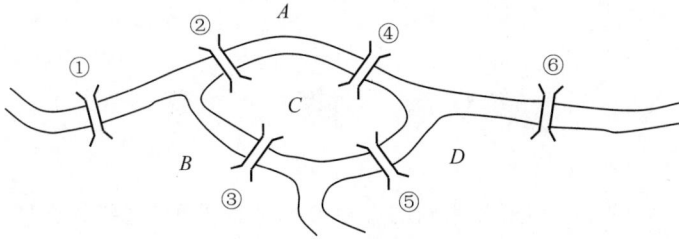

图 8.42 第 9 题的图

（1）就以上图形说明：此问题有解的条件是什么？

（2）设图中的顶点数为 n，定义求解此问题的数据结构并设计一个算法，找出满足要求的一条回路。

10. 扩充深度优先搜索算法，遍历采用邻接表表示的图 G，建立生成森林的子女-兄弟链表。（提示：在继续按深度方向从根 v 的某一未访问过的邻接顶点 w 向下遍历之前，建立子女结点。但需要判断是作为根的第一个子女还是作为其子女的右兄弟链入生成树。）

11. 设有向图 G 采用邻接表存储，设计一个算法，求图 G 的所有强连通分量。

12. 对一个带权连通图 G，可采用"破圈法"求解图的最小生成树。圈就是回路。破圈法就是对于一个带权连通图 G，按照边上权值的大小，从权值最大的边开始，逐条边删除。每删除一条边，就需要判断图 G 是否仍然连通，若不再连通，则将该边恢复。若仍连通，继续向下删，直到剩 $n-1$ 条边为止。设计一个算法，实现使用"破圈法"对一个给定的带权连通图构造它的最小生成树。

13. 如果一个带权图可能不连通，改写 Prim 算法，输出其所有的最小生成树。

14. 设有向带权图采用邻接矩阵存储，修改求单源最短路径的 Dijkstra 算法，使得当从某一顶点出发存在多条到其他顶点的最短路径时，保留经过顶点最少的那条路径。

15. 给定 n 个小区之间的交通图。若小区 i 与小区 j 之间有路可通，则将顶点 i 与顶点 j 之间用边连接，边上的权值 w_{ij} 表示这条道路的长度。现在打算在这 n 个小区中选定一个小区建一所医院，这家医院应建在哪个小区才能使距离医院最远的小区到医院的路程最短？设计一个算法解决上述问题。

16. 设一个无环有向图 G 采用邻接表存储。设计一个算法，按深度优先搜索策略对其进行拓扑排序。

17. 设计一个算法，对一个 AOE 网络 G 一边拓扑排序，一边计算关键路径。算法使用图的邻接表表示，并增加一个辅助数组 Indegree[] 存放各个顶点的入度。

第 9 章 排　　序

在日常生活中经常需要对所收集到的各种数据进行处理,这些数据处理中经常遇到的核心运算就是排序(sorting)。例如,图书管理员将书籍按照馆藏编号排序放置在书架上,方便读者查找;打开计算机的资源管理器,可以选择按名称、类型、创建日期等来排列图标。排序已被广泛应用在几乎所有的领域。

9.1　排序的概念及其算法性能分析

9.1.1　排序的概念

排序在计算机数据处理中经常遇到,特别是在事务处理中,排序占了很大的比重。在日常的数据处理中,一般认为有 1/4 的时间用在排序上;而对于安装程序,多达 50% 的时间花费在对表的排序上。那么,什么是排序呢? 简单地说,排序就是将一组杂乱无章的数据按一定的规律顺次排列起来。

在进一步讨论各种排序方法之前,先引入几个概念。

数据表(datalist)　它是待排序数据元素的有限集合。例如,作为升学考试的结果,将产生 3 个表。第一个表按考生的报考号从小到大的顺序,列出所有考生的综合考试成绩。第二个表按考生的综合考试成绩从大到小的顺序,列出所有考生的报考号。第三个表顺序列出每道考题的分数统计(答对的百分比、平均值、标准偏差)。它们就是待排序的元素。

排序码(key)　通常数据元素有多个属性域,即多个数据成员组成,其中有一个属性域可用来区分元素,作为排序依据。该域即为排序码。例如,在上面所讲的升学考试报表的例子中,第一个表所依据的排序码是考生的报考号,第二个表所依据的排序码是考生的综合考试成绩,第三个表依据的排序码是题号。因此,每个数据表用哪个属性域作为排序码,要视具体的应用需要而定。即使是同一个表,在解决不同问题的场合也可能取不同的域做排序码。

如果在数据表中各个元素的排序码互不相同,这种排序码即主排序码。利用某一种排序方法按照主排序码进行排序,排序的结果是唯一的。但也可能数据表中有些元素的排序码相同,这种排序码不是主排序码(称为次排序码)。用某一种排序方法按照次排序码进行排序,排序的结果可能是不唯一的。例如,按考生的报考号排序,因为报考号是不可能有重复的,所以它可以作为主排序码,排序结果是唯一的。如果按考生的综合考试成绩排序,因为可能有一批考生的考试分数相同,排序之后这些考生排在了一起,谁在前谁在后都有可能,排序结果可能不唯一。因此,考生的综合考试成绩只能作次排序码。

排序的确切定义　设含有 n 个元素的序列为 $R_{[0]}$, $R_{[1]}$, $\cdots$, $R_{[n-1]}$,其相应的排序码序列为 $K_{[0]}$, $K_{[1]}$, $\cdots$, $K_{[n-1]}$。排序就是确定 $0,1,\cdots,n-1$ 的一种排列 $p_{[0]}$, $p_{[1]}$, $\cdots$, $p_{[n-1]}$,使各排序码满足如下的非递减(或非递增)关系:

$$K_{[p[0]]} \leqslant K_{[p[1]]} \leqslant \cdots \leqslant K_{[p[n-1]]} \text{ 或 } K_{[p[0]]} \geqslant K_{[p[1]]} \geqslant \cdots \geqslant K_{[p[n-1]]}$$

也就是说,排序就是根据排序码递增或递减的顺序,把数据元素依次排列起来,使一组任意排列的元素变成一组按其排序码线性有序的元素。

排序算法的稳定性 如果在元素序列中有两个元素 $R_{[i]}$ 和 $R_{[j]}$,它们的排序码 $K_{[i]} == K_{[j]}$,且在排序之前,元素 $R_{[i]}$ 排在 $R_{[j]}$ 前面。如果在排序之后,元素 $R_{[i]}$ 仍在元素 $R_{[j]}$ 的前面,则称这个排序方法是稳定的,否则称这个排序方法是不稳定的。例如,有两位同学袁某和于某,袁某的学号排在于某之前。两位的数学考试成绩都是 95 分,谁在班上排第一?按照稳定的排序方法,袁某应排在于某的前面;而按照不稳定的排序方法,于某反而排在了袁某前面。虽然稳定的排序方法和不稳定的排序方法排序结果有差别,但不能说不稳定的排序方法就不好,各有各的适应场合。

内部排序与外排序 排序方法根据在排序过程中数据元素是否完全在内存,分为两大类:内部排序和外排序。内部排序是指在排序期间数据元素全部存放在内存的排序;外排序是指在排序期间全部元素个数太多,不能同时存放在内存,必须根据排序过程的要求,不断在内、外存之间移动的排序。适用于内部排序的排序方法称为内部排序方法,适用于外排序的排序方法称为外排序方法。

排序的过程可以是对数据元素本身进行物理地重排,经过比较和判断,将元素移到合适的位置。这时,数据元素一般都存放在一个顺序的表中,以便让比较指针前后移动。此外,还可以给每个元素增加一个链接指针,在排序的过程中不移动元素或传送数据,仅通过修改链接指针来改变元素之间的逻辑顺序,从而达到排序的目的。这时,通过链表组织待排序的元素。前者称为静态排序,使用的静态链表结构自始至终不变。后者称为动态排序,表的结构在排序过程中不断改变。

9.1.2 排序算法的性能评估

排序算法的执行时间是衡量算法好坏的最重要的参数。排序的时间开销可用算法执行中的**数据比较次数**与**数据移动次数**来衡量。各节给出算法运行时间代价的大略估算一般都按平均情况进行估算。对于那些受元素排序码序列初始排列及元素个数影响较大的,需要按最好情况和最坏情况进行估算。

在本章介绍的排序算法中,基本的排序算法,如直接插入排序、起泡排序和选择排序在对有 n 个元素的序列进行排序时,时间开销为 $\Theta(n^2)$。而更高效的排序方法,如快速排序、归并排序和堆排序算法,时间开销则为 $\Theta(n\log_2 n)$。

下面以起泡排序为例来介绍排序算法的性能评估。

起泡排序的基本方法:设待排序元素序列中的元素个数为 n,首先比较第 $n-2$ 个元素和第 $n-1$ 个元素,如果发生逆序(即前一个大于后一个),则将这两个元素交换;然后对第 $n-3$ 个和第 $n-2$ 个元素(可能是刚交换过来的)做同样处理;重复此过程直到处理完第 0 个和第 1 个元素。我们称它为一趟起泡,结果将最小的元素交换到待排序元素序列的第一个位置,其他元素也都向排序的最终位置移动。当然在个别情形下,元素有可能在排序中途向相反的方向移动,如图 9.1(b)所示的第 1 趟起泡过程中的 16。但元素移动的总趋势是向最终位置移动。正因为每趟起泡就把一个排序码小的元素前移到它最后应在的位置,所以称为起泡排序。这样最多做 $n-1$ 趟起泡就能把所有元素排好序。

i	(0)	(1)	(2)	(3)	(4)	(5)	Exch	(0)	(1)	(2)	(3)	(4)	(5)	Exch
初始序列	[21	25	49	25*	16	08]	1	[21	25	49	25*	16	08]	0
1	08	[21	25	49	25*	16]	1	[21	25	49	25*	08	16]	1
2	08	16	[21	25	49	25*]	1	[21	25	49	08	25*	16]	1
3	08	16	21	[25	25*	49]	1	[21	25	08	49	25*	16]	1
4	08	16	21	25	25*	49	0	[21	08	25	49	25*	16]	1
								[08	21	25	49	25*	16]	1

（a）各趟排序后的结果   （b）$i=1$ 时起泡排序的过程

图 9.1 起泡排序的过程

程序 9.1 基本的起泡排序算法

```
typedef int T;                          //定义数据类型 T 为 int
void BubbleSort(T V[], int n) {
//对数组 V 中的 n 个元素进行起泡排序,执行 n-1 趟,第 i 趟对 V[n-1]~V[i]起泡
    for (int i = 1; i < n; i++)         //1~n-1,逐步缩小待排序列
        for (int j = n-1; j >= i; j--)  //反向检测,检查是否逆序
            if (V[j-1] > V[j])          //发生逆序,交换元素的值
                {T temp = V[j-1]; V[j-1] = V[j]; V[j] = temp;}
};
```

起泡排序中,第 i 趟起泡中需要执行 $n-i$ 次比较和交换操作。因此,i 从 1 到 $n-1$,执行的比较操作的次数为

$$(n-1)+(n-2)+\cdots+2+1=n(n-1)/2=\Theta(n^2)$$

从排序的执行过程中可以看到基本的起泡排序的数据比较次数与输入序列中各待排序元素的初始排列无关,但数据的交换次数与各待排序元素的初始排列有关,它与逆序的发生有关,最好情况下可能一次也不交换,最差情况下每次比较都需要交换。

我们可以考虑对起泡算法的改进。具体到某个待排序元素序列时可能不需要 $n-1$ 趟起泡就能全部排好序,如图 9.1(a)所示的例子中有 6 个元素($n=6$),执行了 3 趟起泡就已排好。为此,在算法中可增加一个标志 exchange,用以标识本趟起泡结果是否发生了逆序和交换。如果没有发生交换则 exchange=false,表示全部元素已经排好序,因而可以终止处理,结束算法;如果 exchange=true,表示本趟有元素发生交换,还需执行下一趟排序。

程序 9.2 改进的起泡排序算法

```
typedef int T;
void BubbleSort(T V[], int n) {
    bool exchange; int i, j;            //exchange 为是否发生交换标志
    for (i = 1; i < n; i++) {
        exchange = false;               //检查前假设没有发生交换
        for (j = n-1; j >= i; j--)      //从后向前检查是否发生逆序
            if (V[j-1] > V[j]) {        //发生逆序,交换元素的值
                T temp = V[j-1]; V[j-1] = V[j]; V[j] = temp;
                exchange = true;        //置 exchange 为有交换状态
            }
```

```
            if (exchange = false) return;              //本趟无逆序,停止处理
        }
};
```

在做了这样的改进之后,如果元素序列已经有序,那么只需要一趟起泡,算法就顺利结束了。因此,对于改进的起泡算法,最好的情况下需要 n 次比较和 0 次交换操作,而在一般情况和最差情况下,排序算法大约需要 $n^2/2$ 次比较和交换操作。

排序算法所需要的额外内存空间是衡量排序算法性能的另一个重要特征。从额外空间开销的角度来分类,有 3 种类型的排序算法:①除了可能使用一个堆或者表外,不需要使用任何额外内存空间;②使用链表和指针,数组下标来代表数据,因此存储这 n 个指针或下标需要额外的内存空间;③需要额外的空间来存储要排序的元素序列的副本或排序的中间结果。

简言之,排序算法很多,简单地断言哪种算法最好是困难的。评价算法好坏的标准主要有两条:①算法执行所需要的时间开销;②算法执行时所需的额外存储。其他如排序算法的稳定性等也是算法的重要特性,对于某些应用来说这些特性是非常关键的。

9.1.3　排序表的类定义

在静态排序过程中待排序的元素序列顺序存放在一个数据表中,为此需要定义排序所用到的数据表类。方便起见,将元素的数据存储放在共有部分,可以直接读取排序码和修改排序码,此外还提供了 Swap(交换两个元素位置)以及诸多比较操作来操作类的对象。这些比较操作都是重载函数,可以在程序中直接用元素比较代表元素排序码的比较。

在数据表中 Element 类型的元素都被封装起来,仍然满足抽象数据类型的要求。

```
程序 9.3  存放待排序元素的数据表类
# include <iostream.h>
# include <stdlib.h>
# define DefaultSize 100
template <class T>
struct Element {                                       //数据表元素定义
    T key;                                             //排序码
    char otherdata;                                    //其他数据成员
    Element<T>& operator = (Element<T>& x)             //元素 x 的值赋给 this
        {key = x.key; otherdata = x.otherdata; return this;}
    bool operator == (Element<T>& x) {return key == x.key;}
                                                       //判断 * this 是否与 x 相等
    bool operator <= (Element<T>& x) {return key <= x.key;}
                                                       //判断 * this 是否小于或等于 x
    bool operator > (Element<T>& x) {return key > x.key;}
                                                       //判断 * this 是否大于 x
    bool operator < (Element<T>& x) {return key < x.key;}
                                                       //判断 * this 是否小于 x
};
```

```
template <class T>
struct dataList {
    Element <T> * Vector;
    int maxSize;
    int currentSize;
    dataList(int sz = DefaultSize) {
        Vector = new Element<T>[sz];
        maxSize = sz; currentSize = 0;
    }
    int Length( ) {return currentSize;}
    void Swap(int x, int y)                              //交换 x,y
        {Element<T> temp = Vector[x]; Vector[x] = Vector[y]; Vector[y] = temp;}
};
```

9.2　插　入　排　序

插入排序(insert sorting)的基本方法：每步将一个待排序的元素,按其排序码大小,插入前面已经排好序的一组元素的适当位置上,直到元素全部插入为止。

可以选择不同的方法在已经排好序的有序数据表中寻找插入位置。依据查找方法的不同,有多种插入排序方法。下面将介绍 3 种。

9.2.1　直接插入排序

直接插入排序(insert sort)的基本思想：当插入第 $i(i \geqslant 1)$ 个元素时,前面的 $V[0]$, $V[1]$, $\cdots$, $V[i-1]$ 已经排好序。这时,用 $V[i]$ 的排序码与 $V[i-1]$, $V[i-2]\cdots$ 的排序码顺序进行比较,找到插入位置即将 $V[i]$ 插入,原来位置上的元素向后顺移。

图 9.2(a)给出直接插入排序的过程。设在数据表中有 $n = 6$ 个元素 $V[0]$, $V[1]$, $\cdots$, $V[n-1]$。为了使得描述简洁直观,在图示中只画出各个元素的排序码。其中有两个排序码相同的元素,为有所区别,前一个直接写为 25,后一个写为 25^*。假定其中 $V[0]$, $V[1]$, $\cdots$, $V[i-1]$ 已经是一组有序的元素, $V[i]$, $V[i+1]$, $\cdots$, $V[n-1]$ 是待插入的元素。排序过程从 $i = 1$ 起,每趟执行完后 i 增加 1,把第 i 个元素插入前面有序的元素序列中,使插入后元素序列 $V[0]$, $V[1]$, $\cdots$, $V[i]$ 仍保持有序。

i	(0)	(1)	(2)	(3)	(4)	(5)	temp
初始序列	[21]	25	49	25*	16	08	25
1	[21	25]	49	25*	16	08	49
2	[21	25	49]	25*	16	08	25*
3	[21	25	25*	49]	16	08	16
4	[16	21	25	25*	49]	08	08
5	[08	16	21	25	25*	49]	

(0)	(1)	(2)	(3)	(4)	(5)	temp
[21	25	25*	49]	16	08	—
[21	25	25*	49]	16	08	16
[21	25	25*	49	49]	08	16
[21	25	25*	25*	49]	08	16
[21	25	25	25*	49]	08	16
[21	21	25	25*	49]	08	16
[16	21	25	25*	49]	08	16

(a) 各趟排序后的结果　　　　　　　　(b) $i=4$ 时插入排序的过程

图 9.2　直接插入排序的过程

图 9.2(b)是一趟排序过程($i=4$)的示例。此时，$V[0]\sim V[3]$已经排好序，算法先比较 $V[4]$ 与 $V[3]$，因为 $V[4]<V[3]$，需要在 $V[3]\sim V[0]$ 中寻找插入位置，为此先将 $V[4]$ 移到一个工作元素 temp 中暂存，以防前面元素后移时把它覆盖掉；然后从后向前依次比较寻找插入位置，循环变量为 j。如果 $V[j]$ 的排序码大于 temp 的排序码，就将 $V[j]$ 后移，直到某个 $V[j]$ 小于或等于 temp 的排序码或元素序列比较完为止，最后把暂存于 temp 中的原来的 $V[i]$ 反填到第 j 个位置的后一位置，一趟排序就结束了。程序 9.4 给出直接插入排序的算法。

程序 9.4　直接插入排序的算法

```
#include "dataList.h"
template <class T>
void InsertSort(dataList<T> L, int left, int right) {
    Element<T> temp; int i, j;
    for (i = left+1; i <= right; i++)
        if (L.Vector[i] < L.Vector[i-1]) {
            temp = L.Vector[i]; j = i-1;
            do {
                L.Vector[j+1] = L.Vector[j]; j--;
            } while (j >= left && temp < L.Vector[j]);
            L.Vector[j+1] = temp;
        }
};
```

若设待排序的元素个数为 n，则该算法的主程序执行 $n-1$ 趟。因为排序码比较次数和元素移动次数与元素排序码的初始排列有关，所以在最好情况下，即在排序前元素已经按排序码大小从小到大排好序了，每趟只需与前面的有序元素序列的最后一个元素的排序码比较 1 次，总的排序码比较次数为 $n-1$，元素移动次数为 0。而在最差情况下，即第 i 趟时第 i 个元素必须与前面 i 个元素都做排序码比较，并且每做一次比较就要做一次数据移动，则总的排序码比较次数 KCN 和元素移动次数 RMN 分别为

$$\text{KCN} = \sum_{i=1}^{n-1} i = n(n-1)/2 \approx n^2/2$$

$$\text{RMN} = \sum_{i=1}^{n-1} (i+2) = (n+4)(n-1)/2 \approx n^2/2$$

从以上讨论可知，直接插入排序的运行时间和待排序元素的原始排列顺序密切相关。若待排序元素序列中出现各种可能排列的概率相同，则可取上述最好情况和最差情况的平均情况。在平均情况下的排序码比较次数和元素移动次数约为 $n^2/4$。因此，直接插入排序的时间复杂度为 $O(n^2)$。直接插入排序是一种稳定的排序方法。

9.2.2　折半插入排序

折半插入排序(binary insert sort)又称二分法插入排序，其基本思想：设在数据表中有一个元素序列 $V[0]$，$V[1]$，$\cdots$，$V[n-1]$。其中，$V[0]$，$V[1]$，$\cdots$，$V[i-1]$ 是已经排好序的元素。在插入 $V[i]$ 时，利用折半搜索法寻找 $V[i]$ 的插入位置。

程序 9.5　折半插入排序的算法

```
# include "dataList.h"
template <class T>
void BinaryInsertSort(dataList<T>& L, int left, int right) {
//利用折半搜索，按 L.Verctor[i].key 在 L.Vector[0]～L.Vector[i−1]查找 L.Vector[i]应
//插入的位置，再空出这个位置进行插入
    Element<T> temp; int i, low, high, middle, k;
    for (i = left+1; i <= right; i++) {
        temp = L.Vector[i]; low = left; high = i−1;
        while (low <= high) {              //利用折半搜索插入位置
            middle = (low+high)/2;         //取中点
            if (temp < L.Vector[middle])   //插入值小于中点值
                high = middle−1;           //向左缩小区间
            else low = middle+1;           //否则，向右缩小区间
        }
        for (k = i−1; k >= low; k−−)
            L.Vector[k+1] = L.Vector[k];
                                           //成块移动,空出插入位置
        L.Vector[low] = temp;              //插入
    }
};
```

　　折半搜索比顺序搜索快,所以折半插入排序就平均性能来说比直接插入排序要快。它所需要的排序码比较次数与待排序元素序列的初始排列无关,仅依赖于元素个数。在插入第 i 个元素时,需要经过 $\lfloor \log_2 i \rfloor +1$ 次排序码比较,才能确定它应插入的位置。因此,将 n 个元素(为推导方便,设为 $n=2^k$)用折半插入排序所进行的排序码比较次数为

$$\sum_{i=1}^{n-1}(\lfloor \log_2 i \rfloor +1) = \underbrace{1}_{2^0} + \underbrace{2+2}_{2^1} + \underbrace{3+\cdots+3}_{2^2} + \underbrace{4+\cdots+4}_{2^3} + \cdots + \underbrace{k+k+\cdots+k}_{2^{k-1}}$$

$$= (1+2+2^2+\cdots+2^{k-1}) + (2+2^2+\cdots+2^{k-1})$$

$$+ (2^2+\cdots+2^{k-1}) + \cdots + 2^{k-1} = \sum_{i=1}^{k}\sum_{j=i}^{k}2^{j-1}$$

$$= \sum_{i=1}^{k}2^{i-1}(1+2+\cdots+2^{k-i}) = \sum_{i=1}^{k}2^{i-1}(2^{k-i+1}-1)$$

$$= \sum_{i=1}^{k}(2^k - 2^{i-1}) = k \cdot 2^k - \sum_{i=1}^{k}2^{i-1}$$

$$= k \cdot 2^k - 2^k + 1 = n \cdot \log_2 n - n + 1$$

$$\approx n \cdot \log_2 n$$

　　当 n 较大时,总排序码比较次数比直接插入排序的最差情况要好得多,但比其最好情况要差。所以,在元素的初始排列已经按排序码排好序或接近有序时,直接插入排序比折半插入排序执行的排序码比较次数要少。折半插入排序的元素移动次数与直接插入排序相同,依赖于元素的初始排列。折半插入排序是一个稳定的排序方法。

9.2.3　希尔排序

希尔排序(Shell sort)这个排序方法又称缩小增量排序(diminishing-increment sort)，是 1959 年由 D.L.Shell 提出来的。该方法的基本思想：设待排序元素序列有 n 个元素，首先取一个整数 gap<n 作为间隔，将全部元素分为 gap 个子序列，所有距离为 gap 的元素放在同一个子序列中，在每个子序列中分别施行直接插入排序。然后缩小间隔 gap，例如取 gap=$\lceil gap/2 \rceil$，重复上述的子序列划分和排序工作。直到最后取 gap=1，将所有元素放在同一个序列中排序为止。由于开始时 gap 的取值较大，每个子序列中的元素较少，排序速度较快；待到排序的后期，gap 取值逐渐变小，子序列中的元素个数逐渐变多，但由于前面工作的基础，大多数元素已基本有序，所以排序速度仍然很快。

下面举例说明。图 9.3 给出对有 n=6 个元素的元素序列进行希尔排序的过程。第 1 趟取间隔 gap=$\lfloor n/3 \rfloor$+1=3，将整个待排序元素序列划分为间隔为 3 的 3 个子序列，分别对其进行直接插入排序；第 2 趟将间隔缩小为 gap=$\lfloor gap/3 \rfloor$+1=2，将整个元素序列划分为两个间隔为 2 的子序列，分别对其进行排序；第 3 趟把间隔缩小为 gap=$\lfloor gap/3 \rfloor$+1=1，对整个序列做直接插入排序，因为此时整个元素序列已经达到基本有序，所以排序速度很快。整个排序的排序码比较次数和元素移动次数少于直接插入排序。

i	(0)	(1)	(2)	(3)	(4)	(5)	gap
初始	21	25	49	25*	16	08	
1	21	—	—	25*			3
		25	—		16		
			49	—	—	08	
	21	16	08	25*	25	49	

i	(0)	(1)	(2)	(3)	(4)	(5)	gap
2	21	—	08	—	25		2
		16	—	25*	—	49	
	08	16	21	25*	25	49	
3	08	16	21	25*	25	49	1
	08	16	21	25*	25	49	

(a) i=1 时希尔排序的过程　　　　　　(b) i=2,3 时希尔排序的过程

图 9.3　希尔排序的过程

程序 9.6 给出希尔排序的算法，算法中缩小间隔(增量)的方式是 gap=$\lfloor gap/3 \rfloor$+1。

程序 9.6　希尔排序的算法
```
#include "dataList.h"
template <class T>
void Shellsort(dataList<T>& L, int left, int right) {
    int i, j, gap = right-left+1;                    //增量的初始值
    Element<T> temp;
    do {
        gap = gap/3+1;                               //求下一增量值
        for (i = left+gap; i <= right; i++)          //各子序列交替处理
            if (L.Vector[i] < L.Vector[i-gap]) {     //逆序
                temp = L.Vector[i]; j = i-gap;
                do {
                    L.Vector[j+gap] = L.Vector[j];   //后移元素
                    j = j-gap;                       //再比较前一元素
                } while (j >= left && temp < L.Vector[j]);
                L.Vector[j+gap] = temp;              //将 Vector[i]回送
```

```
        }
    } while (gap > 1);
};
```

增量 gap 的取法有各种方案。最初 Shell 提出取 gap$=\lfloor n/2 \rfloor$,gap$=\lfloor$ gap$/2 \rfloor$,直到 gap$=1$。但由于直到最后一步,在奇数位置的元素才会与偶数位置的元素进行比较,这样使用这个序列的效率将很低。后来 Knuth 提出取 gap$=\lfloor$ gap$/3 \rfloor+1$。还有人提出都取奇数为好,也有人提出各 gap 互质为好。应用不同的序列会使希尔排序算法的性能有很大差异,有些序列的效率会明显更高,例如:1,8,23,77,281,1073,4193,16 577 …

对希尔排序的时间复杂度的分析很困难,在特定情况下可以准确地估算排序码的比较次数和元素移动次数,但想要弄清排序码比较次数和元素移动次数与增量选择之间的依赖关系,并给出完整的数学分析,还没有人能够做到。在 Knuth 所著的《计算机程序设计技巧》第 3 卷中,利用大量的实验统计资料得出,当 n 很大时,排序码平均比较次数和元素平均移动次数为 $n^{1.25} \sim 1.6n^{1.25}$。这是在利用直接插入排序作为子序列排序方法的情况下得到的。

由于即使对于规模较大的序列($n \leqslant 1000$),希尔排序都具有很高的效率。并且希尔排序算法的代码简单,容易执行,所以很多排序应用程序都选用了希尔排序算法。希尔排序是一种不稳定的排序算法。

9.3 快 速 排 序

快速排序(quick sort)也称分区排序,是目前应用最广泛的排序算法。实际上,标准 C++ 类库中的排序程序就被称为 qsort,因为快速排序是其实现中的最基本的算法。好的快速排序算法在大多数的计算机上运行得都比其他排序算法快,而且快速排序算法在空间上只使用一个小的辅助栈,其内部的循环也很小,另外快速排序算法也很容易实现,可以处理多种不同的输入数据,许多情况下它所消耗的资源也比其他排序算法小。但快速排序是一种不稳定的排序方法。对于排序码相同的元素,排序后可能会颠倒次序。

9.3.1 快速排序的过程

快速排序算法是 C.A.R.Hoare 于 1962 年提出的一种划分交换的方法,它采用分治法(divide-and-conquer)进行排序。其基本思想:任取待排序元素序列中的某个元素(例如取第一个元素)作为基准,按照该元素的排序码大小,将整个元素序列划分为左、右两个子序列:左侧子序列中所有元素的排序码都小于基准元素的排序码,右侧子序列中所有元素的排序码都大于或等于基准元素的排序码,基准元素则排在这两个子序列中间(这也是该元素最终应安放的位置)。然后分别对这两个子序列重复施行上述方法,直到所有的元素都排在相应位置上为止。

程序 9.7 快速排序算法的描述
```
QuickSort(List) {
    if (List 的长度大于 1) {
        将序列 List 划分为两个子序列 LeftList 和 RightList;
```

```
        QuickSort(LeftList);               //分别对两个子序列施行排序
        QuickSort(RightList);
        将两个子序列 LeftList 和 RightList 合并为一个序列 List;
    }
};
```

例如,图 9.4(a)给出的待排序序列有 6 个元素{21,25,49,25*,16,08},以第一个元素 21 作为基准,对整个元素序列进行划分,一趟下来得到左、右两个子序列:{16,08}和{25*,49,25},左侧子序列所有元素的排序码均小于 21,右侧子序列所有元素的排序码均大于 21。对左侧子序列以 08 为基准,对右侧子序列以 25* 为基准进行同样的划分,就得到最终排序的结果。

i	(0)	(1)	(2)	(3)	(4)	(5)	pivot(基准)
初始序列	[21	25	49	25*	16	08]	21
1	[08	16]	**21**	[25*	25	49]	08(左) 25*(右)
2	**08**	[16]	**21**	**25***	[25	49]	25(右)
3	**08**	**16**	**21**	**25***	**25**	[49]	

(a) 各趟排序后的结果

$i=1$	(0)	(1)	(2)	(3)	(4)	(5)	pivot(基准)
初始序列	[21	25	49	25*	**16**	08]	21
	↑pivotpos	↑i	↑i	↑i	↑i		
循环 4	[21	**16**	49	25*	25	**08**]	交换 25 与 16
		↑pivotpos			↑i	↑i	
循环 5	[21	16	**08**	25*	25	49]	交换 49 与 08
			↑pivotpos		↑i	↑i	
出循环	[**08**	16]	**21**	[25*	25	49]	交换 21 与 08

(b) i=1 时快速排序的过程

图 9.4 快速排序的过程

程序 9.8 给出快速排序的算法。算法 QuickSort 是一个递归的算法,其递归树如图 9.5 所示。算法 Partition 利用序列第一个元素作为基准,将整个序列划分为左、右两个子序列。算法中执行了一个循环,只要是排序码小于基准元素排序码的元素都移到序列左侧,排序码大于或等于基准元素排序码的元素都移到序列右侧,最后基准元素安放到位,函数返回其位置。图 9.4(b)给出这个算法执行的一个示例。

程序 9.8 快速排序的算法
```
#include "dataList.h"
template <class T>
int Partition(dataList<T> L, int low, int high) {
    int pivotpos = low; Element<T> pivot = L.Vector[low];    //基准元素
    for (int i = low+1; i <= high; i++)                      //检测整个序列,进行划分
        if (L.Vector[i] < pivot) {
            pivotpos++;
```

```
            if (pivotpos != i) L.Swap(pivotpos,i);
        }                                                  //小于基准的交换到左侧
    L.Vector[low] = L.Vector[pivotpos];
    L.Vector[pivotpos] = pivot;
                                                           //将基准元素就位
    return pivotpos;                                       //返回基准元素位置
};


template <class T>
void QuickSort(dataList<T>& L, int left, int right) {
//对元素 L.Vector[left]，…，L.Vector[right]进行排序，使各元素按排序码非递减有
//序，pivot=L.Vector[left]是基准元素，排序结束后它的位置在 pivotpos，把参加排序
//的序列分成两部分，排在它左边的元素的排序码都小于它，而右边的都大于或等于它
    if (left < right) {                                    //元素序列长度大于1时
        int pivotpos = Partition(L, left, right);          //划分
        QuickSort(L, left, pivotpos−1);                    //对左侧子序列施行同样处理
        QuickSort(L, pivotpos+1, right);                   //对右侧子序列施行同样处理
    }                                                      //元素序列长度≤1时不处理
};
```

9.3.2　快速排序的性能分析

　　图 9.5 给出图 9.4 所示快速排序过程的递归树。从图中可知，快速排序的趟数取决于递归树的深度。如果每次划分对一个元素定位后，该元素的左侧子序列与右侧子序列的长度相同，则下一步将是对两个长度减半的子序列进行排序，这是最理想的情况。在 n 个元素的序列中，对一个元素定位所需时间为 $O(n)$。若设 $T(n)$ 是对 n 个元素的序列进行排序所需的时间，而且每次对一个元素正确定位后，正好把序列划分为长度相等的两个子序列，此时，总的计算时间为

$$T(n) \leqslant cn + 2T(n/2) \qquad // c \text{ 是一个常数}$$
$$\leqslant cn + 2(cn/2 + 2T(n/4)) = 2cn + 4T(n/4)$$
$$\leqslant 2cn + 4(cn/4 + 2T(n/8)) = 3cn + 8T(n/8)$$
$$\cdots$$
$$\leqslant cn\log_2 n + nT(1) = O(n\log_2 n)$$

可以证明，函数 QuickSort 的平均计算时间也是 $O(n\log_2 n)$。此外，实验结果也表明：就平均计算时间而言，快速排序是我们所讨论的所有内部排序方法中最好的一个。由于快速排序是递归的，需要有一个栈存放每层递归调用时的指针和参数，最大递归调用层次数与递归树的深度一致，理想情况为 $\lceil \log_2 (n+1) \rceil$。因此，要求存储开销为 $O(\log_2 n)$。但是，我们每次都选用序列的第一个元素作为比较的基准元素。这样的选择简单但不理想。在最坏的情况，即待排序元素序列已经按其排序码从小到大排好序的情况下，其递归树成为单支树，如图 9.6 所示。每次划分只得到一个比上一次少一个元素的子序列。这样，必须经过 $n−1$ 趟才能把所有元素定位，而且第 1 趟需要经过 $n−1$ 次排序码比较才能找到第 1 个元素的安放位置，第 2 趟需要经过 $n−2$ 次排序码比较才能找到第 2 个元素的安放位置……总的排序码比

较次数将达到

$$\sum_{i=1}^{n-1}(n-i)=\frac{1}{2}n(n-1)\approx\frac{n^2}{2}$$

其排序速度退化到简单排序的水平,比直接插入排序还慢。占用附加存储(即栈)将达到 $O(n)$,如图 9.7 所示。

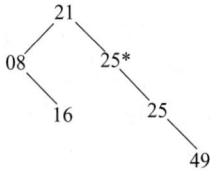

```
        21
      /     \
   08        25*
     \        /
      16    25
               \
                49
```

图 9.5　递归树

```
08
|
16
|
21
|
25
|
25*
|
49
```

图 9.6　单支树

i	(0)	(1)	(2)	(3)	(4)	(5)	pivot
初始	[08	16	21	25	25*	49]	08
1	**08**	[16	21	25	25*	49]	16
2	**08**	**16**	[21	25	25*	49]	21
3	**08**	**16**	**21**	[25	25*	49]	25
4	**08**	**16**	**21**	**25**	[25*	49]	25*
3	**08**	**16**	**21**	**25**	**25***	[49]	

i	(0)	(1)	(2)	(3)	(4)	(5)	pivot
初始	[08	16	21	25	25*	49]	21
1	[08	16]	**21**	[25	25*	49]	08
2	**08**	[16]	**21**	[25	25*	49]	25*
3	**08**	**16**	**21**	[25]	**25***	[49]	25

(a) 用第一个元素作为基准元素　　　　(b) 用居中排序码元素作为基准元素

图 9.7　快速排序退化的例子

快速排序的运行时间取决于输入序列,在不同情况下,从输入序列规模的线性关系到平方关系不等。另外基本的快速排序算法,对于 n 较大的平均情况,快速排序是"快速"的,但是当 n 很小时,这种排序方法往往比其他简单排序方法还要慢。我们会接着考虑一些改进方法来改善快速排序算法的效率和面对不同特性输入序列的适应性。

**9.3.3　快速排序的改进算法

快速排序是一个效率很高的排序算法,但是对于长度很小的序列,快速排序算法的速度并不比一些简单的排序算法快,研究表明,序列长度 M 取值为 $5\sim25$ 时,采用直接插入排序要比快速排序至少快 10%。在快速排序算法的递归实现中程序多次因为小的子序列而调用自身,因此对快速排序算法进行改进的一个简单方法:在递归调用过程,当待排序的子序列规模小于预先确定的 M 时,程序调用直接插入排序算法对此子序列进行排序。

程序 9.9　快速-直接插入混合算法
```cpp
#include "dataList.h"
#define M 5                        //门槛
template <class T>
void QuickSort_insert(dataList<T> L, int left, int right) {
//对小规模的子序列调用插入排序算法进行排序
    if (right-left <= M)           //元素序列长度小于 M 时
```

```
            InsertSort(L, left, right);
    else {
        int pivotpos = Partition(L, left, right);
                        //对 L.Vector[left]～L.Vector[right]进行划分
        QuickSort_insert(L, left, pivotpos-1);        //对左侧子序列施行同样处理
        QuickSort_insert(L, pivotpos+1, right);       //对右侧子序列施行同样处理
    }
};
```

另外一种改善小规模序列排序效率的方法是,在划分过程中对小规模子序列不进行排序而跳过,这样在划分之后得到的是一个整体上几乎已经排好序的元素序列。上文已经介绍过,对于初始排列已经基本有序的序列,直接插入排序算法具有很高的效率。因此,对上述序列再进行一遍直接插入排序就可以得到有序的结果。

程序 9.10　另一种改进的快速-直接插入混合排序算法
```
#include "dataList.h"
template <class T>
void QuickSort(dataList<T> L, int left, int right) {
//对小规模的子序列不排序,直接返回
    if (right-left <= M) return;                      //元素序列长度小于 M 时
    int pivotpos = Partition(L, left, right);         //进行划分
    QuickSort(L, left, pivotpos-1);                   //对左侧子序列施行同样处理
    QuickSort(L, pivotpos+1, right);                  //对右侧子序列施行同样处理
};


template <class T>
void HybridSort(dataList<T> L, int left, int right) {
//先进行快速排序,最后对基本有序的序列进行一遍插入排序
    QuickSort(L, left, right);
    InsertSort(L, left, right);
};
```

在快速排序算法中,每次划分时用于比较的基准元素的选择对于算法的性能有很大影响。如果基准元素选择不合适,会导致算法性能的大幅度退化。若能更合理地选择基准元素,使得每次划分所得的两个子序列中的元素个数尽可能接近,就可以加速排序速度。但是由于元素的初始排列次序是随机的,这个要求很难办到。退而求其次,我们希望至少能够避免最坏情况的发生。一种简单的改进方法是在序列中随机选择一个元素作为比较的基准,这样最坏情况发生的可能性就很小。更为彻底的改进办法:取基准对象 pivot 时采用在从序列左端点 left、右端点 right 和中点位置 mid=$\lfloor(left+right)/2\rfloor$ 中取中间值,并交换到 right 位置的办法,然后再对整个序列进行划分。

程序 9.11　三者取中的算法
```
#include "dataList.h"
template <class T>
Element<T> median3(dataList<T> L, int left, int right) {
```

//此函数在表左端点、右端点和中点三者取中间值,交换到左端点

```
    int mid = (left+right)/2; int k = left;
    if (L.Vector[mid] < L.Vector[k]) k = mid;
    if (L.Vector[right] < L.Vector[k]) k = right;              //三者选最小,k 指示
    if (k != left) L.Swap(k, left);                            //最小者交换到 left
    if (mid != right && L.Vector[mid] < L.Vector[right])
        L.Swap(mid, right);                 //L.Vector[mid]为中间值,交换到 right 位置
    return L.Vector[right];                 //否则,right 位置本来就是中间值
};
```

例如,对于待排序元素序列{21, 25, 49, 25*, 16, 35, 08},比较 21、25* 和 08,将原来在 right 位置的最小的 08 交换到 left 位置,原来在 left 位置的 21 交换到 right 位置,再比较中间位置的 25*,作为三者取中的结果,21 留在 right 位置。然后再采用一次划分算法,以 21 为比较基准,将整个序列划分为左、右两个子序列。图 9.8 给出这个算法执行的一个示例。

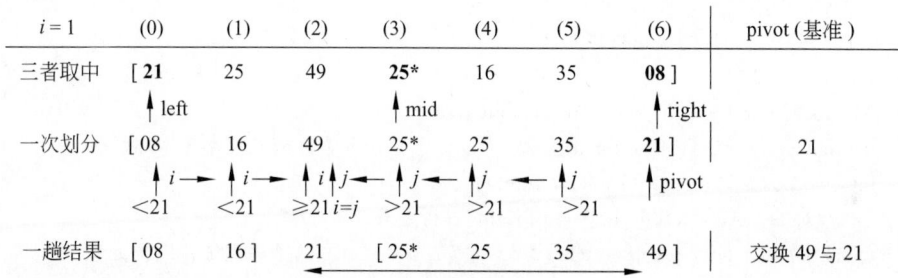

图 9.8 $i=1$ 时快速排序的过程

程序 9.12 一趟划分算法的另一种实现

```
#include "dataList.h"
template <class T>
int Partition(dataList<T> L, int left, int right) {
    int i = left, j = right−1;                      //参加划分的区间
    if (left < right) {
        Element<T> pivot = median3(L, left, right);    //三者取中子程序
        for ( ; ; ) {
            while (i < j && L.Vector[i] < pivot) i++;
                    //正向,小于 pivot 的留在左侧,一旦大于或等于 pivot 停步
            while (i < j && pivot < L.Vector[j]) j−−;
                    //反向,大于 pivot 的留在右侧,一旦小于或等于 pivot 停步
            if (i < j)            //比 pivot 小的交换到左侧,比 pivot 大的交换到右侧
                {L.Swap(i, j); i++; j−−;}
            else break;           //i=j 表明元素一趟检测完成,终止循环
        }
        if (L.Vector[i] > pivot) {L.Vector[right] = L.Vector[i]; L.Vector[i] = pivot;}
                    //pivot 移到它排序后应该在的位置
    }
```

```
        return i;
    };
```

对左侧子序列和右侧子序列进行同样的划分，又可得到更多的有序排列，如图 9.9 所示。

i	(0)	(1)	(2)	(3)	(4)	(5)	(6)	pivot(基准)
初始序列	[21	25	49	25*	16	35	08]	
1	[08	25	49	25*	16	35	21]	21
	[08	16]	21	[25*	25	35	49]	
2	[16	08]	21	[25*	49	35	25]	08(左) 25(右)
	08	[16]	21	[25*]	25	[35	49]	
3	08	16	21	25*	25	[49	35]	35(右)
	08	16	21	25*	25	35	[49]	

图 9.9 快速排序各趟排序后的结果

程序 9.13 取中间元素的快速排序算法

```
template <class T>
void QuickSort(dataList<T> L, int left, int right) {
    if (right-left <= M) return;                    //元素序列长度小于 M 时
    int pivotpos = Partition(L, left, right);
        //对 L.Vector[left]~L.Vector[right]进行划分
    QuickSort(L, left, pivotpos-1);                 //对左侧子序列施行同样处理
    QuickSort(L, pivotpos+1, right);               //对右侧子序列施行同样处理
};


template <class T>
void HybridSort(dataList<T> L, int left, int right) {
//先进行快速排序,最后对基本有序的序列进行一遍插入排序
    QuickSort(L, left, right);
    InsertSort(L, left, right);
};
```

研究表明,将三个元素的中间元素法和小规模序列的中止两个改进措施结合起来,可以将递归实现的快速排序算法效率提高 20%～25%。

**9.3.4 三路划分的快速排序算法

带有大量重复排序码的元素序列的排序问题,在实际应用中是经常出现的。例如按照出生年月,甚至性别对人员信息进行排序。

当待排序元素序列中有大量的重复排序码时,前面所讲述的快速排序算法的效率将会降到非常低。例如,对于一个排序码全部等值的序列,基本的快速排序算法仍然对序列进行划分直至得到足够小的序列。下面我们就来考虑对基本快速排序算法这个不足的改进方法。

一个直接的想法是将文件划分成三部分:一部分是排序码比基准元素小的;另一部分

是排序码和基准元素等值的;最后一部分排序码比基准元素大。快速排序的三路划分如图 9.10 所示。

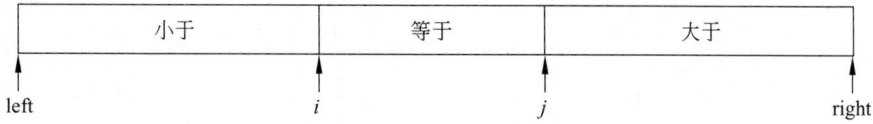

图 9.10　快速排序的三路划分

完成这样的划分过程比完成二路划分过程更为复杂。下面是一种很好的三路划分的实现方法:在划分过程中,扫描时将遇到的左子序列排序码中与基准元素相等的元素放到序列的最左边,将遇到的右子序列中排序码与基准元素相等的元素放到序列的最右边。于是在划分过程中,将出现图 9.11 所示的情况。

图 9.11　三路划分的实现方法

当两个扫描指针相遇时排序码值相等的元素的确切位置就知道了,然后只要将所有排序码与基准元素等值的元素与扫描指针指向元素开始依次交换,就可以得到三路划分的结果了。这个方法的优点:①如果元素序列中没有重复值,这个方法可以保持算法的效率,因为没有额外的工作要做;②在每次划分过程中,都可以将与基准元素排序码相等的元素分割出来,所以拥有相同排序码值的元素不会参加多次划分。

程序 9.14　三路划分的快速排序算法
```
#include "dataList.h"
template <class T>
void QuickSort_3(dataList<T> L, int left, int right ) {
    if ( right <= left ) return;                      //排序区间小于 2 返回
    int i, j, k, p, q;
    Element<T> pivot = L.Vector[right];              //基准为区间左、右元素
    i = left-1; j = right; p = left-1; q = right;
    while (1) {
        while (i < j && L.Vector[++i] < pivot);
        while (i < j && pivot < L.Vector[--j]);
        if (i >= j) break;
        L.Swap (i, j);
        if (L.Vector[i] == pivot)                    //小者与基准等值
            if (++p != i) L.Swap(p, i);              //交换到最左端
        if (pivot == L.Vector[j])                    //大者与基准等值
            if (--q != j) L.Swap(q, j);              //交换到最右端
    }
    k = right;
    while (k >= q && L.Vector[j] > L.Vector[k] )
```

```
        {L.Swap(j, k); j++; k--; }              //将最右端元素移中
    k = left;
    while (k <= p && L.Vector[k] > L.Vector[i-1] )
        {L.Swap(k, i-1); k++; i--; }            //将最左端元素移中
    QuickSort_3(L, left, i-1);                   //对左侧子序列施行同样处理
    QuickSort_3(L, j, right);                    //对右侧子序列施行同样处理
};
```

这一方法不仅有效地处理了待排序元素序列中的重复值问题,而且在没有重复值时它也能保持算法原来的性能。

9.4 选 择 排 序

选择排序的基本思想:每趟(例如第 i 趟,$i=0,1,\cdots,n-2$)在后面 $n-i$ 个待排序元素中选出排序码最小的元素,作为有序元素序列的第 i 个元素。待到第 $n-2$ 趟做完,待排序元素只剩下 1 个,就不用再选了。本节将介绍 3 种选择排序方法。

9.4.1 直接选择排序

直接选择排序(select sort)是一种简单的排序方法,它的基本步骤:

(1) 在一组元素 $V[i]\sim V[n-1]$ 中选择具有最小排序码的元素;

(2) 若它不是这组元素中的第一个元素,则将它与这组元素中的第一个元素对调;

(3) 在这组元素中剔除这个具有最小排序码的元素,在剩下的元素 $V[i+1]\sim V[n-1]$ 中重复执行第(1)、(2)步,直到剩余元素只有一个为止。

图 9.12 给出一个直接选择排序的例子。图 9.12(a)是对有 6 个元素的序列进行直接选择排序时,各趟选择和对调的结果;图 9.12(b)是 $i=1$ 时选出具有最小排序码元素的过程。

i	(0)	(1)	(2)	(3)	(4)	(5)	k		(0)	(1)	(2)	(3)	(4)	(5)	j	k
初始序列	[**21**	25	49	25*	16	**08**]	5		08	[**25**	49	25*	16	21]	1	1
0	08	[**25**	49	25*	**16**	21]	4		08	[**25**	49	25*	16	21]	2	1
1	08	16	[**49**	25*	25	**21**]	5		08	[**25**	49	25*	**16**	21]	3	1
2	08	16	21	[**25***	25	49]	3		08	[**25**	49	25*	**16**	21]	4	4
3	08	16	21	25*	[**25**	49]	4		08	[**25**	49	25*	**16**	21]	5	4
4	08	16	21	25*	25	[49]										

(a) 各趟排序后的结果   (b) $i=1$ 时选择排序的过程

图 9.12　直接选择排序的过程

程序 9.15　直接选择排序的算法

```
#include "dataList.h"
template <class T>
void SelectSort(dataList<T>& L, int left, int right) {
    for (int i = left; i < right; i++) {
        int k = i;                              //在 L[i]~L[n-1]中找有最小排序码元素
        for (int j = i+1; j <= right; j++) {
            if (L.Vector[j] < L.Vector[k]) k = j;   //当前具最小排序码的元素
```

```
        }
        if (k != i) L.Swap(i, k);                    //交换
    }
};
```

直接选择排序的排序码比较次数 KCN 与元素的初始排列无关。第 i 趟选择具有最小排序码元素所需的比较次数总是 $n-i-1$,此处假定整个待排序元素序列有 n 个元素。因此,总的排序码比较次数为

$$KCN = \sum_{i=0}^{n-2}(n-i-1) = \frac{n(n-1)}{2}$$

元素的移动次数与元素序列的初始排列有关。当这组元素的初始状态是按其排序码从小到大有序时,元素的移动次数 RMN＝0,达到最少;而最坏情况是每趟都要进行交换,总的元素移动次数 RMN＝3$(n-1)$。尽管如此,相比于其他排序算法,待排序元素序列的有序性对于选择排序的运行时间的影响不大。因为从未排序部分选择最小元素的每步操作过程,没有对下一步要找的最小项的位置给出相关信息。因此,对于已经排好序的序列或者各元素排序码值完全相等的序列,直接选择排序所花的时间与对随机排列的元素序列所花的时间基本相同。因此,选择排序比较简单并且执行时间比较固定。而且它对一类重要的元素序列具有较好的效率,这就是元素规模很大,而排序码却比较小的序列。因为对这种序列进行排序,移动操作所花费的时间要比比较操作的时间大得多,而其他算法移动操作的次数都要比选择排序多得多。直接选择排序是一种不稳定的排序方法。

**9.4.2 锦标赛排序

直接选择排序要执行 $n-1$ 趟($i=0,1,\cdots,n-2$),第 i 趟要从 $n-i$ 个元素中选出一个具有最小排序码的元素,需要进行 $n-i-1$ 次排序码比较。当 n 比较大时,排序码比较次数相当多。这是因为在后一趟比较选择时,往往把前一趟已做过的比较又重复做了一遍,没有把前一趟比较的结果保留下来。

锦标赛排序(tournament sort)克服了这一缺点。它的思想与体育比赛类似。首先取得 n 个元素的排序码,进行两两比较,得到 $\lceil n/2 \rceil$ 个比较的优胜者(排序码小者),作为第一步比较的结果保留下来。然后对这 $\lceil n/2 \rceil$ 个元素再进行排序码的两两比较,如此重复,直到选出一个排序码最小的元素为止。

例如,在图 9.13 所示的例子中,最下面用方框"□"表示的是元素排列的初始状态,相当于一棵完全二叉树的叶结点,它存放的是所有参加排序的元素的排序码。叶结点上面一层用圆框"○"表示的非叶结点是叶结点排序码两两比较的结果。最顶层是树的根,表示最后选择出来的具有最小排序码的元素。由于每次两两比较的结果是把排序码小者作为优胜者上升到父结点,所以称这种比赛树为胜者树(winner tree)。位于最底层的叶结点称为胜者树的外部结点,非叶结点称为胜者树的内部结点。

在利用胜者树对 n 个元素排序时,首先用 n 个元素代表 n 个选手对胜者树进行初始化,这需要的时间代价为 $\Theta(n)$。然后利用元素的值来决定每场比赛的结果,最后的胜者是具有最小排序码的元素。一旦选择出这个元素,就需要在下次选择最小排序码之前把它的值改为最大值(如∞),使它再也不能战胜其他任何选手。在此基础上,重构该胜者树,所得

到的最终胜者是该排序序列中的下一个元素。每次重构胜者树的时间代价为 $\Theta(\log_2 n)$。以此继续选择，就可以完成 n 个元素的排序。这种重构过程需要执行 $n-1$ 次，故整个排序过程需要时间代价为 $\Theta(n\log_2 n)$。

在用完全二叉树定义胜者树时，用数组 $e[1..n]$ 表示 n 名参加比较的元素排序码（外部结点），用数组 $t[1..n-1]$ 表示 $n-1$ 个内部结点，$t[i]$ 是数组 $e[]$ 中的比赛胜者的下标，其数据类型为 int。图 9.14 给出了 $n=5$ 时的胜者树中各结点与数组 $e[]$ 和 $t[]$ 之间的对应关系。当外部结点数为 n 时，内部结点数为 $n-1$。定义根到最远层内部结点的路径长度 s 为从根到该内部结点路径上的分支条数，则有 $s=\lfloor \log_2(n-1) \rfloor$。这样，最远层最左端的内部结点的编号为 2^s，最远层的内部结点数为 $n-2^s$，而最远层的外部结点数为 lowExt 等于最远层内部结点数的 2 倍。

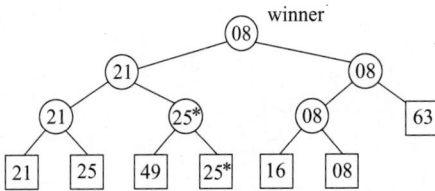

图 9.13　胜者树

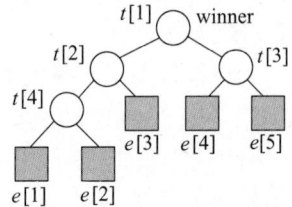

图 9.14　内、外部结点的对应关系

例如，在图 9.14 所示的树中，外部结点数 $n=5,s=2$，最远层最左端的内部结点为 $t[2^s]=t[4]$，该层的内部结点数共有 $n-2^s=5-4=1$，最远层的外部结点数为 lowExt$=2$，次远层最左端的外部结点编号为 lowExt$+1$。

设 offset$=2^{s+1}-1$，则对于任何外部结点 $e[i]$，其父结点 $t[k]$ 的编号可用下式求得：

$$k = \begin{cases} (i+\text{offset})/2 & i \leqslant \text{lowExt} \\ (i-\text{lowExt}+n-1)/2 & i > \text{lowExt} \end{cases}$$

程序 9.16 给出胜者树的类定义。

程序 9.16　胜者树的类定义

```
#define maxValue 32767                          //排序序列中不可能出现的最大值
template <class T>
class WinnerTree {
public:
    WinnerTree(int TreeSize = 20)               //构造函数
        : maxSize(TreeSize), n(0) {t = new int[TreeSize];}
    ~WinnerTree() {delete []t;}                 //析构函数
    bool Initial(T a[], int size);
    bool rePlay(int i);
    void Update() {e[t[1]] = maxValue;}         //修改
    T getWinner (int& i) {i = t[1]; return (n != 0) ? e[i]:0;}   //取当前胜者,i返回数据号
    int Winner(int a, int b) {return (e[a] < e[b]) ? a:b;}       //取两两比较的小者(胜者)
    void output();                              //输出胜者树
private:
    int maxSize;                                //允许的最大选手数
```

```
        int n;                                  //当前大小(外部结点数)
        int lowExt;                             //最远层外部结点数
        int offset;                             //按深度满结点数(加 1 即为第 1 个外部结点)
        int * t;                                //胜者树数组
        T * e;                                  //选手数组
        void Play(int k, int lc, int rc);
};
```

在构造函数中创建了一个初始为空的胜者树数组,它最多可以处理 maxSize 个选手,可用的内部结点为 $t[1] \sim t[\text{maxSize}-1]$。

程序 9.17 给出初始化操作的实现。$a[]$是选手数组,size 是选手数,Winner 用于得到 $a[b]$ 和 $a[c]$ 比赛的胜者。

程序 9.17 初始化胜者树

```
# include "WinnerTree.h"
# define DefaultSize 20
template <class T>
bool WinnerTree<T>::Initial(T a[], int size){
//初始化胜者树 a[]数组
    if (size > maxSize || size < 2) return false;
    n = size; e = a;
    int i, s;
    for (s = 1; 2 * s <= n-1; s += s);       //计算 s= 2^log₂(n-1)
    lowExt = 2 * (n-s); offset = 2 * s-1;
    for (i = 2; i <= lowExt; i += 2)         //最远层外部结点的比赛
        Play((offset+i)/2, i-1, i);
    if (n%2 == 0)   i = lowExt+2;            //处理其他外部结点
    else {                                    //当 n 为奇数时,内部结点要与外部结点比赛
        Play(n/2, t[n-1], lowExt+1);
        i = lowExt+3;
    }
    for (; i <= n; i += 2)                    //i 为最左剩余结点,处理其他外部结点比赛
        Play((i-lowExt+n-1)/2, i-1, i);
    return true;
};

template <class T>
void WinnerTree<T>::Play(int k, int lc, int rc) {
//通过比赛对树初始化。在 t[k]处开始比赛, lc 和 rc 是 t[k]的左子女和右子女
    t[k] = Winner(lc, rc);                    //在 e[lc]和 e[rc]间选出胜者
    while (k > 1 && k % 2 != 0) {             //从右子女处向上比赛,直到根
        t[k/2] = Winner(t[k-1], t[k]);
        k /= 2;                               //到父结点
    }
};
```

为说明 Initial 操作是如何工作的,再来看图 9.14 所示的 5 选手比赛的例子。在第二个 for 循环中,从 $i=2$ 到 lowExt($=2$)只循环一次,调用 Play 函数,$e[1]$ 和 $e[2]$ 进行比赛,胜者记录到 $t[4]$ 中。因为 n 为奇数,又执行一次 Play 函数,在 Play 的参数表中,$n/2=2$,结果在 $t[2]$,$t[n-1]=t[4]$,lowExt$+1=3$,即 $e[t[4]]$ 和 $e[3]$ 进行比赛,胜者记录到 $t[2]$。在第三个 for 循环中,因为 $i=$ lowExt$+3=5$,则 $e[4]$ 和 $e[5]$ 进行比较,胜者记录到 $t[3]$ 中。此时 $(i-$ lowExt$+n-1)/2=3$。因为 $t[3]$ 是其父结点的右子女,故在 Play 函数中 $t[2]$ 还要和 $t[3]$ 比赛,结果记入 $t[1]$。

现在来分析函数 Initial 的时间复杂度。第一次循环计算 s 需要 $\Theta(\log_2 n)$ 时间,第二次和第三次循环(包括函数 Play)共需 $\Theta(n)$ 时间,因此 Initial 总的时间复杂度为 $\Theta(n)$。

一旦选手 i 被选中,需要改变它的值,使得以后不再参选。此时,需要重新进行某个外部结点 $e[i]$ 到根 $t[1]$ 路径上的比赛。实际上,如图 9.15 所示,只有胜者的值会发生改变,这种变化必然会导致重新执行从胜者对应的外部结点到根的路径上的所有比赛。

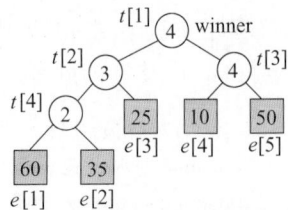

图 9.15　胜者树的初始化

程序 9.18　当元素 i 改变时重新组织比赛

```cpp
template <class T>
bool WinnerTree<T>::rePlay(int i) {
//针对元素i值的改变,重新组织胜者树
    if (i <= 0 || i > n) return false;
    int k, lc, rc;                    //比赛结点及其左、右子女
    if (i <= lowExt) {                //最远层外部结点的情况
        k = (offset+i)/2;             //计算i的父结点
        lc = 2 * k-offset; rc = lc+1; //计算父结点的左、右子女
    }
    else {                            //次远层外部结点的情况
        k = (i-lowExt+n-1)/2;
        if (2 * k == n-1) {lc = t[2 * k]; rc = i;}
        else {lc = 2 * k-n+1+lowExt; rc = lc+1;}
    }
    t[k] = Winner(lc, rc);
    for (k /= 2; k >= 1; k /= 2) {    //继续向父结点比赛直到根
        lc = t[2 * k];
        rc = (2 * k+1 == n) ? lowExt+1 : t[2 * k+1];
        t[k] = Winner(lc, rc);
    }
};
```

算法从某一外部结点向上,沿到根的路径逐层进行比赛,比赛的总次数为 $\Theta($胜者树的高度$)=\Theta(\log_2 n)$。

图 9.16 是利用胜者树对 5 个参选数据 $\{6,35,25,10,50\}$ 执行锦标赛排序的过程。

winner

$t[1]$ 4 → $a[0]=10$

$t[2]$ 3　　4 $t[3]$

$t[4]$ 2　25　10　50

　　　　　$e[3]$ $e[4]$ $e[5]$

60　35

$e[1]$　$e[2]$

(a) 初始选出胜者输出,$e[4]$改为∞

winner

$t[1]$ 3 → $a[1]=25$

$t[2]$ 3　　5 $t[3]$

$t[4]$ 2　25　∞　50

　　　　　$e[3]$ $e[4]$ $e[5]$

60　35

$e[1]$　$e[2]$

(b) 重构树,胜者输出,$e[3]$改为∞

winner

$t[1]$ 2 → $a[2]=35$

$t[2]$ 2　　5 $t[3]$

$t[4]$ 2　∞　∞　50

　　　　　$e[3]$ $e[4]$ $e[5]$

60　35

$e[1]$　$e[2]$

(c) 重构树,胜者输出,$e[2]$改为∞

winner

$t[1]$ 5 → $a[3]=50$

$t[2]$ 1　　5 $t[3]$

$t[4]$ 1　∞　∞　∞

　　　　　$e[3]$ $e[4]$ $e[5]$

60　∞

$e[1]$　$e[2]$

(d) 重构树,胜者输出,$e[5]$改为∞

winner

$t[1]$ 1 → $a[4]=60$

$t[2]$ 1　　4 $t[3]$

$t[4]$ 1　∞　∞　∞

　　　　　$e[3]$ $e[4]$ $e[5]$

60　∞

$e[1]$　$e[2]$

(e) 重构树,胜者输出,$e[1]$改为∞

winner

$t[1]$ 1 $e[1]=∞$, 结束

$t[2]$ 1　　4 $t[3]$

$t[4]$ 1　∞　∞　∞

　　　　　$e[3]$ $e[4]$ $e[5]$

∞　∞

$e[1]$　$e[2]$

(f) 重构树,胜者输出,$e[5]$改为∞

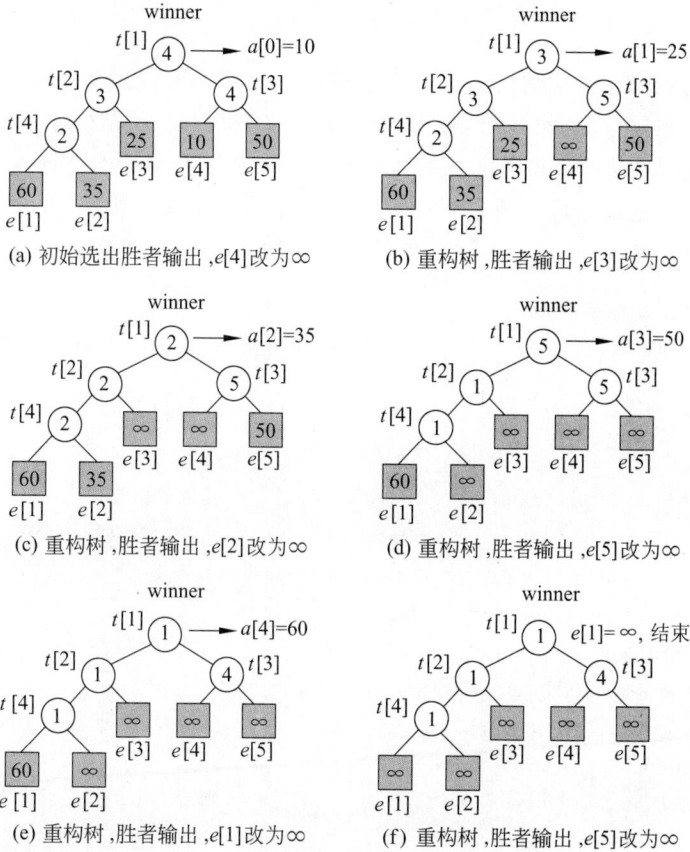

图 9.16　利用胜者树进行排序

程序 9.19　锦标赛排序的算法

template <class T>

void TournamentSort(T a[], int left, int right) {

//建立胜者树 WT,将数组 a[ ]中的元素复制到胜者树中,对它们进行排序,并把结果

//返送回数组 a[ ]中,left 和 right 分别是待排序元素的起点和终点

```
    int size = right−left+1;              //待排序元素个数
    WinnerTree<T> WT(DefaultSize);        //胜者树对象
    T data[DefaultSize];                  //存储输入数据
    int i, j;
    for (i = 1; i <= size; i++) data[i] = a[i+left−1];
    WT.Initial(data, size);               //构造初始胜者树
    for (i = 1; i <= size; i++) {
        a[i+left] = WT.getWinner(j);      //输出胜者,j 为数据号
        WT.Update();                      //修改胜者的值
        WT.rePlay(j);                     //重构胜者树,选出新的胜者
        if (a[i+left] == maxValue) break;
    }
};
```

9.4.3　堆排序

在第 5 章已经介绍了堆结构和形成堆的算法。利用堆及其运算，可以很容易地实现选择排序的思路。堆排序（heap sort）分为两个步骤：①根据初始输入数据，利用堆的调整算法 siftDown( )形成初始堆；②通过一系列的元素交换和重新调整堆进行排序。

第 5 章介绍的是最小堆。为了实现元素按排序码从小到大排序，要求建立最大堆。建立方法与最小堆的情况相同，只不过在堆的调整算法 siftDown( )中稍加改变。

程序 9.20　最大堆的类定义

```
#define DefaultSize 30;                               //定义在 maxheap.h 文件
template <class T>
struct Element {                                      //数据表元素定义
    T key;                                            //排序码
    char otherdata;                                   //其他数据成员
    Element<T>& operator = (Element<T>& x)   //元素 x 的值赋给 this
        {key = x.key; otherdata = x.otherdata; return * this;}
    bool operator <= (Element<T>& x)
        {return key <= x.key;}                        //判断 * this 是否小于或等于 x
    bool operator >= (Element<T>& x)
        {return key >= x.key;}                        //判断 * this 是否大于或等于 x
    bool operator < (Element<T>& x)
        {return key < x.key;}                         //判断 * this 是否小于 x
};


template <class T>
class maxHeap {                                       //最大堆的类定义
public:
    maxHeap(int sz = DefaultSize) {                   //构造函数:建立空堆
        heap = new Element<T> [sz];
        currentSize = 0; maxHeapSize = sz;
    }
    ~MaxHeap() {delete []heap;}                       //析构函数
    bool Insert(Element<T> x);                        //将 x 插入最大堆中
    bool Remove(Element<T>& x);                       //删除堆顶上的最大元素
    bool IsEmpty() {return currentSize == 0;}         //判断堆空否
    bool IsFull() {return currentSize == DefaultSize;}
                                                      //判断堆满否
    void input(T arr[], int n);                       //用数组 arr[n]建立最大堆
    void output();
    void HeapSort();                                  //堆排序
private:
    Element<T> * heap;                                //存放最大堆中元素的数组
    int currentSize;                                  //最大堆中当前元素个数
```

```
        int maxHeapSize;                              //最大堆最多允许元素个数
        void siftDown(int start, int m);              //从 start 开始到 m 为止自顶向下调整
        void siftUp(int start);                       //从 start 开始到 0 为止自底向上调整
        Swap(int i, int j)                            //交换
            {Element<T> tmp = heap[i]; heap[i] = heap[j]; heap[j] = tmp;}
};


template <class T>
void maxHeap<T>::siftDown(int start, int m) {
//私有函数:从结点 start 开始到 m 为止,自上向下比较,如果子女的值小于父结点的
//值,则相互交换,这样将一个集合局部调整为最大堆
    int i = start; int j = 2 * i+1;                   //j 是 i 的左子女
    Element<T> temp = heap[i];                        //暂存子树根结点
    while (j <= m) {                                  //检查是否到最后位置
        if (j < m && heap[j] < heap[j+1]) j++;        //让 child 指向两子女中的大者
        if (temp >= heap[j]) break;                   //temp 的排序码大则不做调整
        else {                                        //否则子女中的大者上移
            heap[i] = heap[j];
            i = j; j = 2 * j+1;                       //i 下降到子女位置
        }
    }
    heap[i] = temp;                                   //temp 中暂存元素放到合适位置
};
```

如果建立的堆满足最大堆的条件,则堆的第一个元素 heap[0]具有最大的排序码,将
heap[0]与 heap[$n-1$]对调,把具有最大排序码的元素交换到最后,再使用堆的调整算法
siftDown(0,$n-2$),对前面的 $n-1$ 个元素重新建立最大堆。结果具有次最大排序码的元
素又上浮到堆顶,即 heap[0]位置,再对调 heap[0]和 heap[$n-2$],并调用 siftDown(0,
$n-3$),对前 $n-2$ 个元素重新调整,如此反复执行,最后得到全部排序好的元素序列。这
个算法即堆排序算法,其细节在程序 9.21 中给出。一个执行堆排序的例子如
图 9.17 所示。

程序 9.21 堆排序的算法

```
void template <class T>
void maxHeap<T>::HeapSort() {
//对表 H.heap[0]~H.heap[currentSize-1]进行排序,使得表中各个元素按其排序码非递减
//有序
    for (int i = (currentSize-2)/2; i >= 0; i--)     //将表转换为堆
        siftDown(i,currentSize-1);
    for (i = currentSize-1; i >= 0; i--) {           //对表排序
        Swap(0, i); siftDown(0, i-1);                //交换,重建最大堆
    }
};
```

若设堆中有 n 个结点,且树的深度为 k,则有 $2^{k-1} \leqslant n < 2^k$,对应的完全二叉树有 k 层。

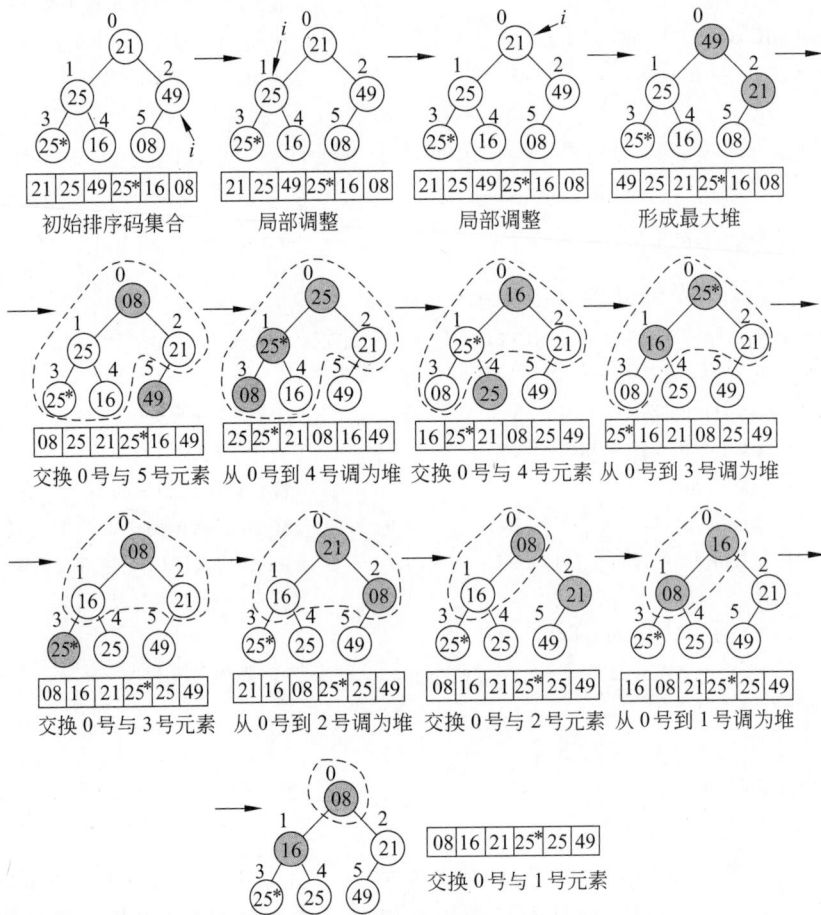

图 9.17　堆排序的示例

在第 i 层上的结点数 $\leqslant 2^{i-1}(i=1,2,\cdots,k)$。在第一个形成初始堆的 for 循环中对每个非叶结点调用了一次堆调整算法 siftDown()，因此该循环所用的计算时间为

$$2 \cdot \sum_{i=1}^{k-1} 2^{i-1} \cdot (k-i)$$

其中，i 是层次编号；2^{i-1} 是第 i 层的最大结点数；$(k-i)$ 是第 i 层结点能够移动的最大距离。设 $j=k-i$，则有

$$2 \cdot \sum_{i=1}^{k-1} 2^{i-1} \cdot (k-i) = 2 \cdot \sum_{j=1}^{k-1} 2^{k-j-1} \cdot j$$

$$= 2 \cdot 2^{k-1} \sum_{j=1}^{k-1} \frac{j}{2^j} < 2 \cdot n \sum_{j=1}^{k-1} \frac{j}{2^j} < 4n$$

$$= O(n)$$

在第二个 for 循环中，调用了 $n-1$ 次 siftDown() 算法，该循环的计算时间为 $O(n\log_2 n)$。因此，堆排序的时间复杂度为 $O(n\log_2 n)$。该算法的附加存储主要是在第二个 for 循环中用来执行元素交换时所用的一个临时元素。因此，该算法的空间复杂度为 $O(1)$。堆排序是一个不稳定的排序方法。

9.5 归 并 排 序

9.5.1 归并

归并排序(merge sort)是一种概念上最为简单的排序算法。与快速排序算法一样,归并排序也是基于分治法的。归并排序将待排序的元素序列分成两个长度相等的子序列,为每个子序列排序,然后再将它们合并成一个序列。合并两个子序列的过程称为二路归并(binary merge)。算法的基本思想描述如程序 9.22 所示。

程序 9.22　实现归并排序的基本思路
```
dataList mergeSort(dataList& L) {
    if (Length(L) <= 1) return L;
    dataList L1 = L 表中的左半侧子序列;
    dataList L2 = L 表中的右半侧子序列;
    return merge(mergeSort(L1), mergeSort(L2));
};
```

图 9.18 给出归并排序过程的示例。归并排序的运行时间不依赖待排序元素序列的初始排列,这样它就避免了快速排序的最差情况。

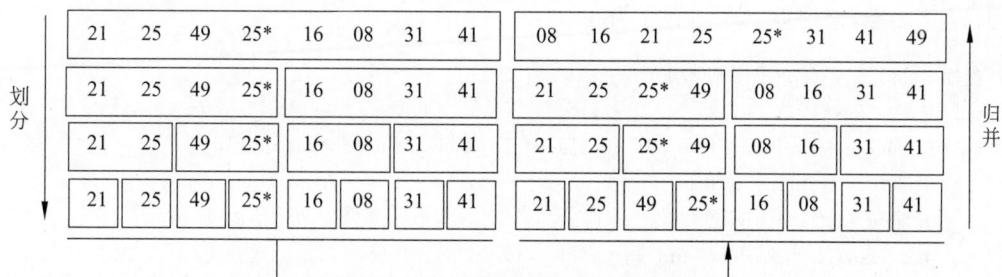

图 9.18　归并排序过程的示例

下面先讨论二路归并。二路归并就是将两个有序表合并成一个新的有序表。

例如,在元素序列 L_1 中有两个已经排好序的有序顺序表 Vector[left]…Vector[m] 和 Vector[m+1]…Vector[right],它们可以归并成为一个有序表,并存放于另一个元素序列 L_2 的 Vector[left]…Vector[right] 中。

在执行二路归并算法时,先把待归并元素序列 L_1 复制到辅助数组 L_2 中,再从 L_2 归并到 L_1 中。在归并过程中,用变量 s_1 和 s_2 分别做 L_2 中两个表的当前检测指针,用变量 t 做归并后在 L_1 中的当前存放指针。当 s_1 和 s_2 都在两个表的表长内变化时,根据 $L_2.Vector[s1]$ 与 $L_2.Vector[s_2]$ 的排序码的大小,依次把排序码小的元素排放到新表 $L_1.Vector[t]$ 中;当 s_1 与 s_2 中有一个已经超出表长时,将另一个表中的剩余部分照抄到新表 $L_1.Vector[]$ 中。

程序 9.23　二路归并的算法
```
# include "dataList.h"
template <class T>
void merge(dataList<T>& L1, dataList<T>& L2,
```

```
                    int left, int mid, int right){
    //L1.Vector[left:mid]与 L1.Vector[mid+1:right]是两个有序表,将这两个有序表归并
    //成一个有序表 L1.Vector[left:right]
        for (int k = left; k <= right; k++)
            L2.Vector[k] = L1.Vector[k];
        int s1 = left, s2 = mid+1, t = left;          //s1,s2 是检测指针,t 是存放指针
        while (s1 <= mid && s2 <= right)              //两个表都未检测完,两两比较
            if (L2.Vector[s1] <= L2.Vector[s2])
                    L1.Vector[t++] = L2.Vector[s1++];
            else L1.Vector[t++] = L2.Vector[s2++];
        while (s1 <= mid) L1.Vector[t++] = L2.Vector[s1++];    //若第一个表未检测完,复制
        while (s2 <= right) L1.Vector[t++] = L2.Vector[s2++];   //若第二个表未检测完,复制
    };
```

此算法的排序码比较次数为$(mid-left+1)+(right-mid)=right-left+1$,元素移动次数为$2(right-left+1)$。

9.5.2 归并排序算法

归并排序算法在执行过程中一直调用一个划分过程,直到子序列为空或只有一个元素为止,共需 $\log_2 n$ 次递归。在归并过程中归并成长度为 2 的子序列,再归并成长度为 4 的子序列,以此类推,直到整个序列有序为止。

程序 9.24　二路归并排序的算法
```
template <class T>
void mergeSort(dataList<T>& L, dataList<T>& L2, int left, int right){
    if (left >= right) return;
    int mid = (left+right)/2;                 //从中间划分为两个子序列
    mergeSort(L, L2, left, mid);              //对左侧子序列进行递归排序
    mergeSort(L, L2, mid+1, right);           //对右侧子序列进行递归排序
    merge(L, L2, left, mid, right);           //合并
};
```

二路归并排序所需时间主要包括划分两个子序列的时间、两个子序列分别排序的时间和归并的时间。划分子序列的时间是一个常数,可以不考虑,最后的归并所需时间与元素个数 n 线性相关,因此,对于一个长度为 n 的元素序列进行归并排序的时间代价为

$$T(n)=cn+2T(n/2)$$

当序列元素个数为 1 时,函数直接返回,因此 $T(1)=1$。与在 9.3 节分析快速排序的时间复杂度类似,二路归并排序的时间复杂度也为 $\Theta(n\log_2 n)$。由于归并排序不依赖于原待排序元素序列的初始输入排列,每次划分时两个子序列的长度基本一样,所以归并排序的最好、最差和平均时间复杂度都是 $\Theta(n\log_2 n)$。

归并排序的主要问题在于它需要一个与原待排序数组一样大的辅助数组空间。归并排序方法是一种稳定的排序方法。

R.Sedgewick 提出了一个改进的二路归并算法。在把元素序列复制到辅助数组的过程中,把第二个有序表的元素顺序逆转,这样两个待归并的表从两端开始处理,向中间归并。

两个表的尾端互成"监视哨",在归并过程中可以省去程序 9.23 中需要检查子序列是否结束的判断,提高程序执行效率。

程序 9.25　改进的二路归并排序算法
```
#define M 16
#include "dataList.h"
#include "prg9_4.cpp"                          //InsertSort 的源程序
template <class T>
void improvedMerge(dataList<T>& L1, dataList<T>& L2,
          int left, int mid, int right) {
//改进的二路归并算法
    int s1 = left, s2 = right, t = left, k;          //s1,s2 是检测指针,t 是存放指针
    for (k = left; k <= mid; k++)                    //正向复制
        L2.Vector[k] = L1.Vector[k];
    for (k = mid+1; k <= right; k++)                 //反向复制
        L2.Vector[right+mid+1-k] = L1.Vector[k];
    while (t <= right)                               //归并过程
        if (L2.Vector[s1] <= L2.Vector[s2])
                L1.Vector[t++] = L2.Vector[s1++];
        else L1.Vector[t++] = L2.Vector[s2--];
};


template <class T>
void doSort(dataList<T>& L, dataList<T>& L2, int left, int right) {
    if (left >= right) return;
    if (right-left+1 < M) return;                    //序列长度小于 M 跳出递归
    int mid = (left+right)/2;                        //从中间划分为两个子序列
    doSort(L, L2, left, mid);                        //对左侧子序列进行递归排序
    doSort(L, L2, mid+1, right);                     //对右侧子序列进行递归排序
    ImprovedMerge(L, L2, left, mid, right);          //合并
};


template <class T>
void mergeSort(dataList<T>& L, dataList<T>& L2, int left, int right) {
    doSort(L, L2, left, right);                      //对序列进行归并排序
    InsertSort(L, left, right);                      //对排序结果再做插入排序
};
```

实验证明,改进后的算法的确比原来算法快一些,但这种改进在数量级上没有根本提高,运行的时间复杂度仍为 $\Theta(n\log_2 n)$,空间代价仍为 $\Theta(n)$。

9.6　基于链表的排序算法

前面几节讨论的排序方法都是基于数组实现的,为了有序地排列所有元素,必须在排序码比较的基础上移动元素,这样降低了排序算法的效率。基于链表来实现排序,所有参加排

序的元素都附加一个链接指针,排序过程可根据元素的排序码,有序地将各个元素链接起来。在这个过程中,不需要移动元素,只需修改各个元素的附加指针即可。有效地提高了排序的效率。

本节讨论的几种基于链表的排序算法是在静态链表上实现的。在给出示例和算法之前,先定义用于链表排序的静态链表。

```
程序 9.26    静态链表的定义
# include DefaultSize 10                              //默认静态链表最大容量
template <class T>
struct Element {                                      //静态链表元素类的定义
    T key;                                            //排序码,其他信息略
    int link;                                         //结点的链接指针
    Element <T> ( ) : link(0) {}                      //构造函数
    Element <T> (T x, int next = 0) : key(x), link(next) {}
                                                      //构造函数
}


template <class T>
class staticLinkedList {                              //静态链表的类定义
public:
    staticLinkedList(int sz = DefaultSize) : maxSize(sz), currentSize(0)
        {Vector = new Element<T>[sz];}        //构造函数
    Element<T>& operator [](int i) {return Vector[i];}
    Element<T> * Vector;                              //存储待排序元素的向量
    int maxSize, currentSize;                         //最大元素个数和当前元素个数
};
```

**9.6.1   链表插入排序

链表插入排序的基本思想:对于存放于静态链表数组中的一组元素结点 $L[1]$,$L[2]$,…,$L[n]$,若 $L[1]$,$L[2]$,…,$L[i-1]$已经通过链接指针 link,按其排序码的大小,从小到大链接起来,现在要插入 $L[i]$,$i=2,3,…,n$,则必须在前面 $i-1$ 个链接起来的元素当中,循链顺序检测比较,找到 $L[i]$应插入(链入)的位置,把 $L[i]$插入,并修改相应的链接指针。这样就可得到 $L[1]$,$L[2]$,…,$L[i]$的一个通过链接指针排列好的链表。如此重复执行,直到把 $L[n]$也插入链表中排好序为止。

图 9.19 给出链表插入排序的示例。在静态链表元素数组 Vector[]中,利用 Vector[0].link存放当前链接成功的有序链表的头指针,令 Vector[0].key 为机器可表示的且排序中不可能遇到的最大数据 maxData。这样,把 Vector[0]当作当前已链接好的有序循环链表的附加头结点。在排序开始时,先把表头结点 Vector[0]和第一个结点 Vector[1]组成一个循环链表,认定链表第一个元素已经插入有序的循环链表中了。其他结点的 link 域全部为 0。然后,从 $i=2$ 开始,依次将第 i 个元素结点插入链表中,并保持链表仍为有序链表。

程序 9.27　链表插入排序的算法

```
# include "staticList.h"
# define maxData 999
template <class T>
int InsertSort(staticLinkedList<T>& L) {
//对 L.Vector[1],…,L.Vector[n]按其排序码 key 排序,这个表是一个静态链表,
//L.Vector[0] 作为排序后各个元素所构成的有序循环链表的附加头结点使用
    L.Vector[0].link = 1; L.Vector[1].link = 0; L.Vector[0].key = maxData;
                                            //形成有一个元素的循环链表
    for (int i = 2; i <= L.currentSize; i++) {   //向有序链表中插入一个结点
        int p = L.Vector[0].link;               //p 是链表检测指针
        int pre = 0;                            //pre 指向 p 的前驱
        while (L.Vector[p].key <= L.Vector[i].key)   //循链找插入位置
            {pre = p; p = L.Vector[p].link;}    //pre 跟上,p 循链检测下一结点
        L.Vector[i].link = p;
        L.Vector[pre].link = i ;                //结点 i 链入 pre 与 p 之间
    }
};
```

	index	(0)	(1)	(2)	(3)	(4)	(5)	(6)
初始状态	key	maxData	21	25	49	25*	16	08
	link	1	0	0	0	0	0	0
$i=2$	key	maxData	21	25	49	25*	16	08
	link	1	2	0	0	0	0	0
$i=3$	key	maxData	21	25	49	25*	16	08
	link	1	2	3	0	0	0	0
$i=4$	key	maxData	21	25	49	25*	16	08
	link	1	2	4	0	3	0	0
$i=5$	key	maxData	21	25	49	25*	16	08
	link	5	2	4	0	3	1	0
$i=6$	key	maxData	21	25	49	25*	16	08
	link	6	2	4	0	3	1	5

图 9.19　链表插入排序示例

使用链表插入排序,每插入一个元素,最大排序码比较次数等于链表中已排好序的元素个数,最小排序码比较次数为 1。故总的排序码比较次数最小为 $n-1$,最大为

$$\sum_{i=2}^{n} (i-1) = \frac{n(n-1)}{2}$$

用链表插入排序时,元素移动次数为 0。但为了实现链表插入,在每个元素中增加了一个链域 link,并使用了 L.Vector[0]作为链表的表头结点,总共用了 n 个附加指针和一个附

加元素。算法从 $i=2$ 开始,从前向后插入。并且在 L.Vector[pre].key == L.Vector[i].key 时,将 L.Vector[i]插在 L.Vector[pre]的后面,所以,链表插入排序方法是稳定的。

** 9.6.2 链表归并排序

归并排序也可以基于静态链表,利用划分为子序列的方法递归实现。划分子序列的思想与 9.5 节相同,首先把整个待排序序列划分为两个长度大致相等的部分,分别称之为左子表和右子表。对这些子表分别递归地进行排序,然后再把排好序的两个子表进行归并。图 9.20 给出基于链表的归并排序的示意图。待排序元素序列的排序码为{21,25,49,25*,16,08},左侧是进行子表划分,递归排序的过程,待到子表中只有一个元素时递归到底,反向实施归并。右侧是实施归并(有序链接),逐步退出递归调用的过程。

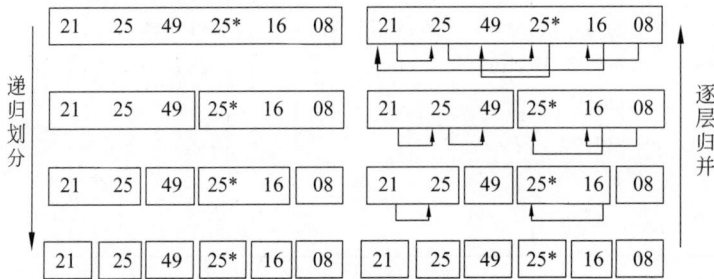

图 9.20 递归的归并排序过程

在归并时,如果使用前面给出的二路归并算法,需要进行数组元素的传递,这非常影响归并的效率。如果对待排序的元素数组采用静态链表的存储表示,可以得到一种有效的归并排序算法。

设待排序的元素存放在类型为 staticLinkedList<T>的静态链表 L 中。初始时,置所有的 L.Vector[i].link=0,$1 \leqslant i \leqslant n$,即每个链表结点都是一个独立的单链表(非循环链表)。L.Vector[0].link 用于存放结果链表的头指针。函数 ListMerge() 是将两个有序单链表归并成一个有序单链表的算法,s_1 和 s_2 分别是参加归并的两个单链表的头指针,函数返回结果链表的头指针。结果链表中元素按排序码非递减顺序链接。

程序 9.28 链表二路归并的算法
```
# include "staticList.h"
template <class T>
int ListMerge(staticLinkedList<T>& L, int s1, int s2) {
//两个有序链表中第一个结点的下标分别为 s1 和 s2。将它们进行归并,得到一个有序链表,
//并返回其第一个结点的下标
    int k = 0, i = s1, j = s2;                    //i,j 是两链表检测指针,k 是结果链指针
    while (i != 0 && j != 0)                       //当两个链表都未检测完,做两两比较
        if (L.Vector[i].key <= L.Vector[j].key)//i 所指排序码小于或等于 j 所指排序码
           {L.Vector[k].link = i; k = i; i = L.Vector[i].link;}
        else                                        //i 所指排序码大于 j 所指排序码
           {L.Vector[k].link = j; k = j; j = L.Vector[j].link;}
    if (i == 0) L.Vector[k].link = j;             //i 链检测完,j 链接上
    else L.Vector[k].link = i;                     //否则,j 链检测完,i 链接上
```

```
        return L.Vector[0].link；            //返回结果链头指针
    };
```

函数 rMergeSort( )是链表的归并排序算法,left 和 right 分别是待归并元素序列的下界和上界。如果对存于 L.Vector 中的元素序列{Vector[1], Vector[2], …, Vector[n]}排序,则函数的外部调用方式为 rMergeSort(L, 1, n)。

程序 9.29 基于链表的归并排序算法
```
template ＜class T＞
int rMergeSort(staticLinkedlist＜T＞& L, int left, int right) {
//将链表 L 中从 L.Vector[left]~L.Vector[right]一段按结点中的排序码 key 进行排序。
//各个结点中的链域 link 应初始化为 0。rMergeSort 返回排序后链表第一个结点的下标。
//L.Vector[0]存放在 ListMerge 中产生的中间结果
    if (left ＞= right) return left；
    int mid = (left+right)/2；
    return ListMerge(L, rMergeSort(L,left,mid),
                        rMergeSort(L, mid+1,right))；
};
```

图 9.21 给出了一个利用递归的链表进行归并排序的示例。

** 9.6.3 链表排序结果的重排

当元素存放在顺序存储的数据表中,进行排序时会移动许多元素,降低了排序的效率。为避免记录的移动,使用静态链表进行排序。在排序过程中,不移动元素位置,只修改链接指针。例如对如下的静态链表 L(图中只显示了排序码)进行排序:

初始配置	L	L[0]	L[1]	L[2]	L[3]	L[4]	L[5]	L[6]	L[7]
data			49	65	38	27	97	13	76
link		1	0	2	3	4	5	6	7

在排序结束后,各元素的排序顺序由各元素结点的 link 指针指示。$L[0]$.link 指示排序码最小的元素结点,而排序码最大的元素结点的 link 指针为 0。

排序结果	L	L[0]	L[1]	L[2]	L[3]	L[4]	L[5]	L[6]	L[7]	
data			**49**	65	38	27	97	**13**	76	head=6
link		6	**2**	7	1	3	0	**4**	5	

最后可以根据需要按排序码大小从小到大重排元素的物理位置。重排元素的基本思想:从 $i=1$ 起,检查在排序之后应该是第 i 个元素的元素是否正好在第 i 个元素位置。

当 $i=1$ 时,第 1 个元素不是具有最小排序码的元素(用 head>i 判断),具有最小排序码的元素地址在 head=$L[0]$.link=6。交换 L[head]与 $L[i]$并将原位置 head 记入 $L[i]$.link。此时,在交换所用元素 temp 中存有下一个具次小排序码元素的地址 4,记入 head。

index	(0)	(1)	(2)	(3)	(4)	(5)	(6)	左子表		右子表		s_1	s_2
								left	right	left	right		
初始状态 key		21	25	49	25*	16	08	left	right	left	right		
link		0	0	0	0	0	0	1	6				
递归划分 key		21	25	49	25*	16	08	left	right	left	right		
link		0	0	0	0	0	0	1	3	4	6		
递归划分 key		21	25	49				left	right	left	right		
link		0	0	0				1	2	3	3		
递归划分 key		21	25	49				left	right	left	right		
link		0	0	0				1	1	2	2		
底层归并 key		21	25	49				left	right	left	right	s_1	s_2
link	1	2	0	0				1	1	2	2	1	2
次层归并 key		21	25	49				left	right	left	right	s_1	s_2
link	1	2	3	0				1	2	3	3	1	3
递归划分 key					25*	16	08	left	right	left	right		
link					0	0	0	4	5	6	6		
递归划分 key					25*	16	08	left	right	left	right		
link					0	0	0	4	4	5	5		
底层归并 key					25*	16	08	left	right	left	right	s_1	s_2
link	5				0	4	0	4	4	5	5	4	5
次层归并 key					25*	16	08	left	right	left	right	s_1	s_2
link	6				0	4	5	4	5	5	5	5	6
高层归并 key		21	25	49	25*	16	08	left	right	left	right	s_1	s_2
link	6	2	4	0	3	1	5	1	3	4	6	1	6

图 9.21　利用递归的链表进行归并排序的示例

$i=1$	L	$L[0]$	$L[1]$	$L[2]$	$L[3]$	$L[4]$	$L[5]$	$L[6]$	$L[7]$	head=6
	data		**13**	65	38	27	97	**49**	76	temp=4
	link	6	**6**	7	1	3	0	**2**	5	head=4

当 $i=2$ 时,第 2 个元素不是具有次小排序码的元素,具有次小排序码的元素地址在 head=4。交换 $L[head]$ 与 $L[i]$ 并将原位置 head=4 记入 $L[i].link$。此时,在交换所用元素 temp 中存有下一个具次小排序码元素的地址 3,记入 head。

$i=2$	L	$L[0]$	$L[1]$	$L[2]$	$L[3]$	$L[4]$	$L[5]$	$L[6]$	$L[7]$	head=4
	data		13	**27**	38	**65**	97	49	76	temp=3
	link	6	6	**4**	1	**7**	0	2	5	head=3

当 $i=3$ 时,第 3 个元素正应排在此位置($head==i$),原地交换并将位置 $head=3$ 记入 $L[i].link$。此时,在 temp 中存有下一个具次小排序码元素的地址 $head=1$,当下一次处理 $i=4$ 的情形时,$head<i$,表明它已处理过,但在 $L[head].link$ 中记有原来此位置的元素交换到的新位置 6,令 $head=L[head].link=6$。

$i=3$	L	$L[0]$	$L[1]$	$L[2]$	$L[3]$	$L[4]$	$L[5]$	$L[6]$	$L[7]$	$head=3$
	data		13	27	**38**	65	97	49	76	$head=1$
	link	6	6	4	**3**	7	0	2	5	$head=6$

当 $i=4$ 时,交换 $L[head]$ 与 $L[i]$,并将位置 $head=6$ 记入 $L[i].link$。此时,在 temp 中存有下一个具次小排序码元素的地址 2,记入 head。当下一次处理 $i=5$ 的情形时,$head=2<i$,表明 $L[2]$ 已处理过,但在 $L[head].link$ 中记有原来此位置的元素交换到的新位置 4,令 $head=L[head].link=4$。但 $head<i$,表明此位置元素也已处理过,再求 $head=L[head].link=6>i$,下一次可以直接处理 $i=4$ 的情形。

$i=4$	L	$L[0]$	$L[1]$	$L[2]$	$L[3]$	$L[4]$	$L[5]$	$L[6]$	$L[7]$	$head=6$
	data		13	27	38	**49**	97	**65**	76	$temp=2$
	link	6	6	4	3	**6**	0	**7**	5	$head=6$

当 $i=5$ 时,交换 $L[head]$ 和 $L[i]$,并将位置 $head=6$ 记入 $L[i].link$。此时,在 temp 中存有下一个具次小排序码元素的地址 7,记入 head。当下一次处理 $i=6$ 时,$head>i$ 可以直接处理。

$i=5$	L	$L[0]$	$L[1]$	$L[2]$	$L[3]$	$L[4]$	$L[5]$	$L[6]$	$L[7]$	$head=6$
	data		13	27	38	49	**65**	**97**	76	$temp=7$
	link	6	6	4	3	6	**6**	**0**	5	$head=7$

当 $i=6$ 时,交换 $L[head]$ 与 $L[i]$,将位置 $head=7$ 记入 $L[i].link$。此时,在 temp 中存有下一个具次小排序码元素的地址 0,记入 head,它符合退出循环的条件,因此退出循环,算法结束。

$i=8$	L	$L[0]$	$L[1]$	$L[2]$	$L[3]$	$L[4]$	$L[5]$	$L[6]$	$L[7]$	$head=7$
	data		13	27	38	49	65	**76**	**97**	$temp=0$
	link	**6**	6	4	3	6	6	**7**	**0**	

程序 9.30　重新安排物理位置的算法

```
#include "staticList.h"
template <class T>
void ReArrange(staticLinkedList<T>& L) {
//按照已排好序的静态链表中的链接顺序,重新排列所有元素对象,使得所有对象按链接顺序
//物理地重新排列
    int i = 1, head = L.Vector[0].link; Element<T> temp;
```

```
while (head != 0) {
    temp = L.Vector[head]; L.Vector[head] = L.Vector[i];
    L.Vector[i] = temp;
    L.Vector[i].link = head;
    head = temp.link;
    i++;
    while (head < i && head > 0) head = L.Vector[head].link;
}
};
```

9.7　分　配　排　序

分配排序(sort by distribution)与前面几种排序方法都不同,前面所介绍的排序方法都是建立在对元素排序码进行比较的基础上,而分配排序是采用分配与收集的办法。

9.7.1　桶式排序

假设输入的元素序列是在半开半闭区间 [0, 1) 内均匀分布的一个随机序列。桶式排序的思路是将区间 [0,1) 划分为 n 个等长的子区间,这些子区间也称箱。然后将各个元素按照自己所属的区间放入相应的桶中,由于元素序列在半开半闭区间 [0,1) 是均匀分布的,所以每个桶内都不会期望有太多或者太少的排序元素。只需要将每个桶内的元素排好序,依次输出各个桶内的元素,就得到了有序的元素序列。

下面用一个例子说明桶式排序(bucket sort)的过程。如图 9.22(a)所示,A 是待排序的元素序列。在图 9.22(b)中,B 是一系列等长划分的半开半闭区间:[0, 0.1),[0.1,0.2),…,[0.9, 1)。这就是一系列的桶。待排序的元素依次按照自己所属的区间被放入桶中。每个桶中元素序列的规模大为缩小,只需对每个桶中的子序列进行排序,然后按桶的编号依次输出就可以得到整个有序的元素序列。

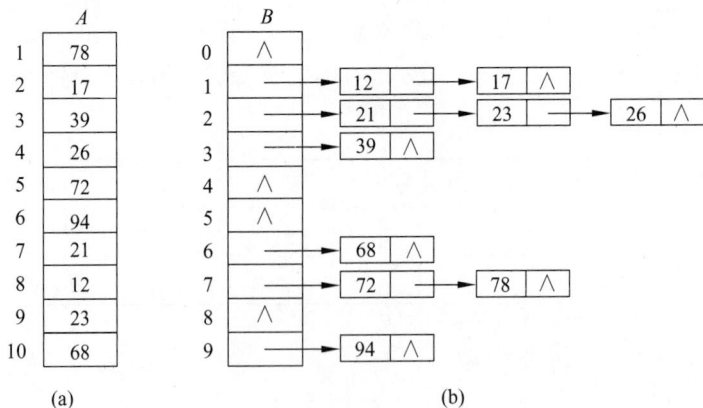

图 9.22　桶式排序的过程

现在来考查桶式排序算法的时间代价。将元素分配至各个桶中的操作的时间复杂度为 $O(n)$。假设对每个桶中的元素子序列采用直接插入排序,那么每个子序列排序的时间复杂

度为 $O(n^2)$，所以整个桶排序的时间复杂度为

$$T(n) = O(n) + \sum_{i=1}^{n} O(n^2)$$

可以证明整个桶式排序的平均时间复杂度为 $O(n)$。因此，对于均匀分布的元素序列，桶式排序的时间开销是线性增长的。对排序码为在半开半闭区间 $[0, 1)$ 上均匀分布的 n 个实数的元素序列，箱排序的平均时间复杂度 $O(n)$。

9.7.2　基数排序

首先从多排序码排序开始介绍基数排序。以扑克牌排序为例。每张扑克牌有两个排序码：花色和面值。其有序关系如下。

- 花色：♣<♦<♥<♠
- 面值：2<3<4<5<6<7<8<9<10<J<Q<K<A

如果把所有扑克牌排成以下次序：

　　♣2，♣3，…，♣A，♦2，♦3，…，♦A，♥2，♥3，…，♥A，♠2，♠3，…，♠A

这就是多排序码排序。排序后形成的有序序列称为字典有序序列。

对于上例两排序码的排序，可以先按花色排序，之后再按面值排序；也可以先按面值排序，再按花色排序。

一般情况下，假定有一个 n 个元素的序列 $\{V_0, V_1, \cdots, V_{n-1}\}$，且每个元素 V_i 中含有 d 个排序码 $(K_i^1, K_i^2, \cdots, K_i^d)$。如果对于序列中任意两个元素 V_i 和 $V_j (0 \leqslant i < j \leqslant n-1)$ 都满足：

$$(K_i^1, K_i^2, \cdots, K_i^d) < (K_j^1, K_j^2, \cdots, K_j^d)$$

则称序列对排序码 $(K^1, K^2, \cdots, K^d)$ 有序。其中，K^1 称为最高位排序码；K^d 称为最低位排序码。

如果每个元素的排序码都是由多个数据项组成的组项，则依据它进行排序时就需要利用多排序码排序。实现多排序码排序有两种常用的方法：一种方法是最高位优先（most significant digit first，MSD）；另一种方法是最低位优先（least significant digit first，LSD）。

（1）最高位优先法通常是一个递归的过程：首先根据最高位排序码 K^1 进行排序，得到若干个元素组，元素组中的每个元素都有相同的排序码 K^1。然后分别对每组中的元素根据排序码 K^2 进行排序，按 K^2 值的不同，再分成若干个更小的子组，每个子组中的元素具有相同的 K^1 和 K^2 值。依次重复，直到对排序码 K^d 完成排序为止。最后，把所有子组中的元素依次连接起来，就得到一个有序的元素序列。

（2）最低位优先法是首先依据最低位排序码 K^d 对所有元素进行一趟排序，然后依据次低位排序码 K^{d-1} 对上一趟排序的结果再排序，依次重复，直到依据排序码 K^1 最后一趟排序完成，就可以得到一个有序的序列。使用这种排序方法对每个排序码进行排序时，不需要再分组，而是整个元素组都参加排序。

术语 MSD 和 LSD 只是表明了对多个排序码排序的先后次序，并未说明根据每个排序码应怎样排序。

利用多排序码排序实现对单个排序码排序的算法就称为基数排序。下一步将具体介绍采用 MSD 和 LSD 实现的基数排序方法。

** 9.7.3　MSD 基数排序

在基数排序中,将单排序码 K_i 看作是一个子排序码组:

$$(K_i^d, K_i^{d-1}, \cdots, K_i^1)$$

例如,有一组元素,它们的排序码取值范围为 $0\sim999$,可以把这些排序码看作是$(K^3,$ $K^2, K^1)$的组合,K^3是数字的百位,K^2是数字的十位,K^1是数字的个位。可以基于 MSD 方法实现基数排序,按 K^3, K^2, K^1 的顺序对所有元素进行排序。图 9.23 给出有 12 个元素的待排序序列,它们的排序码为$\{332,633,059,598,232,664,179,457,825,714,405,361\}$。对它们实施自顶向下的 MSD 基数排序的示例。

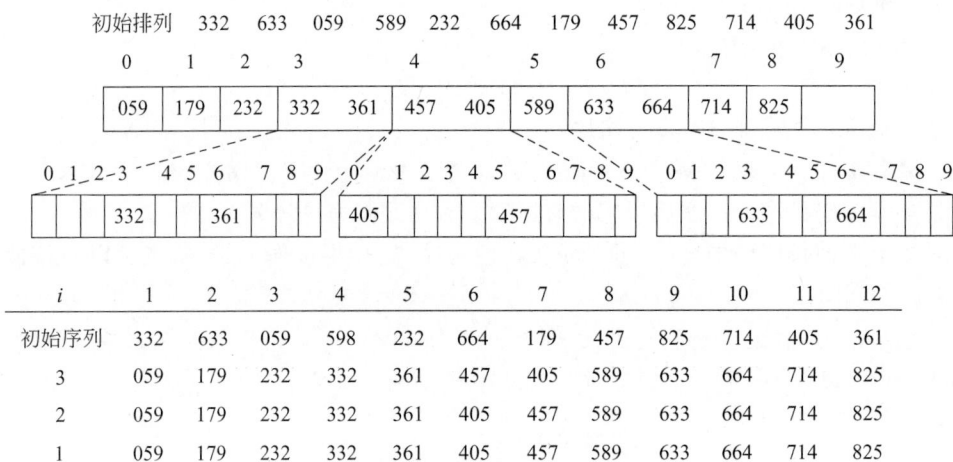

i	1	2	3	4	5	6	7	8	9	10	11	12
初始序列	332	633	059	598	232	664	179	457	825	714	405	361
3	059	179	232	332	361	457	405	589	633	664	714	825
2	059	179	232	332	361	405	457	589	633	664	714	825
1	059	179	232	332	361	405	457	589	633	664	714	825

图 9.23　MSD 基数排序的示例

图 9.23 显示了对最多 3 位的数据序列采用 MSD 基数排序算法进行升序排序的例子。在这个例子中,每个数据在各位上可取的值是一个十进制数字,可取的值为 $0\sim9$,总共可能的取值有 10 种,称每位数字可能的取值数为基数 radix。例如,十进制数字的 radix＝10,英文字母的 radix＝26。

在排序过程中,我们首先根据百位上的数字(K^3)进行排序,按各元素在百位上的取值,分配到各个子序列(称为桶)中,然后再按桶的编号,逐桶进行递归的基数排序。

在每个桶中,子序列的规模已经大大减少,同时在桶中所有元素在百位上的数字取值相同,此时,按各元素的十位上的数字(K^2)取值继续进行桶式分配,之后还对各个子桶中的元素按个位(K^1)进行分配。从而使得待排序序列所有元素排好序。

程序 9.31 给出具体的实现。这种实现是基于桶的。为了事先知道每个桶中会有多少个元素,在程序中设置了一个辅助数组 count,用 count[k]记录当处理第 i 位时各个元素的第 i 位取值为 k 的有多少个。k 属于基数 radix 的范围。

例如,在图 9.23 中当 $i＝1$ 时,

	0	1	2	3	4	5	6	7	8	9
count	1	1	1	2	2	1	2	1	1	0

在程序中还使用一个辅助数组 auxArray[ ]存放按桶分配的结果,根据 count[ ]预先算定各桶元素的使用位置。在每趟向各桶分配结束时,元素都被复制回原表中。

程序 9.31　最高位优先的基数排序算法

```
#include "dataList.h"
#define d 3                                              //每个数字位数
#define radix 10                                         //基数
int getDigit(int x, int k) {
//从整数 x 中提取第 k 位数字, 最高位算 1, 次高位算 2, …, 最低位算 k
    if ( k < 1 || k > d ) return −1;                     //位数不超过 d
        for ( int i = 1; i <= d−k; i++ ) x = x /10;
        return x % 10;                                   //提取 x 的第 k 位数字
};
template <class T>
void RadixSort(dataList<T>& L, int left, int right, int k){
//MSD 的基数排序算法的实现。从高位到低位对序列进行划分,实现排序。k 是位数。
//left 和 right 是待排序元素子序列的始端与尾端
    if (left >= right || k > d) return;
    int i, j, v, p1, p2, count[radix], posit[radix];
    Element<T> * auxArray = new Element<T>[right−left+1];    //暂存分配结果
    for (j = 0; j < radix; j++) count[j] = 0;
    for (i = left; i <= right; i++)
        count[getDigit(L.Vector[i].key, k)]++;              //统计各桶元素个数
    posit[0] = 0;
    for (j = 1; j < radix; j++)
        posit[j] = count[j−1]+posit[j−1];                   //安排各桶元素位置
    for (i = left; i <= right; i++) {                       //元素按位值分配到各桶
        j = getDigit(L.Vector[i].key, k);                   //取元素 A[i]第 k 位的值
        auxArray[posit[j]++] = L.Vector[i];                 //按预先计算位置存放
    }
    for (i = left, j = 0; i <= right; i++, j++)
        L.Vector[i] = auxArray[j];                          //从辅助数组写入原数组
    delete [] auxArray;
    p1 = left;
    for (j = 0; j < radix; j++) {                           //按桶递归对 k+1 位处理
        p2 = p1+count[j]−1;                                 //取子桶的首末位置
        RadixSort (L, p1, p2, k+1 );                        //对子桶内元素做桶排序
        p1 = p2+1;
    }
};
```

当子序列规模很小时,中断基数排序,采用了直接插入排序来提高排序效率。这样的改进方法在前面讨论改进快速排序算法时已经介绍过了。

在程序 9.31 中调用了一个函数 getDigit 按位获取用来排序的元素排序码。在图 9.23 的例子中,从高位到低位依次取待排序元素的各位作为排序码,并设定排序的基数 radix 为

10。这样就相当于定义了 10 个接收器，分别接收不同排序码对应的待排序元素。如果待排序元素序列的规模为 n，则每个接受器中接收到的待排序元素平均为 n/radix。所以在基数排序算法中选择较大的基数有利于得到个数较多，但规模较小的子序列划分，从而提高效率。但实际上，各个接收器中接收到的元素数目不可能是平均分配的。实际上经常会有很大差异，如果采用较大的基数，就有可能出现很多空接收器。空接收器的大量存在会严重影响基数排序的效率。为了减少空接收器的数目，需要挑选合适的基数，并对小规模子序列采用直接插入排序。简而言之，在基数排序中，应确保不对排序元素序列选择过大的基数。

9.7.4　LSD 基数排序

LSD 基数排序是一种自底向上的基数排序方法，它抽取排序码的顺序和 MSD 相反。使用这种方法，把单排序码 K_i 看成是一个 d 元组：利用分配和收集两种运算对单排序码进行排序。

$$(K_i^1, K_i^2, \cdots, K_i^d)$$

其中，每个分量也可以看成是一个排序码，分量 $K_i^j(1 \leqslant j \leqslant d)$ 有 radix 种取值，radix 为基数。针对 d 元组中的每位分量 K_i^j，把待排序元素序列中的所有对象，按 K_i^j 的取值，先分配到 radix 个桶中。然后再按各个桶的编号，依次把元素从桶中收集起来，这样所有元素按 K_i^j 取值完成排序。

如果对于所有元素的排序码 K_0，K_1，$\cdots$，K_{n-1}，依次对各位的分量 K_i^j，让 $j = d$，$d-1, \cdots, 1$，分别用这种分配、收集的运算逐趟进行排序，在最后一趟分配、收集完成后，所有元素就按其排序码的值从小到大排好序了。

各个桶都采用链式队列结构，分配到同一桶的排序码用链接指针链接起来。每个桶设置两个队列指针：一个指示队头（第一个进入此队列的排序码），记为 int fr[radix]；另一个指向队尾（最后一个进入此队列的排序码），记为 int re[radix]。

为了有效地存储和重排 n 个待排序元素，以静态链表作为它们的存储结构。在元素重排时不必移动元素，只需修改各元素的链接指针即可。这样需要给每个元素增加一个附加链接指针，并为 radix 个队列设置 $2 \times \text{radix}$ 个队列指针，共需要 $n + 2 \times \text{radix}$ 个附加指针。

例如，有 10 个元素的待排序元素的序列，它们的排序码为 {332,633,598,232,664,179,457,825,405,361}。其排序码是 3 位十进制数，radix＝10，各排序码取值范围为 0～9，故各队列的编号为 0～9，按 K_i^j 值分配到相应队列中。基数排序的过程如图 9.24 所示，共进行了 3 趟分配与收集。

第 1 趟按 K_i^3 取值分配与收集，该趟完成后，所有对象按 K_i^3 值的非递减顺序链接起来。第 2 趟按 K_i^2 取值分配与收集，该趟完成后，所有对象按 K_i^2 值的非递减顺序链接起来，在 K_i^2 值相同时按 K_i^3 有序。第 3 趟按 K_i^1 取值分配与收集，该趟完成后，基数排序完成。

程序 9.32 给出 LSD 基数排序的算法。设待排序的元素序列放在 L. Vector[1]～L. Vector[n] 中，从个位(K^3)、十位(K^2)、百位(K^1)逐趟分配与收集。待排序的表是一个静态链表，每个元素有一个 link 域，表的长度为 n，每个元素的子排序码用一个函数 getDigit 取出，范围为[0, radix)，其中的 radix 是基数。对各子排序码的排序采用桶式排序，每个桶采用链式队列组织，队列里的元素通过 link 链接成一个循环单链表，每个队列有两个指针 front[i] 和 rear[i]，分别指示第 i 个队列的队头和队尾($0 \leqslant i < \text{radix}$)。排序结果的元素链

332 → 633 → 589 → 232 → 664 → 179 → 457 → 825 → 405 → 361

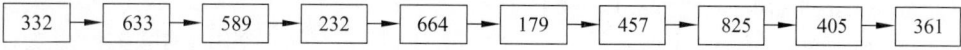

第 1 趟分配（按最低位 $i=3$）

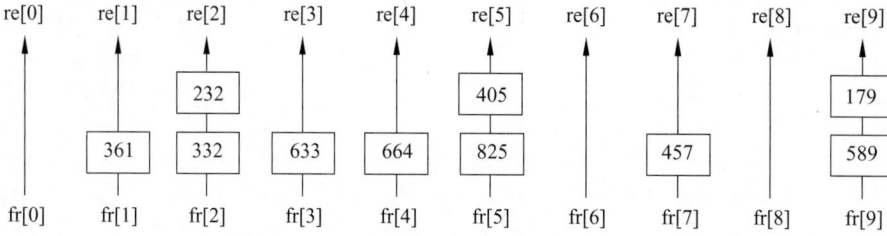

re[0]	re[1]	re[2]	re[3]	re[4]	re[5]	re[6]	re[7]	re[8]	re[9]
		232			405				179
	361	332	633	664	825		457		589
fr[0]	fr[1]	fr[2]	fr[3]	fr[4]	fr[5]	fr[6]	fr[7]	fr[8]	fr[9]

第 1 趟收集

361 → 332 → 232 → 633 → 664 → 825 → 405 → 457 → 589 → 179

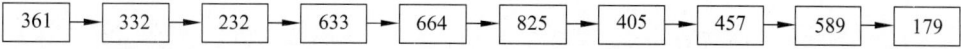

第 2 趟分配（按次低位 $i=2$）

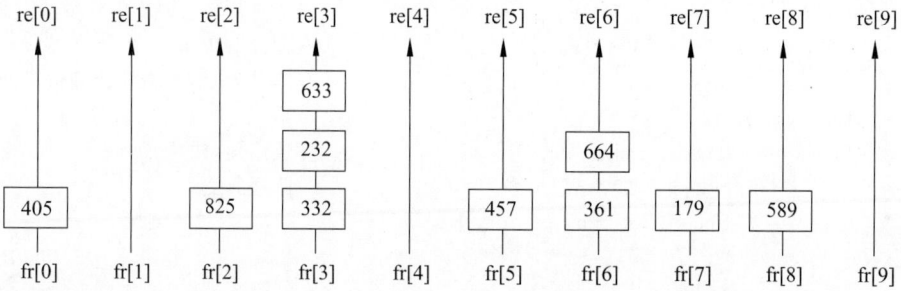

re[0]	re[1]	re[2]	re[3]	re[4]	re[5]	re[6]	re[7]	re[8]	re[9]
			633						
			232			664			
405		825	332		457	361	179	589	
fr[0]	fr[1]	fr[2]	fr[3]	fr[4]	fr[5]	fr[6]	fr[7]	fr[8]	fr[9]

第 2 趟收集

405 → 825 → 332 → 232 → 633 → 457 → 361 → 664 → 179 → 589

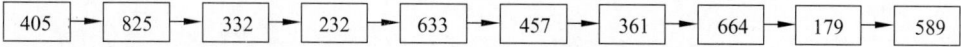

第 3 趟分配（按最高位 $i=1$）

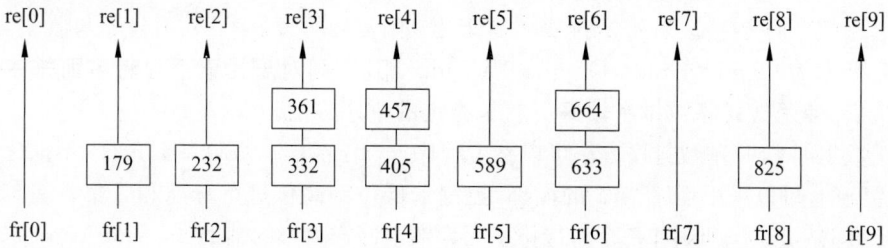

re[0]	re[1]	re[2]	re[3]	re[4]	re[5]	re[6]	re[7]	re[8]	re[9]
			361	457		664			
	179	232	332	405	589	633		825	
fr[0]	fr[1]	fr[2]	fr[3]	fr[4]	fr[5]	fr[6]	fr[7]	fr[8]	fr[9]

第 3 趟收集

179 → 232 → 332 → 361 → 405 → 457 → 589 → 633 → 664 → 825

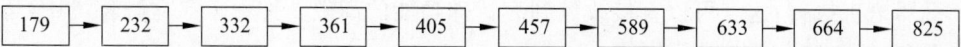

图 9.24　LSD 基数排序的示例

的链头在 L.Vector[0].link 中。

程序 9.32　LSD 基数排序的算法
＃include "staticList.h"　　　　　　　　　　　　　　　//静态链表头文件
template ＜class T＞

```
void Sort(staticlinkedList<T>& L, int d) {
    int rear[radix], front[radix];                              //radix 个队列的尾指针与头指针
    int i, j, k, last, current, n = L.Length();
    for (i = 0; i < n; i++) L.Vector[i].link = i+1;
    L.Vector[n].link = 0;                                       //静态链表初始化，形成循环单链表
    current = 1;
    for (i = d; i >= 1; i--) {                                  //按排序码 key[i]分配
        for (j = 0; j < radix; j++) front[j] = 0;
        while (current != 0) {                                  //将 n 个元素分配到各队列中
            k = getDigit(L.Vector[current].key, d, i);          //取当前检测元素的第 i 个排序码
            if (front[k] == 0) front[k] = current;              //第 k 个队列空，该元素为队头

            else L.Vector[rear[k]].link = current;              //不空，尾链接
            rear[k] = current;                                  //该元素成为新的队尾
            current = L.Vector[current].link;                   //检测下一个元素
        }
        j = 0;                                                  //依次从各队列收集并拉链
        while (front[j] == 0) j++;                              //跳过空队列
        L.Vector[0].link = current = front[j];                  //第 j 个队列的队头为新链表的链头
        last = rear[j];                                         //第 j 个队列的链尾
        for (k = j+1; k < radix; k++)                           //连接其余的队列
            if (front[k] != 0) {                                //队列非空
                L.Vector[last].link = front[k]; last = rear[k];     //尾链接
            }
        L.Vector[last].link = 0;                                //新链表表尾
    }
};
```

在此算法中，对于有 n 个元素的链表，每趟进行分配的 while 循环需要执行 n 次，把 n 个元素分配到 radix 个队列中。进行收集的 for 循环需要执行 radix 次，从各个队列中把元素收集起来按顺序链接。若每个排序码有 d 位，则需要重复执行 d 趟分配与收集，所以总的时间复杂度为 $O(d(n+radix))$。若基数 radix 相同，则对于元素个数较多而排序码位数较少的情况，使用链式基数排序较好。它是稳定的排序方法。

基于数组的 LSD 基数排序方法可以参考程序 9.31 给出的 MSD 基数排序，不同之处在于它不是递归的，可以采用程序 9.32 的循环，控制从低位到高位进行分配和收集。在算法中需要一个计数器 count[radix]和一个与待排序元素数组同样大小的辅助数组 auxArray[n]。

基数排序中的 LSD 步骤被广泛使用，因为它的控制机构非常简单，而且它的基本操作适合机器语言执行，这点可以直接改编到有特殊功能的高效硬件中。在这种环境中，运行完整的 LSD 基数排序可能是最快的。

9.8　内部排序算法的分析

9.8.1　排序方法的下界

前面几节已经介绍了很多种排序方法，面对同样的输入元素序列，它们的性能表现有很

大差异。例如,直接插入排序、起泡排序和直接选择排序在平均情况下的时间开销为 $O(n^2)$;而快速排序、归并排序和堆排序在平均情况下的时间开销为 $O(n\log_2 n)$。显而易见,后几种排序算法的效率要高于前几种基本排序方法。于是人们很自然地关心这样一个问题:什么样的算法是高效的?有没有可能发现效率更高的排序算法?现在我们将量化地讨论排序方法的下界。

在问题的讨论中,我们只关注两个待排序元素之间的比较操作。主要问题在于:对于一个有 n 个待排序元素的序列,一般情况下需要多少次比较才能完成排序。为了讨论这个问题,引入判定树来描述排序算法的实现过程。判定树的每个非叶结点包含一次比较操作,而非叶结点的两个分支是比较结果的两种可能性;判定树的每个叶结点都是元素序列的一种排序结果。这样的一棵决策树就可以描述一种排序算法的过程,当然不同规模的元素序列就需要不同深度的判定树。待排序的元素序列的初始顺序,决定了算法在这棵判定树上经过的路径,同时也决定了各个排序元素之间的实际比较次序。

图 9.25 是对序列 $\{a\,b\,c\}$ 分别采用插入排序和起泡排序所对应的判定树。一个 n 个元素的序列总共有 $n!$ 种排列方式,对应于 n 个元素的序列的判定树应该有 $n!$ 个有效的叶结点。因此对应于序列 $\{a\,b\,c\}$ 的排序算法的判定树应该有 6 个有效的叶结点。插入排序的判定树有 6 个叶结点;而起泡排序的判定树虽然有 8 个叶结点,但其中有效结点为 6 个。

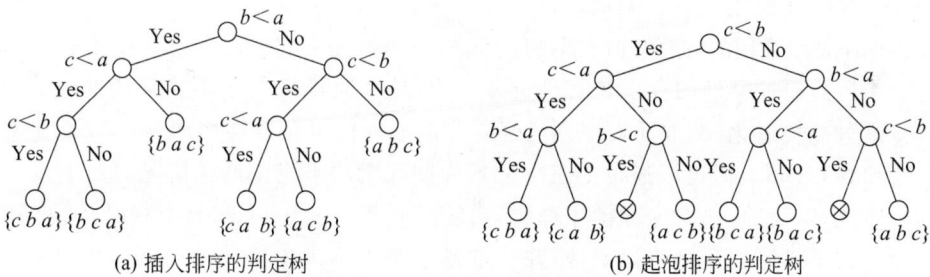

(a) 插入排序的判定树　　　　　　(b) 起泡排序的判定树

图 9.25　对序列 $\{a\,b\,c\}$ 排序的判定树

所以,判定树对应的叶结点总数至少为 $n!$ 个,如果叶结点大于 $n!$ 个,那就一定存在无效结点或者重复结点。

如果用判定树来描述一个 n 个元素序列的排序问题,假设这棵判定树共有 i 层,一个 i 层的判定树最多可能有 2^{i-1} 个叶结点。由上面的讨论知道这棵判定树至少有 $n!$ 个叶结点。因此,可以得到:$2^{i-1} \geqslant n!$。对此不等式两边取对数:$i-1 \geqslant \log_2(n!)$。可以证明:

$$
\begin{aligned}
\log_2(n!) &= \log_2(n \times (n-1) \times (n-2) \times \cdots \times 2 \times 1) \\
&= \log_2 n + \log_2(n-1) + \log_2(n-2) + \cdots + \log_2 2 + \log_2 1 \\
&\geqslant \log_2 n + \log_2(n-1) + \log_2(n-2) + \cdots + \log_2(n/2) \\
&\geqslant \log_2(n/2) + \log_2(n/2) + \log_2(n/2) + \cdots + \log_2(n/2) \\
&= (n/2)\log_2(n/2) \\
&= (n/2)(\log_2 n - 1)
\end{aligned}
$$

所以,$\log_2(n!) = \Omega(n\log_2 n)$。由于判定树的层数 i 其实是排序过程需要进行的比较次数。因此,在一般情况下,一个有 n 个元素的待排序序列在排序时所需要的排序码比较次数是 $\Theta(n\log_2 n)$ 的,这也是一般情况下排序算法可期待的最好的时间复杂度。

9.8.2　各种内部排序方法的比较

下面对已经介绍过的排序算法进行比较。

直接插入排序、起泡排序和直接选择排序是基本的排序方法。它们平均情况下的时间复杂度都是 $O(n^2)$，它们的实现也都非常简单。

直接插入排序对于规模很小的元素序列 $(n \leqslant 25)$，可以说是非常有效的。它的时间复杂度与待排序元素序列的初始排列有关。在最好情况下，直接插入排序只需要 $n-1$ 次比较操作就可以完成，而且不需要交换操作。在平均情况和最差情况下，直接插入排序的比较和交换操作都是 $O(n^2)$ 的。

改进的起泡程序在最好情况下只需要一趟起泡过程就可以完成，此时也只需要 $n-1$ 次比较操作就可以了。

直接选择排序的排序码比较次数与待排序元素序列的初始排列无关，其比较次数总是 $O(n^2)$，但元素移动次数则与待排序元素序列的初始排列有关，最好情况下数据一次也不移动，最差情况下元素移动次数不超过 $3(n-1)$ 次。

从内存复杂度来看，这 3 种基本的排序方法除了一个辅助元素外，都不需要其他额外内存。从稳定性来看，直接插入排序和起泡排序都是稳定的，但直接选择排序不是。它们主要用于元素个数 n 不是很大（<10 000）的情形。

快速排序是最通用的、高效的内部排序算法，平均情况下它的时间复杂度为 $O(n\log_2 n)$，一般情况下所需要的额外内存也是 $O(\log_2 n)$。但是快速排序是个不稳定的算法。并且在有些情况下可能会退化（例如元素序列已经有序时），时间复杂度会增加到 $O(n^2)$，空间复杂度也会增加到 $O(n)$。但可以通过如三个元素中间元素法来避免最坏情况的发生。

堆排序也是一种高效的内部排序算法，它的时间复杂度是 $O(n\log_2 n)$，而且没有什么最坏情况会导致堆排序的运行明显变慢，并且堆排序基本不需要额外的空间。但堆排序不太可能提供比快速排序更好的平均性能。堆排序是一种不稳定的排序算法。

归并排序也是一个重要的高效排序算法，它的一个吸引人的特性是性能与输入元素序列无关，时间复杂度总是 $O(n\log_2 n)$。归并排序的主要缺点是直接执行时需要 $O(n)$ 的附加内存空间，虽然有方法可以克服这个缺点，但是其代价是算法会很复杂而且时间复杂度会增加，因此在实际应用中一般不值得这样做。归并排序相比于快速排序和堆排序的另一个优势是，它是一种稳定的高效排序算法。

快速排序、堆排序和归并排序适合于元素个数 n 很大的情况。

希尔排序的时间复杂度介于基本排序算法和高效排序算法之间，虽然迄今为止对其性能的分析还是不精确的。但是希尔排序代码简单，基本不需要额外内存，空间复杂度低。希尔排序是一种不稳定的排序算法。对于中等规模的元素序列 $(n \leqslant 1000)$，希尔排序是一种很好的选择。

基数排序是一种相对特殊的排序算法，这类算法不仅是对元素序列的排序码进行比较，更重要的是它们对排序码的不同部分进行处理和比较。虽然基数排序具有线性增长的时间复杂度，但是由于在常规编程环境中，关键字索引统计程序内部循环中包含大量操作，其数目比快速排序或者归并排序算法的内部循环要多得多。所以，基数排序的线性时间开销实际上不比快速排序的时间开销小很多。并且由于基数排序基于的排序码抽取算法受到操作系统和排序元素的影响,其适应性远不如普通的比较和交换操作。因此在实际工作中,常规的高效排序算法如快速排序的应用要比基数排序广泛得多。

在硬件环境,编程环境和输入元素序列满足一定条件时,基数排序确实可以达到很高的效率。由于基数排序需要建立一系列的接收器,因此它的额外存储空间包括与待排序元素序列规模相同的存储空间和与基数数目相等的一系列计数器。应该注意的是,考虑到大量额外的计数和其他辅助操作,基数排序并不适用规模很小的元素序列。

在如此众多的内部排序算法中,如果无论面对什么样的运行环境和实际应用,都有一两种排序算法能够表现出更好的性能,这对于我们的工作将是非常有利的。但不幸的是,这样的排序算法不存在。实际上每种算法都有自己的价值,即使是效率不高的基本排序算法,在很多情况下也会成为更好的选择。因此在实际的应用中,我们不得不面对众多可供选择的算法,而我们也必须根据实际任务的特点和各种排序算法的特性来做出最合适的选择。这也是必须学习如此多种排序方法的重要原因。

有时还可以把不同的排序算法混合使用,这也是得到普遍应用的一种算法改进方法,例如前面介绍过的一种改进快速排序算法,就是将直接插入排序集成到快速排序的算法中。这种混合算法能够充分发挥不同算法各自的优势,从而在整体上得到更好的性能。

另外需要注意的是,虽然排序问题是非常常见的,但并不是在所有的应用中都是最关键的部件。如果排序模块不需要被反复执行很多次,或者需要排序的数据不是很多,那我们就不需要将精力耗费在调试复杂的方法以及各种排序算法的比较和选择上,这时直接选择最基本、最容易实现的排序算法可能是最经济的。因为在这种情况下,使用高效排序算法能够带来的收益是非常有限的,甚至还不如基本的排序算法。

习　　题

一、单项选择题

1. 若待排序元素序列在排序前已按其排序码递增顺序排列,则采用(　　)方法比较次数最少。

　　A. 直接插入排序　　　B. 快速排序　　　　C. 归并排序　　　D. 简单选择排序

2. 如果只想得到 1024 个元素组成的序列中的前 5 个最小元素,那么用(　　)方法最快。

　　A. 起泡排序　　　　　B. 快速排序　　　　C. 简单选择排序 D. 堆排序

3. 对待排序的元素序列进行划分,将其分为左、右两个子序列,再对两个子序列施加同样的排序操作,直到子序列为空或只剩一个元素为止。这样的排序方法是(　　)。

　　A. 简单选择排序　　B. 直接插入排序　　C. 快速排序　　　D. 起泡排序

4. 对 5 个不同的数据元素进行直接插入排序,最多需要进行(　　)次比较。

　　A. 8　　　　　　　　B. 10　　　　　　　C. 15　　　　　D. 25

5. 若待排序元素序列在排序前已按其排序码递增顺序排列,则下列算法中(　　)算法最慢结束。

　　A. 起泡排序　　　　　B. 直接插入排序　　C. 简单选择排序 D. 快速排序

6. 下列排序算法中(　　)算法是不稳定的。

　　A. 起泡排序　　　　B. 直接插入排序　　C. 基数排序　　　　D. 快速排序

7. 采用任何基于排序码比较的算法,对 5 个互异的整数进行排序,至少需要(　　)次比较。

　　A. 5　　　　　　　　B. 6　　　　　　　　C. 7　　　　　　　　D. 8

8. 下列算法中(　　)算法不具有这样的特性:对某些输入序列,可能不需要移动数据元素即可完成排序。

　　A. 起泡排序　　　　B. 希尔排序　　　　C. 归并排序　　　　D. 简单选择排序

9. 使用递归的归并排序算法时,为了保证排序过程的时间复杂度不超过 $O(n\log_2 n)$,必须做到(　　)。

　　A. 每次序列的划分在线性时间内完成　　　B. 每次归并的两个子序列长度接近
　　C. 每次归并在线性时间内完成　　　　　　D. 以上全是

10. 在基于排序码比较的排序算法中,(　　)算法在最坏情况下的时间复杂度不高于 $O(n\log_2 n)$。

　　A. 起泡排序　　　　B. 希尔排序　　　　C. 归并排序　　　　D. 快速排序

11. 在下列排序算法中,(　　)算法使用的附加空间与输入序列的长度及初始排列无关。

　　A. 锦标赛排序　　　B. 快速排序　　　　C. 基数排序　　　　D. 归并排序

12. 一个元素序列的排序码为 $\{46, 79, 56, 38, 40, 84\}$,采用快速排序(以位于最左位置的元素为基准)执行一趟扫描(不是两端向中间轮流检查交换)得到的第 1 趟划分结果为(　　)。

　　A. $\{38, 46, 79, 56, 40, 84\}$　　　　　　B. $\{38, 79, 56, 46, 40, 84\}$
　　C. $\{40, 38, 46, 79, 56, 84\}$　　　　　　D. $\{38, 46, 56, 79, 40, 84\}$

13. 如果将所有中国人按照生日(不考虑年份,只考虑月、日)来排序,那么使用下列排序算法中(　　)算法最快。

　　A. 归并排序　　　　B. 希尔排序　　　　C. 快速排序　　　　D. 基数排序

二、填空题

1. 第 i $(i = 1, 2, \cdots, n-1)$ 趟从参加排序的序列中取出第 i 个元素,把它插入由第 $0 \sim i-1$ 个元素组成的有序表中适当的位置,此种排序方法称为_____排序。

2. 第 i $(i = 0, 1, \cdots, n-2)$ 趟从参加排序的序列中第 $i \sim n-1$ 个元素中挑选出一个最小元素,把它交换到第 i 个位置,此种排序方法称为_____排序。

3. 每次直接或通过基准元素间接比较两个元素,若出现逆序排列,就交换它们的位置,这种排序方法称为(　　)排序。

4. 每次使两个相邻的有序表合并成一个有序表,这种排序方法称为_____排序。

5. 在简单选择排序中,排序码比较次数的时间复杂度为 O _____。

6. 在简单选择排序中,元素移动次数的时间复杂度为 O _____。

7. 在堆排序中,对 n 个元素建立初始堆需要调用_____次调整算法。

8. 在堆排序中,如果 n 个元素的初始堆已经建好,那么到排序结束,还需要从堆顶结点出发调用_____次调整算法。

9. 在堆排序中,对任一个分支结点进行调整运算的时间复杂度为 O _____。

10. 对 n 个元素进行堆排序,总的时间复杂度为 O _____。

11. 若一组元素的排序码为 $\{46,79,56,38,40,84\}$,利用堆排序方法建立的初始堆(最大堆)为_____。

12. 快速排序在平均情况下的时间复杂度为 O _____。

13. 快速排序在最坏情况下的时间复杂度为 O _____。

14. 快速排序在平均情况下的空间复杂度为 O _____。

15. 快速排序在最坏情况下的空间复杂度为 O _____。

16. 若一组元素的排序码为 $\{46,79,56,38,40,84\}$,对其进行一趟划分(采用两端向中间轮流检查移动),结果为_____。

17. 对 n 个元素的待排序序列执行二路归并排序,每趟归并的时间复杂度为 O _____。

18. 对 n 个元素的待排序序列执行二路归并排序,整个归并的时间复杂度为 O _____。

三、判断题

1. 简单选择排序是一种稳定的排序方法。 ( )

2. 若将一批杂乱无章的数据按堆结构组织起来,则堆中各数据必然按自小到大的顺序排列起来。 ( )

3. 当待排序元素序列已经有序时,起泡排序需要的排序码比较次数比快速排序要少。 ( )

4. 在任何情况下,快速排序需要进行的排序码比较次数都是 $O(n\log_2 n)$。 ( )

5. 在 2048 个互不相同的排序码中选择最小的 5 个排序码,用堆排序比用锦标赛排序更快。 ( )

6. 若待排序序列有 m 个元素,执行锦标赛排序时胜者树应是一棵完全二叉树,有 $\lceil \log_2 m \rceil$ 层。 ( )

7. 堆排序是一种稳定的排序算法。 ( )

8. 对于某些输入序列,起泡排序算法可以通过线性次数的排序码比较且无须移动元素就可以完成排序。 ( )

9. 如果输入序列已经排好序,则快速排序算法无须移动任何元素就可以完成排序。 ( )

10. 希尔排序的最后一趟就是起泡排序。 ( )

11. 设一个整数序列有 n 个非零整数,若把所有负整数移动到序列的左边,把所有正整数移动到序列的右边,采用快速排序的一趟划分算法就可以实现。 ( )

12. 任何基于排序码比较的算法,对 n 个元素进行排序时,在最坏情况下的时间复杂度不会低于 $O(n\log_2 n)$。 ( )

13. 不存在这样一个基于排序码比较的算法:它只通过不超过 9 次排序码的比较,就可以对任何 6 个排序码互异的元素实现排序。 ( )

四、简答题

1. 从排序过程中数据的总体变化趋势来看,排序方法分为两大类:有序区增长和有序程度增长。说明其实现机制,并对已知的排序方法归类。

2. 设待排序的数据序列为$\{12, 2, 16, 30, 28, 10, 16^*, 20, 6, 18\}$,试写出使用直接插入排序方法每趟排序后的结果。并说明做了多少次排序码比较。(注:16^*表示与16是相等的排序码,在初始排列中它位于16的后面)

3. 在用直接插入算法进行排序的过程中,每次向有序区插入一个新元素并形成一个新的更大的有序区,那么新元素插入的位置是否是它最终应在的位置?

4. 设一个有序序列为$\{01, 10, 12, 15, 20, 24, 31, 38, 43, 47, 54, 65\}$,画出如何使用折半插入排序的方法找出27在有序序列中的插入的过程。

5. 设有n个元素的待排序序列,初始时编号为偶数的元素和编号为奇数的元素已经分别按排序码非递减的顺序有序排列:$key0 \leqslant key2 \leqslant \cdots$,$key1 \leqslant key3 \leqslant \cdots$。若使用直接插入排序法,将整个序列按非递减顺序排列,最多进行多少次排序码比较?

6. 设待排序的排序码序列为$\{12, 2, 16, 30, 28, 10, 16^*, 20, 6, 18\}$,写出使用希尔排序(增量为5,2,1)方法每趟排序后的结果。并说明做了多少次排序码比较。

7. 设待排序的排序码序列为$\{12, 2, 16, 30, 28, 10, 16^*, 20, 6, 18\}$,写出使用起泡排序方法每趟排序后的结果。并说明做了多少次排序码比较和元素交换。

8. 在起泡排序过程中,什么情况下排序码会朝向与排序相反的方向移动?举例说明。在快速排序过程中有这种现象吗?

9. 设待排序的排序码序列为$\{12, 2, 16, 30, 28, 10, 16^*, 20, 6, 18\}$,写出使用快速排序方法第1趟划分后的结果。并说明做了多少次排序码比较。

10. 在交换类排序过程中,通常的做法是通过交换元素来减少序列中的逆序数,从而实现排序。如果交换序列中两个不同的元素,最多能够减少多少个逆序?

11. 以划分区间最左端元素作为划分基准的一趟划分算法有3种实现方案。

第一种方案　两边检测指针相向交替检查和移动元素

```
int Partition1_1(DataType L[], int low, int high) {
   int i = low, j = high;   DataType pivot = L[low];
   while (i != j) {                              //从数组两端交替向中间扫描
       while (i < j && L[j] >= pivot) j--;       //反向寻找比基准元素小的
       if (i < j) L[i++] = L[j];                 //比基准元素小者移到低端
       while (i < j && L[i] <= pivot) i++;       //正向寻找比基准元素大的
       if (i < j) L[j--] = L[i];                 //比基准元素大者移到高端
   }
   L[i] = pivot;                                 //基准元素移到应在的位置
   return i;
};
```

第二种方案　两边检测指针相向检查,发现逆序即交换

```
int Partition_2(DataType L[], int low, int high) {
```

```
    DataType tmp， DataType pivot = L[low];                    //基准元素
    int i = low+1, j = high;
    while (i < j) {
        while (i < j && pivot < L[j]) j－－;                    //从后向前跳过大于基准者
        while (i < j && L[i] < pivot) i++;                      //从前向后跳过小于基准者
        if (i < j) {
            tmp = L[i];  L[j] = L[i];  L[i] = tmp;            //对调
            i++;  j－－;                                          //缩小区间
        }
    }
    if (L[i] > pivot) i－－;                                       //若位置 i 的值大于基准值则 i 退
    L[low] = L[i];  L[i] = pivot;                              //基准移至第 i 个位置
    return i;                                                    //返回基准最后应在的位置
};
```

第三种算法　一个检测指针一遍检查过去,发现逆序即交换

```
int Partition_3(dataType L[], int low, int high) {
    int i, k = low;  DataType tmp, pivot = L[low];            //基准元素
    for (i = low+1; i <= high; i++)                            //一趟扫描序列,进行划分
        if (L[i] < pivot)                                       //找到排序码小于基准的元素
            if (++k != i)                                       //把小于基准的元素交换到左边
                {tmp = L[i];  L[i] = L[k];  L[k] = tmp;}
    L[low] = L[k];  L[k] = pivot;                              //将基准元素就位
    return k;                                                   //返回基准元素位置
};
```

在这三种划分算法中哪种元素移动次数最少? 哪种元素移动次数最多?

12. 在使用非递归方法实现快速排序时,通常要利用一个栈记忆待排序区间的两个端点。那么能否用队列来代替这个栈? 为什么?

13. 设待排序的排序码序列为{12, 2, 16, 30, 10, 16*, 15, 6},写出使用简单选择排序方法每趟排序后的结果。并说明做了多少次排序码比较。

14. 设待排序的排序码序列为{ 12, 2, 16, 30, 10, 16*, 15, 6 },写出使用堆排序每趟排序后的结果。并说明做了多少次排序码比较。

15. 设待排序的排序码序列为{12, 2, 16, 30, 10},给出执行锦标赛排序的过程中每趟排序后的结果。并说明做了多少次排序码比较。

16. 如何将二路归并排序的附加空间减少一半?

17. 设待排序的排序码序列为{12, 2, 16, 30, 28, 10, 16*, 20, 6, 18},写出使用迭代的二路归并排序方法每趟排序后的结果。并说明做了多少次排序码比较。

18. 举例说明希尔排序、简单选择排序、快速排序和堆排序是不稳定的排序方法。

19. 设待排序的排序码序列为{ 12, 2, 16, 30, 28, 10, 16*, 20, 6, 18 },写出在使用链接存储时 LSD 基数排序每趟排序后的结果。并说明做了多少次排序码比较。

20. 若在实现 LSD 基数排序的算法中,采用栈代替队列作为桶使用,会有什么情况? 用排序码序列{ 12, 2, 16, 30, 28, 10, 16*, 20, 6, 18 }说明。

21. 设排序码序列为{ 12，1，16，39，21，10，38，20，43，72，85，99，65，54 }，写出在利用顺序方式存储时 MSD 桶排序每趟排序后的结果。

五、算法题

1. 在已排好序的序列中，一个元素所处的位置取决于具有更小排序码的元素的个数。基于这个思想，可得计数排序方法。该方法增加一个计数数组 count[n]，其中 n 是待排序元素个数。count[i] 存放元素数组 A[n] 中比 A[i] 小的元素个数，然后依 count 的值，将 A[i] 存入它最后应在的位置，就可完成排序。设计一个算法，实现计数排序。

2. 二路插入排序是直接插入排序的变形，它需要一个与原数组 A[n] 等长的辅助数组 t[n]。其排序过程：首先将 A[0] 赋值给 t[n-1]，指针 first 指向 t[n-1] 位置，另一指针 final 指向 -1，把 t[n-1] 视为排好序的数组中位于中间位置的元素。然后顺序用 A[i]（$i = 1，2，\cdots，n-1$）与 t[n-1] 比较，若 A[i] < t[n-1]，则在 t[n-1] 的左侧进行直接插入排序；否则，在 t[n-1] 的右侧（t 的开头）进行直接插入排序。例如，图 9.26 就是对数组 A = {49，38，65，97，76，54} 执行二路插入排序的示例。设计一个算法，实现二路插入排序。

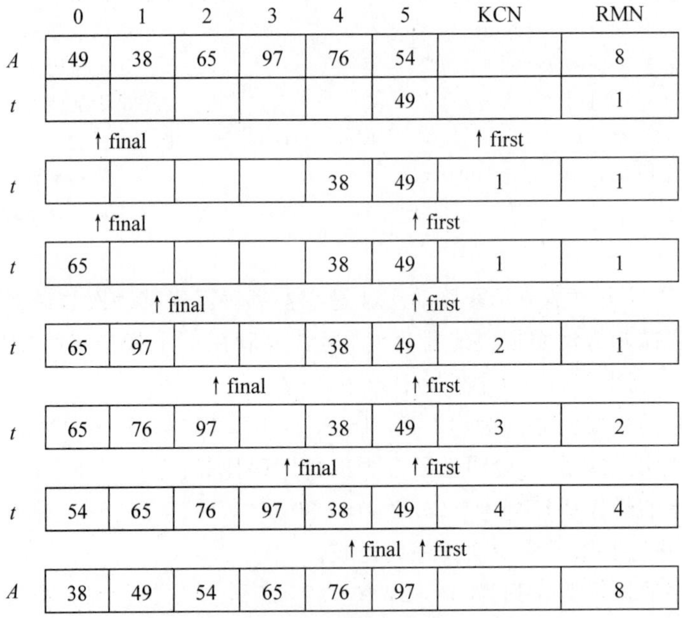

图 9.26　第 2 题二路插入排序的示例

3.（鸡尾酒排序）这是一种双向起泡排序算法，在正、反两个方向交替进行扫描，即第 1 趟把排序码最大的对象放到序列的最后；第 2 趟把排序码最小的对象放到序列的最前面。以此反复进行。要求使用一个控制变量 high 记录当前一趟起泡最后交换元素的位置。如果有交换，则 high > 0，下一趟起泡做到 high 为止；如果没有交换，则 high = 0，说明所有元素已经排好序，可以结束算法。设计一个算法，实现上述鸡尾酒排序。

4. K.T.Batcher 在 1964 年提出了一种交换排序方法。该方法类似于 Shell 排序，也是按一定间隔取元素进行比较、交换。与 Shell 排序不同的是，在同一趟做一定间隔的两两比较时,刚比较完的元素不再参加后续的两两比较。例如,图 9.27 给出一个待排序序列,$n =$ 8,用 d 表示间隔。设计一个算法,实现这个交换排序。

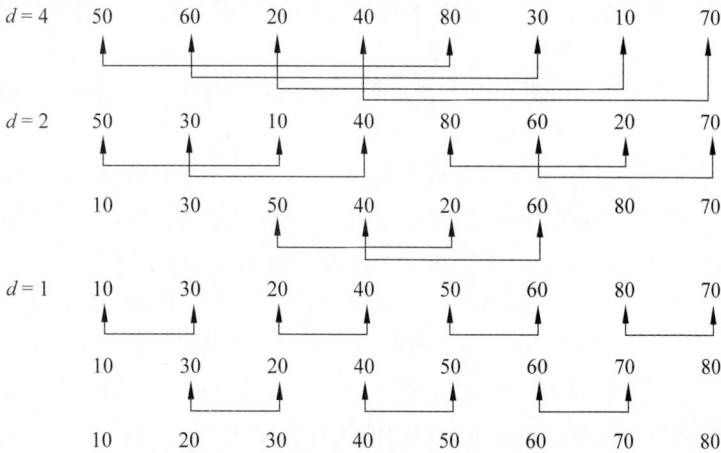

图 9.27　第 4 题 Batcher 交换排序的示例

5. 奇偶交换排序是一种交换排序。它第 1 趟对序列 $A[n]$ 中的所有奇数项 i 扫描,第 2 趟对序列中的所有偶数项 i 扫描。若 L.data$[i] >$ L.data$[i+1]$,则交换它们。第 3 趟对所有的奇数项,第 4 趟对所有的偶数项,如此反复,直到整个序列全部排好为止。

（1）这种排序方法结束的条件是什么?

（2）写出奇偶交换排序的算法。

（3）当待排序排序码序列的初始排列是从小到大有序或从大到小有序时,在奇偶排序过程中的排序码比较次数是多少?

6. 快速排序算法的性能与一趟划分出的两个子区间是否长度接近有关,如果随机选择划分基准,期望能通过一趟划分使得划分出的两个子区间长度比较接近。设计一个算法,使用生成随机数的标准函数 rand 来确定划分基准,实现快速排序。

7. 设有 n 个元素的待排序元素序列存放在数组 $A[n]$ 中,设计一个算法,利用队列辅助实现快速排序的非递归算法。

8. 在使用栈实现快速排序的非递归算法时,可根据基准元素,将待排序排序码序列划分为两个子序列。若下一趟首先对较短的子序列进行排序,设计一个算法,实现使用栈的非递归快速排序,并说明在此做法下,快速排序所需要的栈的深度为 $O(\log_2 n)$。

9. （荷兰国旗问题）设一个有 n 个字符的数组 $A[n]$,存放的字符只有 3 种:R（代表红色）、W（代表白色）、B（代表蓝色）。设计一个算法,让所有的 R 排列在最前面,W 排列在中间,B 排列在最后。

10. 设待排序元素序列有 n 个元素,设计一个递归算法,实现双向简单选择排序,即从 left～right 选择具有最小排序码元素和具有最大排序码元素,它们的位置分别记为 k_1 和 k_2,再分别与 left 和 right 的元素对换,然后对 left$+1$～right-1 递归施行同样的操作,直到区间仅剩不超过一个元素为止。

11. 设计一个算法,判断一个数据序列是否构成一个最大堆。

12. 设一个最大堆 H 有 n 个元素结点,设计一个算法,在该最大堆中查找排序码等于给

定值 x 的元素,如果找到,函数返回该元素所在位置,否则函数返回 -1。

13. 假设定义堆为满足如下性质的完全三叉树:①空树为堆;②根结点的值不小于所有子树根的值,且所有的子树均为堆。编写利用上述定义的堆进行排序的算法,并分析推导算法的时间复杂度。

14. 设计一个新的算法,只需一个与参加归并的前一个有序表一样大的辅助数组,实现二路归并。

15. 设有两个有序表地址相连地存放在数组 $L[n]$ 的 left～mid 和 mid$+1$～right 位置,设计一个二路归并算法,使用循环右移的方法,将这两个有序表归并成一个有序表,仍然存放于 $L[n]$ 的 left～right 位置。要求算法的空间复杂度为 $O(1)$。

16. 设计一个算法,借助计数实现 LSD 基数排序。算法的思路:设整数数组 $L[n]$ 存放了 n 个整数,每个整数有 d 位,每位整数的取值为 0～9,即基数等于 10。任一整数 K_i 可视为 $K_i = K_i^1 10^{d-1} + K_i^2 10^{d-2} + \cdots + K_i^{d-1} + K_i^d$。LSD 基数排序需要做 d 趟,第 j 趟($j = d$, $d-1, \cdots, 1$)先按 $K_i^j (i = 0, 1, \cdots, n-1)$ 的值统计各整数第 j 位取到 0, 1, $\cdots$, 9 的个数,放到 count[] 中,再计算每个整数按第 j 位取值应该存放的位置,放到 posit[]。最后,遍历序列,借助 posit 把所有整数按第 j 位有序排列。当 d 趟都做完,基数排序完成。

17. 设计一个算法,基于单链表实现起泡排序。

18. 设计一个算法,基于单链表实现快速排序。

19. 设计一个算法,基于单链表实现简单选择排序。

20. 设计一个算法,基于单链表实现二路归并排序。(提示:先对待排序的单链表进行一次扫描,将它划分为若干有序的子链表,其头指针存放在一个指针队列中。当队列非空时重复执行以下步骤:从队列中退出两个有序子链表,对它们进行二路归并,结果链表的头指针存放到队列中。如果队列中退出一个有序子链表后变成空队列,则算法结束,这个有序子链表即为所求)

第 10 章 文件、外部排序与搜索

前面各章介绍了基本数据结构和算法,这些数据结构基本上都是在主存储器(也称内存)中进行数据的组织和操作。但是,应用程序常常需要存储和处理大量的数据。由于数据量特别大,不可能同时把它们都放入主存储器,因此需要把数据放到磁盘上。

既然在计算机中大量的数据都存放在外存储器(简称外存)上,这就需要研究外存储器上数据的结构。在外存储器上数据的结构称为文件结构(file structure)。在实际应用中,经常需要选择和组织文件结构,并对它们执行搜索、更新等操作。为了适应各种应用,提高存储效率和运行效率,必须研究文件结构。

10.1 主存储器和外存储器

主存储器和外存储器是两种不同的存储器,它们在性能上有明显的差别。常见的主存储器(primary memory)一般包括随机存储器(random access memory)、高速缓冲存储器(cache)和视频存储器(video memory)等;而外存储器一般是指硬盘、软盘、磁带等设备。随着 CPU 越来越快,计算机的主存储器和外存储器的容量也随之增大,但用户的数据量也越来越大。

外存储器与主存储器相比,有两个明显的优点:一是价格较低;二是永久的存储能力,关机后存储在外存储器上的数据也不会丢失。另一方面,外存储器的缺点也很明显,访问外存储器上的数据比访问主存储器要慢 5～6 个数量级。这就要求我们在开发系统时必须考虑如何使外存储器访问次数达到最少。

10.1.1 磁带

磁带作为辅助存储介质,从 20 世纪 50 年代开始就广泛使用了。它的主要优点是使用方便、价格便宜、容量大、所存储数据比磁盘更持久。但它速度较慢,只能进行顺序存取。因此,磁带是一种顺序存取设备。磁带主要用于备份、存储不经常使用的数据,以及作为将数据从一个系统转移到另一个系统的脱机介质。

磁带用于存储海量数据,例如银行或证券公司的交易信息、遥感卫星收集的图像数据等。它们在做大量数据的批处理方面特别有效,可以做快速批量数据交换。

磁带卷在一个卷盘上,运行时磁带经过读写磁头,把磁带上的信息读入计算机,或者把计算机中的信息写到磁带上去,如图 10.1 所示。

数据记录在磁带带面上。在 0.5in(1in＝2.54cm)宽的带面上并列存放有 9 个磁道的信息,即每一横排有 9 位二进制信息:8 位数据加 1 位奇偶校验位。其中 8 位数据位构成 1 字节。

磁带的存储密度用 bpi(bit per inch)作为单位,典型的存储密度有 3 种:6250bpi(246 排/mm)、1600bpi(64 排/mm)、800bpi(32 排/mm)。正常的走带速度为 3～5m/s,因

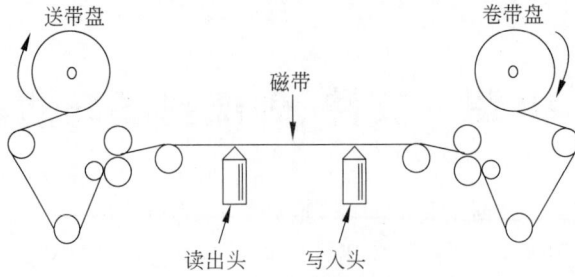

图 10.1 磁带装置的构造

设备而异。数据的传送速度＝存储密度×走带速度/读写时间。

通常在应用程序中使用文件进行数据处理的基本单位称为逻辑记录,或简单地称为记录,例如,一个商店业务系统中的交易文件有多个交易记录,每个交易记录包括顾客号码、交易日期、交易金额等,这些交易记录就是逻辑记录。而在磁带上物理地存储的记录称为物理记录。在使用磁带或磁盘存放逻辑记录时,常常把若干个逻辑记录打包进行存放,把这个过程称为块化(blocking)。经过块化处理的物理记录称为块化记录。

磁带设备是一种启停设备。磁带每次启停都有一个加速与减速的过程,在这段时间内走带不稳定,只能走空带,这段空带称为记录间间隙(inter record gap,IRG)或者块间间隙(inter block gap,IBG),其长度因设备而异,通常为 0.3～0.75in,如图 10.2 所示。

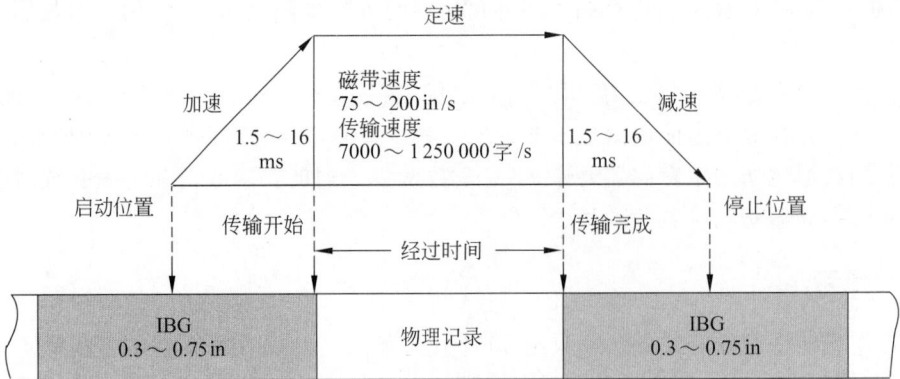

图 10.2 IBG 时间＝加速时间＋减速时间

为什么要按块读写呢? 如果每个逻辑记录是 80 个字符,IRG 为 0.75in,则对存储密度为 1600bpi 的磁带,一个逻辑记录仅占 80/1600in＝1/20in。这样,每传输一个逻辑记录磁带走过 0.05in,接着磁带要走过一个 IRG 占 0.75in。结果大部分时间都花费在走空带上,存储利用率只有 1/16。如果将若干逻辑记录存放于一个块,将 IRG 变成 IBG,可以提高存储利用率。例如,将 50 个有 80 个字符的逻辑记录放在一个块内,此块的长度将达到 50×80/1600in＝2.5in,存储利用率达到 0.77。

按块读写还可以减少访问外部存储器(简称访外)的次数。因为一次 I/O 操作就可以把整个块读到内存中,其中包括若干逻辑记录。这样,处理这些逻辑记录时可以不重复访问外部存储器(简称访外)。

在磁带设备上读写一块信息所用时间 $t_{IO}＝t_a＋t_b$。其中,t_a 是延迟时间,即读写磁头到达待读写块开始位置所需花费的时间,它与当前读写磁头所在位置有关。若读写磁头处于第 i 块和第 $i+1$ 块之间的块间间隙中,则读写第 $i+1$ 块上的数据只需几毫秒;若读写磁头位于磁带的尾端,而要读写的块位于磁带的始端,则必须让磁带回卷,直到读写磁头回到磁带的始端,才能进行块的读写,这一过程可能需要几分钟。t_b 是对一个块进行读写所用时间,它等于数据传输所需时间加上 IBG 时间。

磁带设备只能用于处理变化少,只进行顺序存取的大量数据。

10.1.2　磁盘存储器

磁盘存储器通常称为直接存取(direct access)设备,也有人称它为随机存取设备,这表示访问外存储器上文件的任一记录的时间几乎相同。与磁带存储器相比,磁盘存储器的优点是存取速度快,既适应顺序存取,又适应随机存取。目前使用较多的是活动臂硬盘组,如图 10.3 所示。

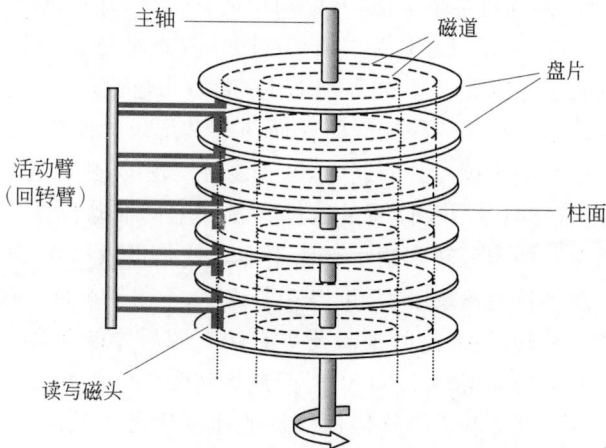

图 10.3　磁盘组示意图

在图 10.3 中,若干盘片(platter)构成磁盘组(disc pack),它们安装在主轴(spindle)上,在驱动装置的控制下高速旋转。除了最上面一个盘片和最下面一个盘片的外侧盘面不用以外,其他每个盘片上、下两面都可存放数据。将这些可存放数据的盘面称为记录盘面。如果一个磁盘组有 6 个盘片,则有 10 个记录盘面。每个记录盘面上有很多磁道,数据就存放在这些磁道上。它们在记录盘面上形成一个个同心圆。每个记录盘面的磁道数目因设备而异,如 200 道、348 道、404 道、696 道、800 道等。对于活动臂(arm)硬盘,每个记录盘面都有一个读写磁头。所有记录盘面的读写磁头都安装在同一个活动臂上,随活动臂向内或向外做径向移动,从一个磁道移到另一个磁道。任一时刻,所有记录盘面的读写磁头停留在各个记录盘面的半径相同的磁道上。运行时,由于盘面做高速旋转,磁头所在的磁道上的数据相继在磁头下,从而可以把数据读入计算机。以类似的方式也可以把数据写出到磁道上。

各个记录盘面上半径相同的磁道合在一起称为柱面(cylinder)。一个柱面就是当活动臂在一个特定位置时可以读到的所有数据。活动臂的移动实际上是将磁头从一个柱面移动到另一个柱面上。例如,磁组有 11 张盘片,每个记录盘面有 400 道,那么总的记录盘面数达到 20,每个柱面上按各记录盘面从上向下编号为 0,1,…,19,每个柱面从外向内顺序编号为 0,1,…,399。

一个磁道可以划分为若干段,称为扇区(sector),一个扇区就是一次读写的最小数据量。这样,对磁盘存储器来说,从大到小的存储单位是磁盘组、柱面、磁道和扇区。

在一个磁盘组内,假设一个柱面有 0~19 道,一个磁道内可容纳 10 000 个扇区(物理记录块),编号 0~9999,则地址由 CCCTTRRRR 标识。因此,一个磁盘组的容量等于该磁盘组的柱面数×每个柱面的磁道数×每个磁道的字节数。

两个相邻扇区之间存在扇区间间隙(intersector gap),扇区间间隙内不存放数据。磁头可以通过这些间隙识别扇区的结束。由于每个扇区中包含有相同的数据量,所以,内层的磁道的数据密度高于外层磁道。

下面考查对磁盘存储器进行一次存取所需步骤及花费的时间。

(1) 当有多个磁盘组时,要选定某个磁盘组。这是由电子线路实现的,速度很快。

(2) 选定磁盘组后,再选定某个柱面,并移动动活臂把磁头移到这个柱面上。这是机械动作,因此速度较慢。这个移动过程称为寻查(seek)。寻查时间视设备不同而不同,而且与磁头需要移动距离的长短也有关。平均寻查时间一般为几毫秒到十几毫秒。

(3) 选定柱面后,要进一步确定磁道(即柱面与某一记录盘面交汇处的磁道)。由于这实际上是确定由哪个读写磁头读写的问题,是电子线路实现的,所以速度很快。

(4) 确定磁道后,还要确定所要读写的数据在盘片上的准确位置(如在哪个扇区)。这实际上就是在等待要读写的扇区转到读写磁头下面。这是机械动作,速度较慢。最好情况是要读写的扇区刚好转到读写磁头下面,可以立即读写,不需要等待。最差情况是要读写的扇区刚刚从读写磁头下面转过去,这时则需要等它转一圈后才能读写。平均需等半圈。这段时间一般称为旋转延迟(rotational delay)时间或旋转等待(rotational latency)时间。

(5) 真正进行读写。由于电子线路传送数据的速度比盘片的传送速度快得多,因此读写速度取决于盘片旋转的速度。一般来讲,在盘片旋转一周的时间内,总能够完成对该扇区的读写。

综上所述,在磁盘组上一次读写的时间主要为

$$t_{io} = t_{seek} + t_{latency} + t_{rw}$$

其中,t_{seek} 是平均寻查时间,是把磁头定位到要求柱面所需的时间,这个时间的长短取决于磁头移过的柱面数,一般为 25~30ms,最坏达 55ms;$t_{latency}$ 是平均等待时间,是将磁头定位到指定块所需的时间,一般为 8~10ms;t_{rw} 是传送一个扇区数据所需的时间,一般为 800~1200KB/s。由于 t_{seek} 时间影响太大,所以在存放信息时应尽量把相关信息放在同一柱面上或相邻柱面上,以减少活动臂移动,缩短 t_{seek} 时间。

在 MS-DOS 系统中,多个扇区通常集结成组,称为簇(cluster)。簇是文件分配的最小单位,因而所有文件都是一个或几个簇的大小。簇的大小由操作系统决定。文件管理器记录每个文件由哪些簇组成,磁盘中的文件分配表(file allocation table)记录扇区与文件的归属关系。

在 UNIX 系统中不使用簇,文件分配和读写的最小单位都是一个扇区,称为一个块(block)。UNIX 系统用 i-结点(i-node)维护文件系统的相关信息,记录文件由哪些块组成。磁盘一次读写操作访问一个扇区,称为访问"一页"(page)或"一块"(block),又称"一次

访外"。

当文件的长度或者文件逻辑记录的长度与簇或扇区的长度不匹配时,就会出现浪费的空间,即内部碎片(internal fragmentation)。例如,一个文件的长度为 4097 字节,而一个簇的长度为 4096 字节,这个文件就会占用 2 个簇,其中一个簇有 4095 字节的空间被浪费了。因此,选择簇长度时必须进行权衡。当文件逻辑记录的长度与扇区的长度不匹配时,记录不能正好放满一个(或多个)扇区。例如,一个扇区的长度是 2048 字节,而一个逻辑记录的长度是 50 字节。这样,一个扇区中只能存放 40 个记录,而剩下 48 字节。一般就让这些多余的磁盘空间空着,避免把处于边界的一个记录拆分开来,跨越存储在两个扇区中。因为若允许一个记录跨扇区边界,那么为读写这个记录必须两次访外。

10.1.3 缓冲区与缓冲池

为了实施磁盘读写操作,在内存中需要开辟一些区域,用以存放需要从磁盘读入的信息,或存放需要写出的信息。这些内存区域称为缓冲区(buffer),存入缓冲区的信息称为缓冲信息。例如,在从磁盘向内存读入一个扇区的数据时,数据被存放到"输入缓冲区"的内存区域中,如果下次需要读入同一个扇区的数据,就可以直接从缓冲区中读取数据,不需要重新读盘了。通常,扇区级缓冲由操作系统提供,并建立在磁盘控制器的硬件中。大多数操作系统至少设置两个缓冲区:一个用于输入,称为输入缓冲区;一个用于输出,称为输出缓冲区。

在操作系统和应用系统执行过程中,需要使用多个缓冲区存储信息。这些信息主要来自外部存储设备。这些缓冲区合起来称为缓冲池(buffer pool)。一个缓冲区的大小应与操作系统一次读写的块的大小相适应,这样可以通过操作系统一次读写把信息全部存入缓冲区中,或把缓冲区中的信息全部写出到磁盘。如果缓冲区大小与磁盘上的块大小不适配,就会造成内存空间的浪费。

每个缓冲区的构造可以看作一个先进先出的队列。除了存放数据的内存空间之外,还需要两个指针,一个指示队头,即当前缓冲区中可取的数据;另一个指示队尾,即新数据加入的位置。对于输入缓冲区,如果队列满就需要停止输入,处理存放于缓冲区中的数据,待数据处理完之后清空缓冲区,重新开始向该缓冲区存入数据。缓冲区的描述如程序 10.1 所示。

程序 10.1 缓冲区的类型定义和基本操作

```
# include <iostream.h>
# include <stdlib.h>
# define maxValue 32767                    //最大值
# define maxSize 1000
# define Lens 9                            //每个归并段的记录个数
# define s 3                               //物理块(缓冲区)中的记录个数
# define m 3                               //归并路数=归并段数
typedef int DataType;                      //关键码数据类型
typedef struct {                           //缓冲区的构造
    DataType elem[s];                      //缓冲区存储数组
    int front;                             //读写指针
```

```cpp
    int rn, bn;                                            //缓冲区存放信息的归并段号和物理块号
} buff;
void InitBuff(buff& b, int i) {
//第 i 段缓冲区初始化,块号设定为 0,段号设定为 i
    b.front = 0; b.rn = i; b.bn = 0;
};
int getNode(DataType A[], int i, int j, DataType b[]) {
//算法假定 i 的值合理,不会超出 r
    if (j >= Lens/s) {cout << i << "号归并段已读完!" << endl; return 0;}
    for (int k = 0; k < s; k++) b[k] = A[i * Lens+j * s+k];    //读取一块 s 个记录
    return 1;
};
int putNode(DataType A[], int d, DataType b[]) {
//算法向数组 A 顺序写出缓冲区 b 中的记录。参数 d 是开始存放地址,算法结束后返回
//最后存放地址加 1
    for (int k = 0; k < s; k++) A[d+k] = b[k];                //写出一块 s 个记录
    d = d+s; return d;
};
int readFirstData(buff b[], int i, DataType& x, DataType A[]) {
//从 A 中读取第 i 个归并段的第 0 块到缓冲区 b,再读取第一个记录,通过 x 返回
    getNode(A, i, 0, b[i].elem);
    x = b[i].elem[0]; b[i].front = 0; b[i].rn = i; b[i].bn = 0;
    return 1;
};
int readNextData(buff b[], int i, DataType& x, DataType A[]) {
//从缓冲区 b[i] 读取下一个记录,通过 x 返回。如果缓冲区的记录已取完,则从 A 的
//第 i 个归并段取下一块,送入缓冲区 b[i],读写指针置于头部,读取第一个记录。i
//是归并段段号,len 为归并段长度(除最后一个归并段外其他归并段的记录数)
    if (++b[i].front < s)                                     //缓冲区记录未取完
        x = b[i].elem[b[i].front];
    else {                                                    //缓冲区记录已取完
        if (++b[i].bn >= Lens/s) {x = maxValue; return 0;}    //归并段记录已取完,送∞
        else {                                                //归并段还有下一块
            getNode(A, i, b[i].bn, b[i].elem);                //读取下一块
            x = b[i].elem[0]; b[i].front = 0;                 //取第一个记录到 x
        }
    }
    return 1;
};
void writeNextData(buff& C, int& u, DataType x, DataType D[]) {
//把记录 x 写入缓冲区 C。u 是归并后写出开始地址
    if (C.front < s) {
        C.elem[C.front++] = x;                                //缓冲区记录未存满
        if (C.front == s) {                                   //缓冲区已存满
            u = putNode(D, u, C.elem);                        //写出缓冲区 C 的内容到 D
```

```
            C.bn++; C.front = 0;
        }
    }
    else return;
};
```

10.2   文 件 组 织

本节讨论的文件组织都与数据库有关,并且主要针对磁盘存储器。

10.2.1   文件的概念

通常操作系统中的文件都是流式文件,以字符流或字节流的无结构的形式存放,并通过打开、关闭、删除、复制等操作来运行文件。这种文件被称为逻辑文件(logical file)。但实际在磁盘中存储的物理文件(physical file)通常不是一段连续的字节,而是成块地分布在整个磁盘上。用户使用逻辑文件组织数据,并通过文件管理器把逻辑文件中的记录映射到磁盘上的具体物理位置。

数据库文件则是具有结构的记录集合或序列,文件中各个记录之间存在逻辑关系,当这些记录按照某种次序排列起来时,各个记录之间就自然地形成一种线性关系。

每个记录由若干个数据项组成。记录是文件存取的基本单位,数据项是文件可使用的最小单位,表明记录在某一方面的特征。数据项有时也称字段(field)或属性(attribute)。其值能够唯一标识记录的数据项或数据项的组合称为主关键码项,其他能够标识记录但不能唯一标识记录的数据项称为次关键码项。主关键码项和次关键码项的值称为主关键码和次关键码。这就是文件的逻辑结构。例如,某单位的职工档案文件如图10.4所示。

	职工号	姓名	性别	职务	婚否	籍贯	其他
100	83	张珊	女	教师	已婚	北京	…
140	08	李斯	男	教师	已婚	上海	…
180	03	王鲁	女	行政助理	已婚	江苏	…
220	95	刘琪	女	实验员	未婚	北京	…
260	24	岳跋	男	教师	已婚	广东	…
300	47	周惠	男	教师	已婚	上海	…
340	17	胡江	男	实验员	未婚	浙江	…
380	51	林青	女	教师	未婚	北京	…

图 10.4   文件示例

由于文件是驻留在外存储器上的,所以对它的访问有其特殊性。文件的基本运算有两类:检索和修改。其中,文件的检索又有 3 种方式。

1. 顺序存取

依次存取文件中各逻辑记录,在读取第 k 个记录之前,序号比 k 小的记录必须已经读取过。

2. 直接存取

直接存取第 i 个逻辑记录,不需等待它前面的记录读取过。直接存取也称随机存取。

3. 按关键码存取

存取关键码等于给定值的记录。

文件的修改包括插入记录、删除记录和更新记录 3 种运算。

10.2.2　文件的存储结构

文件的存储结构表明在磁盘上具体的文件组织。根据文件组织方式的不同,有顺序文件、散列文件、索引文件之分。这 3 种组织方式的检索效率是不同的。多关键码文件是一种特殊的索引文件,用于基于属性的搜索。下面分别讨论 4 种文件在外存储器上是如何组织的,有关的运算是如何实现的。

1. 顺序文件

顺序文件是文件的一种常见组织形式。在顺序文件中,所有逻辑记录在存储介质中的实际顺序与它们进入文件的顺序一致。顺序文件适宜顺序存取和成批处理。

按存储空间组织的不同,顺序文件有**连续文件**和**串联文件**之分。

连续文件的整个存储区域是连续的,文件记录相继存放于这块连续的存储区域中。一旦该存储区域被充满,系统就会瘫痪。因此,必须保持一定的空闲空间(通常是 25%),随着记录数的不断增加,必须经常重构以保持这个比例的空闲空间。

串联文件由若干可连续可不连续的块组成,每个块是一个连续的存储区域,用于顺序存放记录,而各块通过链接指针链接起来。这种存储方式非常灵活,便于更新。

顺序文件特别适应于磁带,也适于磁盘存储器。顺序文件的检索方法如下。

(1) 顺序文件的顺序存取。从文件的第一个记录开始一个一个依次读入各个记录进行处理和使用。顺序文件的这种存取方法效率很高,因为省去许多磁头定位时间。

(2) 顺序文件的随机存取。对顺序文件的这种检索方式,由于没有建立逻辑记录和物理记录之间的直接对应关系,因此每次检索都要从文件的第一记录开始找到所要处理的记录。这样要花费许多定位时间,因此顺序文件的随机存取效率很低。

(3) 顺序文件按关键字存取。在顺序文件中,查找一个关键码等于给定值的记录的最简单方法是从文件头直到文件尾扫描每个记录。若找到则停止,否则继续查找,直到文件尾。这种方法与线性表的顺序搜索类似。若检索各个记录的概率相同,则一次检索平均要扫描文件一半记录。设文件占用的块数为 n,则平均访外次数为 $(n+1)/2$,速度很慢。

顺序文件的修改操作比较困难,通常采用批处理的方式来完成。这一方式需要设置一个附加文件(常称事务文件),用来存放对顺序文件(又称主文件)的修改请求。当修改请求积累到一定数量,开始实施批处理。首先将事务文件按主关键码排序,再对事务文件和主文件执行一个类似于二路归并(见第 9 章)的过程。这个过程的基本步骤是同时对事务文件和主文件扫描。扫描中,对事务文件中的每个请求 Q:

(1) 若 Q 是删除或更新请求,则当扫描到主文件中与 Q 关键码相等的记录 R 时,依 Q 对 R 进行删除或更新。

(2) 若 Q 是插入请求,则等主文件扫描到适当位置时执行插入动作。

顺序文件的主要优点是顺序存取速度快,因此多用于顺序存取设备(如磁带)。

2. 散列文件

散列文件(也称直接存取文件)是用散列技术组织成的文件,其组织方法类似于散列表,但存储介质是外存储器。

对于散列文件中的每个记录,使用一个散列函数,以它的关键码作为自变量进行计算,从而得到它的存放地址。检索的方法与存放的方法相同。由于使用散列函数把关键码集合映射到地址集合时,往往会产生地址冲突,因此要选择好的处理冲突的方法,以便有效地处理冲突。散列文件有两种处理方式:按桶散列和可扩充散列。下面简单介绍按桶散列。

散列文件中的记录通常是成组存放的。若干的记录组成一个存储单位。在散列文件中,存储单位被称为桶。假若一个桶能存放 m 个记录,则 m 个互为同义词的记录可以存放在同一地址的桶中。当第 $m+1$ 个同义词出现时,才发生溢出。有 3 种办法解决溢出。

(1) 溢出链。当发生溢出时,需要将第 $m+1$ 个同义词存放到另一个桶中。通常称此桶为溢出桶。相对地,称前 m 个同义词存放的桶为基桶。溢出桶和基桶大小相同,相互之间用指针相链接。当在基桶中没有检索到待查记录时,就顺指针所指到溢出桶中进行检索。例如,某一文件有 25 个记录,关键码分别为 285,116,070,923,597,204,177,512,262,246,015,076,157,635,208,337,988,817,613,575,117,540,390,362,435。桶的容量 $m=3$,桶数 $b=7$,用除留余数法构造散列函数 $H(\text{key})=\text{key}\%7$。所得散列文件的存储结构如图 10.5 所示。

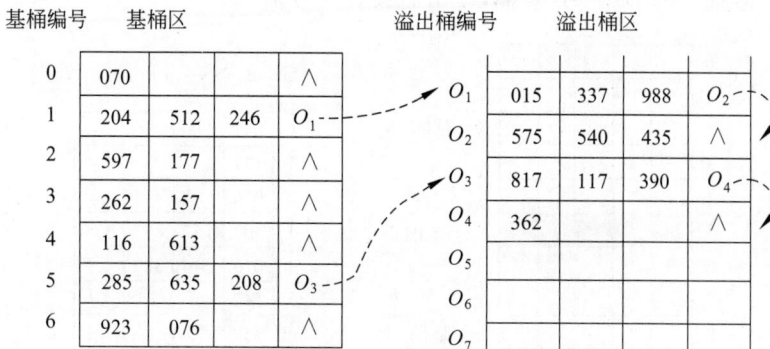

图 10.5　桶大小为 3 的溢出桶链表示例

在散列文件中进行检索时,首先根据给定值求得散列地址(即基桶编号),将基桶中的记录读入内存进行顺序搜索。若查到关键码等于给定值的记录,则检索成功。当在基桶内查不到时,若基桶没有填满,则文件中不含待查记录,否则根据指针域的值找到溢出桶并将桶中的记录读入内存,继续进行顺序搜索。直至搜索成功或不成功。

在这种散列文件中删除记录时,因为可能需要重新链接,所以只需做一个逻辑删除标记即可,待系统做周期性重构时再做物理删除。

(2) 分布式溢出空间。如图 10.6(a)所示的散列文件结构中没有链。代之以将溢出桶按照一定的间隔分布在基桶之间。如果有一个基桶溢出了,系统就将记录存放在下一个溢出桶中。这种方法有一个好处,就是溢出桶在物理上接近基桶。从基桶走到溢出桶不需要移动磁盘的活动臂,也没有链需要维护。

如果溢出桶自己溢出了,则使用下一个相继的溢出桶,这需要第二次溢出处理。

如果系统对基桶按 $0,1,2,3,4,5,\cdots$ 进行编号,那么在按间隔 $G=5$ 插入溢出桶后,可按字节求出各个桶的实际存储地址,即

$$桶的地址 = B_0 + B \times \left(i + \left\lfloor \frac{i}{5} \right\rfloor\right)$$

其中,B_0 是在文件中第 0 号桶的开始地址;B 是每个桶的字节数。在括号中的除数 5 表示每隔 5 个基桶安排一个溢出桶。例如,文件中 25 个记录的关键码分别为 285,116,070,926,597,204,177,512,262,246,011,076,157,635,208,337,988,817,613,575,117,542,389,362,435。桶的容量 $m=4$,基桶数 $b=10$,用除留余数法构造散列函数 $H(\text{key}) = \text{key} \% 11$。所得散列文件的存储结构如图 10.6(b)所示。其中,926 应在 2 号基桶,放入 2 号桶;204 应在 6 号基桶,放入 7 号桶(跳过 5 号溢出桶);076 应在 10 号基桶,放入 12 号桶(跳过 11 号溢出桶);542 应在 3 号基桶,因该基桶已满,放入 5 号溢出桶。

(3) 相继溢出法。此方法不设置溢出桶。当记录应存放的桶溢出时,溢出记录将存放到下一个相继的桶中。如果该桶已满,就把它放到再下一个桶中,如此处理,直至把记录存放好。例如,文件中 25 个记录的关键码分别为 285,116,070,923,597,204,177,512,262,246,015,076,157,635,208,337,988,817,613,575,117,542,389,362,435。桶的容量 $m=4$,桶数 $b=11$,用除留余数法构造散列函数 $H(\text{key})=\text{key}\%11$。所得散列文件的存储结构如图 10.7 所示。其中,542 应在 3 号桶,溢出后放到 4 号桶;389 应在 4 号桶,溢出后放到 5 号桶;362 应在 10 号桶,溢出后放到 0 号桶。

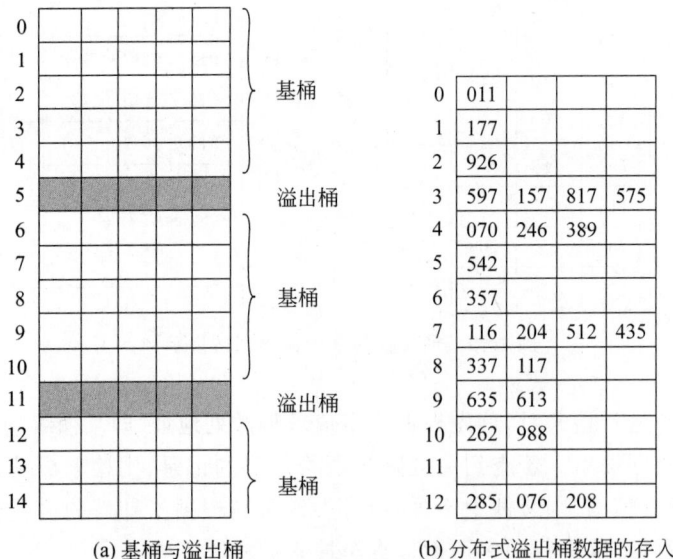

(a) 基桶与溢出桶

0	011			
1	177			
2	926			
3	597	157	817	575
4	070	246	389	
5	542			
6	357			
7	116	204	512	435
8	337	117		
9	635	613		
10	262	988		
11				
12	285	076	208	

(b) 分布式溢出桶数据的存入

图 10.6 分布式溢出桶

相继溢出法的优点是对溢出不需要漫长的寻找。紧邻的桶通常相距不多于一次磁盘旋转。但当邻近的多个桶被挤满时,则为了查找空闲空间就需要检查许多桶。如果桶的容量很小更是如此。一般说来,如果桶的容量较大,相继溢出法就比较有效,反之效果就较差。当桶的容量为 10 或更小时则不应采用此法。

0	**362**			
1	177			
2				
3	597	157	817	575
4	070	246	015	**542**
5	**389**			
6	116	204	512	435
7	337	117		
8	635	613		
9	262	988		
10	285	923	076	208

图 10.7　相继溢出法

3. 索引文件

当记录个数 n 很大时,可以采用索引文件(indexed file)来实现存储和搜索。索引文件由数据表和索引表组成。数据表存放文件中所有的数据记录;索引表由索引项组成,每个索引项索引一个数据记录,保存该数据记录的关键码 key 和它在文件数据表中的开始地址。

记录的关键码 key	记录的开始地址 address

例如,图 10.8 给出一个存放职工信息的数据表,每个职工记录有近 1KB 的信息,正好占据一个物理块的存储空间。假设内存缓冲区有 64KB,在某一时刻内存最多可容纳 64 个记录以供检索。如果文件中记录总数有 14 400 个,则不可能把所有记录一次都读入内存进行处理,需要多次读取外存记录。如果对文件中所有记录建立索引表,表中每个索引项索引一个职工信息记录,每个索引项占 4 字节,每个索引项可索引一个职工记录,则 14 400 个索引项需要 56.25KB,在内存中可以容纳所有的索引项。这样只需从外存中把索引表读入内存,经过查找索引后确定了职工记录的存储地址,再经过一次读取记录操作就可以完成搜索。

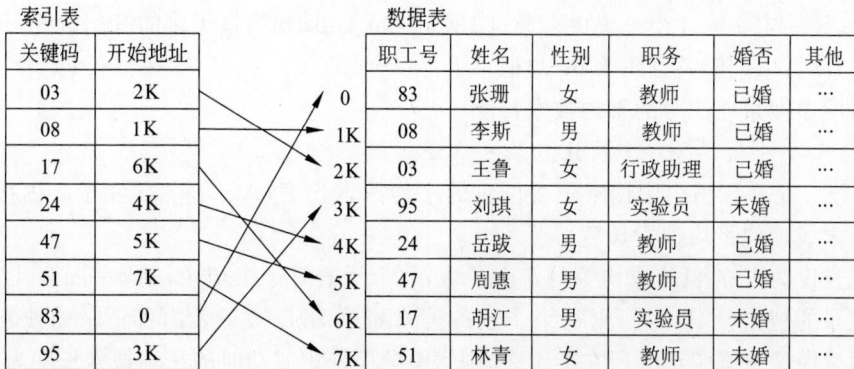

索引表

关键码	开始地址
03	2K
08	1K
17	6K
24	4K
47	5K
51	7K
83	0
95	3K

数据表

	职工号	姓名	性别	职务	婚否	其他
0	83	张珊	女	教师	已婚	…
1K	08	李斯	男	教师	已婚	…
2K	03	王鲁	女	行政助理	已婚	…
3K	95	刘琪	女	实验员	未婚	…
4K	24	岳跋	男	教师	已婚	…
5K	47	周惠	男	教师	已婚	…
6K	17	胡江	男	实验员	未婚	…
7K	51	林青	女	教师	未婚	…

图 10.8　对职工数据表加索引的索引文件

这种一个索引项对应数据表中一个记录的索引称为**稠密索引**。当记录在文件数据表中按加入顺序存放而不是按关键码有序存放时必须采用稠密索引,这时的索引文件称为**索引非顺序文件**。

但当记录在文件数据表中按关键码有序存放时,可以把所有 n 个记录分为 b 个子表(块)存放。所有这些子表,要求做到分块有序,即后一个子表中所有记录的关键码均大于前一个子表中所有记录的关键码。另外,再为它们建立一个索引表。索引表中每一索引项记录了各子表中最大关键码 max_key 以及该子表在文件中的开始地址 obj_addr。因此,各个索引项在索引表中的序号与各个子表的块号有一一对应的关系:即第 i 个索引项是第 i 个子表的索引项,$i=0,1,\cdots,n$。整个结构如图 10.9 所示。这时的索引文件称为**索引顺序文件**。在索引顺序文件中,一个索引项不是仅对一个记录进行索引,而是对一批记录(子表)进行索引,这样的索引结构称为**稀疏索引**。在各个子表中,所有记录可能是按关键码有序地存放,也可能是无序地存放。对于前者,可在子表内采用折半搜索;对于后者,在子表内只能顺序搜索。

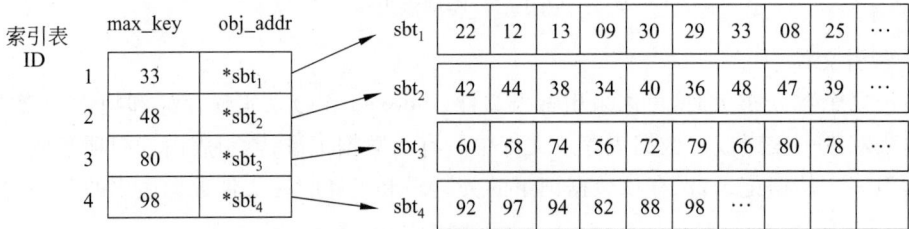

图 10.9 索引顺序文件

在对索引顺序文件进行搜索时,一般分为两级搜索:先在索引表 ID 中搜索给定值 K,确定满足 $ID[i-1].max\_key < K \leqslant ID[i].max\_key$ 的 i 值,即待查记录若存在,可能存在的子表的序号;再在第 i 个子表中按给定值搜索要求的记录。

索引表的索引项是按 max_key 有序排列的,且长度也不大,可以折半搜索,也可以顺序搜索。各子表内各个记录如果也是按记录关键码有序的,也可以采用折半搜索或顺序搜索;如果不是按记录关键码有序,则只能顺序搜索。例如,如果想要搜索关键码等于 56 的记录,先查索引表 ID,找到 $ID[2].max\_key(=48) < 56 \leqslant ID[3].max\_key(=80)$。所以,如果待查记录存在,则一定在第 3 个子表中。通过 $ID[3].obj\_addr$ 找到该子表的开始位置,又知道子表的长度,就可以搜索关键码为 56 的记录了。

索引顺序搜索成功时的平均搜索长度

$$ASL_{IndexSeq} = ASL_{Index} + ASL_{SubList}$$

其中,ASL_{Index} 是在索引表中搜索子表位置的平均搜索长度;$ASL_{SubList}$ 是在子表内搜索记录位置的搜索成功的平均搜索长度。

设把长度为 n 的表分成均等的 b 个子表,每个子表有 s 个记录,则 $b = \lceil n/s \rceil$。又设表中每个记录的搜索概率相等,则每个子表的搜索概率为 $1/b$,子表内各记录的搜索概率为 $1/s$。若用顺序搜索确定记录所在的子表,则索引顺序搜索成功时的平均搜索长度为

$$ASL_{IndexSeq} = (b+1)/2 + (s+1)/2 = (b+s)/2 + 1, \quad b = \lceil n/s \rceil$$

由此可知,**索引顺序搜索的平均搜索长度不仅与表中的记录个数 n 有关,而且与每个**

子表中的记录个数 s 有关。在给定 n 的情况下，s 应选择多大呢? 利用数学方法可以导出，当 $s=\sqrt{n}$ 时，$\text{ASL}_{\text{IndexSeq}}$ 取极小值 $\sqrt{n}+1$。这个值比顺序搜索强，但比折半搜索差。但如果子表存放在外存时，还要受到块大小的制约。

若采用折半搜索确定记录所在的子表，则搜索成功时的平均搜索长度为

$$\text{ASL}_{\text{IndexSeq}} = \text{ASL}_{\text{Index}} + \text{ASL}_{\text{SubList}}$$
$$\approx \log_2(b+1) - 1 + (s+1)/2 \approx \log_2(1+n/s) + s/2$$

图 10.9 所示的用一个索引项对应数据表中一组记录的方式，称为稀疏索引。无论稠密索引还是稀疏索引，它们都属于线性索引。

线性索引的主要问题是它是一种静态索引结构，不利于更新。每当做一次更新(例如插入或删除)时需要改变索引表中各个索引项的位置，更严重的是可能需要改变各个索引项中的指针。这是一个负担很重又极易出错的处理。因此需要考虑把线性索引加以分块，建立多级索引结构。

当数据记录数目特别大，索引表本身也很大，在内存中放不下，需要分批多次读取外存才能把索引表搜索一遍。在此情况下，可以建立索引的索引，称为二级索引，如图 10.10 所示。二级索引可以常驻内存，其中一个索引项对应一个索引块，登记该索引块的最大关键码及该索引块的存储地址。在搜索时，首先在二级索引中搜索，确定索引块地址;其次把该索引块读入内存，确定数据记录的地址;最后读入该数据记录。

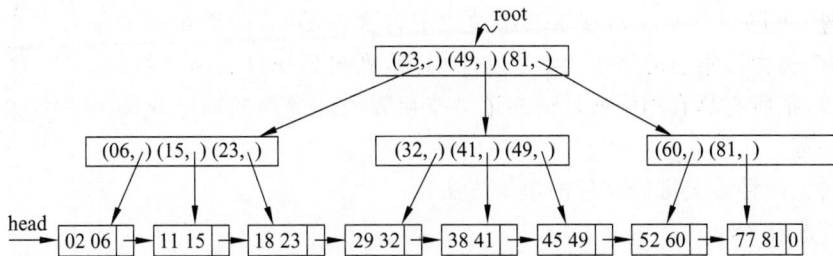

图 10.10　二级索引结构的示例

如果二级索引本身在内存中也放不下，需要分为许多块多次从外存读入。为了减少搜索时间，还需要建立二级索引的索引，称为三级索引。在三级索引情形，访问外存次数等于读入索引次数再加上一次读取记录。如果有必要，还可以有四级索引、五级索引……这种多级索引结构形成一种 m 叉树，如图 10.11 所示。树中每个分支结点表示一个索引块，它最多存放 m 个索引项，每个索引项分别给出各子树结点(即低一级索引块)的最大关键码和结点地址。每个分支结点(索引块)的构造如下:

树的叶结点中各索引项给出在数据表中存放的记录的关键码和存放地址。这种 m 叉树用来作为多级索引，就是 m 叉搜索树。它可能是静态索引结构，即结构在初始创建，数据装入时就已经定型，而且在整个系统运行期间，树的结构不发生变化，只是数据在更新;它也可能是动态索引结构，即在整个系统运行期间，树的结构随数据的增删及时调整，以保持最佳的搜索效率。

4. 多关键码文件

在对包含有大量数据记录的数据表或文件进行搜索时，最常用的是针对记录的主关键

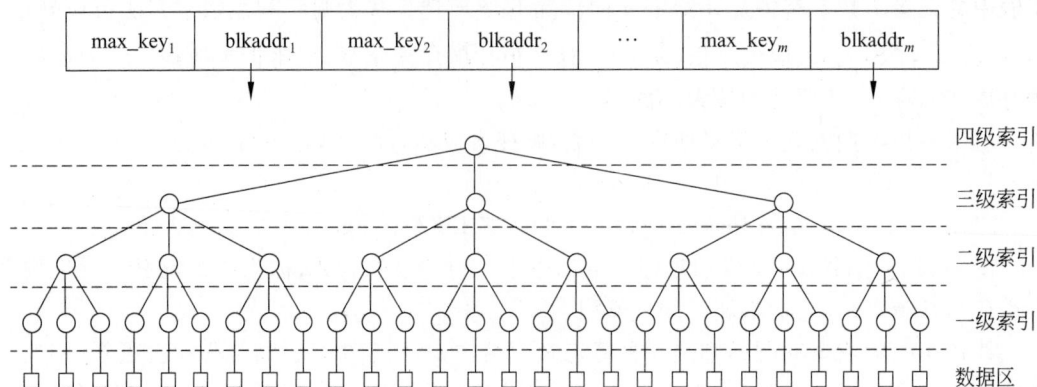

| max_key₁ | blkaddr₁ | max_key₂ | blkaddr₂ | ... | max_key_m | blkaddr_m |

图 10.11　多级索引结构形成 m 叉搜索树

码建立索引,因为主关键码可以唯一地标识该记录。用主关键码建立的索引称为主索引。每个索引项给出记录的关键码和记录在表或文件中的存放地址。例如,图 10.12 所示的索引文件中的索引即为主索引。

但是,在实际应用中有时需要针对其他属性进行搜索。例如,查询如下的职工信息:列出所有教师的名单,列出已婚的女职工。这些查询所询问的属性,如职务、性别、婚否等都不是主关键码,为回答以上问题,只能到表或文件中去顺序搜索,搜索效率极低。有鉴于此,除主关键码外,可以把一些经常搜索的属性设定为次关键码,并针对每个作为次关键码的属性,建立一个称为次索引的索引表。在次索引中,列出该属性的所有取值,并对每个取值建立有序链表,把所有具有相同属性值的记录按存放地址递增的顺序或按主关键码递增的顺序链接在一起。

下面讨论两种多关键码文件的组织方法。

(1) 多重表文件

多重表文件的特点:除了建立主关键码的索引(称为主索引)外,对每个次关键码项建立次关键码索引(称为次索引),所有具有同一次关键码的记录构成一个链表。每个次索引的索引项包括次关键码、存储头指针和链表长度。

例如,图 10.12 即为一个多重表文件。其中职工号为主关键码。为了回答刚才提出的"列出所有教师的名单"的检索要求,建立"职务"次索引,并在数据表中设置"职务链",把所有次关键码为"教师"的记录通过这个链连接起来。检索时,通过次索引,找到"职务"链的首地址,再到数据表中顺着"职务"链找到所有"职务为教师"的记录。这个检索过程可能遍历整个表,检索效率很低。类似地,为了回答"列出已婚的女职工"这样的检索要求,必须在数据表中设置"婚否"链和"性别"链,并建立"婚否"次索引和"性别"次索引。这个检索要求导致一种联合检索,在数据表中同时顺着两个链进行检索,直到找到所有性别为"女"和婚姻为"已婚"的记录。这个检索过程也可能需要遍历整个数据表,检索效率也很低。

对于多重表文件,最大的问题是将搜索链嵌入数据表中,顺着这种链逐个记录检查,可能要把这个文件中所有的块都走一遍,导致多次读盘,大大降低了文件的检索效率。解决的办法就是把次关键码链从数据表中分离出来,这就是倒排文件。

主索引		
	关键码	开始地址
0	03	2K
1	08	1K
2	17	6K
3	24	4K
4	47	5K
5	51	7K
6	83	0
7	95	3K

数据表								
	职工号	姓名	性别	性别链	职务	职务链	婚否	婚否链
0	83	张珊	女		教师		已婚	
1	08	李斯	男		教师		已婚	
2	03	王鲁	女		行政助理		已婚	
3	95	刘琪	女		实验员		未婚	
4	24	岳跋	男		教师		已婚	
5	47	周惠	男		教师		已婚	
6	17	胡江	男		实验员		未婚	
7	51	林青	女		教师		未婚	

职务次索引		
次关键码	链表长度	自地址
教师	5	0
行政助理	1	2K
实验员	2	3K

性别次索引		
次关键码	链表长度	自地址
男	4	1K
女	4	0

婚否次索引		
次关键码	链表长度	自地址
已婚	5	0
未婚	3	3K

图 10.12　对职工数据表加索引的索引文件

（2）倒排文件

倒排文件常常称为**倒排表**，倒排表（inverted index list）是次索引的一种实现。在倒排表中所有次关键码的链都保存在次索引中，仅通过搜索次索引就能找到所有具有相同属性值的记录。**在次索引中记录存放位置的指针可以用主关键码表示**。若要访问原始记录，可以先通过搜索次索引确定该记录的主关键码，再通过搜索主索引确定记录的存放地址。这样做虽然比直接使用记录的存放地址做指针搜索速度慢一些，但是一旦记录的存放地址发生变化，修改索引指针的工作量要少得多。这时，只需修改主索引，次索引可以一概不动，不必所有索引都修改。

次索引的索引项由次关键码、链表长度和链表本身3部分组成。为了回答上述的查询，可以分别建立如图 10.13 所示的"性别""婚否""职务"次索引。通过顺序访问"职务"次索引中的"教师"链，可以回答上面的"列出所有教师的名单"的检索要求。通过对"性别"和"婚否"次索引中的"女性"链和"已婚"链进行求"交"运算，就能够找到所有既是女性又已婚的职工记录，从而回答"列出已婚的女职工"这样的检索要求。

但是，在倒排表中各个属性链表的长度大小不一，管理起来比较困难。为此引入单元式倒排表。在单元式倒排表中，索引项中不存放记录的存储地址，而是存放该记录所在硬件区域的标识。这样可以大大缩小索引的体积，但增加了在硬件区域中的搜索，以便找到所需记录。硬件区域可以是磁盘柱面、磁道或一个块，以一次 I/O 操作能存取的存储空间作为硬件区域为最好。为使索引空间最小，在索引中标识这个硬件区域时可以使用一个能转换成

主索引

主关键码	地址
03	2K
08	1K
17	6K
24	4K
47	5K
51	7K
83	0
95	3K

"性别"次索引

次关键码	计数
男	4
女	4

指针
08
17
24
47
03
51
83
95

"婚否"次索引

次关键码	计数
已婚	5
未婚	3

指针
03
08
24
47
83
17
51
95

"职务"次索引

次关键码	计数
教师	5
行政助理	1
实验员	2

指针
08
24
47
51
83
03
17
95

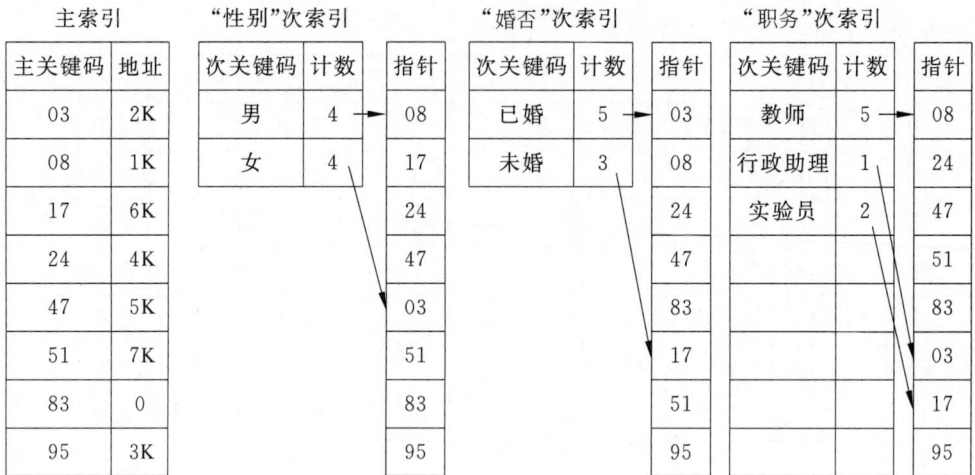

图 10.13　次索引的示例

地址的二进制数,整个次索引形成一个(二进制数的)位矩阵。

　　例如,对于记录学生信息的文件,次索引可以是如图 10.14 所示的结构。

		硬	件	区	域					
		1	2	3	4	5	…	251	252	253	254	…
次关键码1	男	1	0	1	1	1		1	0	1	1	
(性别)	女	1	1	1	1	1		0	1	1	0	
次关键码2	广东	1	0	0	1	0		0	1	0	0	
(籍贯)	北京	1	1	1	1	1		0	0	1	1	
	上海	0	0	1	1	1		1	1	0	0	
	┊											
次关键码3	建筑	1	1	0	0	1		0	1	0	1	
(专业)	计算机	0	0	1	1	1		0	0	1	1	
	电机	1	0	1	1	0		1	0	1	0	
	┊											

图 10.14　单元式倒排表结构

　　二进制位的值为 1 的硬件区域包含具有该次关键码的记录。若要搜索"学建筑的广东籍男学生",可以用一条 AND 把关于"男性"的位串、关于"广东"的位串和关于"建筑"的位串结合起来,就可得到搜索结果。

$$
\begin{array}{r}
1\ 0\ 1\ 1\ 1\ \cdots\ 1\ 0\ 1\ 1 \\
1\ 0\ 0\ 1\ 0\ \cdots\ 0\ 1\ 0\ 0 \\
\text{AND}\quad 1\ 1\ 0\ 0\ 1\ \cdots\ 0\ 1\ 0\ 1 \\
\hline
1\ 0\ 0\ 0\ 0\ \cdots\ 0\ 0\ 0\ 0
\end{array}
$$

由运算结果可知,在硬件区域1,…中有所需记录。然后将硬件区域1,…读入内存,在其中进行搜索,取出所需记录即可。

10.3 外 排 序

内排序方法的共同特点是在排序的过程中所有数据都在内存中。但是当待排序的记录数目特别多时,在内存中不能一次处理。必须把它们以文件的形式存放于外存,排序时再把它们一部分一部分地调入内存进行处理。这样,在排序过程中必须不断地在内存与外存之间传送数据。这种基于外部存储设备(或文件)的排序技术就是外排序。

10.3.1 外排序的基本过程

当记录以文件形式存放于磁盘的时,通常是按块存储的。块是磁盘存取的基本单位。每个块可以存放几个记录。操作系统就是按块对磁盘上的信息进行读写的。因为读写磁盘包含机械动作,所以读写磁盘所需的时间远远超过内存运算的时间,与它相比,内存运算往往快到其所需时间可以忽略不计。因此,在外排序的过程中考虑时间代价时主要考虑访问磁盘的次数。

基于磁盘进行的排序多使用归并排序方法。其排序过程主要分为两个阶段:第一个阶段建立为外排序所用的内存缓冲区。根据它们的大小将输入文件划分为若干段(segment),用某种有效的内排序方法,例如堆排序方法,对各段进行排序。这些经过排序的段称为初始归并段或初始顺串(run)。当它们生成后就被写入外存。第二阶段仿照内排序中所介绍过的归并树模式,把第一阶段生成的初始归并段加以归并,一趟趟地扩大归并段和减少归并段个数,直到最后归并成一个大归并段(有序文件)为止。

因为在利用简单的二路归并函数 merge 对两个归并段进行归并时,仅需把这两个归并段中的记录逐块读入内存,所以这种方法能够对很大的归并段进行归并。本章介绍的其他内排序方法很难用于外排序。

现在以一个示例加以说明。设有一个包含 4500 个记录的输入文件。用一台其内存至多可对 750 个记录进行排序的计算机对该文件进行排序。输入文件放在磁盘上,磁盘的每个块可容纳 250 个记录,这样全部记录可存储在 4500/250=18 个块中。输出文件也放在磁盘上,用以存放归并结果。由于在内存中可用于排序的存储区域能够容纳 750 个记录,因此内存中恰好能存放 3 个块的记录。

外归并排序一开始时,把 18 块记录,每 3 块一组,读入内存。利用某种内排序方法进行内排序,形成初始归并段,再写回外存。总共可得到 6 个初始归并段。然后如图 10.15 给出的二路归并那样一趟一趟进行归并排序。

若把内存区域等份地分为 3 个缓冲区,如图 10.16 所示。其中的两个为**输入缓冲区**,一个为**输出缓冲区**,可以在内存中利用简单二路归并函数 merge 实现二路归并。

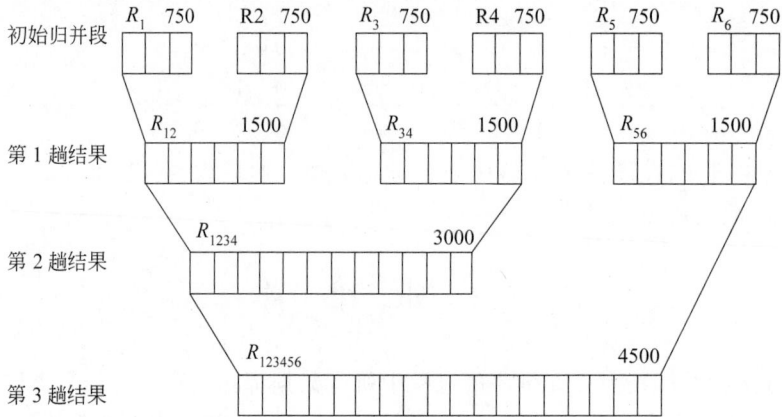

图 10.15　二路归并排序的归并树

首先，从参加归并排序的两个输入归并段 R_1 和 R_2 中分别读入一块，放在输入缓冲区 1 和输入缓冲区 2 中。然后，在内存中进行二路归并，归并出来的记录顺序存放到输出缓冲区中。若输出缓冲区中记录存满，则将其内的记录顺序写到输出归并段（标识为 R_{12}）中，再将该输出

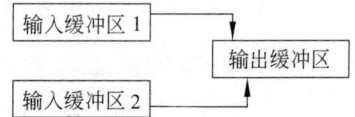

图 10.16　二路归并

缓冲区清空，继续存放归并后的记录。若某个输入缓冲区中的记录取空，则从对应的输入归并段中再读取下一块，继续参加归并。如此继续，直到两个输入归并段中记录全部读入内存并都归并完成为止。当 R_1 和 R_2 归并完之后，再归并 R_3 和 R_4，最后归并 R_5 和 R_6。这算作一趟归并。作为结果，生成了 3 个归并段 R_{12}、R_{34} 和 R_{56}，每个归并段有 6 块，1500 个记录。再利用原来的输入、输出缓冲区把其中的两个归并段归并，结果得到有 12 块、3000 个记录的归并段 R_{1234}，这又是一趟归并。最后再做一趟二路归并，就得到所要求的有序文件，这是第 3 趟归并。

一般地，若总记录数为 n，磁盘上每个块可容纳 b 个记录，内存缓冲区可容纳 i 个块，则每个初始归并段长度为 len$= i \times b$，可生成 $m = \lceil n/\text{len} \rceil$ 个等长的初始归并段。在做二路归并排序时，第 1 趟从 m 个初始归并段得到 len$= \lceil m/2 \rceil$ 个归并段，以后各趟将从 $l(l>1)$ 个归并段得到 $\lceil l/2 \rceil$ 个归并段。总归并趟数等于归并树的高度减 1：$\lceil \log_2 m \rceil$。

根据图 10.15 给出的二路归并排序的归并树，估计二路归并排序时间 t_{ES} 的上界为

$$t_{\text{ES}} = m \times t_{\text{IS}} + d \times t_{\text{IO}} + S \times n \times t_{\text{mg}}$$

其中，m 是初始归并段个数；t_{IS} 是对每个初始归并段进行内排序的时间；d 是访问外存块的次数；t_{IO} 是对每个块的存取时间；S 是归并趟数；n 是每趟参加二路归并的记录个数；t_{mg} 是每做一次内部归并，取得一个记录的时间。

对于图 10.15 所示的对 4500 个记录进行排序的例子，各种操作的计算时间如下：

读 18 个输入块，内部排序 6 段，写 18 个输出块	$= 6\,t_{\text{IS}} + 36t_{\text{IO}}$
成对地归并初始归并段 $R_1 \sim R_6$	$= 36t_{\text{IO}} + 4500\,t_{\text{mg}}$
归并两个具有 1500 个记录的归并段 R_{12} 和 R_{34}	$= 24\,t_{\text{IO}} + 3000t_{\text{mg}}$
最后将 R_{1234} 和 R_{56} 归并成一个归并段	$= 36t_{\text{IO}} + 4500t_{\text{mg}}$
合计　t_{ES}	$= 6\,t_{\text{IS}} + 132\,t_{\text{IO}} + 12\,000t_{\text{mg}}$

因为读写磁盘的时间远远大于内排序和内归并的时间，所以要提高外排序的速度，应着眼于减少 d。

若对相同数目的记录，在同样块大小的情况下做三路归并或做六路归并（当然，内存缓冲区的数目也要变化），则可做大致比较：

归并路数 k	总读写磁盘的次数 d	归并趟数 S
2	132	3
3	108	2
6	72	1

因此，**增大归并路数，可减少归并趟数，从而减少总读写磁盘的次数 d。**如在上例中，采用六路归并比二路归并可减少几乎一半读写磁盘的次数。一般地，对 m 个初始归并段，做 k 路平衡归并，归并树可用正则 k 叉树（即只有度为 k 与度为 0 的结点的 k 叉树）来表示。第 1 趟可将 m 个初始归并段归并为 $l = \lceil m/k \rceil$ 个归并段，以后每趟归并将 l 个归并段归并成 $\lceil l/k \rceil$ 个归并段，直到最后形成一个大的归并段为止。归并趟数 $S = \lceil \log_k m \rceil$。**只要增大归并路数 k，或减少初始归并段个数 m，都能减少归并趟数 S，以减少读写磁盘的次数 d，达到提高外排序速度的目的。**下面将分别就这两方面的问题进行讨论。

10.3.2 k 路平衡归并与败者树

图 10.15 给出的归并过程属于二路平衡归并。**做 k 路平衡归并（k-way balanced merging）时，如果有 m 个初始归并段，则相应的归并树有 $\lceil \log_k m \rceil + 1$ 层，需要归并 $\lceil \log_k m \rceil$ 趟。**图 10.17 给出对有 36 个初始归并段的文件做六路平衡归并时的归并树。

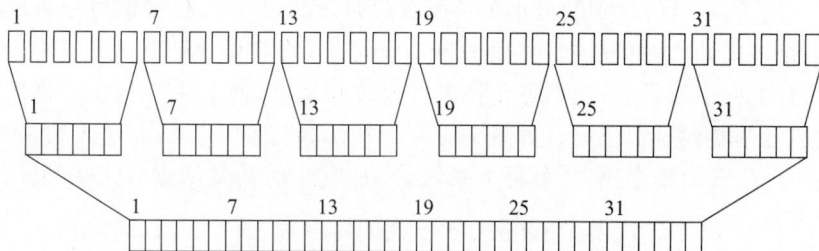

图 10.17 对有 36 个初始归并段的文件做六路平衡归并的归并过程

做内部归并时，在 k 个记录中选择最小者，需要顺序比较 $k-1$ 次。每趟归并 n 个记录需要做 $(n-1) \times (k-1)$ 次比较，S 趟归并总共需要的比较次数为

$$S \times (n-1) \times (k-1) = \lceil \log_k m \rceil \times (n-1) \times (k-1)$$
$$\approx \log_2 m \times (n-1) \times (k-1)/(\log_2 k)$$

其中的 $\log_2 m \times (n-1)$ 在初始归并段个数 m 与记录个数 n 一定时是常数，而 $(k-1)/(\log_2 k)$ 在 k 增大时趋于无穷大。因此，增大归并路数 k，会使得内部归并的时间增大。

下面介绍一种使用"败者树"从 k 个归并段中选最小者的方法。对于较大的 $k(k \geqslant 6)$，可大大减少查找下一个排序码最小的记录时的比较次数。

利用败者树，在 k 个记录中选择最小者，只需要 $O(\log_2 k)$ 次排序码比较，这时有

$$S \times (n-1) \times \lceil \log_2 k \rceil = \lceil \log_k m \rceil \times (n-1) \times \lceil \log_2 k \rceil$$
$$\approx \lceil \log_2 m \rceil \times (n-1) \times \log_2 k / (\log_2 k)$$
$$= \lceil \log_2 m \rceil * (n-1)$$

这样,排序码比较次数与 k 无关,总的内部归并时间不会随 k 的增大而增大。因此,只要内存空间允许,增大归并路数 k,将有效地减少归并树高度,从而减少读写磁盘的次数 d,提高外排序的速度。

败者树实际上是一棵完全二叉树。其中每个叶结点存放各归并段在归并过程中当前参加比较的记录,每个非叶结点记忆其两个子女结点中记录排序码大的结点(即败者)。因此,根结点中记忆树中当前记录排序码最小的结点。为叙述简单,以后把排序码最小的记录称为最小记录。设有 5 个初始归并段,它们中各记录的排序码分别为

Run0：{ 17, 21, ∞ }　　Run1：{ 05, 44, ∞ }　　Run2：{ 10, 12, ∞ }

Run3：{ 29, 32, ∞ }　　Run4：{ 15, 56, ∞ }

其中,∞是段结束标志。利用败者树进行五路平衡归并排序的过程如图 10.18(a)所示。图中的叶结点 $k_0 \sim k_4$ 是各归并段 Run[0]~Run[4]在归并过程中的当前记录的排序码,各非叶结点 $ls_1 \sim ls_4$ 记忆两个子女结点中排序码大的记录所在归并段号,ls_0 记忆最小记录所在归并段号。从图中可知,叶结点 k_3 与 k_4 做排序码比较,k_3 是败者,将其归并段号 3 记入父结点 ls_4 中;叶结点 k_1 与 k_2 做排序码比较,k_2 是败者,将其归并段号 2 记入父结点 ls_3 中;叶结点 k_0 与 ls_4 的胜者 k_4 做排序码比较,k_0 是败者,将其归并段号 0 记入父结点 ls_2 中;非叶结点 ls_3 的胜者 k_1 与 ls_2 的胜者 k_4 做排序码比较,k_4 是败者,将其归并段号 4 记入父结点 ls_1 中;胜者 k_1 作为冠军,其归并段号 1 记入 ls_0 中。

在 ls_0 中记忆的是当前找到的最小记录所在归并段的段号 i,根据该段号可取出这个记录,将它送入结果归并段,再取该归并段的下一个记录,将其排序码送入 k_i,然后从该叶结点到根结点,自下向上沿子女-父结点路径进行比较和调整,使下一个具次小排序码的记录所在的归并段号调整到冠军位置。如图 10.18(b)所示,将最小记录 05 送入结果归并段后,该归并段下一个记录的排序码 44 替补上来,送入 k_1。k_1 与其父结点 ls_3 中所记忆的上次的

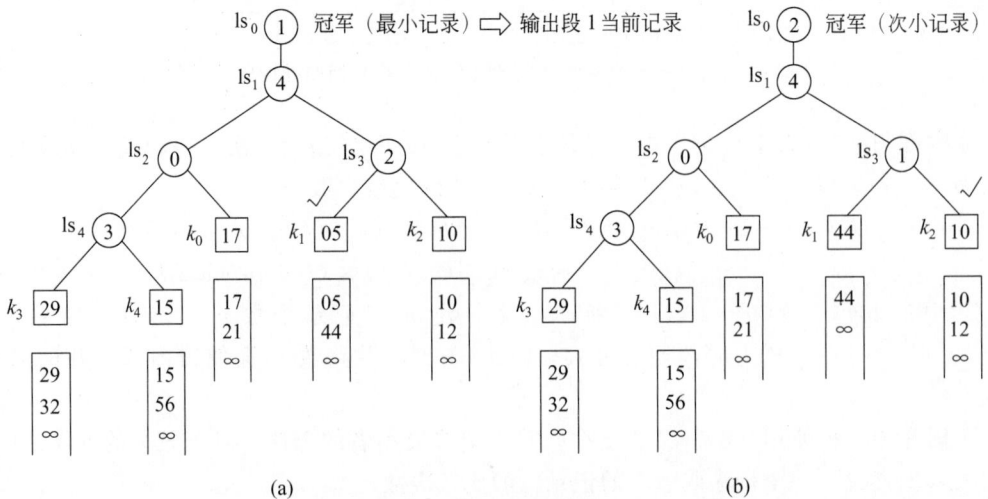

图 10.18　利用败者树选最小记录

败者 k_2 中的排序码进行比较,k_1 是败者,其归并段号 1 记入父结点 ls_3,胜者 k_2 继续与更上一层父结点 ls_1 中所记忆的败者 k_4 进行排序码比较,k_4 仍是败者,胜者 k_2 的归并段号进入冠军位置 ls_0。

败者树的高度为 $\lceil \log_2 k \rceil + 1$,包括 ls_0 结点,在每次调整,找下一个具有最小排序码记录时,最多做 $\lceil \log_2 k \rceil$ 次排序码比较。

在实现利用败者树进行多路平衡归并算法时,把败者树的叶结点和非叶结点分开定义。败者树的叶结点 $key[k]$ 有 $k+1$ 个,$key[0] \sim key[k-1]$ 存放各归并段当前参加归并的记录的排序码,$key[k]$ 是辅助工作单元,在初始建立败者树时使用,存放一个最小的在各归并段中不可能出现的排序码:$-$MaxValue。败者树的非叶结点 $loser[k-1]$ 有 k 个,其中 $loser[1] \sim loser[k-1]$ 存放各次比较的败者的归并段号,$loser[0]$ 中是最后胜者所在的归并段号。另外还有一个记录数组 $r[k]$,存放各归并段当前参加归并的记录。

在内存中应为每个归并段分配一个输入缓冲区,其大小应能容纳一个块的记录,编号与归并段号一致。在内存中还应设立一个输出缓冲区,其大小相当于一个块大小。

初始时通过操作 readFirstData(B,i,rcd[i],A) 把输入文件 A 中归并段 i 的第一块读入输入缓冲区 $B[i]$ 中,把块内第一个记录送入败者树的外结点 rcd[i]。

每当一个记录 i 被选出,通过操作 writeNextData(D,u,rcd[q],R) 把选出的记录 rcd[q] 送入输出缓冲区 D 中,q 是选出全局胜者的归并段号,如果 D 满则把输出缓冲区 D 写出到输出文件 R,u 是写出地址。

操作 readNextData(B,q,rcd[q],A) 从 $B[q]$ 读入下一个记录到 $B[q]$,并替换 rcd[q] 已选过的记录,如果 $B[q]$ 已经取空,操作从输入文件 A 读入第 q 段的下一块到 $B[q]$ 和 rcd[q]。

在每个归并段的最后需要一个段结束标志,算法中以 maxValue 表示。程序 10.2 给出 k 路平衡归并排序的算法,它用到一个自下向上,将当前排序码最小记录的归并段号调整到 $loser[0]$ 的算法 adjust。

程序 10.2 k 路平衡归并排序的算法

```
# include "buffer.cpp"
void adjust(DataType rcd[], int loser[], int q) {
//自某叶结点 rcd[q] 到败者树根结点的调整算法:q 指示败者树的某外结点 rcd[q],
//从该结点起到根结点进行比较,将最小 rcd 记录所在归并段的段号记入 loser[0]。
//m 是外结点个数
    int t, tmp;
    for (int t = (m+q)/2; t > 0; t /= 2)        //t 最初是 q 的父结点
        if (rcd[loser[t]] < rcd[q]) {           //败者记入 loser[t],胜者记入 q
            int tmp = q; q = loser[t]; loser[t] = tmp;
        }                                        //q 与 loser[t] 交换
    loser[0] = q;
};
int kwaymerge(buff B[], buff D, DataType A[], DataType R[]) {
//将输入向量 A 中存放的记录数为 Lens * s 的 m 个归并段的记录,通过败者树归并到输出向量 R
//中。B[m] 是对应各归并段的输入缓冲区,D 是输出缓冲区。函数返回归并后的有序表长度
    int i, q, u = 0;
```

```
DataType * rcd = new DataTypr[m+1];
    //外结点,0~m-1是参加归并的 m 个记录,rcd[m]是辅助单元
int * loser = new int[m];
    //内结点,loser[1..m-1]中是败者,loser[0]中是冠军
for (i = 0; i < m; i++) readFirstData(B, i, rcd[i], A);
                                          //从 m 个归并段输入第一块存于 B[m]
for (i = 0; i < m; i++) loser[i] = m;     //败者树所有结点赋值 m,初始建树
rcd[m] = -maxValue;                        //辅助建树单元初始化
for( i = m-1; i >= 0; i--)                 //从 key[m-1]~key[0]调整成败者树
    adjust(rcd, loser, i);
while (rcd[loser[0]] != maxValue) {        //当∞升到 loser[0]则归并完毕
    q = loser[0];                          //取当前最小记录归并段段号送 q
    writeNextData(D, u, rcd[q], R);        //将 rcd[q]写到输出归并段
    readNextData(B, q, rcd[q], A);         //从第 q 个归并段再读入下一块
    adjust(rcd, loser, q);                 //从 key[q]起调整为败者树
}
D.elem[D.front] = maxValue;
for (i = 0; i <= D.front; i++) R[u+i] = D.elem[i];
delete []rcd; delete [] loser;
return u+D.front+1;
};
```

程序开始时令所有的 $loser[0]$~$loser[k-1]$ 都为 k,意为第 $k+1$ 个归并段当前参加归并记录的关键码最小。然后依次把第 $k-1, k-2, \cdots, 0$ 个归并段的第一个参加归并记录的关键码写入 $key[k-1], key[k-2], \cdots, key[0]$,每写入一个 $key[i]$,就调用 adjust 算法,从下向上构造败者树 loser,直到所有归并段的当前参加归并的记录关键码都加进来,败者树就建立起来,如图 10.19(a)~(d)所示。

以后每选出一个当前关键码最小的记录,就需要在将它送入输出缓冲区之后,从相应归并段的输入缓冲区中取出下一个参加归并的记录,替换已经取走的最小记录,再从叶结点到根结点,沿某一特定路径进行调整,将下一个关键码最小记录的归并段号调整到 $loser[0]$ 中,如图 10.19(e)~(n)所示。最后,段结束标志 maxValue 升入 $loser[0]$,排序完成,输出一个段结束标志。

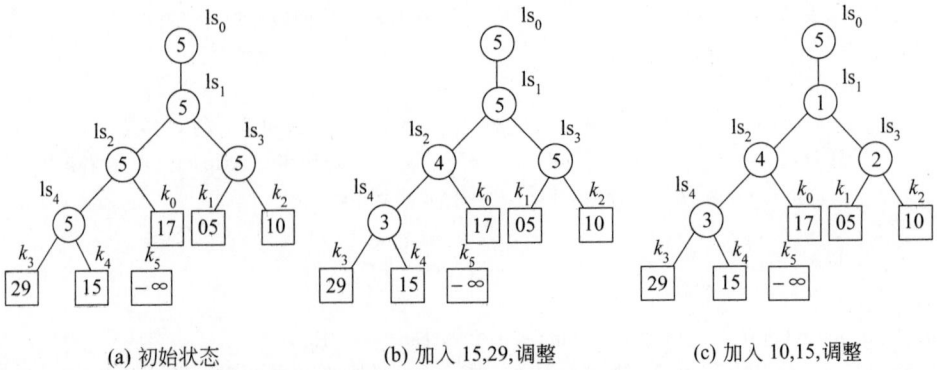

(a) 初始状态   (b) 加入 15,29,调整   (c) 加入 10,15,调整

图 10.19　利用败者树进行五路平衡归并的过程

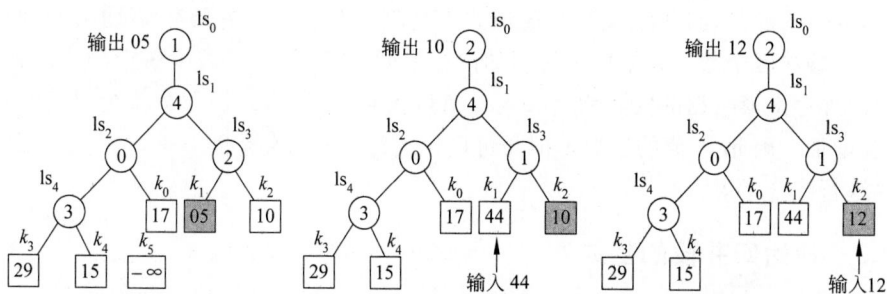

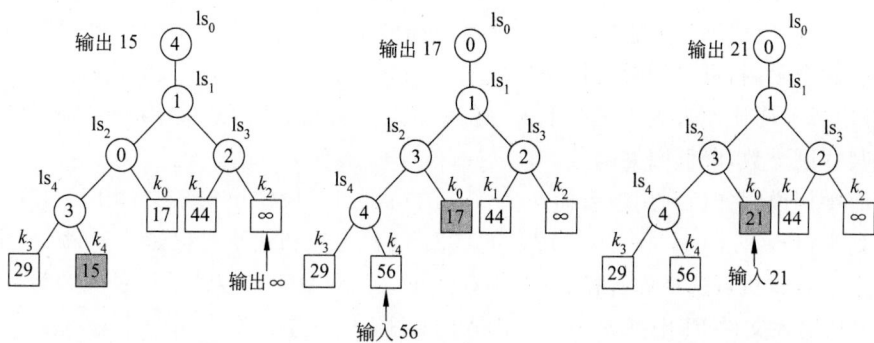

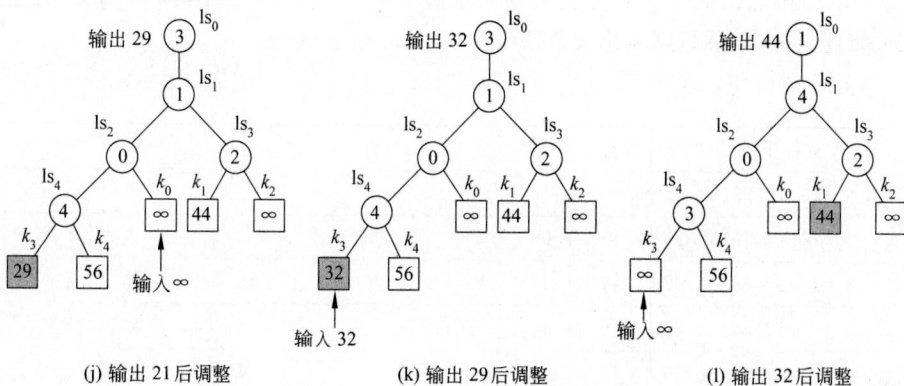

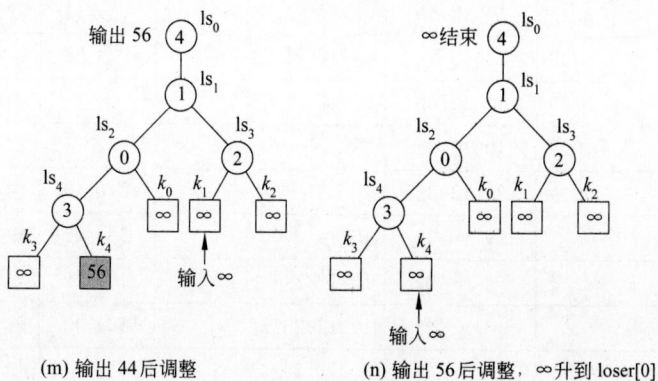

(d) 加入17,调整　　　　　(e) 输出 05 后调整　　　　　(f) 输出 10 后调整

(g) 输出 12 后调整　　　　　(h) 输出 15 后调整　　　　　(i) 输出 17 后调整

(j) 输出 21 后调整　　　　　(k) 输出 29 后调整　　　　　(l) 输出 32 后调整

(m) 输出 44 后调整　　　　　(n) 输出 56 后调整，∞升到 loser[0]

图 10.19（续）

最后要说明的是,归并路数 k 的选择并不是越大越好。**归并路数 k 增大时,相应地需要增加输入缓冲区个数。** 如果可供使用的内存空间不变,势必要减少每个输入缓冲区的容量,使得内外存交换数据的次数增大。当 k 值过大时,虽然归并趟数会减少,但读写外存的次数仍会增加。因此,k 值的选取不但与可用作缓冲区的内存空间有关,也与磁盘的参数有关,需要进行综合考虑。

** 10.3.3　初始归并段的生成

为了减少读写磁盘次数,除了增加归并路数 k 外,还可以减少初始归并段个数 m。在总记录数 n 一定时,要想减少 m,必须增大初始归并段的长度。如果规定每个初始归并段等长,则此长度应根据生成它的内存工作区空间大小而定,因而 m 的减少也就受到了限制。为了突破这个限制,可采用败者树来生成初始归并段。在使用同样大的内存工作区的情况下,可以生成平均比原来等长情况下大一倍的初始归并段,从而减少参加多路平衡归并排序的初始归并段个数,降低归并趟数。

下面举例说明如何利用败者树产生较长的初始归并段。设输入文件 FI 中各记录的关键码序列为{17, 21, 05, 44, 10, 12, 56, 32, 29},选择和置换过程如图 10.20 所示。

按如下步骤执行选择和置换(内存中存放记录的数组 r 可容纳的记录个数为 k):

(1) 从输入文件 FI 中把 k 个记录读入内存中,并构造败者树。

(2) 利用败者树在 r 中选择一个排序码最小的记录 $r[q]$,将它作为门槛,其排序码存入 LastKey。以后再选出的排序码比它大的记录归入本归并段,比它小的归入下一归并段。

(3) 将此 $r[q]$ 记录写到输出文件 FO 中(q 是叶结点序号)。

(4) 若 FI 未读完,则从 FI 读入下一个记录,置换 $r[q]$ 及败者树中的 key$[q]$。

输入文件 FI	内存工作区 r	输出文件 FO	门槛	动作
17 21 05 44 10 12 56 32 29				
44 10 12 56 32 29	17 21 **05**			读入,选择
10 12 56 32 29	**17** 21 44	05	1 段 05	输出,置换,选择
12 56 32 29	10 **21** 44	05 17	1 段 17	输出,置换,选择
56 32 29	10 12 **44**	05 17 21	1 段 21	输出,置换,选择
32 29	10 12 **56**	05 17 21 44	1 段 44	输出,置换,选择
29	10 12 32	05 17 21 44 56	1 段 56	输出,置换,选择
29	10 12 32	05 17 21 44 56 ∞		加归并段结束标志
29	**10** 12 32			重新选择
	29 **12** 32	10	2 段 10	输出,置换,选择
	29 — 32	10 12	2 段 12	输出,置换,选择
	— — **32**	10 12 29	2 段 29	输出,置换,选择
	— — —	10 12 29 32	2 段 32	输出,置换,选择
	— — —	10 12 29 32 ∞		加归并段结束标志

图 10.20　生成初始归并段的过程

（5）调整败者树,从所有排序码比 LastKey 大的记录中选择一个排序码最小的记录 $r[q]$ 作为门槛,其排序码存入 LastKey。

（6）重复（3）～（5）,直到在败者树中选不出排序码比 LastKey 大的记录为止。此时,在输出文件 FO 中得到一个初始归并段,在它最后加一个归并段结束标志。

（7）重复（2）～（6）,重新开始选择和置换,产生新的初始归并段,直到输入文件 FI 中所有记录选完为止。

若按在 10.3.2 节 k 路平衡归并排序中所讲的,每个初始归并段的长度与内存工作区的长度一致,则上述 9 个记录可分成 3 个初始归并段:

Run0{05,17,21}   Run1{10,12,44}   Run2{29,32,56}

但采用上述选择与置换的方法,可生成两个长度不等的初始归并段:

Run0{05,17,21,44,56}   Run1{10,12,29,32}

程序 10.3 给出利用败者树生成不等长初始归并段的算法和调整败者树并选出最小记录的算法。在算法中用两个条件来决定谁为败者,谁为胜者。首先比较两个记录所在归并段的段号,段号小者为胜者,段号大者为败者;在归并段的段号相同时,排序码小者为胜者,排序码大者为败者。比较后把败者记录在记录数组 r 中的序号记入它的父结点中,把胜者记录在记录数组 r 中的序号记入工作单元 s 中,向更上一层进行比较,最后的胜者记入 loser[0]中。

程序 10.3 利用败者树生成初始归并段的算法

```
# include "Buffer.h"
# define maxValue 32767                          //最大值
# define maxSize 100
# define m 5                                     //归并路数＝归并段数
typedef int DataType;
void SelectMin(int r[], int rn[], int loser[], int k, int q, int &rq, int &LastKey) {
//在败者树中选择最小记录的算法:q 指示败者树的某外结点 key[q],从该结点向上到根结点
//loser[0]进行比较, 选出 LastKey 对象。k 是外结点 key[0..k-1]的个数
        for (int t = (int)(k+q)/2; t > 0; t /= 2) {    //t 最初是 q 的父结点
            if (rn[loser[t]] < rq || rn[loser[t]] == rq && r[loser[t]] < r[q]) {
                int tmp = q; q = loser[t]; loser[t] = tmp;
                                        //败者记入 loser[t],胜者记入 q
                rq = rn[q];
            }
        }
        loser[0] = q; LastKey = r[q];           //最终胜者,具最小排序码
}
void generateRuns(DataType S[], DataType T[], int size, int n, int& p) {
//利用败者树生成初始归并段,S[]和 T[]是指定输入序列和输出序列,size 是内存工作区大小,
//它决定了使用败者树执行的是 size 路选择。n 是归并记录数,p 返回结果记录个数
    int i, q, rq, rc, rmax;
    DataType r[m];                              //内存工作区的 m 个记录及其所属归并段段号
    int loser[m+1], rn[m];                      //败者树定义
    DataType LastKey, x;
```

```
        for (i = 0; i < m; i++) r[i] = 0;
        for (i = 0; i < m; i++) {loser[i] = 0; rn[i] = 1;}        //初始化
        rq = 1;                                        //rq 是 r[q]的归并段段号
        for (i = m−1; i >= 0; i−−) {                   //构造败者树
            if (i >= n) rn[i] = 2;                     //若输入序列读完,归并段段号给 2
            else {r[i] = S[i]; rn[i] = 1;}
            SelectMin(r, rn, loser, m, i, rq, LastKey);     //自下而上进行调整
        }
        q = loser[0]; rq = 1;                          //q 是最小记录在 r 中的序号, rq 是 r[q]的段号
        rc = 1; rmax = 1;                              //rc 是当前归并段号, rmax 是将产生归并段号
        i = m; p = 0;                                  //i 是输入序列指针,p 是输出序列存放指针
        while (1) {                                    //生成一个初始归并段
            if (rq != rc) {                            //当前选出最小的归并段号不是当前归并段号
                x = maxValue; T[p++] = x;              //输出归并段结束标志
                if (rq > rmax) return;                 //当前选出最小归并段号大于 rmax,结束
                else rc = rq;                          //否则当前归并段段号送 rc
            }
            T[p++] = LastKey = r[q];                   //输出 r[q],记忆新的门槛
            if (i >= n) rn[q] = rmax+1;                //输入序列读完,设一个虚设记录
            else {                                     //否则
                r[q] = S[i++];                         //读入一个记录
                if ( r[q] < LastKey )                  //新记录排序码在门槛以下
                    rn[q] = rmax = rq+1;               //属于下一归并段
                else rn[q] = rc;                       //否则,新记录属于本归并段
            }
            rq = rn[q];
            SelectMin(r, rn, loser, m, q, rq, LastKey);     //选择新的最小记录
            q = loser[0];                              //该记录在 r 中的序号送入 q
        }
    };
```

当输入的记录序列已经按排序码大小排好序时,只生成一个初始归并段。在一般情况下,若输入文件有 n 个记录,则生成初始归并段的时间开销是 $O(n\log_2 k)$,这是因为每输出一个记录,对败者树进行调整需要时间为 $O(\log_2 k)$。

仍然用图 10.20 的 $k=3$ 为例。设输入文件中各记录的排序码序列为{17, 21, 05, 44, 10, 12, 56, 32, 29},用败者树生成初始归并段的过程如图 10.21 所示。

初始时,败者树的非叶结点 loser[0]~loser[k−1]全部为 0,叶结点有两个域:key 和 rn。key[i]和 rn[i]分别是记录 r[i]的关键码和所在归并段段号($0 \leqslant i \leqslant k-1$)。在建立败者树时,从 $i=k−1, k−2, \cdots, 1$,逐个加入记录并调整,最后得到败者树,如图 10.21(a)~(d)所示。各叶结点中归并段段号 rn[i]给 1,但如果输入记录个数少于 k,则后面结点的归并段段号 rn[i]给 2,表示永远是败者,不会再升到 loser[0]位置。

接着做下去,在图 10.21(f)情形,当选择了 17 之后,它被当作门槛(LastKey),新记录

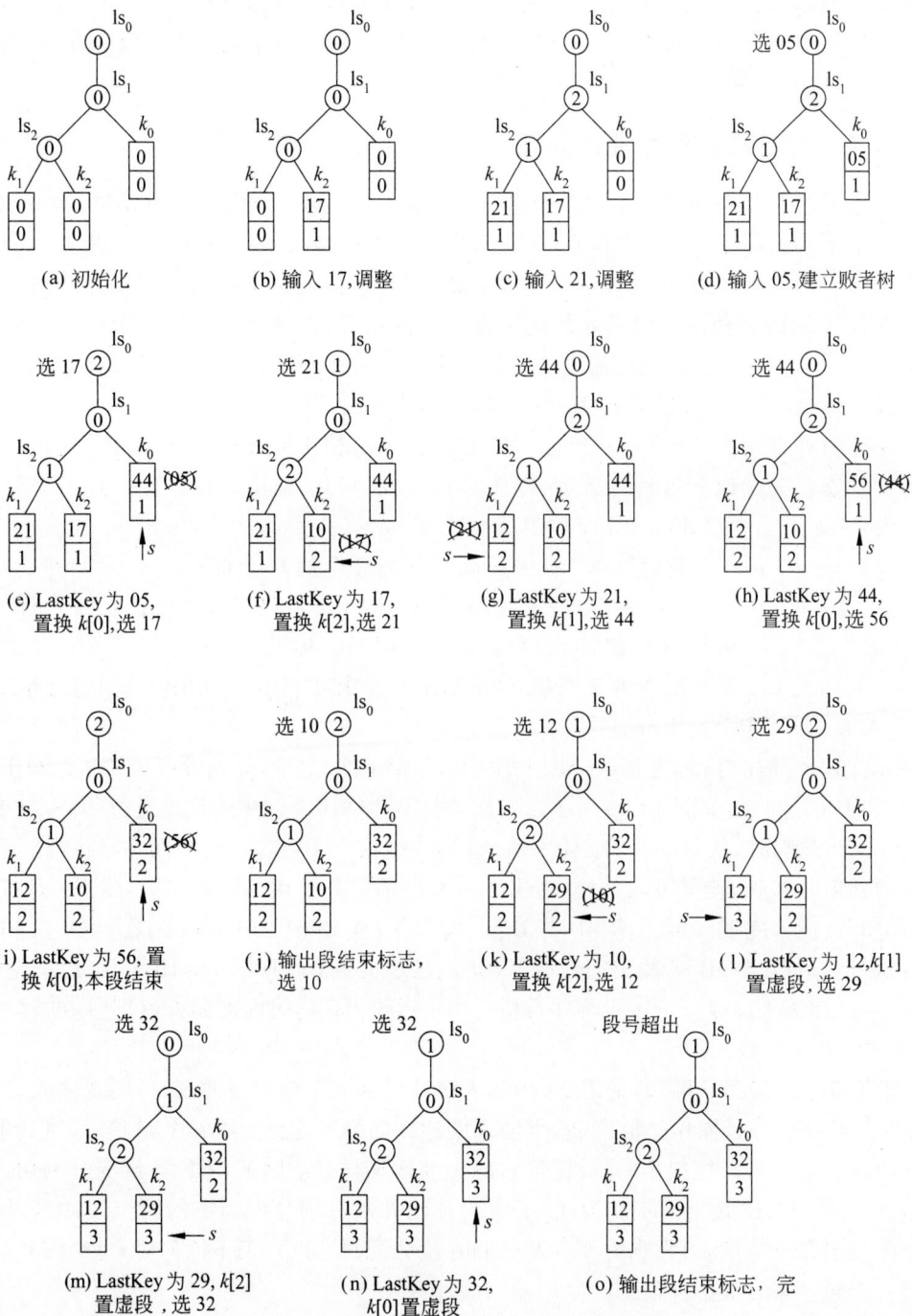

(a) 初始化　　(b) 输入 17,调整　　(c) 输入 21,调整　　(d) 输入 05,建立败者树

(e) LastKey 为 05,
置换 $k[0]$,选 17

(f) LastKey 为 17,
置换 $k[2]$,选 21

(g) LastKey 为 21,
置换 $k[1]$,选 44

(h) LastKey 为 44,
置换 $k[0]$,选 56

(i) LastKey 为 56,置
换 $k[0]$,本段结束

(j) 输出段结束标志,
选 10

(k) LastKey 为 10,
置换 $k[2]$,选 12

(l) LastKey 为 12,$k[1]$
置虚段,选 29

(m) LastKey 为 29,$k[2]$
置虚段,选 32

(n) LastKey 为 32,
$k[0]$ 置虚段

(o) 输出段结束标志,完

图 10.21　利用败者树生成初始归并段的过程

10 置换进来后,因为排序码比 LastKey 小,所以它的段号加到 2,归入下一个归并段。在图 10.21(i)情形,当选择了 56 之后,用 32 置换它。根据同样的原因,记录 32 的段号加到 2。因为败者树中所有记录的段号都不是当前归并段段号了,所以,一个初始归并段就形成了,输出一个段结束标志。在图 10.21(l)情形,输入文件已经读完,因此在选出 12 之后,再不能

做新的置换,此时将该记录($k[1]$)的段号置为 3,即为一个虚段。在图 10.21(o)情形,所有记录的段号都不是当前段号,又一个初始归并段生成,输出段结束标志。但所有记录的段号均为虚段,算法结束。

**10.3.4 并行操作的缓冲区处理

如果采用 k 路归并对 k 个归并段进行归并,至少需要 k 个输入缓冲区和 1 个输出缓冲区。每个缓冲区存放一个块的信息。但是,要同时进行输入、内部归并、输出操作,这些缓冲区就不够了。例如,在输出缓冲区满需要向磁盘写出时,就必须中断内部归并的执行,等待输出缓冲区的数据全部写出后才能继续进行内部归并,向输出缓冲区传送归并好的记录。又例如,在某一输入缓冲区空,需要从磁盘上再输入一个新的块的记录时,也不得不中断内部归并,等待该输入缓冲区输入完成后才能继续进行内部归并。

由于内外存信息传输的时间与 CPU 的运行时间相比要长得多,所以内部归并经常处于等待状态。为了改变这种状态,希望使输入、内部归并、输出并行进行。对于 k 路归并,必须设置 $2k$ 个输入缓冲区和 2 个输出缓冲区。

现在举一个例子。我们给每个归并段固定分配 2 个输入缓冲区,做二路归并。又假设存在 2 个归并段:在 Run0 中记录的关键码是 1,3,7,8,9,在 Run1 中记录的关键码是 2,4,15,20,25。又假设每个缓冲区可容纳 2 个记录。因此,需要设置 4 个输入缓冲区 IB[i],1≤i≤4,2 个输出缓冲区 OB[0] 和 OB[1]。其中,IB[1] 和 IB[3] 固定分给 Run0,IB[2] 和 IB[4] 固定分给 Run1。

并行处理开始时,首先从两个归并段中各读入两个记录,分别存放于 IB[1] 和 IB[2],IB[3] 和 IB[4] 为空,如图 10.22 所示。其次,对 IB[1] 和 IB[2] 中的记录进行归并,结果送入 OB[0]。与此同时,从 Run0 继续读入两个记录,存放于 IB[3]。此过程并行执行。假定缓冲区的长度足够长,使得输入一块、输出一块和内部归并一块的时间相等,则当 OB[0] 充满时,IB[3] 已读入完成。再次,IB[1] 与 IB[2] 的归并,从 Run1 向 IB[4] 的读入,OB[0] 的输出并行执行。最后当 OB[0] 输出完成时,OB[1] 已经充满,而 IB[1] 和 IB[2] 已经取空,同时 IB[4] 也已经读入完成。下一步将并行执行 IB[3] 与 IB[4] 的内部归并、OB[1] 的写出和从 Run0 向 IB[1] 的输入。

由图 10.22 的图示可知,采用 $2k$ 个输入缓冲区和 2 个输出缓冲区,可实现输入、输出和 k 路内部归并的并行操作。但这 $2k$ 个输入缓冲区如果平均分配给 k 个归并段,当其中某个归并段比其他归并段短很多时,分配给它的缓冲区早早就空闲了,不能达到充分利用内存区的目的,如图 10.22 最后两步。为此,不应为各归并段分别分配固定的两个缓冲区,缓冲区的分配应当是动态的,可根据需要为某一归并段分配缓冲区。但不论何时,每个归并段至少需要一个包含来自该归并段的记录的输入缓冲区。

在做 k 路归并时,动态分配缓冲区的具体实施步骤如下。

(1) 为 k 个初始归并段各建立一个缓冲区的链式队列,一开始时为每个队列先分配一个输入缓冲区。另外建立空闲缓冲区的链式栈,把其余 k 个空闲的缓冲区送入此栈中。输出缓冲区 OB 定位于 0 号输出缓冲区。

(2) 用 LastKey[i] 存放第 i 个归并段最后输入的排序码,用 NextRun 存放 LastKey[i] 最小的归并段段号;若有几个 LastKey[i] 都是最小时,将序号最小的 i 存放到 NextRun 中。

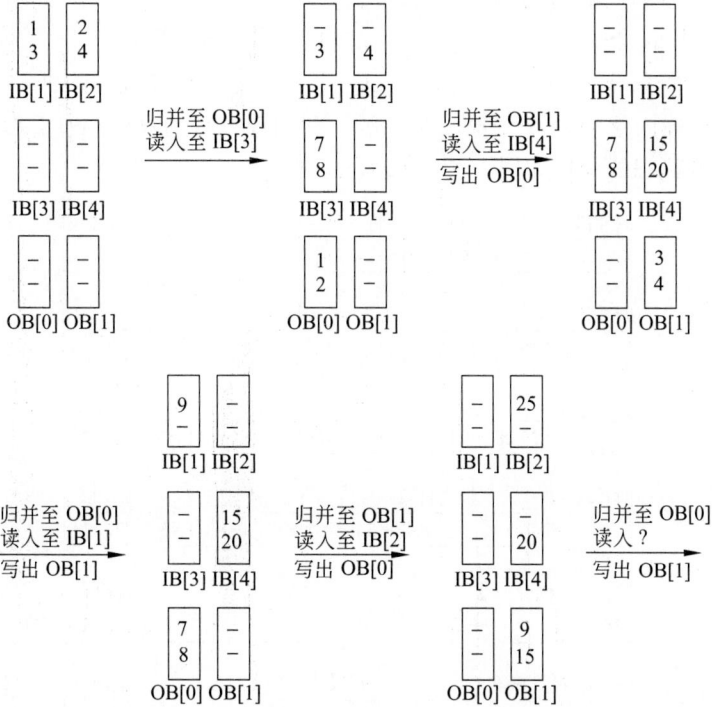

图 10.22   固定缓冲区并行归并的例子

如果 LastKey[NextRun]$\neq\infty$,则从空闲缓冲区栈中取一个空闲缓冲区,预先链入段号为 NextRun 的归并段的缓冲区队列中。

(3) 使用函数 kwaymerge 对 k 个输入缓冲区队列中的记录进行 k 路归并,结果送入输出缓冲区 OB 中。这种归并一直持续到输出缓冲区 OB 变满或者有一个排序码为 ∞ 的记录被归并到 OB 中为止。如果在输出缓冲区变满或排序码为 ∞ 的记录被归并到输出缓冲区 OB 之前,一个输入缓冲区变空,则 kwaymerge 进到该输入缓冲区队列中的下一个缓冲区,同时将变空的位于队头的缓冲区从队列中退出,加入空闲缓冲区栈。但是,如果在输出缓冲区变满或排序码为 ∞ 的记录被归并到输出缓冲区 OB 的同时一个输入缓冲区变空,则 kwaymerge 不进到该输入缓冲区队列中的下一个缓冲区,变空的缓冲区也不从队列中退出,当然,归并暂停。

(4) 一直等待,直到磁盘输入或磁盘输出完成为止,继续归并。

(5) 如果一个输入缓冲区读入完成,将它链入适当归并段的缓冲区队列中。然后确定满足 LastKey[NextRun] 最小的 NextRun,从而确定下一步将读入哪个归并段的记录。

(6) 如果 LastKey[NextRun]$\neq\infty$,则从空闲缓冲区栈中取一个空闲缓冲区,从段号为 NextRun 的归并段中读入下一块,存放到这个空闲缓冲区中。

(7) 开始写出输出缓冲区 OB 的记录,再将输出缓冲区定位于 1 号输出缓冲区。

(8) 如果排序码为 ∞ 的记录尚未被归并到输出缓冲区 OB 中,转到步骤(3)继续操作,否则,一直等待,直到写出完成,算法结束。

下面举例说明,假设对如下 3 个归并段进行三路归并。每个归并段由 3 块组成,每块有 2 个记录。各归并段最后一个记录关键码为 ∞。

归并段 1 {20, 25}　归并段 2 {23, 29}　归并段 3 {24, 28}
　　　　　 {26, 28}　　　　　　 {34, 38}　　　　　　 {31, 43}
　　　　　 {36, ∞}　　　　　　 {70, ∞}　　　　　　 {50, ∞}

现设立 6 个输入缓冲区,2 个输出缓冲区。利用动态缓冲算法,各归并段输入缓冲区队列及输出缓冲区状态的变化如图 10.23 所示。

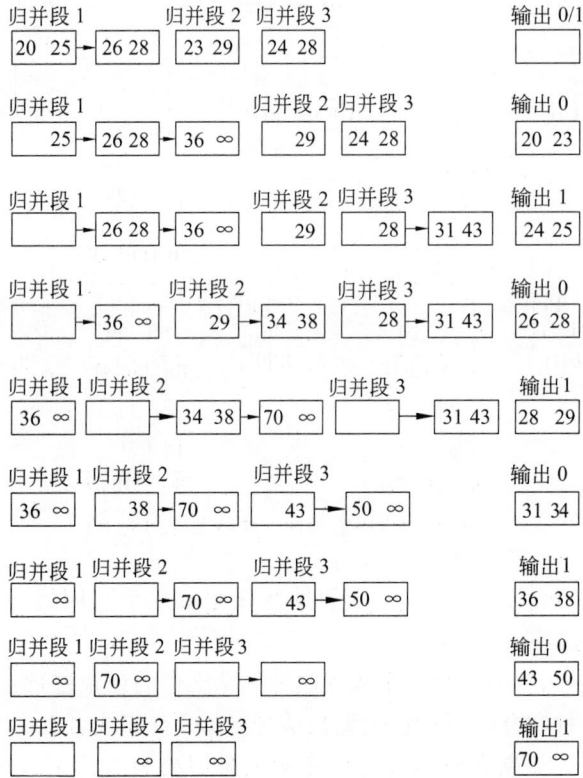

归并段 1		归并段 2	归并段 3		输出 0/1
20 25	→ 26 28	23 29	24 28		

归并段 1			归并段 2	归并段 3		输出 0
	25	→ 26 28 → 36 ∞	29	24 28		20 23

归并段 1		归并段 2	归并段 3		输出 1
	→ 26 28 → 36 ∞	29	28 → 31 43		24 25

归并段 1		归并段 2	归并段 3		输出 0
	→ 36 ∞	29 → 34 38	28 → 31 43		26 28

归并段 1 归并段 2			归并段 3		输出 1
36 ∞	→ 34 38 → 70 ∞		→ 31 43		28 29

归并段 1 归并段 2		归并段 3		输出 0
36 ∞	38 → 70 ∞	43 → 50 ∞		31 34

归并段 1 归并段 2		归并段 3		输出 1
∞	→ 70 ∞	43 → 50 ∞		36 38

归并段 1 归并段 2 归并段 3			输出 0
∞ 70 ∞		∞	43 50

归并段 1 归并段 2 归并段 3			输出 1
	∞ ∞		70 ∞

图 10.23　缓冲区状态的变化

对于上述的方法,需要补充 3 点说明。

(1) 对于较大的 k,为了确定哪个归并段的输入缓冲区最先变空,可对 LastKey$[i]$, $0 \leqslant i \leqslant k-1$,建立一棵败者树。通过 $\log_2 k$ 次比较就可确定哪个归并段的缓冲区队列最先变空。不必进行 $k-1$ 次比较。但是,这点时间的节省并不是很明显,因为队列选择是内存操作,在整个算法计算时间中所占时间比例很小。

(2) 对于较大的 k,函数 kwaymerge 使用了败者树进行归并。

(3) 除最初的 k 个输入块的读入和最后一个输出块的写出外,其他所有输入、输出和内部归并都是并行执行的。此外,也有可能在 k 个归并段归并完后,需要立即开始对另外 k 个归并段执行归并。所以,在对 k 个归并段进行归并的最后阶段,就开始了下一批 k 个归并段的输入。也就是说,在上面的步骤(6)中,当 LastKey[NextRun]=∞时,就开始着手读入下一批 k 个归并段中的第 1 个块。因此,在排序过程中,没有实现输入、输出、内部归并并行操作的只有最初的 k 个输入块的读入和最后一个输出块的写出。

归并树是描述归并过程的 k 叉树。因为每次做 k 路归并都需要有 k 个归并段参加,因此,归并树是只有度为 0 和度为 k 的结点的正则 k 叉树。例如,设有 13 个长度不等的初始归并段,其长度(记录个数)分别为 0,0,1,3,5,7,9,13,16,20,24,30,38。其中长度为 0 的是空归并段。对它们进行三路归并时的归并树如图 10.24 所示。

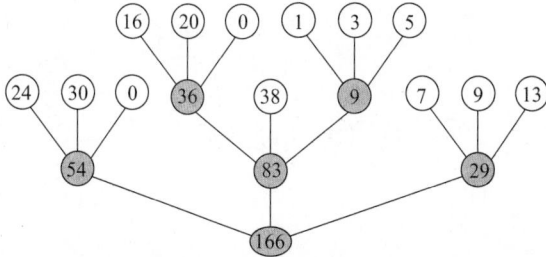

图 10.24 三路归并树

此归并树的带权路径长度为 WPL＝$(24+30+38+7+9+13)\times2+(16+20+1+3+5)\times3=377$。

因为在归并树中,各叶结点代表参加归并的各初始归并段,叶结点上的权值为该初始归并段中的记录个数,根结点代表最终生成的归并段,叶结点到根结点的路径长度表示在归并过程中的归并趟数,各非叶结点代表归并出来的新归并段,则归并树的带权路径长度 WPL 即为归并过程中总的读记录数,因而在归并过程中总的读写记录次数为 $2\times$WPL$=754$。

不同的归并方案对应的归并树的带权路径长度各不相同。为了使总的读写次数达到最少,需要改变归并方案,重新组织归并树。为此,可将 Huffman 树的思想扩充到 k 叉树的情形。在归并树中,让记录个数少的初始归并段最先归并,记录个数多的初始归并段最晚归并,就可以建立总的读写次数达到最少的最佳归并树。例如,假设有 11 个初始归并段,其长度(记录个数)分别为 1,3,5,7,9,13,16,20,24,30,38,做三路归并。为使归并树成为一棵正则三叉树,可能需要补入空归并段。补空归并段的原则:若设参加归并的初始归并段有 n 个,做 k 路平衡归并。因为归并树是只有度为 0 和度为 k 的结点的正则 k 叉树,设度为 0 的结点有 $n_0(=n)$ 个,度为 k 的结点有 n_k 个,则有 $n_0=(k-1)n_k+1$[①]。因此,可以得出 $n_k=(n_0-1)/(k-1)$。如果该除式能整除,即 $(n_0-1)\%(k-1)=0$,则说明这 n_0 个叶结点(即初始归并段)正好可以构造 k 叉归并树,不需加空归并段。此时,内结点有 n_k 个。如果 $(n_0-1)\%(k-1)=m\neq0$,则对于这 n_0 个叶结点,其中的 m 个不足以参加 k 路归并,故除了有 n_k 个度为 k 的内结点之外,还需增加一个内结点。它在归并树中代替了一个叶结点位置,被代替的叶结点加上刚才多出的 m 个叶结点,再加上 $k-m-1$ 个记录个数为零的空归并段,就可以建立归并树。在上面的例子中,$n_0=11,k=3,(11-1)\%(3-1)=0$,可以不加空归并段,直接进行三路归并。构造三路归并树的过程如图 10.25 所示。它的带权路

---

① 在二叉树中,设度为 0 的结点有 n_0 个,度为 2 的结点有 n_2 个,则 $n_0=n_2+1$;在三叉树中,设度为 0 的结点有 n_0 个,度为 3 的结点有 n_3 个,则 $n_0=2n_3+1$;因此可以推知,在 k 叉树中,若设度为 0 的结点有 $n_0(=n)$ 个,度为 k 的结点有 n_k 个,则有 $n_0=(k-1)n_k+1$。

径长度为

$$WPL = 38 \times 1 + (13 + 16 + 20 + 24 + 30) \times 2 + (7 + 9) \times 3$$
$$+ (1 + 3 + 5) \times 4$$
$$= 328$$

(a)

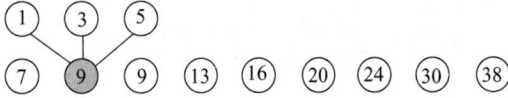

(b)

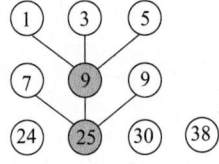

(c)

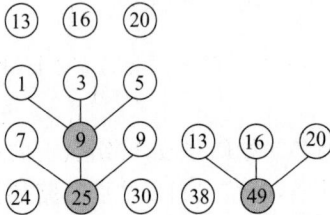

(d)

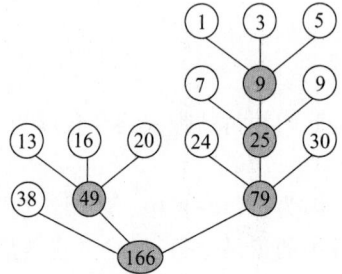

(e)

图 10.25　构造三路归并树的过程

　　如果做五路归并,让 $k=5$,则有 $(11-1)/(5-1)=2$,表示有 2 个度为 5 的内结点,但是,$m=(11-1)\%(5-1)=2\neq0$,需要加一个内结点,它在归并树中代替了一个叶结点的位置,故一个叶结点参加这个内结点下的归并,需要增加的空初始归并段数为 $k-m-1=5-2-1=2$,应当补充 2 个空归并段,则归并树如图 10.26 所示。该归并树的带权路径长度为

$$WPL = (1 + 3 + 5) \times 3 + (7 + 9 + 13 + 16) \times 2$$
$$+ (20 + 24 + 30 + 38)$$
$$= 229$$

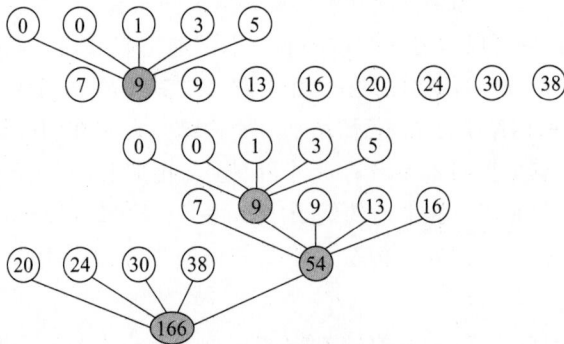

图 10.26　五路归并树

10.4   多级索引结构

10.4.1   静态的 ISAM 方法

当一个索引很小时,可以驻留在内存中。AVL 树和红黑树都能够保证很好的性能。对于较大的索引,必须存储在磁盘上,可以通过路数很高的多路(不止二路)的搜索树来改善索引操作的性能。IBM 370 系统使用的 ISAM 技术就是一种典型的多叉搜索树结构。

ISAM 是为磁盘存取而设计的,它采用了 3 级索引结构,主索引、柱面索引和磁道索引。

ISAM 文件结构如图 10.27 所示。所有数据记录在基本区按关键码升序排列,后一磁道所有记录的关键码均大于前一磁道所有记录的关键码。在一个柱面上所有记录分布在一系列磁道上,通过磁道索引进行搜索。如图 10.28 所示,磁道索引一般放在每个柱面上第 0 号磁道中,每个磁道索引的索引项由两部分组成:基本索引项存放本道在基本区最大关键码(在基本区该磁道最后一个记录)和本道在基本区的开始地址,溢出索引项存放本道在溢出区最大关键码和本道在溢出区中溢出记录链(有序链表)的第 1 个结点地址。

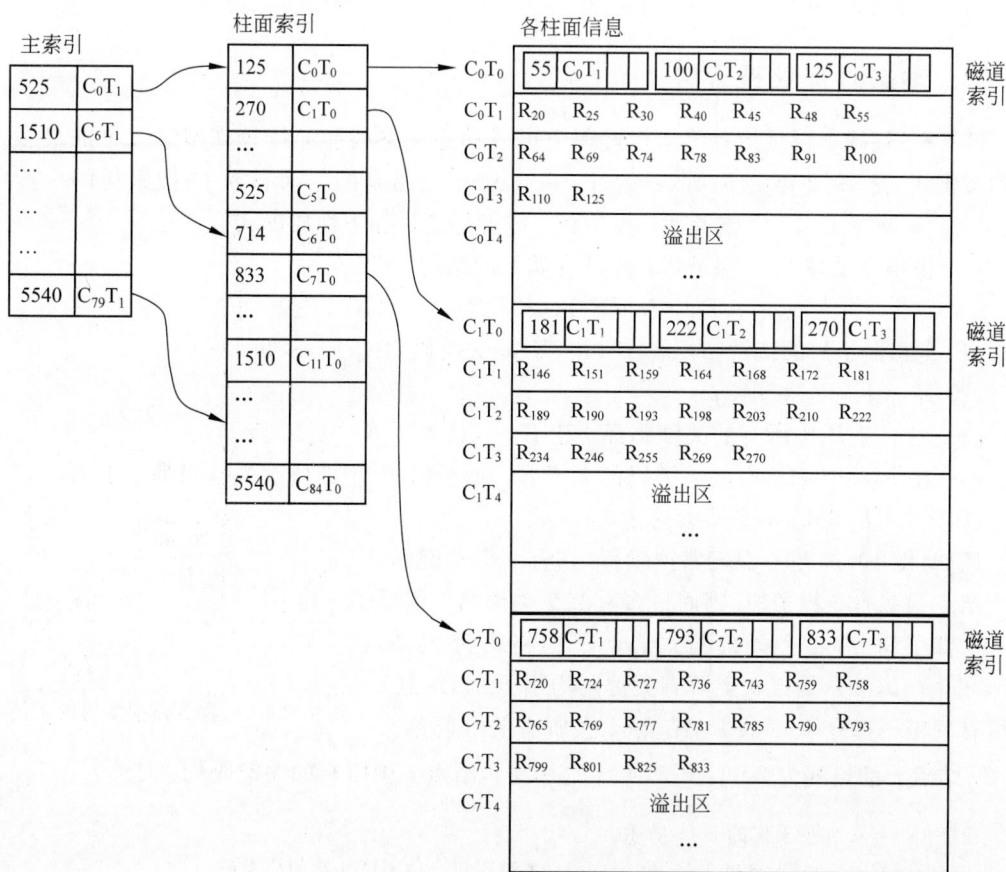

图 10.27   ISAM 文件结构示例

柱面索引存放有关各个柱面的索引项,一个柱面索引项保存该柱面上的最大关键码(最

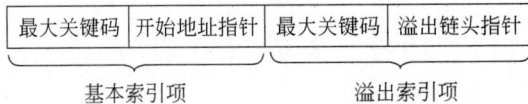

最大关键码	开始地址指针	最大关键码	溢出链头指针

基本索引项　　　　　　　　溢出索引项

图 10.28　磁道索引项的结构

后一个记录)以及柱面开始地址指针。如果柱面太多,可以建立柱面索引的分块索引,即主索引。主索引不太大,一般常驻内存。

在每个柱面上保留一部分磁道作为溢出区,在某一磁道插入一个新记录时,如果原来该磁道基本区记录已经放满,则根据磁道索引项指示位置插入新记录后,把最后的溢出记录(具有最大关键码)移出磁道基本区,再根据溢出索引项将这个溢出记录放入溢出区,并以有序链表插入算法将溢出记录链入。

在 ISAM 文件中检索某个记录时,首先搜索主索引,寻找该记录可能在的柱面索引,然后寻找该记录可能在该柱面的哪个磁道,一旦确定了磁道后继续搜索磁道索引,用记录的关键码与磁道的基本索引项进行比较,确定它是在基本区还是在溢出区。如果在磁道的基本区,则在基本区做有序顺序表搜索;如果在溢出区,则对该溢出链表做有序链表的搜索,直到搜索成功或失败。

10.4.2　动态的 m 路搜索树

动态 m 路搜索树是指系统运行过程中可以动态调整的能保持较高搜索效率的最多 m 路的搜索树,是 1972 年由 R.Bayer 和 E.Mccreight 提出来的。动态 m 路搜索树的一般定义:一棵 m 路搜索树,它或者是一棵空树,或者是满足如下性质的树。

(1) 根结点最多有 m 棵子树,并具有如下的结构:

$$n, P_0, (K_1, P_1), (K_2, P_2), \cdots, (K_n, P_n)$$

其中,P_i 是指向子树的指针,$0 \leqslant i \leqslant n < m$;$K_i$ 是关键码,$1 \leqslant i \leqslant n < m$。

(2) $K_i < K_{i+1}, 1 \leqslant i < n$。

(3) 在子树 P_i 中所有的关键码都小于 K_{i+1},且大于 K_i,$0 < i < n$。

(4) 在子树 P_n 中所有的关键码都大于 K_n,而子树 P_0 中的所有关键码都小于 K_1。

(5) 子树 P_i 也是 m 叉搜索树,$0 \leqslant i \leqslant n$。

例如,图 10.29 是一棵三路搜索树,它有 9 个关键码。每个结点最多有 3 棵子树,因而最多有 2 个关键码。但最少有 0 棵子树,有 1 个关键码。结点 a 的格式为 $2, b,$ $(20, c), (40, d)$,结点 b 上所有关键码均小于 20,结点 c 上所有关键码都介于 20~40,结点 d 上所有关键码都大于 40;结点 c 的格式为 $2, 0, (25, 0), (30, e)$,结点 e 中所有的关键码均大于 30。

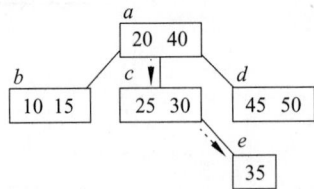

图 10.29　一棵三路搜索树的示例

程序 10.4　m 路搜索树的 C++ 描述

```
const int MaxValue = 999;          //关键码集合中不可能有的最大值
template <class T>
struct MtreeNode {                 //树结点定义
    int n;                         //关键码个数
```

468

```
    MtreeNode<T> * parent;              //父结点指针
    T key[m+1];                         //key[m]为监视哨兼工作单元,key[0]未用
    MtreeNode<T> * ptr[m+1];            //子树结点指针数组,ptr[m]在插入溢出时用
    int * recptr[m+1];                  //每个索引项中指向数据区相应记录开始地址的指针
};


template <class T>                      //搜索结果三元组的定义
struct Triple {
    MtreeNode<T> * r;                   //结点地址指针
    int i; int tag;                     //结点中关键码序号 i
};                                      //tag=0,搜索成功;tag=1,搜索不成功


template <class T>
class Mtree {                           //m 路搜索树定义
protected:
    MtreeNode<T> * root;                //根指针
    int m;                              //路数,即最大子树棵数,等于树的度
public:
    Triple<T> Search(T x);             //搜索
};
```

可以验证,AVL 树是二路搜索树。如果已知 m 路搜索树的度 m 和它的高度 h,则树中的最大结点数为

$$\sum_{1 \leqslant i \leqslant h} m^{i-1} = \frac{1}{m-1}(m^h - 1)$$

因为每个结点中最多有 $m-1$ 个关键码,所以在一棵高度为 h 的 m 路搜索树中关键码的最大个数为 $m^h - 1$。对于高度 $h=3$ 的二路搜索树,关键码最大个数为 7;对于高度 $h=4$ 的 200 路搜索树,关键码最大个数为 $200^4 - 1 = 16 \times 100^4 - 1$。

反之,一棵高度为 h 的 m 路搜索树的最少结点个数为 h。在这种情况下,每层一个结点,每个结点一个关键码。由于高度为 h 的 m 路搜索树中关键码个数在 h 和 $m^h - 1$ 之间,所以一棵有 n 个关键码的 m 路搜索树的高度为 $\log_m (n+1) \sim n$。

对于图 10.29 所示的例子,如果想搜索关键码 35,需要从根开始搜索。首先从磁盘中读入结点 a,沿 20 与 40 之间的子树指针找到结点 c;其次读入结点 c,沿 30 右侧子树指针找到结点 e;最后读入结点 e,在结点 e 中找到关键码 35。

程序 10.5 m 路搜索树的搜索算法
```
template <class T>
Triple<T> Btree<T>::Search(const T x) {
//用关键码 x 搜索驻留在磁盘上的 m 路搜索树。各结点格式为 n,p[0],(k[1],p[1]),…,
//((k[n],p[n]), n < m。函数返回一个类型为 Triple(r,i,tag)的记录。tag = 0,表示
//x 在结点 r 找到,该结点的 k[i]等于 x; tag = 1,表示没有找到 x,这时可以插入的结点
//是 r,插入到该结点的 k[i]与 k[i+1]之间
    Triple result; int i;                  //记录搜索结果三元组
    BNode<T> * pre = NULL, * p = root;      //pre 是扫描指针,q 是 p 的父结点指针
```

```
    while (p != NULL) {                              //从根开始检测
        int i = 0; p->key[(p->n)+1] = maxValue;
        while (p->key[i+1] < x) i++;                 //在结点内顺序搜索
        if (p->key[i+1] == x) {                      //搜索成功,本结点有 x
            result.r = p; result.i = i+1; result.tag = true;
            return result;
        }
        pre = p; p = p->ptr[i];                      //本结点无 x,p 下降到子树
    }
    result.r = pre; result.i = i+1; result.tag = false;
    return result;                                   //搜索失败,返回插入位置
};
```

提高搜索树的路数 m,可以改善树的搜索性能。**对于给定的关键码数 n,如果搜索树是平衡的,可以使 m 路搜索树的性能接近最佳。**下面将讨论一种称之为 B 树的平衡的 m 路搜索树。在 B 树中引入失败结点。一个失败结点是当搜索值 x 不在树中时才能到达的结点。

10.4.3 B 树

一棵 m 阶 B 树(balanceed tree of order m)是一棵平衡的 m 路搜索树,它或者是空树,或者是满足下列性质的树。

(1) 根结点至少有两个子女。

(2) 除根结点以外的所有结点(不包括失败结点)至少有 $\lceil m/2 \rceil$ 个子女。

(3) 所有的失败结点都位于同一层,它们不包含信息。

注意,有的教科书上写成 B-树或者 B_树,不要误解成"B 减树","-""_"只是连字符。图 10.30(a)不是 B 树,图 10.30(b)是 B 树,它的所有失败结点都在同一层上。

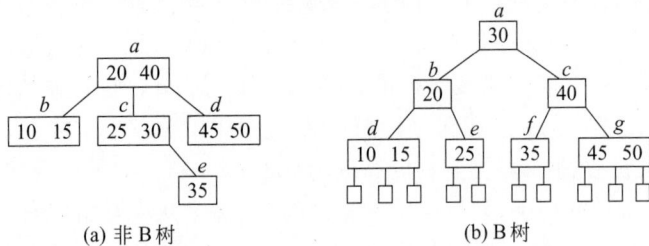

(a) 非 B 树   (b) B 树

图 10.30 B 树与非 B 树的示例

由于 B 树是一种特殊的 m 路搜索树,所以 B 树的定义继承了 m 路搜索树的定义。

程序 10.6 B 树类和 B 树结点类的定义
```
template <class T>
class Btree : public Mtree<T> {                      //B 树的类定义
//继承 m 路搜索树的所有属性和操作
public:
    //Search 从 Mtree 继承;
    Btree();                                         //构造函数
    bool Insert(T x);                                //插入关键码 x
```

```
    bool Remove(T& x);                    //删除关键码 x
};
```

在 B 树的每个结点中包含有一组指针 recptr[m],指向实际记录的存放地址。key[i] 与 recptr[i]($1 \leqslant i \leqslant n < m$)形成一个索引项(key[i],recptr[i]),通过 key[i] 可找到某个记录的存储地址 recptr[i]。不过在讨论 B 树的一般算法时不用它,所以在操作的实现中没有出现。

2-3 树是 3 阶的 B 树,2-3-4 树是 4 阶 B 树。仅当关键码个数等于 2^k-1(k 是一个大于 0 的整数)时,才存在 2 阶 B 树。但是,对于任何 $n \geqslant 0$ 和任何 $m > 2$,都存在包含 n 个关键码的 m 阶 B 树。

在 B 树中高度从 1 层算起。与一般 m 路搜索树不同之处在于有失败结点,这些失败结点实际上是些虚拟结点,它们本身并不存在,指向它们的指针为空,是搜索失败走到的结点。在计算 B 树的高度时不把它们计算在内(以前有些教科书是把它们计算在内的,但不符合第 5 章关于高度的定义)。若设 B 树的高度为 h,则所有失败结点位于第 $h+1$ 层。

在 B 树上的搜索算法继承了 m 路搜索树 Mtree 的搜索算法。例如,想在图 10.30(b)所示的 B 树中搜索关键码 35,首先通过根指针找到根结点 a,比较关键码 35>30,循 30 的右侧指针找到下一层结点 b;在结点 b 中比较关键码 35<40,沿 40 的左侧指针找到下一层结点 f;最后在结点 f 中比较关键码 35=35,搜索成功,报告结点地址及在结点中的关键码序号。但如果想搜索的是 37,那么在结点 f 中做关键码比较 37>35,沿 35 的右侧指针向下一层搜索,结果到达失败结点,搜索失败。

B 树的搜索过程是一个在结点内搜索和循某一条路径向下一层搜索交替进行的过程。因此,B 树的搜索时间与 B 树的阶数 m 和 B 树的高度 h 直接有关,必须加以权衡。

在 B 树上进行搜索,搜索成功所需的时间取决于关键码所在的层次,搜索不成功所需的时间取决于树的高度。那么高度 h 与树中的关键码个数 N 有什么关系呢?

设在 m 阶 B 树中,失败结点位于第 $h+1$ 层。在这棵 B 树中关键码个数 N 最小能达到多少呢?从 B 树的定义可知,如果 $h>1$,根结点至少有 2 个子女,因此,在第 2 层上至少有 2 个结点。在这一层中每个结点至少必须有 $\lceil m/2 \rceil$ 个子女。因此,在第 3 层上至少有 $2\lceil m/2 \rceil$ 个结点,在第 4 层上至少有 $2\lceil m/2 \rceil^2$ 个结点,以此类推,在第 h 层上至少有 $2\lceil m/2 \rceil^{h-2}$ 个结点。所有这些结点都不是失败结点。位于第 $h+1$ 层的失败结点至少有 $2\lceil m/2 \rceil^{h-1}$ 个结点。

另一方面,若树中关键码有 N 个,则失败结点个数应为 $N+1$。这是因为失败一般发生在 $K_i < x < K_{i+1}$,$0 \leqslant i \leqslant N$,设 $K_0 = -\infty$,$K_{N+1} = +\infty$。因此,有

$$N+1 = 失败结点数 = 位于第 h+1 层的结点数 \geqslant 2\lceil m/2 \rceil^{h-1}$$

则

$$h-1 \leqslant \log_{\lceil m/2 \rceil}((N+1)/2)$$

即 B 树的高度 $h \leqslant \log_{\lceil m/2 \rceil}((N+1)/2)+1$。注意,这里不包括失败结点所在的那一层。

若 B 树的阶数 $m=199$,关键码总数 $N=1999999$,则 B 树的高度 h 不超过 $\log_{100}1000000+1=4$。反之,若 B 树的阶数 $m=4$,高度 $h=3$,则关键码总数至少为 $N=2\lceil 4/2 \rceil^{3-1}-1=7$。

从以上推导可知,提高 B 树的阶数 m,可以减少树的高度,从而减少读入结点的次数,因而可减少读磁盘的次数。事实上,m 受到内存可使用空间的限制。当 m 很大超出内存工

作区容量时,结点不能一次读入内存,增加了读盘次数,也增加了结点内搜索的难度。

10.4.4　B 树的插入

B 树是从空树起,逐个插入关键码而生成的。在 B 树中,每个非失败结点的关键码个数都为 $\lceil m/2 \rceil - 1 \sim m-1$。插入是在某个叶结点(即第 h 层的结点)开始的。如果在关键码插入后结点中的关键码个数超出了上述范围的上界 $m-1$,则结点溢出需要分裂,否则可以直接插入。实现结点分裂的原则:

设结点 p 中已经有 $m-1$ 个关键码,当再插入一个关键码后结点中的状态为

$$(m, P_0, K_1, P_1, K_2, P_2, \cdots, K_m, P_m), \quad K_i < K_{i+1}, \quad 1 \leqslant i < m$$

这时必须把结点 p 分裂成两个结点 p 和 q,它们包含的信息分别为

结点 p:$(\lceil m/2 \rceil - 1, P_0, K_1, P_1, \cdots, K_{\lceil m/2 \rceil -1}, P_{\lceil m/2 \rceil -1})$

结点 q:$(m-\lceil m/2 \rceil, P_{\lceil m/2 \rceil}, K_{\lceil m/2 \rceil +1}, P_{\lceil m/2 \rceil +1}, \cdots, K_m, P_m)$

位于中间的关键码 $K_{\lceil m/2 \rceil}$ 与指向新结点 q 的指针形成一个二元组 $(K_{\lceil m/2 \rceil}, q)$,插入这两个结点的父结点中。例如,当 $m=3$ 时,所有结点最多有 $m-1=2$ 个关键码。若当结点中已经有 2 个关键码,结点已满,如图 10.31(a)所示。如果再插入一个关键码 139,则结点中的关键码个数超出了 $m-1$,如图 10.31(b)所示,此时必须进行结点分裂。分裂的结果如图 10.31(c)所示。

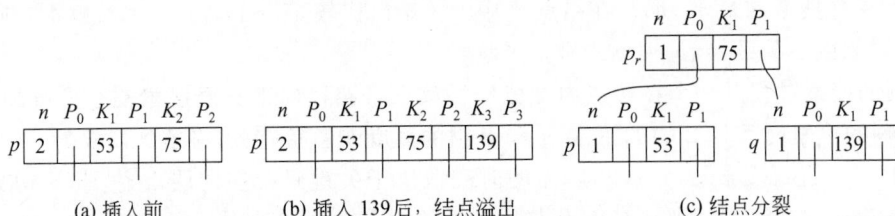

图 10.31　结点分裂的示例

图 10.32 给出 3 阶 B 树的从空树开始通过逐个加入关键码建立 B 树的示例。

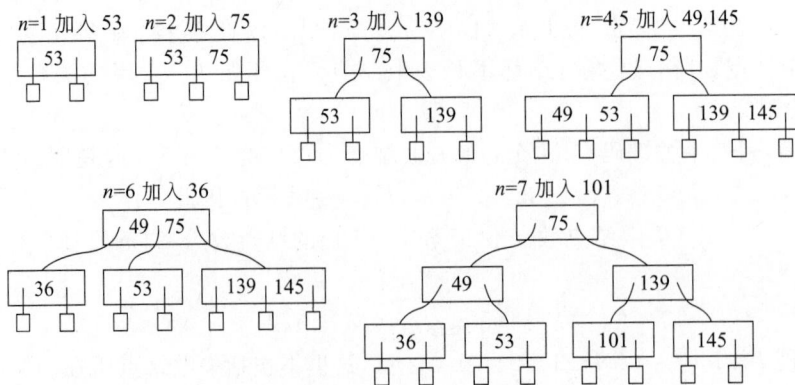

图 10.32　从空树开始的插入关键码和建树过程

从上例中可以看到,当 $n=1$ 时,树的高度为 1。再加入关键码 75,因结点中关键码个数没有超出 $m-1=2$,75 可直接插入,树的高度不变。当 $n=3$ 时,结点中插入 139 后关键码

个数超出 2，必须按结点分裂的原则进行处理，树的高度加到 2。

程序 10.7　B 树的插入算法

```
template <class T>
bool BTree<T>::Insert(T x) {
//插入关键码 x 到 B 树中。若插入成功，函数返回 true,否则函数返回 false
    int i, j, s = (m+1)/2; BNode<T> * p, * ap, * q;
    if (root == NULL) {                                   //空树
        root = new BNode<T>;
        root->ptr[0] = root->ptr[1] = NULL; root->key[1] = x;
        root->parent = NULL; root->n = 1;
        return true;
    }
    Triple<T> loc = Search(x);
    if (loc.tag == true) return false;                    //查找成功,不插入
    ap = NULL; i = loc.i; p = loc.r;                      //非空树
    while (1) {
        if (i > p->n) {p->key[i] = x; p->ptr[i] = ap;}
        else {
            for (j = p->n; j >= i; j--)                   //空出结点 p 第 i 个位置
                {p->key[j+1] = p->key[j]; p->ptr[j+1] = p->ptr[j];}
            p->key[j+1] = x; p->ptr[j+1] = ap;            //插入关键码 k
        }
        p->n++;                                           //结点关键码个数加 1
        if (p->n == m) {                                  //结点关键码个数超出上限
            q = new BNode<T>;                             //分裂,建立新结点 q
            q->ptr[0] = p->ptr[s];                        //传送 p 的后半部分给 q
            for (j = s+1; j <= m; j++) {
                q->key[j-s] = p->key[j]; q->ptr[j-s] = p->ptr[j];
            }
            p->n = s-1; q->n = m-s; q->parent = p->parent;
            for (j = 0; j <= q->n; j++)
                if (q->ptr[j] != NULL) q->ptr[j]->parent = q;
            x = p->key[s]; ap = q;                        //(x, ap)形成向上插入二元组
            if ( p->parent != NULL ) {                    //分裂的不是根结点
                p = p->parent;                            //转向父结点插入中间关键码
                for (i = 1; i <= p->n && p->key[i] < x; i++);
            }
            else {                                        //分裂的是根结点
                root = new BNode<T>;
                root->n = 1; root->parent = NULL;
                root->ptr[0] = p; root->ptr[1] = ap;
                p->parent = root; ap->parent = root;
                root->key[1] = x; return true;            //新根结点创建完,返回
            }
        }
        else return true;                                 //插入后结点不溢出,返回
    }
};
```

一般地,若在 3 阶 B 树中关键码个数为 N,则树的高度为 $h \leqslant \log_2((N+1)/2)+1$。当 n 加到 6 时,$h \leqslant \log_2((6+1)/2)+1 \approx 2.8$;而当 $n=7$ 时,$h = \log_2((7+1)/2)+1 = 3$。

若设 B 树的高度为 h,那么在自顶向下搜索叶结点的过程中需要进行 h 次读盘。在最坏情况下需要自底向上分裂结点,从被插关键码所在叶结点到根的路径上的所有结点都要分裂。当分裂一个非根的结点时需要向磁盘写出 2 个结点(原结点和新生的兄弟结点),当分裂根结点时需要写出 3 个结点(再加上一个父结点)。如果所用的内存工作区足够大,使得在向下搜索时读入的结点在插入后向上分裂时不必再从磁盘读入,那么,在完成一次插入操作时,需要读写磁盘的次数 = 找插入结点向下读盘次数 + 分裂非根结点时写盘次数 + 分裂根结点时写盘次数 $= h + 2(h-1) + 3 = 3h + 1$。

当 m 较大时,访问磁盘的平均次数近似为 $h+1$。

10.4.5　B 树的删除

如果想要在 B 树上删除一个关键码,首先需要找到这个关键码所在的结点,从中删除这个关键码。若该结点不是叶结点,且被删关键码为 $K_i, 1 \leqslant i \leqslant n$,则在删去该关键码之后,应以该结点 P_i 所指示子树中的最小关键码 x 来代替被删关键码 K_i 所在的位置,然后在 x 所在的叶结点中删除 x。现在问题归于在叶结点中删除关键码。

在叶结点上的删除有 4 种情况,下面分别加以说明。

(1) 若被删关键码所在叶结点同时又是根结点且删除前该结点中关键码个数 $n \geqslant 2$,则直接删除该关键码并将修改后的结点写回磁盘,删除结束,如图 10.33 所示。

图 10.33　删除关键码所在结点既是根结点也是叶结点

(2) 若被删关键码所在叶结点不是根结点且删除前该结点中关键码个数 $n \geqslant \lceil m/2 \rceil$,则直接删除该关键码并将修改后的结点写回磁盘,删除结束,如图 10.34 所示。

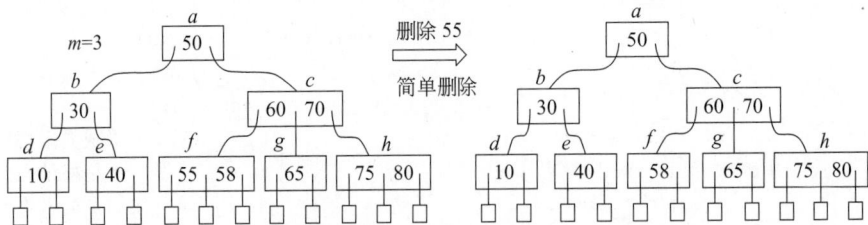

图 10.34　删除关键码所在结点是叶结点但不是根结点

(3) 被删关键码所在叶结点删除前关键码个数 $n = \lceil m/2 \rceil - 1$,若这时与该结点相邻的右兄弟(右兄弟没有则左兄弟)结点的关键码个数 $n \geqslant \lceil m/2 \rceil$,则可按以下步骤调整该结点、右兄弟(或左兄弟)结点以及其父结点,以达到新的平衡,如图 10.35 所示。

① 将父结点中刚刚大于(或小于)该被删关键码的关键码 $K_i (1 \leqslant i \leqslant n)$ 下移到被删关键码所在结点中。

② 将右兄弟(或左兄弟)结点中的最小(或最大)关键码上移到父结点的 K_i 位置。

③ 将右兄弟(或左兄弟)结点中的最左(或最右)子树指针平移到被删关键码所在结点中最后(或最前)子树指针位置。

④ 在右兄弟(或左兄弟)结点中,将被移走的关键码和指针位置用剩余的关键码和指针填补、调整,再将结点中的关键码个数减 1。

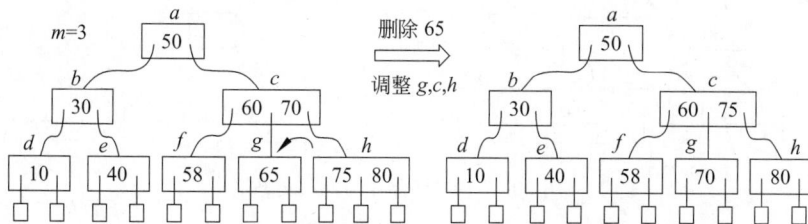

图 10.35　在关键码删除后与右兄弟(或左兄弟)、父结点联合调整

(4) 被删关键码所在叶结点删除前关键码个数 $n = \lceil m/2 \rceil - 1$,若这时与该结点相邻的右兄弟(或左兄弟)结点的关键码个数 $n = \lceil m/2 \rceil - 1$,则必须按以下步骤合并这两个结点,如图 10.36 所示。

① 将父结点 p 中相应关键码下移到选定保留的结点中。若要合并 p 中的子树指针 P_i 与 P_{i+1} 所指的结点,且保留 P_i 所指结点,则把 p 中的关键码 K_{i+1} 下移到 P_i 所指的结点中。

② 把 p 中子树指针 P_{i+1} 所指结点中的全部指针和关键码都照搬到 P_i 所指结点的后面。删除 P_{i+1} 所指的结点。

③ 在父结点 p 中用后面剩余的关键码和指针填补关键码 K_{i+1} 和指针 P_{i+1}。

④ 修改父结点 p 和选定保留结点的关键码个数。

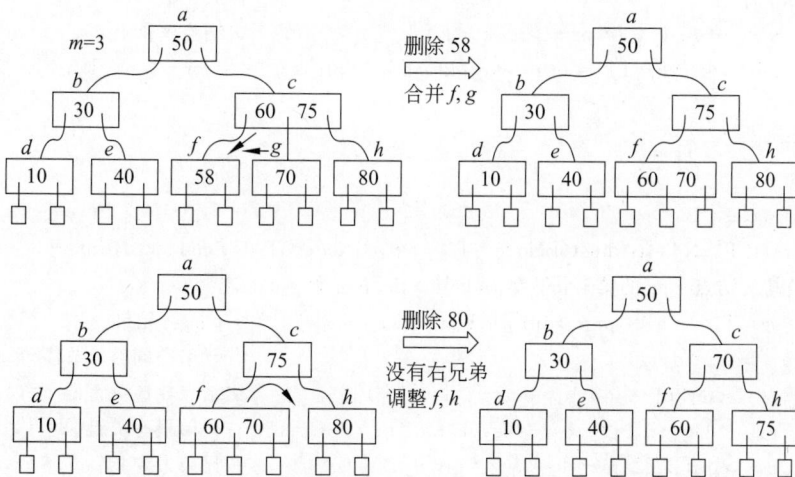

图 10.36　在关键码删除后与右兄弟(或左兄弟)结点合并

在合并结点的过程中,父结点中的关键码个数减少了。若父结点是根结点且结点关键码个数减到 0,则该父结点应从树上删除,合并后保留的结点成为新的根结点;否则将父结点与合并后保留的结点都写回磁盘,删除处理结束。若父结点不是根结点,且关键码个数减到 $\lceil m/2 \rceil - 2$,又要与它自己的兄弟结点合并,重复上面的合并步骤。最坏情况下这种结点合并处理要自下向上直到根结点,如图 10.37 所示。

程序 10.8　B 树的关键码删除算法
template <class T>

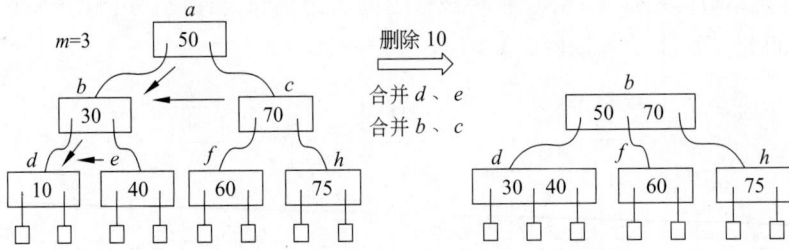

图 10.37 结点合并与调整处理

```
void BTree<T>::merge(BNode<T> * p, BNode<T> * pr, BNode<T> * q, int i) {
//*p 是其父结点*pr 的第 i 个子女,算法让*p 与其右兄弟*q 合并,保留*p 结点,父结点*pr 的
//key[i+1]下落到*p
    p->key[(p->n)+1] = pr->key[i+1];              //从父结点*pr 下降关键码 key[i+1]
    p->ptr[(p->n)+1] = q->ptr[0];                 //从右兄弟*q 左移指针 q->str[0]
    if (q->ptr[0] != NULL) q->ptr[0]->parent = p;
    for (int k = 1; k <= q->n; k++) {             //右兄弟结点其他信息左移
        p->key[(p->n)+k+1] = q->key[k];
        p->ptr[(p->n)+k+1] = q->ptr[k];
        if (q->ptr[k] != NULL) q->ptr[k]->parent = p;
    }
    p->n = (p->n)+(q->n)+1;                        //修改*p 中关键码个数
    delete q;                                      //释放*q
    for (k = i+2; k <= pr->n; k++) {               //父结点*pr 压缩
        pr->key[k-1] = pr->key[k]; pr->ptr[k-1] = pr->ptr[k];
    }
    pr->n--;
};
template <class T>
bool BTree<T>::LeftAdjust(BNode<T> * p, BNode<T> * pr, int d, int j) {
//*p 是其父结点*pr 的第 j 个子女,*p 与*pr、右兄弟*q 一起调整
    BNode<T> *q = pr->ptr[j+1]; int k;             //*p 的右兄弟
    if (q->n > d-1) {                              //右兄弟空间够,做移动
        p->key[p->n+1] = pr->key[j+1];             //父结点相应关键码下移
        pr->key[j+1] = q->key[1];                  //右兄弟最小关键码上移
        p->ptr[p->n+1] = q->ptr[0];                //右兄弟最左指针左移
        if (q->ptr[0] != NULL) q->ptr[0]->parent = p;
        for (k = 1; k <= q->n; k++) q->ptr[k-1] = q->ptr[k];
        for (k = 2; k <= q->n; k++) q->key[k-1] = q->key[k];
        p->n++;    q->n--; return false;
    }
    else {merge(p, pr, q, j); return true;}        //*p 与*q 合并
};
template <class T>
bool BTree<T>::RightAdjust(BNode<T> * p, BNode<T> * pr, int d, int j) {
//*p 是其父结点*pr 的第 j 个子女,*p 与*pr、左兄弟*q 一起调整
```

```cpp
        BNode<T> * q = pr->ptr[j-1]; int k;           // * p 的左兄弟
        if (q->n > d-1) {                             //左兄弟空间够, 做移动
            for ( k = p->n; k >= 0; k-- ) p->ptr[k+1] = p->ptr[k];
            for ( k = p->n; k >= 1; k-- ) p->key[k+1] = p->key[k];
            p->ptr[0] = q->ptr[q->n];                 //左兄弟最后指针右移
            if (q->ptr[q->n] != NULL) q->ptr[q->n]->parent = p;
            p->key[1] = pr->key[j];                   //父结点相应关键码下移
            pr->key[j] = q->key[q->n];                //左兄弟最后关键码上移
            q->n--;   p->n++; return false;
        }
        else {merge(q, pr, p, j-1); return true;}     // * q 与 * p 合并
};
template <class T>
bool BTree<T>::Remove(T x) {
//算法从 B 树中删除关键码 x。若删除成功,函数返回 true,否则返回 false
    Triple<T> loc = Search(x);
    if (loc.tag == false) return false;               //没有找到 x 不删除
    int i = loc.i, j, d = (int)(m+1)/2;
    BNode<T> * p = loc.r, * pr, * s; bool succ;
    if (p->ptr[i] != NULL) {                          //若 p 是非叶结点
        s = p->ptr[i]; pr = p;                        //寻找 key[i] 右子树最左下结点
        while (s != NULL) {pr = s; s = s->ptr[0];}
        p->key[i] = pr->key[1];                       //用此结点最小关键码填补
        for (j = 2; j <= pr->n; j++)
            {pr->key[j-1] = pr->key[j]; pr->ptr[j-1] = pr->ptr[j];}
        pr->n--;                                      //叶结点关键码个数减 1
        p = pr;                                       //下一步处理 q 结点中的删除
    }
    else {                                            //若 p 是叶结点
        for (j = i+1; j <= p->n; j++)
            {p->key[j-1] = p->key[j]; p->ptr[j-1] = p->ptr[j];}
        p->n--;                                       //叶结点关键码个数减 1
    }
    while (1) {                                       //叶结点删除关键码后调整
        if (p->n < d-1) {                             //小于 d-1, 需要调整
            pr = p->parent;                           //在父结点 pr 中找指向 p 的指针
            for (j = 0; j <= pr->n; j++)
                if (pr->ptr[j] == p) break;
            if (j == 0)                               //p 是 pr 最左子女, 与右兄弟调整
                succ = LeftAdjust ( p, pr, d, j );
            else succ = RightAdjust(p, pr, d, j);     //否则与左兄弟调整
            if (succ)                                 //继续向上做结点调整工作
                {p = pr; if (p == root) break;}
        }
        else break;                                   //不小于 m/1 -1, 无须调整, 退出
```

```
    }
    if (root->n == 0) {                              //当根结点为空时删根结点
        p = root->ptr[0]; delete root;
        root = p; root->parent = NULL;
    }
    return true;
};
```

假设 B 树的高度为 h,所用的内存工作区足够大,在自顶向下的搜索过程中读入的结点都可以放在内存中,为找到被删关键码并到叶结点中寻找填补关键码,需要读入 h 个结点。最坏情况下,在自底向上的重构过程中对从叶结点到根结点的路径上的所有 h 个结点要做合并操作。在合并过程中需要读入 $h-1$ 个右兄弟(或左兄弟)结点,最后把合并成的 $h-1$ 个结点写回磁盘,释放一个根结点和 $h-1$ 个兄弟结点。因此,总共需要读写磁盘 $3h-2$ 次,释放 h 个结点。

** 10.4.6 B⁺ 树

B⁺ 树是 1974 年由 Wedekind 提出来的,它可以看作是 B 树的一种变形,在实现文件索引结构方面比 B 树使用得更普遍。

1. B⁺ 树的定义

一棵 m 阶 B⁺ 树是 B 树的特殊情形,它与 B 树的不同之处在于:

(1) 所有关键码都存放在叶结点中,上层的非叶结点的关键码是其子树中最小(或最大)关键码的复写。

(2) 叶结点包含了全部关键码及指向相应数据记录存放地址的指针,且叶结点本身按关键码从小到大顺序链接。

(3) 每个非叶结点有 m 棵子树必有 m 个关键码,关键码 $k_i(1 \leqslant i < m)$ 是指针 P_i 所指子树中最大关键码的复写,如图 10.38 所示。

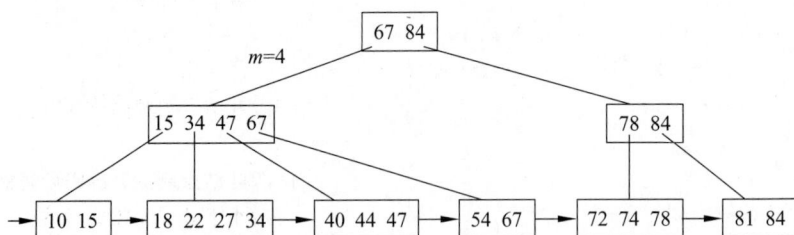

图 10.38 一棵 4 阶 B⁺ 树

一棵 m 阶 B⁺ 树的结构定义如下:

(1) 每个结点最多有 m 棵子树(子结点);

(2) 根结点最少有一棵子树,除根结点外,其他结点至少有 $\lceil m/2 \rceil$ 棵子树;

(3) 所有叶结点在同一层,按从小到大的顺序存放全部关键码,各个叶结点顺序链接;

(4) 有 n 个子树的结点有 n 个关键码;

(5) 所有非叶结点可以看成是叶结点的索引,结点中关键码 K_i 与指向子树的指针 P_i 构成对子树(即下一层索引块)的索引项 (K_i, P_i),K_i 是子树中最大的关键码。

叶结点中存放的是对实际数据记录的索引,每个索引项(K_i,P_i)给出数据记录的关键码及实际存储地址。

图 10.38 给出一棵 4 阶 B$^+$ 树的示例。所有非叶结点中子树棵数 $2 \leqslant n \leqslant 4$,其所有的关键码都出现在叶结点中,且在叶结点中关键码有序地排列。上面各层结点中的关键码都是其子树上最大关键码的副本。由此可知,B$^+$ 树的构造是自下而上的,m 限定了结点的大小,从下向上地把每个结点的最大关键码复写到上一层结点中。

通常在 B$^+$ 树中有两个头指针:一个指向 B$^+$ 树的根结点;另一个指向关键码最小的叶结点。因此,可以对 B$^+$ 树进行两种搜索运算:一种是循叶结点自己拉起的链表顺序搜索;另一种是从根结点开始,进行自顶向下,直至叶结点的随机搜索。

在 B$^+$ 树上进行随机搜索、插入和删除的过程基本上与 B 树类似。只是在搜索过程中,如果非叶结点上的关键码等于给定值,搜索并不停止,而是继续沿右指针向下,一直查到叶结点上的这个关键码。因此,在 B$^+$ 树中,不论搜索成功与否,每次搜索都是走了一条从根到叶结点的路径。B$^+$ 树的搜索分析类似于 B 树。

2. B$^+$ 树的插入

B$^+$ 树的插入仅在叶结点上进行。每插入一个(关键码-指针)索引项后都要判断结点中的索引项个数是否超出范围 m。当插入后叶结点中的关键码个数 $n > m$ 时,需要将叶结点分裂为两个结点,它们所包含的关键码个数分别为 $\lceil (m+1)/2 \rceil$ 和 $\lfloor (m+1)/2 \rfloor$。并且它们的父结点中应同时包含这两个结点的最大关键码和结点地址。此后,问题归于在非叶结点中的插入。

在非叶结点中关键码的插入与叶结点的插入类似,但非叶结点中的子树棵数的上限为 m,超出这个范围就需要进行结点分裂。在做根结点分裂时,因为没有父结点,就必须创建新的父结点,作为树的新根。这样树的高度就增加了一层。图 10.39 通过在一棵 4 阶 B$^+$ 树上连续插入 13 个关键码,来描述在插入过程中 B$^+$ 树的变化。

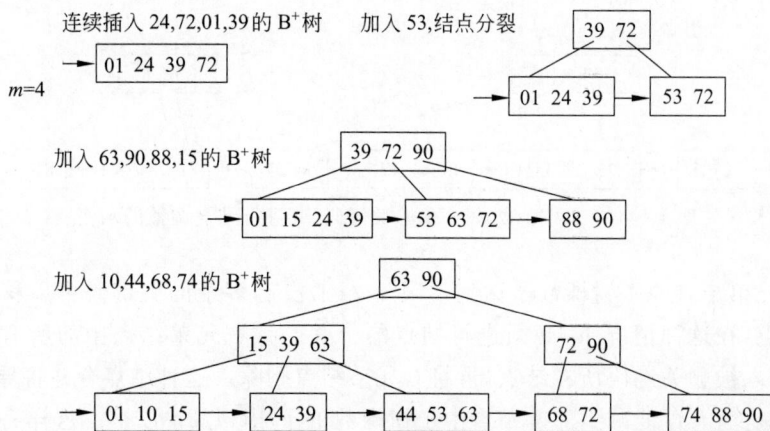

图 10.39 B$^+$ 树插入的示例

B$^+$ 树插入算法的分析同样考虑算法对磁盘的访问次数,它的分析方法与 B 树的分析方法类似,并假设从根到叶结点的路径上所有结点都可以存放在内存中。在这样的假设下,高度为 h 的 B$^+$ 树共需 $3h+1$ 次磁盘访问。平均情况下大约 $h+1$ 次磁盘访问。

3. B⁺树的删除

B⁺树的删除仅在叶结点上进行。当在叶结点上删除一个(关键码-指针)索引项后,结点中的索引项个数仍然不少于$\lceil m/2 \rceil$,这属于简单删除,其上层索引可以不改变。例如,在图 10.38 所示的 4 阶 B⁺树中删除关键码为 47 的索引项后,虽然删除的是该结点的最大关键码,但因在其上层的副本只是起了一个引导搜索的分界关键码的作用,所以即使树中已经删除了关键码 47,但上层的副本仍然可以保留,如图 10.40 所示。

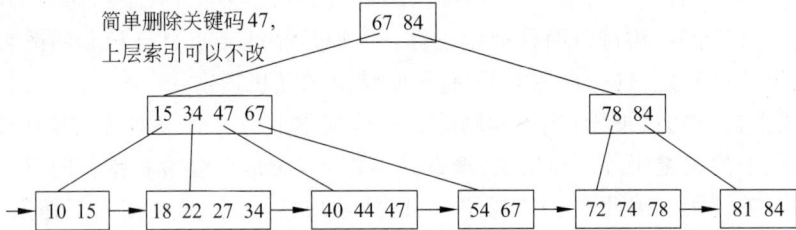

图 10.40　从 4 阶 B⁺树中做简单删除的例子

如果在叶结点中删除一个(关键码-指针)索引项后,该结点中的子树棵数 n 小于结点子树棵数的下限$\lceil m/2 \rceil$,必须做结点的调整或合并工作。例如,在图 10.40 所示的 4 阶 B⁺树中从叶结点中删除关键码为 15 的索引项后,该结点中的索引项个数$=1<\lceil 4/2 \rceil=2$,这时看它的右兄弟结点,发现右兄弟结点中的子树棵数$=4>2$,因此可从右兄弟结点中移最左(关键码-指针)索引项到这个被删关键码所在的结点中,使得两个结点中子树棵数都在允许范围之内。如图 10.41 所示,此时,因为右兄弟结点中的最小关键码为 18 的索引项已经移入被删关键码所在结点,其上层的分界关键码不能还是 15 了,必须把新的分界关键码 18 送到上层非叶结点中。

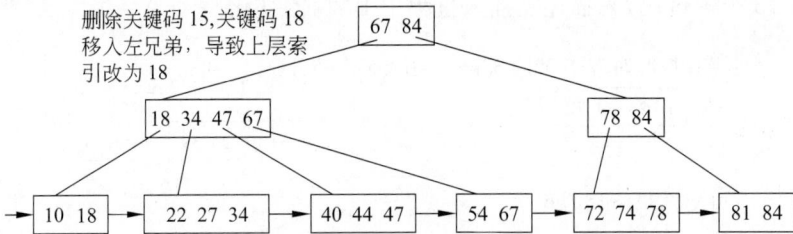

图 10.41　在 4 阶 B⁺树中删除关键码 15 进行结点调整的示例

如果右兄弟结点的子树棵数已达到下限$\lceil m/2 \rceil$,没有多余的关键码可以移入被删关键码所在的结点,在这种情况下,必须进行结点的合并。将右兄弟结点中的所有(关键码-指针)索引项移入被删关键码所在结点,再将右兄弟结点删除。这种结点合并将导致父结点中分界关键码减少,有可能减到非叶结点中子树棵数的下限$\lceil m/2 \rceil$以下。这样将引起非叶结点的调整或合并。如果根结点的最后两个子女结点合并,树的层数就会减少一层。例如,在图 10.41 所示的 B⁺树上连续删除叶结点中的关键码 74,78 后,该结点的索引项个数减为 1,小于结点下限$\lceil 4/2 \rceil$,其右兄弟结点中的子树棵数为 2,已经达到结点下限,因此必须进行结点合并。所有(关键码-指针)索引项都集中于左方的结点,将右方结点删除。这样导致其上层的非叶结点中的子树棵数 $n(=1)<\lceil 4/2 \rceil$,必须与其左兄弟结点进行调整。其左兄弟

结点中的子树棵数 $n(=4)>\lceil 4/2\rceil$,可以将它属下的最右的一个叶结点移到右边的非叶结点下面,同时修改各非叶结点相应的分界关键码,从而达到新的平衡,如图 10.42 所示。

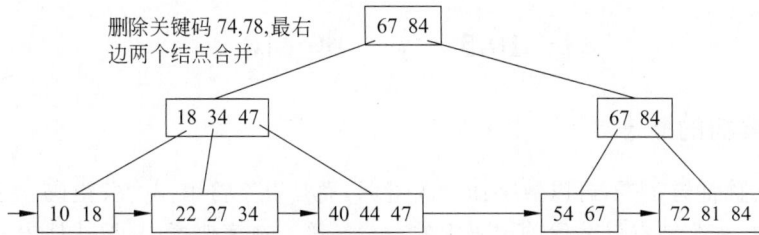

图 10.42　在 4 阶 B$^+$ 树中删除关键码 33 进行结点合并的示例

B$^+$ 树删除算法分析的结果与 B 树的分析结果一致。

**10.4.7　VSAM

VSAM 是 virtual storage access method(虚拟存储存取方法)的缩写,它是一种索引顺序文件的组织方式,是 B$^+$ 树应用的一个典型的例子。

VSAM 文件结构由 3 部分组成:索引集、顺序集和数据集,如图 10.43 所示。

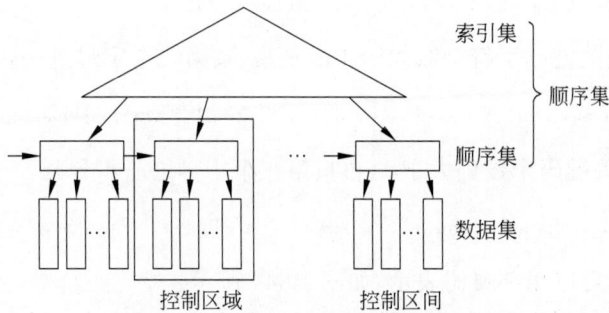

图 10.43　VSAM 文件结构示意图

VSAM 文件的记录均放在数据集中。数据集中的一个结点称为控制区间,它是一个 I/O 操作的基本单位,由一组连续的存储单元组成。控制区间的大小可随文件大小的不同而不同,但同一文件上的控制区间的大小相同。每个控制区间含有一个或多个按关键码递增有序排列的记录。顺序集和索引集构成一棵 B$^+$ 树,它是文件的索引部分。顺序集中存放每个控制区间的索引项。每个控制区间的索引项由两部分信息组成,即该控制区间中的最大关键码和指向控制区间的指针。若干相邻控制区间的索引项形成顺序集中的一个结点,结点之间用指针相连,每个结点又在其上层的结点中建有索引,且逐层向上建立索引。所有索引项都是由最大关键码和指针两部分组成,这些高层的索引项形成 B$^+$ 树的非叶结点。因此,VSAM 文件既可在顺序集中进行顺序存取,又可从 B$^+$ 树的根结点出发进行按关键码存取。顺序集中一个结点连同其对应的所有控制区间形成一个整体,称为控制区域。每个控制区间可视为一个逻辑磁道,而每个控制区域可视为一个逻辑柱面。

插入记录时,将记录插入相应的控制区间。若控制区间已满,则控制区间按 B$^+$ 树结点进行分裂。近一半记录移到同控制区域的另一控制区间,修改相应索引。

删除记录时,需将同一控制区间中较待删记录键值大的记录向前移动,把空间留给以后插入的新记录。若整个控制区间变空,则需修改顺序集中相应的索引项。

10.5　字　典　树

10.5.1　字典树的概念

字典树又称键树,它不再以数字作为关键码,而是以字符串作为关键码。字典树是另一种多叉查找树,每个结点仅表示关键码中的一个字符。在字典树中,把从根出发的每条路径上所对应的字符连接起来,就得到一个字符串。如果关键码是数字串,则每个结点中只包含一个数位,此时的字典树又称数字查找树;如果关键码是单词,则每个结点中只包含一个字母或其他字符,此时的字典树又称字符树。

这种树适用:①关键码长度大小不一的情况;②多个关键码有相同的前缀的情况。

先举一个例子。设关键码集合有 10 个关键码,即{cai, cao, li, chang, chu, lan, wu, wang, lin, zhao },现在对它们做如下逐层划分:

第一步,先把它们按第一个字母分成 4 个子集:

{{cai, cao, chang, chu}, {li, lan, lin}, {wu, wang}, {zhao}}

第二步,对其中关键码字符个数大于 1 的子集,按第二个字母进一步分割:

{{{cai, cao}, {chang, chu}}, {{lan}, {li, lin}}, {{wang}, {wu}}, {zhao}}

若所得子集中关键码个数仍大于 1,再按第三个字母进一步分割:

{{{{cai}, {cao}}, {{chang}, {chu}}}, {{lan}, {{li}, {lin}}}, {{wang}, {wu}}, {zhao}}

这种层次关系,可以用字典树表示,如图 10.44 所示。

为了搜索、插入与删除方便,我们约定字典树是有序树,即同一层中结点的字符自左向右有序。例如在图 10.44 中,4 棵子树分别代表第一个字母为 c、l、w、z 的 4 个关键码子集,它们按字典顺序有序。从根到叶结点的路径上所有结点所包含的字母构成的字符串就表示一个关键码,叶结点标示关键码的终结,叶结点中的字符" * "标示关键码的结束(约定" * "小于关键码其他任何字符),同时它存放有指向实际数据记录的指针。

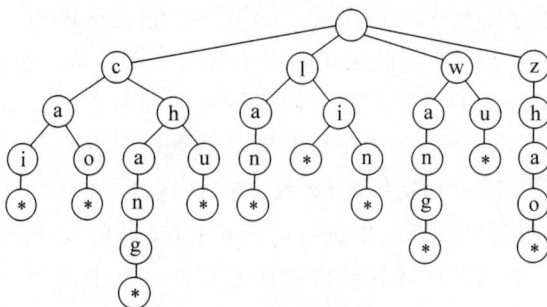

图 10.44　一个字典树的例子

在字典树中搜索指定关键码的过程:首先用指定关键码的第一个字符与根的各个子树

的根所包含的字符进行比较,如果没有匹配的字符则搜索失败;否则到匹配相等的那棵子树上继续下一步的搜索比较。然后用指定关键码的第二个字符与选定的这棵树的根的各个子女进行比较,再沿着比较相等的分支进行下一步的搜索比较。直到进行到某一层,指定关键码完全匹配成功,并且在字典树中对应结点有指向叶结点($*$)的指针,则搜索成功,再通过该叶结点就可检索到所要搜索的数据记录。如果搜索到某一层,树中结点所包含的字符与待查关键码相应位置的字符不同,则搜索失败,说明此关键码在字典树中没有出现。

常见的存储字典树的方法有两种:双链树表示与多链表示。它们都属于前缀树,每个结点仅存储关键码的一个字符,不同关键码若有共同前缀,在字典树上这些前缀字符仅存一次。

10.5.2 双链树表示

双链树是键树的子女-兄弟链表表示。每个非叶结点包括 3 个域(symbol, first, next)。其中,symbol 域存储关键码的一个字符;first 域存储指向第一棵子树的指针;next 域存储指向其右兄弟(下一棵子树根结点)的指针。叶结点有 3 个域(symbol, infoptr, next)。其中,symbol 存放关键码结束符'$*$';infoptr 域存放指向该关键码所标识的数据记录的指针;next 域存储指向其右兄弟(下一棵子树根结点)的指针,可以为 NULL。例如,由图 10.44 所示的字典树转换成的双链树标示如图 10.45 所示。

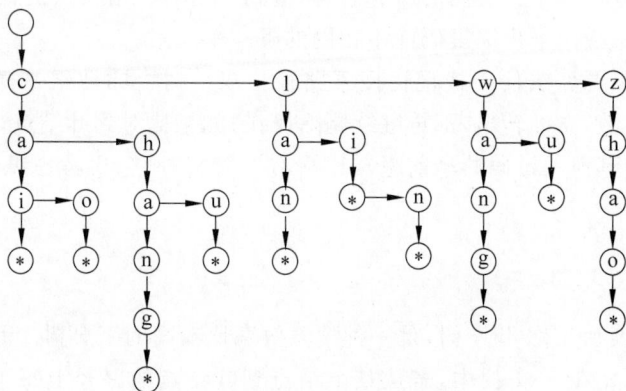

图 10.45 字典树的双链树表示

双链树中每个结点的最大的度数 d 与关键码字符的"基"有关。"基"是指关键码中每一位的可能取值个数,若关键码是单词,则基为 26,$d = 27$;若关键码是数字,则基等于 10,$d = 11$。双链树的深度取决于关键码中的字符或数位的个数。

假设关键码中每位取"基"内任何值的概率相等,则在双链树中搜索每位的平均搜索长度,在顺序搜索时为 $(d+1)/2$。又假设关键码中字母(或数位)的个数都相等($= h$),则在双链树中搜索成功的平均搜索长度为 $h(d+1)/2$。

在双链树中的搜索是从根开始的,沿某条路径逐个结点与关键码 x 对应各位进行比较,若比较到 x 的尾部对应位都相等,则搜索成功,否则搜索失败。

在双链树中插入一个新关键码 r,如 zhong 时,先调用搜索算法 search 在树中搜索关键码与 zhong 匹配的结点。若搜索成功,说明双链树中已有包含此元素的结点,插入失败,函数返回 false;若在双链树中没有查到关键码与 zhong 匹配的结点,且是在树中搜索过程中到 zha 横向搜索失败的,则将 zhong 的后半段 ong 插入到这里,如图 10.46 所示,函数返回 true。记住:如果树中已存在与新关键码有共同前缀的结点,算法不需要插入这个关键码中的所有字符,只需要插入那些与双链树中结点不能匹配的字符。

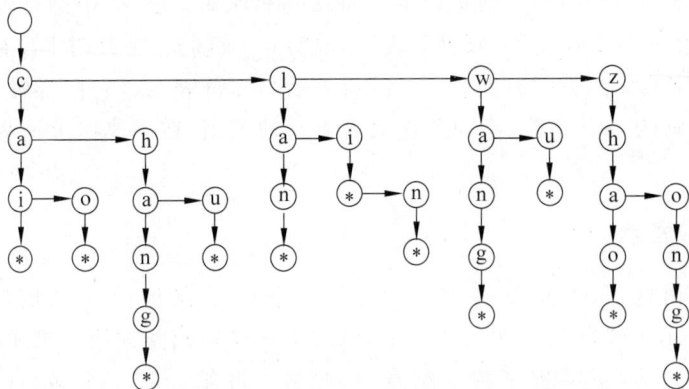

图 10.46　插入新关键码后的双链树

借助二叉树的中序遍历思路,就能用递归方式输出双链树 T 中以 $*p$ 为根子树的输出。首先纵向递归遍历一个关键码的所有字符,遇到"$*$"后输出元素信息;然后逐个字符退回,如果横向链非空,横向输出关键码前缀相同的下一个元素。

双链树的删除需要算法使用栈记忆搜索路径。双链树上的搜索是横向与纵向交替进行,如果中途比对失败,立即转出,不再继续删除操作;如果比对到叶结点,则搜索成功,首先考虑横向链删除(与其他关键码共享前缀),让它右兄弟替补它;再考虑纵向链删除,把它和它的子孙全部删除。

10.5.3　Trie 树

字典树的多链表示又称 Trie 树,是一种搜索效率比较高的字典树。Trie 是 retrieve(检索)的中间几个字母。在 Trie 树中,若从某个结点到叶结点的路径上每个结点的子女只有一个,则可将该路径上的所有结点压缩成一个叶结点,且在该叶结点中存储关键码及指向对应数据记录的指针等信息。因此,在 Trie 树上只有两种结点:分支(branch)结点和叶(leaf)结点。分支结点中不设置数据域,只设置 d 个指针域和一个指示该结点中非空指针个数的整数。其中,d 与"基"相关,若关键码由英文字母组成,加上"$*$",有 27 个指针,则 $d = 27$;若关键码由十进制数字组成,加上"$*$",有 11 个指针,则 $d = 11$。叶结点只有数据域和指向对应数据记录的指针。

图 10.47 是从图 10.44 所示的字典树转换成的 Trie 树。与双链树类似,"$*$"代表搜索字符串 $x[]$ 中最后一个结束符,表示关键码的结束。它在分支结点中也有一个指针,若搜索成功,比较到最后总能遇到 $x[]$ 中的"$*$"。

Trie 树的搜索效率比双链树高,但它分支结点中许多指针是空的,占用了较多的存储。一个既节省存储又有较高搜索效率的方案是把双链树和 Trie 树结合起来,在靠近根的地方,兄弟较多,采用 Trie 树的分支结点组织,树在下面几层兄弟较少,采用双链树组织,叶结

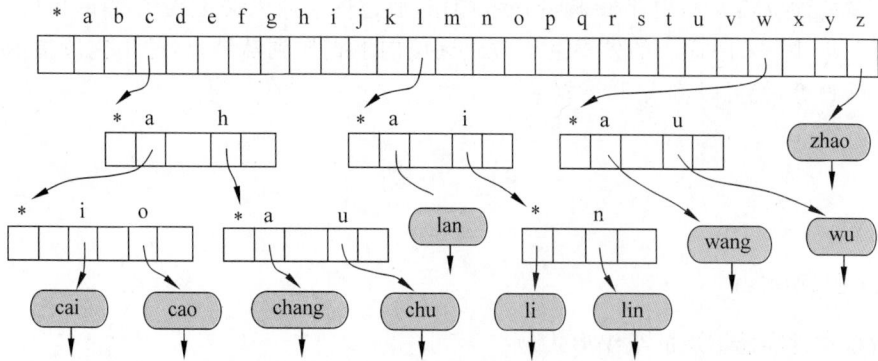

图 10.47　一棵 Trie 树

点还是采用 Trie 树的结构。

在 Trie 树上搜索关键码时,算法首先调用定位算法 Locate 对关键码第 k ($k = 0, 1,$ $2\cdots$)位字符在结点中的下标,得到在结点中的指针位置,再按照对应指针进行搜索。如果返回 NULL,搜索失败;否则函数返回找到的叶结点地址。

在 Trie 树上插入新元素 r 时,算法首先判断插入前树是否为空。若插入前树为空,则创建一个分支结点和叶结点,把新结点 r 的信息填入;若插入前树非空,需要从根开始,查找插入位置。若查找到某个分支结点后继续查找失败,则在该结点下面插入新叶结点,把 r 信息填入;否则若已查到叶结点,但叶结点的关键码不是要查找元素的关键码,需要在此创建新的分支结点,链接原有的叶结点和新叶结点,再把 r 信息填入。

例如,在图 10.47 所示的 Trie 树上插入关键码 huang 和 zhong,插入后的 Trie 树如图 10.48 所示。插入 huang 时,根结点 h 位置的指针为空,huang 直接作为叶结点链入。插入 zhong 时,根结点 z 位置的指针指示叶结点 zhao,此时需要增加一个非叶结点,把 zhao 和 zhong 链入此非叶结点下。

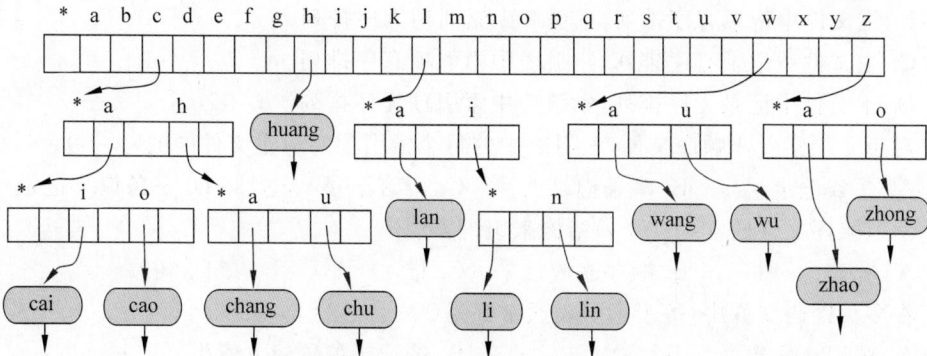

图 10.48　在 Trie 树上插入新元素

在 Trie 树上执行删除时,算法需要使用一个栈,记忆回退的结点序列。为删除这个结点,算法首先要找到这个结点,如果没有找到则删除失败;否则删除这个结点。但删除结点可能导致上层分支结点的子树指针个数减少,如果减少到 0 则分支结点也要被删除;如果减少到 1 则分支结点缩小为叶结点。

Trie 树的建立需要利用 Trie 树的插入操作,通过逐个插入关键码到 Trie 树中,就可以建立一棵 Trie 树;采用递归的先根遍历方式逐层向下查找到叶结点,输出它所指示数据区保存的关键码等,就可以输出 Trie 树。

习 题

一、单项选择题

1. 数据在外存储器中的组织形式是( )。
    A. 数组   B. 表   C. 文件   D. 链表

2. 文件存储在外存储器的基本单位称为( )。
    A. 结点   B. 数据项   C. 关键码   D. 物理记录

3. 顺序文件适宜于( )。
    A. 直接存取   B. 成批处理   C. 按关键码存取   D. 随机存取

4. 散列文件又称按桶散列文件,若散列文件中含有 m 个基桶,每个桶能够存储 k 个记录,若不使用溢出桶,则该散列文件最多能够存储( )个记录。
    A. $m+k$ B. $m\times k-1$ C. $m\times k+1$ D. $m\times k$

5. 散列文件的特点是( )。
    A. 记录按关键码排序
    B. 记录可以进行顺序存取
    C. 存取速度快但占用较多的存储空间
    D. 记录不需要排序且存取效率高

6. 索引非顺序文件是指( )。
    A. 主文件中记录无序排列,索引表中索引项有序排列
    B. 主文件中记录有序排列,索引表中索引项无序排列
    C. 主文件中记录有序排列,索引表中索引项有序排列
    D. 主文件中记录无序排列,索引表中索引项无序排列

7. 对于一个索引非顺序文件,索引表中的每个索引项对应主文件中的( )。
    A. 一条记录   B. 多条记录   C. 所有记录   D. 三条以下记录

8. 索引顺序文件通常用( )结构来组织索引。
    A. 链表   B. 顺序表   C. 堆   D. 树

9. 在多关键码文件中,每个索引表通常都是( )。
    A. 按记录号建立索引   B. 按记录位置建立索引
    C. 稀疏索引   D. 稠密索引

10. 在多重链表文件中,通常包含( )索引表。
    A. 一个   B. 多个   C. 两个   D. 一个或两个

11. 倒排文件包含若干个倒排表,倒排表中每个索引项的内容是( ),倒排文件检索速度快,但修改维护较困难。
    A. 一个关键码值和具有该关键码的记录的地址

B. 一个属性值和具有该属性的一个记录的地址

C. 一个属性值和具有该属性的全部记录的地址

D. 多个关键码值和它们相对应的某个记录的地址

12. 设在磁盘上存放 375 000 个记录,做五路平衡归并排序,内存工作区能够容纳 600 个记录,为把所有记录排好序,需要做( )趟归并排序。

  A. 3   B. 4   C. 5   D. 6

13. 设有 5 个初始归并段,每个归并段有 20 个记录,采用五路平衡归并排序,若不采用败者树,使用传统的顺序选小(见 9.4.1 节直接选择排序)的方法,总的比较次数是( )。

  A. 20   B. 258   C. 396   D. 500

14. 设有 5 个初始归并段,每个归并段有 20 个记录,采用五路平衡归并排序,若采用败者树选小的方法,总的比较次数是( )。

  A. 20   B. 250   C. 300   D. 500

15. 下面关于生成不等程度初始归并段的置换-选择过程的叙述中不正确的是( )。

  A. 置换-选择过程用于生成外排序的初始归并段

  B. 置换-选择过程是完成将一个磁盘文件排列成有序文件有效的外排序算法

  C. 置换-选择过程生成的初始归并段的长度平均是内存工作区的 2 倍

  D. 置换-选择过程得到的是一些不等长的初始归并段

16. 最佳归并树在外排序中的作用是( )。

  A. 完成 k 路归并排序   B. 设计 k 路归并排序的优化方案

  C. 产生初始归并段   D. 与锦标赛树的作用类似

17. 在做 k 路平衡归并排序的过程中,为实现输入/内部归并/输出的并行处理,需要设置( )个输入缓冲区和 2 个输出缓冲区。

  A. 2   B. k C. $2k-1$ D. $2k$

18. m 阶 B 树是一棵( )。

  A. m 叉搜索树   B. m 叉高度平衡搜索树

  C. $m-1$ 叉高度平衡搜索树   D. $m+1$ 叉高度平衡搜索树

19. 下面关于 m 阶 B 树的说法中正确的是( )。

(1) 每个结点至少有两棵非空子树。

(2) B 树中每个结点至多有 $m-1$ 个关键码。

(3) 所有失败结点在最低的两个层次上。

(4) 当插入一个索引项引起 B 树结点分裂后,树长高一层。

  A. ①②③   B. ②   C. ②③④   D. ③

20. 含 n 个结点(不包括失败结点)的 m 阶 B 树至少包含( )个关键码。

  A. n B. $(m-1)\times n$

  C. $n\times(\lceil m/2\rceil-1)$ D. $(n-1)\times(\lceil m/2\rceil-1)+1$

21. 具有 n 个关键码的 m 阶 B 树有( )个失败结点。

  A. $n+1$ B. $n-1$ C. $n\times m$ D. $\lceil m/2\rceil\times n$

22. 已知一棵 5 阶 B 树有 53 个关键码,并且每个结点的关键码都达到最少,则该树的高度是( )。

A. 3   B. 4   C. 5   D. 6

23. 一棵 3 阶 B 树中含有 2047 个关键码,该树的最大高度为( )。

A. 9   B. 10   C. 11   D. 12

24. 在一棵 m 阶 B 树的结点中插入新关键码时,若插入前结点的关键码数为( ),插入新关键码后该结点必须分裂为两个结点。

A. m B. $m-1$ C. $m+1$ D. $m-2$

25. 在一棵高度为 h 的 B 树中插入一个新关键码时,为搜索插入位置需读取( )个结点。

A. $h-1$ B. h C. $h+1$ D. $h+2$

26. 如果在一棵 m 阶 B 树中删除关键码导致结点需要与其右兄弟或左兄弟结点合并,那么被删关键码所在结点的关键码数在删除之前应为( )。

A. $\lceil m/2 \rceil$ B. $\lceil m/2 \rceil - 1$ C. $\lfloor m/2 \rfloor$ D. $\lfloor m/2 \rfloor - 1$

27. 下面关于 B 树和 B$^+$ 树的叙述中不正确的是( )。

A. B 树和 B$^+$ 树都是平衡的多叉搜索树

B. B 树和 B$^+$ 树都可用于文件的索引结构

C. B 树和 B$^+$ 树都能有效地支持顺序检索

D. B 树和 B$^+$ 树都能有效地支持随机检索。

28. 设高度为 h 的 m 阶 B 树有 n 个关键码,即第 $h+1$ 层是失败结点。那么,n 至少为( )。

A. $2(\lceil m/2 \rceil)^{h-1} - 1$ B. $2(\lceil m/2 \rceil)^{h-1} - 2$

C. $2(\lceil m/2 \rceil)^{h} - 1$ D. $2(\lceil m/2 \rceil)^{h} - 2$

二、填空题

1. 顺序文件是指记录按进入文件的先后顺序存放,其_____相一致。

2. 在顺序文件中,要存取第 i 个记录,必须先存取第_____个记录。

3. 直接存取文件是用_____法组织的。

4. 散列文件关键在于选择好的_____和_____的方法。

5. 散列文件中的每个散列地址,又称桶,其对应单链表中的第一个结点称为_____,其余结点称为_____。

6. 散列文件中的每个桶能够存储_____个同义词记录。

7. 索引文件由_____和主文件两部分组成。

8. 一个索引文件中的索引表都是按_____有序的。

9. 稠密索引中的每个索引项对应主文件中的_____条记录,稀疏索引中的每个索引项对应主文件的_____条记录。

10. 若主文件无序,则只能建立_____索引;若主文件有序,则既能建立_____索引,也能建立_____索引。

11. 索引文件的检索分两步完成:第一步是搜索_____;第二步是搜索_____。

12. 设内存工作区的容量为 w,则置换-选择过程所得到的初始归并段的平均长度为_____。

13. 设计算机中用于外排序的内存工作区可容纳 450 个记录,在磁盘上每个物理记录可放 75 个记录。应采用_____路平衡归并排序。

14. 设有若干个初始归并段,其平均长度为 2M,现进行八路归并排序,并最多只允许扫描两遍,则外排序能处理的文件的平均长度最多是_____。

15. 对于包含 n 个关键码的 m 阶 B 树,其最小高度为_____,最大高度为_____。

16. 已知一棵 3 阶 B 树中含有 50 个关键码,则该树的最小高度为_____,最大高度为_____。

17. 在一棵 m 阶 B 树上,每个非根结点的关键码数最少为_____个,最多为_____个;其子树棵数最少为_____,最多为_____。

18. 在 B 树中所有叶结点都处在_____上,所有叶结点中空指针数等于所有_____总数加 1。

19. 在对 m 阶 B 树插入元素时,每向一个结点插入一个关键码后,若该结点的关键码个数等于_____,则必须把它分裂为_____个结点。

20. 在从 m 阶 B 树删除关键码时,当从一个结点中删除一个关键码后,所含关键码个数等于_____,并且它的左、右兄弟结点中的关键码个数均等于_____,则必须进行结点合并。

21. 向一棵 B 树插入关键码时,若最终引起树根结点的分裂,则新树比原树的高度_____。

22. 从一棵 B 树删除关键码的过程中,若最终引起树根结点的合并,则新树比原树的高度_____。

三、判断题

1. 磁带是顺序存取的外存储设备。   (   )
2. 磁盘既能进行顺序存储,又能进行随机存储。   (   )
3. 存放在磁带或磁盘上的文件,可以是顺序文件也可以是索引文件或其他类型文件。
                                                                              (   )
4. 对于满足折半搜索和分块搜索条件的文件,无论它放在何种介质上,都能进行顺序搜索、折半搜索和分块搜索。   (   )
5. 从本质上看,文件是一种非线性结构。   (   )
6. 文件是记录的集合,每个记录由一个或多个数据项组成,因而一个文件看作由多个记录组成的数据结构。   (   )
7. 散列文件也可以顺序访问,但一般效率差。   (   )
8. 索引顺序文件是一种特殊的顺序文件,因此通常放在磁带上。   (   )
9. 记录的逻辑结构是指记录在用户或用户应用程序员面前呈现的方式,是用户对数据的表示和存取方式。   (   )
10. 用 ISAM 组织文件适合磁带。   (   )
11. 检索出文件中关键码值落在某个连续范围内的全部记录,这种操作称为范围检索:对经常需要做范围检索的文件进行组织,采用散列法优于采用线性索引法。   (   )
12. 在磁带上的顺序文件中插入新的记录时必须复制整个文件。   (   )

13. 变更磁盘上顺序文件的记录内容时,不一定要复制整个文件。 (　)

14. 在索引顺序文件上实施分块搜索,在等概率情况下,其平均搜索长度不仅与子表个数有关,而且与每个子表中的记录个数有关。 (　)

15. B$^+$ 树应用于 ISAM 文件系统中。 (　)

16. 文件系统采用索引结构是为了节省存储空间。 (　)

17. B 树是一种动态索引结构,它既适用于随机搜索,也适用于顺序搜索。 (　)

18. 在 9 阶 B 树中除根以外其他非失败结点中的关键码个数不少于 4。 (　)

19. 在 9 阶 B 树中除根以外的任何一个非失败结点中的关键码个数均在 5~9。
(　)

20. 对于 B 树中任何一个非叶结点中的某个关键码 K 来说,比 K 大的最小关键码和比 K 小的最大关键码一定都在叶结点中。 (　)

21. 倒排文件与多重链表文件都是多关键码文件。 (　)

22. 倒排文件与多重链表文件的次(关键码)索引的结构是不同的。 (　)

23. 倒排文件是指按文件中各记录逻辑次序进行存储的文件。 (　)

24. 倒排文件的优点是维护简单。 (　)

25. 在外排序过程中每个记录的 I/O 次数必定相等。 (　)

26. 影响外排序的时间因素主要是内外存交换的记录总数。 (　)

四、简答题

1. 常用的文件组织方式有哪几种,各有什么特点? 文件上的操作有哪几种? 如何评价文件组织的效率?

2. 如图 10.49 所示,若在数据库文件中的每个记录是由占 2 字节的整型数关键码和一个变长的数据字段组成。数据字段都是字符串。为了存放这些记录,应如何组织线性索引?

397	Hello World!
82	XYZ
1038	This string is rather long
1037	This is Shorter
42	ABC
2222	Hello new World!

图 10.49　第 2 题的文件

3. 设有一个职工文件,如图 10.50 所示。其中,关键码为职工号。

(1) 若该文件为顺序文件,写出文件的存储结构。

(2) 若该文件为索引顺序文件,写出索引表。

(3) 若基于该文件建立倒排文件,写出关于性别的次索引和关于职务的次索引。

记录地址	职工号	姓　名	性别	职　业	年龄	籍贯
10032	034	刘激扬	男	教　师	29	山东
10068	064	蔡晓莉	女	教　师	32	辽宁
10104	073	朱　力	男	实验员	26	广东
10140	081	洪　伟	男	教　师	36	北京
10176	092	卢声凯	男	教　师	28	湖北
10212	123	林德康	男	行政秘书	33	江西
10248	140	熊南燕	女	教　师	27	上海
10284	175	吕　颖	女	实验员	28	江苏
10320	209	袁秋慧	女	教　师	24	广东

图 10.50　第 3 题的职工文件

4. 设有一个职工文件,如图 10.50 所示,仍然以职工号为关键码。根据此文件,对下列查询组织主索引和倒排表,再写出搜索结果。

（1）男性职工。

（2）月工资超过 800 元的职工。

（3）月工资超过平均工资的职工。

（4）职业为实验员和行政秘书的男性职工。

（5）男性教师或者年龄超过 25 岁且职业为实验员和教师的女性职工。

5. 如果某个文件经内排序得到 80 个初始归并段。

（1）若使用多路归并执行 3 趟完成排序,那么应取的归并路数至少应为多少?

（2）如果操作系统要求一个程序同时可用的输入输出文件的总数不超过 15 个,则按多路归并至少需要几趟可以完成排序? 如果限定这个趟数,可取的最低路数是多少?

6. 设文件有 4500 个记录,在磁盘上每个页块可放 75 个记录。计算机中用于排序的内存区可容纳 450 个记录。

（1）可以建立多少初始归并段? 每个初始归并段有多少个记录? 存放于多少块中?

（2）应采用几路归并? 写出归并过程及每趟需要读写磁盘的块数。

7. 败者树中的“败者”指的是什么? 若利用败者树求 k 个关键码中的最大者,在某次比较中得到 $a > b$,那么谁是败者?

8. 设有一个关键码输入序列{10, 40, 30, 50, 20},根据败者树的构造算法构造一棵败者树。

9. 设初始归并段为(10, 15, 31, ∞), (9, 20, ∞), (22, 34, 37, ∞), (6, 15, 42, ∞), (12, 37, ∞), (84, 95, ∞),利用败者树进行 k 路归并,手动执行选择最小的 5 个排序码的过程。

10. 设输入文件包含以下记录:14, 22, 7, 24, 15, 100, 10, 9, 20, 12, 90, 17, 50, 28, 110, 21, 40。现采用置换-选择生成初始归并段,并假设内存工作区可同时容纳 5 个记录,画出选择的过程。

11. 给出 12 个初始归并段,其长度分别为 30,44,8,6,3,20,60,18,9,62,68,85。现要做四路外归并排序,画出表示归并过程的最佳归并树,并计算该归并树的带权路径长度(WPL)。

12. 设有 10 000 个记录,通过分块划分为若干子表并建立索引,那么为了提高搜索效率,每个子表的大小应设计为多大?

13. 如果一个磁盘块大小为 1024(=1K)B,存储的每个记录需要占用 16B,其中关键码占 4B,其他数据占 12B。所有记录均已按关键码有序地存储在磁盘文件中。另外在内存中开辟了 256KB 的空间可用于存放线性索引。

(1) 若将线性索引常驻内存,文件中最多可以存放多少个记录?(每个索引项 8B,其中关键码 4B,地址 4B)

(2) 如果使用二级索引,第二级索引占用 1024B(有 128 个索引项,每个索引项 8B),这时文件中最多可以存放多少个记录?

14. 图 10.51 是一个 3 阶 B 树。分别画出在插入 65、15、40、30 之后 B 树的变化。

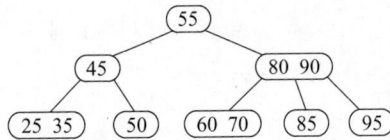

图 10.51 第 14 题的 3 阶 B 树

15. 图 10.52 是一个 3 阶 B 树。分别画出在删除 50、40 之后 B 树的变化。

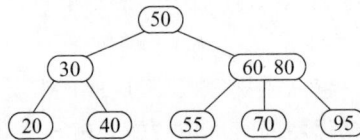

图 10.52 第 15 题的 3 阶 B 树

16. 对于一棵有 1 999 999 个关键码的 199 阶 B 树,估计其最大层数(不包括失败结点)及最小层数(不包括失败结点)。

17. 设有一棵 B$^+$ 树,其结点最多可存放 100 个索引记录。对于 1,2,3,4,5 层的 B$^+$ 树,最多能存储多少个记录?最少能存储多少个记录?

五、算法题

1. 另一种置换-选择生成初始归并段的方法是利用最小堆。当输入数据是 94,50,12,62,24,27,20,54,43,69,31,47,38。内存缓冲区大小 $w = 5$ 时,执行置换-选择的结果如图 10.53 所示。

在图 10.53 中,前一个初始归并段生成过程中"○"是当前堆的结点,"◎"是新堆的结点;下一个初始归并段生成过程中"◎"是当前堆的结点。设计一个算法,实现利用最小堆实现置换-选择生成初始归并段。

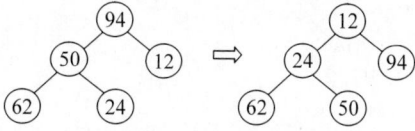

(a) 依次输入 5 个元素，建成初始小根堆

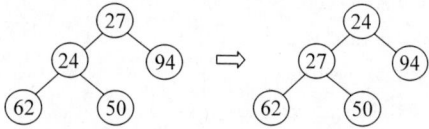

(b) 输出 12，输入 27，调整当前堆

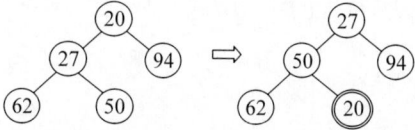

(c) 输出 24，输入 20，出现新堆，调整当前堆

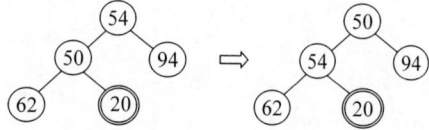

(d) 输出 27，输入 54，调整当前堆

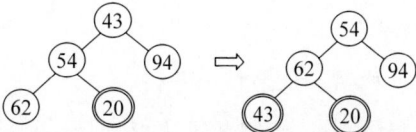

(e) 输出 50，输入 43，出现新堆，调整当前堆

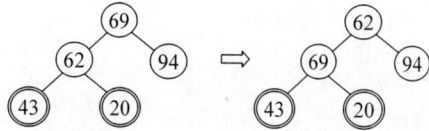

(f) 输出 54，输入 69，调整当前堆

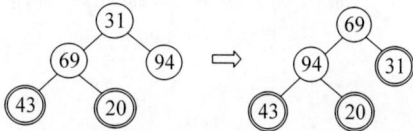

(g) 输出 62，输入 31，加入新堆，调整当前堆

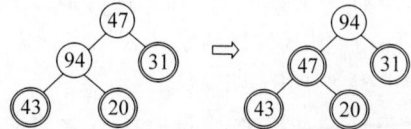

(h) 输出 69，输入 47，加入新堆，调整当前堆

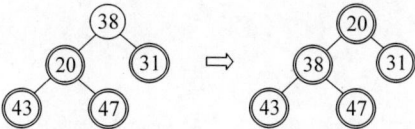

(i) 输出 94，输入 38，加入新堆，当前堆空，
调整新堆，第一个初始归并段生成

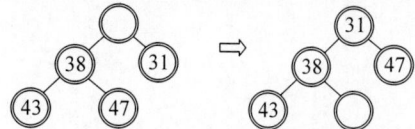

(j) 输出 20，无输入，调整当前堆

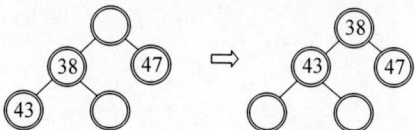

(k) 输出 31，无输入，调整当前堆

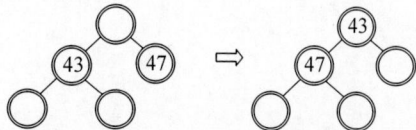

(l) 输出 38，无输入，调整当前堆

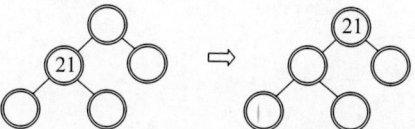

(m) 输出 43，无输入，调整当前堆

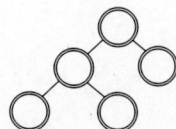

(n) 输出 21，堆空，第二个初始归并段生成

图 10.53　第 1 题利用最小堆实现置换-选择生成初始归并段

2. 设最佳归并树的结构定义如下。

```
#include <stdio.h>
```

```
#define maxSize 100
#define M 3                          //归并路数
#define Runs 20                      //初始归并最大段数
typedef struct {
    int num;                         //子女结点个数
    int prt;                         //父结点下标
    int len;                         //结点所代表归并段记录个数
    int chd[M];                      //子女结点下标数组
} OmtNode;                           //最佳归并树结点
typedef struct {
    OmtNode elem[maxSize];           //最佳归并树结点数组
    int N;                           //结点个数
} OpMergeTree;                       //最佳归并树定义
```

设有 n 个长度不等的初始归并段,设计一个算法,构造一棵最佳归并树。

3. 设计一个算法,根据第 2 题构造的最佳归并树,实现 M 路归并排序,并计算和返回读记录数目。

4. 设计一个算法,应用 B 树的插入算法 Insert(T, k),从空树开始,输入一组键码 a_0, $a_1\cdots$,建立一棵 B 树。约定输入结束标志是 finish,这是一个特定的关键码,例如为 0,当输入的关键码等于 finish,则输入结束。

5. 设计一个算法,统计一棵 B 树的关键码个数。

6. 设计一个算法,遍历一棵 B 树,按照从小到大的顺序输出 B 树中所有的关键码。

附录 A   部分习题答案

第 1 章

一、单项选择题

1. B   2. A   3. C   4. B   5. C   6. D   7. B   8. D   9. A
10. C   11. C   12. B

二、填空题

1. 信息,存储   2. 逻辑结构,存储结构(可互换)   3. 线性,非线性(可互换)
4. 链接,散列(可互换)   5. 基本,基本＋构造(可互换)   6. 输出
7. 有穷性   8. 确定性   9. 操作(或服务)   10. 数据类型
11. 基(或父),派生(或子)   12. 不可以

三、判断题

1. 错   2. 对   3. 对   4. 错   5. 对   6. 错   7. 错   8. 错   9. 对

第 2 章

一、单项选择题

1. C   2. C   3. C   4. A   5. C   6. B   7. A   8. C
9. A   10. B   11. D   12. D   13. A   14. C   15. D   16. D
17. D   18. B   19. C   20. B

二、填空题

1. 数据元素   2. 时间效率   3. 连续   4. 表长度,插入位置(可互换)
5. 顺序   6. 链接指针   7. 动态分配和回收   8. 表头指针
9. 删除首元结点   10. 顺序   11. 两个   12. p－＞lLink

三、判断题

1. 错   2. 错   3. 对   4. 错   5. 错   6. 对   7. 对   8. 错   9. 对   10. 对

第 3 章

一、单项选择题

1. D   2. C   3. B   4. D   5. D   6. C   7. A   8. D   9. C
10. C   11. B   12. A   13. D   14. B   15. A

二、填空题

1. 先进后出(或后进先出)   2. 先进先出(或后进后出)   3. top == maxSize−1
4. top == 0   5. 栈空   6. p−>link = top,top = p   7. front == rear
8. 一个   9. 两端   10. $3x2+*5-$ 11. 15   12. 3
13. 副本,返回地址(可互换)   14. 递归工作
15. 直接求解部分(或递归结束条件)   16. 栈顶   17. 退出本层递归   18. 递归

三、判断题

1. 对   2. 错   3. 错   4. 错   5. 对   6. 对   7. 对   8. 错   9. 错
10. 错   11. 对   12. 错   13. 错   14. 对   15. 对   16. 对   17. 错   18. 对

第 4 章

一、单项选择题

1. C   2. A   3. C   4. B   5. A   6. A   7. C   8. B   9. C
10. B   11. C   12. A   13. C   14. D   15. C

二、填空题

1. 数据类型   2. 下标(或顺序号)   3. 静态存储   4. 动态存储
5. 两   6. $LOC(0,0)+(i\times n+j)\times d$ 7. 相等   8. $n(n+1)/2$
9. $(2n-i-1)\times i/2+j$ 10. $(i+1)\times i/2+j$ 11. $i-1\leqslant j\leqslant i+1$ 12. $2i+j$
13. $\lfloor (k+1)/3 \rfloor$ 14. 顺序   15. 16   16. 表元素   17. 表头
18. 表尾   19. $((d,e,f))$ 20. 重数

三、判断题

1. 对   2. 错   3. 错   4. 对   5. 对   6. 错   7. 对   8. 对   9. 错
10. 对   11. 错   12. 错

第 5 章

一、单项选择题

1. A   2. C   3. B   4. C   5. A   6. C   7. D   8. A   9. C

10. B   11. A   12. B   13. C   14. D   15. A   16. D   17. C

二、填空题

1. 2   2. 4   3. 5   4. 21   5. 6

6. 31   7. 4   8. 6   9. 5   10. 2^{h-1}

11. 2^h-1 12. 2   13. 右   14. $2i+1$ 15. $2i+2$

16. 最小值   17. 最大值   18. 132   19. $n_2+n_3+n_4$ 20. n_1-1

21. 19

三、判断题

1. 错   2. 对   3. 错   4. 对   5. 对   6. 对   7. 错   8. 错   9. 错

10. 对   11. 错   12. 对   13. 对   14. 错   15. 错   16. 对   17. 错   18. 错

第 6 章

一、单项选择题

1. B   2. C   3. (1) B, (2) C   4. B   5. D   6. A   7. B   8. A   9. B

10. B, A   11. B   12. C   13. A   14. C   15. D   16. B   17. D   18. B

19. C   20. D   21. D   22. D   23. C   24. D   25. A

二、填空题

1. 集合   2. 位向量数组   3. 有序链表   4. 根结点

5. 2, $\lfloor \log_2 m \rfloor$ 6. Find, Merge   7. 名字-属性, 名字

8. 0   9. $\lceil \log_2 n \rceil$ 10. 同义词

11. 关键码, $0\sim m-1$ 12. 堆积(或聚集)   13. $4k+3$, 0.5

14. 表的大小(或表的长度)   15. α

三、判断题

1. 错   2. 对   3. 对   4. 对   5. 对   6. 错   7. 对   8. 错   9. 对

10. 对   11. 错   12. 对   13. 对   14. 错   15. 错   16. 错   17. 错   18. 对

19. 错   20. 错   21. 对   22. 错   23. 错   24. 对   25. 错   26. 对

第 7 章

一、单项选择题

1. B 2. C 3. A 4. D 5. A 6. B 7. A 8. C 9. B
10. D 11. D 12. B 13. B 14. D 15. B 16. D 17. C 18. A
19. B 20. A 21. C 22. B 23. C

二、填空题

1. $O(n)$ 2. $\sum\limits_{i=0}^{n-1} p_i c_i$ 3. 20.5 4. $O(\log_2 n)$ 5. 3
6. 19 7. 左子树 8. 右子树 9. 左子树 10. 右子树
11. 空结点 12. $O(n\log_2 n)$ 13. 的绝对值 14. 先左后右双 15. 先右后左双
16. 右单 17. 48 18. $O(\log_2 n)$

三、判断题

1. 对 2. 对 3. 错 4. 对 5. 对 6. 对 7. 错 8. 对 9. 对
10. 错 11. 错 12. 错 13. 对 14. 对 15. 对 16. 错 17. 对 18. 对
19. 对 20. 对

第 8 章

一、单项选择题

1. B 2. A 3. B 4. B 5. A 6. B 7. A 8. B 9. D
10. A 11. A 12. D 13. A 14. D 15. B 16. C 17. B 18. B
19. C 20. C 21. C 22. B 23. D 24. D 25. C 26. C 27. C

二、填空题

1. 非空 2. 顶点数 3. $n(n-1)/2$, 0 4. $n-1$ 5. $2(n-1)$
6. $n-1$ 7. 不带权有 8. 4, $V_0V_1V_3V_2$（或 $V_0V_2V_1V_3$, $V_0V_3V_2V_1$, $V_0V_3V_1V_2$）
9. 2, PQRST（同层左向右）、PRQTS（同层右向左） 10. 2 11. $n-1$
12. 550 13. 连通分量 14. 高 15. 稠密, 稀疏 16. 有向边

三、判断题

1. 错 2. 错 3. 对 4. 对 5. 对 6. 对 7. 对 8. 对 9. 错

10. 错　　11. 对　　12. 错　　13. 错　　14. 错　　15. 对　　16. 错　　17. 对　　18. 错

19. 对　　20. 对

第 9 章

一、单项选择题

1. A　　2. D　　3. C　　4. B　　5. D　　6. D　　7. C　　8. C　　9. C

10. C　　11. C　　12. C　　13. D

二、填空题

1. 直接插入　　2. 简单选择　　3. 交换　　4. 二路归并　　5. n^2

6. n　　7. $\lfloor n/2 \rfloor$　　8. $n-1$　　9. $\log_2 n$　　10. $n\log_2 n$

11. 84，79，56，38，40，46　　12. $n\log_2 n$　　13. n^2　　14. $\log_2 n$

15. n　　16. [40 38] 46 [56 79 84]　　17. n　　18. $n\log_2 n$

三、判断题

1. 错　　2. 错　　3. 对　　4. 错　　5. 错　　6. 对　　7. 错　　8. 对　　9. 错

10. 错　　11. 对　　12. 对　　13. 对

第 10 章

一、单项选择题

1. C　　2. D　　3. B　　4. D　　5. D　　6. A　　7. A　　8. D　　9. C

10. B　　11. C　　12. B　　13. C　　14. C　　15. B　　16. B　　17. D　　18. B

19. B　　20. D　　21. A　　22. B　　23. C　　24. B　　25. B　　26. B　　27. C

28. A

二、填空题

1. 逻辑顺序与物理顺序　　2. $i-1$　　3. 散列

4. 散列函数,解决冲突(可互换)　　5. 基桶,溢出桶　　6. 多

7. 索引表　　8. 关键码的值　　9. 一,多

10. 稠密,稠密,稀疏(后两项可互换)　　11. 索引表,主文件的某个页块

12. $2w$　　13. 5　　14. 128M　　15. $\lceil \log_m (n+1) \rceil$，$\lfloor \log_{\lceil m/2 \rceil}((n+1)/2) \rfloor +1$

16. 4,5　　17. $\lceil m/2 \rceil -1$，$m-1$，$\lceil m/2 \rceil$，m　　18. 同一层,关键码

19. m，2　　20. $\lceil m/2 \rceil -2$，$\lceil m/2 \rceil -1$　　21. 增 1　　22. 减 1

三、判断题

1. 对　　2. 对　　3. 错　　4. 错　　5. 错　　6. 对　　7. 错　　8. 错　　9. 对

10. 错　　11.错　　12. 对　　13. 对　　14. 对　　15. 错　　16. 错　　17. 错　　18. 对

19. 错　　20. 对　　21.对　　22. 对　　23. 错　　24. 错　　25. 对　　26. 对

参 考 文 献

[1] Knuth D E . The art of computer programming, volume 3/sorting and Searching [M]. Philippines：Addison-Wesley Publishing Company，Inc.，1973.

[2] Horowitz E, Sahni S, Mehta M. 用 C ++ 描述数据结构[M]. 周维真，张海藩，译. 北京：国防工业出版社，1997.

[3] William F，William T. Instructor's guide data structure with C ++ [M]. Prentice-Hall，Inc.，A division of Simon & Schuster Company,1996.

[4] Allen W M. Algorithms，data structures，and problem solving with C ++ [M]. New York：Addison-Wesley Publishing Company，Inc.，1996.

[5] Rowe G W . Introduction to Ddata structures and algorithms with C ++ [M]. Prentice-Hall Europe, 1997.

[6] 殷人昆，陶永雷，谢若阳，等. 数据结构（用面向对象方法与 C ++ 描述）[M]. 北京：清华大学出版社,1999.

[7] Kruse R，Tondo C L，Leung B. 数据结构与程序设计：C 语言描述[M]. 2 版. 北京：清华大学出版社，1998.

[8] 徐孝凯. 数据结构实用教程(C/C ++ 描述)[M]. 北京：清华大学出版社,1999.

[9] Sahni S. 数据结构、算法与应用：C ++ 语言描述[M]. 汪诗林,孙晓东,等译. 北京：机械工业出版社，2000.

[10] 朱站立. 数据结构：使用 C ++ 语言[M]. 西安：西安电子科技大学出版社,2001.

[11] 陈慧南. 数据结构：使用 C ++ 语言描述[M]. 南京：东南大学出版社,2001.

[12] Shaffer C A. 数据结构与算法分析[M]. 张铭，刘晓丹，译. 北京：电子工业出版社,2002.

[13] 侯捷. STL 源码剖析[M]. 武汉：华中科技大学出版社,2002.

[14] 缪淮扣，顾训穰，沈俊. 数据结构：C ++ 实现[M]. 北京：科学出版社,2002.

[15] 王晓东. 数据结构与算法设计[M]. 北京：电子工业出版社,2002.

[16] William F，William T. 数据结构 C ++ 语言描述：应用标准模板库[M]. 陈君,译. 2 版. 北京：清华大学出版社,2003.

[17] Drozdek A. 数据结构与算法：C ++ 版[M]. 陈曙晖，译. 2 版. 北京：清华大学出版社，2003.

[18] 许卓群，杨冬青，唐世渭，等. 数据结构与算法[M]. 北京：高等教育出版社,2004.

图书资源支持

感谢您一直以来对清华版图书的支持和爱护。为了配合本书的使用，本书提供配套的资源，有需求的读者请扫描下方的"书圈"微信公众号二维码，在图书专区下载，也可以拨打电话或发送电子邮件咨询。

如果您在使用本书的过程中遇到了什么问题，或者有相关图书出版计划，也请您发邮件告诉我们，以便我们更好地为您服务。

我们的联系方式：

地　　址：北京市海淀区双清路学研大厦 A 座 714

邮　　编：100084

电　　话：010-83470236　　010-83470237

客服邮箱：2301891038@qq.com

QQ：2301891038（请写明您的单位和姓名）

资源下载：关注公众号"书圈"下载配套资源。

资源下载、样书申请

书 圈　　　　　　获取最新书目　　　　　　观看课程直播

清华大学计算机系列教材

本套教材已伴随着计算机科学与技术的发展茁壮成长了三十余年，获得了中华人民共和国教育部科技进步奖、普通高等学校优秀教材全国特等奖、全国优秀畅销书金奖等三十多项部级以上奖励，被近千所高校选作教材，教学效果非常好。本套教材经过多次修订改版和增加新品种、新内容、新技术，基本涵盖了本科生和硕士研究生的主要课程。本套教材的作者全部是清华大学计算机科学与技术系的教师，教材的内容、语言特点、课时安排体现了他们治学严谨的特点，概念表述严谨，逻辑推理严密，语言精练。同时，本套教材体系完整、结构严谨，理论结合实际，注重素质培养。

作者简介

殷人昆　清华大学计算机科学与技术系教授，1985年赴日本东京理科大学做访问学者，研究方向为软件工程过程的质量管理和软件产品的质量评价。计算机科学与技术系大学本科"数据结构""软件工程"和研究生"软件工程设计与技术""软件项目管理"课程负责人，主持教育部－微软精品课程"数据结构"的建设。曾与人合作或单独编写和出版教材二十余部，其中，教材《数据结构（用面向对象方法与C++语言描述）（第2版）》被评为教育部普通高等教育"十一五"国家级规划教材，并于2005年获"北京市精品教材"。曾在核心刊物和专业会议发表论文多篇，并参加或主持多项科研项目。

课件下载·样书申请　　　　清华大学出版社

ISBN 978-7-302-58662-3

书圈　　　官方微信号

9 787302 586623 >

定价：89.00元